计算机类专业
系统能力培养系列教材

U0185928

DISTRIBUTED DATABASE SYSTEMS
Third Edition

分布式数据库系统

大数据时代新型数据库技术

第3版

于戈 申德荣 等编著

机械工业出版社
CHINA MACHINE PRESS

本书主要介绍分布式数据库系统和大数据库系统的基本理论与实现技术。全书共 13 章，第 1～10 章重点介绍经典的分布式数据库系统的基本理论和关键技术、当前流行的商品化数据库系统的分布式数据管理机制，以及大数据库管理的关键技术和流行的大数据库系统。第 11～13 章介绍当下流行的区块链分布式数据管理技术、AI 赋能的数据管理技术以及分布式数据库的发展前瞻。

本书理论与实践相结合，可作为计算机及相关专业高年级本科生和研究生的教材，也可供数据库相关技术人员参考使用。

图书在版编目（CIP）数据

分布式数据库系统：大数据时代新型数据库技术 / 于戈等编著 . — 3 版 . —北京：机械工业出版社，2022.12

计算机类专业系统能力培养系列教材

ISBN 978-7-111-72470-4

Ⅰ . ①分… Ⅱ . ①于… Ⅲ . ①分布式数据库 – 数据库系统 – 高等学校 – 教材
Ⅳ . ① TP311.133.1

中国国家版本馆 CIP 数据核字（2023）第 009877 号

机械工业出版社（北京市百万庄大街 22 号　邮政编码 100037）
策划编辑：姚　蕾　　　　　责任编辑：姚　蕾
责任校对：李小宝　张　薇　责任印制：郜　敏
三河市宏达印刷有限公司印刷
2023 年 5 月第 3 版第 1 次印刷
186mm×240mm · 38 印张 · 873 千字
标准书号：ISBN 978-7-111-72470-4
定价：99.00 元

电话服务　　　　　　　网络服务
客服电话：010-88361066　　机 工 官 网：www.cmpbook.com
　　　　　010-88379833　　机 工 官 博：weibo.com/cmp1952
　　　　　010-68326294　　金 书 网：www.golden-book.com
封底无防伪标均为盗版　　机工教育服务网：www.cmpedu.com

前　言

分布式数据库系统兴起于 20 世纪 70 年代中期,推动其发展的动力主要来自两方面:一是大规模应用的需求,二是硬件及网络环境的发展。在应用上,全国甚至全球范围内的航空 / 铁路 / 旅游订票系统、银行通存通兑系统、水陆空联运系统、跨国公司管理系统、连锁配送管理系统等,都涉及地理上分布的企业或机构的局部业务管理和与整个系统有关的全局业务管理,采用传统的集中式数据库管理系统已无法满足这种分布式应用的需求。在硬件及网络环境上,计算机的功能越发强大,广域公用数据网日趋成熟,局域网也在迅速发展。在上述两方面的推动下,人们迫切期望符合现实需要的、能处理分散地域的、具备数据库系统特点的新型数据库系统的出现。

从 1970 年开始,各个发达国家纷纷投巨资支持分布式数据库系统的研究和开发计划,历时近十年,获得多个划时代的研究成果。典型的原型系统有美国国防部委托 CCA 公司设计和研制的 SDD-1 分布式数据库系统、美国加利福尼亚大学伯克利分校研制的分布式INGRES 系统、IBM 圣何塞实验室研制的 System R* 分布式数据库系统、德国斯图加特大学研制的 POREL 分布式数据库系统、法国 SIRIUS 资助计划产生的若干原型系统(如 SIRIUS-DELTA、POLYPHEME)等。随后,商品化的数据库系统 Oracle、Sybase、DB2、Informix、INGRES 等都从分布式数据库系统研究中吸取了许多重要的概念、方法和技术,在相当大的程度上实现了分布式数据管理功能。在分布式数据库系统的商品化进程中,随着研究的深入和应用的普及,更由于分布式数据库管理系统本身的高复杂性,研究者们提出了更简洁、更灵活的实现技术来满足分布式数据处理的要求。目前,市场上的数据库产品如 Oracle、Sybase、DB2、SQL Server、Informix 都支持异构数据库系统的访问和集成功能。它们都采用基于组件和中间件的松散耦合型事务管理机制来实现分布式数据的管理,具有最终一致性、高灵活性和可扩展性。

随着 Internet 和 Web 的蓬勃发展,Web 环境下的分布式系统已成为当前的主流应用,如电子商务系统、Web 搜索系统、互联网 + 政务系统等。接着,随着物联网和云计算技术的发展,我们进入万物互联时代,实现了智能设备与信息的互联互通,如医疗设备、智能手机、智能汽车等,并提供了许多惠民服务,如智慧交通、智慧医疗、基于手机的各类服务等。当前,进入了大数据时代,数据无所不在,如 Web 数据、移动数据、社交网络数据、电子商务数据、企业数据、科学数据等，各行各业都期望得益于大数据中蕴含的有价值的知识。为此，支持大数据管理和分析的大数据技术迅猛发展，如大数据存储模型、MapReduce 与 Spark 分布式处理架构、改进的分布式事务协议、结合 MVCC 的并发控制技术以及相应的副本管理技术等，并出现了许多类型的大数据库系统，主要包括 NoSQL 大数据库系统、面向 OLTP 的大数据库系统、HTAP 混合的大数据库系统、云原生的大数据库系统以及多存储系统融合的大数据存储系统等。而支持大数据管理的基础理论和技术，是对经典分布式数据库理论和技术的扩展，旨在满足大数据处理的实时性、高性能和可扩展性需求。

近年来，区块链技术和深度学习技术的兴起为分布式数据库技术的发展增添了新的动力。区块链被认为是一种分布式数据库，具有去中心化、防篡改、分布共识、可溯源和最终一致性等特点，为分布式可信数据管理提供支持。目前已有许多相关研究成果，主要包括区块链数据的分布存储管理、结合 Merkle 树的可信查询、支持事务的共识算法、链上链下结合的可信数据管理等。深度学习等人工智能技术已初步被应用于大数据管理中，例如自适应数据分布存储、索引学习、查询优化、数据库系统调优等，并取得了良好的效果。

作者多年来在国家自然科学基金、国家重点研发计划、国家 973 计划、国家 863 计划等课题的支持下，以分布式查询、分布式事务处理、数据库集成、大数据存储与管理、大数据挖掘与分析为应用背景，针对分布环境下的数据管理进行深入研究。同时，作者一直承担东北大学计算机专业硕士研究生的分布式数据库系统、大数据管理与分析、数据科学原理与实践等课程和计算机专业本科生的数据库系统概论、数据库系统实现、数据科学导论、区块链技术与应用等课程的教学工作。本书正是基于以上工作而撰写的。

本书第一部分为基础篇（第 1 ～ 10 章），重点介绍经典分布式数据库系统的基本理论和关键技术、当前流行的商品化数据库系统的分布式数据管理机制以及大数据库管理的关键技术和流行的大数据库系统。第二部分为扩展篇（第 11 ～ 13 章），介绍当下流行的区块链分布式数据管理技术、AI 赋能的数据管理技术以及分布式数据库系统发展与前瞻。

全书共 13 章，包括分布式数据库系统概论、分布式数据库系统的体系结构、分布式数据库的设计、分布式数据存储、分布式查询处理与优化、查询存取优化、分布式事务管理、分布式恢复管理、分布式并发控制、数据复制与一致性、区块链分布式数据管理、AI 赋能的数据管理，以及分布式数据库系统发展与前瞻。

第 1 章主要介绍数据库基本知识、分布式数据库的概念及特性，以及分布式数据库系统的作用和特点。之后，概述大数据库概念和大数据管理，主要包括大数据的类型、特点、处理过程、管理新模式和大数据库关键技术。

第 2 章主要介绍分布式数据库系统的体系结构，包括分布式数据库系统的物理结构、逻辑结构、模式结构和软件组件结构，阐述典型的分布式数据库集成系统的异同点，给出分布式数据库系统的分类和 Oracle 系统的体系结构。之后，介绍大数据库系统的典型体系结构和三种大数据库系统（HBase、Spanner、OceanBase）的体系结构。

第 3 章主要介绍分布式数据库设计方法，包括分片定义、分片设计、分配设计以及数据复制技术，具体包括水平分片、垂直分片和混合分片的设计，以及 Oracle 数据库的数据分布设计。之后，介绍支持大数据库管理的大数据模型、数据分区策略以及三种大数据库系统（HBase、Spanner、OceanBase）的数据分布设计案例。

第4章主要介绍分布式数据存储技术，包括分布式数据存储类型、分布式文件存储技术、分布式对象存储技术、分布式索引结构和分布式缓存技术。之后，介绍 Oracle 数据库以及三种大数据库系统（HBase、Spanner、OceanBase）的分布存储案例。

第5章主要介绍分布式查询处理与优化技术，包括查询优化的基本概念、查询处理与优化过程、查询分解、数据局部化、片段查询优化方法以及 Oracle 数据库的查询计划案例。之后，介绍大数据库的查询处理与优化策略以及三种大数据库系统（HBase、Spanner、OceanBase）的查询处理与优化案例。

第6章主要介绍分布式查询的存取优化技术，包括存取优化的基本概念、存取优化的代价模型、典型的半连接优化技术、枚举法优化技术，以及几种典型的集中式查询优化算法、分布式查询优化算法和 Oracle 数据库的存取优化技术。之后，介绍大数据管理的存取优化技术和三种大数据库系统（HBase、Spanner、OceanBase）的查询存取优化案例。

第7章主要介绍分布式事务管理技术，包括分布式事务的概念、分布式事务的实现模型、分布式事务执行的控制模型、分布式事务管理的实现模型、分布式事务提交协议以及 Oracle 数据库的事务管理技术。之后，介绍大数据库的事务管理理论、扩展的事务模型、实现方法以及三种大数据库系统（HBase、Spanner、OceanBase）的事务管理案例。

第8章主要介绍分布式恢复管理技术，包括分布式数据库系统中的故障类型、集中式数据库的故障恢复方法、分布式数据库的恢复方法、分布式数据库的可靠性协议以及 Oracle 数据库的故障恢复技术。之后，介绍大数据库系统中的恢复管理问题、故障类型、故障检测技术、容错技术以及三种大数据库系统（HBase、Spanner、OceanBase）的恢复管理案例。

第9章主要介绍分布式并发控制技术，包括分布式并发控制的概念及理论基础、基于锁的并发控制方法、基于时间戳的并发控制算法、乐观的并发控制算法、分布式死锁管理以及 Oracle 数据库的并发控制技术。之后，介绍支持大数据并发控制的扩展技术和三种大数据库系统（HBase、Spanner、OceanBase）的分布式并发控制案例。

第10章主要介绍分布式数据库的数据复制与一致性技术，包括复制策略、复制协议、一致性协议以及 Oracle 数据库的复制技术。之后，结合大数据库一致性协议介绍大数据库系统所采用的副本一致性实现策略以及三种大数据库系统（HBase、Spanner、OceanBase）的数据复制与一致性管理案例。

第11章主要介绍区块链分布式数据管理技术，包括区块链的相关概念及其与传统分布式数据库的异同点。之后，从分布式数据库的角度介绍区块链体系架构、数据结构、数据存储、数据管理和事务管理。

第12章主要介绍 AI 赋能的数据管理新技术，包括数据存储问题中的数据分区与索引构建的学习型方法、查询优化过程中基于人工智能的代价模型、基数估计和连接优化技术，以及 AI 赋能的负载管理、负载预测、配置参数调优方法和 AI 赋能的自治数据库的发展现状。

第 13 章主要介绍分布式数据系统的发展与前瞻，结合具体案例介绍云原生数据库系统和 HTAP 数据库系统，主要包括系统体系结构、存储管理、查询处理、事务管理、分析处理等关键技术，还介绍其他几种典型的分布式大数据库管理系统，包括 NoSQL 分布式大数据库系统、面向 OLTP 的分布式大数据库系统和跨异构存储的 Polystore 系统。之后，介绍大数据管理的发展方向，主要包括数据科学、数据治理、云数据库服务、数据库引擎以及新型数据库应用。

本书由东北大学计算机科学与工程学院的于戈、申德荣、赵志滨、聂铁铮、李芳芳、寇月、冯时、谷峪撰写。其中，于戈、申德荣负责撰写本书前言部分、第 1 章和第 13 章，赵志滨、申德荣负责撰写第 2 章，申德荣、聂铁铮负责撰写第 3 章和第 4 章，聂铁铮负责撰写第 6 章和第 11 章，李芳芳、聂铁铮负责撰写第 5 章，李芳芳负责撰写第 9 章和第 10 章，寇月负责撰写第 7 章和第 8 章，谷峪负责撰写第 12 章，冯时负责撰写各章中 Oracle 数据库的案例部分。全书由于戈和申德荣统稿。

本教材全面落实党的二十大报告关于"深入实施科教兴国战略、人才强国战略、创新驱动发展战略"的重要论述，把培养大国工匠和高技能人才作为重要目标，大力弘扬劳模精神、劳动精神、工匠精神，提升我国科技发展的独立性、自主性和安全性。为此，我们在撰写本书的过程中，努力覆盖已有分布式数据库系统的经典理论和技术，尽力跟踪该学科的新发展和新技术，力求本书具备先进性和实用性。本书强调理论和实际相结合，强调研究与产业相融合，重视我国分布式数据库技术的发展。每章用大量篇幅介绍了商业化数据库产品 Oracle 应用案例和具有代表性的大数据库系统——HBase、Spanner 和 OceanBase。除国产数据库系统 OceanBase 之外，还专门介绍了另外两个国产数据库系统 PolarDB 和 TiDB。在分布式数据库技术的最新进展方面，本书涵盖了区块链技术、AI 赋能技术和大数据管理技术发展方向。但由于作者学识有限，书中可能存在一些不足之处，敬请专家和学者批评指正。

C O N T E N T S

目　　录

第 5 章 分布式查询处理 与优化

第 1 章

分布式数据库系统概论

1.1 引言及准备知识

分布式数据库系统（Distributed DataBase System，DDBS）是随着计算技术的发展和应用需求的推动而提出的新型软件系统。简单地说，分布式数据库系统是地理上分散而逻辑上集中的数据库系统，即通过计算机网络将地理上分散的各局域节点连接起来共同组成一个逻辑上统一的数据库系统。因此，分布式数据库系统是数据库技术和计算机网络技术相结合的产物。

分布式数据库系统与集中式数据库系统一样，包含两个重要部分：分布式数据库和分布式数据库管理系统。在介绍分布式数据库系统之前，先重温一下有关数据库和数据库管理系统的基本概念。

1.1.1 基本概念

1. 数据库

数据库（DataBase，DB）的定义有很多。从用户使用数据库的角度出发，数据库可定义为长期存储在计算机内、有组织、可共享的数据集合。数据库中的数据按一定的数据模型组织、描述、存储，具有较小的冗余度、较高的数据独立性并易于扩展，同时可为各种用户共享。数据库设计就是对一个给定的应用环境（现实世界）设计出最优的数据模型，然后，按模型建立数据库，如图 1.1 所示。典型的数据模型是 E-R 概念模型和关系数据模型。

2. 数据库管理系统

数据库管理系统（DataBase Management System，DBMS）是人们用于管理和操作数据库的软件，介于应用程序和操作系统之间。实际的数据库很复杂，对数据库的操作也相当烦琐，因此，需要有数据库管理系统有效地管理和操作数据库，使用户不必涉及数据的具体结构描述及实际存储就能方便、最优地操作数据库。DBMS 不仅具有最基本的

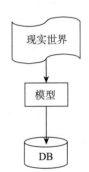

图 1.1　数据库模型

数据管理功能，还提供多用户的并发控制、事务管理和访问控制，以保证数据的完整性和安全性，并在数据库出现故障时对系统进行恢复。数据库管理系统可描述为由用户接口、查询处理、查询优化、存储管理四个基本模块和事务管理、并发控制、恢复管理三个辅助模块组成，其模型如图 1.2 所示。

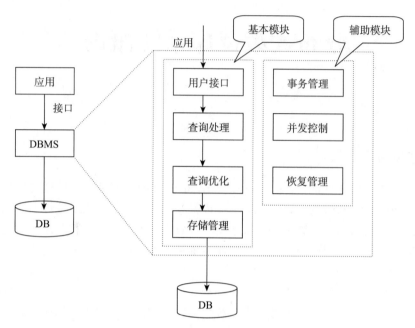

图 1.2　数据库管理系统模型

3. 数据库系统

数据库系统（DataBase System，DBS）是指与数据库相关的整个系统。广义上讲，数据库系统由数据库、数据库管理系统、应用开发工具（运行环境）、应用系统和数据库管理员等构成，如图 1.3 所示。狭义的数据库系统只包括数据库和数据库管理系统。

4. 模式

从现实世界的信息抽象到数据库存储的数据是一个逐步抽象的过程。美国国家标准协会的标准计划与需求委员会（American National Standards Institute, Standards Planning And Requirements Committee, ANSI-SPARC）根据数据的抽象级别为数据库定义了三层模式参考模型，如图 1.4 所示。

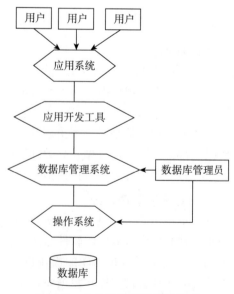

图 1.3　广义的数据库系统组成

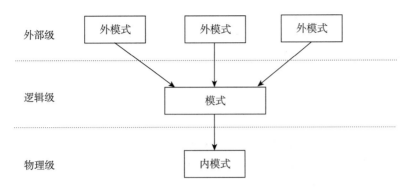

图 1.4　ANSI-SPARC 三层模式参考模型

外模式是数据库用户和数据库系统的接口，是数据库用户的数据视图（View），是数据库用户可以看见和使用的局部数据的逻辑结构和特征的描述，是同应用有关的数据的逻辑表示。一个数据库系统通常有多个外模式。外模式是保证数据库安全的重要措施，因为每个用户只能看见和访问特定的外模式中的数据。通常，由 DBMS 中的视图定义（Create View）命令定义数据库的外模式。

例如，某外模式定义如下：

```
CREATE  VIEW  PAYROLL(EMP_ENO,EMP_NAME,SAL)
AS  SELECT  EMP.ENO,EMP.NAME,PAY.SAL
FROM  EMP,PAY
WHERE  EMP.TITLE=PAY.TITLE
```

模式是关于数据库中全体数据的逻辑结构和特征的描述，是所有用户的公共数据视图。模式是数据库中数据在逻辑级上的视图。一个数据库只有一个模式。模式以某种数据模型为基础，综合考虑了所有用户的需求，并将这些需求有机地结合成一个逻辑整体。定义模式时不仅要定义数据的逻辑结构，如组成关系模式的属性名、属性的类型、取值范围，还要定义属性间的关联关系、完整性约束等。模式由 DBMS 中提供的模式描述语言定义。

例如，某模式定义如下：

```
RELATION  EMP{
    KEY={ENO}
    ATTRIBUTE={
        ENO: CHAR(9)
        ENAME: CHAR(15)
        TITLE: CHAR(10)
        }
}

RELATION  PAY{
    KEY={TITLE}
    ATTRIBUTE={
        TITLE: CHAR(10)
        SAL: NUMBER(5)
        }
}
```

内模式是关于数据物理结构和存储方式的描述，是数据在数据库内部的表示方式。一个数据库只有一个内模式，如关系表的存储方式是按照堆存储还是按照属性值聚簇存储、索引是采用 B+ 树索引还是采用哈希索引等。内模式由 DBMS 中提供的内模式描述语言定义。

例如，某内模式定义如下：

```
INTERNAL-RELA {
    INDEX  ON  E#  CALL  EMINX
    FIELD={
        E#: BYTE(9)
        ENAME: BYTE(15)
        TITLE: BYTE(10)
        }
}
```

1.1.2 基础知识

在后面章节的学习中，将涉及关系模型、关系代数和 SQL 语言知识。下面给出简单介绍。

1. 关系模型

关系模型是数据库的三种经典数据模型（层次数据模型、网状数据模型和关系数据模型）之一。关系是二维表，也称为表。表中的一行称为关系的一个元组，表中的一列称为关系的一个属性。

2. 关系代数

关系是一个集合，关系的元组是集合的元素。常见的关系代数包括 5 个集合运算和 3 个关系运算。

5 个集合运算为：

- **并（UNION）运算**：设有两个关系 R 和 S，具有相同的关系模式，R 和 S 的并运算的结果是由两个关系中所有元组组成的一个新关系，记为 $R \cup S$ 或 $R+S$。
- **交（INTERSECT）运算**：设有两个关系 R 和 S，具有相同的关系模式，R 和 S 的交运算的结果是由两个关系中所有公共元组组成的一个新关系，记为 $R \cap S$。
- **差（DIFFERENCE）运算**：设有两个关系 R 和 S，具有相同的关系模式，R 和 S 的差运算结果是由属于关系 R 但不属于关系 S 的元组组成的一个新关系，记为 $R–S$。
- **乘（PRODUCT）运算**：设 R 有 m 个属性，S 有 n 个属性，R 有 i 个元组，S 有 j 个元组，R 和 S 的乘（笛卡儿积）的运算结果是由（$m+n$）个属性、$i \times j$ 个元组组成的一个新关系，每个元组的前 m 个分量（属性值）来自 R 的一个元组，后 n 个分量来自 S 的一个元组，记为 $R \times S$。
- **除（DIVIDE）运算**：设有关系 $R(X,Y)$ 和 $S(Y,Z)$，其中 X、Y、Z 为属性组，R 中的 Y 与 S 中的 Y 可有不同的属性名，但必须出自相同的值域。R 和 S 的除运算得到一个新关系 $P(X)$，P 是 R 中满足下列条件的元组在 X 属性上的投影：元组在 X 上分量值 x 的象集 Y_X 包含 S 在 Y 上投影的集合，记为 $R \div S$。

3 个关系运算为：

- **选择（SELECT）运算**：选择运算是从指定的关系 R 中选择满足条件（条件表达式）的元组组成的一个新关系，记为 $\sigma_{<条件表达式>}(R)$。
- **投影（PROJECT）运算**：投影运算是从指定的关系 R 中选择属性集 A 的所有值组成的一个新关系，记为 $\prod_A(R)$。
- **连接（JOIN）运算**：连接运算有 θ 连接、等值连接和自然连接三种运算，θ 是算术比较符号。设有关系 $R(A,B)$ 和 $S(C,D)$，A、C 出自同一值域，R 和 S 的 θ 连接运算是由两个关系 R 和 S 中满足 $A\theta C$ 连接条件的元组连接在一起组成的一个新关系，记为 $R \underset{A\theta C}{\infty} S$。若 θ 是等号（=），该连接操作称为等值连接，记为 $R \underset{A=C}{\infty} S$。若 A、C 具有相同的属性名，R 和 S 的连接运算默认按 $A=C$ 连接条件进行连接，并去除重复列属性，则为**自然连接运算**，记为 $R \infty S$。

3. SQL 语言

SQL（Structured Query Language）是一种非过程性语言，提供了数据定义（建立数据库和表结构）、数据操作（输入、修改、删除、查询）、数据控制（授予、回收权限）等数据库操作命令，较好地满足了数据库语言的要求。美国国家标准协会（ANSI）与国际标准化组织（ISO）制定了 SQL 标准，相继推出了 SQL/86、SQL/92、SQL/99、SQL/2003、SQL/2006 等。SQL 提供了灵活而强大的查询功能，具有可移植性。SQL 已为广大用户所采用，成为用户访问数据库系统的标准接口语言。

1.2 分布式数据库系统的基本概念

1.2.1 节点 / 场地

分布式数据库系统是地理上分散而逻辑上集中的数据库系统。管理分布式数据库的软件被称为分布式数据库管理系统。分布式系统通常由计算机网络将地理上分散的各个逻辑单位连接起来。被连接的逻辑单位称为节点（node）或场地（site）。节点或场地是指物理上的一台计算机或逻辑上的一台计算机（如集群系统）。节点强调的是计算机和处理能力，场地强调的是地理位置和通信代价，二者只是看问题的角度不同，本质上没有区别。

1.2.2 分布式数据库

分布式数据库（Distributed DataBase，DDB）是指分布在一个计算机网络上的多个逻辑相关的数据库的集合。也就是说，分布式数据库是一组结构化的数据集合，逻辑上属于同一系统，物理上分布在计算机网络中各个不同的场地上，如图 1.5 所示。

为区别起见，将传统的单场地上的数据库称为集中式数据库。

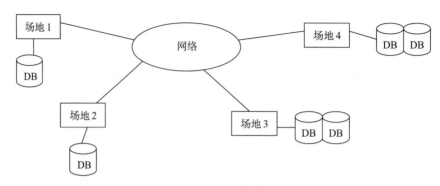

图 1.5　分布式数据库系统

1.2.3　分布式数据库管理系统

分布式数据库系统由分布式数据库和分布式数据库管理系统（Distributed DataBase Management System，DDBMS）组成。分布式数据库管理系统是分布式数据库系统的一组软件，负责对分布式数据库中的数据进行管理和操作。由于分布式数据库管理系统基于分布环境实现，因此必须满足逻辑数据的一致性、完整性等要求。分布式数据库管理系统在局部场地上的数据管理机制与集中式数据库管理系统类似（如图 1.2 所示）。同时，分布式数据库管理系统具有全局的查询处理器、事务管理器、并发控制器、恢复管理器等，保证全局事务执行的效率、正确性和可靠性。系统接收基于全局模式的全局查询命令，根据数据的分布信息将一个全局查询命令转化为面向各个局部场地的子查询请求，同时将一个全局事务分解为相应的子事务进行分布处理。在事务执行过程中，局部事务管理器保证子事务执行的正确性，全局事务管理器协调并控制子事务的执行，保证全局事务执行的正确性。可见，分布式数据库管理系统的执行复杂度远高于集中式数据库管理系统。

1.2.4　分布式数据库系统应用举例

假设有一家软件公司，随着规模的扩大，在世界各地设立了多家分公司，总部设在北京，分公司有东京分公司、上海分公司、广州分公司。全局模式如下：

```
EMP(ENO,ENAME,TITLE)
ASSIGNMENT(ENO,PNO,RESPONSIBILITY,DURING)
PROJECT(PNO,PNAME,BUDGET)
PAY(TITLE,SALARY)
```

其中，EMP 为员工信息，ENO 为员工编号，ENAME 为员工姓名，TITLE 为员工薪级；ASSIGNMENT 为员工参加项目情况，PNO 为项目编号，RESPONSIBILITY 为职责，DURING 为参加项目的时间；PROJECT 为项目信息，PNAME 为项目名称，BUDGET 为项目经费；PAY 为工资信息，SALARY 为工资。现有要求：各分公司管理本公司的员工信息、项目信息和员工参加的项目信息；总公司管理 50 万元以上的项目的信息和 TITLE $\geqslant$ 5 级的高薪员工信息。数据分布如图 1.6 所示，其中上海-EMP 为上海分公司的员工信息，上海-ASSIGNMENT 为上海分公司的员工参加项目信息，上海-PROJECT 为上海分公司的项目信息；广州-EMP 为广州分公司的员工信息，广州-ASSIGNMENT 为广州分公司的员工参加项目信息，广州-PROJECT 为广州分公司的项目信息；东京-EMP 为东京分公司的员工信息，东京-ASSIGNMENT 为东京分公司的员工参加项目信息，东京-PROJECT 为东京分公司的项目信息；北京-EMP 为北京总公司的员工信息，北京-ASSIGNMENT 为北京总公司的员工参加项目信息，北京-PROJECT 为北京总公司的项目信息；PROJECT(BUDGET ≥ 50) 为公司所有 50 万元以上的项目的信息，EMP(TITLE ≥ 5) 为所有薪级 TITLE ≥ 5 的员工信息。

　　从图 1.6 可知，全局数据根据管理需求分别存储在不同的场地上。如北京总公司场地上，不仅要保存北京总公司的员工、项目信息等，还需要存储 50 万元以上的项目信息和 TITLE ≥ 5 级别的员工信息。通常各场地上的应用只涉及本场地上的数据，增加了局部处理能力，有效提高了查询效率。当查询涉及多个场地上的数据时，在广域网环境下，通常遵循最小通信代价确定查询优化策略，包括指定访问数据副本的场地和查询的执行场地。

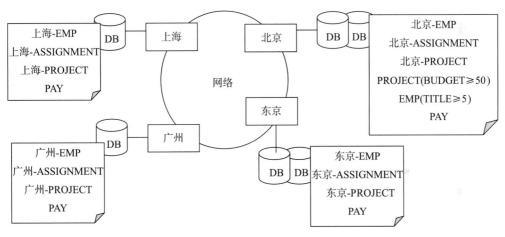

图 1.6　分布式数据库系统应用举例

1.2.5　分布式数据库的特性

1. 数据透明性

　　分布式数据库系统是地理上（或物理上）分散而逻辑上集中的数据库系统。也就是说，系统中的分布式数据库由一个逻辑的、虚拟的数据库（称为全局数据库）和分散在各个场地的局部数据库（物理上存储的数据库）两级数据库组成。全局数据库是以全局概念模式对一个企业或单位全局信息的抽象描述。局部数据库是以局部概念模式和局部内模式对各场地上的局部数据库的描述。因此，分布式数据库可划分为 4 层：全局外层（用户层）、全局概念层、局部概念层和局部内层。应用程序与系统实际数据组织相分离，即数据具有独立性或透明性。具体体现如下。

- **分布透明性**：用户看到的是全局数据模式的描述，用户如同使用集中式数据库一样，不需要考虑数据的存储场地和操作的执行场地。
- **分片透明性**：分片过程是将一个关系分成几个子关系，每个子关系称为一个分片。根据实际需求，一个分片可能存储在不同的场地上（在场地上的实际存储副本称为片段），如图 1.7 所示。逻辑层表示用户语义，物理层实现细节。逻辑层的语义与物理层的实现相分离，对高层系统和用户隐蔽了实现细节。分片透明性是指用户无须考虑数据分片的细节，应用程序对分片的调用（分片到片段的映射）由系统自动完成。
- **复制透明性**：数据可重复存储在不同的场地上，从而提高了系统的可用性和可靠性，以及系统处理的并行性。用户只看到单一的数据副本，系统负责对冗余数据的控制，如一致性维护等。

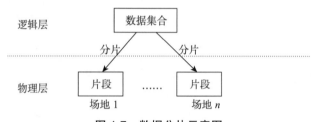

图 1.7 数据分片示意图

2. 系统透明性

一个分布式系统必然存在大量的应用在系统中运行，而系统中的故障（节点故障、通信故障）也是不可避免的。为了保证系统高处理能力的要求，系统需要支持多用户并发执行。为了保证系统的可靠性和可用性，系统需要具有容错处理功能。系统的相应处理应该对用户透明，具体体现如下。

- **并发透明性**：多个用户可以自动地共享同一个数据，而不会互相干扰。每个用户感觉自己独占该数据。
- **故障透明性**：当系统发生故障后，系统能自动地进行恢复，用户不必了解故障恢复处理的过程。

3. 场地自治性

在分布式数据库系统中，为保证局部场地独立的自主运行能力，局部场地具有自治性。多个场地或节点的局部数据库在逻辑上集成为统一的整体，并为分布式数据库系统的所有用户使用，这种分布式应用称为全局应用，其用户称为全局用户。另外，分布式数据库系统也允许用户只使用本地的局部数据库，该应用称为局部应用，其用户称为局部用户。这种局部用户在一定程度上独立于全局用户的特性称为局部数据库的自治性，也称为场地自治性。具体体现如下。

- **设计自治性**：局部数据库管理系统（Local DataBase Management System，LDBMS）能独立地决定本地数据库系统的设计。

- **通信自治性**：LDBMS 能独立地决定是否及如何与其他场地的 LDBMS 通信。
- **执行自治性**：LDBMS 如同一个集中式数据库系统，自主地决定以何种方式执行局部操作。

1.3　分布式数据库系统的作用和特点

1.3.1　作用

分布式数据库系统是地理上（或物理上）分散而逻辑上集中的数据库系统，适用于分散型组织结构的任何信息系统，如：航空公司订票系统，陆、海、空协同指挥系统，网络化制造系统，银行通存通兑系统，以及物流配送系统等。这些系统都涉及分散在不同地理位置上数据的一致性、完整性及有效性，采用相互独立的集中式数据库系统难于实现。在此推动下，需要开发分布式数据库系统，有效地适应地理位置上分散的、网络环境下互连的、逻辑上统一的分布式数据管理需求。

1.3.2　特点

分布式数据库系统是在集中式数据库系统和计算机网络技术基础上发展起来的，同时提出了许多新观点、新方法和新的实现技术，有效地提高了系统的性能。因此，分布式数据库系统具有许多集中式数据库系统所不具备的优点。但由于分布式数据库系统的复杂性，有些技术的实现还不完善，如恢复开销庞大导致系统效率严重下降、难于达到完全透明等。其具体特点介绍如下。

1. 分布式数据库系统的优势

分布式数据库系统由多个场地上的数据处理节点组成，允许存在一定的数据冗余，强调局部处理能力，主要具有如下优势。

- 适合分布式数据管理，有效地提高系统性能。分布式数据库系统由网络中多个分布于不同场地上的数据处理节点组成，每个节点类似于一个集中式数据库系统，具有局部自治性和全局协调一致性的特点。可见，分布式数据库系统适合具有地理分布特性的企业或机构的数据管理任务。分布在不同区域、不同级别的各个部门可局部管理其自身的数据，既体现了其局部自治特性，也降低了通信代价，有效地提高了系统处理性能。同时，系统可充分利用分布的数据处理资源，并行、协调地对数据进行有效处理，达到提高系统总体处理能力、提高系统吞吐率和系统响应速度的目的。另外，由于可利用分布式数据库系统的局部特性，尽量减少本地数据在其他场地上的存储，因此可以大大减少网络上的信息传输量，这也可有效避免由于网上数据传输所带来的敏感数据泄漏等不安全因素的影响，提高数据的安全性。
- 系统经济性和灵活性好。随着计算机处理能力的提高，支持分布式数据库系统的运行环境可以由各微机服务器群或高性能微机机群组成。同由一个大型计算机所支持的一个大型的集中式数据库相比，前者具有更高的性价比和更好的实施灵活性。因为大型的集中式数据库系统通过远程终端实现远程处理，不具有分布式数据库系统所具有的本地处理能力。并且，分布式数据库系统可利用现有的设备和系统，省时、省力、投资少，具有可扩展性。例如，将局域网环境下已有的集中式数据库系统作为一个新的场地，按需加入或按需撤出。可见，分布式数据库系统建设成本低、灵活性强、可伸缩性好。

- 系统的可用性和可靠性高。分布式数据库系统中的资源和数据分布在地理位置不同的场地上，为系统所有用户共享，并允许存储数据副本，数据具有一定冗余度。当在个别场地或个别通信链路发生故障时，不会导致整个系统崩溃。系统的局部故障也不会引起全局失控，系统的容错能力强、可用性和可靠性高。

2. 分布式数据库系统存在的问题

分布式数据库系统能够统一地管理和协调各个局部场地上的数据处理，保证全局数据的一致性、完备性和安全性。但由于系统本身庞大，面临的分布式应用复杂多样，因此存在如下主要问题。

- 系统设计复杂。分布式数据库的分片设计、分配设计依赖于系统的应用需求，并且影响系统的性能、响应速度及可用性等。分布式数据库的查询处理和优化、事务管理、故障恢复和并发控制以及元数据管理等，都需要分布处理。因此，与集中式系统相比，分布式系统的设计更加复杂。
- 系统处理和维护复杂。分布式系统具有分布结构和分布处理的特性，当涉及分布场地上的数据时，需要统一实时处理数据，并要保证数据的一致性。同时，需要全局统一实现分布式调度和并发执行，以及故障发生后的分布式恢复。可见，分布式数据库系统的处理和维护远比集中式数据库系统复杂。
- 数据的安全性和保密性较难控制。在分布式数据库系统中，不同场地的局部数据库系统具有一定程度的场地自治性，因而，不同场地的管理员可以采用不同的安全措施，这就难以保证全局数据的安全性。另外，分布式数据库系统需要通过通信网络传输控制消息和数据，必须保证消息和数据在网络通信过程中的安全性。

1.4 分布式数据库系统中的关键技术

1.4.1 关键技术

尽管分布式数据库系统理论已经成熟，其技术问题也已基本解决，但由于系统较复杂，许多方面还是很不尽如人意，仍需进一步研究，以使分布式系统更完善。下面是分布式数据库系统需着力研究的问题，这对一个分布式数据库系统是否成功建立至关重要。

1. 分布式数据库设计

分布式数据库设计中需要考虑：

- 如何恰当地对数据进行分片设计，以及如何合理地将数据分布于各个场地上；

- 如何设定复制型数据和非复制型数据，以及如何有效地评价其效益和代价；
- 如何实现元数据管理，是采用复制 / 分割式全局数据字典，还是采用复制 / 分割式局部数据字典，还是两者相结合，如何维护全复制式数据字典和部分复制式数据字典的一致性，如何保证分割式数据字典的可靠性。

2. 查询处理

查询处理需要实现：

- 对于分布在不同场地上的数据，如何解决查询到数据操作命令的转换，包括各子查询的数据操作的本地化等问题；
- 如何有效利用各个场地的处理能力，同时尽量减少各个场地之间的数据通信代价；
- 如何选择副本和执行场地，并以最小代价（通信量和访问时间）执行查询策略的优化问题。

3. 并发控制

并发控制需要实现：

- 面对多场地上的多个用户的并发执行的事务，如何协调并发访问的同步问题，并保证数据的完整性和一致性；
- 多个事务并发执行时，由于多副本的存在，如何保证事务的一致性和隔离性；
- 对多个事务并发执行进行调度时，如何选择封锁粒度和封锁策略，提高并发执行效率，以及如何解决或预防死锁问题。

4. 可靠性

在可靠性方面，需要解决：

- 在分布环境下，当系统出现故障时，如何正确而有效地实现系统故障恢复，保证数据的正确性，尤其是出现网络故障时，如何保证系统的可靠性；
- 事务的原子性和耐久性的实现问题，重点解决如何保证分布式事务执行的事务原子性和多副本数据的一致性。

5. 安全性

在安全性方面，要解决如下问题。

- 用户授权和认证问题，访问权限控制问题。在分布环境下，如何有效地协调多用户的多种权限控制，保证系统的安全性，并具有较高的执行效率。
- 为保证数据的安全性，如何实现数据的加密与解密。选择何种数据自身的加 / 解密算法和场地间传输数据的加 / 解密算法，以及数据的协调问题。

1.4.2　典型的分布式数据库原型系统简介

　　下面介绍的三个典型的分布式数据库原型系统，它们是分布式数据库系统的先驱，最早实现了分布式数据库系统的关键技术，为后续分布式数据库系统的开发提供了宝贵经验。

　　SDD-1（System for Distributed Database）是美国国防部委托 CCA 公司设计和研制的分

布式数据库管理系统,是世界上最早被研制出来并且影响力最大的系统之一。它采用关系数据模型,支持类 SQL;支持对关系的水平和垂直分片,以及复制分配;支持单语句事务;提出了半连接优化技术,支持分布式存取优化;采用独创的时间戳技术和冲突分析方法实现并发控制;支持对元数据和用户数据的统一管理。

分布式 INGRES 是 INGRES 关系数据库系统的分布式版本,由美国加利福尼亚大学伯克利分校研发。它支持 QUEL,支持对关系水平分片,但不支持数据副本,采用基于锁的并发控制方法,数据字典分为全局字典和局部字典。

System R* 系统是由 IBM 圣何塞实验室研发的分布式数据库管理系统,是 System R 关系数据库系统的后继成果。它支持 SQL,允许透明地访问本地和远程关系型数据,支持分布透明性、场地自治性、多场地操作,但不支持关系的分片和副本。它采用基于锁的并发控制方法和分布式死锁检测方法,支持分布式字典管理。

这三个系统都支持关系模型,SDD-1 和分布式 INGRES 基于远程数据网络,而 System R* 基于局域网络,它们在分布处理策略上有所不同。

1.5 大数据应用与分布式大数据库技术

随着数据采集技术和存储技术的发展,许多企业和机构内部积累了大量的数据,同时也有大量的数据从外部不断到来,这些数据记录了关于客观事物或业务流程的较完整特性和较全面的变化过程,相对于之前数据库系统中保存的片面的、短期的、小批量的数据,这些数据称为大数据(Big Data)。大数据是关于客观世界及其演化过程的全面的、完整的数据集。通常,大数据定义为:典型为 PB($1PB \approx 10^3TB$)或 EB($1EB \approx 10^3PB$)数据量级的数据,包括结构化的、半结构化的和非结构化的数据,其规模或复杂程度超出了常用传统数据库和软件技术所能管理和处理的数据集范围。

大数据应用是近年来数据库技术的新需求,而高性能计算和云计算技术的飞速发展,使这类应用成为可能。分布式数据库的海量处理能力使其成为解决大数据应用的关键技术之一。

1.5.1 大数据的类型和应用

随着技术的发展,大数据广泛存在,如企业数据、统计数据、科学数据、医疗数据、互联网数据、移动数据、物联网数据等,并且各行各业都可得益于大数据的应用。

按照数据来源划分,大数据主要有 4 种来源:管理信息系统的管理大数据、Web 信息系统的 Web 大数据、物理信息系统的感知大数据、科学实验系统的科学大数据。

管理信息系统包括企业、机关内部的信息系统,如联机事务处理(OLTP)系统、办公自动化系统、联机分析处理(OLAP)与数据仓库系统,主要用于经营、管理和决策,为特定用户的工作和业务提供支持。数据的产生既有终端用户的原始输入,也有系统的二次加工处理所产生的大量衍生数据。IDC 发布的《数据时代 2025》报告预测,2025 年,全球数据总量将从 2018 年的 33ZB 增长到 175ZB,涉及的行业包括交通 / 电动汽车、电信、媒体、制造及其他。企业数据主要存储在企业内部数据中心、云端（公有云、私有云、行业云）、第三方数据中心、边缘和远程位置及其他位置。

Web 信息系统包括互联网上的各种信息系统，如社交网站、社会媒体、搜索引擎、网络视频等，主要用于构造虚拟的信息空间，为广大网民用户提供信息服务和社交服务。互联网上的服务器端和客户端在时刻产生大量数据，特别是用户广泛的社交网络，产生了大量的社会媒体信息。例如，2020 年，微博日活跃用户有 2.29 亿，每天有 50 亿次在线搜索，每天发送 2940 亿封电子邮件，Facebook 上每天创建 4PB 的数据，其中包含 3.5 亿的照片以及 1 亿小时的视频。这种系统的组织结构是开放式的，大部分数据是半结构化或无结构的。数据的产生者主要是在线用户。

物理信息系统是关于各种物理对象和物理过程的信息系统，如物联网与传感器网络、实时监控系统、实时检测系统，主要用于生产调度、过程控制、现场指挥、环境保护等。针对观察对象和环境对象，物理信息系统自动地采集大量的感知数据。今天，无处不在的物联网设备正在将世界变成一个"数字地球"。据 HIS 的数据预测，到 2025 年，全球物联网（IoT）连接设备的总安装量将达到 754.4 亿，约是 2015 年的 5 倍。2021 年 3 月 16 日，IDC 发布的可穿戴设备报告中，2020 年全年整体出货量为 4.447 亿部，同比上升 28.4%。物理信息系统的组织结构是封闭的，数据由各种嵌入式传感设备产生，一般是基本的物理、化学、生物等测量值或者是音频、视频等多媒体数据。

科学实验系统也属于物理信息系统，但其物理环境是预先设定的。两者的主要区别在于，前者用于生产和管理，数据是自然产生的，是客观的、不可控的；后者用于研究和学术，数据是人为产生的，是有选择的、可控的，有时可能是人工模拟生成的仿真数据。大规模的或精密的科学实验仪器自动地记录了大量实验数据或观察结果数据。例如，美国斯隆数字巡天探测中心（Sloan Digital Sky Survey）的天文望远镜记录到近 200 万个天体的数据，包括 80 多万个星系和 10 多万个类星体的光谱的数据，最近的数据产品就达 116TB（http://www.sdss.org/dr12/data_access/volume/）。在脑科学研究中，$1mm^3$ 大脑的图像数据超过 1PB。

按照应用类型划分，可将大数据分为海量交易数据（企业 OLTP 应用）、海量分析数据（企业 OLAP 应用）和海量交互数据（社交网络、传感器、GPS、Web 信息）三类。

海量交易数据的应用特点是多为简单的读写操作，访问频繁，数据增长快，一次交易的数据量不大，但要求支持事务特性，其数据的特点是完整性好、时效性强、具有强一致性要求。

海量分析数据的应用特点是面向海量数据分析，操作复杂，往往涉及多次迭代完成，追求数据分析的高效率，不要求支持事务特性，典型采用并行与分布处理框架实现，其数据的典型特点是同构性（如关系数据、文本数据、列模式数据）和较好的稳定性（不存在频繁的写操作）。

海量交互数据的应用特点是实时交互性强，主要进行数据查询和分析，不要求支持事务特性，其数据的典型特点是结构异构、不完备、数据增长快，具有流数据特性，不要求具有强一致性。

按应用领域划分，大数据在以下几个领域的应用如火如荼：

- Web 领域：主要应用于电子商务，进行社交网络分析、广告、推荐、交友等。
- 通信领域：主要应用于电信业，进行流量经营分析、位置服务等。
- 网络领域：主要应用于网络空间安全，进行舆情分析、应急预警等。
- 城市领域：主要应用于智慧城市、智慧交通，进行城市管理、节能环保等。
- 金融领域：主要应用于金融业，建立征信平台与风险控制。
- 健康领域：主要应用于健康医疗业，提供流行病控制、保健服务等。
- 生物领域：主要应用于生物信息和制药，用于研制和开发新药。
- 科学领域：主要应用于天文学、生物学、材料学、社会学等学科，进行科学发现、仿真实验等。

下面介绍两个典型的大数据库应用案例。

案例 1：轨迹大数据及应用

2020 年开年之际，新型冠状病毒疫情汹涌而至。面对紧急突发的公共卫生事件及多方来源的海量大数据，政府联合政企单位科学地运用大数据技术，为公众提供了更完整、连续、准确、及时的防疫信息，为专家提供了追溯疾病源头的方法，为决策者提供了传染病发展趋势的相关信息，这是大数据应用于防疫的重要任务。通过集成电信运营商、互联网公司、交通部门等单位的信息，基于大数据可分析"涉疫"人员的活动轨迹。一方面，通过手机信令等包含地理位置和时间戳信息的数据分析绘制病患的行动轨迹；另一方面，根据病患确诊日期前一段时间的行动轨迹和同行时间较长的伴随人员，可以推断出病患密切接触者。同时，综合分析确诊病患、疑似病患和相关接触者的行动轨迹，可以准确刻画跨地域漫入、漫出的不同类别人员的流动情况，这既为精准施治提供了有力指导，也为预测高危地区和潜在高危地区提供了有力依据。

案例 2：事务管理大数据及应用

2020 年，支付宝全球用户量已经突破 10 亿，其中 3 亿用户来自海外。今天，支付宝已经从一个支付工具成长为一站式数字生活平台，通过引入数字金融、政务民生、本地生活等各个领域服务方，为消费者提供一站式数字生活服务。支付宝早期的 IT 基础设施采用传统集中式数据库，但随着电子商务的蓬勃发展，"潮汐式""爆发式"的业务场景层出不穷，最典型的场景就是双 11、618 等各种促销活动对数据库的冲击，传统的集中式数据库不仅成本高昂，也无法应对这种场景。因此蚂蚁集团 100% 自己研制了 OceanBase 分布式数据库，该产品具有云原生、线性扩展、强一致性、高度兼容 Oracle/MySQL 等特性，有效解决了联机事务处理关系数据库在强一致性前提下水平扩展的难题。支付宝从 2014 年开始逐渐迁移到 OceanBase 数据库上，到 2017 年所有核心系统的 100% 流量都已由 OceanBase 来支撑。今天，承接支付宝的 OceanBase 数据库采用"三地五中心"容灾方案，集群有 100 多套，数据量达到 PB 级，每批次最大可查询 100 万条记录，每批次最大可处理 130 亿个账户。

1.5.2　大数据的特点

一般认为，大数据具有以下 4 个特点，简称 4V。

- 规模海量（Volume）：数据规模巨大。例如，数据集大小在 PB 级以上，具有 10 亿条以上的记录。或者，数据复杂性高。例如，每条记录具有 100 万个属性，数据立方具有 1 万个以上的维度。
- 变化快速（Velocity）：数据可能以流的方式动态地产生，到达速率快，要求处理具有实时性。例如，大型搜索网站的用户点击流每秒钟可产生 3000 万条流数据。
- 模态多样（Variety）：数据表示上和语义上存在异构性。在数据表现形式上，既有结构化数据（如关系数据），也有非结构化数据（如文本、图像、多媒体等），数据模态包括标量、矢量、张量等多种形式。在数据的语义方面存在模糊不确定性、同名异义、异名同义等各种情况。数据质量和数据的真实性也难以保证，后者也称为 Veracity。
- 价值密度稀疏（Value）：由于数据量大，而查找的结果只占其中一小部分，因此，单位数据量的价值相对较低。大数据查询宛如大海捞针，因此，对查询效率要求较高。

大数据描述了一个对象（物理的或逻辑的）或一个现象（或过程）的全景式的和全周期的状态。因此，大数据的"大"，可体现在如下三个方面。

- 大的复杂性：数据集的复杂程度大。无论从规模上还是从维度上，都比传统的数据库大几个数量级，从几百倍到上万倍。
- 大的结果：从大数据中可得到更多的查询和分析结果。对大数据可进行大尺度的理解，包括空间上和时间上的挖掘分析，可得到更加全面的、完整的分析结果，也可挖掘出长期的、全程的演变历史。也可实现高分辨率、全景式的理解，比小数据上的挖掘结果更细致、更精确。
- 大的外延：大数据涉及大量的上下文信息。大数据不仅在内部存在关联性，也与外部存在大量的关联性，在处理大数据时，也需要考虑外部的关联信息。

1.5.3　大数据处理过程

面向分析处理的大数据应用的执行流程，一般经过如下几个步骤：大数据采集与预处理、大数据集成与整合、大数据分析与挖掘、大数据可视化展现，如图 1.8 所示。

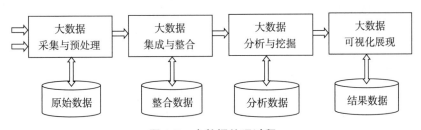

图 1.8　大数据处理过程

1. 大数据采集与预处理

在 1.5.1 节所述的 4 种数据源中,通过抽取、感知或测量得到原始数据,将来自不同数据集的数据收集、整理、清洗、转换后,生成到一个新的数据集。

在数据预处理中,首先要考虑的是数据质量,数据质量是要解决大数据的不可辨识性(veracity)。数据质量一般包含 5 种特性:精确性、一致性、完整性、同一性和时效性。精确性是指数据符合规定的精度,不超出误差范围;一致性是指数据之间不能存在相互矛盾;完整性是指数据的值不能为空;同一性是指实体的标识是唯一的;时效性是指数据的值反映了当时实际的状态。

对于错误数据和过期数据,需要进行过滤和清除,保证数据的精确性、一致性和时效性。对于冗余的数据,需要进行缩减和实体解析,保证数据的同一性。对于缺失的重要数据,需要进行修复,保证数据的完整性。

2. 大数据集成与整合

从不同的数据源可得到不同的数据集。而不同的数据集可能存在不同的结构和模式,如文件、XML 树、关系表等,表现为数据的异构性(heterogeneity)。对多个异构的数据集,需要做进一步集成处理(data integration)或整合处理(data consolidation),为后续查询和分析处理提供统一的数据视图,即对清洗后的数据进行转换、集成和整合处理,形成统一格式和结构的整合数据,如科学文本格式或者关系数据库格式。同时,要生成描述数据的元数据,对数据进行标注。元数据需要描述原始数据、整合数据的数据格式、属性、创建者、创建时间等,还需要描述数据之间的衍生关系,以提供数据的溯源信息。

3. 大数据分析与挖掘

大数据分析与挖掘是大数据应用的核心,主要采用传统的统计学、机器学习以及基于深度神经网络的深度学习等方法从数据中总结或挖掘出潜在有用的模式和知识,建立起大数据分析模型,如频繁模式、决策树、回归模型、卷积神经网络模型等。当前热门的大图数据分析与挖掘技术可完成更复杂的知识发现,如基于知识图谱挖掘实体间存在的未知关联关系。

大数据上的数据分析不同于小样本上的统计分析,要考虑到大数据上广泛存在的噪声、动态多变性、稀疏性、异构性、相关性、不可信性以及隐私问题等,要消除这些不确定因素的影响,以得到可靠的结果。同时,发现的模型应具有可理解性和可验证性。

4. 大数据可视化和展现

必须对大数据分析和挖掘的结果进行解释,以容易理解的方式展现给决策者等最终用户。最方便的方法就是可视化,如各种图表。数据分析的过程应该是可控的、可再现的和可溯源的。此外,在已得到的模型上,还可以做进一步的可视化探索性分析。

1.5.4 大数据管理新模式

大数据带来了大机遇,同时也为有效管理和利用大数据提出了挑战。尽管不同种类的海量数据存在一定差异,但总的来说,支持海量数据的管理系统应具有如下特性:高可扩展性(满足数据量增长的需要)、高性能(满足数据读写的实时性和查询处理的高性能)、容错性(保证分布系统的可用性)、可伸缩性(按需分配资源)和尽量低的运营成本等。然而,由于传统的关系数据库固有的局限性，如峰值性能、伸缩性、容错性、可扩展性差等特性，很难满足海量数据的柔性管理需求，因此提出了面向海量数据管理的新模式，如采用 NoSQL 可扩展的大数据库系统、面向 OLTP 的分布式大数据库系统、结合 OLTP 和 OLAP 的 HTAP 分布式大数据库系统和云原生的分布式大数据库系统（As-a-Service）等。其中，HTAP 分布式大数据库系统和云原生的分布式大数据库系统是 NewSQL 数据库系统的典型代表。NewSQL 数据库是继 NoSQL 数据库提出的新型 SQL 数据库，它结合了传统数据库 OLTP 和 NoSQL 的高性能和可伸缩性。大数据库系统的分类如图 1.9 所示。

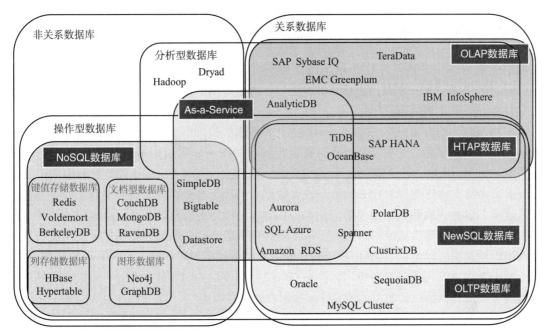

图 1.9　大数据库系统的分类

下面主要按上述分类对这几类分布式大数据库管理系统做简要介绍。

NoSQL（Not Only SQL 的缩写，意思是不仅仅是 SQL）大数据库系统是指那些非严格关系型的、分布式的、不保证遵循 ACID 原则的数据库系统，分为 key-value 存储、文档数据库、列存储数据库和图数据库四类。其中 key-value 存储备受关注，已成为 NoSQL 的代名词。典型的 NoSQL 产品有 Google 的 Bigtable、基于 Hadoop HDFS 的 HBase、Amazon 的 Dynamo、Apache 的 Cassandra、Tokyo Cabinet、CouchDB、MongoDB 和 Redis 等。NoSQL 数据库系统典型遵循 CAP（Consistency, Availability, Partition tolerance）理论和 BASE（Basically Available，Soft state，Eventually consistent）原则，根据自己的设计目的和应用场景进行相应的设计，如：Cassandra、Dynamo 等满足 AP，更加强调读写效率、数据容量以及系统可扩展性；而传统的关系数据库（如 MySQL 和 PostgreSQL 等）则满足 AC，强调满足事务特征和强一致性。在性能上，NoSQL 数据存储系统都具有传统关系数据库所不能满足的特性，是面向应用需求而提出的各具特色的产品。在设计上，它们都关注对数据高并发地读写和对海量数据的存储等，并具有很好的灵活性和很高的性能。它们都支持自由的模式定义方式，可实现海量数据的快速访问，灵活的分布式体系结构支持横向可伸缩性和可用性，且对硬件的需求较低。

面向 OLTP 的分布式大数据库系统，是指满足 ACID 强一致性的分布式数据库系统。典型的产品主要有 Google 公司的 Spanner、Cockroach Labs 推出的 CockroachDB、阿里巴巴公司的 OceanBase。Spanner 采用改进的两段提交（2PC）协议支持分布式事务，满足 ACID 强一致性；CockroachDB 结合悲观写锁和乐观协议，在观察到冲突写入时，增加事务提交时间戳，实现了可串行化的隔离；OceanBase 支持单机事务和多机多分区事务，基于改进的 2PC 协议以及多版本的并发控制方法，提升了系统的分布式事务处理能力。面向 OLTP 的分布式大数据库系统，一方面，为支持 ACID 强一致性，主要从数据放置策略上提高分布式事务 2PC 的执行效率；另一方面，为减少事务延迟，侧重采用捎带信息来减少同步代价，以此提高分布式 2PC 的处理效率。

支持 HTAP 的分布式大数据库系统是指同时支持 OLTP 和 OLAP 的大数据库系统，是 NewSQL 的典型代表，主要有从现有数据库发展（如 Oracle 和 SQL Server 等）、扩展开源分析系统（如 TiSpark、Wildfire 等）或从头构建（如 HANA DB 和 TiDB 等）三种模式。目前呈现出许多从头构建支持 HTAP 的分布式大数据库系统，主要侧重于研究混合工作负载下的计算效率、事务一致性和可用性等。例如，HANA DB 为支持 HTAP 工作负载设计了统一的内存数据库引擎，提供满足 OLTP 的行存储模式和满足 OLAP 的列存储模式，同时支持事务性查询处理和实时分析。TiDB 由基于行存储的 OLTP 和基于列存储的 OLAP 两套引擎组成，采用基于共识协议的副本复制技术，保证 OLAP 数据库与 OLTP 数据库的一致性，能够同时提供高可用性、数据一致性、可伸缩性、数据新鲜性和隔离性。

云原生数据库（Cloud Native Database）系统，是指在云计算环境下实现的一种分布式数据库或者部署到云计算环境下的数据库。它们的共同特点是都实现数据库系统的虚拟化，为用户提供数据库管理功能的云服务。早期代表性的云数据库有谷歌公司的 Bigtable、亚马逊公司的 SimpleDB 等。当前代表性的云原生数据库系统有亚马逊的 Aurora 数据库和阿里云的 PolarDB 数据库。针对云原生数据库系统，主要侧重其提供的云服务而面临的挑战，例如：基于按需付费模式为消费者提供无服务器数据库服务的最佳模式；现代云数据库所采用的存储和计算分离架构，以获得高可用性、可伸缩性和持久性；多租户服务模式下的资源共享及隔离性问题；多数据中心问题及安全性问题等。

1.5.5 分布式大数据库系统及关键技术

在大数据处理过程中分别涉及原始数据、整合数据、分析数据和结果数据，这些数据通常也是海量的，需要使用大数据管理系统进行存储和管理，通常保存在大型分布式文件系统或者大型分布式数据库系统中。

我们把对大数据进行管理的分布式数据库管理系统称为**分布式大数据库管理系统**，简称为**大数据库管理系统**。大数据库管理系统、其下管理的数据库及其上的应用，一起构成了**大数据库系统**。在本书中，为叙述方便，在不影响理解的情况下，将大数据库、大数据库管理系统、大数据库系统统称为**大数据库**。

除了传统的分布式数据库技术之外，分布式大数据库管理系统还要考虑以下几方面的技术。

1. 大数据库系统结构

大数据库系统结构可分为多系统结构、并行系统结构和云系统结构。多系统结构可以依赖于多个系统协同完成大数据的管理，相当于大型异构分布式数据库系统。并行系统结构建立在一个集成的并行处理平台上，如集群计算机环境，由底层系统平台提供强大的存储和计算能力，由上层组件表达和处理各种任务。如图 1.10 所示，多系统结构的计算节点的关系属于松散耦合型（如图 1.10a 所示），并行系统结构为紧密耦合型（如图 1.10b 所示）。云系统结构是指在云平台上实现的支持云消费模型和云架构的分布式数据库系统结构。图 1.11 所示为支持分离策略［计算（CPU）与存储（S）分离］的系统结构示例，结合多租户策略，具有高可用性、弹性可扩展、高性能和数据安全等特点。

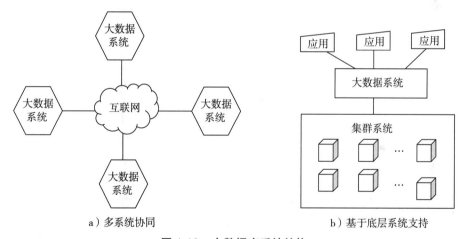

a）多系统协同　　　　　　　　　　　b）基于底层系统支持

图 1.10　大数据库系统结构

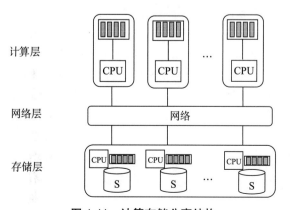

图 1.11　计算存储分离结构

通常，根据应用需求采用合适的系统结构构建大数据库系统。已安装有传统的数据库管理系统的企业通常采用松散耦合型系统结构构建大数据库系统，可有效节省构建代价，但可能会受限于传统系统的局限性；紧密耦合型的大数据库系统是基于集群的云计算系统所采用的典型架构，可按需构建，保证系统具有高性能和高可靠性。而云系统架构具有弹性可扩展、数据安全、高可用性等特点，是目前基于云平台的应用系统的首选架构。

2. 大数据存储与管理

为了提高存储效率，需要采用恰当的数据组织结构。例如，采用流行的 LSM 树层次结构对数据进行删除冗余和压缩处理，考虑到数据的生命周期，还需对数据进行分级管理，将不常用的数据定期归档；为支持 HTAP 混合的数据管理，采用行列结构共存的存储模式，通过行列结构转换满足数据的时效性。另外，为了保证数据可靠性，需要有容错处理能力，一般采用多副本存储。同时，随着数据量和类型多样性的增加，可采用块、文件、对象的混合存储系统。

3. 大数据查询处理

为了保证数据存取的可伸缩性，需要采用专门的索引技术，如 Bloom Filter 技术、局部敏感哈希（LSH）技术、多级 LSM 树索引技术、结合查询负载学习构建滤波器等；需要自适应的内存管理技术，如打破 LSM 存储系统的内存墙、采用字节可寻址的持久内存（PM）等。在查询处理过程中，需要大量的查询优化技术，并要保证复杂查询处理的可伸缩性。例如，采用自适应实现跨地域复制技术以提高并发执行效率、采用实例化的数据布局减少 I/O 代价以提高数据分析效率等。

4. 大数据事务管理

不同的大数据应用需要不同的事务级别，需要有相应的事务管理需求及并发控制机制。面向 OLTP 的大数据系统要求事务强一致性，主要是通过改进 2PC 协议和锁管理机制提高系统性能，如采用消息捎带技术减少 2PC 协议的交互次数、采用多粒度锁提高并发执行效率、以 epoch 为提交单位提高事务提交效率等。支持 HTAP 的大数据系统需要支持多类型事务特性，如采用持久内存支持无日志的事务管理以提升 OLTP 的写入效率、采用多版本并发控制（MVCC）机制支持 OLAP 的数据查询效率等。

5. 负载均衡策略

负载均衡是分布存储数据和并行处理大数据的典型体现。对于数据负载，除了考虑数据均匀存放之外，还需要区别对待热点数据和冷数据、考虑副本数据的作用等；对于事务负载，需要综合考虑静态负载均衡和动态负载均衡、事务数据本地化程度、节点宕机时的数据或事务的迁移代价等。

6. 大数据复制管理

副本复制有助于提高系统可用性和系统性能，但需要维护副本一致性。通常需要根据应用需求考虑副本一致性维护所导致的数据读写延迟，如基于 epoch 的提交和复制机制可以减少 2PC 和同步复制的开销、考虑自适应的副本存放策略来提高事务处理性能、为支持 OLTP/

OLAP 混合工作负载按数据类别考虑数据的一致性维护策略以及通过事务提交（如 2PC）和数据复制（如 Paxos 共识协议）功能集成来减少事务提交延迟等。

7. 大数据安全管理

为保证大数据库系统中数据的安全，需要综合考虑大数据库系统所在的网络安全、客户端访问安全、云中数据的安全、数据传输链路的安全，并考虑采用数据加密技术和数据隐私保护技术等，另外，结合区块链的数据可信及可验证等机制也是大数据管理所关注的关键技术。

8. 大数据管理基础理论

大数据管理技术是近几年提出的新需求，已有一些支持理论（如 CAP 等）和管理技术（如 LSM 树等），并提出了一些新的管理技术，如 key-value 数据模型与行列混合模型、分布式索引技术与基于 PM 技术、分布式事务与复制协议等，但还需要支持大数据管理的新的理论和技术，如类似于关系理论的基础理论、可串行化理论等新理论的提出。

1.6　本章小结

本章主要介绍了学习分布式数据库系统应具备的基础知识，给出了分布式数据库系统的相关概念，阐述了分布式数据库系统的特点和作用，介绍了已有的典型分布式数据库原型系统和分布式数据库系统中的关键技术。

集中式数据库系统知识是学习分布式数据库系统的基础。首先介绍了集中式数据库系统的基本概念，如数据库、数据库管理系统、数据库系统、模式等知识，为理解分布式数据库系统概念奠定了基础，还介绍了关系模式、关系代数和结构化查询语言（SQL）的相关知识，这些是后续学习分布式数据库系统的必备知识。

其次，介绍了分布式数据库系统自身的概念，以及其特有的相关概念，如场地或节点。针对分布式数据库中的数据分布在不同场地上而且是在网络环境下的特点，介绍了分布式数据库特有的数据透明性、系统透明性和场地自治性以及分布式数据库的作用、特点。

再次，分别从分布式数据库设计、查询处理、并发控制、可靠性、安全性方面给出了分布式数据库的核心研究问题，为后续学习和进一步深入研究提供了指导，并介绍了几个典型的分布式数据库原型系统，让读者对分布式数据库有了大概的认识。

最后，介绍了新的应用领域——大数据及其应用，包括大数据的类型、特点和处理过程，以及大数据管理的新模式，给出了分布式大数据库系统的关键技术：系统结构、存储与管理、查询处理、事务管理、负载均衡、复制管理、安全管理等。

习题

1. 简述分布式数据库系统同集中式数据库系统的主要区别。
2. 简述分布式数据库系统的优势与存在的不足。

3. 简述分布式数据库系统中所采用的关键技术。

4. 给出一个分布式数据库系统案例，针对该案例阐述分布式数据库系统的作用和特点。

5. 针对目前广泛存在的分布、海量、自治的 Web 数据资源，可否采用分布式数据库系统有效地管理它们，请阐述你的观点。

6. 结合一个具体案例，讨论大数据的 4 个特点。

7. 分析对比大数据的管理模式以及适用的场景。

8. 给出一个基于分布式数据库系统的大数据应用案例，讨论涉及的分布式数据库系统关键技术。

参考文献

[1] 郑振楣，于戈. 分布式数据库 [M]. 北京：科学出版社，1998.

[2] 周龙骧. 分布式数据库管理系统实现技术 [M]. 北京：科学出版社，1998.

[3] OZSU M T, VALDURIEZ P. 分布式数据库系统原理：第 2 版 [M]. 影印版. 北京：清华大学出版社，2002.

[4] 邵佩英. 分布式数据库系统及其应用 [M]. 北京：科学出版社，2005.

[5] 杜小勇. 大数据管理 [M]. 北京：高等教育出版社，2019.

[6] 施恩博格，库克耶. 大数据时代 [M]. 盛杨燕，周涛，译. 杭州：浙江人民出版社，2012.

[7] 李国杰. 大数据研究的科学价值 [J]. 中国计算机学会通讯，2012, 8(9):8-15.

[8] 马帅，李建欣，胡春明. 大数据科学与工程的挑战与思考 [J]. 中国计算机学会通讯，2012, 8(9):22-28.

[9] 周晓方，陆嘉恒，李翠平，等. 从数据管理视角看大数据挑战 [J]. 中国计算机学会通讯，2012, 8(9):16-21.

[10] 孟小峰，慈祥. 大数据管理：概念、技术与挑战 [J]. 计算机研究与发展，2013,50(1): 146-169.

[11] 程学旗，靳小龙，王元卓，等. 大数据系统和分析技术综述 [J]. 软件学报，2014,25（9）: 1889-1908.

[12] 李建中，刘显敏. 大数据的一个重要方面：数据可用性 [J]. 计算机研究与发展，2013,6: 1147-1162.

[13] 李凯. 数据库计算存储分离架构分析 [J]. PingCAP Infra Meetup NO.54, 2017.

[14] IDC. 数据时代 2025 [EB/OL]. https://www.chinastor.com/market/1221400/R018.html.

[15] 中国信息通信研究院. 大数据白皮书（2020 年）[R]. 北京：中国信息通信研究院，2020.

[16] AGRAWAL R, AILAMKAI A, BERNSTEIN P A, et al. The Claremont report on database research[J]. Communications of the ACM，2009, 52(8):56-65.

[17] BARBER R, HURAS M, LOHMAN G M, et al. Wildfire: concurrent blazing data ingest and analytics[C]//Proc. of SIGMOD, 2016: 2077-2080.

[18]　BENSON L, MAKAIT H, RABL T. Viper: an efficient hybrid PMem-DRAM key-value store[J]. PVLDB, 2021,14(9): 1544-1556.

[19]　Big data [EB/OL]. [2021-12-21]. http://en.volupedia.org/wiki/Big_data.

[20]　Borthaku D. The hadoop distributed file system: architecture and design[EB/OL]. [2021-12-21]. http://hadoop.apache.org/common/docs/r0.18.0 /hdfs_design.pdf.

[21]　CAO W, ZHANG Y Q, YANG X J, et al. PolarDB serverless: a cloud native database for disaggregated data centers[C]//Proc. of SIGMOD. New York: ACM, 2021: 2477-2489.

[22]　CHARAPKO A, AILIJIANG A, DEMIRBAS M. PigPaxos: devouring the communication bottlenecks in distributed consensus[C]//Proc. of SIGMOD. New York: ACM, 2021: 235-247.

[23]　CHAUDHRY N, YOUSAF M M. Architectural assessment of NoSQL and NewSQL systems[J]. Distributed and Parallel Databases, 2020, 38:881-926.

[24]　DAVOUDIAN A, CHEN L, LIU M. A survey on NoSQL stores[J]. ACM Computer Survey, 2018, 51(2):1-40.

[25]　DING J, NATHAN V, ALIZADEH M, et al. Tsunami: a learned multi-dimensional index for correlated data and skewed workloads[J]. PVLDB, 2021,14(2): 74-86.

[26]　DING J L, MINHAS U F, CHANDRAMOULI B. Instance-optimized data layouts for cloud analytics workloads[C]//Proc. of SIGMOD. New York: ACM, 2021: 418-431.

[27]　DONG X L，SRIVASTAVA D. Big data integration[M]. San Rafael: Morgan Claypool Publishers, 2015.

[28]　GILBERT S, LYNCH N. Brewer's conjecture and the feasibility of consistent, available, partition-tolerant web services[J]. ACM SIGACT News, 2002, 2:51-59.

[29]　HUANG H Y, GHANDEHARIZADEH S. Nova-LSM: a distributed, component-based LSM-tree key-value store[C]//Proc. of SIGMOD. New York: ACM, 2021: 749-763.

[30]　GAFFNEY K P, CLAUS R, PATEL J M. Database isolation by scheduling[J]. PVLDB, 2021,14(9): 1467-1480.

[31]　LIU G, CHEN L, CHEN S. Zen: a high-throughput log-free OLTP engine for non-volatile main memory[J]. PVLDB, 2021,14(5): 835-848.

[32]　DAYAN N, TWITTO M. Chucky: a succinct cuckoo filter for LSM-tree[C]//Proc. of SIGMOD. New York: ACM, 2021: 365-378.

[33]　LU Y, YU X Y. Epoch-based commit and replication in distributed OLTP databases[J]. PVLDB, 2021,14(5): 743-756.

[34]　LUO C, CAREY M J. Breaking down memory walls: adaptive memory management in LSM-based Storage Systems[J]. PVLDB, 2021,14(3): 241-254.

[35]　NoSQL[EB/OL]. [2021-12-21]. http://nosql-databases.org/.

[36]　PRITCHETT D. BASE: an acid alternative[EB/OL]. [2021-12-21]. http://queue.acm.org/

detail.cfm? id=1394128.

[37]   MAKRESHANSKI D, GICEVA J, BARTHELS C, et al. BatchDB: efficient isolated execution of hybrid OLTP+OLAP workloads for interactive applications[C]//Proc. of SIGMOD. New York: ACM, 2017: 37-50.

[38]   SADOGHI M, BHATTACHERJEE S, BHATTACHARJEE B, et al. L-store: a real-time OLTP and OLAP system[C]//Proc. of EDBT Vienna: EDBT Committees, 2018: 540-551.

[39]   MAIYYA S, NAWAB F, AGRAWAL D, et al. Unifying consensus and atomic commitment for effective cloud data management[J]. PVLDB, 2019,12(5): 611-623.

[40]   WANG J W, LI C, MA K, et al. AutoGR: automated Geo-replication with fast system performance and preserved application semantics[J]. PVLDB, 2021,14(9): 1517-1529.

[41]   YAN B Y, CHENG X T, JIANG B, et al. Revisiting the design of LSM-tree based OLTP storage engine with persistent memory[J]. PVLDB, 2021,14(10): 1872-1885.

[42]   ZHANG Y Q, RUAN C Y, LI C, et al. Towards cost-effective and elastic cloud database deployment via memory disaggregation[J]. PVLDB, 2021,14(10): 1900-1912.

第 2 章

分布式数据库系统的体系结构

要建立一个分布式数据库系统,首先要考虑系统的体系结构。系统的体系结构用于定义系统的结构,包括组成系统的组件,定义各组件的功能及组件之间的内部联系和相互作用。通常,可以从三个不同的角度来描述一个分布式数据库系统的体系结构,分别为基于层次结构的描述方法、基于组件结构的描述方法和基于数据模式结构的描述方法。基于层次结构的描述方法依据系统不同层次的功能描述系统的构成。基于组件结构的描述方法定义系统的构成组件及组件之间的关系。基于数据模式结构的描述方法定义不同的数据类别结构及相互关系,并为相应应用定义不同的视图。为了有效而全面地描述一个系统的体系结构,通常需要从上述三个不同的描述角度来审视它,即结合三种描述方法来全面定义一个系统的体系结构。

通常,一个分布式数据库管理系统为用户提供 SQL 查询语言,可透明地访问和更新网络环境下的多个数据库。这种访问数据透明性是通过全局模式隐藏局部数据库的异构性来实现的。从逻辑上看,分布式数据库系统相当于一个集中的数据库服务器,支持全局模式并实现分布式数据库管理技术(如查询处理、事务管理、一致性管理等)。分布式数据库系统使用户可受益于集中控制的应用简洁性和类似于集中式数据库的数据管理能力。然而,采用集中控制机制的分布式数据库系统具有数据库组件数量受限的局限性,制约了其性能的进一步提高。为此,可采用多数据库集成技术和并行数据库技术,以此来扩展和补充传统分布式数据库系统的数据管理能力。例如:数据库集成系统基于简单的查询语言以只读方式访问 Internet 上的数据源,并行数据库系统通过应用多个计算机节点处理数据库分片达到提高事务吞吐率和减少查询响应时间的目的,可使分布管理的数据源或数据分区扩展到数百个。

本章将讨论分布式数据库系统的体系结构和相关的分布式数据库系统实例。首先,介绍分布式数据库系统的体系结构,以及实现分布式数据库系统所采用的客户/服务器体系结构;其次,介绍典型的分布式数据库的模式结构;再次,详细介绍分布式数据库系统的软件组件结构及功能;接着,介绍数据库集成和多数据库系统;之后,分别给出了分布式数据库系统的分类和元数据管理方法,以及 Oracle 分布式数据库系统的体系结构;最后,结合典型系统,介绍了分布式大数据库管理系统的分类及相应的体系结构。

2.1　DDBS 的物理结构和逻辑结构

分布式数据库系统（DDBS）是依托于网络环境对分布、异构、自治的数据进行全局统一管理的系统。全局数据库通过分片技术和副本复制技术将数据分散存储在各物理场地上。分布式数据库系统具有一般数据库系统提供的典型功能，包括模式管理、访问控制、查询处理和事务支持等。由于分布式数据库系统需要处理数据库的分布特性，比传统的集中式数据库的实现复杂很多，因此大多数实际系统只是实现了部分功能。

典型的分布式数据库定义为：分布式数据库是一个数据集合，这些数据在逻辑上属于同一个系统，但物理上却分散在网络的不同场地上，各个局部场地上的数据支持本地的应用任务，并且每个场地上的数据至少能部分支持一个全局应用任务。该定义强调了分布式数据库的两个重要特点：分布性和逻辑相关性。

图 2.1 给出了典型的 DDBS 的实现场景。其中，不同地域的计算机或服务器分别控制本地数据库及各局部用户；局部计算机或服务器及其本地数据库组成了此分布式数据库的一个场地或称一个成员数据库；各场地用通信网络连接起来，网络可以是局域网或广域网。

将整个分布式数据库系统看成一个单元，由一个分布式数据库管理系统（DDBMS）来管理，支持分布式数据库的建立和维护；局部数据库管理系统（LDBMS）类似于集中式数据库管理系统，用来管理本场地的数据，并且各个局部数据库（LDB）的数据模式相同。分布式数据库系统的逻辑结构如图 2.2 所示。

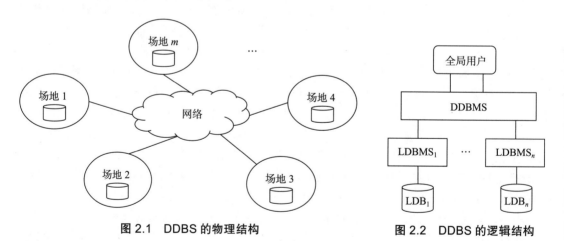

图 2.1　DDBS 的物理结构　　　　　　图 2.2　DDBS 的逻辑结构

2.2　DDBS 的体系结构

在系统实现上，典型的数据库系统的体系结构为客户/服务器模式，即从层次上将数据库系统的功能划分为客户端功能和服务器端功能。客户端为用户提供数据操作接口，而服务器端为用户提供数据处理功能。分布式数据库系统按系统的功能层次也可以描述为客户 / 服务器结构。

2.2.1　基于客户 / 服务器结构的体系结构

典型的客户 / 服务器体系结构是两层基于功能的体系结构，分为客户端功能和服务器端功能。分布式数据库的全局数据分布于多个不同的场地（数据服务器），由服务器完成绝大部分的数据管理功能，包括查询处理与优化、事务管理、存储管理等。在客户端，除了应用和用户接口外，还包括管理客户端的缓存数据和事务封锁、用户查询的一致性检查以及客户与服务器端之间的消息通信等。典型的基于三层客户 / 服务器结构的分布式数据库系统的体系结构如图 2.3 所示，对用户来讲，AP 为服务器端，对 DP 来讲，AP 为客户端，DP 为服务器端。实际上，根据具体的应用需求，可构建不同的基于客户 / 服务器体系结构的分布式数据库系统。

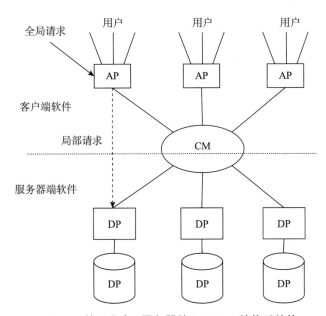

图 2.3　基于客户 / 服务器的 DDBMS 的体系结构

AP：应用处理器，用于完成客户端的用户查询处理和分布数据处理的软件模块，如：查询语句的语法、语义检查、完整性和安全性控制；根据外模式和模式把用户命令翻译成适合局部场地执行的规范化命令格式；处理访问多个场地的请求，查询全局字典中的分布信息等；负责将查询返回的结果数据从规范化格式转换成用户格式。

DP：数据处理器，负责进行数据管理的软件模块，类似于一个集中式数据库管理系统，如：根据模式和内模式选择通向物理数据的最优或近似最优的访问路径；将规范化命令翻译成物理命令，并发地执行物理命令，并返回结果数据；负责将物理格式数据转换成规范化的数据格式。

CM：通信处理器，负责为 AP 和 DP 在多个场地之间传送命令和数据，保证数据传输的正确性、安全性和可靠性，保证多个命令消息的发送次序和接收次序一致。

根据不同的应用需求可以构建不同的客户/服务器结构的系统，如图 2.4 所示。单 AP、单 DP 系统结构属于集中式数据库系统结构；多 AP、单 DP 系统结构属于网络数据库服务器系统结构；单 AP、多 DP 系统结构属于并行数据库系统结构；多 AP、多 DP 系统结构为典型的分布式数据库系统结构。另外，在 AP 与 DP 的功能配置上，可以是瘦客户端/胖服务器方式，也可以是胖客户端/瘦服务器方式。

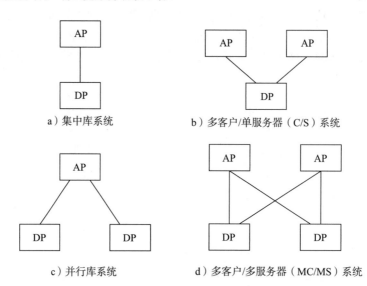

图 2.4   基于客户/服务器功能的不同系统的体系结构

2.2.2   基于"中间件"的客户/服务器结构

传统的客户/服务器结构是由全局事务管理器统一协调和调度事务的执行，属于紧密耦合模式，导致系统复杂度高、资源利用率低。为此，目前的分布式数据库系统均采用基于"中间件"的客户/服务器模式，由中间件桥接客户端和服务器端的功能，使客户端和服务器之间具有松散的耦合模式。目前，不同的分布式数据库系统采用不同的"中间件"软件，典型的如：Oracle 采用数据库连接（Database Link）实现分布式数据库间的协同操作；DB2 应用 DB2 Connect 服务实现多数据库的分布式连接（join）；Sybase 应用 OmniCONNECT 或 DirectCONNECT 中间件模块实现多数据源的透明连接；Microsoft SQL Server 通过 OLE DB 访问多异类数据源。

尽管目前并没有支持商用分布式数据库系统的统一的中间件软件，但它们都是基于中间件思想的实现，是典型的基于"中间件"的客户/服务器结构，其功能结构如图 2.5 所示。

数据库中间件是三层体系结构的中间层，不仅可以隔离客户端和服务器端，还可以分担服务器的部分任务，平衡服务器的负载。数据库中间件的核心功能包括以下几个方面。

- 客户请求队列，负责存放所有从客户应用处理器（AP）发来的数据请求，同时缓存客户的响应结果。
- 负载平衡监测模块，负责监控数据库服务器（DP）的状态及性能，为数据库中间件的调度提供依据。
- 数据处理模块，负责处理从数据库返回的数据，按照一定的规范格式将数据传送给客户应用处理器（AP）。
- 数据库管理器，负责接收客户请求队列中的客户请求，调用相应的驱动程序管理器，完成相应的数据库查询任务。
- 驱动程序管理器，负责调度相应的数据库驱动程序，实现与数据库的连接，用于支持不同型号的数据库。
- 数据库连接池，负责建立与物理数据库的连接。当客户请求队列中存在等待连接的作业时，数据库连接管理器检查数据库连接池中是否有空闲的相同连接。如果存在相同的空闲连接，则映射该连接，否则判断是否达到最大的数据库连接数。如果没有达到最大连接数，则创建一个新连接并映射该连接，否则循环等待。

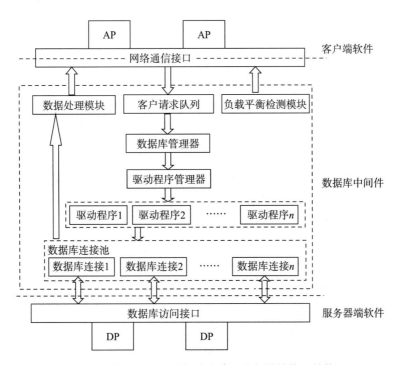

图 2.5　基于"中间件"的客户 / 服务器的体系结构

2.3   DDBS 的模式结构

模式结构是典型的基于数据的描述方法。ANSI-SPARC 于 1975 年最先提出了 ANSI-SPARC 集中式数据库的三层模式结构（如图 1.4 所示），即一种数据库的系统参考模型。尽管 ANSI-SPARC 体系结构不是正式的标准，但大多数商用数据库系统都遵循该体系结构。根据 ANSI-SPARC 体系结构，图 2.6 给出了一个通用的分布式数据库的模式结构。

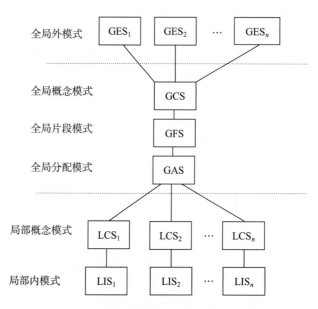

图 2.6   分布式数据库通用的模式结构

由于各个分布式数据库对系统的数据独立性要求不同，因此分布式数据库的抽象层次也可能不同。类似于上述通用的参考模式结构，图 2.7 给出了一种抽象的四层模式结构，分别为全局外层、全局概念层、局部概念层和局部内层。模式与模式之间是映射关系。具体说明如下：

1. 全局外模式（GES）

全局外层为全局外模式，即全局用户视图。通常采用视图定义全局外模式，是分布式数据库系统的全局用户对分布式数据库的最高层抽象。全局用户使用全局用户视图时，不必关心数据的分片和具体的物理分配细节，即具有分布透明性。

2. 全局概念模式（GCS）

全局概念模式是分布式数据库的整体抽象，包含全部数据特性和逻辑结构。像集中式数据库中的概念模式一样，全局概念模式是对数据库全体的描述。全局概念模式经过分片模式和分配模式映射到局部概念模式。

- 分片模式描述全局数据的逻辑划分，即根据某种条件对全局数据逻辑结构进行的划分，将全局数据逻辑结构划分为局部数据逻辑结构。每一个逻辑划分被定义为一个分片。在关系数据库中，一个关系中的一个子关系称该关系的一个片段。分片模式实现了分片透明性。

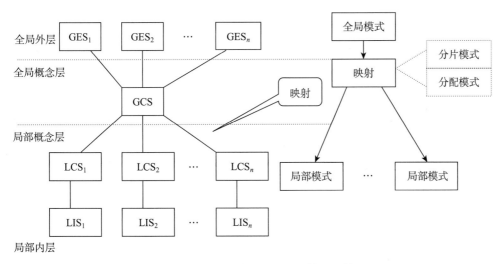

图 2.7　分布式数据库的四层模式结构

- 分配模式描述局部数据逻辑的局部物理结构，即划分后的片段的物理分配视图。分配模式有一对多和一对一两种：一对多为一个片段分配到多个场地上；一对一为一个片段只分配到一个场地上。分配模式实现了复制透明性。

3. 局部概念模式（LCS）

局部概念模式是全局概念模式的子集，用于描述局部场地上的局部数据逻辑结构。全局概念模式经逻辑划分后，得到的局部概念模式被分配到各个局部场地上，当全局数据模型与局部数据模型不同时，还涉及数据模型转换等内容。

4. 局部内模式（LIS）

局部内模式定义局部物理视图，是对物理数据库的描述，类似于集中数据库的内层。

无论是分布式数据库的通用模式结构还是四层模式结构，都描述了分布式数据库是一组用网络连接的局部数据库的逻辑集合。它将数据库分为全局数据库和局部数据库。全局数据库到局部数据库由 $1:N$ 映射模式描述。全局数据库是虚拟的，由全局概念层描述。局部数据库是全局数据库在各个场地上存储的实际数据，由局部概念层和局部内层描述。

分布式数据库可描述为虚拟的全局数据库和局部场地数据库的逻辑集合。全局数据库到局部数据库由分片模式和分配模式映射描述。全局用户只关心全局外层定义的数据库用户视图，其内部数据模型的转换、场地分配等均由系统自动实现。

2.4 DDBS 的组件结构

上面分别描述了 DDBS 的层次结构、实现结构和模式结构。本节介绍 DDBS 的软件组成结构，即基于组件结构的系统结构，并对各个组件模块的功能进行简要的介绍，如图 2.8 所示。

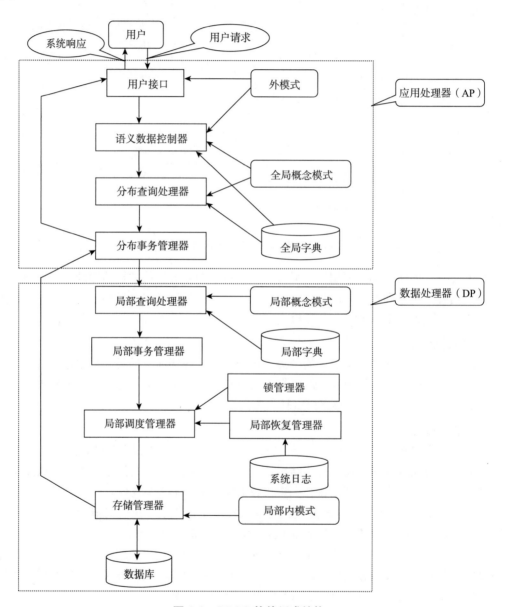

图 2.8　DDBS 软件组成结构

1. 应用处理器功能

应用处理器功能主要包括用户接口、语义数据控制器、分布查询处理器、分布事务管理器和全局字典管理。

- 用户接口负责检查用户身份，接收用户命令，如 SQL 命令。
- 语义数据控制器负责视图管理、安全控制、语义完整性控制等。
- 分布查询处理器负责将用户命令翻译成数据库操作；进行分布查询处理与优化，并生成分布查询的分布执行计划；收集局部执行结果并返回给用户。
- 分布事务管理器负责调度、协调和监视 AP 和 DP 之间的分布执行；保证复制数据的一致性；保证分布事务的原子性。
- 全局字典负责为语义数据控制器、分布查询转换的模式映射以及分布查询处理提供数据信息。

2. 数据处理器功能

数据处理器功能主要包括局部查询处理器、局部事务管理器、局部调度管理器、局部恢复管理器、存储管理器和局部字典管理。

- 局部查询处理器负责实现分布查询命令到局部命令的转换，局部场地内的存取优化，选择效率最优的路径执行数据存取操作。
- 局部事务管理器以局部子事务为单位调度执行，保证子事务执行的正确性。
- 局部调度管理器负责局部场地上的并发控制，按可串行化原则调度和执行数据操作。
- 局部恢复管理器负责局部场地上的故障恢复，维护本地数据库的一致性。
- 存储管理器按调度命令访问数据库，进行数据缓存管理，返回局部执行结果。
- 局部字典负责为数据局部查询处理与优化提供数据信息。

2.5　多数据库集成系统

多数据库集成系统不同于分布式数据库系统。分布式数据库系统是自上而下地设计数据库，可灵活地进行分片和分配设计，用户可得益于其"集中控制"和分布式数据处理能力。分布式数据库系统中的一个独立的数据处理单元（如一个场地上的局部数据库系统或集群系统）称为成员数据库。分布式数据库系统具有成员数据库数量的限制，通常限于十几个。而多数据库集成系统通过限制数据管理能力（如限定为只读），可将局部数据库数量扩展到数百个。在多数据库集成系统中，通常数据和数据库已存在，自下而上地集成各个局部场地上的数据。多数据库集成系统的主要目的是支持集成地访问各数据库中的异构数据，即数据集成。通常，多数据库集成系统并不支持分布式数据库系统中的事务管理和多副本复制管理等功能。

2.5.1　数据库集成

典型的数据库集成技术是把来自多个数据库中的数据进行集成，实现信息共享，并对用户应用透明。可共享的局部数据库的概念模式称为局部概念模式，异构的局部概念模式经过异构消解后转换为局部集成模式，通过对局部集成模式的集成而提供给用户的统一概念模式为全局概念模式。数据库集成模式的模式结构如图 2.9 所示。"模式翻译"实现局部概念模式到局部集成模式的映射，解决了局部模式间的异构问题，是数据库集成的关键。"模式集成"通过局部集成模式到全局概念模式的映射，实现数据库的集成。

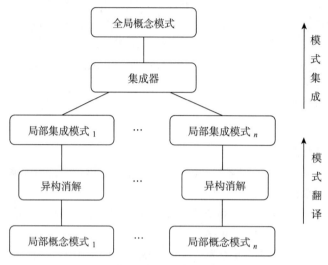

图 2.9 数据库集成模式的模式结构

全局数据模型是支持数据库集成系统的用户接口的基础，一般采用人们熟悉的关系模型或扩展的关系模型。对于复杂的数据库集成应用，要求能够捕捉现实世界中更丰富的语义，可采用语义更丰富的语义模型，如面向对象（OO）模型。

公共数据模型和公共数据语言是数据库集成系统实现异构性同化的基础，需要选择一个合适的公共数据模型和公共数据语言。要求公共数据模型尽可能简单，便于数据库集成系统中各个成员数据库的数据模型和数据语言与公共数据模型和公共数据语言的转换，并且方便表达和处理数据库集成系统的数据，如采用人们熟悉的关系数据模型和 SQL 语言为公共数据模型和公共数据语言。

通常，实现数据库集成的方法可归纳为两类：数据仓库方法和包装器 / 协调器（Wrapper/Mediator）方法。数据仓库方法是将各个数据源中的数据按照预先定义的公共数据模型从各个数据源中抽取与转换，并存储于数据仓库中。用户直接对数据仓库中的数据进行查询。该方法适用于遗产数据源数目不是很多的企业。但当各个遗产数据源中的数据更新时，需要将更新的数据装载到数据仓库中，这导致更新维护代价较大。

包装器 / 协调器方法是目前比较流行的数据库集成方法。该方法是基于协调模式（也称为全局模式或公共数据模型）对各个数据源定义相应的包装器 / 协调器。基于协调模式的用户查询到来时，协调器将基于协调模式的用户查询转换为面向各个数据源的查询请求，查询执行引擎通过各个数据源的包装器将结果抽取出来，并将结果集成返回给用户。包装器负责将各数据源中的数据转换为满足协调模式的数据。各个数据源中数据存在于源数据库中，而不必抽取到数据仓库中。但该种方法需要针对每一个数据源定义一个相应的包装器，当参与数据集成的数据源数量较多时，限制了数据集成的灵活性，因为该方法忽略了数据源之间的互操作性。

为此，在数据库集成中，提出了基于视图回答查询（view-based query-answering）的思想。目前，广泛采用 LAV（Local-As-View）和 GAV（Global-As-View）方法来模型化源数据内容和用户查询。

LAV 方法基于各个数据源定义视图，协调器或中间件系统通过综合不同的数据源视图来决定如何回答查询。该方法适合于数据源数量较多的数据集成环境，如 Web 数据库集成系统。在集成过程中，通常需要选择合适的数据源中的数据进行集成。GAV 方法基于协调模式定义各数据源的视图。用户查询时，直接作用于协调模式，由协调器实现查询重写和数据集成。

2.5.2　多数据库系统

多数据库系统（Multi-DataBase System，MDBS）是在已经存在的数据库系统（称为局部数据库系统，LDBS）的基础上为用户提供一个统一的存取数据的环境，主要目的是解决异构数据库的互操作问题。一个 MDBS 由一组独立发展起来的 LDBS 组成，并在这些 LDBS的基础上为用户建立一个统一的存取数据的层次、提供一个统一的全局视图，使用户像使用一个统一的数据库系统一样使用 MDBS，而不需要改变 LDBS。MDBS 屏蔽了各个 LDBS 的分布性和异构性，并保持各个 LDBS 的自治性，从而各个 LDBS 的用户（局部用户）仍然可以对相应的 LDBS 进行访问。若 LDBS 之间存在异构性，则称为异构多数据库系统。LDBS可以全部存在于同一个场地，也可以分布于多个不同的场地。LDBS 分布于多个不同场地的多数据库系统称为分布式多数据库系统。由于 MDBS 中的 LDBS 具有自治性，因此加入多数据库系统的 LDBS 上的原有应用程序不受任何影响，并且这些 LDBS 上的局部事务不被MDBS 所知和控制。简化的 MDBS 的逻辑结构如图 2.10 所示，其中，MDBMS 为多数据库管理系统，LDBMS 为局部数据库管理系统。

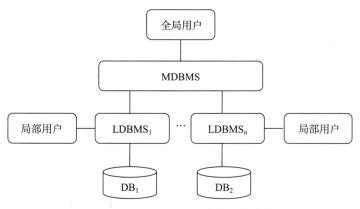

图 2.10　多数据库系统的逻辑结构

联邦数据库系统（Federated DataBase System，FDBS）是一个彼此协作却又相互独立的成员数据库系统（也称局部数据库系统）的集合，它可将成员数据库系统按不同程度进行集成，并对其进行整体控制和协同操作。MDBS 与 FDBS 是两个非常相近的概念，组成它们的成员数据库都可以是异构的，并且每一个成员数据库系统自身都可以是一个 DDBS。FDBS 和 MDBS 的典型区别是集成成员数据库系统的方法不同和成员数据库系统的自治性不同。FDBS 更强调底层数据库的异构性及自治性，但对底层数据库之间的互操作能力要求较弱；而 MDBS 恰恰相反，底层数据库的异构性较小，甚至要求为同构数据库，但对系统的互操作能力要求较强。通常，MDBS 采用传统的 DDBS 技术，基于全局模式实现异构集成；在 FDBS 中无全局模式，而是面向应用定义多个联邦模式，多个联邦模式共存于需要互操作的成员数据库系统中，允许部分和可控的数据共享。目前越来越多的文献中已不区分 FDBS 和 MDBS 这两个概念，认为这两个概念实际上指的是同一类数据库系统。

DDBS 和 MDBS 都可以称为非集中的多数据库系统，因为它们都由成员数据库系统组成，并且每一个成员数据库都具有定义完好的数据库模式，基于公共模式实现局部数据库模式的集成，并实现成员数据库中数据的操作。但 DDBS 中，公共模式是预先定义好的，而 MDBS 中的全局模式或公共模式是成员数据库系统协调的结果。MDBS 与 DDBS 的区别主要在于：在 DDBS 中，整个数据库系统被看成一个统一的单位，由一个 DBMS 来管理，DBMS 能够自动对查询进行优化和更新数据库，各个成员数据库系统的数据模式相同，通常不存在局部用户；在 MDBS 中，整个数据库系统被看成由多个已存在的 LDBS 组成，每个 LDBS 由各自自治的 DBMS 来管理，各个成员数据库系统的数据模式可能不同，需要进行转换处理，需要特殊的查询优化策略处理异构性和动态性，既存在全局用户也有局部用户。

1. 多数据库系统的模式结构

DDBS 的全局概念模式（GCS）是整个数据库的概念模式，是所有局部概念模式（LCS）的集合。而 MDBS 的全局概念模式是可共享的各个局部概念模式的集合，并不是所有局部概念模式的集合，甚至 MDBS 可以没有全局概念模式。因此，将 MDBS 的体系结构分为具有全局概念模式的 MDBS 和不具有全局概念模式的 MDBS。

具有全局概念模式的 MDBS 的全局概念模式由局部概念模式组成，全局外模式由局部自治数据库的外模式（LES）和基于全局概念模式定义的全局外模式（GES）组成，如图 2.11 所示。

不具有全局概念模式的 MDBS 存在多个联邦模式，多个联邦模式是由可共享的各局部概念模式面向相应的应用所定义的。如图 2.12 所示，灰色部分（LES）为 MDBS 定义的多个联邦模式。

2. 多数据库管理系统（MDBMS）的软件结构

多数据库管理系统由多个完全独立的数据库管理系统组成，各个数据库管理系统各自管理不同的数据库。多数据库管理系统通过运行在这些独立的成员数据库管理系统之上的一层软件来支持对各个不同数据库的访问。图 2.13 为一种分布式多数据库管理系统的软件实现结构。

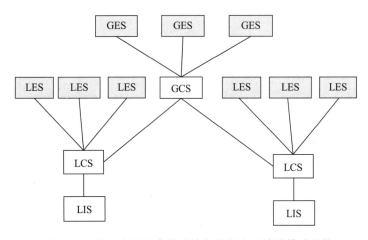

图 2.11   具有全局概念模式的多数据库系统的模式结构

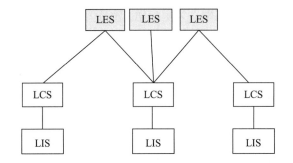

图 2.12   不具有全局概念模式的多数据库系统的模式结构

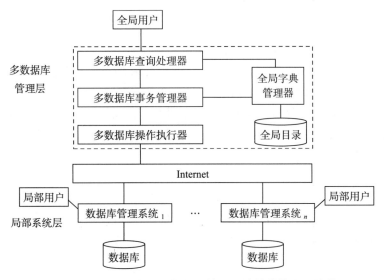

图 2.13   一种分布式多数据库管理系统的软件实现结构

2.6　DDBS 的分类

所有的分布式数据库系统，如 DDBS、MDBS、FDBS，都与传统的分布式数据库具有相同的特性：分布性、自治性和异构性。为全面、系统地对分布式数据库系统进行分类，基于传统的分布式数据库的三个特性（分布性、异构性、自治性）组成的三维空间图来描述 DDBS 的类型。分布性是指从集中（非分布）的体系结构（D_0）到基于客户 / 服务器模式的半分布的体系结构（D_1），再到全分布的体系结构（D_2）。自治性是指从零自治（紧耦合集成）（A_0）到半自治（松散集成）（A_1），再到全自治（完全独立）（A_2）。异构性是指从零异构（同构系统）（H_0）到全异构（H_1）。

2.6.1　三个基本特性

非集中数据库系统的特性

传统的非集中数据库系统指 DDBS、MDBS 和 FDBS，它们都由成员数据库组成，基于全局模式、联邦模式，在 LDBS 基础上为用户建立一个统一的访问 LDBS 中数据的层次，使得用户像使用一个统一的数据库系统一样使用它们。它们都具有分布性、异构性、自治性三个典型特性，具体说明如下。

（1）分布性

分布性是指系统的各组成单元是否位于同一场地上。DDBS 和 MDBS 都是物理上分散、逻辑上统一的系统，即具有分布性。集中式数据库系统因为集中在一个场地上，所以不具有分布性。

（2）异构性

异构性是指系统的各个组成单元是否相同，若不同则称为异构，若相同则称为同构。异构主要指以下三个方面。

- 数据异构性：指数据在格式、语法和语义上存在不同。
- 数据库系统异构性：指各个场地上的局部数据库系统是否相同。如：均采用 Oracle 关系数据库系统的同构数据系统，或某些场地采用 Oracle 关系数据库系统而某些场地采用 XML 数据库系统的异构数据库系统。
- 平台异构性：指支持分布式数据库系统的计算节点是否相同。如：均为由微机计算节点组成的平台系统称为同构系统，而由微机和小型机等不同计算节点构成的平台系统成为异构系统。

（3）自治性

自治性是指每个场地的独立自主能力。自治性通常由 1.2.5 节所述的设计自治性、通信自治性和执行自治性三方面来描述。根据系统的自治性，可分为集中式数据库系统、联邦数据库系统和多数据库系统。

2.6.2 DDBS 的分类图

我们根据系统的自治性（A）、分布性（D）和异构性（H）三个特点描述分布式数据库的类别，如图 2.14 所示。根据实际应用情况，针对如下几点进行讨论。

- 单场地同构集成系统（A_0,D_0,H_0）：是最紧密的集成系统，可被看作是建立在共享内存和硬盘基础上的单处理机或多处理机系统。
- 分布式同构数据库系统（A_0,D_1,H_0）：具有集成视图和分布特性，可被看作典型的客户 / 服务器模式系统，也可被看作同构的分布式数据库系统。同构的分布式数据库系统是典型的自上而下设计的分布式数据库系统。
- 分布式异构数据库系统（A_0,D_1,H_1）或（A_0,D_2,H_1）：与同构的分布式数据库系统比较，组成分布式数据库的成员数据库系统是异构的，在进行查询处理和优化时可能需要进行相应的转换。（A_0,D_1,H_1）和（A_0,D_2,H_1）主要区别于系统组成单元的异构性。
- 单场地或分布式异构联邦数据库系统（A_1,D_0,H_1）或（A_1,D_1,H_1）：用于自下而上地实现对已有自治、异构数据库系统的集成，并为用户提供集成视图，是当今解决异构数据集成普遍采用的集成方法。
- 单场地或分布式异构多数据库系统（A_2,D_0,H_1）或（A_2,D_1,H_1）：用于实现自治、异构数据库系统集成的又一种解决方法。多数据库系统管理模式同分布式数据库系统主要是在自治性方面存在差别。

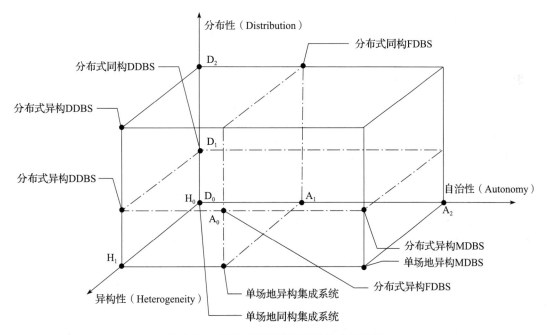

图 2.14 分布式数据库系统的分类示意图

2.7 元数据的管理

元数据是描述基本数据的数据（如数据模式、创建者、修改日期等），由数据字典来管理。因此，数据字典是联系用户和系统管理员的重要工具，是设计、维护分布式数据的重要组成部分，也是进行分布式数据系统优化的重要依据。数据字典是存放与系统有关的元数据和各种控制信息的数据库。

2.7.1 数据字典的主要内容和用途

在基于关系的分布式数据库中，数据字典也是以关系的形式存放在数据库中。这些关系由系统建立，称为系统表，供系统使用，用户只具有查询权限。数据字典的主要内容包括：全局模式描述；分片定义描述；分配定义描述；局部名映射；存取方法描述；数据库的统计信息（有关数据库的特征参数）；完整性信息；存取控制信息；状态信息（各场地上事务运行的状态、与死锁的预防和检测及故障恢复相关的信息）；数据转换信息（不同数据语言、协议、命令之间的转换信息）；数据命令格式；系统描述（各场地上的软硬件配置以及处理能力信息）；数据容量（记录数据文件所占用的空间）。数据字典协同分布式数据库系统，将用户对数据的逻辑查询转换为实际的物理查询，并验证用户的合法权限和对数据的访问控制权限，保证合法用户能正确而有效地访问数据库中的数据。数据字典的用途主要体现在如下几个方面。

- 设计：系统设计人员根据字典中提供的系统需求信息、场地配置信息以及数据库统计信息，定义各级模式、推导出数据分布、数据流程和设计评价。
- 翻译：将在不同的透明层次上的用户数据映射成单一的物理数据。
- 优化：为生成存取计划提供可用的数据分配、存取方法和统计信息。
- 执行：提供分布式事务分析、分解、处理所需要的必要信息，并依据数据字典确定存取计划的合法性和存取访问控制。
- 维护：依据系统数据字典中有关系统运行过程中的各种性能因素，维护和调整系统中的各种参数，提高系统运行效率。

2.7.2 数据字典的组织

分布式数据库中的数据字典有多种分类，主要分为：集中式字典、全复制式字典、局部式字典和混合式字典。

集中式字典又分为单一主字典方式和分组主字典方式。单一主字典方式是将整个数据字典存放在一个场地上进行统一管理，其存在的不足是存放主字典的场地负担重，可能成为性能瓶颈。分组主字典方式是将系统场地分为若干个组，每一组设置一个主字典。

全复制式字典是每一个场地都存放一个完整的全局字典。其优点是可靠性高、查询响应速度快，存在的不足是存在数据冗余，不利于系统扩充以及场地自治性较高的场合。

局部式字典是将全局字典分割后，存于各场地上。各场地只含有部分全局字典。优点是利于场地自治性的场合，维护代价小，不足是增加了字典查找和转换开销等。

　　混合式字典是根据实际应用场景的需要，由以上几种方式共存的方式实现。

　　数据字典的组织图由类型（局部或全局）、位置（分布或集中）、复制的三维立体图来描述，如图 2.15 所示。

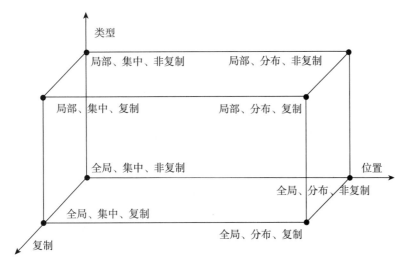

图 2.15　数据字典的组织图

2.8　Oracle 系统体系结构介绍

　　现在的 Oracle、DB2、SQL Server 等商业数据库产品均不同程度地支持分布式数据库的特性。本书将以 Oracle 为例，介绍分布式数据库相关理论的具体实现技术。

2.8.1　Oracle 系统体系结构

　　Oracle 数据库系统主要包括两个组成部分，即实例（Instance）和数据库（Database），如图 2.16 所示。在这里，数据库指的是物理操作系统文件或磁盘的集合。而实例是一组 Oracle 系统后台进程 / 线程以及一个共享内存区，这些内存由同一台计算机上运行的线程 / 进程所共享。Oracle 实例中维护易失的、非持久性内容。

　　Oracle 实例主要由系统全局共享区（SGA）和一组系统后台进程组成。系统全局共享区中包括共享池（Shared Pool）、数据库缓冲区（Database buffer cache）、大池（Large Pool）、Java 池（Java Pool）、流池（Streams Pool）以及重做日志缓冲区（Redo log buffer cache）。系统后台进程包括进程监视器（PMON）、系统监视器（SMON）、数据库块写入器（DBWR）、日志写入器（LGWR）、检查点进程（CKPT）、归档日志进程（ARC）、闪回数据库恢复写进程（RVWR）和分布式事务恢复进程（RECO）。

　　数据库中的文件主要包括参数文件（Parameter file）、密码文件（Password file）、数据文件（Data file）、控制文件（Control file）、重做日志文件（Redo log file）和归档日志文件（Archived log file）。

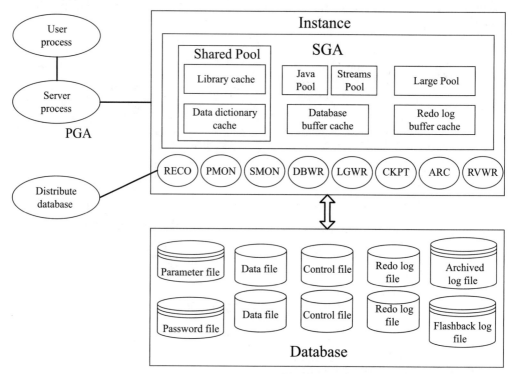

图 2.16　Oracle 数据库系统体系结构

　　用户进程通过连接到 Oracle 系统程序全局共享区内的服务器进程，来访问 Oracle 中的内存和文件中的内容。对于分布式环境，Oracle 启用 RECO 进程来管理 2 阶段分布式事务的恢复。

2.8.2　Oracle 中实现分布式功能的组件

　　Oracle 支持多种形式的分布式数据库组件或功能，例如数据库链、异构服务、透明网关代理、通用连接、高级复制、流复制和数据库分片等，这些组件共同支持 Oracle 的异构、高可用、分布式数据库架构，下面将简单介绍这些功能和组件。

　　数据库链（Database Link，DBLink）：数据库链是一个指针，定义从一个 Oracle 数据库服务器到另一个 Oracle 数据库服务器的单向通信路径。通过数据库链，本地用户可以访问远程数据库中的数据。所谓单向指的是，如果数据库 A 上定义了一个指向数据库 B 的数据库链，那么 A 上的特定用户可以访问远程数据库 B 上的信息，反之则不成立。如果 B 上的用户要访问 A 上的信息，则必须定义一个从 B 指向 A 的数据库链。

　　异构服务（Heterogeneous Service，HS）：异构服务是集成于 Oracle 服务器内的组件，

是 Oracle 透明网关产品套件中的使能技术。HS 为 Oracle 网关产品以及其他的异构访问工具提供了通用的体系结构和管理机制。此外，它还为 Oracle 透明网关的其他发行版本提供向上兼容的功能。

透明网关代理（Transparent Gateway Agent）：当访问一个非 Oracle 数据库系统时，异构服务使用透明网关代理实现与指定的非 Oracle 数据库系统的接口。不同的数据库系统，指定代理的类型不同。透明网关代理的作用是使 Oracle 数据库和非 Oracle 数据库系统之间相互通信，并代替 Oracle 服务器在非 Oracle 数据库系统上执行 SQL 和事务请求。

通用连接（Generic Connectivity）：通用连接通过使用异构服务的 ODBC 代理或 OLE DB 代理，连接到非 Oracle 数据库上的数据。二者作为标准功能分装在 Oracle 产品中，任何符合 ODBC 或 OLE DB 标准的数据源，均可通过使用通用连接代理被访问。通用连接的优势是不需要购买或配置一个单独的特定系统的代理，而可以使用 ODBC 或 OLE DB 驱动程序做访问接口。然而，某些数据访问的特性是仅由透明网关代理所提供的。

高级复制（Advanced Replication）：利用复制技术可以在不同的场地之间传递数据，实现数据的冗余和备份。在分布式数据库环境下，通过将共享数据复制到位于不同地点的多个数据库中，实现数据的本地访问，减少了网络负荷，并提高了数据访问的性能，通过对数据库中的数据定期同步，确保了用户使用一致的、最新的数据，并且通过多个复本保证了数据的可用性。该技术适用于用户数量较大、地理分布较广而且需要实时访问相同数据的应用模式。

Oracle 利用高级复制和流复制等组件实现分布式环境下的数据复制技术。Oracle 高级复制组件利用复制组（Replication Group）来组织和管理需要同步到其他场地的数据库对象。高级复制组件支持两种类型的复制场地：主场地（Master Site）和物化视图场地（Materialized View Site）。Oracle 利用物化视图实现不同场地间数据的复制与同步。

流复制（Oracle Streams）：Oracle Streams 是 Oracle 9i 开始提供的数据共享、复制、加载组件。Oracle Streams 中被传递的信息以消息（message）为单位，通过消息的获取、存储、传播和消费实现信息在数据库之间的传递。与高级复制中所使用的物化视图技术不同，Oracle Streams 通过挖掘日志信息获取数据库中的 DML 和 DDL 改变，并封装成消息，传递到目标数据库中。目标数据库解析消息队列中的消息，并将源数据库中所做的改变恢复到目标数据库中，从而实现数据的复制与同步。

Hadoop 装载器（Oracle Loader for Hadoop）：随着大数据时代的到来，传统的集中式数据保存方式已经不能满足海量数据存储的需要，越来越多的数据被保存在 Hadoop 等分布式文件系统结构中。Oracle 12c 版本提供了访问 Hadoop 数据的最新功能。Hadoop 装载器是 Oracle 12c 新引入的大数据组件，它可以利用 JDBC 或 OCI 接口在线访问 Hadoop 系统中 Reducer 节点的运行结果，也可以离线地将 Reducer 节点的结果加载到 Oracle 数据库可以访问的位置。利用 Hadoop 装载器，可以将数据库服务器处理压力分流到 Hadoop 系统中，提供数据预处理、数据格式转换、数据排序等功能。

Hadoop 分布式文件系统直接连接器（Oracle Direct Connector for HDFS）：Oracle Hadoop

装载器是将 Hadoop 系统的数据读取出来，加载到 Oracle 系统中。而 Oracle 也支持将数据存储在 Hadoop 系统中，利用 Hadoop 分布式文件直接连接器对 HDFS 上的数据进行 SQL 访问。此时 Oracle 可以创建指向 HDFS 上文件位置的外部表，将数据保存在外部表中，并使用 SQL 进行直接查询。利用 Hadoop 系统并行、优化、自动负载平衡特性提供最优的数据访问性能。

Oracle NoSQL 数据库（Oracle NoSQL Database）：Oracle NoSQL 数据库是 Oracle 公司出品的具有分布式、高可扩展性的键 – 值数据库。实际上它是一款独立的数据库产品，并不是 Oracle 关系数据库的一个组件。Oracle NoSQL 数据库采用"主要键 – 次要键 – 键值"数据模型，支持基本的读取、插入、更新、删除操作。Oracle NoSQL 数据库采用 Master-Slave 体系结构，整个数据库由多个分区组成，多个分区组合成一个复制组，每个复制组内有一个 Master 节点和若干个复制节点，同时提供分布性读和高可用性功能，在主节点故障时，某一个复制品节点会被选举并成为新的主节点。NoSQL 类数据库适合存储在线销售、社交网络、即时通信等没有固定模式的海量数据。Oracle 可以利用 Hadoop 装载器将 NoSQL 数据库中的数据加载到关系数据库中。

Oracle 数据库分片（Oracle Sharding）：高版本 Oracle 支持的分布式数据库架构，支持将数据分布在多个独立的数据库中存储，并对外提供统一透明的访问接口。本书将在第 3 章介绍 Oracle 数据库分片技术。

下面将利用一个具体的应用案例，介绍 Oracle 的分布式数据库架构。

2.8.3　Oracle 分布式数据库架构案例

如图 2.17 所示，OraStar 是一家跨国公司，总部设在中国北京。为了获得较低的人力成本和方便的配件物流，OraStar 将产品的生产工厂设置在广东，并在广州设立了对应的生产部门。为了更好地掌握营销渠道，OraStar 将销售部门安排在上海。同时，OraStar 还在美国旧金山建立了海外总部，在日本东京设立研发中心。

OraStar 利用 Oracle 分布式数据库架构来管理该公司的信息数据。公司的总部、生产部门和销售部门分别采用 Oracle 10g 管理本部门涉及的信息数据。各部门之间的 Oracle 通过数据库链（DBLink）相互连接。利用 DBLink，本地的数据库用户可以访问远程数据库中的数据，例如，总部的用户可以查询生产部门数据库中的数据，也可以查询销售部门数据库中的数据，反之亦然。通过设计，这种访问对用户来说可以是透明的，即用户不必了解数据的具体存放地点。

利用高级复制技术，OraStar 公司将北京总部的数据同步到美国旧金山海外总部的 Oracle 11g 数据库中，这样可以减少网络流量，提高这部分数据的访问速度和可用性。而位于上海的销售部门利用 Oracle Streams 技术，将数据复制到东京研发中心的 Oracle 12c 数据库中。研发中心整理、分析、挖掘这部分数据，为公司的营销决策提供有效的预测。同时研发中心有海量的测试数据保存在 Oracle 大数据机中。Oracle 大数据机是一个功能完备的大数据平台，集成了 Hadoop、Oracle NoSQL Database、Enterprise Linux 等模块，旨在以较低的总拥有成本进行安全可靠的数据处理。研发中心可以利用 Hadoop 分布式文件直接连接器访问存储在 Hadoop 平台上的数据。

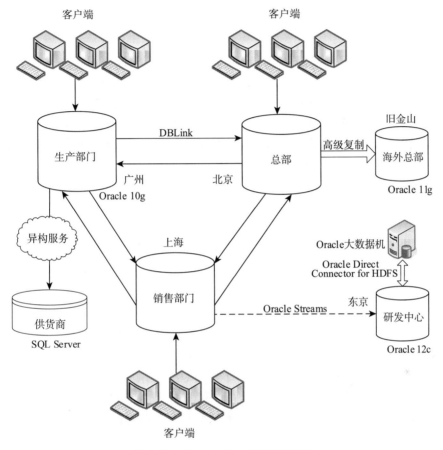

图 2.17　Oracle 分布式数据库架构

为 OraStar 公司的生产部门提供配件的供货商使用的是 SQL Server 数据库。OraStar 利用 Oracle 提供的异构服务或 GoldenGate 技术访问远程的 SQL Server 数据库，及时了解配件的库存信息。

综上所述，图 2.17 描绘了一个比较完整的基于 Oracle 的分布式数据库应用案例。位于不同场地内的每个 Oracle 数据库都可以实现节点自治。节点之间通过 DBLink 相互连接，通过适当的设计，可以实现用户对数据所在的场地透明。同时，利用高级复制和 Oracle Streams 技术将数据的复本同步到远程的同构数据库中。对于非 Oracle 的数据库节点，利用异构服务组件或 Oracle GoldenGate 使之与 Oracle 数据库相连，组成一个异构的分布式数据库体系结构。

2.9　分布式大数据库的系统体系结构

归纳起来，分布式大数据库系统遵循两种体系结构：具有中心节点的 Master-Slave 结构和无中心节点的对等（Peer-to-Peer，P2P）结构。

1. Master-Slave 结构

在采用 Master-Slave 结构的系统中，master 节点负责管理整个系统，存储全局元数据，监视 slave 节点的运行状态，同时为其下的每一个 slave 节点分配存储的范围，是查询和写入的入口。master 节点一般全局只有一个，该节点的状态将严重影响整个系统的性能。如果 master 节点宕机，会引起整个系统的瘫痪。实践中，经常设置多个副本 master 节点，通过联机热备的方式提高系统的容错性。slave 节点是数据存储节点，通常也维护一张本地数据的索引表。系统通过添加 slave 节点来实现水平扩展。

在 Master-Slave 框架下，master 节点一直处于监听状态，而 slave 节点之间尽量避免直接通信以减少通信代价。在运行过程中，slave 节点不断地向 master 节点报告自身的健康状况和负载情况。当某个 slave 节点宕机或负载过高时，由 master 节点统一调度，或者将此节点的数据重新分摊给其他节点，或者通过加入新节点的方式来调节。Bigtable、HBase 是典型的 Master-Slave 结构的存储系统。

2. P2P 结构

在采用 P2P 结构的系统中，每个节点（称为对等节点）不但存储数据，也对外提供数据存取服务。P2P 结构没有 master 节点，可以灵活添加节点来实现系统扩充，节点加入时只需与相邻的节点进行数据交换，不会给整个系统带来较大的性能抖动。由于 P2P 结构中没有中心节点，因此每个节点必须向全局广播自己的状态信息。例如，目前流行的采用 P2P 环形结构的 Cassandra 和 Dynamo 系统就是采用 Gossip 消息通信机制来进行高效的消息同步。

图 2.18a、2.18b 分别为采用 Master-Slave 结构和 P2P 结构的分布式大数据库系统的体系结构。

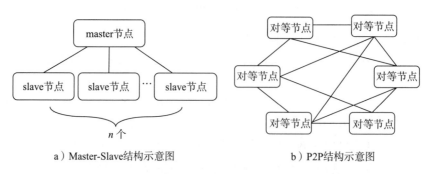

a）Master-Slave结构示意图　　　　　　b）P2P结构示意图

图 2.18　两种典型的分布式大数据库系统的体系结构

3. 两种结构的对比分析

总结起来，Master-Slave 结构和 P2P 结构具有各自的优势。

- Master-Slave 结构的系统，设计简单，可控性好，但 master 节点易成为瓶颈；而 P2P 结构的系统，无中心节点，自协调性好，扩展方便，但可控性较差，且系统设计复杂于 Master-Slave 结构的系统。
- Master-Slave 结构的系统，需要维护 master 服务节点，由 master 节点维护其管理的 slave 节点，维护简单、方便；而 P2P 结构的系统，自协调维护网络，扩展方便，可扩展性好。
- Master-Slave 结构的系统，将 master 节点和 slave 节点的功能分开，可减轻节点的功能负载；而 P2P 结构的系统，各节点平等，没有起到功能分布的作用。
- Master-Slave 结构的系统，通常基于水平分片的思想实现数据分布，方便支持范围查询；而 P2P 结构的系统，适用于基于 Hash 分布数据，负载均衡性好，但不支持范围查询。

2.10　分布式大数据库系统案例

本节将介绍 HBase、Spanner 和 OceanBase 三个成熟的分布式大数据库系统的具体体系结构，它们总体上均采用 Master-Slave 体系进行分布式协调。

2.10.1　HBase

HBase（Hadoop DataBase）来自 Apache 组织，早期隶属于 Hadoop 项目，是其下的一个开源子项目，目前已经成长为一个独立的顶级开源项目。HBase 是一个分布式的、面向列的开源数据库，是对基于 GFS 的 Bigtable 数据库的开源实现。类似于 Google Bigtable 利用 GFS 作为其文件存储系统，HBase 利用 Hadoop HDFS 作为其文件存储系统；Google 运行 MapReduce 来处理 Bigtable 中的海量数据，HBase 同样利用 Hadoop MapReduce 来处理 HBase 中的海量数据；Google Bigtable 利用 Chubby 进行协同处理，HBase 则利用 ZooKeeper 进行协同处理。总之，HBase 融合了 HDFS 的海量数据存储能力和 MapReduce 的并行计算能力，能够实现海量数据的高效处理，并提供高可靠性保证。

HBase 作为松散型数据库，它存储的数据介于键 – 值（key-value）映射和关系型数据之间。保存在 HBase 中的海量数据在逻辑上被组织成一张很大的表，这张表可以动态添加数据列，并且每个数据值又以时间戳区分，具有多个版本。

HBase 遵从 Master-Slave 体系结构。它是由 HMasterServer（HBase Master Server）和 HRegionServer（HBase Region Server）构成的服务器集群。其中，HMasterServer 充当 master 角色，主要负责将 Region 分配给 Region Server、动态加载或卸载 Region Server、对 Region Server 实现负载均衡、管理全局数据模式定义等功能；HRegionServer 充当 slave 角色，负责与 Client 进行交互和数据的读写操作。体系结构的相似性使得 HBase 与 Hadoop 一样，可以方便地进行横向扩展，通过不断增加廉价的机器，来提高计算和存储能力。图 2.19 所示为 HBase 基于软件组件的体系结构。

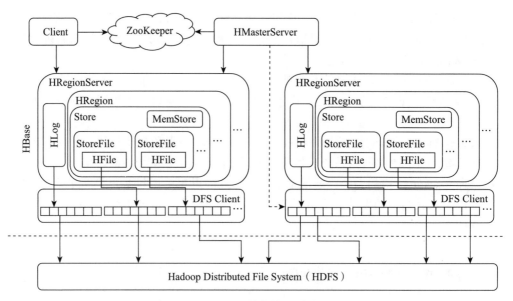

图 2.19　HBase 的软件组件体系结构

在 HBase 集群中，主要有三大功能组件，分别是 HMasterServer、HRegionServer 和 ZooKeeper。

1. 主服务器（HMasterServer）

HMasterServer 是 HBase 整个集群的管理者，它主要负责管理数据表（Table）和区域（Region），以及响应用户的数据请求，保证用户对数据的访问。它的具体任务包括：

- 保存和管理关于存取数据信息的元数据信息；
- 管理用户对表的增加、删除、修改和查询；
- 调整 HRegion 的分布，管理 HRegionServer 的数据和负载均衡；
- 负责新 HRegion 的分配；
- 在 HRegionServer 停机后，负责失效 HRegionServer 上的 HRegion 迁移；
- 处理对 HBase Schema 的更新请求。

虽然 HMaster 是 HBase 集群中的中心点，但是它并不存在单点失效问题。因为 HBase 中可以启动多个 HMaster，并通过 ZooKeeper 的 Master Election 机制保证总是只有一个 Master 运行。当正在运行的 Master 机器出现故障时，系统会转移到其他 Master 来接管。

2. 数据服务器（HRegionServer）

HRegionServer 是每个 Region 的管理者和用户的服务者。它管理本地数据，并根据用户的请求返回本地数据。一般情况下，在 HBase 集群中，每台机器上只运行一个 HRegionServer。

（1）数据的存储与读取

HBase 是 Bigtable 的开源实现，也是列存储数据库，将数据存储在列族（column family）中。HBase 以表的形式存储数据。当 HBase 数据表的大小超过设置值时，HBase 会把数据表在行的方向上分隔为多个 Region，每个 Region 包含全部数据的一个子集。从物理上来说，一张表被拆分了多块，每块就是一个 Region。Region 是 HBase 中分布式存储和负载均衡的最小单元。不同的 Region 可以分别在不同的 HRegionServer 上，但同一个 Region 不会被分拆存储到多个 HRegionServer 上。

进一步来说，Region 由多个 Store 组成，Store 是 HBase 物理存储的核心。每个 Store 对应了表中的一个列簇的存储，由 MemStore 和 StoreFile 两部分组成。MemStore 是有序的主存缓冲区（Stored Memory Buffer），首先会将用户写入的数据存入 MemStore，当 MemStore 满了以后会将数据写到外存，形成一个 StoreFile。StoreFile 是对 Hfile 的轻量级包装，而 HFile 是 Hadoop 的二进制格式文件。

（2）恢复管理

HRegionServer 使用本地磁盘上的 HLog 文件进行恢复管理。HLog 文件记录着所有更新操作。在 HRegionServer 启动时，会检查 HLog 文件，查看最近一次执行缓冲区写出操作后有没有新的更新操作：如果没有更新，就表示所有数据都已经更新到文件中了；如果有更新，HRegionServer 会先把这些更新写入高速缓存，然后调用 flushcache 写入文件中。最后，HRegionServer 会删除旧的 HLog 文件，并开始让用户访问数据。

（3）Region 的合并与分裂

HRegionServer 通过合并操作将多而小的 StoreFile 合并成一个越来越大的 StoreFile。具体地，当 StoreFile 文件数量增长到一定的阈值时，会触发合并（Compact）操作，将多个 StoreFile 合并成一个 StoreFile，合并过程中会进行版本合并和数据删除。当单个 StoreFile 大小超过一定阈值后，会触发 HRegionServer 的 Split 操作，把当前 Region 分裂成两个 Region，并且报告给 HMaster，让它来决定由哪个 HRegionServer 来存放新拆分而得的 Region。当新的 Region 拆分完成并且把引用删除后，HRegionServer 负责删除旧的 Region。另外，当两个 Region 足够小时，HBase 也负责将它们合并。

3. HBase 的分布式协调器 ZooKeeper

ZooKeeper 是 HBase 集群的"协调者"。总体来说，ZooKeeper 的功能如下。

- 保证在任何时刻，集群中只有一个 Master。
- 存储所有 Region 的入口地址。HMasterServer 启动时会将 HBase 系统表 -ROOT- 加载到 ZooKeeper 上，并通过 ZooKeeper cluster 获取当前系统表 .META. 的存储所对应的 RegionServer 信息。
- 实时监控 HRegionServer 的状态，将 HRegionServer 的上线和下线信息实时通知给 HMasterServer。HRegionServer 会以 ephemeral 的方式向 ZooKeeper 注册，使得 HMasterServer 可以随时感知各个 HRegionServer 是否在线的状态信息。
- 存储 HBase 的模型，包括有哪些表，每个表中有哪些列族。

2.10.2 Spanner

Spanner 是 Google 公司的全球级分布式数据库（Globally Distributed Database）。从最高

层抽象来看，Spanner 就像一个集中式数据库，但其内部是把数据分片存储在许多 Paxos 状态机组成的集合上，这些 Paxos 状态机位于遍布全球的数据中心内。Spanner 强调横向扩展性，它就被定义为可以扩展到数百万个机器节点、跨越数以百计的数据中心、具备万亿级数据库行的规模。

数据复制技术是 Spanner 的一个鲜明特点。多数据副本可以用来提高系统在全球范围内的可用性，并支持操作的地理局部性。随着数据的变化和服务器的变化，Spanner 会自动把数据进行重新分片（reshard），从而有效应对负载变化和节点失效等状况。Spanner 的主要工作，就是管理跨越多个数据中心的数据副本。

Spanner 采用的是分层的 Master-Slave 结构，其基于软件组件的体系结构如图 2.20 所示。

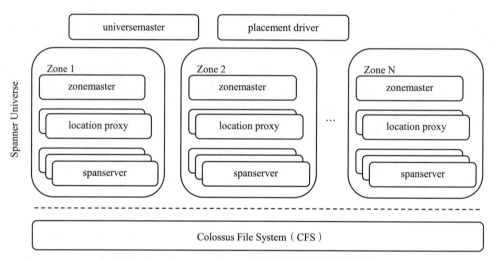

图 2.20　Spanner Universe 的软件组件体系结构

（1）universemaster

一个 Spanner 部署实例称为一个 Universe。由于 Spanner 的目标就是对数据进行全球性的管理，因此仅需要少量的 Universe。目前，Google 公司在全球共部署了 3 个 Universe，一个用于产品开发或支持线上产品，一个用于测试或实验，一个专用于支持线上产品。

一个 Universe 中包含一个 universemaster 服务进程和一个 placement driver 服务进程。universemaster 主要是一个控制台程序，它负责监控所有 Zone 的状态信息。placement driver 主要负责处理跨 Zone 的数据迁移工作，它周期性地与 spanserver 通信来确定哪些数据需要迁移，从而满足最新的副本约束或者实现负载均衡。

（2）zonemaster

Spanner 是 Zone 的集合。Zone 是 Spanner 管理的基本单元，是实现跨地域数据复制和数据物理隔离的基本单元。每个 Zone 都属于一个数据中心，Zone 内部物理上必须在同一个地点，而一个数据中心可能有多个 Zone。例如，在同一个数据中心内，当不同应用的数据需要划分到不同的服务器上时，存储同一个应用的数据的服务器以 Zone 来实现隔离。一个

Zone 包括一个 zonemaster 和一百至几千个 spanserver。Zone 随着数据中心的加入或退出实现运行时添加或移除。

zonemaster 相当于 Bigtable 中的 master，负责把数据分配给 spanserver，spanserver 把数据提供给客户端。spanserver 相当于 Bigtable 的 TrunkServer，用于存储数据。客户端使用每个 Zone 上面的 location proxy 来定位可以为自己提供数据的 spanserver。

（3）location proxy

location proxy 存储数据的 Location 信息。客户端要先访问它才知道数据在哪个 spanserver 上。

（4）spanserver

在底层，每个 spanserver 负责管理 100 ～ 1000 个被称为 tablet 的数据结构实例。与 Bigtable 的 tablet 类似，Spanner 的 tablet 实现了（key:string, timestamp:int64）→ string 的映射。不同的是，Spanner 把时间戳分配给数据，这使得 Spanner 是一个多版本数据库，而不仅仅是 key-value 存储。tablet 的状态存储在一个类似于 B 树结构的文件集合中和一个日志中，并遵循先写日志原则。所有这些都会被保存到一个分布式的文件系统即 Colossus 中。Colossus 继承自 GFS，但实时性更好，且支持海量小文件。

2.10.3　OceanBase

OceanBase 数据库是阿里巴巴和蚂蚁集团完全自研的原生分布式关系数据库产品，在普通硬件上实现金融级高可用，首创"三地五中心"城市级故障自动无损容灾新标准，具备卓越的水平扩展能力，单集群规模超过 1500 节点。产品具有云原生、强一致性、高度兼容 Oracle/MySQL 等特性。

OceanBase 数据库采用 Shared Nothing 架构，各个节点之间完全对等，每个节点都有自己的 SQL 引擎、存储引擎，运行在普通 PC 服务器组成的集群上。OceanBase 数据库基于软件组件的体系结构如图 2.21 所示。

OceanBase 数据库支持数据跨地域（Region）部署，因为每个地域可能位于不同的城市，所以 OceanBase 数据库可以支持多城市部署，也支持多城市级别的容灾。一个 Region 可以包含一个或者多个 Zone（一般部署为 3 个）。Zone 是一个逻辑概念，它包含一台或者多台运行 OBServer 进程的节点 / 服务器（简称 OBServer）。每个 Zone 上包含一个完整的数据副本。由于 OceanBase 数据库的数据副本是以分区（Partition）为单位的，每个分区数据在物理上存储多份，因此同一个分区数据会分布在多个 Zone 上。每个分区的主副本所在服务器被称为 Leader，所在的 Zone 被称为 Primary Zone。如果不设定 Primary Zone，系统会根据负载均衡的策略，在多个全功能副本里自动选择一个作为 Leader。每个 Zone 会提供两种服务：总控服务（RootService）和分区服务（PartitionService）。

总控服务运行在 Zone 的某一个 OBServer 上，整个集群中只存在一个主总控服务，其他的总控服务作为主总控服务的备用服务运行。总控服务负责整个集群的资源调度、资源分配、数据分布信息管理以及 Schema 管理。具体地，资源调度主要负责向集群中添加和删除

OBServer，在 OBServer 中创建资源规格、Tenant 等供用户使用的资源；资源分配主要是指各种资源在各个 Zone 或者 OBServer 之间的迁移；数据分布管理是指总控服务会决定数据分布的位置信息，例如某一个分区的数据分布到哪些 OBServer 上；Schema 管理是指总控服务负责调度和管理各种 DDL 语句。

图 2.21　OceanBase 的软件组件体系结构

OceanBase 数据库的分布式事务引擎严格支持事务的 ACID 属性，并且在整个集群内严格支持数据强一致性。OceanBase 数据库通过 Paxos 协议将事务日志复制到多个数据副本来保证事务的可用性和持久性。

OceanBase 数据库的 SQL 引擎是整个数据库的数据计算中枢，和传统数据库类似，整个引擎分为解析器、优化器、执行器三部分。当 SQL 引擎接收到 SQL 请求后，经过语法解析、语义分析、查询重写、查询优化等一系列过程后，再由执行器来负责执行。所不同的是，在分布式数据库里，查询优化器会依据数据的分布信息生成分布式的执行计划，这是分布式数据库 SQL 引擎的一个重要特点。OceanBase 数据库查询优化器做了很多优化，如算子下推、智能连接、分区裁剪等。如果 SQL 语句涉及的数据量很大，OceanBase 数据库的查询执行引擎也做了并行处理、任务拆分、动态分区、流水调度、任务裁剪、子任务结果合并、并发限制等优化技术。

OceanBase 数据库的存储引擎采用了基于 LSM-Tree 的架构，把基线数据和增量数据分别保存在磁盘（SSTable）和内存（MemTable）中，具备读写分离的特点。对数据的修改都是增量数据，只写内存，性能非常高。读的时候，数据可能在内存里有更新过的版本，在持久化存储里有基线版本，需要把两个版本进行合并，获得一个最新版本。

2.11　本章小结

本章首先分别从分布式数据库系统的体系结构、模式结构、组件结构进行了较为详细的描述。接着，介绍了数据库集成技术和多数据库系统，并分析了不同系统之间的异同。之后，针对分布式数据库系统的三个分类特性——分布性、异构性和自治性，对分布式数据库系统进行了分类，同时给出了分布式数据库系统中字典的组织方式。以 Oracle 为例，介绍了 Oracle 分布式数据库系统的分布特性组件。为了适应越来越广泛的大数据应用，多种大数据库管理系统应运而生。它们的共同特点是都采用分布式架构，但不同系统的组件结构不同，更不同于经典的分布式数据库系统。最后概述了当前主流的大数据库管理系统的分类，并结合典型案例介绍了各自的体系结构及组件结构。

习题

1. 说明系统体系结构和系统组件结构的典型特点及其作用。
2. 阐述分布式数据库的数据模型同集中式数据库的数据模型的异同点。
3. 分析已有的几种分布式数据库系统的体系结构，简述采用不同体系结构的分布式数据库系统的优缺点和适应的场合。
4. 分布式数据库系统中的一个局部场地的数据处理能力是否等价于一个集中式数据库系统的数据处理能力。
5. 存在多个独立的数据库系统，请给出至少三种实现多个数据库系统集成的方法。
6. 实践：部署一个带有三个节点的 Oracle NoSQL 数据库系统。
7. 简述 HBase 系统，包括体系结构、数据模型、组件结构及其在 Hadoop 生态圈中的地位和作用。
8. 实践：使用 Google Cloud SDK 搭建 Cloud Spanner DevOps。
9. 实践：搭建一个包含最少节点的 OceanBase 分布式数据库系统。

参考文献

[1]　陆嘉恒 . 大数据挑战与 NoSQL 数据库技术 [M]. 北京：电子工业出版社，2013.

[2]　SADALAGE P J, FOWLER M. NoSQL 精粹 [M]. 爱飞翔，译 . 北京：机械工业出版社，2014.

[3] 张俊林. 大数据日知录（架构与算法）[M]. 北京：电子工业出版社，2014.

[4] BONIFAT A, CHRYSANTHIS P K, OUKSEL A M. Distributed databases and peer to peer databases: past and present[J]. SIGMOD Record, 2008,37(1):5-11.

[5] FAY C, JEFFREY D, SANJAY G, et al. Bigtable: a distributed storage system for structured data[J]. ACM Transactions on Computer Systems, 2008, 26(2):1-26.

[6] FUXMAN A, KOLAITIS P G, MILLER R J, et al. Peer data exchange[J]. ACM TODS, 2006, 31(4):1454-1498.

[7] GHEMAWAT S, GOBIOFF H, LEUNG S. The Google file system[C]//Proc. Of OSDI. CA: USENIX, 2004: 29-43.

[8] GIACOMO G D, LEMBO D, LENZERINI M, et al. On Reconciling Data Exchange, Data Integration and Peer Data Management[C]//Proc. of OSDI. CA: USENIX, 2007.

[9] GRIBBLE S D, HALEVY A Y, SUCIU Z D. What Can Database Do for Peer-to-Peer[C]//Proc. of WebDB. New York: ACM, 2001.

[10] LEVY A Y. Answering queries using views: a survey[EB/OL]. http://www.cs.uwaterloo.ca/~david/cs740/answering-queries-using-views.pdf.

[11] HALEVY A Y, IVES Z G, Suciu D, et al. Schema Mediation in Peer Data Management Systems[C]//Proc. of ICDE. New York: IEEE, 2003.

[12] LENZERINI M. Data integration: a theoretical perspective[EB/OL]. http://www.dis.uniroma1.it/ ~lenzerin/homepagine/talks/ TutorialPODS02.pdf.

[13] LOO B T, HELLERSTEIN J M, HUEBSCH R, et al. Enhancing P2P file-sharing with an internet-scale query processor[C]//Proc. of VLDB. New York: ACM, 2004.

[14] NG W S, OOI B, TAN K, et al. PeerDB: A P2P-based System for Distributed Data Sharing[C]//Proc. of ICDE. New York: IEEE, 2003.

[15] OZEAN F. Dynamic Query Optimization in A Distributed object Management platform[D]. Dept.of Computer Engineering, 1996.

[16] RAMANATHAN S, GOEL S, ALAGUMALAI S. Comparison of Cloud database: Amazon's SimpleDB and Google's Bigtable[C]//International Conference on Recent Trends in Information Systems (ReTIS). New York: IEEE, 2011: 165-168.

[17] TOMASIC A, RASCHID L, VALDURIEZ P. Scaling access to heterogeneous data sources with DISCO[J]. IEEE Transactions on Knowledge and Data Engineering, 1998,10(5):808-823.

[18] VALDURIEZ P, PACITTI E. Data Management in Large-scale P2P 3 Systems[EB/OL]. http://www.sciences.univ-nantes.fr/info/recherche/ATLAS/MDP2P/,2013.

[19] VALDURIEZ P. Parallel Database Systems: open problems and new issues[J]. Int. Journal on Distributed and Parallel Databases, 1993,1(2):137-165.

[20] Oracle Streams Concepts and Administration[EB/OL]. https://docs.oracle.com/en/ database/oracle/oracle-data base /12.2/strms/index.html.

[21] CORBETT J C, JEFFREYD, MICHAEL E, et al. Spanner: Google's Globally-Distributed Database [C]//Proc. of OSDI. CA: USENIX, 2012.

[22] OceanBase 数据库 [EB/OL]. https://www.oceanbase.com/docs/oceanbase-database/ oceanbase-database/ V3.1.2/product-updates.

第 **3** 章

分布式数据库的设计

在分布式数据库系统设计中，最基本问题就是数据的分布问题，即如何对全局数据进行逻辑划分和实际物理分配。数据的逻辑划分称为数据分片。本章首先介绍传统分布式数据库中按照 Top-Down 设计策略进行的数据分布设计，主要包括分片的定义和作用、两种基本的分片方法（水平分片和垂直分片）的定义、遵循的准则、操作方法、正确性验证以及分片的表示方法和分配设计模型，并以关系数据库为例来加以说明。之后，介绍大数据库中支持大数据管理的存储模型、分布策略和大数据样例。本章内容是进行分布式数据库设计的基础。

3.1 设计策略

分布式数据库的设计存在两种设计策略，一种是自上而下（Top-Down）的设计策略，另一种是自下而上（Bottom-Up）的设计策略。自下而上（Bottom-Up）的设计策略是多数据库集成的核心研究内容。本书中主要讨论是与自上而下（Top-Down）的设计策略相关的内容。

3.1.1 Top-Down 设计过程

Top-Down 设计过程是从需求分析开始进行概念设计、模式设计、分布设计、分片设计、分配设计、物理设计以及性能调优等一系列设计过程。Top-Down 设计过程是系统从无到有的设计与实现过程，适用于设计一个新的数据库系统，如图 3.1 所示。

- 第一步：系统需求分析。首先，根据用户的实际应用需求进行需求分析，形成系统需求说明书。该系统说明书是所要设计和实现的系统的预期目标。
- 第二步：依据系统需求说明书中的数据管理需求进行概念设计，得到全局概念模式，如 E-R 模型。同时依据系统说明书中的应用需求，进行相应的外模式定义。
- 第三步：依据全局概念模式和外模式定义，结合实际应用需求和分布设计原则，进行分布设计，包括数据分片和分配设计，得到局部概念模式以及全局模式到局部概念模式的映射关系。
- 第四步：依据局部概念模式实现物理设计，包括片段存储、索引设计等。
- 第五步：进行系统调优。系统设计是否最好地满足系统需求，包括同用户沟通、系统性能模拟测试等，可能需要进行多次反馈，以使系统能最佳地满足用户的需求。

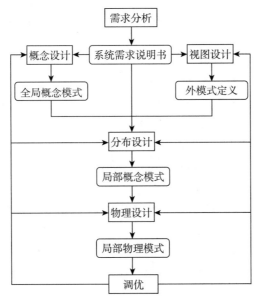

图 3.1　Top-Down 设计过程示意图

3.1.2　Bottom-Up 设计过程

Bottom-Up 的设计策略适合已存在多个数据库系统，并需要将它们集成为一个数据库的设计过程。Bottom-Up 的设计策略属于典型的数据库集成的研究范畴。有关异构数据库集成方法中，有基于集成器或包装器的数据库集成策略和基于联邦的数据库集成策略等。构建模式间映射关系的基本方法主要有两种：GAV（Global-as-View）方法和 LAV（Local-as-View）方法。

本部分只给出了一种基于集成器的多数据库集成系统的设计过程，如图 3.2 所示。首先，各个异构数据库系统经过相应的包装器转换为统一模式的内模式；接着，集成器将各内模式集成为全局概念模式，集成过程中需要定义各个内模式到全局模式的映射关系并解决模式间的异构问题；最后，全局概念模式即为采用 Bottom-Up 的设计策略设计的分布式数据库系统的全局概念模式。

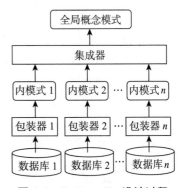

图 3.2　Bottom-Up 设计过程

3.2　分片的定义和作用

我们先看一个例子。

例 3.1 某集团公司由地理位置分别在不同城市的总公司和两个下属分公司组成，彼此之间靠网络相连，业务管理由分布式数据库系统支持。其网络结构图如图 3.3 所示。

假设：人事系统中的职工关系定义为：EMP {ENO, ENAME, SALARY, DNO}。

场地定义如下。

- 总公司为场地 0，职工关系为 EMP0。
- 分公司 1 为场地 1，职工关系为 EMP1。
- 分公司 2 为场地 2，职工关系为 EMP2。
- EMP=EMP0+EMP1+EMP2 为全局数据。

数据分布要求如下。

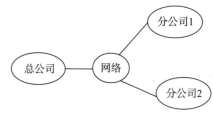

- 方案 1：公司总部保留全部数据。
- 方案 2：各单位只保留自己的数据。

图 3.3　集团公司网络结构

- 方案 3：公司总部保留全部数据，各分公司只保留自己单位的数据。

系统采用以上不同方案，对应不同需求的数据分配方案如图 3.4 所示。在这三种方案中，除方案 1 中的数据不需要分片外，其他方案均需要进行分片设计。另外，在方案 3 中，分公司的数据信息除本场地存储外，总部场地也存储一份。这种不同场地上存储的相同数据互称为副本。

图 3.4　三种方案的分配策略

3.2.1　分片的定义

分布式数据库的典型特点是对分布于不同物理场地上的数据实现逻辑统一管理，有效地对数据进行分片定义是分布式数据库系统中的核心问题之一。下面给出分片的基本定义。

分布式数据库中数据的存储单位称为片段（Fragment）。对全局数据的划分称为分片（Fragmentation），划分的结果即是片段，对片段的存储场地的指定称为分配（Allocation）。当片段存储在一个以上的场地时，称为数据复制（Replication）型存储。如果每个片段只存储在一个场地，称为数据分割（Partition）型存储。

3.2.2　分片的作用

对数据进行分片存储，便于分布地处理数据，对提高分布式数据库系统的性能至关重要。分片的主要作用如下。

- 减少网络传输量。网络上的数据传输量是影响分布式数据库系统中数据处理效率的主要因素之一。为减少网络上的数据传输代价，分布式数据库中的数据允许复制存储，目的是可就近访问所需数据副本，减少网络上的数据传输量。因此，在数据分配设计时，设计人员需要根据应用需求，将频繁访问的数据分片存储在尽可能近的场地上。

- 增强事务处理的局部性。数据分片按需分配在各自的局部场地上，可并行执行局部事务，就近访问局部数据，减少数据访问的时间，增强局部事务的处理效率。
- 提高数据的可用性和查询效率。就近访问数据分片或副本，可提高访问效率。同时当某一场地出故障时，若存在副本，非故障场地上的数据副本均可用，保证了数据的可用性、数据的完整性和系统的可靠性。
- 均衡负载。有效利用局部数据处理资源，就近访问局部数据，避免访问集中数据库所造成的数据访问瓶颈，有效提高整个系统效率。

3.2.3 分片设计过程

分片过程是将全局数据进行逻辑划分和实际物理分配的过程。全局数据由分片模式定义分成各个片段数据，各个片段数据由分配模式部署在各场地上。分片过程如图 3.5 所示。

其中：

- GDB：全局数据库（Global DB）。
- FDB：片段数据库（Fragment DB）。
- PDB：物理数据库（Physical DB）。
- 分片模式：定义从全局模式到片段模式的映射关系。
- 分配模式：定义从片段模式到物理模式的映射关系。$1:N$ 时为复制；$1:1$ 时为分割。

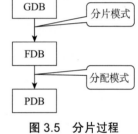

图 3.5　分片过程

说明：

- 全局数据库 GDB 是所有片段数据库 FDB_i 的全集，即 $GDB=\sum FDB_i$。
- 设 F() 表示从全局模式到分片模式的映射函数，$F^{-1}()$ 表示分片模式的逆映射函数，则有 $F(GDB)=FDB \langle \equiv \rangle F^{-1}(FDB)=GDB$，即全局数据库经分片模式映射函数得到全局数据的各个片段，相反，所有片段经分片模式逆映射函数得到全局数据。
- 设 P() 表示从片段模式到实际物理模式的分配模式映射函数，$P^{-1}()$ 表示分配模式的逆映射函数，则有 $P(FDB)=PDB \langle \equiv \rangle P^{-1}(PDB)=FDB$，即片段数据库经分配模式映射函数得到物理数据库，相反，物理数据库经分配模式逆映射函数得到片段数据库。

3.2.4 分片的原则

在设计分布式数据库系统时，设计者必须考虑如何将数据分布在各个场地上，即如何对全局数据进行逻辑划分和物理分配。哪些数据需要分布存放、哪些数据不需要分布存放、哪些数据需要复制等，对系统进行全盘考虑，使系统性能最优。但无论如何进行分片，必须遵循下面的原则。

- 完备性：所有全局数据必须映射到某个片段上。
- 可重构性：所有片段必须可以重新构成全局数据。

- 不相交性：划分的各个片段所包含的数据的交集为空。

定义 3.1 完备性： 如果全局关系 R 划分的片段为 $R_1, R_2, \cdots, R_n$，则对于 R 中任意数据项 d $(d \in R)$，一定存在 $d \in R_i$ $(1 \leqslant i \leqslant n)$。

定义 3.2 可重构性： 如果全局关系 R 划分的片段为 $R_1, R_2, \cdots, R_n$，则存在关系运算 ψ，使得 $R = R_1 \psi R_2 \psi \cdots \psi R_n$。

定义 3.3 不相交性： 如果全局关系 R 水平划分的片段为 $R_1, R_2, \cdots, R_n$，则任意两个不同的片段的交集为空，即 $R_i \cap R_j = \varnothing$ $(i \neq j, 1 \leqslant i \leqslant n, 1 \leqslant j \leqslant n)$。

3.2.5 分片的种类

分布式数据库系统按系统实际需求对全局数据进行分片和物理分配，分片的种类有三种。

- 水平分片：按元组进行划分，由分片条件决定。
- 垂直分片：按关系属性划分，除关键字外，同一关系的多个分片中不允许有相同的属性。
- 混合分片：既包括水平分片也包括垂直分片。

3.2.6 分布透明性

透明性是指数据的分片对用户和高层系统隐蔽具体实现细节。分布透明性是指分片透明性、分配透明性和局部映射透明性，具体含义如下。

- 分片透明性：指用户只需考虑全局数据，不必考虑数据属于哪个片段。
- 分配透明性：指用户只需考虑全局数据，不必考虑数据的实际物理存储位置。
- 局部映射透明性：指用户不必考虑数据的局部存储形式。

3.3 水平分片的设计

3.3.1 定义

水平分片是将关系的元组集划分成若干不相交的子集。每个水平片段由关系中的某个属性上的条件来定义，该属性称为分片属性，该条件称为分片条件。

定义 3.4 设有一个关系 R，$\{R_1, R_2, \cdots, R_n\}$ 为 R 的子关系的集合，如果 $\{R_1, R_2, \cdots, R_n\}$ 满足以下条件，则称其为关系 R 的水平分片，R_i 称为 R 的一个水平片段。

- $R_1, R_2, \cdots, R_n$ 与 R 具有相同的关系模式。
- $R_1 \cup R_2 \cup \cdots \cup R_n = R$。
- $R_i \cap R_j = \varnothing$ $(i \neq j, 1 \leqslant i \leqslant n, 1 \leqslant j \leqslant n)$。

例 3.2 设有雇员关系 EMP{ENO, ENAME, SALARY, DNO}，其中，ENO 为雇员编号，ENAME 为雇员姓名，SALARY 为雇员工资，DNO 为雇员所在部门的编号。其元组如下：

ENO	ENAME	SALARY	DNO
001	张三	1500	201
002	李四	1400	202
003	王五	800	203

按下面的分片条件进行分段：
- E1：满足（DNO=201）的所有分组。
- E2：满足（DNO=202）的所有分组。
- E3：满足（DNO<>201 AND DNO<>202）的所有分组。

上面的分片将关系 EMP 分成了三个子关系，即部门编号 DNO 等于 201 的元组（E1）、部门编号 DNO 等于 202 的元组（E2）和其他元组（E3）。

分片属性为：部门编号 DNO。

分片条件为：
- E1：DNO=201
- E2：DNO=202
- E3：DNO<>201 AND DNO<>202

各子关系的内容为：
- E1：

001	张三	1500	201

- E2：

002	李四	1400	202

- E3：

003	王五	800	203

根据水平分片定义，满足：
- E1、E2、E3 和 EMP 具有相同的关系模式；
- E1 ∪ E2 ∪ E3=EMP；
- E1 ∩ E2=$\varnothing$，E1 ∩ E3=$\varnothing$，E2 ∩ E3=$\varnothing$。

因此，E1、E2 和 E3 是 EMP 的水平分片。

若一个关系的分片不是基于关系本身的属性，而是根据另一个与其有关联关系的属性来划分，这种划分称为导出水平划分。

定义 3.5 如果一个关系的水平分片的分片属性属于另一个关系，则该分片称为导出水平分片。

例 3.3 有雇员关系 EMP{ENO, ENAME, SALARY, DNO}（同例 3.2 中雇员关系 EMP）和关系 WORKS{ENO,PRJNO,HOURS}，ENO 为雇员编号，PRJNO 为雇员参与的项目编号，HOURS 为雇员参与项目的小时数。其元组如下：

ENO	PRJNO	HOURS
001	1	240
002	1	480
003	2	300

要求将 WORKS 按 DNO 进行水平分片，得到的导出水平分片 W1、W2 和 W3 如下：
- W1：满足（DNO=201）的所有分组。
- W2：满足（DNO=202）的所有分组。
- W3：满足（DNO<>201 AND DNO<>202）的所有分组。

则分片条件同 EMP 的水平分片条件。

分片属性为：部门编号 DNO。

分片条件为：
- W1：DNO=201
- W2：DNO=202
- W3：DNO<>201 AND DNO<>202

各子关系的内容为：
- W1

001	1	240

- W2

002	1	480

- W3

003	2	300

根据水平分片定义，满足：
- W1、W2、W3 和 WORKS 关系模式相同；
- W1 ∪ W2 ∪ W3=WORKS；
- W1 ∩ W2=$\varnothing$，W1 ∩ W3=$\varnothing$，W2 ∩ W3=$\varnothing$。

因此，W1、W2 和 W3 是 WORKS 的水平分片。

3.3.2 水平分片的操作

水平分片的操作也分为基本的水平分片操作和导出水平分片操作。

基本的水平分片是针对一个关系的选择操作，用 σ 表示，选择条件为分片谓词 q，则关系 R 的分片操作可表示为：$\sigma_q(R)$。

针对例 3.2 中的基本的水平分片，具体操作定义如下。

- E1=$\sigma_{DNO=201}$(EMP)，SQL：SELECT * FROM EMP WHERE DNO=201。
- E2=$\sigma_{DNO=202}$(EMP)，SQL：SELECT * FROM EMP WHERE DNO=202。
- E3=$\sigma_{DNO<>201 \text{ AND } DNO<>202}$(EMP)，SQL：SELECT * FROM EMP WHERE DNO<>201 AND DNO<>202。

导出水平分片操作不是基于关系本身的属性，而是根据另一个与其有关联关系的属性来划分，针对例 3.3 中的导出水平分片需求，具体操作定义如下。

1）求出 WORKS 的部门编号 DNO，采用自然连接 ∞。令：W'=WORKS ∞ EMP，W': { ENO,PRJNO,HOURS,ENAME,SALARY,DNO }。

2）根据 DNO 对 W' 进行水平分片。

如：W1'=$\sigma_{DNO=201}$(W')

$\qquad$ =$\sigma_{DNO=201}$(WORKS ∞ EMP)

$\qquad$ = WORKS ∞ $\sigma_{DNO=201}$(EMP)

$\qquad$ = WORKS ∞ E1

3）只保留 WORKS 的属性。

W1=$\prod_{attr(WORKS)}$(W1')

$\qquad$ =$\prod_{attr(WORKS)}$(WORKS ∞ E1)

$\qquad$ = WORKS ∝ E1

其中，∝ 为半连接操作，它表示两个关系连接后只保留第一个关系中的全部属性。

同理，有：W2= WORKS ∝ E2，W3= WORKS ∝ E3。

通过上述三步骤得出按关系 EMP 的 DNO 属性对 WORKS 进行水平划分，得出 WORKS 的导出水平分片 W1、W2 和 W3。

3.3.3 水平分片的设计

1. 水平分片设计的依据

水平分片的设计是基于元组对关系进行的分片，分为基本的水平分片和导出水平分片。基本的水平分片是针对一个关系，基于选择操作进行的分片。导出水平分片是基于另一个关系的谓词对关系进行的水平分片。水平分片设计的依据有数据库因素和应用需求因素。其中，基本的水平分片设计主要需要考虑应用需求因素；而导出水平分片要综合考虑数据库因素和应用需求因素。

（1）数据库因素

数据库因素主要指全局模式中模式间的关联关系，如雇员关系（EMP）和工作关系（WORKS）之间具有参照完整性约束。当要查询雇员以及雇员的工作情况（如雇员编号、雇员姓名、所参与的项目编号、参与小时数）时，需要通过连接雇员（EMP）关系和工作关系（WORKS）关系实现。为此，在进行水平分片设计中，具有连接关系的片段应该就近存储。可见，数据库因素是导出水平分片设计必须考虑的因素。

（2）应用需求因素

应用需求因素分为定性和定量两类参数。定性参数主要指用户查询语句中的核心查询谓词。查询谓词又分为简单谓词（simple predicate）和小项谓词（minterm predicate）。定量参数是与分配模型密切相关的，主要有小项选择度（minterm selectivity）和访问频率（access frequency）。

只包含一个操作符号的查询谓词称为简单谓词。由多个简单谓词组成的查询谓词称为小项谓词。如"DNO=201"和"SALARY>1000"为简单谓词，而"DNO=201∧SALARY>1000"为小项谓词。简单谓词是小项谓词的特例。

小项选择度是指关系 R 中满足小项谓词 m_i 的元组（$\sigma_{m_i}(R)$）的数量。即：若 m_i 为一个小项谓词，R 为一个关系，存在一个满足 m_i 的查询 $\sigma_{m_i}(R)$，则 $sel(R(m_i))$ 为关系 R 满足小项谓词 m_i 的选择度，也就是 $\sigma_{m_i}(R)$ 的元组个数。访问频率是指在一定时间段内对应小项谓词 m_i 的查询 q_i 被执行的次数，记为 $acc(m_i)$。

可见，对于水平分片，一个水平分片就是满足一个小项谓词的元组组成的集合。一组小项谓词集就对应一组水平片段集合。小项谓词集合即是选择谓词集合。为保证水平分片设计的合理性，实际上就是定义合理而有效的简单谓词集，并依此定义相应的小项谓词集。

2. 水平分片的设计准则

为保证数据水平分片设计的合理性，其指导思想是定义一组具有完备性（completeness）和最小性（minimum）的简单谓词集。

定义 3.6　完备性：令 F={$f_1, f_2, \cdots, f_n$} 是基于该简单谓词集（P={$p_1, p_2, \cdots, p_s$}）中简单谓词定义的小项谓词 M={$m_1, m_2, \cdots, m_n$} 定义的片段集合，Q={$q_1, q_2, \cdots, q_m$} 是系统的应用查询需求，则该简单谓词集具有完备性，当且仅当所有查询应用 q_i 对任意片段 f_j 中任何元组的访问具有均等的概率。

可从两个方面理解完备性：所有查询所需要的小项谓词都由简单谓词组合而成；应用简单谓词的各种查询应用对片段中元组的访问频率趋于一致。

定义具有完备性的简单谓词集是设计者追求的目标。通常基于统计查询信息定义相应的算法获得。

例如，P={DNO=201, DNO=202,DNO<>201∧DNO<>202} 满足完备性。若存在一个查询应用"查询满足 SALARY ≥ 5000 的雇员信息"，则 P 不满足完备性。因为雇员片段中满足 SALARY ≥ 5000 的元组的被访问频率高于满足 SALARY<5000 的元组的被访问频率。

定义 3.7　最小性：如果简单谓词集中所有简单谓词都是相关（relevant）的，则该简单谓词集具有最小性。

定义 3.8 相关性（relevance）： 令 m_i、m_j 是两个小项谓词，f_1、f_2 分别是基于 m_i、m_j 两个小项谓词定义的片段（不包括 m_i 包含 p_i 而 m_j 包含 $\neg p_i$ 的情况），则 p_i 是相关的，当且仅当 $acc(m_i)/card(f_i) \neq acc(m_j)/card(f_j)$，$card(f_j)$ 为片段 f_j 的基数。

也可以理解为：一个应用或者访问 f_i 或者访问 f_j；或者说，一个简单谓词只确定一个片段，即一个简单谓词只同一个片段相关。

例如，P={ DNO=201, DNO=202, DNO<>201^DNO<>202} 满足完备性和最小性，但 P={DNO=201, DNO=202, DNO<>201^DNO<>202, SALARY >=1000} 不满足最小性，因为没有同谓词 "SALARY >=1000" 相关的查询应用存在。

3.3.4 正确性检验

我们知道，分片必须遵循完备性、可重构性和不相交性三个原则。通过验证是否满足这三个特性来检验分片的正确性。例如，上例的验证过程如下。

（1）完备性证明

证明：

(DNO=201) ∪ (DNO=202) ∪ (DNO<>201 ∩ DNO<>202)

=((DNO=201) ∪ (DNO=202)) ∪ (¬(DNO=201 ∪ DNO=202))

=T

满足完备性。

（2）可重构性证明

证明：

E1 ∪ E2 ∪ E3

=$\sigma_{DNO=201}$(EMP) ∪ $\sigma_{DNO=202}$(EMP) ∪ $\sigma_{DNO<>201\ AND\ DNO<>202}$(EMP)

=$\sigma_{DNO=201\ \cup\ DNO=202\ \cup\ DNO<>201\ AND\ DNO<>202}$(EMP)

=σ_T(EMP)

=EMP

满足可重构性。

（3）不相交性证明

证明：

E1 ∩ E2

=$\sigma_{DNO=201\ \cap\ DNO=202}$(EMP)

=σ_F(EMP)

=∅

同理：E1 ∩ E3=∅，E2 ∩ E3=∅

满足不相交性。

根据上面三个原则证明可知：该水平分片的设计是正确的。

3.4 垂直分片的设计

由于用户的查询应用可能只涉及关系模式中的部分模式，垂直分片的目标是通过垂直分片降低用户的查询时间代价。然而，由于垂直分片的复杂度远大于水平分片，尤其是当属性个数多时，因此，通常采用启发式方法进行垂直分片的设计。

3.4.1 定义

垂直分片是将一个关系按属性集合分成不相交的子集（主关键字除外），属性集合称为分片属性。垂直分片是将关系按列即属性组划分成若干片段。

定义 3.9 如果关系 R 的子关系 $\{R_1, R_2, \cdots, R_n\}$ 满足以下条件，则称其为关系 R 的垂直分片。

1）$\text{Attr}(R_1) \cup \text{Attr}(R_2) \cup \cdots \cup \text{Attr}(R_n) = \text{Attr}(R)$。$\text{Attr}(R)$ 表示关系 R 的属性集。

2）$\{R_1, R_2, \cdots, R_n\}$ 是关系 R 的无损分解。

3）$\text{Attr}(R_i) \cap \text{Attr}(R_j) = P_K(R)$（$i \neq j$ 且 $1 \leq i \leq n$，$1 \leq j \leq n$）。$P_K(R)$ 表示关系 R 的主关键字。

例 3.4 设有一雇员关系：EMP {ENO, ENAME, BIRTH, SALARY, DNO}，其中，ENO 为雇员编号，ENAME 为雇员姓名，BIRTH 为雇员出生年月，SALARY 为雇员工资，DNO 为雇员所在部门的部门编号。其元组如下：

ENO	ENAME	BIRTH	SALARY	DNO
001	张三	1960.5.2	1500	201
002	李四	1957.3.5	1400	202
003	王五	1985.2.4	1200	203

假设 E1 { ENO, ENAME, BIRTH }、E2 { ENO, SALARY, DNO }，则 E1 和 E2 中的元组分别为：

- E1 元组：

ENO	ENAME	BIRTH
001	张三	1960.5.2
002	李四	1957.3.5
003	王五	1985.2.4

- E2 元组：

ENO	SALARY	DNO
001	1500	201
002	1400	202
003	1200	203

根据垂直分片条件，可知：

- E1 和 E2 是 EMP 的无损分解；
- $\text{Attr}(E1) \cup \text{Attr}(E2) = \text{Attr}(EMP)$；
- $\text{Attr}(E1) \cap \text{Attr}(E2) = \{ ENO \}$。

因此，E1 和 E2 是 EMP 的垂直分片。

3.4.2　垂直分片的操作

垂直分片是指定属性集上的投影操作，用 $\prod$ 表示，投影属性为分片属性。如例 3.4 中的 E1、E2 表示为：

- E1= $\prod_{\text{ENO, ENAME, BIRTH}}$(EMP)，SQL：SELECT ENO，ENAME，BIRTH FROM EMP
- E2= $\prod_{\text{ENO, SALARY, DNO}}$(EMP)，SQL：SELECT ENO，SALARY，DNO FROM EMP

3.4.3　垂直分片的设计

（1）垂直分片设计的依据

用户的应用需求是垂直分片设计的依据。同一垂直片段中的多个属性通常被同一应用任务同时访问，因此，垂直分片设计的核心是根据用户的应用需求正确地划分属性组。这里采用属性紧密度（affinity）来度量属性间的关系。

令 Q={q_1, q_2, ⋯, q_m} 是用户的查询应用，关系 R{A_1, A_2, ⋯, A_n} 包含 A_1, A_2, ⋯, A_n 属性，则 aff(A_i, A_j) 表示属性 A_i、A_j 的紧密度，描述为 aff(A_i, A_j)= $\sum\limits_{l=1}^{s}\sum\limits_{k=1}^{m}(\text{ref}_l(q_k) \cdot \text{acc}_l(q_k))$，其中 l 为场地，s 为场地个数，m 为查询个数，$\text{ref}_l(q_k)$ 为查询 q_k 在场地 S_l 上同时访问属性 A_i、A_j 的次数，$\text{acc}_l(q_k)$ 为查询 q_k 在场地 S_l 上的访问频率统计值。

（2）垂直分片的方法

垂直分片是根据用户应用合理地进行属性分组。最早采用的方法是根据两两属性间或局部范围内属性间的紧密度，通过聚类算法实现属性分组。方法一是通过线性地排序属性间的紧密度来实现分组，即 aff(A_i, A_j) 具有较大值的属性划分为一组，aff(A_i, A_j) 具有较小值的属性划分为一组。方法二是采用全局紧密度测量（global affinity measure）的思想，基于矩阵计算实现。全局紧密度测量（AM）描述如下：AM= $\sum\limits_{i=1}^{n}\sum\limits_{j=1}^{n}$ aff(A_i, A_j) · [aff(A_i, A_{j-1}),aff(A_i, A_{j+1})]。这样，最后的结果可描述为图 3.6。

图中将属性组分为两组：TA={ A_1, A_2, ⋯, A_i } 和 BA={ A_{i+1}, A_{i+2}, ⋯, A_n }，也可分为多个属性组。若分组界限不清，如有相交的属性，即属性同时存在于多组的情况，则采用相交部分最小的原则进行划分。

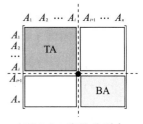

图 3.6　定位分裂点

3.4.4　正确性检验

垂直分片的正确性检验同水平分片正确性检验一样。垂直分片也应满足完备性、可重构性和不相交性。以例 3.4 为例进行正确性验证。

（1）完备性证明

证明：

{ENO，ENAME，BIRTH} ∪ { ENO，SALARY，DNO}

={ENO，ENAME，BIRTH，SALARY，DNO}

满足完备性。

（2）可重构性证明

证明：

E1 ∞ E2=EMP 等价于如下 SQL 语句：

```
SELECT  E1.ENO,E1.ENAME,E1.BIRTH,E2.SALARY,E2.DNO
FROM    E1, E2
WHERE   E1.ENO= E2.ENO
```

可知，E1 ∞ E2 连接操作得到的关系元组同 EMP 相同，满足可重构性。

（3）不相交性证明

证明：

Attr(E1) ∩ Attr(E2)

={ENO，ENAME，BIRTH} ∩ { ENO，SALARY，DNO}

={ENO}

= P_K(EMP)

因此，满足不相交性。

通过上述证明可知，该垂直分片满足完备性、可重构性和不相交性，所以该分片是正确的。

3.5 混合分片的设计

混合分片是既包括水平分片又包括垂直分片的分片过程。下面以一个例子来说明。

例 3.5 有雇员关系 EMP {ENO，ENAME，BIRTH，SALARY，DNO}，其中，ENO 为雇员编号，ENAME 为雇员姓名，BIRTH 为雇员出生年月，SALARY 为雇员工资，DNO 为雇员所在的部门编号。

其元组同例 3.4。混合分片示意图如下：

ENO ENAME BIRTH	SALARY DNO
E1	E21
	E22
	E23

E1   E2

先进行垂直分片，分为 E1 和 E2。然后，将 E2 进行水平分片，分为 E21、E22 和 E23。分片表示为：

- E1= $\prod_{ENO,ENAME,BIRTH}$(EMP)
- E2= $\prod_{ENO,SALARY,DNO}$(EMP)
- E21= $\sigma_{DNO=201}$(E2)

- $E22=\sigma_{DNO=202}(E2)$
- $E23=\sigma_{DNO<>201\ AND\ DNO<>202}(E2)$

3.6 分片的表示方法

上面介绍了数据分片的几种分片方法、分片原则以及正确性的检验方法。为直观地描述各种分片方式及便于对后续查询处理和查询优化方法的理解，分片可采用直观的图形表示法和基于树形结构的分片树表示法。

3.6.1 图形表示法

用图形直观描述的描述规则如下：

- 用一个整体矩形来表示全局关系；
- 用矩形的一部分来表示片段关系；
- 按水平划分的部分表示水平分段；
- 按垂直划分的部分表示垂直分段；
- 混合划分既有水平划分，又有垂直划分。

具体图形表示如图 3.7 所示。其中，图 3.7a 表示关系 E 水平分片为 E1、E2 和 E3；图 3.7b 表示关系 E 垂直分片为 E1、E2；图 3.7c 表示关系 E 混合分片为 E1（垂直分片）和对垂直分片 E2 的水平分片 E21、E22 和 E23。

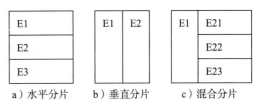

a）水平分片　　b）垂直分片　　c）混合分片

图 3.7　分片的图形表示法

3.6.2 分片树表示方法

一个分片可用分片树表示。分片树的构成见定义 3.10。

定义 3.10　一个分片树由以下几部分组成：

- 根节点表示全局关系；
- 叶子节点表示最后得到的片段关系；
- 中间节点表示分片过程的中间结果；
- 边表示分片操作，并用 h（水平）和 v（垂直）表示分片类型；
- 节点名表示全局关系名和片段名。

图 3.7a、图 3.7b 和图 3.7c 的分片树表示如图 3.8、图 3.9 和图 3.10 所示。

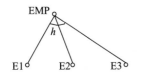

图 3.8　图 3.7a 的分片树（水平分片）

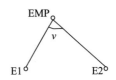

图 3.9　图 3.7b 的分片树（垂直分片）

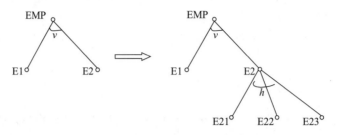

图 3.10　图 3.7c 的分片树（混合分片）

3.7　分配设计

全局数据经过分片设计，得到各个划分的片段，片段到物理场地的存储映射过程称为分配设计过程。

3.7.1　分配类型

（1）非复制分配

如果每个片段只存储在一个场地上，称为分割式分配，对应的分布式数据库称为全分割式分布式数据库。

（2）复制分配

如果每个片段在每个场地上都存有副本，称为全复制分配，对应的分布式数据库称为全复制分布式数据库。如果每个片段只在部分场地上存有副本，称为部分复制分配，对应的分布式数据库称为部分复制分布式数据库。

例 3.6　设 R 为全局关系，R_1、R_2、R_3 为划分的片段。

图 3.11a 为部分复制分布式数据库；图 3.11b 为全复制分布式数据库；图 3.11c 为全分割分布式数据库。

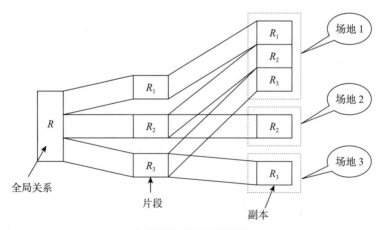

a）部分复制分布式数据库

图 3.11　数据库分配类型

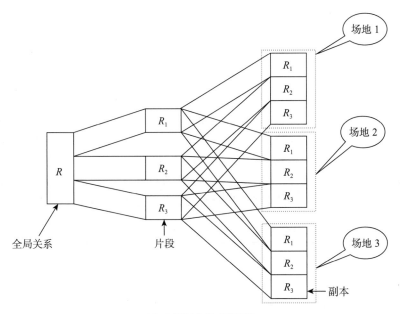

b）全复制分布式数据库

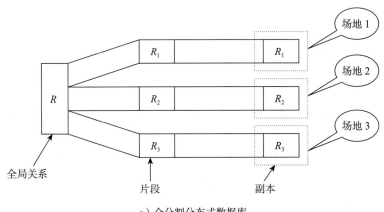

c）全分割分布式数据库

图 3.11 数据库分配类型（续）

系统是采用全分割分布式数据库、全复制分布式数据库还是部分复制分布式数据库，需根据应用需求及系统运行效率等因素来综合考虑。

一般，从应用角度出发，需考虑：

- 增加事务处理的局部性；
- 提高系统的可靠性和可用性；
- 增加系统的并行性。

从系统角度出发，需考虑：

- 降低系统的运行和维护开销；
- 使系统负载均衡；
- 便于一致性维护。

然而，从上面几个考虑因素可知：采用数据复制式分配可增加只读事务处理的局部性，提高系统的可靠性和可用性，但增加了系统的运行和维护开销以及数据一致性维护的开销；采用数据全分割式分配可使系统负载均衡，并能够降低系统的运行和维护开销，但降低了事务处理的局部性以及系统的可靠性和可用性。可见，某一特性的增强往往是在牺牲另一特性的基础上获得的。因此，如何进行片段的分配需要综合考虑应用和系统的需求，以求得到一个最佳的数据分配方案。一般，如果只读查询 / 更新查询 >>1，则定义为复制式分配更好。表 3.1 给出了不同分配策略的性能比较，供分布式数据库系统设计者参考。

表 3.1　不同分配策略的性能比较

性能	分配策略		
	全复制	部分复制	全分割
查询处理	易	适中	适中
并发控制	适中	难	易
可靠性	很高	高	低
字典管理	易	适中	适中
可行性	一般	通用	一般

3.7.2　分配设计原则

上面讨论了分配类型，并对采用不同分配方式的系统进行了性能比较，使我们对两类分配类型的三种分配方式有了基本的了解。在具体进行分配设计时，通常要综合考虑数据库自身特点、实际应用需求、场地存储和处理代价以及网络通信代价四个因素。下面给出了分配设计时应考虑的主要因素。

（1）数据库因素

1）片段的大小。片段大小不同，存储代价不同，传输代价也不同。

2）查询对片段的选择度（查询结果的大小）。查询结果的大小直接影响查询的传输代价，尤其是连接查询。

因此，数据库的片段大小以及查询对片段的选择度都是进行分配设计时需要考虑的重要因素。

（2）应用因素

1）查询对片段的读操作频度。若查询对片段的读操作频度高，可考虑采用复制式分配或部分复制式分配，通过访问近距离场地上的数据来减少网络传输代价，以提高查询性能。

2）查询对片段的更新操作频度。若查询对片段的更新频度高，为减少维护数据一致性的代价，侧重考虑分割式分配或部分复制式分配。

3）更新查询需访问的片段。应考虑就近分配需要访问的片段，降低数据传输代价。

4）每个查询的启动场地。片段应尽量分配到查询启动场地以及就近的场地，以降低数据的传输代价。

可见，分配设计是与应用需求密不可分的。因此，应用因素也是分配设计需要考虑的重要因素。

（3）场地因素

1）场地上存储数据的单位代价，即存储数据的 I/O 开销或 I/O 访问时间。场地上存储数据的单位代价直接影响场地上分配的片段的多少，应在系统存储代价允许的条件下就近分配片段。

2）场地上处理数据的单位代价，即计算开销或响应时间。场地上处理数据的单位代价直接影响数据的访问以及查询操作性能。

因此，场地因素也是分配设计需要考虑的因素。

（4）网络通信因素

1）网络带宽及网络延迟。网络带宽及网络延迟是衡量网络性能的重要指标，而网络性能直接决定场地间数据的传输效率，也直接影响需要在场地间传输数据的查询的性能。

2）场地间的通信代价。场地间通信代价同传输的数据量密切相关，应尽可能地减少场地间的数据传输量。

可见，网络通信因素也是影响片段分配设计的重要因素。

以上代价仅是从效率方面考虑。实际上，数据的存储、计算和传输本身也有经费开销，如电费、维修费、租用费等，这些在进行分配设计时也需要考虑。

3.7.3 分配模型

分配设计者要综合考虑上面阐述的各种因素，典型的有片段的大小、场地上数据的存储代价、具体的应用需求、不同场地间的数据通信代价等，并根据相应的影响因素建立多个分配模型。通过估计各种模型的代价，对比、分析得出最佳的分配方案。下面给出一种典型的分配模型的代价计算方法。

（1）总代价 $=\sum S_k + \sum Q_i$

$\sum S_k$ 为所有场地上的片段存储代价之和；$\sum Q_i$ 为所有场地上的查询处理代价之和。

说明：

1）S_k 为在场地 S_k 上的片段存储代价。

$$S_k = \sum_j F_{jk}$$

其中 F_{jk} 为片段 F_j 在场地 S_k 上的存储代价，$\sum_j F_{jk}$ 为所有片段在场地 S_k 上的存储代价。

$$F_{jk} = C_k * SIZE(F_j) * X_{jk}$$

其中 C_k 为 S_k 上的单位存储代价，$SIZE(F_j)$ 为 F_j 的大小。

$$X_{jk} = \begin{cases} 1 & \text{若 } F_j \text{ 存储在场地 } S_k \text{ 上} \\ 0 & \text{其他} \end{cases}$$

2）Q_i 为查询 i 的处理代价。

$$Q_i = P_i + T_i$$

其中 P_i 为 CPU 处理代价，$P_i =$ 访问代价 $(A_i)+$ 完整性约束代价 $(I_i)+$ 并发控制代价 (L_i)。

$$A_i = \sum_{S_k} \sum_{F_j} (\text{更新访问次数} + \text{读访问次数}) * \text{局部处理代价} * X_{jk}$$

其中 $\sum_{S_k}$ 表示所有场地上，$\sum_{F_j}$ 表示所有片段。

T_i 为执行查询 Q_i 的网络传输代价。

$$T_i = Tu_i + Tr_i$$

其中 Tu_i 为更新代价。

$$Tu_i = \sum_{S_k} (\text{更新消息代价}) + \sum_{S_k} (\text{应答代价})$$

Tr_i 为只读查询代价。

$$Tr_i = \sum_{S_k} (\text{查询命令消息代价} + \text{返回结果代价})$$

（2）约束条件

1）响应时间（Q）：执行 Q 的时间小于等于 Q 的最大允许响应时间。

2）一个场地（S_k）上的存储约束：$\sum_j F_{jk} \leq S_k$ 上许可的存储空间。

3）一个场地（S_k）上的处理约束：$\sum_i Q_i \leq S_k$ 上的最大许可处理负载，$\sum_i Q_i$ 表示所有查询。

3.8 数据复制技术

3.8.1 数据复制的优势

采用数据复制式存储是分布式数据库系统的一种重要特点。数据复制式存储是指分布式数据库中划分的部分片段存储在多个场地上，相同片段互称为副本。采用数据复制式存储有很多优点。

- 减少网络负载。就近访问所需要的数据，可有效减少网络上的数据传输量。
- 提高系统性能。有效地利用本地处理资源，进行本地数据访问，可并行处理，提高系统性能。

- 更好地均衡负载。较大的工作负载可以分布到多个节点上处理，可有效利用分布的处理资源。

然而，采用复制式存储技术也增强了维护数据一致性的数据维护代价，如同步数据时要有效地解决冲突等。

3.8.2 数据复制的分类

根据不同的侧重点，数据复制通常具有如下两种分类方法。

（1）根据更新传播方式不同，分为同步复制和异步复制

同步复制方法是指所有场地上的副本总是具有一致性。如果任何一个节点的副本数据发生了更新操作，这种变化会立刻反映到其他所有场地的副本上。同步复制技术适用于那些对于实时性要求较高的商业应用。同步复制方法的优势是实时保证了副本数据的一致性。不足是：需要场地间频繁通信并及时完成事务操作；由于实时同步的需求，导致冲突增加，延长了事务响应时间。

异步复制方法是指各场地上的副本不要求实时一致性，允许在一定时间内是不一致的。异步复制方法的优点是降低了通信量和冲突概率，缩短了事务响应时间，提高了系统效率。它的缺点是由于允许在一定时间内数据存在不一致性，因此系统不能显示实时的结果，同时也存在潜在的数据冲突，增加了事务回滚的代价。目前，异步复制方法是经常采用的方法。尤其是侧重提高系统效率的应用，如大用户群实时访问大数据量的查询应用。

（2）根据参与复制的节点间的关系不同，分为主从复制和对等式复制

主从复制也称为单向复制。首先将副本数据所在的场地分为主场地和非主场地（从场地），主场地上的副本称为主副本，从场地上的副本称为从副本。在主从复制中，更新操作只能在主场地上进行，并同步到从场地的从副本上。通常由主场地协调实现。主从复制实现简单，易于维护数据一致性。但由于数据只能在主场地上更新，因此降低了系统的自治性。

对等式复制也称为双向复制。在对等式复制中，各个场地的地位是平等的，可修改任何副本。被修改的副本临时转换为主副本，其他为从副本。主副本所在的场地为协调场地，协调同步所有从场地上的从副本。在对等式复制中，各场地具有高度自治性，系统可用性好。但由于允许更新任何副本，因此会引起事务冲突，需要引入有效的冲突解决机制，处理复杂，系统开销大。

3.8.3 复制的常用方法

按照捕获数据副本变化的方法不同，最常用的数据复制方法有四种：基于触发器法、基于日志法、基于时间戳法、基于 API 法。其中基于触发器法和基于日志法是两种典型的方法。

（1）基于触发器法

基于触发器法是在主场地的主数据表（主副本）中创建相应的触发器，当主表数据进行更新、插入和删除操作并成功提交时，触发器就会被触发，将当前副本的变化反映到从副本中，以实现副本数据的同步。这种方案可用于同步复制，但对于对等式复制和异构复制较难

实现。该方法占用的系统资源较多，影响系统运行效率，适用于小型数据库。

（2）基于日志法

通过分析数据库的操作日志信息来捕获复制对象的变化。当主副本被更改时，复制代理只需将修改日志信息发送到从场地，由从场地代理实现本地数据的同步。该方法实现方便，不占用太多额外的系统资源，并且对任何类型的复制都适用。

（3）基于时间戳法

基于时间戳的方法主要根据数据的更新时间来判断是否是最新数据，并以此为依据对数据副本进行相应修改。该方法需要为每一个副本数据表定义一个时间戳字段，用于记录每个表的修改时间，并需要监控程序监控时间戳字段的时间。该方法适合对数据更改较少的系统。

（4）基于 API 法

在应用程序和数据库之间引入第三方的程序（如中间件），通过 API 完成。在应用程序对数据库进行修改的同时，记录复制对象的变化。该方法可减轻 DBA 的负担，但无法捕获没有经过 API 的数据的更改操作，具有一定的局限性。

3.9　Oracle 数据库的数据分布设计案例

3.9.1　基于 Oracle 数据库链的数据分布设计

Oracle 利用分区技术支持对一个场地内数据的物理划分，同时可以利用其他相关技术，支持多场地环境下的数据的分布式存储。本节结合案例介绍分布式环境下基于 Oracle 数据库链的水平分片和垂直分片的方法。

1. 基于 Oracle 数据库链的水平分片

假设 OraStar 公司的总部在北京，同时在广州和上海分别设立了生产部门和销售部门。每个部门均采用 Oracle 数据库，为了方便整个公司内部信息的交互与共享，采用 Oracle 分布式体系结构管理公司的数据，如图 3.12 所示。公司人事管理涉及的员工信息表的全局模式为以下结构：

$$EMP=\{ENO, ENAME, DEPT, SALARY\}$$

其中，ENO（主键）为职工号，DEPT 为部门（总部、生产部门、销售部门），SALARY 表示职务对应的工资。EMP 中除 SALARY 属性外，其他均称为职工的基本信息，SALARY 为工资信息。

图 3.12 中的每个节点都是独立的 Oracle 数据库系统，它们之间通过数据库链 DBLink 相互连接。每个数据库都有一个全局数据库名，作为在分布式环境中的唯一标识，其由两部分组成，包括数据库名和域名。总部、生产部门和销售部门的全局数据名分别为 HQ.OS.COM、MFG.OS.COM 和 SALES.OS.COM，用户名分别为 headquarter、manufactory 和 sales。建立从总部到销售部门 DBLink 的代码如下：

```
Create Public Database Link mfg.os.com
Connect to
manufactory Identified BY password
Using MFG;
```

其中 mfg.os.com 为 DBLink 的名字，manufactory 为生产部门数据库的用户名，password
为密码，MFG 为连接生产部门数据库的网络服务名。利用 mfg.os.com 就可以在总部的数据
库上远程访问生产部门数据库 manufactory 用户下的数据。同理，可以建立其他数据库之间
的 DBLink。

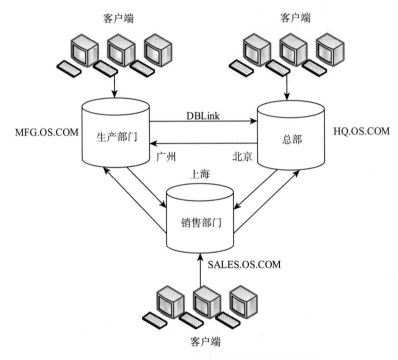

图 3.12　OraStar 公司的分布式数据库架构

为了节省磁盘存储空间，同时增加处理局部性，在设计分片时，将每个本部门职工信息
保存到本地数据库中，分别在每个场地的数据库中建立本部门员工信息表 EMP_HQ、EMP_
MFG 和 EMP_SALES。这样在每个场地节点上，用户都可以访问本部门的员工信息，例如，
总部数据库上的表 EMP_HQ 保存了部门号 DEPTNO 等于 10 的总部员工的信息；生产部门
数据库上的表 EMP_MFG 保存了部门号 DEPTNO 等于 20 的生产部门员工的信息；销售部门
数据库上的表 EMP_SALES 保存了部门号等于 30 的销售部门员工的信息。

```
Create Table EMP_HQ (
  ENO     NUMBER(4) Primary Key,
  ENAME   VARCHAR2(10),
  DEPTNO  NUMBER(2),
  SALARY  NUMBER(7,2));
```

```
Create Table EMP_MFG (
   ENO     NUMBER(4) Primary Key,
   ENAME   VARCHAR2(10),
   DEPTNO  NUMBER(2),
   SALARY  NUMBER(7,2));

Create Table EMP_SALES (
   ENO     NUMBER(4) Primary Key,
   ENAME   VARCHAR2(10),
   DEPTNO  NUMBER(2),
   SALARY  NUMBER(7,2));
```

用户可以利用 **DBLink** 来访问远程数据库中的员工信息，如在总部的用户如果想访问生产部门的员工信息，可以使用下面的 SQL 语句：

```
Select * From EMP_MFG@mfg.os.com;
```

用户可以利用 Oracle 提供的同义词对象（Synonym），提供对远程数据库表的透明访问：

```
Create Synonym EMP_MFG for EMP_MFG@mfg.os.com;
```

同义词是数据库中对象的一种别名，可以隐藏原始对象的名字和所有者，并提供分布式数据库中远程对象的透明访问。这样在总部数据库中就可以透明地访问生产部门数据库中的员工信息，而用户并不需要了解数据的具体保存场地，上面的查询可以修改为：

```
Select * From EMP_MFG;
```

若总部用户希望一次查询所有部门员工的信息，可以通过在总部数据库上建立分区视图（Partition View）提供分布式环境下数据的透明访问。分区视图是把结构相同的若干个表集成在一起，其中每个表中的数据具有相同的特征，类似于分区表中的一个分区，并可以得到某些分区表所特有的优势，所以分区视图又被称为人工数据分区。与分区表不同，分区视图中的每个表可以位于不同的数据库中，因此，非常适合于多场地的分布式数据库应用。以下是 OraStar 公司在三个部门上建立分区视图的例子：

```
Create View EMP_PV as
Select * From EMP_HQ Where DEPTNO=10
Union All
Select * From EMP_MFG@mfg.os.com Where DEPTNO=20
Union All
Select * From EMP_SALES@sales.os.com Where DEPTNO=30
```

分区视图中的每一个 Select 语句被称为一个分支（Branch），为了得到分区表的某些特点，分区视图需要遵守以下几条原则：

- 每个分支只涉及对一个表的查询；
- 每个分支包含一个 Where 子句，定义该分区数据的特征；
- Where 子句中不能包含子查询、group by、聚集函数、distinct、rownum、connect by、start with 等；

- 使用 * 或 * 的具体扩展表示要查询的字段;
- 所有分支中字段的名字和字段的类型必须相同;
- 所有分支所涉及表的索引结构必须相同。

利用 EMP_PV,位于总部的用户可以透明地查询所有部门的员工信息,而不需要了解这些信息具体存储在分布式环境下的哪个节点中。需要注意的是,视图 EMP_PV 并不支持 Insert、Update 和 Delete 等数据修改操作。

2. 基于 Oracle 数据库链的垂直分片

为了节省磁盘存储空间,同时增加处理的局部性,以及从数据安全和隐私保护的角度考虑,设计时要求将所有职工的基本信息存放在总公司,工资信息分别存放在职工所工作的公司。实际上这需要对 EMP 先进行垂直分片,再进行水平分片。设员工的总信息表为 EMP_ALL,这里同样给出 EMP_HQ_SAL、EMP_MFG_SAL 和 EMP_SALES_SAL 三个表的定义:

```
Create Table EMP_ALL (
   ENO      NUMBER(4) Primary Key,
   ENAME    VARCHAR2(10),
   DEPTNO   NUMBER(2));

Create Table EMP_HQ_SAL(
   ENO      NUMBER(4) Primary Key,
   SALARY   NUMBER(7,2));

Create Table EMP_MFG_SAL (
   ENO      NUMBER(4) Primary Key,
   SALARY   NUMBER(7,2));

Create Table EMP_SALES_SAL(
   ENO      NUMBER(4) Primary Key,
   SALARY   NUMBER(7,2));
```

利用视图,实现总部用户对所有员工信息的透明访问:

```
Create View EMP As
Select ENO,ENAME,DEPTNO,SALARY From EMP_HQ_SAL t1,EMP_ALL t2
Where t1.ENO=t2.ENO
Union
Select ENO,ENAME,DEPTNO,SALARY From EMP_MFG_SAL@mfg.os.com t3,EMP_ALL t4
Where t3.ENO=t4.ENO
Union
Select ENO,ENAME,DEPTNO,SALARY From EMP_SALES_SAL@sales.os.com t5,EMP_ALL t6
Where t5.ENO=t6.ENO;
```

每个部门的用户也可以利用视图查询到该部门完整的用户信息:

```
Create View EMP_HQ As
Select ENO,ENAME,DEPTNO,SALARY From EMP_HQ_SAL t1,EMP_ALL t2
Where t1.ENO=t2.ENO;

Create View EMP_MFG As
```

```
Select ENO,ENAME,DEPTNO,SALARY From EMP_MFG_SAL t3,EMP_ALL@hq.os.com t4
Where t3.ENO=t4.ENO;

Create View EMP_SALES As
Select ENO,ENAME,DEPTNO,SALARY From EMP_SALES_SAL t5,EMP_ALL@hq.os.com t6
Where t5.ENO=t6.ENO;
```

注意，EMP_HQ、EMP_MFG 和 EMP_SALES 分别为总部、生产部门和销售部门数据库中的视图。同样，视图不支持数据修改操作。

3.9.2　Oracle 集中式数据库的数据分区技术

为提高集中式数据库处理的性能，Oracle 支持透明地对集中式数据库中的表或索引进行数据分区（Data Partitioning）。数据分区的概念最早在 Oracle 8.0 中引入，是指将一个表或索引物理地分解为多个更小、更可管理的部分，即分区（Partition）。就访问数据库的应用而言，分区可以是完全透明的，逻辑上只有一个表或一个索引，但在物理上这个表或索引可能由数十个物理分区组成。每个分区都是一个独立的对象，可以独自处理，也可以作为一个更大对象的一部分进行处理。

Oracle 10g 及以上版本提供多种分区策略，以适应不同的应用需求。分区表中的每一行数据只属于唯一一个分区。分区键是决定每行数据所属分区的关键字，通常由一个或若干个字段组成。对分区键应用不同的分区规则，就形成了不同的分区策略。

（1）范围分区

在范围分区表中，数据是基于某个分区键范围的值分散的。例如，进货表 PRODUCT 以进货时间 IN_DATE 作为分区键，那么利用范围分区，可以将 IN_DATE 在 "2009-01-01" 到 "2009-01-31" 之间的数据划分到一个分区中，将 "2009-02-01" 到 "2009-02-28" 之间的数据划分到另一个分区中，建表代码如下所示。

```
Create Table PRODUCT (
  PRODUCT_ID          NUMBER(4) Primary Key,
  PRODUCT_NAME        VARCHAR2(10),
  IN_DATE             DATE)
Partition by Range (IN_DATE)
(Partition PART_01 Values Less Than(to_date('2009-01-01','yyyy-mm-dd'))
  Tablespace TS01,
Partition PART_02 Values Less than(to_date('2009-02-01','yyyy-mm-dd'))
  Tablespace TS02,
Partition PART_03 Values Less than(to_date('2009-03-01','yyyy-mm-dd'))
  Tablespace TS03,
Partition PART_04 Values Less Than(MAXVALUE) Tablespace TS04
);
```

（2）哈希分区

对一个表执行哈希分区时，Oracle 会对分区键应用一个哈希函数，以此确定数据应当放在 N 个分区中的哪一个分区。N 是建表时指定的分区数，通常是 2 的幂数。例如设 N 等于 8，IN_DATE 作为分区键，那么 Oracle 会利用哈希函数将数据分配到 8 个分区中，建表代码如下所示。

```
Create Table PRODUCT (
  PRODUCT_ID          NUMBER(4) Primary Key,
  PRODUCT_NAME        VARCHAR2(10),
  IN_DATE             DATE)
Partition by Hash (IN_DATE)
(Partition P_01 Tablespace ts01, Partition P_02 Tablespace ts02,
 Partition P_03 Tablespace ts03, Partition P_04 Tablespace ts04,
 Partition P_05 Tablespace ts05, Partition P_06 Tablespace ts06,
 Partition P_07 Tablespace ts07, Partition P_08 Tablespace ts08
);
```

（3）列表分区

在列表分区中，数据分布是通过分区键的一串值定义的。例如，表 CUSTOMER 利用客户所在的省份 PROVINCE 作为分区键，对表中的数据进行列表分区，将中国的数据划分成东北、华北、华中、华南、华东、西南、西北和港澳台八个分区。每个分区由若干个省份的数据组成，如华南分区中包括 PROVINCE 等于广东、广西或海南的数据，建表代码如下所示。

```
Create Table CUSTOMER (
  CUSTOMER_ID         NUMBER(4) Primary Key,
  CUSTOMER_NAME       VARCHAR2(10),
  PROVINCE            DATE)
Partition by List (PROVINCE)
(Partition NORTH      Values ('北京','天津','河北','山西','内蒙古') Tablespace TS01,
 Partition NORTHEAST Values ('辽宁','吉林','黑龙江') Tablespace TS02,
 Partition EAST       Values ('山东','江苏','安徽','浙江','福建','上海') Tablespace TS03,
 Partition SOUTH      Values ('广东','广西','海南') Tablespace TS04,
 Partition CENTRAL    Values ('湖北','湖南','河南','江西') Tablespace TS05,
 Partition NORTHWEST Values ('宁夏','新疆','青海','陕西','甘肃') Tablespace TS06,
 Partition SOUTHWEST Values ('四川','云南','贵州','西藏','重庆') Tablespace TS07,
 Partition H_M_T      Values ('香港','澳门','台湾') Tablespace TS08
);
```

（4）组合分区

在组合分区表中，表首先通过第一个分区策略进行初始化分区，然后每个分区再通过第二个策略分成子分区。Oracle 10g 支持的组合分区包括范围 – 哈希和范围 – 列表。

与传统分布式数据库中分片的概念不同的是，Oracle 所有的数据分区必须保存在一个场地中，即组成一个逻辑对象的若干个物理分区必须集中地存储在一个数据库中，无法跨场地存储。这是由于数据分区是 Oracle 针对大规模数据库（Very Large Database）的集中式系统提供的解决方案，其主要体现了以下几方面的优势：

- 提高数据的可管理性。利用数据分区，Oracle 可以管理更小的数据块，数据的加载、索引的建立与重建、数据的备份与恢复，这些操作都可以在分区粒度上进行，而不用操作整个表的数据。在数据量很大的条件下，针对分区的管理可以显著减少每次操作所需的时间。
- 提高查询性能。如果设计合理，利用分区，Oracle 可以将需要扫描整个表的查询限制在若干个分区中进行。这种方法可以避免全表扫描的执行计划，大大提高查询的性能。例如，表 CUSTOMER 利用客户所在的省份作为分区键对表中的数据进行列表分区，那么当用户请求查询广东客户时，Oracle 就不需要搜索 CUSTOMER 表中的所有数据，只需要检索华南分区中的数据就可以满足查询请求。

- 提高数据的可用性。Oracle 每个分区之间是相互独立的。如果一个对象的某个分区发生故障，而查询并不涉及这个分区中的数据，那么这个查询仍然可以正常地运行下去，并返回正确的结果。如果对这个表进行恢复操作，也只需要恢复故障所在分区的数据，而不是整个表，这样用户可能从未注意到某些数据是不可用的，数据恢复所需要的时间也会明显减少。

- 对应用的透明性。实现数据分区不需要对应用程序做任何改动。如果用户把一个非分区表转换成一个分区表，用户可以获得数据分区所带来的好处，而不需要改动任何应用程序代码。

- 支持数据生命周期管理。随着时间的积累，用户的数据量会不断地增加，然而不同时期的数据对用户的价值可能不同，例如，今天的紧急电子邮件比去年的邮件更为重要。因此，随着时间的推移，对于用户来说数据的价值在不断变化，需要为数据提供不同级别的可存取性和保护，这就是数据的生命周期管理。利用数据分区，Oracle 可以将不同时间的数据保存到不同级别的存储设备中。例如：将最近一年的数据保存到高端磁盘阵列中；将最近 5 年到最近 1 年的数据保存到低端磁盘阵列中；将 5 年以上的数据保存到磁带中。这样可以使企业更加经济有效地利用不同档次的存储设备，节约企业的成本。

3.9.3　基于 Oracle 分片技术的分布式数据库案例

3.9.1 节介绍了基于 Oracle 数据库链技术的数据分布设计，这种方式虽然能够将数据分布在多个节点上进行存储，但是当对外提供服务时，这种数据分布不是透明的，即用户需要掌握数据在各个节点的分布情况以及数据的设计模式；另一方面，Oracle 集中数据库支持利用分区技术（Partitioning），将表中的数据按照范围、列表、哈希等方式划分到若干个分区中存储。但集中库的分区技术只能应用在单机服务器之中，无法实现真正的分布式数据库，即数据分布在网络多个节点中。Oracle 从 12.2 版本开始支持基于分片（Sharding）的分布式数据库架构。本节将介绍 Oracle 分片技术，并给出一个基于 Oracle 分片数据库的设计模式案例。

1. Oracle 分片技术简介

Oracle 从 12c 版本开始支持基于分片的分布式数据库架构。Oracle 分片技术是集中库中表分区技术的进一步扩展，是一种数据层的体系结构，支持将数据分布在多个独立的数据库中存储，而集中库表分区技术只能对单机数据库表进行划分。

在 Oracle 分片架构中，每个数据库位于一个专用服务器上，拥有本地资源，包括 CPU、内存、闪存、磁盘等。在该架构中，数据库被划分成分片（Shard），所有分片在一起组成一个逻辑数据库，被称为分片数据库（Sharded Database，SDB）。数据以水平方式进行划分，即跨多个分片的表拥有相同的列，每个分片表包含整体数据的若干行，图 3.13 展示了将数据水平划分到三个分片的例子。

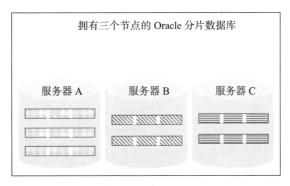

图 3.13　Oracle 分片技术示意图

Oracle 分片采用一种无共享硬件体系结构，即每个节点之间并不共享任何物理资源，如 CPU、内存、存储设备等，因此单点故障并不能造成系统整体宕机。而且，对于应用开发而言，Oracle 分片数据库是透明的，开发人员不需要了解数据库分片和数据分布的具体情况，也不需要对编写的 SQL 语句进行定制修改。在生产环境中，Oracle 分片数据库更适合 OLTP 类的应用。这类应用往往有良好的数据模型，并可以依据某个关键字段对数据库表进行划分。Oracle 分片支持自动地将数据分布在若干个独立的服务器中，并内嵌可定制的数据复制机制（例如 Oracle Data Guard），从而保证整个系统的高并发性和可扩展性。

（1）Oracle 分片的优势

Oracle 分片为 OLTP 应用所带来的好处如下。

- 线性可扩展性。Oracle 分片支持在系统中"线性地"增加服务器，缓解高并发系统的性能瓶颈。
- 故障遏制。Oracle 分片的无共享硬件体系结构可以有效地遏制单点故障，某个分片节点的失效并不影响其他分片节点的正常运行，因此分片支持强故障隔离。
- 数据地理性分布。Oracle 分片支持分布式部署服务器，从而将数据部署在指定的地理位置，这对于一些有数据主权顾虑的应用来说十分重要。
- 滚动升级。在某一个分片中进行配置更新并不会影响到其他分片，管理人员可以利用这种特性在局部数据上进行测试。
- 云部署的简单性。Oracle 分片非常适合在云环境下部署。可以依据云环境的配置调整分片的规模。Oracle 分片支持本地、云和混合等不同的部署方式。
- 继承 Oracle 关系数据库的特点。与一些 NoSQL 数据库的分片技术不同，Oracle 分片在提供分片优点的同时，又继承了 Oracle 关系数据库的特征：支持关系型数据建模方式、ACID 事务和一致性读；支持 SQL、PL-SQL、OCI、JDBC 等编程接口；提供丰富的数据类型；支持在线表结构变更；提供多种高可用备份方案等。

（2）Oracle 分片的架构与组件

Oracle 分片架构主要由三部分组成，包括 Oracle 全局数据服务（Oracle Global Data

Service, Oracle GDS）框架、Oracle 分片数据库和管理接口，如图 3.14 所示。

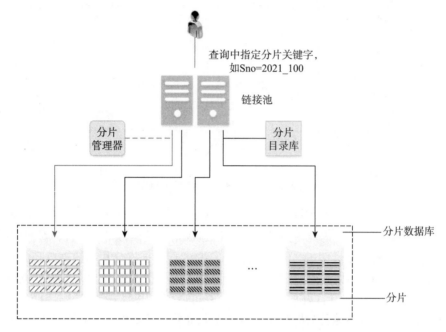

查询中指定分片关键字，
如Sno=2021_100

链接池

分片
管理器

分片
目录库

分片数据库

分片

图 3.14　Oracle 分片数据库体系结构图

Oracle GDS：实现分片的自动部署、管理以及访问负载的路由与均衡，主要组件如下。

- 分片管理器（shard director）：部署网络监听服务，检测管理器与分片之间的网络联通性，保存当前分片数据库的拓扑结构，基于分片关键字将应用请求转发到指定的分片上。
- 分片目录库（shard catalog）：本质上是一个 Oracle 数据库，存储分片相关配置信息，对分片数据库的任何配置改动都会记录在分片目录库中。此外，分片目录库中也保存了所有分区中"复制表"（duplicated table）的主本（master copy）。当应用请求跨越多个分片时，分片目录库扮演查询协调器的角色，提供跨分片的查询功能。
- 链接池（connection pool）：提供访问分片数据库的链接（例如 OCI、JDBC、ODP.NET 等），转发针对分片数据库的访问请求。

Oracle 分片数据库：Oracle 使用表分区技术，将数据水平分片、存储到不同的物理数据库中，每个物理数据库称为分片，位于不同的服务器上（Oracle 支持最多 1000 个分片），这些分片在一起组成一个逻辑数据库，称为 Oracle 分片数据库。此外，Oracle 分片环境中使用区域（region）的概念，代表部署服务器的一个数据中心或通过网络耦合的多个数据中心。

管理接口：可以使用 Oracle 企业管理器云控制台或全局数据服务命令行（GDSCTL）来管理控制 Oracle 分片数据库。云控制台采用图形界面，支持对分片数据库的可用性和性能进行查看，此外还支持添加、部署分片、服务、全局服务管理器等其他分片组件；GDSCTL 则采用清晰简单的命令行形式对分片数据库进行管理和控制。

图 3.14 显示了 Oracle 分片数据库体系结构。图中下方每台服务器上均部署了一个 Oracle 数据库分片，若干个分片在一起形成了一个分片数据库。整个分片数据库在 Oracle 分片管理器的控制之下，当有查询请求时，例如查询学号为 2021_100 学生的信息，分片管理器负责将查询依据分片规则转发到存储数据的分片中（图 3.14 中灰色线所示的路径）。

2. Oracle 分片数据库案例

图 3.15 显示了一个基于 Oracle 分片技术实现数据分布式存储的案例。数据库模式包括三张表，即 Students(Sno, Sname, Class, Grade, Gender, Nativeplace, Tutor)、TakingCourse(TKID, Sno, Cid, TakingDate) 和 Courses(Cid, Cname, ClassHours)，从物理上被划分到两个分片（Shard1、Shard2）之中。在该分片方案中，Students 表和 Courses 表属于**分片表**（Sharded Table），Oracle 数据库支持利用分片关键字（例如学号 Sno），将分片表的内容划分到多个更小、更易管理的数据库中，其中每个数据库被称为一个**分片**。多个分片可以位于不同的服务器上，因此能够实现一种分布式的数据存储与管理架构。要注意，在一个分片表中，主键必须是分片关键字，或者是以分片关键字为首的若干字段作为联合主键。

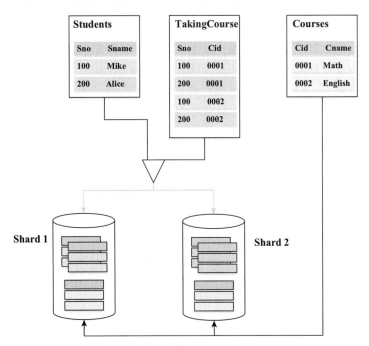

图 3.15　Oracle 分片数据库案例（表中省略部分字段）

采用相同分片关键字的多个表在一起组成了**分片表家族**（Sharded Table Family），这些表往往存在父子关系，其中子表通过外键建立起与父表的引用约束。多个子表与共同的父表可以形成一个树形的关系结构，当采用父表的主键作为分片关键字时，这一系列表就形成了一个分片表家族，在这些家族表中，有且只能有一个根表。在上例中，Students 表和 TakingCourse 表构成一个分片表家族，其中 Students 表是父表，TakingCourse 表是子表，并通过 Sno 字段与 Students 表建立起引用约束。Students 表和 TakingCourse 表的数据通过分片关键字 Sno 划分到两个分片之中。为了避免产生跨分片的查询或表连接操作，Oracle 将具有相同分片关键字的家族表数据存储在一起，形成一个存储单元，称为**块**（chunk）。在一个块中，包含家族表中每一张表的一个**分区**（partition），这些分区具有相同的分片关键字。图 3.16 显示了一个块的内容，分片表家族（Students 和 TakingCourse）的一个分区的数据保存在块 #1 中，该分区中保存学号为 2021_1 至 2021_100 的学生和选课数据。

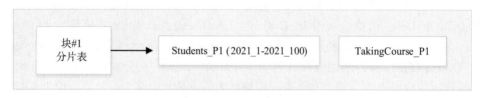

图 3.16   Oracle 分片块存储架构

Oracle 分片数据库支持将同一张表复制存储在所有的分片之中，这种表被称为**复制表**（Duplicated Table）。这种表复制策略对于分布式环境中只读或接近只读型小表十分有效。在 Oracle 分片数据库中，分片表的数据是基于分片关键字进行水平划分，而复制表是在多个分片中存储相同的数据。例如在图 3.15 中，Shard1 和 Shard2 保存了相同的 Courses 表的内容。通过设计适当的复制表，Oracle 数据库可以保证相关事务操作在一个分片内完成，这种方式可以避免不必要的跨分片查询，提高系统整体的线性扩展能力和故障隔离能力。

3.10   大数据库的分布设计

传统的分布式数据库采用关系数据库模式，横向扩展能力差，数据库升级、数据模式变更代价大，不适合半结构化和非结构化的大数据的存储，不能满足大数据访问的实时性。因此，随着大数据的丰富，需要有支持大数据应用的数据管理系统。目前，讨论最多的是分布式的大数据存储系统以及用于大数据管理的 NoSQL 数据库系统（HBase、Bigtable、Cassandra 等）。本部分主要介绍支持大数据管理的数据模型及其相应的分布策略，最后介绍几个典型的大数据库系统的存储样例。

3.10.1   大数据模型

数据模型是数据管理的核心，数据的存储与访问都要以数据模型为基础进行设计和实现。经过长时间的发展，关系数据模型相关技术已经十分成熟。然而，基于关系模型的大而全的关系数据库系统，不能满足数据高速增长所需的可伸缩性、短时间内高访问量的高并发性以及海量数据分析所需的高性能。可见，正如关系数据库的鼻祖 Michael Stonebraker 在 2005 年所说的，"One Size Fits All"的思想已经不再适用。因此，新的数据模型不断出现，与相应的查询处理技术相结合以支持不同的需求。以键值模型为代表的新数据模型及大量的

NoSQL 系统不断出现，可以解决上述问题。数据模型仅提供了数据的逻辑结构，在实际存储数据时还需要定义物理上的存储模型，以便把数据持久地存储在物理存储介质上。

本节简单介绍关系模型，重点介绍 key-value 键值模型（包括简单的键值模型、列族模型和超级列族模型）、文档模型和图模型。

1. 关系模型

关系模型是传统数据库系统的数据模型，当前多数的商业数据库都是基于关系模型实现的。

关系模型将数据表示为二维表格的形式，可以形式化地定义为：在 n 个域 $D_1, D_2, \cdots, D_n$ 上的一个关系 R 是一个 n 元组的集合。对于关系模型的相关概念和定义本书不做详细介绍。这里主要讲解关系模型数据的相关存储模型。

关系模型数据在物理存储上主要采用两种物理存储模型：行存储模型和列存储模型。

（1）行存储模型

行存储模型是多数关系数据库系统采用的物理存储模型。行存储模型将数据集合以元组为单位在数据块中组织存放，属于同一元组的属性值在块中连续存储。图 3.17 展示的是一个雇员关系 EMP 行存储的样例，其中每个元组的多个属性值连续地存储在数据块中，灰色小方块表示记录的首部，首部主要包括元组的长度和时间戳等信息。同一关系的数据块通过指针连接在一起，便于表扫描操作时访问元组。

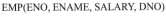
EMP(ENO, ENAME, SALARY, DNO)

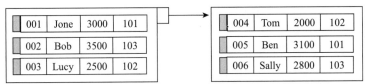

图 3.17　EMP 关系行存储样例

在行存储模型下，数据的访问以元组为单位，即首先找到元组所在的数据块，读取数据块后再访问其中包含的元组内容。在数据更新方面，对于插入的元组，可以将其存储在数据块的空闲区域或追加数据块，对于元组的修改，则直接在数据块上修改后写回磁盘，因此写入操作是以元组为单位一次执行的。

（2）列存储模型

列存储模型被提出的时间与行存储模型相近，起源于 DSM（Decomposition Storage Model），但只被少量数据库系统所采用。近年来随着数据分析业务的增加，列存储模型逐渐重新被重视起来，并应用于各类数据存储系统中。

与行存储不同，列存储模型以属性列上的数据集合为单位组织存储，一个元组的不同属性值被拆分到多个列集成中并存储在不同数据块中。图 3.18 展示的是一个雇员关系 EMP 列存储的样例，其中元组的雇员姓名（ENAME）、工资（SALARY）和部门编号（DNO）分别存储在不同数据块中。列存储中相同类型的数据被集中存储，因此更加有利于在属性上的统计操作和数据压缩。

ENO	ENAME
001	Jone
002	Bob
003	Lucy
004	Tom
005	Ben
006	Sally

ENO	SALARY
001	3000
002	3500
003	2500
004	2000
005	3100
006	2800

ENO	DNO
001	101
002	103
003	102
004	102
005	101
006	103

图 3.18   EMP 关系列存储样例

对列存储的数据进行访问时，如果只对某个属性访问，则只读取存储相应属性的数据块，而不必访问元组的全部数据块，从而减少了磁盘 I/O。然而，如果访问元组的多个或全部属性，列存储则要从每个属性的数据块中查询到该元组的属性值，因此查询代价反而增加。而在有元组插入时也需要多次写操作磁盘 I/O 才能够完成。

（3）行存储模型和列存储模型的对比

下面就行存储和列存储这两种模型的优缺点进行对比，如表 3.2 所示。

表 3.2   行存储模型和列存储模型对比

	行存储模型	列存储模型
优点	提供较好的数据完整性 写入效率较高	对单列数据读性能很高，没有冗余 支持更高数据压缩比例
缺点	数据读取时存在冗余	数据更新代价大 缺乏完整性保证 索引支持有限

整体上说两种模型都有各自鲜明的特点。行存储在写数据方面，由于是一次写入，因此对数据更新操作具有更高的执行效率，更容易保证数据完整性；在读数据方面，如果读取元组的全部属性或对少量数据进行访问，其依然具有较高性能；但在访问大量元组的少量数据列的情况下，会读取大量冗余数据。列存储在单列数据的读取上具有明显的优势，由于没有冗余数据，因此更加适合聚集操作；由于列上的数据类型一致，因此可以支持数据压缩从而提高空间的使用效率和查询效率，相对于行存储上的 1:3 压缩比，列存储可以达到 1:10 的压缩比；但是在数据更新上处理效率较低。

列存储模型较适用于以下几类应用：

- 对大规模数据中单列上进行的统计计算、聚合和访问，如数据仓库和 OLAP 分析应用；
- 需要经常对表结构进行新增属性扩展的应用。

行存储较适用于以下几类应用：

● 经常访问单个元组所有信息的应用；

● 对完整性要求较高的应用；

● 对数据更新、事务操作频繁的应用，如 OLTP 类应用。

行存储和列存储的特征决定了它们有各自适用的应用，因此现在很多数据库系统中都开始同时使用两种存储模型管理数据。

2. 键值模型

键值模型被当前大量的 NoSQL 数据存储系统所采用。键值模型可细分为键值（key-value）模型、列族（Column Family）模型和超级列族（Super Column）模型。

键值对数据模型实际上是一个映射，即 key 是查找每条数据地址的唯一关键字，value 是该数据实际存储的内容。例如键值对（"001"，"Jone"），其中，key "001" 是该数据的唯一入口，而 value "Jone" 是该数据实际存储的内容，如图 3.19 所示。key-value 数据模型典型采用哈希函数实现关键字到值的映射，查询时，基于 key 的哈希值直接定位到数

key	value
001	Jone
002	Bob
003	Lucy

图 3.19　一个键值模型示例

据所在的点，能够实现快速查询，并支持大数据量和高并发查询。但是如果 DBA 只对部分值进行查询或更新，则采用键值数据模型的执行效率低。采用键值数据模型的典型数据库有 Tokyo Cabinet/Tyrant、Redis、Voldemort、Oracle BDB、MemcacheDB 等。

键值模型的结构是每行记录由主键（Key）和值（Value）两个部分组成，支持的操作主要包括保存一个键值对、读取一个键值对和删除一个键值对。键值模型的基本存储结构如图 3.20 所示，在一个数据块或数据文件中存储键值对，键值对在数据块中连续存放。在采用键值模型系统的物

Key 1	Value 1: Byte[]
Key 2	Value 2: Byte[]
…	……
…	……
Key n	Value n: Byte[]

图 3.20　键值模型基本存储结构

理存储中，键（Key）的分布方式对查询方式起着决定作用。常用的键分布方式有基于键排序和基于一致性哈希（Consistent Hashing）两种方法。其中键排序方式适合基于主从结构的分布式数据管理体系结构，而一致性哈希则适合环形结构的分布式数据管理体系结构。

相对于关系模型，键值模型由于其结构简单、轻量，因此能够支持高并发处理，在模式结构定义上也更加灵活，主要的缺点是支持的数据操作有限，对于事务没有很好的保证。

由于基本的键值模型过于简单，支持的应用功能十分有限，因此在 NoSQL 系统中使用比较广泛的是对键值模型进行扩展后的数据模型。对于键值模型的扩展主要是通过对"值"（Value）部分的数据结构的定义，使其支持更复杂对象的存储。

使用比较广泛的扩展键值模型是列族模型（Column Family），由于其结构类似于表格，因此也被称为表格模型。列族模型首先由 Google 的 Bigtable 所使用，在其开源实现 HBase 和 Cassandra 等系统中广泛使用。键值型数据模型通过多层的映射模拟了传统表的存储格式。列族模型的结构如图 3.21 所示，结构中主要包括行关键字、列族和时间戳。

- 行的"键"是一个行的标识 ID，可以是任意字符串，在存储上最大值可达到 64KB，但通常使用 10 ～ 100 字节。
- 在列族模型下，每个"键"所对应的行中可以包含多个"列"（Column），每个列包含列关键字（Column Key）和列值（Column Value），这些列组成的集合叫作"列族"（Column Family），列族是访问控制的基本单位，在使用之前必须先创建列族，然后才能在列族中任何的列关键字下存放数据，创建列族后，其中的任何一个列都可以存放数据。数据的物理存储和访问控制都是基于列族的。
- 时间戳（Timestamp）是列族模型用于表示一个数据项的不同版本标识。采用多版本时间戳的方式处理数据的更新和删除操作能够有效地提升系统的效率。当访问数据时只需将最新版本时间戳的数据返回即可，也可以通过查询指定时间戳返回对应版本数据。时间戳通常采用 64 位整数的形式表示。

Column Family: **EMP**			
Key(**ENO**)	Columns		
002	Column Key	Column Value	Timestamp
	"ENAME"	"Bob"	4
	"SALARY"	"3500"	4
	"DNO"	"103"	4
003	Column Key	Column Value	Timestamp
	"ENAME"	"Lucy"	6
	"SALARY"	"2500"	6
	"DNO"	"102"	6
	"TEL"	"81455588"	6

图 3.21　列族模型的结构

列族模型支持基于单表的简单操作，但弱化了关系模型中多表间的关联，不定义外键约束关系。列族模型允许为同一组键定义多个列族，每个列族相当于一个表格，且列族中每行的列键可以根据需要在任意"行"中动态添加，因此不同的行可以包括不同的列关键字。例如，图 3.21 中的两行数据，ENO 为"003"的雇员比"002"雇员多了列关键字"TEL"。可见，在列的维护方式上列族模型与关系模型具有很大的差别。由于列族模型支持动态添加列，因此存在"行"具有较多"列"的情况出现，从而产生"宽行"。对于宽行上的查询，为了提高对列的访问效率，通常采用对列基于列关键字排序的方式进行物理存储。

这实际上类似于键值数据模型，需要通过 key 进行查找，因此说，列族型数据模型是键值数据模型的一种扩展。

超级列族模型（Super Column）是在列族模型基础上的一种扩展数据模型。在超级列族模型中，允许列中再嵌套列，这样数据可以以层次结构进行存储。在超级列族模型的结构中，每个超级列族可以包含一组子列，子列的结构则与列族模型相同。超级列族模型的结构如图 3.22 所示，其中在键值为"002"的行下还包含了两组列 Work 和 Contact，分别记录雇员的工作信息和联系方式，在超级列族 Work 下包含子列 ENAME、SALARY 和 DNO，而在超级列族 Contact 下则包含子列 Address、Tel 和 Email。相对于在列族中查找某一个值需要"行关键字"和"列关键字"，超级列族在查找时需要提供"行关键字""列关键字"和"子列关键字"。

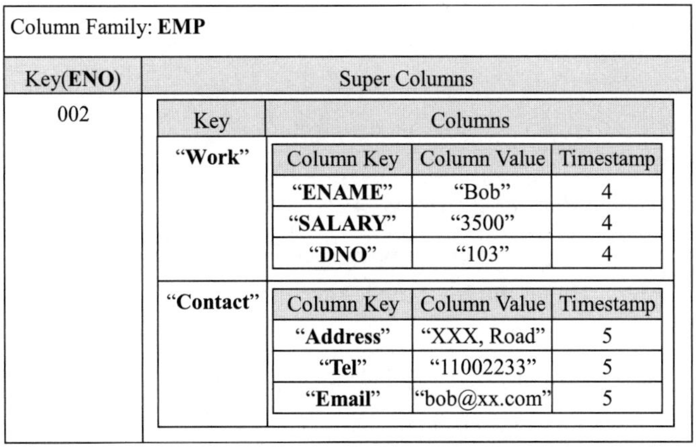

Column Family: **EMP**				
Key(ENO)	Super Columns			
002	Key	Columns		
	"**Work**"	Column Key	Column Value	Timestamp
		"**ENAME**"	"Bob"	4
		"**SALARY**"	"3500"	4
		"**DNO**"	"103"	4
	"**Contact**"	Column Key	Column Value	Timestamp
		"**Address**"	"XXX, Road"	5
		"**Tel**"	"11002233"	5
		"**Email**"	"bob@xx.com"	5

图 3.22　超级列族模型的结构

在存储数据的文件方面，由于键值模型主要用于存储和管理海量数据，如果像多数关系模型数据库那样使用单文件存储数据，在数据量达到一定规模后将出现性能瓶颈，因此对于键值模型的数据主要采用多文件存储方式。在数据物理存储格式上，通常包括以下几种方式。

- 序列化方法。该方法实现相对简单。
- 基于 JSON（JavaScript Object Notation）或 XML 的自描述结构。存储结构可读性好，不需要额外模式定义即可实现数据转换。
- 字符串或字节数组。写入和读取时需要按照约定的顺序对数据进行转换和解析。

3. 文档模型

文档模型与键值模型十分相近，获取数据项的方式都是通过查找"键"的方式，因此文档模型也被归为广义的键值模型。与键值模型中"值"的不透明性相反，文档模型中"值"部分包含指定的结构，且结构中的数据也定义了相关的数据类型，以便能够更加灵活地访问数据。与键值模型相比，文档模型采用基于 JSON 或 XML 等的自描述结构以字符的形式来实现对数据对象的物理存储，数据内容上可以包含映射表、集合和纯量值。JSON 格式的二进制实现格式 BSON 也可以作为文档模型的数据存储格式。文档型数据库比键值数据库的查询效率更高，典型的文档型数据库有 CouchDB、MongoDB 等。因为可对其值或某些字段建立索引，所以可以实现关系数据库的某些功能。

文档模型同样使用键作为一个文档的唯一标识，这个键可以是指定的，也可以由系统生成。以图 3.22 中的数据为例，使用基于 JSON 格式文档模型进行数据存储所对应的文档如下：

```
{_id: 00000000000001,
    ENO: '002',
    Work:{
        ENAME: 'Bob',
        SALARY: 3500,
        DNO: '103'
    },
    Contact:{
        Address: 'XXX, Road',
        Tel: '11002233',
        Email: 'bob@xx.com'
    }
}
```

4.图模型

与关系模型、KV 数据模型及文档模型相比，图数据模型由图来描述数据间的复杂关联关系，且更具表现力。近年来，图数据库被越来越多的企业和开发者所使用，流行的图数据库有 Neo4j、TigerGraph、HugeGraph、JanusGraph 等。图形数据库将数据以图的数据结构进行存储和管理。

图由两种元素组成：节点和关系。每个节点代表一个实体（人、地、事物、类别或其他数据），每个关系代表两个节点的关联方式。基于图结构可以对各种场景进行建模，如社交网络、城市道路、电信网络、供应链等。

一些图数据库使用原生图存储，是专门为了存储和管理图而设计的，如 Neo4j。并不是所有图数据库都使用原生图存储，也有一些图数据库将图数据序列化，然后保存到关系数据库或者面向对象数据库中，如 JanusGraph 不是原生图数据库，而将数据存储在其他系统上，比如 HBase。

下面以 Neo4j 图数据库为例介绍典型的属性图模型。

（1）属性图模型定义

在属性图中存在如下 3 类元素：实体（Entity），即节点（Node）和关系（Relationship）；边/路径（Path）；记号（Token），如标签（Label）、关系类型（Relationship Type）、属性键（Property Key）；属性（Property）。其具体含义说明如下。

1）实体。每一个实体都拥有一个用于区分实体与实体之间是否相等的唯一标识；每一个实体都可以分配一组属性键以及对应的属性值（value），同一个实体中的属性 key 都是唯一的，并且不能为空以及空字符串。

- 节点：建立在实体之上的一种抽象，拥有属性和属性值；一个节点可以被分配一组唯一的标签；一个节点可以有 0 个或者多个向外或向内（边/路径的指向分为向外和向内两种）的关系，例如图 3.23 中的 Emp 节点和 Dept 节点。
- 关系：关系是一个建立两个节点之间关系，由源节点指向目标节点的实体；一个向外的关系，是源节点由自身关联目标节点的一种关系；一个向内的关系，是源端节点自身被关联的一种关系；每一个关系都必须分配一个唯一的关系类型；关系也是实体，可以拥有属性和属性值，例如图 3.23 中 Emp 节点和 Dept 节点之间的 Works-For 关系。

2）边 / 路径。边 / 路径表示一个属性图的关系，由一系列交替的节点和关系组成；一个边 / 路径总是由开始于节点，终止于节点；最小的边 / 路径只包含单个节点，这种类型的边叫作空边 / 空路径；边 / 路径有一个长度（深度），它是大于或等于 0 的整数，等于路径中的关系数，如图 3.23 中的边 / 路径的长度等于 1。

3）记号。记号是一个非空的 Unicode 字符串，具体分为标签、关系类型、属性键、属性。

- 标签是分配给节点的一个唯一的记号，如 Emp 和 Dept。
- 关系类型是被分配给关系的一个唯一的记号，如 Works-For。
- 属性键是一个存在于实体中的唯一属性字段，如节点 Emp 的属性键为 No、Name、Salary、Depno。

4）属性由一对属性键和属性值组成（key:value），如 Depno:10、DName："CS"。

（2）属性图模型示例

如图 3.23 所示，Emp 和 Dept 是两个不同的节点，节点包含具有键值对的属性，如节点 Emp 的属性包括 4 个键值对（No:123、Name："Niu"、Salary:20000、Depno:10），节点 Dept 的属性包括 2 个键值对（Depno:10,DName："CS"）；Works-

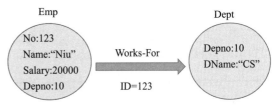

图 3.23　属性图模型示例

For 是 Emp 和 Dept 节点之间的关系，表示 Emp Works-For Dept，Emp 是一个起始节点，Dept 是端节点，该关系箭头标记表示从 Emp 节点到 Dept 节点的关系，Works-For 关系有一个键值对属性 ID = 123 代表该关系的一个 ID。节点或关系可以包含一个或多个标签，左侧节点有一个标签 Emp，右侧节点有一个标签 Dept，两个节点之间的关系也有一个标签 Works-For。

3.10.2　数据分区策略

NoSQL 是为超大规模数据存储和管理而产生的新技术，数据分区存储是其典型的特点。分区可以将大数据划分为更小的片段，方便以片段进行管理和查询处理，通过分布并行处理来提高数据管理效率。由于 NoSQL 典型采用键值数据模型，该分区策略不同于分布式数据库采用的按表进行水平分片和垂直分片，而是划分为范围分区、列表分区和哈希分区，其中可以将列表分区看作范围分区的一种。范围分区同分布式数据库中的水平分区类似。

1. 范围分区

范围分区是最早也是最经典的分区方法。范围分区是指依据分区键值划分每个分区，如按照时间范围来分区。例如，销售数据按周或季度划分分区，并确定存储在哪个分区上。当进行范围查询时，可直接访问数据所在的数据分区。

通常存在一份全局元数据，用于记录数据的分区划分情况以及分区所存在的位置，可以以服务器为单位描述服务器负责管理的数据分区。每次针对某个键进行查询时都需要先参照元数据才能找到该键所对应的服务器。同一致性哈希方法类似，范围分区也是将键空间分为多个区间，每个区间都由一台机器进行管理。但与一致性哈希方法不同的是，键排序后相邻的两个键通常保存于同一个分区内，可以减小用于查找分区的元数据的代价，因为一个大的区间可以缩小到只保存 [开始 , 结束] 作为分区界标。另外，通过为范围到服务器（range-to-server）映射关系添加一个活动记录，可以实现对大负载服务器进行更细粒度的控制。例如，如果某特定键范围比别的范围具有更多的负载流量，负载管理器可以减小对应的服务器所负责的范围，也可以减少该服务器负责的分片总数。但采用主动管理负载所带来的自由度要付出的代价是，需要在架构中添加额外的负载监控和查找分区的部件。

例如，以 Oracle 数据库中分区语句为例，按月（1 ~ 12）分区的创建范围分区示例如下：

```
CREATE TABLE range_example
(
    range_key_column  DATA,
    DATA VARCHAR2(20),
    ID integer
);
PARTITION BY RANGE(range_key_column)
(
    PARTITION part1 VALUES LESS THAN (1) TABLESPACE tbs1,
    PARTITION part2 VALUES LESS THAN (2) TABLESPACE tbs2,
    ...
    PARTITION part3 VALUES LESS THAN (12) TABLESPACE tbs12
);
```

列表分区也可以说是范围分区的一种，列表分区的分区键由一个单独的列组成，根据该列属性的取值范围实现列值分区。例如，按照城市名称属性（Cname）分区的列表分区示例如下：

```
CREATE TABLE list_example
(
    Cname VARCHAR2(10),
    DATA VARCHAR2(20)
);
PARTITION BY LIST(Cname)
(
    PARTITION part1 VALUES('Shenyang','Haerbin','Changchun'),
    PARTITION part2 VALUES('Beijing','Tianjin')
);
```

以上代码表示划分两个分区 part1 和 part2，part1 部分存储城市 Shenyang、Haerbin、Changchun 的数据，而 part2 部分存储城市 Beijing、Tianjin 的数据。

采用列表分区方法得到的不同分区中的数据没有关联关系，即使是一个分区中的数据（如 Shenyang 和 Haerbin 中的数据）也是独立的。而在范围分区中，一个分区中的数据一般是有一定顺序关系的，如按时间的顺序划分分区。

2. 一致性哈希分区

哈希分区是指先将分区编号而后通过哈希函数确定数据的存储分区，目标是将数据均匀分布存储。当用于哈希分区的数据重复率低时，哈希分区能够很好地将各个数据均匀地分布到各个物理存储区域。但当数据重复率较高时，哈希分区会将大量重复数据存储在同一分区上，导致分区存储的数据不均匀。可见，哈希分区有助于数据负载均衡，但数据访问的本地性较弱，对系统的性能影响较大。

例如，按 DATA 创建的 HASH 分区示例如下：

```
CREATE TABLE hash_example(
hash_key_column DATA,
    DATA VARCHAR2(20)
)
PARTITION BY HASH(hash_key_column)
(
    PARTITION part1 ,
    PARTITION part2
);
```

（1）简单的哈希分区的不足

有如下应用场景：假设有 N 个节点组成的集群，对于一个对象，如果应用传统哈希函数，通常会采用如下方法计算对象的哈希值，然后均匀地映射到 N 个节点上去。其中，$h(object)$ 表示对象 object 映射到对应节点的编号。

$$h(object)=object.value \bmod N$$

即先将对象的值转换成自然数，然后做除以 N 取余的方法。

分析如下两种情况：

- 若集群中某节点 M 宕机，则原来会被哈希到 M 点上的数据将无法正常写入，哈希函数由 $h(object)=object.value \bmod N$ 变成了 $h(object)=object.value \bmod (N-1)$。
- 若原集群规模无法满足应用需求，则需要添加节点来扩展系统的性能。假设添加了一个节点，则哈希函数由 $h(object)=object.value \bmod N$ 变成了 $h(object)=object.value \bmod (N+1)$。

以上两种情况是 NoSQL 系统设计时必须考虑的问题，如果该种情况发生，则意味着以前的映射关系全部失效，那么每个节点的数据都需要进行重新划分。这对于大数据管理系统是不能接受的。为此，下面提出一种新的哈希算法，即一致性哈希（consistent hashing）。

（2）一致性哈希算法

一致性哈希算法在 1997 年由麻省理工学院的 Karger 等人提出，设计目标是解决因特网中的热点问题。一致性哈希是一种特殊类型的哈希，当调整哈希表的大小时，应用一致性哈希，平均只有 k/n 个键需要重新映射，其中，k 是 key 的数量，n 是数据槽（slot）的数量。而传统的哈希表，若一个数据槽的变化将导致几乎所有 key 进行重映射。可见，一致性哈希修正了简单哈希算法带来的问题，使得 DHT 可以在 P2P 环境中真正得到应用。

P2P 环形架构的 NoSQL 系统的节点在逻辑上利用 DHT（即分布式哈希算法，或是一致性哈希）组成了一个环。在系统中，一致性哈希算法不仅与其架构有关，还与其数据的读写、同步以及节点的添加和退出有着密切的关系。下面简单介绍一致性哈希算法。

一致性哈希算法的原理是，每个object的哈希值都是一个二进制32位值，即在
$0 \sim 2^{32}-1$ 的数值区间内，将这个空间构造成一
个首尾相接的环，如图 3.24 所示，对象的哈希
值表示如下：

$h(\text{object}_1)=O_1;$

...

$h(\text{object}_4)=O_4;$

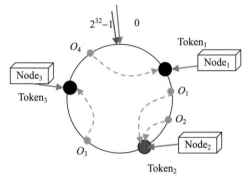

如图 3.24 所示，假设集群中已有 3 个节点
Node_1、Node_2、Node_3，需要为每个节点分配一
个 $0 \sim 2^{32}-1$ 区间内的值，即 Token_1、Token_2、
Token_3。每个对象都从自己的哈希值出发，沿顺
时针方向找到的第一个节点即这个对象的存储

图 3.24　一致性哈希算法示意图

点。这样，每个节点实际的负责范围从简单哈希函数的单个值变成了一个值区间。这样做就
解决了简单哈希存在的问题。下面分别以移除节点和增加节点为例进行介绍。

移除节点：当集群的节点 Node_3 失效，则按照一致性哈希算法，对象 Object_3 会由 Node_1
节点负责，如图 3.25 所示。

添加节点：当集群中添加了节点 Node_4（哈希值为 key_4）时，如图 3.26 所示，原 Object_1
的负责节点由 Node_2 改为了 Node_4。

利用一致性哈希算法，当系统的节点发生变化时，只会影响其相邻节点的数据分布，减
轻了系统的性能抖动。

在 Cassandra 中，每一个节点都分配了一个 $0 \sim 2^{127}-1$ 区间内的值，称为 token 值。对
于任何一个列族中的每一行，都对该行的行键按照 MD5 哈希，得到一个二进制 127 位数值，
按照一致性哈希算法，存储到相应的节点上。所以每一个列族都不是集中式存储，而是分布
地存储在不同节点上。

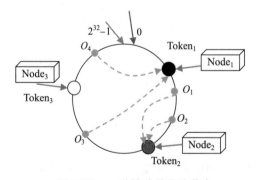

图 3.25　一致性哈希移除节点

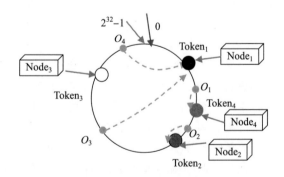

图 3.26　一致性哈希添加节点

3.11 典型的大数据分布设计案例

3.11.1 HBase

HBase 是一个支持大数据管理的分布式 KV 数据库，或者说，是一个高可靠、高性能、高伸缩的分布式存储系统。本节介绍 HBase 的数据模型和分布存储策略。

1. 数据模型

HBase 数据模型与我们熟悉的关系数据模型有很大的不同。虽然 HBase 数据模型的最简单的方式可以由行和列组成的表来表示，但不同于 RDBMS 数据模型中行和列的概念。HBase 数据模型是一个稀疏的、分布式的、持久的多维排序映射，通过行键、列键和时间戳建立索引。HBase 在实际存储数据时是以有序 KV 的形式组织的，通常，也被称为键值存储或面向列族的数据库。

HBase 的数据模型和关系型数据逻辑结构类似，包括名字空间（namespace）、表（table）、行（row）、列（column）、列族（column family）与列限定符（qualifier）即列名、单元格（cell）、时间戳等。相关概念如下。

- 名字空间：表的逻辑分组，类似于关系数据库系统中的数据库。
- 行：行键（rowkey）是行的唯一标识，按字典排序由低到高存储在表中。
- 列族：一行中的数据按列族分组，一个列族下面可以包含任意多的列。
- 列限定符：一个列族中的数据通过它的列限定符（列名）来区分。不需要预先指定列限定符，且列限定符不需要在行之间保持一致。
- 单元格：存储数据的单元，即行和列的交叉点，由行键、列族和列限定符组合，唯一地标识一个单元格。每个单元格都保存着同一份数据的多个版本。
- 时间戳：单元格中值的版本号标识。默认情况下，版本号是单元格写入时的时间戳。如果在写操作期间没有指定时间戳，则使用当前时间戳。如果没有读取指定时间戳，则返回最新的时间戳。每个列族配置了单元格值版本数，默认数量是三个。

图 3.27 所示为 HBase 中的一个雇员（Employees）表的概念结构。Employees 表由行键（Row Key）和两个列族组成，即列族 personal（有三个属性列）和 office（有两个属性列），行根据行键按字典排序。

也可以将 HBase 数据模型理解为多维映射，例如，Employees 表的第一行表示为图 3.28 中的多维映射。行键映射到列族列表，列族列表映射到列限定符列表，列限定符列表映射到时间戳列表，每个时间戳映射到一个值，即单元格本身。如果要检索行键映射到的项，则需要从所有列中获取数据。如果要检索特定列族映射到的项，则需要返回所有列限定符和相关映射。如果要检索特定列限定符映射到的项，则需要获得所有时间戳和相关值。HBase 针对典型模式进行优化，默认只返回最新版本，也可以请求多个版本。行键相当于关系数据库表中的主键。当 HBase 表设置完成后，不能选择更改表中的哪一列为行键。也就是说，在将数据放入表后，不能选择 personal 列族中的列名作为行键。

Employees					
Row Key	Column family-personal			Column family-office	
	Eid	Name	Birthday	phone	address
00001	2000	张 × ×	1980-3-4	010-12345678 010-12340000	北京海淀区
00002	2010	李 × ×	1981-6-4	021-12345678	上海浦东区
00003	2030	王 × ×	1977-8-1	024-12345678	沈阳和平区
00004	2040	刘 × ×	1976-9-5	024-56781234	沈阳浑南区
00005	2050	赵 × ×	1973-5-1	010-56781234	北京朝阳区

图 3.27　Employees 表

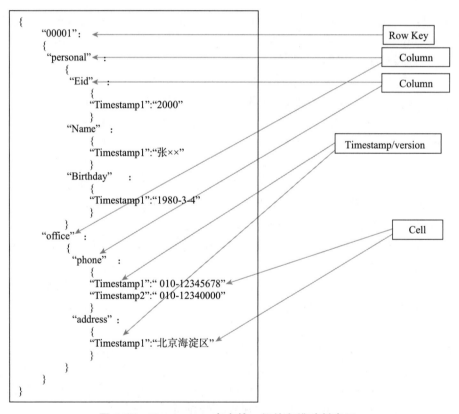

图 3.28　Employees 表中第一行的多维映射表示

从 KV 数据库的角度看 HBase 数据模型，Key 是行键或由 Rowkey、Column Family、Column Qualifier、Timestamp、Type 几个维度组成，Value 是实际写入的单元格数据。如果一行中的所有单元格都是受关注的，那么键应该是行键。如果只关注特定的单元格，则需要将适当的列族和限定符作为键的一部分。其中，Timestamp 表示的就是数据写入时的时间戳，用于标识 HBase 数据的版本号；Type 代表 Put/Delete 的操作类型，HBase 删除时会给数据打上 delete 标记，在数据合并时才会真正物理删除。此外，HBase 的表具有稀疏特性，一行中空值的列并不占用任何存储空间，如图 3.29 所示。

00001 →{ personal:{Eid:{Timestamp1:2000},Name:{Timestamp1:张 ××}, Birthday:{Timestamp1: 1980-3-4 }},
office:{phone:{{Timestamp1:010-12345678},{Timestamp2:010-12340000}, address:{Timestamp1:北京海淀区}}}

00001, personal→{ Eid:{Timestamp1:2000},Name:{Timestamp1: 张 ××}, Birthday:{Timestamp1: 1980-3-4 }}

00001, office : phone →{{Timestamp1:010-12345678},{Timestamp2:010-12340000}}

00001, office : phone, Timestamp1→{010-12345678}

00001, office : phone, Timestamp2→{010-12340000}

图 3.29　KV 表示示例

HBase 并不是行式存储，也不是完全的列式存储，而是面向列族的列族式存储。HBase 通过列族划分数据并存储，列族下面可以包含任意多的列，实现灵活的数据存取，官方推荐列族最好小于或者等于 3。HBase 的每一列数据在底层都是以 KV 形式存储的，针对一行数据，同一列族的不同列的数据是顺序相邻存放的，这种模式实际上是行式存储，如果一个列族下只有一个列，就是一种列式存储。因此 HBase 是一种列族式存储。

2. 数据分片

HBase 采用水平分片方法对表进行数据分片。在 HBase 中，表的所有行都是按照 RowKey 的字典序排列的，表在行的方向上被分割为多个分区（Region）。以行为最小粒度单位，基于键值范围进行拆分，每个分片称为一个分区，如图 3.30 所示。

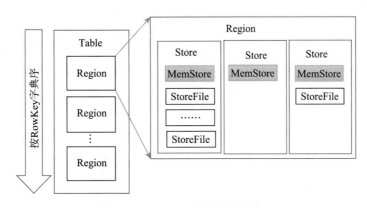

图 3.30　HBase 分区及分配示意

每张表一开始只有一个 Region，但是随着数据的插入，HBase 会根据一定的规则将表进行水平拆分，形成两个 Region。当表中的行越来越多时，就会产生越来越多的 Region，而当这些 Region 无法存储到一台机器上时，则可将其分布存储到多台机器上。

如图 2.19 所示的 HBase 组件体系结构图，每个 HRegion 由多个 Store 构成，每个 Store 保存一个列族（Columns Family），表中有几个列族，则有几个 Store，每个 Store 由一个 MemStore 和多个 StoreFile 组成，MemStore 是 Store 在内存中的内容，写到文件后就是 StoreFile。StoreFile 底层以 HFile 的格式保存，存储在 HDFS 中。

HBase 采用 Region 切分功能支持系统的高可扩展性。目前，HBase 支持多种切分触发策略，通常依据应用场景选择相应的触发策略。常见的切分策略如下。

- ConstantSizeRegionSplitPolicy：0.94 版本前默认的切分策略。一个 Region 中最大 Store 的大小大于设置阈值之后会触发切分。Store 大小为压缩后的文件大小。该方法较简单，阈值（hbase.hregion.max.filesize）设置较大时，对大表比较友好，但是小表就可能不会触发分裂，极端情况下可能就 1 个，影响业务处理效率。如果阈值设置较小，则对小表友好，但一个大表就会分裂为大量的 Region，不利于集群管理和资源使用。
- IncreasingToUpperBoundRegionSplitPolicy：0.94 版本～ 2.0 版本默认切分策略。同 ConstantSizeRegionSplitPolicy 思路相同，但是该阈值不是一个固定的值，会在一定条件下不断调整，调整规则和 Region 所属表在当前 regionserver 上的 Region 个数有关系，但阈值有最大值（MaxRegionFileSize）限制。这种切分策略能够自适应大表和小表。而且在大集群条件下对于很多大表来说表现很优秀，很多小表会在大集群中产生大量小 Region。
- SteppingSplitPolicy：2.0 版本默认切分策略。该策略简化了切分阈值，依然和待分裂 Region 所属表在当前 regionserver 上的 Region 个数有关系，如果 Region 个数等于 1，则切分阈值为 flush size * 2，否则为 MaxRegionFileSize。这种切分策略不会导致小表产生大量的小 Region。

另外，还有一些其他分裂策略，比如使用 DisableSplitPolicy 可以禁止 Region 发生分裂；而 KeyPrefixRegionSplitPolicy、DelimitedKeyPrefixRegionSplitPolicy 依然依据默认切分策略，但对于切分加了一定的约束，如 KeyPrefixRegionSplitPolicy 要求相同的 PrefixKey 存在于一个 Region 中。

一般情况下使用默认切分策略即可，也可以在 cf 级别设置 Region 切分策略。

Region 切分策略会触发 Region 切分，通常将切分点（SplitPoint）设置为整个 Region 最大 Store 中的最大文件中最中心的一个块的首个行键（rowkey）。如果一个文件只有一个块，无法执行切分。

3. 数据分布模型

HBase 中，每张表被划分为多个 Region，每台 Region Server 服务很多 Region，Region Server 与表是正交的，即一张表的 Region 会分布到多台 Region Server 上，一台 Region Server 也会调度多张表的 Region。

HBase 的副本机制通过底层的 HDFS 实现，如图 3.31 所示，即 HBase 的副本存储与分片处理具有存储与计算分离特性，使得 Region 可以在 Region Server 之间灵活移动，而不需要迁移数据，这使得 HBase 具备秒级扩容的能力和极大的灵活性。

一个"好"的数据分布是使数据和访问能够均匀分布在整个集群中，从而得到最好的资源利用率和服务质量，即达到负载均衡。当集群进行扩容、缩容时，我们希望这种"均衡"能够自动保持。因此，负载均衡是 Region 划分和调度的重要目标。

HBase 涉及 3 个层面的负载均衡问题。

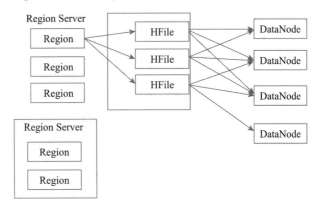

图 3.31　HBase 副本 HDFS 分配底层的实现

- 数据的逻辑分布：即 Region 划分 / 分布，是 rowkey 到 Region 的映射。
- 数据的物理分布：即 Region 在 Region Server 上的调度。
- 访问的分布：即系统吞吐（请求）在各个 Region Server 上的分布，涉及数据量和访问量之间的关系、访问热点等。

HBase 是一种支持自动负载均衡的分布式 KV 数据库，目前支持 DefaultLoadBalancer 和 StochasticLoadBalancer 两种均衡策略。

1）DefaultLoadBalancer 策略。该策略能够保证每个 Region Server 上的 Region 个数基本上相等，假设一共有 n 个 Region Server，第 i 个 Region Server 有 A_i 个 Region，记为 average=$\sum(A_i)/n$，那么这种策略能够保证所有 RS 的 Region 个数都在 [floor(average)，ceil(average)] 之间。这种策略实现简单，应用广泛。但这种策略考虑的因素比较单一，没有考虑到每台 Region Server 的读写及负载压力、热点数据等。

2）StochasticLoadBalancer 策略。该策略是一种综合权衡 6 个因素的均衡策略，该策略较复杂。考虑的因素如下。

- 每台服务器读请求数（ReadRequestCostFunction）。
- 每台服务器写请求数（WriteRequestCostFunction）。
- Region 个数（RegionCountSkewCostFunction）。
- 移动代价（MoveCostFunction）。
- 数据 Locality（TableSkewCostFunction）。
- 每张表占据 Region Server 中 Region 个数上限（LocalityCostFunction）。

该策略结合 6 个因素加权计算出一个代价值，用来评估当前 Region 分布是否均衡，越均衡代价值越低。然后找到一组使代价值递减的 RegionMove 的序列，作为 HMaster 最终执行的 Region 迁移方案。

4. Region 定位

Master 主服务器把不同的 Region 分配到不同的 Region Server 上。通常在每个 Region Server 上会放置 10 ～ 1000 个 Region。

为了定位每个 Region 所在的位置，构建一张关于 Region 的元数据映射表，也被称为元数据表，又名 Meta 表。映射表的每个条目包含两项内容：Region 标识符和 Region Server 标识。

Meta 表中的每一行记录了一个 Region 的信息，主要包括 RowKey 和列族 info。

1）RowKey 即 Region Name，包含 TableName、StartKey、TimeStamp.Encoded，其中 Encoded 是 TableName、StartKey、TimeStamp 的 MD5 值。第一个 Region 的起始行键为空。

2）列族 info。Meta 表里有一个列族 info。info 包含了三个列（Regioninfo、Server 和 Serverstartcode）。

- RegionInfo：记录 Region 的详细信息，包括行键范围 StartKey 和 EndKey、列族列表和属性。
- Server：记录管理该 Region 的 Region Server 的地址，如 localhost:16201。
- Serverstartcode：记录 Region Server 开始托管该 Region 的时间。

当 Meta 表变得非常大时，表也需要划分成多个 Region。

图 3.32 为表和分区的分级管理机制。当客户端进行数据操作时，根据操作的表名和行键，再按照一定的顺序即可找到对应的分区数据。

客户端通过 ZooKeeper 获取 Meta 表分区存储的地址，首先在对应的 Region Server 上获取 Meta 表的信息，得到所需的表和行键所在的 Region 信息，然后从 Region Server 上找到所需的数据。

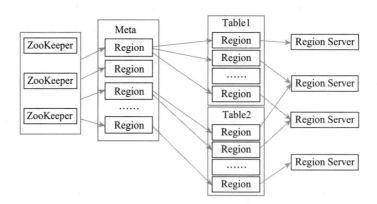

图 3.32　表和分区的分级管理机制

3.11.2　Spanner

Spanner 是 Google 公开的分布式数据库，它既具有 NoSQL 系统的可扩展性，也具有关系数据库的功能。它支持类似 SQL 的查询语言、支持表连接、支持事务（包括分布式事务）。Spanner 可以将一份数据复制到全球范围的多个数据中心，并保证数据的一致性。一套 Spanner 集群可以扩展到上百个数据中心、百万台服务器和上万亿条数据库记录的规模。目前，Google 广告业务的后台（F1）已从 MySQL 分库分表方案迁移到了 Spanner 上。

Spanner 系统的体系结构如图 2.20 所示。一个 Spanner 部署实例称为一个 Universe。每个 Zone 相当于一个数据中心，一个 Zone 内部物理上必须在一个场地上。而一个数据中心可能有多个 Zone。在运行时可以添加和移除 Zone，一个 Zone 可以理解为一个 Bigtable 的部署实例。每个数据中心会运行一套 Colossus（GFS Ⅱ）。每个机器有 100 ～ 1000 个 Tablet，Tablet 概念上相当于数据库一张表里的一些行，物理上是数据文件。例如，假设一张 1000 行的表有 10 个 Tablet，第 1 ～ 100 行是一个 Tablet，第 101 ～ 200 行是一个 Tablet。本节介绍 Spanner 所采用的数据模型、数据存放策略和数据读写过程。

1. 数据模型

Spanner 继承了 Megastore 的设计，数据模型介于 RDBMS 和 NoSQL 之间，提供树形、层次化的数据模型，一方面支持类 SQL 的查询语言，提供表连接等关系数据库的特性，功能上类似于 RDBMS；另一方面，整个数据库中的所有记录都存储在同一个 key-value 大表中，实现上类似于 Bigtable，具有 NoSQL 系统的可扩展性。

在 Spanner 中，应用可以在一个数据库里创建多个表，同时需要指定这些表之间的层次关系。例如，下面创建了两个表——用户表（Users）和相册表（Albums），并且指定用户表是相册表的父节点，如图 3.33 所示。父节点和子节点间存在着一对多的关系，用户表中的一条记录（一个用户）对应着相册表中的多条记录（多个相册）。此外，要求子节点的主键必须以父节点的主键作为前缀。例如，用户表的主键（用户 ID）就是相册表主键（用户 ID+ 相册 ID）的前缀。

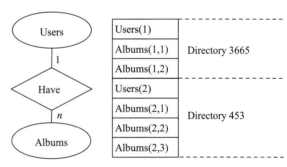

图 3.33 数据模式示例

```
CREATE TABLE Users {
    Uid INT64 NOT NULL,
    Email STRING
    }PRIMARY KEY (uid),DIRECTORY;
CREATE TABLE Albums {
    Uid INT64 NOT NULL,
    Aid INT64 NOT NULL,
    Name STRING
    }PRIMARY KEY (uid,aid), INTERLEAVE IN PARENT Users ON DELETE CASCADE;
```

在图 3.33 的数据模式示例中，表之间具有层次关系，记录排序后交错地存储。

所有表的主键都将根节点的主键作为前缀，Spanner 将根节点表中的一条记录和以其主键作为前缀的其他表中的所有记录的集合称作一个目录（Directory）。Directory 是一些 key-value 的集合，一个 Directory 中的 key 有同样的前缀。例如，一个用户的记录及该用户所有相册的记录组成了一个 Directory。Directory 是 Spanner 对数据进行分区、复制和迁移的基本单位。

2. 数据分布策略

Spanner 比 Bigtable 有更强的扩展性，因为 Spanner 有一层抽象的概念 Directory，Directory 作为数据放置的最小单元，可以在 Paxos group 里面移动。Spanner 移动一个 Directory 一般出于如下几个原因：

- 一个 Paxos group 的负载太大，需要切分；
- 将数据移动到距访问更近的地方；
- 将经常同时访问的 Directory 放到一个 Paxos group 里面。

Spanner 系统中，Directory 是一个抽象的概念，是管理数据的基本单元，而 Tablet 是物理上的数据文件。由于一个 Paxos group 可能会有多个 Directory，因此 Spanner 的 Tablet 的实现和 Bigtable 的 Tablet 实现有些不同。Bigtable 的 Tablet 是单个顺序文件。而 Spanner 的 Tablet 可以理解为是一些基于行的分区的容器，通常将一些经常同时访问的 Directory 放在一个 Tablet 里面，而不强调行的顺序关系。

Directory 是记录地理位置的最小单元。数据的地理位置是由应用决定的，应用可以指定一个 Directory 有多少个副本，分别存放在哪里。在应用配置时需要指定复制数目和类型，还有地理的位置，比如上海复制 2 份、沈阳复制 1 份。这样，应用就可以根据用户实际情况决定数据存储位置。

概括地说，采用目录结构具有以下优势：

- 一个 Directory 中所有记录的主键都具有相同前缀。在存储到底层 key-value 大表时，会被分配到相邻的位置。如果数据量不是非常大，会位于同一个节点上，这不仅提高了数据访问的局部性，也保证了在一个 Directory 中发生的事务都是单机的。
- Directory 还实现了从细粒度上对数据进行分区。整个数据库被划分为百万个甚至更多个 Directory，每个 Directory 可以定义自己的复制策略。这种基于 Directory 的数据分区方式比 MySQL 分库分表基于 Table 的数据分区方式粒度要细，而比 Yahoo! 的 PNUTS 系统中基于 Row 的数据分区方式粒度要粗。
- Directory 提供了高效的表连接运算方式。在一个 Directory 中，多张表上的记录按主键排序，交错（interleaved）地存储在一起，因此进行表连接运算时无须排序即可在表间直接进行归并。

3. Spanner 查询实现方法

Spanner 查询过程中有只读查询操作和读写操作。

（1）Spanner 只读查询操作

Spanner 收到一个数据读取操作后，根据发起查询请求，计算出整个查询需要涉及哪些键值、涉及的键值有多少 Paxos 分组，只涉及一个 Paxos 分组和涉及多个 Paxos 分组的处理逻辑有所不同。

当涉及一个 Paxos 分组时，按照下面的步骤来获取数据：

1）客户端对 Paxos 组的领导者发起一个只读事务；

2）Paxos 组的领导者为这个读操作分配一个时间戳，并确保该时间戳可以让该读取看到最后一次写之后的数据；

3）按照分配的时间戳进行数据读取。

当涉及多个 Paxos 分组时，按照下面的步骤获取数据：

1）客户端发起一个只读事务；

2）多个 Paxos 组领导者进行协商后，分配一个时间戳；

3）按照分配时间戳进行数据读取。

（2）Spanner 读写操作

Spanner 首先对读取和写入操作进行拆分，在一个事务中的写操作会在客户端进行缓存，而先执行读操作，因此该事务中的读取操作不会看到该事务的写操作结果。

读操作在自己数据相关的 Paxos 组中先获取到读锁，避免写操作申请到写锁，申请到读锁后，分配给客户端对应的时间戳进行读操作，所有读取操作完成后，释放掉读锁。

读锁释放完成后，客户端开始处理所有已经缓存的写操作，也是通过 Paxos 协商机制进行协商，获取到写锁，分配对应的预备时间戳后，然后根据预备时间戳中的最大时间确定一个提交时间戳，在提交时间戳的同时进行写操作的事务提交。

3.11.3　OceanBase

OceanBase 是一个兼容 MySQL 及 Oracle 语法的分布式关系数据库，采用数据分区及多副本存储，保证系统的高可用性和高性能。OceanBase 数据库采用关系数据模型，关系表是最基本的数据库对象。本部分主要介绍 OceanBase 分布式数据库中采用的多租户概念以及具体的分区策略。

1. 多租户概念

OceanBase 数据库采用多租户架构，租户是一个逻辑概念，类似于传统数据库的数据库实例，目前支持两种不同的租户类型：MySQL 租户和 Oracle 租户。租户下可以建立数据库和在租户下的数据库中建立表。

在 OceanBase 数据库中，租户是资源分配的单位，租户之间是完全隔离的。OceanBase 系统中包含两大类的租户：系统租户和普通租户。

系统租户是 OceanBase 数据库的系统内置租户，有三个主要功能。

- 作为系统数据容器：所有的系统数据和系统表信息都存放在系统租户的名字空间内。
- 负责数据库的集群管理：提供集群级别的管理功能，比如增加 / 删除租户、修改系统配置项、每日合并等操作，只允许系统租户下的用户来做。
- 提供执行系统维护和管理行为所需的资源：像选主、日志同步、每日合并等操作没有按租户分离，这些操作所需的资源由系统租户来统一提供。

普通租户可以被看作一个数据库实例,它由系统租户根据需要(比如为了某个业务的需要)创建出来。在创建租户的时候,除了指定租户名字以外,最重要的是指定它占用的资源情况。普通租户具备一个实例所应该具有的所有特性:

- 可以创建自己的用户;
- 可以创建数据库、表等所有客体对象;
- 有自己独立的 information_schema 等系统数据库;
- 有自己独立的系统变量;
- 数据库实例所具备的其他特性。

OceanBase 数据库在一个系统中可同时支持 MySQL 模式和 Oracle 模式的租户。用户创建租户时,可选择创建 MySQL 兼容模式租户或 Oracle 兼容模式租户。

2. 数据分区方法

OceanBase 数据库支持水平分片。当一个表很大时,可以水平拆分为若干个分区(即片段),每个分区包含表的若干行记录。根据行数据到分区的映射关系不同,将分区类型分为 HASH 分区、RANGE 分区(按范围)、LIST 分区。如果表格设置了主键,则分区键必须是主键中的列,否则对分区键没有要求。每一个分区还可以用不同的维度水平分为若干二级分区。例如,交易记录表按照用户 ID 分为若干 HASH 分区,每个一级 HASH 分区再按照交易时间分为若干二级 RANGE 分区。

当前,MySQL 模式下支持的分区有:RANGE 分区、RANGE COLUMNS 分区、LIST 分区、LIST COLUMNS 分区、HASH 分区、KEY 分区、组合分区。而 Oracle 模式下支持的分区有:RANGE 分区、LIST 分区、HASH 分区、组合分区。MySQL 模式和 Oracle 模式均支持的二级分区如下:HASH + HASH 分区、HASH + RANGE 分区、HASH + LIST 分区、RANGE + HASH 分区、RANGE + RANGE 分区、RANGE + LIST 分区、LIST + HASH 分区、LIST + RANGE 分区、LIST + LIST 分区。

(1) RANGE 分区

根据分区表定义时为每个分区建立的分区键值范围,将数据映射到相应的分区中。它是常见的分区类型,通常按日期或价格分区。

例如,创建了 *t*1 表,选择 *c*1 列作为分区键进行 RANGE 分区,分成 3 个分区 *p*0、*p*1、*p*2,分区范围分别是 (min, 100)、[100, 500)、[500, max)。

```
CREATE TABLE t2  (c1 INT, c2 INT) PARTITIONED BY RANGE(c1) (
    PARTITION p0 VALUES LESS THAN(100),
    PARTITION p1 VALUES LESS THAN(500),
    PARTITION p2 VALUES LESS THAN(MAXVALUE)
);
```

(2) RANGE COLUMNS 分区

RANGE COLUMNS 分区与 RANGE 分区的作用基本类似,不同之处在于 RANGE COLUMNS 分区的分区键的结果不要求是整型,可以是任意类型。RANGE COLUMNS 分区的分区键不能使用表达式。RANGE COLUMNS 分区的分区键可以写多个列(即列向量)。

例如，创建 t2 表，选择 c1、c2、c3 列作为分区键进行 RANGE COLUMNS 分区，分成 3 个分区 p0、p1、p2。

```
CREATE TABLE t2(c1 INT, c2 INT, c3 CHAR(3)) PARTITIONED BY RANGE COLUMNS(c1,c2,c3) (
    PARTITION p0 VALUES LESS THAN (100,500,'A'),
    PARTITION p1 VALUES LESS THAN (500,1000,'B'),
    PARTITION p2 VALUES LESS THAN (MAXVALUE,MAXVALUE,MAXVALUE)
);
```

（3）LIST 分区

根据枚举类型的值来划分分区，主要用于枚举类型。同 RANGE 分区和 HASH 分区不同，LIST 分区的优点是方便对无序或无关的数据集进行分区。

例如，创建 t3 表，选择 c1 列作为分区键进行 LIST 分区，当某一行的 c1 = 1 或 c1 = 2 或 c1 = 3 时，这一行属于分区 p0，当 c1 = 5 或 c1 = 6 时，这一行属于分区 p1。除此之外，所有行都属于 p2。

```
CREATE TABLE t3  (c1 INT, c2 INT) PARTITIONED BY LIST(c1) (
    PARTITION p0 VALUES IN (1,2,3),
    PARTITION p1 VALUES IN (5, 6),
    PARTITION p2 VALUES IN (DEFAULT)
);
```

（4）LIST COLUMNS 分区

LIST COLUMNS 分区与 LIST 分区的作用基本相同，不同之处在于：LIST COLUMNS 分区的分区键不要求是整型，可以是任意类型。LIST COLUMNS 分区的分区键可以是多列（即列向量）。

例如，创建 t4 表，选择 c2 列作为分区键进行 LIST COLUMNS 分区。

```
CREATE TABLE t4  (c1 INT, c2 CHAR(2)) PARTITIONED BY LIST COLUMNS(c2) (
    PARTITION p0 VALUES IN('ln', 'jl', 'he'),
    PARTITION p1 VALUES IN('bj', 'sh', 't'),
    PARTITION p2 VALUES IN('gz, 'sz', 'zh')
  );
```

（5）HASH 分区

HASH 分区适用于对不能用 RANGE 分区、LIST 分区方法的场景。需要指定分区键和分区个数，通过对分区键上的 HASH 函数值来散列记录到不同分区中。

例如，创建了 t5 表，选择 c1 列作为分区键进行 HASH 分区，分区个数是 5 个。

```
CREATE TABLE t5  (c1 INT, c2 INT) PARTITIONED BY HASH (c1) PARTITIONS 5;
```

（6）KEY 分区

KEY 分区与 HASH 分区类似，也是通过对分区个数取模的方式来确定数据属于哪个分区，不同的是系统会对 KEY 分区键做一个内部默认的 HASH 函数后再取模。KEY 分区有如下特点：KEY 分区的分区键不要求为整型，可以为任意类型，KEY 分区的分区键不能使用表达式、支持向量，当 KEY 分区的分区键中不指定任何列时，表示 KEY 分区的分区键是主键。

例如，创建了 *t*6 表，选择 *c*1 为主键，分区个数是 5 个。

```
CREATE TABLE t1 ( c1 INT PRIMARY KEY, c2 INT) PARTITIONED BY KEY()  PARTITIONS 5;
```

（7）组合分区

组合分区是先使用一种分区策略，然后在子分区再使用另外一种分区策略，适合于业务表的数据量非常大的场景。使用组合分区能发挥多种分区策略的优点。

例如，创建了 *t*7 表，先选择 *c*1 列作为分区键进行 RANGE 分区（*p*0、*p*1、*p*2），进一步选择 *c*2 列 HASH 分区为 2 个子分区，这样，整个分区被分成了 6 个分区。

```
CREATE TABLE t7 (c1 INT, c2 INT) PARTITIONED BY RANGE (c1)
SUBPARTITIONED BY HASH (c2) SUBPARTITIONs 2
(
    PARTITION p0 VALUES LESS THAN (500),
    PARTITION p1 VALUES LESS THAN (1000),
    PARTITION p2 VALUES LESS THAN MAXVALUE
);
```

3. 数据分布策略

OceanBase 数据库中，为了数据安全和提供高可用的数据服务，每个分区数据在物理上存储多个副本。每个副本包括存储在磁盘上的静态数据（SSTable）、存储在内存的增量数据（MemTable）以及记录事务的日志三类主要的数据。根据存储数据种类的不同，副本有几种不同的类型，以支持不同业务在数据安全、性能伸缩性、可用性、成本等之间的选择。

（1）副本类型

OceanBase 数据库中的数据副本分为如下三种类型。

- 全能型副本：也就是目前支持的普通副本，拥有事务日志、MemTable 和 SSTable 等全部完整的数据和功能。它可以随时快速切换为 leader 对外提供服务。
- 日志型副本：只包含日志的副本，没有 MemTable 和 SSTable。它参与日志投票并对外提供日志服务，可以参与其他副本的恢复，但自己不能变为 leader 提供数据库服务。
- 只读型副本：包含完整的日志、MemTable 和 SSTable 等，但是它的日志比较特殊。它不作为 Paxos 成员参与日志的投票，而是作为一个观察者实时追赶 Paxos 成员的日志，并在本地回放。这种副本可以在业务对读取数据的一致性要求不高时提供只读服务。因其不加入 Paxos 成员组，不会造成投票成员增加导致事务提交延时的增加。

（2）副本分配

租户内创建的分区都存储在资源单元中，分区副本的个数和分布方式是由租户的资源单元决定的。通常，每个 Zone 会存储一份所有数据的副本，一个分区在每个 Zone 内有且只有一个副本。当租户的资源单元分布在一个 Region 的 3 个 Zone 内时，租户创建的分区会有三个副本，每个 Zone 内有一个副本。当租户的资源单元是分布在 3 个 Region 的 5 个 Zone 内时，租户创建的分区表会有五个副本。

一个分区的多个副本中有一个副本会被选举成主副本，主副本负责数据库服务，提供读写能力，数据的修改以 Redo 日志的形式通过 Paxos 一致性协议在多个副本间同步，其他备副本通过回放同步到 Redo 日志，保持与主副本的一致。

分区主副本的选择策略由租户的 primary_zone 属性决定，在创建租户的命令中可以指定 primary_zone 属性，也可以用 ALTER 语句来修改。

（3）数据分布策略

OceanBase 数据库面向表，采用表格组及分区组概念实现数据分布存储和负载均衡。OceanBase 数据库会优先把属于同一个 Table Group 的相同分区号的分区，调度到同一台节点上，以减少跨节点分布式事务。

表格组（Table Group）是一个逻辑概念，即满足一定约束的表的集合。例如，表格组中的所有表必须拥有相同的 Locality（副本类型、个数及位置）、相同的 Primary Zone（leader 位置及其优先级），以及相同的分区方式。表格组用于聚集经常一起访问的多张表格。例如，有用户基本信息表（user）和用户商品表（user_item），这两张表格都按照用户编号哈希分布，只需要将二者设置为相同的表格组，系统后台就会自动将同一个用户所在的 user 表分区和 user_item 表分区调度到同一台服务器。这样，即使操作某个用户的多张表格，也不会产生跨机事务。这种设计兼具分布式系统的扩展性以及关系数据库的易用性和灵活性。

分区组（Partition Group）是指对包含分区表的 Table Group 中的分区进行分组管理，每一分区组称为 Partition Group。通过定义 Table Group，用户可以控制一组表在物理存储上的临近关系。而属于同一个 Partition Group 的所有分区，系统会通过自动调度使它们位于同一台 OBServer 服务器上，且这些分区副本的 leader 也位于一台 OBServer 上。除了用来定义"临近"关系之外，分区表本身还隐含"分片"的作用，系统在调度时，会把同一个 Table Group 的不同 Partition Group 尽量分散在多个可用的机器上，以支持水平自动扩展。同时 Partition Group 是负载均衡和 leader 切换等操作的最小执行单元。

4. 数据均衡策略

OceanBase 数据库通过总控服务 RootService 管理租户内各个资源单元间的负载均衡。不同类型的副本需求的资源各不相同，RootService 在执行分区管理操作时需要考虑的因素包括每个资源单元的 CPU、磁盘使用量、内存使用量、IOPS 使用情况。经过负载均衡，最终会使得所有机器的各类型资源占用都处于一种比较均衡的状态，充分利用每台机器的所有资源。

OceanBase 数据库中，均衡组是负载均衡算法的操作单元，一个均衡组内的元素会均匀散在集群的各台服务器上。OceanBase 数据库有两种重要的均衡组：所有的非分区表组成一个默认的均衡组；一个分区表内部会形成一个或多个均衡组，具体取决于分区策略。

表格是一级分区，表格内的所有分区是一个均衡组。表格是二级分区，如果第一级分区是 HASH 分区，所有二级分区下相同编号的分区形成一个均衡组；如果第一级分区不是 HASH 分区，每个一级分区下的二级分区会形成一个单独的均衡组。

分区组内的均衡算法是，首先通过分区个数均衡使得分区在资源单元间个数分布均匀，然后计算各个资源单元的负载，交换负载最高、负载最低的两个资源单元上的分区，既保持个数均衡，又使得负载更加均衡。随着数据持续写入分区，资源单元的负载会动态变化，从而持续触发迁移，使得硬盘持续均衡。

数据均衡策略解决的整体思路为：在某个均衡组中，根据副本的分布情况，实时挑选主副本，挑选主副本的结果为：在 primary_zone 资源单元上分布的主副本的数量均衡。

3.12　本章小结

分布式数据库设计是构建分布式数据库系统的基础，设计的好坏直接影响系统的性能。本章主要针对 Top-Down 设计策略中的数据库设计进行了详细讨论，介绍了分片的定义和作用，详细地给出了两种基本分片方法（水平分片和垂直分片）的定义、遵循的准则、操作方法以及正确性验证，并介绍了分片的表示方法、分配设计模型和具体的数据复制技术。分布式数据库的分片、分配设计与数据的自身特点、应用需求、物理场地以及网络环境等因素密切相关。本章以 Oracle 数据库为例，给出了具体的数据分布设计实例。针对大数据库系统，主要介绍了支持大数据管理的关系模型、键值模型、文档模型和图模型，以及常用的分区策略：范围分区和一致性哈希分区策略。最后以 HBase、Google Spanner 和 OceanBase 三个典型分布式数据库系统为例，分别介绍了它们所采用的数据分布设计技术。

通常需要根据系统应用需求选择相应的数据模型或混合数据模型，以及恰当的分区策略。好的数据库设计有助于提升系统的性能，增强系统的可靠性和可用性。本章内容为分布式数据库和大数据库设计者提供了可行的设计基础。用户基于本章的设计理念，结合数据库自身特征、应用需求、网络性能、场地性能等诸多因素可合理地设计分布式数据库系统和大数据库系统。

习题

1. 阐述数据分片的作用，以及分片时需要考虑的几个因素。
2. 基本水平分片和导出水平分片的定义不同，但表示形式一致，那它们的分配模式是否也一致？
3. 结合应用实例理解分片的完备性、可重构性和不相交性。
4. 存在一个复杂的数据管理应用，有如下关系模式：R_1（a_{11}, a_{12},$\cdots$, a_{1n}），R_2（a_{21}, a_{22},$\cdots$, a_{2m}），$\cdots$，R_m（a_{m1}, a_{m2},$\cdots$, a_{mt}）；系统存在多种查询应用 $Q1$，$Q2$，$Q3$，$\cdots$，Qn，$Q1=$（S,P），S 为相关属性集合，P 为查询谓词。

   要求：根据上述条件如何对数据进行分片设计？如何选择简单谓词和小项谓词？请给出一种或两种设计方案。
5. 某教学管理信息系统有如下关系模式信息：
   - 学生基本信息 S(Sno(学号), Sname(姓名), Sage(年龄), Major (专业), Dept(校区), Hobby(个人爱好), Province(来自的省), F-WorkUnit(父亲的工作单位), F-Title(父亲的职务), M-WorkUnit(母亲的工作单位), M-Title(母亲的职务));

- 学生选课信息 SC(Sno,Cno(课号), Grade(成绩));
- 课程信息 C(Cno,Cname(课程名), Credit(学分))。

假设基于上面给出的关系模式有如下应用需求：各校区负责人经常查询本校区的学生的基本信息、选课信息、选择的课程信息；学校本部数据中心需要对学生信息进行综合分析，即需要学生的基本信息 S(Major, Hobby, Province, F-WorkUnit, F-Title, M-WorkUnit, M-Title) 和学生的选课信息 SC(Sno,Cno,Grade)，了解各区域学生的父母职业与学习情况等。

要求：依据上述信息进行数据分片设计，写出分片定义、分片条件，指出分片的类型，分别画出分片树，给出相应的分配设计。

6. 某销售总公司（场地 S0）下属有一个分公司（场地 S1），该销售公司有如下关系模式：
- 雇员信息 E(Eno(雇员编号), Ename(姓名), Age(年龄), Title(级别), Dno(公司));
- 雇员销售信息 S(Sid(销售明细), Pno(商品编号), num(数量), date(日期), Eno)。

假设基于上面给出的关系模式有如下应用需求：各分公司管理自己公司的雇员信息和销售信息；总公司管理 Title>5 的雇员信息和他们的销售信息。

要求：依据上述信息进行数据分片设计，给出简单谓词集和小项谓词集，写出分片定义、分片条件，指出分片的类型，分别画出分片树，给出相应的分配设计。

7. 说明 key-value 数据模型所适用的应用场景及其具有的优缺点。

8. 对于 Web 搜索系统，若数据分布存储在多个场地上，请设计其数据分区和分布策略，并阐述其具有的优势和不足。

9. 对于金融事务管理系统，若数据分布存储在多个场地上，请设计其数据分区和分布策略，并阐述其具有的优势和不足。

10. 对比分析 HBase、Spanner、OceanBase 三种流行分布式数据库在数据分布设计和管理方面的异同点。

参考文献

[1]　郑振楣，于戈 . 分布式数据库 [M]. 北京：科学出版社，1998.

[2]　OZSU M T, VALDURIEZ P. 分布式数据库系统原理：原书第 2 版 [M]. 北京：清华大学出版社，2002.

[3]　邵佩英 . 分布式数据库系统及其应用 [M]. 北京：科学出版社，2005.

[4]　孟小峰，慈祥 . 大数据管理：概念、技术与挑战 [J]. 计算机研究与发展，2013,50(1)：146-169.

[5]　详解 Cassandra 数据库的写操作 [EB/OL].http://database.51cto.com/art/201005/202919.htm.

[6]　一致性哈希算法 [EB/OL].http://baike.baidu.com/item/ 一致性哈希 /2460889.

[7]　Facebook 数据仓库揭秘：RCFile 高效存储结构 [EB/OL].https://wenku.baidu.com/.

[8]   Apache Cassandra Glossary[EB/OL]. http://io.typepad.com/glossary.html.

[9]   BEAVER D, KUMAR S, LI H C, et al. Finding a Needle in Haystack: Facebook's Phone Storage[C]//Proc. of OSDI2010. Berkeley, CA: USENIX Association, 2010:47-60.

[10]   Consistent hashing[EB/OL]. http://baike.baidu.com.

[11]   CHANG F, DEAN J, GHEMAWAT S. Bigtable: A Distributed Storage System for Structured Data[C]//Proc. of OSDI. CA: USENIX, 2006: 205-218.

[12]   COPELAND G P, KHOSHAFIAN S N. A Decomposition Storage Model[C]//Proc of The 1985 ACM SIGMOD International conference on Management of Data. New York: ACM, 1985: 268-279.

[13]   CORBETT J C, JEFFREY D, MICHAEL E, et al. Spanner: Google's Globally-Distributed Database [C]//Proc. of OSDI. CA: USENIX, 2012.

[14]   ELLNER S, SHUTE J. F1-the Fault-Tolerant Distributed RDBMS Supporting Google's Ad Business[C]//Proc. of SIGMOD. New York: ACM, 2012: 777-778.

[15]   GHEMAWAT S, GOBIOFF H, LEUNG S. The Google file system[C]//Proc. of 19th Symposium on Operating Systems Principles. New York: ACM, 2003: 29-43.

[16]   HALEVY A Y, RAJARAMAN A, ORDILLE J. Data Integration: The Teenage Years[J]. PVLDB, 2006: 9-16.

[17]   HALEVY A Y, RAJARAMAN A, ORDILLE J J. Querying Heterogeneous Information Sources Using Source Descriptions [J]. PVLDB, 1996: 251-262.

[18]   HE Y, LEE R, HUAI Y, et al. RCFile: A Fast and Space efficient Data Placement Structure in Map Reduce based Warehouse Systems [C]//Proc. of ICDE. New York: IEEE, 2011: 1199-1208.

[19]   JOSEPH D. Performance Analysis of MD5 [J]. Computer Communication Review, 1995(4): 77-86.

[20]   KARGER D, LEHMAN E, LEIGHTON T, et al. Consistent Hashing and Random Trees: Distributed Caching Protocols for Relieving Hot Spots on the World Wide Web [C]//Proc. of the Twenty-Ninth Annual ACM Symposium on theory of Computing. New York: ACM, 1997: 654-663.

[21]   O'NEIL P, CHENG E, GAWLICK D, et al. The log-structured merge-tree (LSM-tree)[J]. Acta Informatica, 1996, 33 (4): 351-385.

[22]   RAMANATHAN S, GOEL S, ALAGUMALAI S. Comparison of Cloud Database: Amazon's Simple DB and Google's Bigtable [J]. IJCSI International Journal of Computer Science Issues, 2011, 8(6): 1694-1814.

[23]   RENESSE R, DUMITRIU D, GOUGH V, et al. Efficient Reconciliation and Flow Control for Anti-Entropy Protocols[EB/OL]. http://www.cs.cornell.edu/home/rvr/papers/flowgossip.pdf, 2013.

[24] CORBETT J C, DEAN J, EPSTEIN M, et al. Spanner: Google's Globally Distributed Database[J]. ACM Transactions Computer Systems 2013,31(3): 8.1-8.22.

[25] BACON D F, BALES N, BRUNO N, et al. Spanner: becoming a SQL system[C]//Proc. of SIGMOD. New York: ACM, 2017: 331-343.

[26] STONEBRAKER M. One Size Fits All: An Idea Whose Time has Come and Gone[C]// Proc. of the International Conference on Data Engineering. New York: IEEE, 2005: 2-11.

[27] TFS[EB/OL]. https://baike.baidu.com/item/TFS/5561187?fr=aladdin.

[28] ZHOU J, ROSS K A. A Multi-resolution Block Storage Model for Database Design[C]// Proc. of Database Eng. and App. Symp. New York: IEEE, 2003: 22-31.

[29] Open source NoSQL Database [EB/OL]. http://cassandra.apache.org/2021.

[30] KHURANA A. Introduction to HBase Schema Design[J]. The Usenix Magazine, 2012, 37(5): 29-36.

[31] Apache HBase Team. Apache HBase ™ Reference Guide, Version 3.0.0-SNAPSHOT[EB/ OL]. https://hbase.apache.org/apache_hbase_reference_guide.pdf.

[32] OceanBase 数据库概览 [EB/OL]. https://www.oceanbase.com/2021-03-10.

[33] OceanBase 数据库官方文档 [EB/OL]. https://www.oceanbase.com/docs.

[34] BACON D F, BALES N, BRUNO N, et al. Spanner: Becoming a SQL System[C]//Proc. of SIGMOD. New York: ACM, 2017: 331-343.

[35] Using Oracle Sharding [EB/OL]. https://docs.oracle.com/en/database/oracle/oracle-database/21/shard/overview-oracle-sharding1.html.

第 **4** 章

分布式数据存储

数据分布存储是分布式数据管理的核心基础，决定着数据管理的性能以及系统的可用性和可靠性。本章首先介绍大数据分布式存储类型，并对分布式存储系统所采用的主要方式（如文件存储和对象存储）进行详细讲解，接着介绍分布式数据管理中常用的索引结构、数据缓存技术，最后对支持大数据管理的典型分布式存储系统样例进行剖析。

4.1 大数据分布式存储类型

当前面向大数据的分布式存储系统依据数据的物理组织方式和存储接口通常可以分为三种存储类型，即块存储、文件存储和对象存储。三种存储形态和存储架构的示意图如图 4.1 所示。

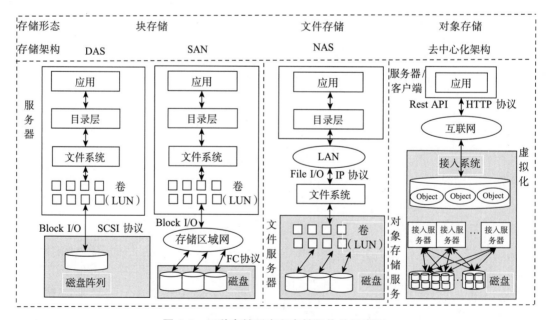

图 4.1 三种存储形态和存储架构的示意图

1. 块存储

块存储是指在一个独立磁盘冗余阵列（RAID）集中，一个控制器加入一组磁盘驱动器，并提供固定大小的 RAID 块作为逻辑单元（LUN）的卷，简单理解就是将裸磁盘空间经过逻辑划分之后整个映射给服务器主机使用。例如，将一组磁盘经过 RAID、逻辑盘划分、逻辑卷划分等方式划分出 N 个逻辑磁盘。依据存储架构，块存储又分为 DAS（Direct-Attached Storage，直连式存储）和 SAN（Storage Area Network，存储区域网络）。基于块的存储系统，磁盘块通过底层存储协议访问，像 SCSI 命令，开销很小。而所有高级别的任务，像多用户访问、共享、锁定和安全通常由操作系统负责完成。块存储使用的存储协议是 SCSI、iSCSI、FC。块存储的优势是支持并行读写、读写效率高，缺点是成本高昂，不利于不同主机或操作系统间的数据共享。

2. 文件存储

文件存储指在文件系统上的存储，文件系统中有分区、文件夹、子文件夹，形成了一个自上而下的文件结构。用户通过操作系统中的应用程序对文件系统下的文件进行打开、修改等操作。文件存储提供一种 NAS（Network Attached Storage，网络附属存储）架构，使得主机的文件系统不仅限于本地的文件系统，还可以连接基于局域网的共享文件系统。NAS 系统具有横向扩展性，通过增加节点实现水平扩展，但 NAS 系统基于分层文件结构，只具有有限的命名空间。文件存储的存储协议主要是 NFS、SAMBA（SMB）、POSIX 等。对于大数据的存储通常采用分布式文件存储机制，典型的系统是谷歌的 GFS 和 Hadoop 系统的 HDFS。文件存储模式的优点是成本低且共享兼容性好，而缺点则是访问效率低。

3. 对象存储

对象存储也称作"面向对象的存储"，主要操作的是对象（Object），对象主要由键值（Key）、元数据和数据三个部分构成。对象存储是在文件存储的基础上发展而来的，其抛弃了文件存储的命名空间、文件目录等结构，而是采用"桶"的概念（即存储空间），"桶"里面全部是对象，是一种扁平化的存储结构，比文件存储更加简洁。对象存储的操作主体由文件变为对象，面向对象的操作主要以 Put、Get 和 Delete 操作为主，通常提供简单的 API（即 REST API）的访问方式供用户和应用访问其中的对象。另外，对象存储还提供了访问控制机制，数据管理员可以在 bucket 层级上（类似于目录）或者对象层级上（类似于目录中的文件）设置访问控制。通常，存储对象的授权 / 认证通过云提供商的身份认证管理系统或者数据拥有者的目录服务来管理。对象存储通常用于构建云存储平台，最常见的存储内容包括存储网站、移动 App 等互联网 / 移动互联网应用的静态内容（视频、图片、文件、软件安装包等）。对象存储很好地结合了块存储和文件存储的优点，具有较高的读写效率的同时也易于访问，典型的平台包括 Amazon 的 S3，而国内的云平台也都配有对象存储系统。对象存储的缺点主要是成本较高，因此对于少量数据的存储而言，使用文件存储具有更高的性价比。

4.2 分布式文件系统

本部分将介绍典型的 Hadoop 分布式文件系统（Hadoop Distribute File System，HDFS）及相关的数据存储结构，主要包括 HDFS 的数据存储架构、数据存储模型和读写文件流程，以及在 Bigtable 和 LevelDB 等系统中所使用的 SSTable 和 LSM-Tree 等存储结构。

4.2.1 HDFS 简介

1. HDFS 概述

HDFS 是 Hadoop 系统中的一个分布式文件系统，适用于存储超大文件（几百兆字节、吉字节甚至太字节级别的文件）。HDFS 将超大文件分割成多个块（block），块的大小默认为 64MB（2.7.3 版本默认为 128MB），每一个 block 会创建多份副本存储在多个数据节点（DataNode）上，默认是 3 份。HDFS 采用一次写入、多次读取的高效的流式数据访问模式。HDFS 基本架构如图 4.2 所示，其中，元数据节点（NameNode）用来管理文件系统中的命名空间（NameSpace），包括管理文件目录、文件和块的对应关系以及块和数据节点的对应关系。DataNode 用于存储数据。一个机柜（Rack）存放多台服务器，对应多个 DataNode，一个块的三个副本通常会保存到两个或者两个以上的机柜的服务器上，采用副本机制（Replication）实现块复制，可实现有效的防灾容错。客户端（Client）向 NameNode 发送元数据管理操作（Metadata OPS）；而 NameNode 向 DataNode 发送块操作（Block OPS）。客户端和 NameNode 可以向 DataNode 请求写入（Write）或者读出（Read）数据块，而 DataNode 需要周期性地向 NameNode 回报其存储的数据块信息。

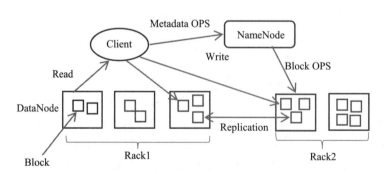

图 4.2　HDFS 基本架构图

2. HDFS 读写文件流程

在 HDFS 中，文件的读写过程就是客户端（Client）和 NameNode 以及 DataNode 一起交互的过程。

（1）HDFS 写文件的过程

HDFS 写文件的过程如图 4.3 所示，具体处理流程如下。

1）客户端（Client）调用 create 函数来创建文件 DistributedFileSystem。

2）DistributedFileSystem 应用 RPC 调用 NameNode，并在文件系统的命名空间中创建一个新的文件，DistributedFileSystem 返回一个 FSDataOutputStream 对象给 Client。

3）Client 开始写入数据，FSDataOutputStream 封装一个 DFSOutputStream，DFSOutput-Stream 将数据分成块，并按 64KB 的包（package）划分，写入数据队列（data queue）。Data queue 由数据流管理器（Data Streamer）读取，并通知 NameNode 分配 DataNode，用来存储数据块（每块默认复制 3 块）。分配的 DataNode 放在一个管道（pipeline）里。

4）Data Streamer 将数据块写入 pipeline 中的第一个 DataNode。第一个 DataNode 将数据块发送给第二个 DataNode；第二个 DataNode 将数据发送给第三个 DataNode。

5）DFSOutputStream 将发出去的数据块保存于确认队列（ack queue），等待 pipeline 中的 DataNode 告知数据已经写入成功。

6）当 Client 结束写入数据，则调用 FSDataOutputStream 的 close 函数，此操作将所有的数据块写入 pipeline 中的 DataNode，并等待 ack queue 返回成功。

7）最后发送 complete 通知 NameNode 写入完毕。

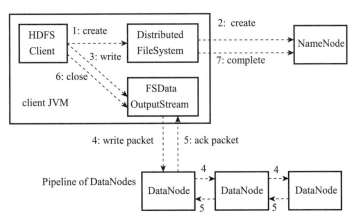

图 4.3　HDFS 写文件的过程

如果 DataNode 在写入的过程中失败，则关闭 pipeline，将 ack queue 中的数据块放入 data queue 的开始。当前的数据块在已经写入的 DataNode 中被 NameNode 赋予新的标识，则错误节点重启后能够察觉其数据块是过时的，会被删除。从 pipeline 中移除失败的 DataNode，另外的数据块则写入 pipeline 中的另外两个 DataNode。NameNode 则被通知此数据块的复制块数不足，将来会再创建第三份备份。

（2）HDFS 读文件的过程

HDFS 读文件的过程如图 4.4 所示，具体处理流程如下。

1）客户端（Client）调用 open 函数打开文件 DistributedFileSystem。

2）DistributedFileSystem 应用 RPC 调用 NameNode，得到文件的数据块信息（get block locations）。对于每一个数据块，NameNode 返回保存数据块的 DataNode 的地址。DistributedFileSystem 返回 FSDataInputStream 给 Client，用来读取数据。

3）Client 调用 FSDataInputStream 的 read 函数开始读取数据。

4）FSDataInputStream 连接保存此文件第一个数据块的最近的 DataNode。数据从 DataNode 读到 Client，当此数据块读取完毕时，FSDataInputStream 关闭和此 DataNode 的连接。

5）然后，连接此文件下一个数据块的最近的数据节点。

6）当 Client 读取完毕数据时，调用 FSDataInputStream 的 close 函数。

在读取数据的过程中，如果 Client 在与 DataNode 通信时出现错误，则尝试连接包含此数据块的下一个 DataNode。失败的 DataNode 将被记录，以后不再连接。

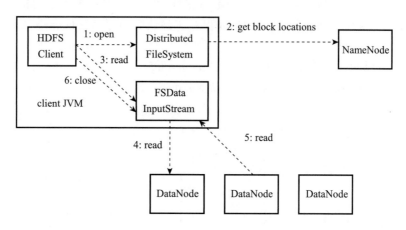

图 4.4　HDFS 读文件的过程

3. HDFS 的优缺点分析

HDFS 作为分布式文件系统是为存储大文件而设计的，HDFS 具有如下优点。

- 能够处理超大的文件。HDFS 对于超大文件的处理方式是将其分块后存储在多个节点上。
- 支持流式访问数据。HDFS 能够很好地处理"一次写入，多次读写"的任务。也就是说，一个数据集一旦生成了，就会被复制到不同的存储节点中，然后响应各种各样的数据分析任务请求。在多数情况下，分析任务都会涉及数据集中的大部分数据。所以，HDFS 请求读取整个数据集要比读取一条记录更加高效。
- 可以运行在比较廉价的商用服务器集群上。

同时，HDFS 也有一定的不足。

- 不适合低延迟数据访问。HDFS 用于处理大型数据集分析任务，延迟时间可能较长。
- 无法高效存储大量小文件。因为 NameNode 把文件系统的元数据放置在内存中，所以文件系统所能容纳的文件数目由 NameNode 的内存大小来决定。一般来说，每一个文件、文件夹和数据块需要占据约 150B 的空间，所以，如果有 100 万个文件，每一个文件占据一个 Block，至少需要 300MB 的内存。当文件数量扩展到数十亿时，HDFS 的存储代价将变得十分高昂。在此方面，最新版本的 HDFS 支持多个小文件存储在一个数据块之内，以提高 HDFS 对小文件的管理效率。

- 不支持多用户写入以及任意修改文件。作为一个分布式文件系统，在 HDFS 的一个文件中只有一个写入者，而且写操作只能在文件末尾完成，即只能执行追加操作。目前 HDFS 还不支持多个用户对同一文件的写操作，以及在文件任意位置进行修改。

4.2.2　HDFS 的关系数据存储结构

在传统数据库系统中，三种数据存储结构被广泛研究：行存储结构、列存储结构和混合存储结构。上面这三种结构都有其自身的特点，不过将这些数据库导向的存储结构简单移植到基于 MapReduce 的大数据系统并不能满足所有需求。本节将对以上三种数据存储结构进行简要介绍，并对 HDFS 中三种数据存储结构的使用方式进行阐述。

1. 关系数据的存储结构

下面简单介绍传统数据库中三种基本的数据存储模型，即行存储模型（N-ary Storage Model，NSM）、列存储模型（Decomposition Storage Model，DSM）和混合（Partition Attributes Across，PAX）存储模型，如图 4.5 所示。

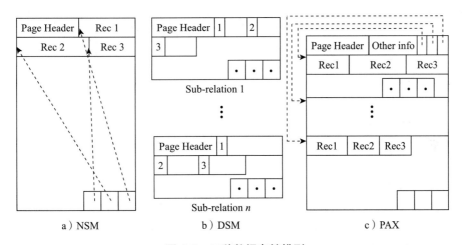

a）NSM　　　　　b）DSM　　　　　c）PAX

图 4.5　三种数据存储模型

在关系数据库系统中，数据 I/O 是影响数据访问性能的重要因素之一，而数据在磁盘上的存储结构与数据 I/O 性能密切相关。数据 I/O 操作是数据以块（或称页）为单位在内存和磁盘间传输的过程，并且以块为单位的 I/O 次数是度量算法 I/O 复杂性所采用的简单的度量方法。各种数据存储模型都是面向数据的磁盘 I/O 优化而设计的，对应于不同的查询类型具有各自的优缺点。

（1）行存储模型

在行存储模型中，每个数据块主要由块首部（Page Header）、数据（Body）以及记录每条记录在当前块中位置偏移量的尾端（Trailer）组成。如图 4.5a 所示，块的最开始是首部信

息 Page Header，记录数据从每一个磁盘块首部之后的数据部分连续存放，记录的偏移地址
（offset）在块的尾端（Trailer）存放，并构建成一个偏移表，用于定位每一个记录在块内的起
始位置。这种结构设计有利于有效地利用数据块的存储空间，数据和偏移量指针从块的两端
向内部增长，在插入记录时不必在块内频繁移动记录。当访问记录时，首先通过索引得到块
标识符，再通过一个单数据块的 I/O 获得要访问的记录。如果查询是投影操作需要访问关系
的几列数据时，通常需要通过磁盘 I/O 访问关系的所有数据块，由于数据块中很多与投影属
性无关的列也被一同读取，因此增加了 I/O 代价。一个关系 EMP 的 NSM 存储和缓存示例
如图 4.6 所示，其中 NSM 块中的 RH 为记录头（Record Header），用于存储记录的元信息，
Trailer 中保存各个记录存储的偏移量；通过磁盘 I/O 读取后数据块会放入缓存中，缓存中的
块按记录缓存，若查询仅涉及 AGE 属性，则缓存中 ENO、ENAME 和 SALARY 都是与查询
不相关的数据，浪费了缓存空间。

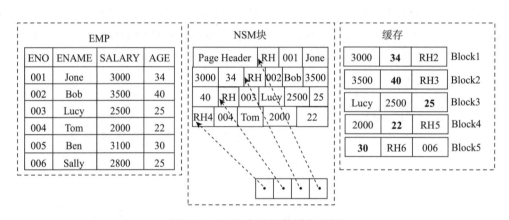

图 4.6　NSM 存储及其缓存示例

（2）列存储模型

列存储模型是将关系垂直划分为多个子关系，可细分为全列存储模型（Full DSM）和部
分列存储模型（Partial DSM）。Full DSM 是将 n 元关系（n-attribute）按属性垂直划分为 n 个
子关系。每个子关系包含两个属性，一个是逻辑 ID（或称代理属性，也可以是关键字属性），
一个是属性值。子关系独立存储在分块的页（slotted page）中，支持每一属性独立扫描，如
图 4.5b 所示，1、2、3 分别为代理属性。例如，对于图 4.6 中的关系 EMP，采用全 DSM 存
储模式，则 ENAME 属性值、SALARY 属性值、AGE 属性值分别存储在各自的子关系中，
当查询仅涉及 AGE 时，只需加载 EMP3 即可，如图 4.7 所示。Partial DSM 是基于属性密度
图分区关系的，通常基于属性在查询中的共现频率来度量属性间关系，将高连接的属性存储
在同一分区中，假设通常 ENAME、SALARY、AGE 同时出现在查询中，则可将 ENAME、
SALARY、AGE 分组在同一页中。DSM 能最小化不必要的 I/O，因为一个子关系通常能够满
足一个查询所需要访问的列，并且缓存中不会包含不必要的属性值；当查询只需要表中的几
列属性时，DSM 也需要少于 NSM 的 I/O 次数。但是，当查询涉及多个属性列（分布在多个

子关系中），需要多个子关系连接时，需要较多的 I/O 时间代价和连接代价；而当插入和删除单个记录时，也需要比 NSM 更多的 I/O 次数。

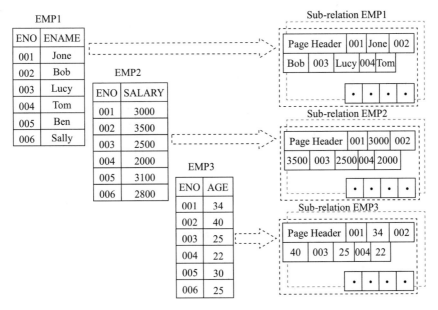

图 4.7　DSM 存储示例

（3）混合存储模型

混合存储模型是针对每一块内的记录（同 NSM）进行进一步垂直分区的模式，即按同一属性值再分组为迷你页（minipage）。PAX 存储模型是记录在页面中的混合布局模式，结合了 NSM 和 DSM 的优点，避免了对主存不需要的访问。PAX 存储模型首先将尽可能多的关系记录采用 NSM 方式加以存储，在每个页面内，使用按属性和迷你页进行类似于 DSM 的存储。如图 4.5c 所示，按记录 Rec1、Rec2、Rec3 等分组存储在一页中，但在该块中，将记录中的数据行（如 Rec1、Rec2、Rec3 等）再按记录属性采用 DSM 划分为迷你页存储，如划分为 3 个迷你页，并使用一个页头来存储迷你页的指针。与 NSM 相比，当按列查询时，PAX 存储模型显示了高缓存性能，因为同一列的值一起装载入缓存中，减少了缓存中的无用数据。与 DSM 相比，PAX 存储模型存储效率更高，因为 PAX 存储模型没有附加的代理属性。同时，在顺序扫描时，PAX 存储模型能够充分利用缓存的资源，因为所有的记录都位于相同的页面，所以仅需要在迷你页之间进行记录的重构操作，并不涉及跨页的操作。

2. HDFS 的行存储结构

HDFS 的行存储模型是基于 NSM 构建的，记录是连续存储的，其中具有代表性的是 SequenceFile、MapFile 和 Avro Datafile 存储结构。HDFS 数据的行存储结构的一个示例如图 4.8 所示，存储块（StoreBlock）的头部信息包括 16 字节同步信息（16 Bytes Sync）、记录数（Record Number）、压缩的 Key 长度（Compressed Keys Lengths）、压缩的 Key 数据（Compressed

Keys Data）、压缩的值长度（Compressed Value Lengths）和压缩的值数据（Compressed Value Data）。

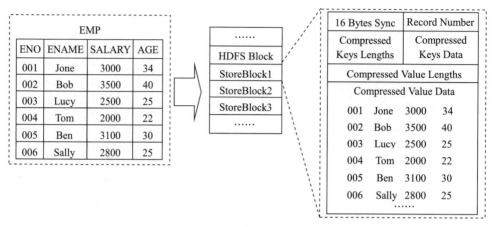

图 4.8　HDFS 块内行存储的示例（Block 压缩）

在使用 SequenceFile 存储结构时，数据块存储记录时有三种方式，即无压缩、Record 压缩和 Block 压缩，如图 4.9 所示。

- 无压缩：记录内容按照记录长度、Key 长度、Value 长度、Key 值、Value 值依次存储。
- Record 压缩：仅压缩记录的 Value 部分，对应的 CODEC（编解码器）存储于块的 Header 中。
- Block 压缩：对记录的 Key 和 Value 都进行压缩，多条记录被压缩在一起，可以利用记录之间的相似性，更节省空间，Block 前后都加入了同步标识。

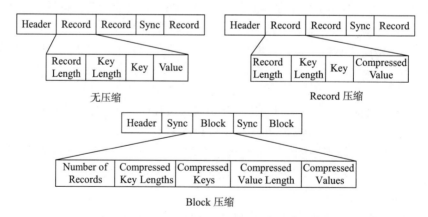

图 4.9　SequenceFile 存储结构的不同压缩方式

HDFS 行存储结构的优点在于快速数据加载和动态负载的高适应能力，因为行存储支持相同记录的所有域都在同一个集群节点，即存储在同一个 HDFS 块中。不过，行存储的缺点也是显而易见的，例如，当查询仅仅针对多个列表中的少数几列时，它不能跳过不必要的列读取，无法支持快速查询处理；此外，由于混合着不同数据值的列，行存储不易获得一个极高的压缩比，即空间利用率不会大幅提高。尽管通过熵编码和利用列相关性能够获得一个较好的压缩比，但是复杂的数据存储会导致解压开销增大。

3. HDFS 的列存储结构

HDFS 的列存储模型是基于 DSM 的，在 HDFS 上按照列组存储的示例如图 4.10 所示，列 ENO 和列 ENAME 存储在同一列组，而列 SALARY 和列 AGE 分别存储在单独的列组。查询时列存储能够避免读取不必要的列，并且压缩一个列中的相似数据能够达到较高的压缩比。然而，由于元组重构具有较高的开销，因此它并不能提供快速查询处理。列存储不能保证同一记录的所有列都存储在同一集群节点，例如在图 4.10 的例子中，记录的 4 个域存储在位于不同节点的 3 个 HDFS 块中。因此，记录的重构将导致通过集群节点网络的大量数据传输。尽管预先分组后，多个列在一起能够减少开销，但是对于高度动态的负载模式，它并不具备很好的适应性。除非根据可能的查询预先创建所有列组，否则对于一个查询需要一个不可预知的列组合，一个记录的重构或许需要两个或多个列组。另外，由于多个组之间的列交叠，列组可能会创建多余的列数据存储，降低存储利用率。

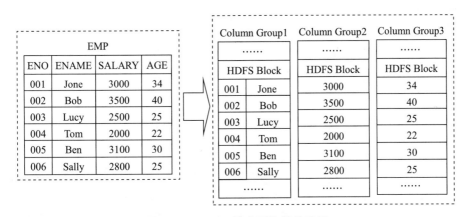

图 4.10　HDFS 块内列存储的示例

4. HDFS 的行列混合存储结构

RCFile（Record Columnar File）是一种在 HDFS 上的常见行列混合存储结构。与传统数据库的数据存储结构相比，RCFile 具有如下特点：快速数据装载；快速查询处理；高效的存储空间利用率；动态负载模式的强适应性。RCFile 数据结构已应用于 Meta 的各产品应用、Yahoo 公司的 Pig 数据分析系统、Hive 开发社区交流。RCFile 存储的表是水平划分的，分为多个行组，每个行组再被垂直划分，以便每列单独存储；RCFile 在每个行组中可利用一个列维度进行数据压缩，并提供一种 Lazy 解压（decompression）技术，在查询执行时避免不必要的列解压；RCFile 支持弹性的行组大小，行组大小需要权衡数据压缩性能和查询性能两方面。具体介绍如下。

（1）数据格式

RCFile 的表格占用多个 HDFS 块。每个 HDFS 块中，RCFile 以行组为基本单位来组织记录。也就是说，存储在一个 HDFS 块中的所有记录被划分为多个行组。对于一张表，所有行组大小都相同。一个 HDFS 块会有一个或多个行组。RCFile 存储一张表的数据格式如图 4.11 所示，一个行组包括三个部分：

- 第一部分是行组头部的同步标识（16 Bytes Sync），主要用于分隔 HDFS 块中的两个连续行组；
- 第二部分是行组的元数据头部（Metadata Header），用于存储行组单元的信息，包括行组中的记录数、每个列的字节数、列中每个域的字节数；
- 第三部分是表格数据段，即实际的列存储数据。在该部分中，同一列的所有域顺序存储。从图 4.11 可以看出，首先存储了列 ENO 的所有域，然后存储列 ENAME 的所有域，以此类推。

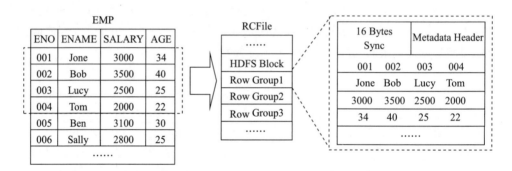

图 4.11　RCFile 在 HDFS 块内行列混合存储的示例

（2）压缩方式

RCFile 的每个行组中，元数据头部和表格数据段分别进行压缩。对于所有元数据头部，RCFile 使用 RLE（Run Length Encoding）算法来压缩数据。由于同一列中所有域的长度值都顺序存储在该部分，因此 RLE 算法能够找到重复值的长序列，尤其对于固定的域长度。表格数据段不会作为整个单元来压缩，而是每个列被独立压缩，使用 Gzip 压缩算法。RCFile 使用重量级的 Gzip 压缩算法，是为了获得较好的压缩比，而不使用 RLE 算法的原因在于此时列数据没有排序。此外，由于采用 Lazy 压缩策略，当处理一个行组时，RCFile 不需要解压所有列，因此，可以减少 Gzip 的解压开销。

尽管 RCFile 对表格数据的所有列使用同样的压缩算法，不过如果使用不同的算法来压缩不同列，效果或许会更好。RCFile 将来的工作之一就是根据每列的数据类型和数据分布来自适应选择最好的压缩算法。

（3）数据追加

RCFile 仅提供一种追加接口，支持数据追加写到文件尾部。数据追加方法描述如下：

1）RCFile 为每列创建并维护一个内存 column holder，当记录追加时，所有域被分发，每个域追加到其对应的 column holder；

2）RCFile 在元数据头部记录每个域对应的元数据，RCFile 提供两个参数来控制在刷写到磁盘之前，内存中缓存多少个记录，一个参数是限制的记录数，另一个参数是限制内存缓存的大小。

RCFile 首先压缩元数据头部并写到磁盘，然后分别压缩每个 column holder，并将压缩后的 column holder 刷写到底层文件系统中的一个行组中。

（4）数据读取和 Lazy 解压

在 MapReduce 框架中，Mapper 将顺序处理 HDFS 块中的每个行组。当处理一个行组时，RCFile 无须读取行组的全部内容到内存。相反，它仅仅读元数据头部和给定查询需要的列。因此，它可以跳过不必要的列以获得列存储的 I/O 优势。例如，表 EMP(ENO, ENAME, SALARY, AGE) 有 4 个列，如有查询" SELECT ENAME FROM tbl WHERE AGE= 25"，对每个行组，RCFile 仅仅读取 ENAME 和 AGE 列的内容。在元数据头部和需要的列数据被加载到内存中后，它们需要解压。总会解压并在内存中维护元数据头部，直到 RCFile 处理下一个行组。RCFile 不解压所有加载的列，而是使用一种 Lazy 解压技术，只有当 RCFile 决定列中数据真正对查询执行有用时，才解压相应的列。如果一个 WHERE 条件不能被行组中的所有记录满足，那么 RCFile 将不会解压 WHERE 条件中不满足的列。例如，在上述查询中，所有行组中的列 AGE 都解压了。然而，对于一个行组，如果列 AGE 中没有值为 25 的域，那么就无须解压列 ENAME。

（5）行组大小

由于 I/O 性能是 RCFile 关注的重点，因此 RCFile 需要行组足够大并且大小可变。行组变大能够提升数据压缩效率并减少存储量。如果在缩减存储空间方面有强烈需求，则不建议选择使用小行组。然而，根据对 Meta 日常应用的观察，当行组大小达到一个阈值后，增加行组大小并不能进一步增加 Gzip 算法下的压缩比，如当行组的大小超过 4MB 时，数据的压缩比将趋于一致。

尽管行组变大有助于减小表格的存储规模，但是可能会降低数据的读取性能，因为这样破坏了 Lazy 解压带来的性能提升。而且行组变大会占用更多的内存，这会影响并发执行的其他 MapReduce 作业的执行性能。考虑到存储空间和查询效率，Meta 选择 4MB 作为默认的行组大小，当然也允许用户自行选择参数进行配置。

4.2.3　基本的 SSTable 数据存储结构

新数据模型的出现不仅改变了数据的组织方式和存储结构，也改变了应用对数据的访问方式。在新数据模型下，对数据查询的方式也从基于 SQL 等查询语言转变为由应用程序直接调用系统 API。而在支持的查询功能方面，与关系模型相比，新数据模型所支持的数据查询方式相对简单，例如采用键值模型的数据只能支持以"键"为查询条件的查询操作。这种简单的数据访问方式使得键值模型和文档模型等新型数据模型能够更好地适应海量数据上的高效数据访问，因此被新型分布式数据库系统所广泛采用。

本节主要介绍新型键值模型在文件和内存中所采用的存储结构 SSTable（Static Search Table）。SSTable 是 Bigtable 内部用于存储数据的文件格式。基本的 SSTable 数据存储结构包括数据存储区和数据管理区。下面介绍基本的 SSTable 存储数据格式和大数据组织的文件组织结构。

1. SSTable 存储数据格式

SSTable 是一种存储数据的文件格式，其内部提供了一个一致性的、有序的从"键"（Key）到"值"（Value）的不可变映射（MAP），键和值都是任意的字节串。每个 SSTable 内部包含一系列的数据块（通常每个块大小是 64KB，且其大小是可配置的）。一个数据块索引（保存在 SSTable 的尾部）用来定位数据块，当 SSTable 打开时，该索引会被加载到内存。在查询时，首先通过在内存中的索引进行一次二分查找找到相应的块，然后从磁盘中读取该块，因此，一次查找可以通过一次磁盘访问完成。如果系统运行时将一个 SSTable 完全映射到内存，这样不需要接触磁盘就可以执行所有的查找和扫描。Bigtable、HBase 和 Cassandra 等大量基于键值模型的系统都使用以 SSTable 为基础的存储数据文件格式。

SSTable 文件结构如图 4.12 所示，其中包括数据存储区和数据管理区两个部分。数据存储区中主要包括实际存放键值数据的数据块（Data Block），在数据块中的键值数据采用基于键值排序的方式顺序存储，即按照键由小到大排序，这种方法可以有效地提高数据的访问效率。数据管理区包括元信息块（Meta Block）、文件信息（File Info）、索引信息（Index）和文件尾部（Trailer）。元信息块属于一个预留接口，不同系统可以根据自身需要设计其中存储的内容和结构。索引信息中包括元信息块的索引和数据索引，其中数据索引（Data Index）中每条记录是对一个数据块建立的索引信息，每条索引信息包含三个内容：数据块中键的上限值（Key）、数据块文件中的偏移（Offset）和数据块的大小（Size）。文件尾部信息主要包括数据管理区其他部分的偏移地址和大小，主要用于读取索引的信息和大小。

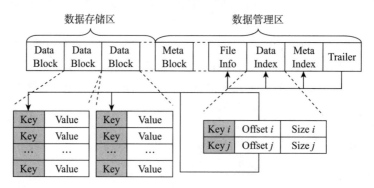

图 4.12　SSTable 文件结构

2. 文件组织结构

采用键值模型的大数据库系统在数据管理上除了 SSTable 文件外，还包括日志（Log）文件、MemTable（Memory Table）文件和索引（Index）文件，如图 4.13 所示。

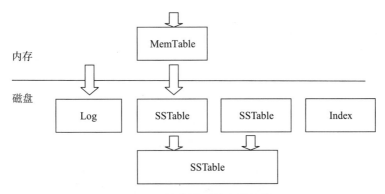

图 4.13 键值模型的文件结构

日志文件中记录了系统中所有对数据的更新操作。键值系统的更新操作通常采用追加模式，即无论是数据的修改、插入，还是删除操作，都以插入新版本数据的方式写到文件中，这样可以提高更新操作的执行效率。系统在每次执行更新操作时，首先记录更新的就是日志文件，日志文件采用追加的顺序访问方式记录数据的更新。

MemTable 为内存中的一个缓存结构。当记录更新写入日志文件后，会首先写入 MemTable，在 MemTable 中会对更新的记录按照键进行排序。当 MemTable 中缓存的数据达到容量上限、更新的数量达到上限且上一次写入磁盘时间超过上限时，需要将 MemTable 缓存的数据转换为 SSTable 的结构写入磁盘。

SSTable 是数据持久化存储的文件。由于数据以追加的方式进行更新，因此 SSTable 在写入磁盘后还需要定期执行合并操作，即将不同 SSTable 文件中具有相同键值的重复数据进行合并，合并时只保留同一键数据的最新版本。

索引文件（Index）用于快速定位一个查找键在一个 SSTable 文件中是否存在，如果存在则提供对应数据在文件中的位置信息。由于顺序访问数据将产生大量磁盘 I/O 操作，导致读性能下降，因此，使用索引文件是键值模型提高查询效率的主要方法。

主索引（Primary Index）的数据结构通常采用 B+Tree 的索引结构提高 SSTable 内部的搜索效率，Cassandra 等系统则采用布隆过滤器（Bloom Filter）作为索引文件对查询涉及的 SSTable 文件进行过滤。

4.2.4 LSM-Tree 存储结构

LSM-Tree（Log-Structured Merge-Tree）是分布式结构化数据存储引擎中广泛应用的技术。Google 的 Bigtable 架构所使用 MergeDump 模型的理论基础就是 LSM-Tree，它在读写之间找到了一个较好的平衡点，很好地解决了大规模数据的读写问题。而在其他 NoSQL 数据存储系统中，如 HBase、LevelDB 等系统，也大量应用了 LSM-Tree 模型提高数据存储的读写效率。

LSM-Tree 的基本思想十分简单，就是将对数据的增量更新暂时保存在内存中，达到指定的存储阈值后将该批更新批量写入磁盘，在批量写入的过程中与已经存在的数据做合并操作，而在数据读取时，同样需要合并磁盘中的数据和内存中最近的修改操作。LSM-Tree 的性能优势来源于其数据的读写控制方式防止了大量的数据更新造成的磁盘随机写入，但读取数据时需要多次磁盘 I/O 来访问较多的文件。因此，和传统的 B+ 树相比，LSM-Tree 牺牲了读取性能来大幅提升写入性能。

1. LSM-Tree 的结构

LSM-Tree 的原理是把一棵大树拆分成 N 棵小树，在数据结构上，LSM-Tree 通过使用一个基于内存的 C_0 树（C_0 组件）和一至多个基于磁盘的 C_1, C_2, ⋯, C_k 树，磁盘中的 C_1, C_2, ⋯, C_k 树按照不同层次进行组织。数据首先写入内存中的 C_0 树，随着 C_0 树越来越大，内存中的 C_0 树会写入磁盘中，磁盘中的 C_1, C_2, ⋯, C_k 树可以定期做合并操作，逐步合并成一棵大树，以优化读性能。图 4.14 显示了一个最简单的两层 LSM-Tree 结构。当执行数据记录的插入操作时，首先向日志文件中写入一个用于恢复该插入的日志记录，然后在内存中把这个数据记录的索引放在 C_0 树节点上，当 C_0 树中某些连续节点的数据达到一定规模时，就把这些节点数据与 C_1 树上的节点进行合并并写入磁盘中。当 C_1 树上的连续节点的数据达到一定规模时，会将这些节点与上层的 C_2 树上对应节点进行合并。图 4.15 为 C_0 树与 C_1 树的滚动合并（rolling merge）过程示意图。

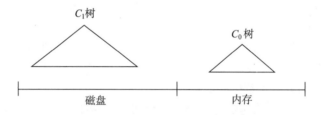

图 4.14　两层 LSM-Tree 结构示意图

在 LSM-Tree 的内部数据结构上，内存部分的 C_0 树和磁盘中的 C_1, C_2, ⋯, C_k 树通常采用适合数据各自特点的数据结构进行存储。对于磁盘中的 C_1, C_2, ⋯, C_k 树，通常采用经过优化的 B 树结构。在 B 树上的优化包括保证每个节点是 100% 填充率，且在树上每层的单个节点在磁盘上采用连续数据块存储，通过连续读写增加磁盘访问效率。而对于内存部分的 C_0 树则可以不使用 B 树结构，而是使用结构简单的 AVL 树来快速删除或合并节点，这是因为 C_0 树不会存储在磁盘上，所以没有必要为了最小化树的深度而牺牲 CPU 效率。

多层的 LSM-Tree 结构如图 4.16 所示，在所有的组件对（C_{i-1}, C_i）之间都有一个异步的合并过程负责在较小的组件 C_{i-1} 超过阈值大小时将它的记录移到 C_i 中。一般来说，为了保证 LSM-Tree 中的所有记录都会被检查到，对于一个精确匹配查询和范围查询来说，需要访问所有的 C_i 组件。当然，也存在很多优化方法，可以使搜索限制在这些组件的一个子集上。

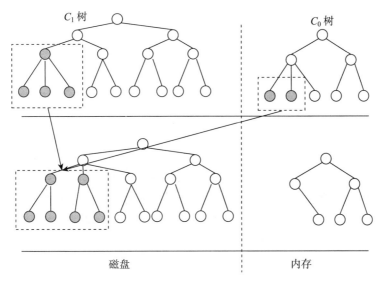

图 4.15　滚动合并过程示意图

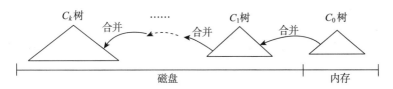

图 4.16　多层 LSM-Tree 结构示意图

2. LSM-Tree 的数据维护

LSM-Tree 多层结构是一个具有 C_0，C_1，C_2，…，C_{k-1} 和 C_k 的多子树 LSM-Tree，索引树的大小伴随着下标的增加而增大，其中 C_0 驻留在内存中，其他则存在磁盘上。在所有的子树对（C_{i-1}，C_i）之间都有一个异步的滚动合并过程，负责在较小的子树 C_{i-1} 超过阈值大小时，将它的记录移到 C_i 中，如图 4.16 所示。

（1）LSM-Tree 的插入操作

首先可以保证索引值唯一，例如使用时间戳为唯一标识。如果一个匹配查找已经在 C_i 组件中找到时，则查询完成；如果查询条件里包含最近时间戳，则可以不将这些查找结果移向最大的组件中。当合并游标扫描（C_i，C_{i+1}）对时，可以让那些最近某个时间段（比如 t_i 秒）内的值依然保留在 C_i 中，只把那些老记录移入 C_{i+1}。

由于 C_0 实际上承担了一个内存缓冲区的功能，因此，应该尽量保证那些最常访问的值保存在 C_0 中，这样，很多查询只需要访问 C_0 就可以完成。例如，可用于短期事务 UNDO 日志的索引访问，在中断事件发生时，需要对近期访问的数据进行恢复。由于大部分索引仍在内存中，因此可通过事务的启动时间，在 C_0 中找到最近 t_0 秒内发生的事务的所有日志，而不需要访问磁盘组件。

（2）LSM-Tree 的删除操作

面向 LSM-Tree 的删除操作可以像插入操作那样享受到延迟和批量处理带来的好处。当删除某个被索引行时，如果该记录在 C_0 树中对应的位置上不存在，则将一个删除标记记录（delete node entry）放到该位置；该标记记录也是通过相同的 Key 值进行索引，同时指出将要被删除的记录的 Row ID（RID）。实际的删除可以在后面的滚动合并过程中完成，即当碰到实际要被删除的 Index Entry 时将其清除。同时，查询请求也需要通过删除标记进行过滤，即避免返回一个已经被删除的记录也可减小查询代价。

（3）LSM-Tree 多层结构的开销

通常，一个具有 $k+1$ 层的 LSM-Tree 有 $C_0, C_1, C_2, \cdots, C_{k-1}$ 和 C_k 子树，子树大小依次递增；C_0 组件是基于内存的，其他都是基于磁盘的（对于那些经常访问的页面来说会被缓存在内存中）。在所有的组件对（C_{i-1}, C_i）之间都存在一个异步的滚动合并过程，它负责在 C_{i-1} 超过阈值大小时，将记录从较小的组件中移入较大的组件中。当一个生命期很长的记录被插入 LSM-Tree 之后，它首先会进入 C_0 树，然后经过这一系列的 k 个异步滚动合并过程，最终将被移出到 C_k。

因为 LSM-Tree 通常使用在插入为主的场景中。对于三层或者多层 LSM-Tree 来说，查找操作的性能会有所降低，通常一个磁盘组件将会带来一次额外的页面 I/O。

通常情况下，可以通过最小化 LSM-Tree 的总开销（用于 C_0 的内存开销加上用于 C_1 的磁盘空间 I/O 开销）来确定 C_0 的大小。为了达到这种最小化的开销，我们通常从一个比较大的 C_0 子树开始，同时让 C_1 子树大小接近于所需空间的大小。在 C_0 子树足够大的情况下，对于 C_1 的 I/O 压力就会很小。通过减小 C_0 的大小，在昂贵的内存和廉价磁盘之间进行权衡，达到一个最小开销点。

对于两层 LSM-Tree 来说，若 C_0 子树的内存开销较高，可采用一个三层或者多层 LSM-Tree，即在两层 LSM-Tree 的 C_0 和 C_1 之间加入一个中间大小的基于磁盘的子树，在降低 C_0 大小的同时还能够限制磁盘磁臂的开销。

4.3 分布式对象存储技术

在万物互联的时代，用户无时无刻不在生成和消费数据，如人们上传的海量照片、视频、音频，社交网络上每天都新增数十亿条内容，人们每天发送数千亿封电子邮件，还有来自传感器和摄像头的数据和图像等。面对如此庞大的数据量，需要采用更大的度量单位［EB（10^{18} 字节）、ZB（10^{21} 字节）、YB（10^{24} 字节）］来描述数据量级，而仅具备 PB 级扩展能力的块存储（SAN）和文件存储（NAS）显得有些无能为力。对象存储是一种全新架构的存储系统，这种存储系统具备极高的可扩展性，能够满足人们对存储容量 TB 到 EB 规模的扩展的需求。2006 年，Amazon 发布 AWS，S3 服务及其使用的 REST、SOAP 访问接口成为对象存储的事实标准。1999 年成立的全球网络存储工业协会（SNIA）的对象存储设备（Object Storage Device）工作组发布了 ANSI 的 X3T10 标准。

本部分首先介绍传统的网络存储架构，之后介绍对象存储系统的组成，最后介绍 Ceph 和 Swift 两个流行的面向对象存储系统。

4.3.1　三种主流的网络存储结构

存储局域网（SAN）和网络附加存储（NAS）是两种主流的网络存储架构，而对象存储（Object-based Storage）是一种新的网络存储架构，基于对象存储技术的设备就是对象存储设备（Object-based Storage Device，OSD），其兼具 SAN 高速直接访问磁盘的特点及 NAS 分布式共享的特点。

1. SAN（Storage Area Network）结构

SAN 结构采用 SCSI 块 I/O 的命令集，通过在磁盘或 FC（Fiber Channel）级的数据访问提供高性能的随机 I/O 和数据吞吐率，它具有高带宽、低延迟的优势，如 SGI 的 CXFS 文件系统就是基于 SAN 实现高性能文件存储的，但是 SAN 系统由于价格较高、可扩展性较差，因此已不能满足成千上万个 CPU 规模的系统。

2. NAS（Network Attached Storage）结构

NAS 结构采用 NFS 或 CIFS 命令集访问数据，以文件为传输协议，通过 TCP/IP 实现网络化存储，可扩展性好、价格便宜、用户易管理，如目前在集群计算中应用较多的 NFS 文件系统，但由于 NAS 的协议开销高、带宽低、延迟大，不利于在高性能集群中应用。

3. 对象存储结构

对象存储结构的核心是将数据通路（数据读或写）和控制通路（元数据）分离，并且基于对象存储设备构建存储系统，每个对象存储设备能够自动管理其上的数据分布。

对象存储在很多重要方面与 SAN 和 NAS 不同，例如，对象存储没有逻辑单元号（LUN）、卷以及 RAID 等要素。对象数据不是存储在固定的块中，而是在大小可变的"容器"里，可直接访问对象的元数据（metadata）和数据本身，并支持对象级和命令级的安全策略设置。

4.3.2　对象存储系统的体系结构

对象存储系统兼具 SAN 和 NAS 的特点，提供了高可靠性、跨平台性以及安全的数据共享的存储体系结构。

1. 对象存储系统的组成

对象存储系统的组成部分包括对象、对象存储设备、元数据服务器（MetaData Server，MDS）、对象存储系统的客户端。对象包含文件数据以及相关的属性信息。文件系统运行在客户端上，将应用程序的文件系统请求传输到 MDS 和 OSD 上，如图 4.17 所示。

（1）对象

对象是对象存储的基本单元，每个对象是数据和数

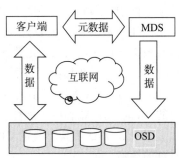

图 4.17　对象存储系统组成示意图

据属性集（元数据和用户自定义属性）的综合体，可以进行自我管理。数据属性可以根据应用的需求进行设置，包括数据分布、服务质量等。在传统的存储系统中，用文件或块作为基本的存储单位，块设备要记录每个存储数据块在设备上的位置。而对象可以维护自己的属性，从而简化了存储系统的管理任务，增加了灵活性。每个对象都有一个对象标识（OID），通过对象标识访问该对象。对象的大小可以不同，可以包含整个数据结构，如文件、数据库表项等。通常有多种类型的对象，例如，存储设备上的根对象标识存储设备和该设备的各种属性，而组对象是存储设备上共享资源管理策略的对象集合。对象存储中每个对象都包含三个属性（如图 4.18 所示）：

- 数据本身 Data；
- 可扩展的元数据（Metadata + Attributes），由对象创建者指定，主要是数据本身的描述信息；
- 全局唯一标识符 OID。

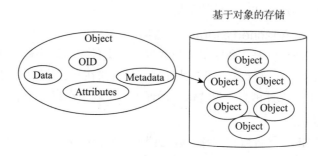

图 4.18　对象的组成

（2）OSD

OSD 的主要功能是数据存储和安全访问。每个 OSD 都是一个智能设备，拥有自己的存储介质、处理器、内存以及网络系统等，负责管理本地的对象，是对象存储系统的核心。OSD 与块设备的区别不在于存储介质，而在于两者提供的访问接口。

OSD 管理对象数据，将对象数据存放到磁盘上。每个对象使用同文件类似的访问接口，包括 Open、Read、Write 等，但是两者并不相同，每个对象可能包括若干个文件，也可能是某个文件的一部分，且独立于操作系统。

除用户数据外，OSD 还记录了每个对象的属性信息（即元数据），主要是物理视图信息。该元数据与传统的 inode 元数据相似，通常包括对象的数据块和对象的长度。在传统的 NAS 系统中，这些元数据由文件服务器维护，而对象存储架构将系统中主要的元数据管理工作交由 OSD 完成，大大减轻了元数据服务器的负担，降低了 Client 的开销，增强了整个存储系统的并行访问性能和可扩展性。

另外，OSD 用其自身的 CPU 和内存优化数据分布，并支持数据的预取，从而可以优化磁盘的性能。

（3）MDS

MDS 控制客户端与 OSD 对象的交互。MDS 在存储系统上构建一个文件结构，包括限额控制、目录和文件的创建和删除、访问控制等。以此，MDS 为客户端提供元数据，主要是文件的逻辑视图，包括文件与目录的组织关系、每个文件所对应的 OSD 等。在传统的文件系统中，元数据由本机或者文件服务器维护，每次对数据块的操作都要获取元数据。而在对象存储系统中，由于每次操作只对元数据访问一次，具体的数据传输由 OSD 和客户端直接交互，因此大大减少了对元数据的操作，降低了元数据服务器的负担，从而为系统的扩展提供了可能性。另外，MDS 为客户端提供访问该文件所含对象的能力，OSD 在接收到每个请求时将先验证该能力，然后才可以访问。

下面是一个客户端读访问示例：

1）客户端应用发出读请求，文件系统向 MDS 发送请求，获取要读取的数据所在的 OSD，直接向每个 OSD 发送数据读取请求；

2）OSD 得到请求以后，判断要读取的对象，并根据此对象要求的认证方式，对客户端进行认证，如果此客户端得到授权，则将对象的数据返回给客户端；

3）文件系统收到 OSD 返回的数据以后，读操作完成。

（4）对象存储系统的客户端（Client）

为了有效支持 Client 直接访问 OSD 上的对象，需要在计算节点实现对象存储系统的 Client，通常提供 POSIX 文件系统接口，允许应用程序像执行标准的文件系统操作一样。为了提高 Client 性能，客户端采用 Cache 来缓存数据，当多个客户端同时访问某些数据时，MDS 提供分布的锁机制来确保 Cache 的一致性。当 Cache 的文件发生改变时，将通知 Client 刷新 Cache，从而避免 Cache 不一致引发的问题。

（5）网络连接

网络连接是对象存储系统的重要组成部分。它将客户端、MDS 和 OSD 连接起来，构成了一个完整的系统。为了增强系统的安全性，MDS 为客户端提供认证方式。OSD 将依据 MDS 的认证来决定是否为客户端提供服务。

2. 对象存储与块存储结构的比较

基于块的存储系统，磁盘块通过底层存储协议访问，没有其他额外的抽象层，开销小。这是访问磁盘数据最快的方式。但基于块的存储只关心所有底层的问题，对于其他高层功能都要依靠高层的应用程序实现。

基于块的存储系统是对象存储系统的补充，而基于文件的存储系统一般被认为是对象存储系统的直接竞争者。NAS 系统的关键属性是横向可扩展性，而对象存储也是通过增加节点实现水平扩展的。但 NAS 系统是基于分层文件结构的有限的命名空间，而对象存储具有扁平结构，有着接近无限的扩展能力。虽然横向扩展的 NAS 系统具备对象存储的诸多特性，但不支持表征状态转移（REST）协议。

对象存储系统是一个持久稳固且高度可用的系统，用于存储任意的对象，且独立于虚拟机实例之外。应用和用户可以使用简单的 REST API 访问数据，也提供了面向编程语言的界面。另外，对象存储系统支持对象访问的授权/认证，在 bucket 层级上（类似于目录）或者对象层级上（类似于目录中的文件）设置访问控制。

3. 对象存储系统的关键技术

（1）分布元数据管理

传统的存储结构元数据服务器通常提供两个主要功能：为计算节点提供一个存储数据的逻辑视图（Virtual File System，VFS 层）、文件名列表及目录结构；组织物理存储介质的数据分布（inode 层）。

对象存储结构将存储数据的逻辑视图与物理视图分开，通过负载分布，避免元数据服务器引起瓶颈问题（如 NAS 系统）。元数据的 VFS 部分通常占元数据服务器 10% 的负载，剩下 90% 的工作（inode 部分）是在存储介质块的数据物理分布上完成的。在对象存储结构中，将 inode 工作分布到每个智能化的 OSD，每个 OSD 负责管理数据分布和检索，即将90% 的元数据管理工作分布到多个智能存储设备上，提高了系统元数据管理的性能。另外，采用分布的元数据管理，在系统中增加更多的 OSD 时，可以同时增加元数据的性能和系统存储容量。

（2）并发数据访问

对象存储体系结构定义了一个新的、更加智能化的磁盘接口 OSD。OSD 是与网络连接的设备，它自身包含处理器、内存以及存储介质（如磁盘或磁带），智能地管理本地存储的数据。计算节点直接与 OSD 通信，访问它存储的数据。由于 OSD 具有智能，因此不需要文件服务器的介入。如果将文件系统的数据分布在多个 OSD 上，则聚合 I/O 速率和数据吞吐率将线性增长，对绝大多数 Linux 集群应用来说，持续的 I/O 聚合带宽和吞吐率对较多数目的计算节点是非常重要的。对象存储结构提供的性能是目前其他存储结构难以达到的。

4.3.3   Ceph

Ceph 是当前应用最广泛的一个开源分布式存储平台，可支持对象存储、块设备存储和文件存储的访问接口。Ceph 不单是存储，同时还充分利用了存储节点上的计算能力，在存储每一个数据时，会计算出该数据存储的位置，尽量保证数据均衡存储。同时，由于采用了CRUSH、HASH 等算法，因此它不存在传统的单点故障，而且随着规模的扩大，性能并不会受到影响。

1. Ceph 的主要架构

Ceph 的 系 统 架 构 如 图 4.19 所 示。Ceph 的 最 底 层 是 RADOS（Reliable, Autonomic Distributed Object Store），它具有可靠、智能、分布式等特性，实现高可靠、高可拓展、高性能、高自动化等功能，并最终存储用户数据。RADOS 系统主要由两部分组成，分别是 OSD 和 Monitor。

RADOS 之上是 LIBRADOS，LIBRADOS 是一个库，应用程序通过访问该库来与 RADOS 系统进行交互，支持多种编程语言，比如 C、C++、Python 等。

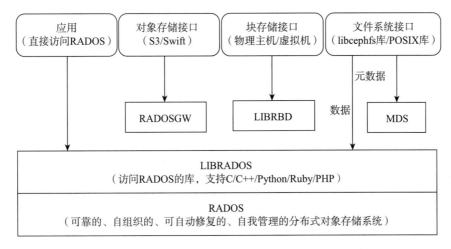

图 4.19　Ceph 系统框架示意图

基于 LIBRADOS 层开发的有三种接口，分别是 RADOSGW（RADOS REST GATEWAY）、LIBRBD（块存储库）和 MDS。其中，RADOSGW 是一套基于当前流行的 RESTFUL 协议的网关，支持对象存储，兼容 S3 和 Swift；LIBRBD 提供分布式的块存储设备接口，支持块存储；MDS 提供兼容 POSIX 的文件系统，支持文件存储。

2. Ceph 的功能模块

Ceph 的核心组件包括客户端、监控服务（MON）、元数据服务（MDS）、存储服务（OSD），如图 4.20 所示，各组件功能如下。

- 客户端：负责存储协议的接入，节点负载均衡。
- 监控服务：负责监控整个集群，维护集群的健康状态，维护展示集群状态的各种图表，如 OSD Map、Monitor Map、PG Map 和 CRUSH Map。
- 元数据服务：负责保存文件系统的元数据，管理目录结构。
- 存储服务：主要功能是存储数据、复制数据、平衡数据、恢复数据，以及与其他 OSD 间进行心跳检查等。一般情况下一块硬盘对应一个 OSD。

3. Ceph 的资源划分

资源划分示意图如图 4.21 所示。Ceph 采用 CRUSH 算法，在大规模集群下，实现数据的快速、准确存放，同时能够在硬件故障或扩展硬件设备时，做到尽可能少的数据迁移，其原理如下。

当用户要将数据存储到 Ceph 集群时，数据先被分割成多个对象，（每个对象一个 Oid，大小可设置，默认是 4MB），对象是 Ceph 存储的最小存储单元。

由于对象的数量很多，因此为了有效减少对象到 OSD 的索引表、降低元数据的复杂度，使写入和读取更加灵活，引入了 PG（Placement Group）：PG 用来管理对象，每个对象通过 HASH 算法，映射到某个 PG 中，一个 PG 可以包含多个对象。

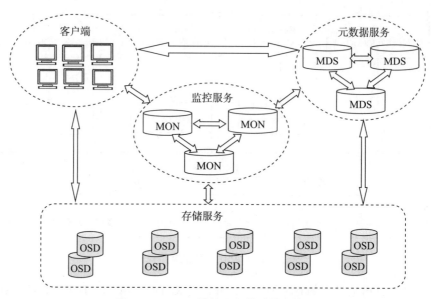

图 4.20   Ceph 的核心组件功能示意图

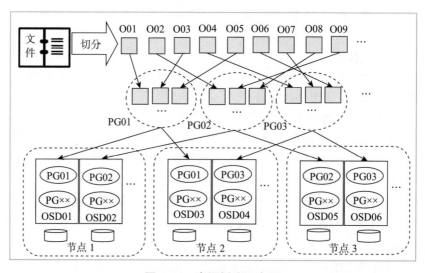

图 4.21   资源划分示意图

PG 再通过 CRUSH 计算，映射到 OSD 中。如果是三副本的，则每个 PG 都会映射到三个 OSD，保证了数据的冗余。

4. Ceph 的数据写入

Ceph 数据的写入流程如图 4.22 所示。

①数据通过负载均衡获得节点动态 IP 地址；

②通过块、文件、对象协议将文件传输到节点上；

③数据被分割成大小为 4MB 的对象并获取对象 ID；

④对象 ID 通过 HASH 算法被分配到不同的 PG；

⑤不同的 PG 通过 CRUSH 算法被分配到不同的 OSD。

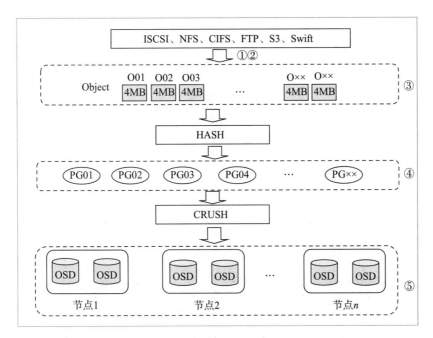

图 4.22　Ceph 数据的写入过程示意

5. Ceph 的优势与不足

Ceph 的优势主要包括：

- Ceph 支持对象存储、块存储和文件存储服务，故称为统一存储；
- 采用 CRUSH 算法，数据分布均衡，并行度高，不需要维护固定的元数据结构；
- 数据具有强一致，确保所有副本写入完成才返回确认，适合读多写少的场景；
- 去中心化，MDS 之间地位相同，无固定的中心节点。

Ceph 的缺点主要包括：

- 去中心化的分布式解决方案，需要提前做好规划设计，对技术团队的能力要求比较高；
- Ceph 扩容时，其数据分布均衡的特性会导致整个存储系统性能下降。

4.3.4　Swift

Swift 最初是由美国云计算公司 Rackspace 开发的分布式对象存储服务，2010 年开放给 OpenStack 开源社区。

1. Swift 的主要架构

Swift 的主要架构如图 4.23 所示。Swift 采用完全对称、面向资源的分布式系统架构设计，所有组件都可扩展，避免因单点失效而影响整个系统的可用性。

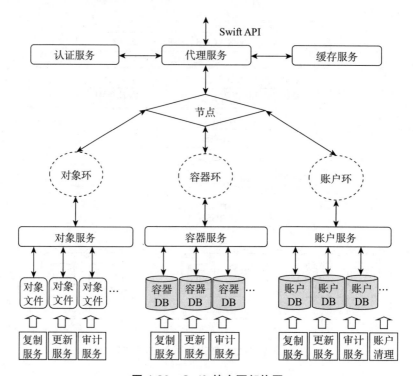

图 4.23　Swift 的主要架构图

Swift 组件包括：

- 代理服务（Proxy Server）：对外提供对象服务 API，转发请求至相应的账户、容器或对象服务。
- 认证服务（Authentication Server）：验证用户的身份信息，并获得一个访问令牌（Token）。
- 缓存服务（Cache Server）：缓存令牌、账户和容器信息，但不会缓存对象本身的数据。
- 账户服务（Account Server）：提供账户元数据和统计信息，并维护所含容器列表的服务。
- 容器服务（Container Server）：提供容器元数据和统计信息，并维护所含对象列表的服务。
- 对象服务（Object Server）：提供对象元数据和内容服务，每个对象会以文件存储在文件系统中。
- 复制服务（Replicator）：检测本地副本和远程副本是否一致，采用推式（Push）更新远程副本。

- 更新服务（Updater）：对象内容的更新。
- 审计服务（Auditor）：检查对象、容器和账户的完整性，如果发现错误，文件将被隔离。
- 账户清理（Account Reaper）：移除被标记为删除的账户，删除其所包含的所有容器和对象。

2. Swift 的数据模型

Swift 的数据模型采用层次结构，共分为三层：Account/Container/Object（账户 / 容器 / 对象）。每层节点数均没有限制，可以任意扩展。Swift 数据模型实例如图 4.24 所示。

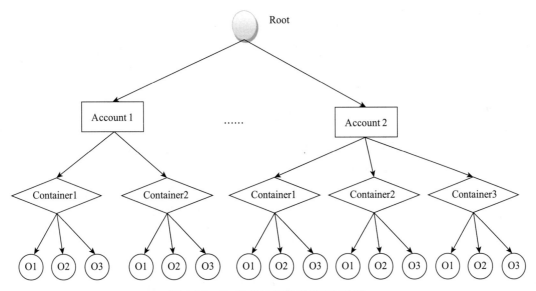

图 4.24　Swift 的三层数据模型示意图

3. 一致性散列函数

Swift 基于一致性散列技术，通过计算将对象均匀分布到虚拟空间的虚拟节点上，在增加或删除节点时可大大减少需移动的数据量；为便于高效的移位操作，虚拟空间大小通常采用 2^n；通过 Ring（环）数据结构，再将虚拟节点映射到实际的物理存储设备上，完成寻址过程。如图 4.25 所示，散列空间设置 4 个字节（32 位），虚拟节点数最大为 2^{32}，如将散列结果右移 m 位，可产生 $2^{(32-m)}$ 个虚拟节点，当 $m=29$ 时，可产生 8 个虚拟节点 $p_0 \sim p_7$。

4. 环的数据结构

Swift 为账户、容器和对象分别定义为环结构。环是为了将虚拟节点（分区）映射到一组物理存储设备上，并提供一定的冗余度而设计的，环的数据信息包括存储设备列表和设备信息、分区到设备的映射关系、计算分区号的位移（即图 4.25 中的 m）。

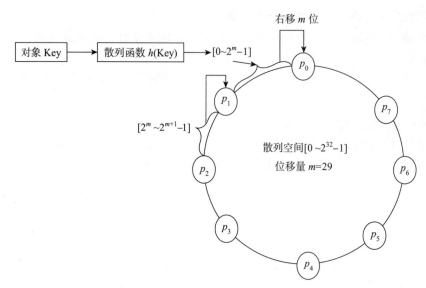

图 4.25   基于一致性散列的对象分布策略示意图

账户、容器和对象的寻址过程（以对象的寻址过程为例）如下：

1）以对象的层次结构 Account/Container/Object 作为键（Key），采用 MD5 散列算法得到一个散列值；

2）对该散列值的前 4 个字节进行右移操作（右移 m 位），得到分区索引号；

3）在分区到设备映射表里，按照分区索引号，查找该对象所在分区对应的所有物理设备编号，如图 4.26 所示。

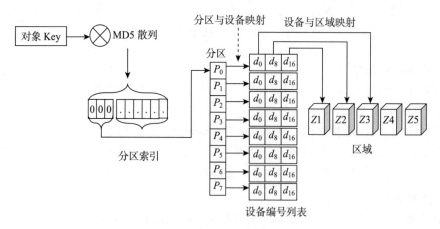

图 4.26   对象寻址过程示例

5. Swift 的一致性设计

Swift 采用 Quorum 仲裁协议，保证数据一致性。

设 N 为数据的副本总数，W 为写操作被确认接受的副本数量，R 为读操作的副本数量，则：

- 强一致性：$R+W>N$，保证对副本的读写操作产生交集，从而保证可以读取到最新版本。
- 弱一致性：$R+W \leq N$，读写操作的副本集合可能不产生交集，此时就可能会读到脏数据。例如，当 $N=3$、$R=1$、$W=2$ 时，可能会读到脏数据 V1，通过牺牲一定的一致性提高了读取速度。

Swift 默认配置是 $N=3$、$W=2$、$R=2$，即每个对象都存在 3 个副本，至少需要更新 2 个副本才算写成功；如果读到的 2 个数据不一致，则通过检测和复制协议来完成数据同步。例如，当 $N=3$、$R=2$、$W=2$ 时，也可能会读到不同的值，如读到 V2 和 V1，当检测到不一致性时，通过后台完成同步，从而保证数据的最终一致性。

Quorum 协议示例如图 4.27 所示。

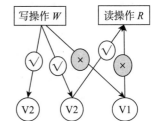

图 4.27　当 $N=3$、$R=2$、$W=2$ 时的 Quorum 协议示例

6. Swift 的特点

Swift 具有以下特点：

- 原生的对象存储，不支持实时的文件读写和编辑功能；
- 完全对称架构，无主节点，无单点故障，易于大规模扩展，性能容量呈线性增长；
- 数据实现最终一致性，不需要所有副本写入即可返回，读取数据时需要进行数据副本的校验；
- OpenStack 的子项目之一，适合云环境的部署。

Swift 的对象存储与 Ceph 提供的对象存储之间区别为：客户端在访问对象存储系统服务时，Swift 要求客户端必须访问 Swift 网关才能获得数据，而 Ceph 可以在每个存储节点上的 OSD 获取数据信息；在数据一致性方面，Swift 的数据是最终一致，而 Ceph 是始终跨集群强一致性。

4.3.5　主流分布式存储技术的比较

几种主流分布式存储技术特点的比较如表 4.1 所示。

表 4.1　几种主流分布式存储技术特点的比较

分布式存储技术	GFS	HDFS	Ceph	Swift
平台属性	闭源	开源	开源	开源
系统架构	中心化架构	中心化架构	去中心化架构	去中心化架构
数据存储方式	文件	文件	块、文件、对象	对象
元数据节点数量	1 个	1 个（主备）	多个	多个

（续）

分布式存储技术	GFS	HDFS	Ceph	Swift
数据冗余	多副本 / 纠删码	多副本 / 纠删码	多副本 / 纠删码	多副本 / 纠删码
数据一致性	最终一致性	最终一致性	强一致性	弱一致性
分块大小	64MB	128MB	4MB	视对象大小而定
适应场景	大文件连续读写	大数据场景	频繁读写场景	云的对象存储

此外，根据分布式存储系统的设计理念，典型采用软件和硬件解耦实现，分布式存储的许多功能（包括可靠性和性能增强等）都由软件提供支持。在进行分布式存储系统集成时，除了考虑选用合适的分布式存储技术以外，还需考虑底层硬件的兼容性。分布式存储系统的产品有三种形态：软硬件一体机、硬件 OEM 和软件 + 标准硬件。在选择产品时，需要结合自身的技术力量，选择合适的产品形态。

4.4　分布式索引结构

随着大数据环境的形成，数据的海量性已成为数据分布式存储的主要原因，相关的数据操作更加有针对性，从而在可伸缩性、高并发性、高可用性和高效访问方面对分布式数据库提出了更高的要求。这些需求也催生了新型数据模型及存储模型在分布式数据库中的产生和发展。为提高数据访问效率，分布式数据库系统使用了多种索引技术。键值模型是当前流行的大数据模型，主要基于键值查询，使用索引能够有效保证系统的读写性能。由于大数据库的每种索引都有其各自的特点和适用的查询场景，因此需要基于应用中的查询功能与性质创建索引。本节将介绍布隆过滤器、键值二级索引、跳跃表等索引结构。

4.4.1　布隆过滤器

布隆过滤器（Bloom Filter）是一个二进制向量数据结构，用于检测一个元素是否是一个集合的成员。布隆过滤器的特点是如果检测结果为真，则元素不一定在集合中，如果检测结果为假，则元组一定不在集合中。布隆过滤器具有 100% 的召回率，但不保证准确率，由于采用二进制向量方式，因此能够有效地节省索引存储的空间。

布隆过滤器的结构是一个 n 位的二进制向量。在使用时首先将向量中所有位的值都设置为 0。对于每一个加入的元素 x，使用 k 个不同的哈希函数 $\{h_1, h_2, \cdots, h_k\}$ 生成 $0 \sim n-1$ 的值，并将向量对应比特位上的 0 修改为 1。

在判断一个元素是否在集合内时，将元素用 k 个哈希函数生成 k 个对应的哈希值，只有二进制向量上对应二进制位上的值都是 1 才认为元素可能在集合内，否则只要有一个位上的值是 0 就可以确定元素不在集合内。随着元素的插入，布隆过滤器中修改的值变多，出现误判的概率也随之变大，当插入一个新的元素时，满足其在集合内的条件，即所有对应位都是 1，这样就可能有两种情况：一种情况是这个元素就在集合内，没有发生误判；另一种情况是发生误判，出现了哈希碰撞，即这个元素本不在集合内。

假设有一个 16 位的布隆过滤器向量，我们使用 {H1, H2, H3} 三个哈希函数生成元素向量，如图 4.28 所示。首先向集合中插入 {A, B ,C} 三个元素，通过哈希函数生成插入元素后的位向量。之后当查询元素到达时，对于元素 A，经过哈希后查看与向量中对应位置都是 1，因此判断集合中包含元素 A ；而对于元素 D，哈希后有两个位置上对应向量的值为 0，因此判断集合中不包含 D；对于元素 E，哈希后虽然各个位置上对应的向量位值都为 1，但元素 E 并不在集合中，因此这实际上是一个误判。

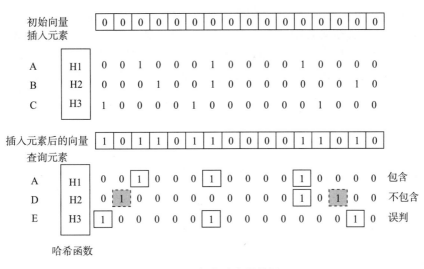

图 4.28 布隆过滤器样例

在估计布隆过滤器的误判率之前，为了简化模型，我们假设 $km<n$，其中 m 是集合中元素的数量，且各个哈希函数是完全随机的。当集合 $S=\{x_1, x_2, \cdots, x_m\}$ 中的所有元素都被 k 个哈希函数映射到 n 位的位数组中时，这个位数组中某一位还是 0 的概率为：

$$p = \left(1-\frac{1}{n}\right)^{km} \approx e^{-km/n}$$

其中 $1/n$ 表示任意一个完全随机的哈希函数选中这一位的概率，$(1-1/n)$ 表示执行一次哈希函数没有选中这一位的概率。要把 S 完全映射到位数组中，需要做 km 次哈希。因此，向量中某一位经过 km 次哈希还是 0 的概率就是 $(1-1/n)$ 的 km 次方，令 $p = e^{-km/n}$ 可以简化运算。令 ρ 为位数组中 0 的比例，则 ρ 的数学期望 $E(\rho)=p$。在已知 ρ 时，查询一个元素需要 k 次哈希，每次哈希命中值为 1 的位置概率是 $(1-\rho)$，因此 $(1-\rho)^k$ 就是 k 次哈希都刚好选中 1 的位置。因此可以得到误判的概率 f 为：

$$f = \left(1-\left(1-\frac{1}{n}\right)^{km}\right)^k = (1-p)^k \approx (1-e^{-km/n})^k$$

通过对上式两边取对数，且 $p = e^{-km/n}$，替换 k 后可以得到：

$$g = k\ln(1-e^{-km/n}) = -\frac{n}{m}\ln(p)\ln(1-p)$$

根据对称性法则可以很容易看出，当 $p = 1/2$ 也就是 $k = \ln2 \cdot (n/m)$ 时，g 取得最小值。在这种情况下，最小错误率 f 等于 $(1/2)k \approx (0.6185)\ n/m$。另外，注意到 p 是位数组中某一位仍是 0 的概率，所以 $p = 1/2$ 对应位数组中 0 和 1 各一半。换句话说，要想保持较低的错误率，最好让位数组有一半空着。

另一方面，在不超过一定错误率的情况下，布隆过滤器至少需要多少位才能表示任意 m 个元素的集合？假设全集合中共有 u 个元素，允许的最大错误率为 ε，则要求位向量的位数 m 满足一定条件。此时，对于一个布隆过滤器向量，最多能够容纳 $\varepsilon(u-m)$ 个错误，即一个位向量可以容纳 $m+\varepsilon(u-m)$ 个元素，而其中真正表示的元素数量是 m。所以一个确定的位向量可以表示 $\dbinom{m+\varepsilon(u-m)}{m}$ 个集合，对于 n 位的位向量有 2^n 种形式，所以可以表示 $2^n\dbinom{m+\varepsilon(u-m)}{m}$ 个集合。由于全集合中包含 m 个元素的集合有 $\dbinom{u}{m}$ 个，因此要让 n 位的位向量能够表示所有 m 个元素的集合，必须有：

$$2^n\binom{m+\varepsilon(u-m)}{m} \geqslant \binom{u}{m}$$

假设 ε 值很小，转换后得到

$$n \geqslant \log_2\frac{\dbinom{u}{m}}{\dbinom{m+\varepsilon(u-m)}{m}} \approx \log_2\frac{\dbinom{u}{m}}{\dbinom{\varepsilon u}{m}} \geqslant \log_2\varepsilon^{-n} = m\log_2\left(\frac{1}{\varepsilon}\right)$$

当 n 和 εu 相比很小时，上式成立，在错误率不大于 ε 的情况下，n 至少要等于 $m\log_2(1/\varepsilon)$ 才能表示任意 m 个元素的集合。由于 $k = \ln2 \cdot (n/m)$ 时误判率最小，即

$$f = \left(\frac{1}{2}\right)^k = \left(\frac{1}{2}\right)^{n\ln2/m}$$

令 $f \leqslant \varepsilon$，则得到

$$n \geqslant m\frac{\log_2\left(\dfrac{1}{\varepsilon}\right)}{\ln 2} = m\log_2 e\log_2\left(\frac{1}{\varepsilon}\right)$$

因此，在选择哈希函数的数量最优时要使误判率不超过 ε，位向量的大小 n 至少要取到最小值的 $\log_2 e$ 倍，即 1.44 倍。实际上 n/m 的值越大，误判率越低，但同时需要更多的空间代价。

布隆过滤器能够为 SSTable 中数据的查询提供有效的过滤。在创建 SSTable 文件时，同时创建对应的布隆过滤器文件，在系统运行时将每个 SSTable 文件对应的布隆过滤器文件缓存在内存中，当有查询时，将查询的键进行哈希得到对应向量，在将该向量与内存中的布隆过滤器文件进行按位与操作从而判断所查询的数据项是否包含在对应的 SSTable 文件中。虽然可能存在误判，但相对顺序访问所有 SSTable 的代价要小很多，因此可以起到查询优化的目的。

4.4.2　键值二级索引

对于采用键值模型的数据库系统而言，如果查询是基于行键（RowKey）的，那么无论是单点查询还是范围查询都可以通过数据的分布方式快速查询所需数据，而基于行键的主索引（通常是 B+ 树索引）也能够起到查询优化的作用，提高查询的效率。然而，如果希望像关系数据库那样以列属性作为条件执行查询，则需要进行全列族扫描操作，这将导致系统性能明显下降。为此，键值模型的分布式数据库系统基于其自身的数据存储特征，构建二级索引以提高复杂查询的处理效率。采用二级索引的典型系统是 HBase 和 Cassandra。

在数据库中，查询性能与数据冗余和一致性是相互制约的关系。二级索引查询优化的原理就是依靠冗余的索引数据来提升查询性能。列族模型数据的二级索引在数据结构上同样采用了列族数据模型存储，即索引数据同样存储在采用键值模型的列族中。构建二级索引的基本原理是将原列族中要作为查询条件的 Column 作为索引列族中的行键，而索引列族中 Column Key 和对应的 Column Value 部分则存储原列族中的行键和 Column Value。根据构建二级索引的结构不同，可以分为以下几种二级索引类型：宽行型二级索引，超列型二级索引，组合型二级索引。

在介绍二级索引结构之前，首先给出一个基于列族存储的样例，如图 4.29 所示，在列族 EMP-WORK 中存储了雇员的编号（ENO）、姓名（ENAME）、薪水（SALARY）和部门编号（DNO）信息，其中雇员编号作为行键，其余三个属性作为列。这里在建立列族 EMP-WORK 时，数据按照行键值的排序进行顺序存储。

假设要查询雇员编号为"002"的雇员

Column Family: **EMP-WORK**			
Key(ENO)	**Columns**		
001	Column Key	Column Value	Timestamp
	"ENAME"	"Bob"	4
	"SALARY"	"3500"	4
	"DNO"	"103"	4
002	Column Key	Column Value	Timestamp
	"ENAME"	"Lucy"	6
	"SALARY"	"2500"	6
	"DNO"	"102"	6
003	Column Key	Column Value	Timestamp
	"ENAME"	"John"	3
	"SALARY"	"2300"	3
	"DNO"	"102"	3
004	Column Key	Column Value	Timestamp
	"ENAME"	"Tom"	7
	"SALARY"	"2700"	7
	"DNO"	"101"	7
005	Column Key	Column Value	Timestamp
	"ENAME"	"Gray"	8
	"SALARY"	"2300"	8
	"DNO"	"103"	8

图 4.29　EMP 关系列族存储样例

对应的薪水情况和所在部门。如果所用雇员数据分布式存储策略是基于排序的划分，则基于节点的数据划分区间找到"002"所在的节点，如果分布式策略是基于哈希的，则对行键员工号"002"进行哈希找到存放该行记录的节点，在定位存储数据的节点后，可以在节点上面的数据文件上使用二分查找或主索引搜索快速找到对应的数据。但是，假如要查询的信息是哪些员工在部门"102"工作，这时就需要创建二级索引来提高查询效率。下面结合该样例介绍列族模型下三种二级索引的结构和使用方式。

1. 宽行型二级索引

宽行模型的二级索引是基于列族模型的宽行结构所构建的。由于列族模型在每行数据中可以包括多个 Column，因此在二级索引中可以使用行键存储要查询的 Column Key，行中的每个 Column 存储主表中某一行的行键。基于图 4.29 中数据所构建的宽行型二级索引如图 4.30 所示，在查询哪些员工在部门"102"工作时，只需要在索引列族上使用"102"作为查找键查询相应行，然后取出该行的所有 Column 就可以获得所需数据。

Column Family: **DepartmentIndex**			
Key(**DNO**)	Columns		
101	Column Key	Column Value	Timestamp
	"004"	null	7
102	Column Key	Column Value	Timestamp
	"002"	null	6
	"003"	null	3
103	Column Key	Column Value	Timestamp
	"001"	null	4
	"005"	null	8

图 4.30　宽行型二级索引

宽行型二级索引在存储索引数据时会按照列族的分布式存储策略进行分片，这样索引数据将被存储在不同的服务器上。查询时首先根据查询条件到对应的服务器获得索引数据，再根据索引数据中的 Column Key 访问对应行上的数据。

2. 超列型二级索引

如果想创建集中式的索引结构，即将一个列族上的二级索引存放在一台服务器上，则可以利用列族模型中的超列结构创建索引。基于超列的二级索引值创建一个行键，同时将查找键上的所有值作为该行键下面的 SuperColumn Key，而主表上的行键则作为每个超列下的 Column Key。基于图 4.29 中数据所构建的超列型二级索引如图 4.31 所示，其中所有的索引数据都被存储在以"Dept"为键的行里，行中包含多个 SuperColumn Key，每个 SuperColumn Key 对应一个部门编号，在每个 SuperColumn 下的 Column Key 则对应主表中的行键。

这种索引结构可以将二级索引的所有索引数据合并到一个服务器节点上，便于索引数据的管理，但同时由于所有索引访问都集中在一个服务器上，对系统性能也将产生一定的影响。

3. 组合型二级索引

组合型二级索引的结构同样是使用索引表的行键存储索引值，使用 Column 存储主表的行键值，主要的区别在于构建索引表行键的方式不同。组合型二级索引并不是直接采用查找键的值作为行键，而是采用将查找键值与主表的行键组合构成索引表行键的方式，而在

Column 中则可以存储主表的行键或其他数据。这种结构的特点是充分利用了列族模型的存储结构中基于行键排序的特性，将查找键与有序的主表行键组合可以保证索引上行键的有序性以及查找键的聚簇性。图 4.32 展示了由图 4.29 中数据所都建的组合型二级索引，其中每个索引行的行键由部门编号加上员工编号组合而成，而在列中则存储对应的员工编号。

Column Family: **DepartmentIndex**				
Key	Super Columns			
"Dept "	Key	Columns		
	"101 "	Column Key	Column Value	Timestamp
		"004"	null	7
	"102 "	Column Key	Column Value	Timestamp
		"002"	null	6
		"003"	null	3
	"103 "	Column Key	Column Value	Timestamp
		"005"	null	8
		"001"	null	4

图 4.31   超列型二级索引

Column Family: **DepartmentIndex**			
Key(**DNO**)	Columns		
101_004	Column Key	Column Value	Timestamp
	"004"	null	7
102_002	Column Key	Column Value	Timestamp
	"002"	null	6
102_003	Column Key	Column Value	Timestamp
	"003"	null	3
103_001	Column Key	Column Value	Timestamp
	"001"	null	4
103_005	Column Key	Column Value	Timestamp
	"005"	null	8

图 4.32   组合型二级索引

组合型索引的优点是在索引中通过将主表行键与查找键的值组合构建索引行键，在相同查找键值下能够进行有效的排序。这种组合索引只对一个列进行索引，因此可以被看作一维二级索引。HBase 系统中，ITHbase 和 IHbase 是典型的一维二级索引。在面对多属性查询优化时，可以创建多个一维二级索引来提高查询处理的速度，但其中潜在的问题是存储空间占用过大。因此在处理多属性查询时，也可以创建由两个 Column 维度查找键和主表行键构成的组合索引，这样通过一次索引扫描就可以定位数据。ITHbase 是一种注重解决数据一致性的索引策略，其全称是 Indexed Transactional HBase，实现于 HBase 系统中用来支持分布式数据库索引的事务性。

键值模型上的二级索引的优点是：索引实现简单，利用原有数据存储结构就可以实现；索引维护代价低，数据更新时仅需要较少的索引读写操作。但是二级索引也具有对多维查询执行效率低和索引空间占用大的缺点。

4.4.3 跳跃表

跳跃表（Skiplist）是一种有序数据结构，通过在每个节点中维持多个指向其他节点的指针，达到快速访问节点的目的。跳跃表的平均查找复杂度为 $O(\log n)$，最坏查找复杂度为 $O(n)$，效率可以接近平衡二叉树，而其实现比平衡树更为简单。还可以通过顺序性操作来批量处理节点。在基于键值模型的 LevelDB 系统和 Redis 系统中，跳跃表被 Redis 用于实现有序集合键，并在其基础结构上进行了扩展。

跳跃表的基本结构主要由以下几个部分构成。

- 表头（Head）：负责维护跳跃表的节点指针。
- 节点（Node）：用于保存索引元素值，每个节点有一层或多层。
- 层（Level）：保存指向该层下一个节点的指针。
- 表尾（Tail）：由 Null 组成，是每层的最后一个指针。

图 4.33 展示了一个跳跃表的结构样例。跳跃列表是按层建造的，底层是一个普通的有序链表，每个节点包含一个用于排序的分值。每个更高层都充当下面列表的快速通道，这里在层 i 中的元素按某个固定的概率 p 出现在层 $i+1$ 中。平均起来，每个元素都在 $1/(1-p)$ 个列表中出现，而最高层的元素（通常是在跳跃列表前端的一个特殊的头元素）在 $\log 1/p \times n$ 个列表中出现。跳跃表的遍历总是从高层开始，然后随着元素值范围的缩小，慢慢降低到低层。当 p 是常数时，跳跃表的空间复杂度为 $O(n)$（期望值），跳跃表高度为 $O(\log n)$（期望），查找、插入和删除的时间复杂度为 $O(\log n)$（期望）。通过选择不同 p 值，可以在查找代价和存储代价之间做出权衡，通常当 $p=1/2$ 或者 $1/e$ 时查找的性能最好。

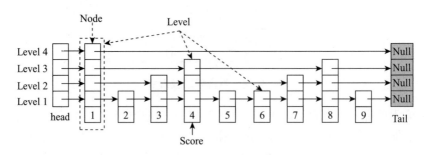

图 4.33　跳跃表的结构

为了适应功能需要，在 Redis 中基于 William Pugh 论文中描述的跳跃表进行了修改，修改的内容如下。

1）Redis 使用了一个 zskiplist 结构保存跳跃表节点相关信息，其中最左侧节点为

zskiplist 结构，内部包括：

- Header：指向跳跃表头节点的指针。
- Tail：指向跳跃表尾节点的指针。
- Level：记录跳跃表最大的层数。
- Length：记录跳跃表的长度，即跳跃表包含除头节点外元素节点的数量。

2）跳跃表中每个成员对应一个排序分值 Score，但多个不同的成员的分值可以相同，即允许重复的分值。

3）在进行查询时，在每个节点上不仅要对比分值，还要检查成员对象，因为当分值可以重复时，单靠分值无法判断一个成员的身份。

4）每个节点都带有一个高度为 1 层的后退指针（BW），用于从表尾方向向表头方向迭代，在执行以逆序处理有序集的命令时，可以用到这个指针。

Redis 系统中跳跃表的具体结构如图 4.34 所示，其中最左侧为 zskiplist 结构节点，包含了跳跃表的头尾指针以及跳跃表的层数和节点数量。节点各层之间的指针记录了层跨度，即这两个节点之间的距离，在查询时可以通过层跨度决定下一跳的节点，每层最后一个节点指向一个 Null 值，其对应的跨度为 0。

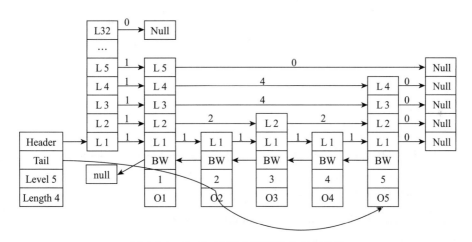

图 4.34　Redis 系统中跳跃表的具体结构

通常，在跳跃表中查找元素时，不像在链表中查找元素那样需要遍历，而是会从头节点（头节点的下一节点才是元素节点）的最顶层开始，如果 Level 数组的 forward 指针指向的节点的 Score 值大于要查找的 Score 值，那么就下降一层；否则，就通过指针前进一个节点，指向下一个节点，继续比较，直至找到所需元素或发现没有所查找元素为止。

4.4.4　分区数据上的索引结构

在分布式数据库中，数据被分区后存储在不同的场地或节点上，要使用传统索引结构（如 B+ 树）提高查询处理效率，需要对索引结构进行重新设计。常用的方式是将索引设计成全局索引和本地索引两种方式，下面以 OceanBase 数据库系统的索引结构为例进行说明。

1. 本地索引

本地索引与主表分区是一一对应的，此时索引与主表数据共用相同分区并存储在同一场地。本地索引在数据结构上使用 B+ 树索引，如图 4.35 所示，索引的键只指向自己分区的主表数据，不会指向其他分区具有相同键的主表数据。其中 employee 表按照 emp_id 做了范围分区，同时在 emp_name 上创建了本地索引。

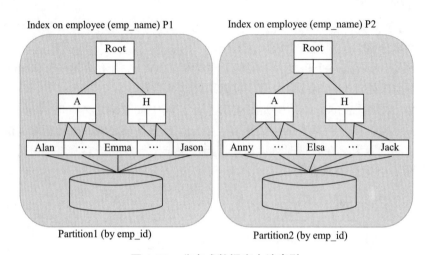

图 4.35　分布式数据库本地索引

2. 全局索引

全局索引用于分区规则和主表分区规则不一致的属性，由于不具有相同的分区规则，因此索引和主表不能共用分区，这将导致全局索引与主表分区分布在不同的主机上。全局索引可以自己定义独立于主表的索引数据分布模式，可以选择非分区模式和分区模式两种方式，而分区模式中也可以选择与主表分区相同或与主表分区不同。

（1）全局非分区索引（Global Non-Partitioned Index）

全局非分区索引的索引数据不做分区，采用集中式数据库索引的方式构建一份全局的索引结构。由于主表数据做了分区处理，索引属性对应的记录会被存储在不同的分区中，因此全局非分区索引中的一个键值将映射到不同的主表分区上。如图 4.36 所示，employee 表按照 emp_id 进行分区，在 dept_id 上创建全局非分区索引，因此，同一个键值会映射到多个分区。

（2）全局分区索引（Global Partitioned Index）

全局分区索引对索引数据按照指定的方式进行分区处理，可以基于索引属性使用哈希分区和范围分区，索引数据的分区模式是完全独立于主表数据分区的。因此，在全局分区索引中，每个索引分区中的某个键可能映射到不同的主表分区。如图 4.37 所示，employee 表按照 emp_id 进行范围分区，同时在 emp_name 上做了全局分区索引，分区方式是范围分区，其中同一个分区会指向不同的主表分区，这些主表分区可能和索引分区不在同一个存储节点上。

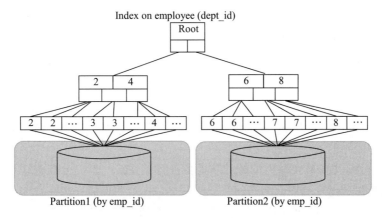

图 4.36　分布式数据库全局非分区索引

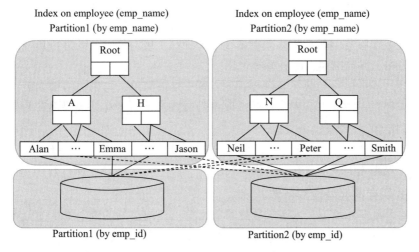

图 4.37　分布式数据库全局分区索引

4.5　分布式缓存

对于具有高并发业务的应用而言，在一个时间区间内有大量的读写请求提交到数据库系统，由于从磁盘中访问数据的速度要远低于从内存中访问数据的速度，大量的磁盘 I/O 将产生系统的访问瓶颈，因此，为了减轻数据库的存取压力并提高系统响应速度，在分布式系统中广泛采用的一种优化方式就是在应用与数据库的存储层之间增加一层缓存。而单机的内存资源和访问的承载能力是有限的，因此海量数据的缓存同样采用分布式管理方式，即分布式缓存技术。分布式缓存的应用场景十分广泛，从大型网站的页面、图片、会话到 NoSQL 数据库的海量数据都可以使用分布式缓存管理，提高访问响应速度。本节主要围绕高并发环境下提供高可用的数据存储和可伸缩的数据加速访问进行介绍。

4.5.1 分布式缓存概述

1. 分布式缓存的特性

分布式缓存现在已经在各类数据存储系统中广泛应用，用以缓解数据存储系统的数据读写压力，其具有如下特性。

- 高性能。分布式缓存是在基于磁盘的数据存储系统与应用之间使用高速内存作为数据对象的存储介质，以 key-value 数据模型组织存储数据，当数据访问命中缓存时能够获得内存级别的读写性能。

- 高可伸缩性。同 NoSQL 类型的分布式数据存储系统一样，分布式缓存可以通过动态增加或减少节点来适应数据访问负载的变化，保证数据访问的稳定性。

- 高可用性。分布式缓存的可用性包含数据可用性与服务可用性两个方面。数据可用性的保证主要是基于数据冗余机制，通过将一个数据在分布式环境中复制多个副本，避免因单点失效问题而造成的数据丢失。服务可用性的保证主要基于对节点故障的处理方式，分布式缓存的节点支持故障的自动发现和透明的故障切换，不会因服务器故障而导致缓存服务中断。此外，在系统进行动态扩展时能够自动进行负载均衡，对数据重新分布，并保障缓存服务持续可用。

- 易用性。提供单一的数据与管理视图；API 接口简单，与拓扑结构无关；动态扩展或失效恢复时无须人工配置；自动选取备份节点；多数缓存系统提供了图形化的管理控制台，便于统一维护。

- 分布式代码执行。将任务代码转移到各个数据节点并行执行，客户端聚合返回结果，从而有效避免了缓存数据的移动与传输。

2. 分布式缓存的典型应用场景

在当前的大数据环境下，分布式缓存具有十分广泛的应用场景。除了为分布式数据库缓存结构化数据之外，还可以对非结构化文件进行缓存，具体的应用场景可分为以下几类。

- Web 页面缓存。用来缓存 Web 页面中所包含的纯文本和非结构化信息，包括 HTML、CSS 和图片等，一些访问量很高的 Web 页面也会缓存在内存中提高访问效率。

- 应用对象缓存。分布式缓存系统可以作为二级缓存对外提供服务，以减轻数据库访问的负载压力，同时加速应用访问。

- 状态缓存。缓存包括网站会话状态及应用横向扩展时的状态数据等，这类数据一般是难以恢复的，对可用性要求较高，多应用于高可用集群。

- 并行处理。针对一些具有大量数据分析处理的应用，分布式缓存能够将大量中间计算结果存储于内存中以提高共享和访问效率。

- 事件处理。分布式缓存可以支持针对事件流的连续查询（continuous query）处理，从而实现实时查询。

- 极限事务处理。面对高并发的事务型应用，将分布式缓存与数据存储系统结合能够提高系统对事务的吞吐量，降低事务处理延时，为事务型应用提供高吞吐率、低延时的解决方案，支持高并发事务请求处理。这里的极限事务处理是指每秒多于 500 个事务或高于 10 000 次并发访问的事务处理。

分布式缓存同样可以支持持久化功能，即将数据持久地存储在磁盘等外存设备上。但是因为缓存的目的是提升数据访问性能，所以通常不进行持久化。对于支持持久化的分布式缓存，其功能上适用于一些 NoSQL 数据库的应用场景。

在分布式数据库中，将数据存储系统与分布式缓存结合，可提供高吞吐率、低延时的处理性能。其延迟写机制可提供更短的响应时间，同时极大地减少数据库的事务处理负载，分阶段事件驱动架构可以支持大规模、高并发的事务处理请求。此外，分布式缓存在内存中管理事务并提供数据的一致性保障，采用数据复制技术实现高可用性，具有较优的扩展性与性能组合。

4.5.2　分布式缓存的体系结构

分布式缓存通常与 NoSQL 数据库或关系数据库管理系统结合使用，以协同工作的方式运行，可以提供更高的访问效率。其中，分布式缓存的体系结构要依赖于部署拓扑和数据访问模式。在数据缓存中，数据对象的存储形式主要是 key-value 结构，在内存中所有数据都存储在一张哈希表中，因此数据的访问模式以基于 Key 对数据对象进行查找和读取的方式为主。而对于分布式的数据缓存，则需要将数据均匀地分布在网络中的多个节点上，这主要由分布式缓存的体系结构和数据分布算法所决定。

分布式缓存的体系结构与分布式大数据存储系统的体系结构十分相似，两者的主要区别在于分布式缓存的数据主要存储在内存中，而数据存储系统则将数据持久化地存储在外存上。在体系结构上，分布式缓存系统多采用 P2P 的对等体系结构，有些系统会增加配置服务器，用于从全局管理数据缓存节点。

在数据分布上，假设数据缓存服务器数量是 N，一种简单的策略是根据缓存数据对象的 Key 进行哈希，基于哈希得到的结果对 N 取余（Hash(Key)%N）即为存储数据对象的服务器编号。这种数据分布策略存在的问题是一旦有服务器宕机或新增服务器，就会形成"雪崩效应"，即大量数据在分布式系统中重新分布，造成数据在服务器间大量复制。对于高并发的分布式数据库系统，这种数据分布方式显然是不适合的。因此，分布式缓存在数据分布上与物理存储相同，使用一致性哈希算法（见第 3 章），在增加或移除缓存服务器时尽可能少地改变数据对象 Key 与服务器的映射关系，避免大量的数据复制。分布式缓存系统架构如图 4.38 所示，其中配置服务器是可选的，主要用于管

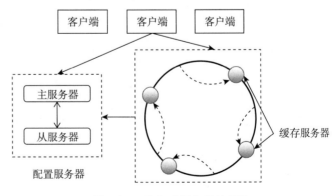

图 4.38　分布式缓存系统架构

理缓存服务器的状态，状态信息由缓存服务器以"心跳"的形式定期发送给配置服务器。

4.5.3 典型的分布式缓存系统

在处理大量并发访问事务的系统中，使用分布式缓存能够有效提高事务的执行性能。下面介绍当前几个主要的分布式缓存系统。

1. Oracle Coherence

Coherence 是 Oracle 建立的一种内存数据缓存解决方案。Coherence 系统的特点是具有高扩展性，解决了延迟并提高了访问效率。Coherence 主要用于在应用服务器和数据库服务器之间，为访问数据库中的数据提供分布式缓存。

Coherence 加强了数据的写处理性能，还设计了延迟写的功能。应用的写会先缓存在 Coherence 的缓冲区，然后延迟写到数据库里，为了减轻数据源的写压力，Coherence 只把最近的更改写到数据源，比如一条数据被更改了多遍，则只有最后的更改会被提交到数据源。此外，Coherence 还支持将多个 SQL 语句合并为一个批处理，一次提交给数据库管理系统，从而降低了对数据源的压力。图 4.39 是一个典型的使用 Coherence 的架构图。其中，Coherence 作为一个中间件构件为应用访问数据提供一个分布式的数据缓存，应用程序对数据的访问首先在缓存中查询，如果没有命中再访问数据库服务器，从而解决整体系统中对数据访问的瓶颈问题。

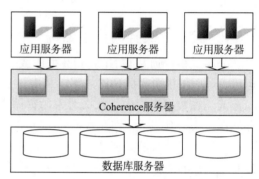

图 4.39 使用 Coherence 的架构图

作为分布式缓存系统，Coherence 支持数据的分区处理。如果有 N 个处理节点，Coherence 可以基于不同的策略将数据分布到这 N 个节点上。Coherence 支持 4 种类型的缓存数据分布管理策略。

- 复制缓存（Replicated Cache）策略：数据在分布式缓存系统的各个节点上进行全复制，每个处理节点都有一个完整的数据副本。这种缓存分布模式下，系统的读性能最高，容错性好，但写操作性能较低，如果处理节点很多，则每次写操作都要在所有节点上执行一次。
- 乐观缓存（Optimistic Cache）策略：类似于复制缓存策略，不同的是它不提供并发控制。这种集群数据吞吐量最高，各个节点容易出现数据不一致的情况。
- 分区缓存（Partitioned Cache）策略：每一份数据在系统中保存一个（或多个）副本作为备份数据用于容错，一旦某个处理节点失效，对该节点上数据的访问可以转至对应的副本所在的处理节点。这也是多数分布式缓存系统所采用的策略。从整体上看，假设应用需要的 Cache 总内存为 M，该模式将数据分散到 N 个处理节点上，与复制缓存每节点消耗 M 量的内存形成对比，它可以大大节省内存资源。

- Near 缓存（Near Cache）策略：在分区缓存策略基础上进行改进，分区缓存将数据全部存到 Cache 节点上，而 Near 缓存将缓存数据中使用频率最高的数据（热点数据，Hotspot）放到应用的本地缓存（Local Cache）区域。由于本地内存访问的高效性，它可以有效提升分区缓存的读性能。

2. Memcached

Memcached 是一个开源的高性能分布式内存对象缓存系统。它通过在内存中缓存数据和对象来减少读取数据库的次数，从而提高对数据访问的速度。Memcached 中的数据存储基于键 / 值模型。Memcached 采用 C 语言开发，但是客户端可以用任何语言来编写，通过 Memcached 协议与守护进程通信。

（1）主要特点

Memcached 作为高速运行的分布式缓存系统，其主要特点如下。

- 协议简单：服务器与客户端之间使用简单的基于文本行的协议进行通信。
- 基于 libevent 的事件处理：libevent 是一个程序库，将 Linux 操作系统的 kqueue 等事件处理功能封装成统一的接口，从而发挥较高的性能。
- 内置内存存储方式：Memcached 采用 Slab Allocation 机制自行管理系统所分配的内存。
- 不互相通信的分布式：Memcached 的数据分布由客户端实现。

（2）内存管理

在缓存数据的存储方面，数据都存储在 Memcached 节点内置的内存存储空间中，数据的存储基于键值模型。由于数据仅存在于内存中，因此重新启动 Memcached 会导致全部数据消失。Memcached 本身是为缓存而设计的系统，并没有数据的持久性功能。在内存管理上，Memcached 采用了名为 Slab Allocation 的机制分配和管理内存。这是因为在基于 malloc 和 free 管理内存数据的方式下会导致大量内存碎片，从而加重操作系统内存管理器的负担。

Slab Allocator 的基本原理是按照预先规定的大小，将分配的内存分割成特定长度的块（Chunk），并把尺寸相同的块分成组（Chunk 的集合），从而解决内存碎片问题。Memcached 根据收到的数据的大小，选择最合适数据大小的 Slab。Memcached 中保存着 Slab 内空闲 Chunk 的列表，根据该列表选择 Chunk，然后将数据缓存于其中，如图 4.40 所示。

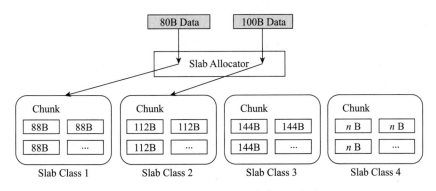

图 4.40　Slab Allocation 内存分配机制

在数据删除方面，Memcached 删除数据后，该数据不会真正从节点内存中消失。Memcached 不会释放已分配的内存。Memcached 采用 Lazy Expriation 技术管理过期数据。数据具有时间戳，一旦数据超时，客户端就无法再访问该数据，其存储空间即可重复使用。Memcached 内部不会监视记录是否过期，而是在获取时查看记录的时间戳，检查记录是否过期，因此 Memcached 不会在过期监视上耗费 CPU 时间。在节点的数据缓存存储容量达到指定值之后，Memcached 就基于最近最少使用（Least Recently Used，LRU）算法自动替换不使用的缓存。因此当 Memcached 的内存空间不足（无法从 Slab Class 获取到新存储空间）时，就从最近最少使用的缓存中搜索，并将空间分配给新的缓存数据。

Memcached 虽然被称为"分布式"缓存系统，但其服务器端并没有对数据进行分布的功能。Memcached 的分布式完全是由客户端实现的。基于 Memcached 实现的分布式缓存系统，数据分布通常采用一致性哈希方法将数据缓存到多个处理节点上，并通过增加数据副本避免节点失效对系统的影响。

3. Windows AppFabric Caching（Microsoft Velocity）

Microsoft Velocity 是微软开发的一个具有高可扩展性的分布式缓存系统，是专门针对 .NET 平台设计的。Microsoft Velocity 提供了缓存集群功能，为用户访问数据提供统一视图，如图 4.41 所示。在使用方式上，Microsoft Velocity 提供了简单的缓存 API，应用程序可以通过这些 API 插入或者查询数据，对缓存数据的管理不需要大量人为干涉，从而减小了负载均衡的复杂度。

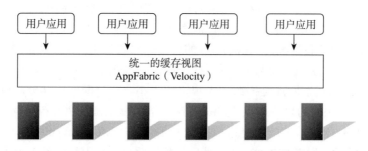

图 4.41　提供统一视图的 AppFabric（Velocity）

（1）AppFabric 的版本与特点

Microsoft Velocity 是微软开发的分布式缓存系统的早期版本。后期发布的版本更名为 AppFabric Caching，即 Windows Server AppFabric Caching。Windows Server AppFabric Caching 的体系结构与 Velocity 完全一致，其主要特点包括：

- 可以通过简单的 Cache API 将任何可被序列化的对象缓存；
- 支持大规模部署，可支持上百台主机的服务器架构；
- 可弹性地调整配置，并通过网络缓存服务；
- 支持动态调整规模，可随时通过新增节点对系统进行扩展；
- 通过数据多副本支持高可用性；

- 自动负载平衡；
- 可与 Event Tracing for Windows（ETW）、System Center 等机制整合管理与监控；
- 提供与 ASP.NET 的无缝整合，将会话（Session）数据储存至缓存，也可在 Web Farm 架构下将应用程序数据缓存，减少数据库大量读取的负担。

在 Windows Server AppFabric Caching 的基础上，微软又开发了 Windows Azure AppFabric Caching。Windows Azure AppFabric Caching 是一个专为 Windows Azure 应用设计的分布式内存缓冲，其特点包括：

- 极大地提高 Windows Azure 应用的数据访问速度；
- 以云服务的方式提供，用户无须管理和安装；
- 基于 Windows Server AppFabric Caching 功能，提供了用户熟知的编程模式。

Windows Azure AppFabric Caching 与 Windows Server AppFabric Caching 的区别主要体现在以下几个方面。

- 不支持通知机制。本地缓存职能使用基于超时的失效策略。
- 无法修改缓存过期时间。缓存数据可能被逐出内存，此时应用需要重新载入数据。
- 不支持高可用性。
- API 是 Windows Server AppFabric Caching 的子集。

（2）数据分类

在 AppFabric Caching 中针对不同数据类型会提供不同的缓存机制。AppFabric Caching 将数据分类为引用数据、活动数据和资源数据，这是因为不同的缓存数据类型适用的场景是不同的。

1）引用数据（Reference Data）。这种数据类型主要存储以读操作为主的数据，这类数据通常都是不会经常更新的数据，一旦更新数据都会建立一个新的版本，比如产品目录信息。这类数据非常适合共享给多用户、多应用程序的情况，用来加快所有应用程序的访问速度，减少各应用程序对数据库系统造成的负担。读操作远大于写操作的数据都很适合用这种数据类型进行数据缓存，可以大大降低系统的数据访问负载。可以将引用数据类型设定为自动复制到缓存的多台处理节点，以增加应用系统的扩展性。

2）活动数据（Activity Data）。活动数据指的是生命周期很短的数据，主要由业务活动或者交易记录产生，并且读写操作都很多。这类数据在应用中通常是隔离的，不会在不同用户之间共享，例如购物车信息。活动数据在业务或交易完成后就会过期，过期数据会被持久化到底层的数据库存储系统。这类数据在大型应用中甚至可以跨服务器的缓存空间，可以很轻易地满足高扩展性的需求。

3）资源数据（Resource Data）。资源数据通常是由多个事务共享且有大量并发读写操作的数据，如购物网站上某件商品的库存数量。资源数据与引用数据的共享读取特性和活动数据的独占读写有很大的区别，应用中需要对其进行并发控制以保证数据一致性。由于要维护高有效性的数据必须精确地维持数据的一致性，因此必须进行事务处理、数据变更通知并设定缓存失效等，通过 AppFabric Caching 可以设定这类数据自动复写到不同主机，从而达到高有效性。

（3）AppFabric Caching 逻辑架构

AppFabric Caching 的逻辑架构包括以下几个层次：服务器（Machine）、缓存主机（Cache Instance 或 Cache Host）、命名缓存（Named Cache）、缓存域（Cache Region）和缓存项（Cache Item）。各个层次之间的关系如图 4.42 所示。

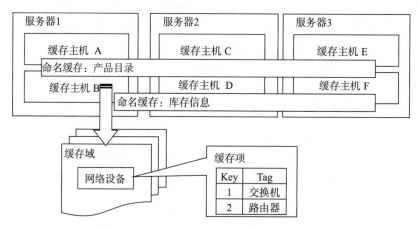

图 4.42　AppFabric Caching 的逻辑架构

每台**服务器**内可以运行多个缓存主机，这类似于 Windows 系统中 SQLServer 数据库的多个服务。每个**缓存主机**可以包含多个命名缓存，而命名缓存可以设置成跨越多个缓存主机或服务器。

命名缓存存储数据的逻辑分组，比如产品目录，可以把命名缓存理解为一个数据库。所有的物理设置和缓存策略都是在命名缓存这个级别指定的。每个命名缓存可以包含多个缓存域。

缓存域是命名缓存内对象的逻辑分组，可以把命名缓存理解为一张关系表，不同的是缓存域可以存储键值模型的数据集合。每个缓存域包含一个或多个缓存项。一个缓存域所包含的缓存项存储在同一个节点上并且被作为数据复制的逻辑单元。在进行数据操作时，如果不指定缓存域，系统会自动将键值划分到系统创建的隐藏缓存域中，此时键值是分布在整个命名缓存上的。

缓存项是缓存的最低层次，它包括键值对应数据对象的各类信息，如大小、标签、生命周期、时间戳、版本等。

AppFabric Caching 支持为缓存数据创建副本，副本的创建基于缓存域。缓存域所在的节点称为主节点（Primary Node），所有对于该缓存域的访问都会被路由到主节点处理。系统为了保证高可用性会为数据创建副本，副本所在的节点称为次节点（Secondary Node），所有主节点上的修改都会反映到次节点上，如果主节点失效，则由次节点接替提供数据。

（4）缓存类型

AppFabric 支持两种常见的缓存类型：分区缓存和本地缓存。

1）分区缓存（Partitioned Cache）。AppFabric 的分区缓存策略与 Coherence 相同，都是通过将整个缓存系统上的内存统一利用，数据在缓存上统一进行分区和分配。分区缓存很适合用于需要管理海量缓存数据的应用程序，可大幅提升应用程序的扩展性，当内存不够时只需要增加缓存节点。当新缓存节点加入整个缓存系统后，AppFabric Caching 会自动进行负载均衡。由于是将多台服务器整合成一个大内存，因此缓存数据并不会重复存储。分区缓存通常用来处理活动数据。AppFabric Caching 的分区缓存同样支持数据副本，数据副本通过配置次缓存域（Secondary Region）实现，系统自动将数据副本存储在另一台缓存主机上。分区缓存如图 4.43 所示。

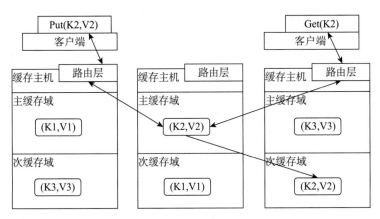

图 4.43　AppFabric Caching 的分区缓存

2）本地缓存（Local Cache）。AppFabric Caching 也支持本地缓存，通过本地缓存可以有效省去序列化和反序列化的 CPU 成本，可提升读写缓存数据时的性能。本地缓存用来存储那些被频繁访问的数据，这些数据存储在应用程序的进程空间中，通过减少分布式缓存的访问来提高系统性能。本地缓存的运行模式如图 4.44 所示。

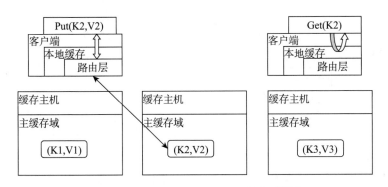

图 4.44　AppFabric Caching 的本地缓存

4.5.4 分布式缓存与存储引擎的结合使用

分布式缓存系统主要用于在底层数据库系统和上层应用之间构建一个数据缓存层，通过将数据保存在内存中提高数据访问效率。很多的分布式缓存系统本身也是数据存储系统。这类系统可配置为对数据持久化或非持久化，在支持数据持久化时是分布式数据存储系统，在设置为非持久化数据时是分布式缓存系统，如 Redis 数据库和淘宝的 Tair。在大数据应用中，通常将分布式缓存与大数据库结合使用以减轻数据库的访问压力，提高数据访问性能。下面对本书所介绍的典型分布式缓存系统和大数据库系统结合使用的方式进行讲解。

1. Coherence 与数据库

Coherence 作为分布式缓存，能够为 Web 应用服务器提供单一、一致的缓存数据视图，同时避免了高昂的底层数据库请求。从分布式缓存读取数据比查询后端数据库具有更高的效率，且可通过应用层以内在方式进行扩展。Coherence 作为数据库与应用服务器间的缓存层可以分为两种应用模式：独享数据库方式和共享数据库方式。

在独享数据库方式中，Coherence 应用是数据库更新的唯一来源，其中 Coherence 应用通过 Coherence 的 CacheStore 读写进行数据库访问与更新，如图 4.45 所示。在这种模式下，缓存能够良好地运行，不会受到陈旧缓存数据的影响。

在共享数据库方式中，数据库的更改除了来自 Coherence 应用之外，还会有第三方应用对数据库进行更新操作。在这种情况下，Coherence 缓存中的数据会因为第三方应用的更新而成为过期缓存。常用的解决方案是采用缓存到期和预先刷新两种方法。缓存到期就是为缓存中的数据对象设置生命周期，待数据到期后从数据库中刷新数据。预先刷新方式是采用拉取模型刷新缓存中的数据，但可能会产生较长的更新延迟。这两种方法都存在效率低下的问题，即数据的更新无法及时反映到缓存数据中，同时还要进行不必要的数据库访问。Oracle 给出的方案是使用 Coherence GoldenGate 适配器，将数据库的更改推送到 Coherence 缓存中，这样更新仅涉及因第三方应用修改而产生的过期数据，从而提高了缓存更新效率，如图 4.46 所示。

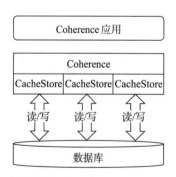

图 4.45 独享数据库方式的 Coherence 应用

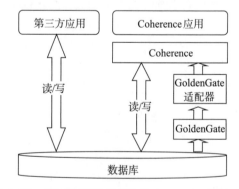

图 4.46 共享数据库方式的 Coherence 应用

2. Memcached 与大数据库系统

Memcached 在与数据库结合使用时，同样是作为应用与数据库之间的一个缓存层，为应用提供数据，较少应用对数据库的读写访问。在使用中，Memcached 会把应用常用的数据库数据放入 Memcached 缓存，例如电子商务网站中对商品的分类树信息等。

3. AppFabric Caching 的应用场景

AppFabric Caching 的应用场景与 Memcached 相同，相比之下 AppFabric Caching 提供了更加丰富的功能。

Windows Server AppFabric Caching 可以在 ASP.NET 应用中提供缓存服务，例如对 ASP. NET 的会话进行缓存。其优点是不需要改变现有的 ASP.NET 程序，对于分布在多台机器上做负载均衡的 Web 应用程序，不再需要将会话写到数据库中或者第三方的状态服务上。

Windows Server AppFabric Caching 的另一个应用是提供高可用性的缓存应用。通过与底层的 SQL Server 等数据库结合，AppFabric Caching 可以减少对数据库的访问，同时结合其数据副本的创建和管理功能，能够为系统提供高可用性。

由于缓存并不是数据库，因此 AppFabric Caching 并不能替代持久化的数据层。关系数据库支持针对各种不同模式进行的优化，在这一点上其性能远远超出缓存层在这方面的设计。通过缓存和数据库两者之间相互配合，应用才能获得最优的性能和访问模式，并保持低廉的成本。

缓存的另一个强大的功能是对数据进行聚合操作。在云中，应用程序经常处理各种来源的数据，这些数据不仅需要聚合，还需要规范化。缓存提供了一种高效、高性能的处理机制，通过缓存来进行高吞吐量的规范化，并存储和管理这种聚合数据，而不是从磁盘读取数据处理后再写入磁盘。使用键值对的规范化缓存数据结构是一种很好的处理方式，这更加有利于数据的存储和提供这种聚合数据。

4.6　Oracle 数据库的存储结构

Oracle 数据库的存储结构包括物理和逻辑两种角度的定义。Oracle 中的物理数据是在操作系统级别可以查看的数据。例如，可以使用 ls 命令查看 Oracle 数据库相关文件；Oracle 中的逻辑数据仅对 Oracle 数据库有意义，例如一条 SQL 语句可以列出数据库中存在的表，而在操作系统级别上，无法使用相关命令查询到 Oracle 数据库中的表对象。Oracle 采用这种物理与逻辑分离的存储结构可以为管理工作减轻负担。Oracle 数据库物理与逻辑存储结构中的对象存在一定的映射关系，如图 4.47 所示，接下来将分别介绍这些概念。

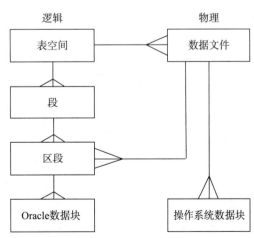

图 4.47　Oracle 数据库的物理存储与逻辑存储

4.6.1 Oracle 数据库的物理存储结构

在 2.8 节 Oracle 体系结构部分，我们已经简单介绍了 Oracle 数据库涉及的文件，即 Oracle 的物理存储结构。当创建一个数据库时，主要建立的文件包括：

- 数据文件（data file）。每个 Oracle 数据库均包含一个或多个物理数据文件，在这些文件中保存了数据库的数据。以逻辑结构组织的数据（如表、索引等）均以某种物理形式保存在数据文件中。
- 控制文件（control file）。每个 Oracle 数据库拥有一个控制文件。该文件记录了数据库物理结构的元数据信息，包括数据库名和数据文件的位置等。
- 在线重做日志文件。每个 Oracle 数据库均包含一个在线重做日志，对应于两个或多个重做日志文件组成的集合。重做日志是由重做条目组成的，其中记录了数据库中所有针对数据的改动。

除了以上三种核心数据文件之外，Oracle 数据库还包括参数文件、网络文件、备份文件、归档重做日志文件等，这些文件支撑了 Oracle 数据库服务器的运行。

Oracle 采用多种机制存储数据文件，主要包括操作系统文件系统、集群文件系统以及 Oracle 自动存储管理。

1）操作系统文件系统。这是 Oracle 数据库中数据文件最常用的存储形式，即将数据文件存储在操作系统的文件系统中，并占用连续的磁盘地址空间。操作系统提供了相应的磁盘空间管理功能，用以分配或回收磁盘地址空间。Oracle 数据库借助操作系统实现对数据文件的创建、读、写以及删除等操作。

2）集群文件系统。集群文件系统是一种由多台服务器组成的分布式文件系统，这些服务器互相合作以提供高性能的服务。Oracle RAC 基于集群文件系统进行构建。Oracle RAC 架构也由多台服务器组成，但与第 3 章中介绍的 Oracle 分片数据库不同，Oracle RAC 多台服务器往往存在于同一场地中，并共享一个文件系统，形成集群架构。在集群环境中，某一个节点的失效并不会导致整个文件系统的失效，因此 Oracle RAC 可以为数据库系统提供更高的可用性。

3）Oracle 自动存储管理（Oracle ASM）。利用专门为 Oracle 数据库设计的文件系统实现自动存储管理，具有高性能、易管理等特点。与普通操作系统提供的文件系统相比，Oracle ASM 拥有以下优势：

- 简化数据库中与存储管理相关的任务，例如创建数据库、管理磁盘空间等；
- 将数据分布在多个物理磁盘中存储，从而消除存储热点、均衡各个磁盘负载；
- 当存储配置改变后，自动重新平衡数据。

Oracle ASM 能够实现磁盘空间管理，在多个可用磁盘上均衡 I/O 负载从而优化性能，这些操作均是自动完成的，减少了管理员人工 I/O 调优的负担。图 4.48 展示了在 Oracle ASM 模式下数据文件与 ASM 组件之间的关系。

在图 4.48 中，**ASM 磁盘**指的是提供给 Oracle ASM 磁盘组的存储设备，其可以是一个

物理磁盘 / 磁盘分区、磁盘阵列中的一个逻辑单元、一个磁盘逻辑卷或网络连接存储器中的文件。**ASM 磁盘组**是由 ASM 磁盘组成的基本逻辑单元，其中的数据结构是独立的，并占用磁盘组中部分磁盘空间。利用磁盘组，Oracle ASM 为数据库提供了访问文件系统的接口。在磁盘组中的文件是均匀分布或条带化的，以消除存储访问热点。

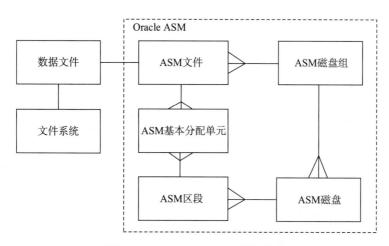

图 4.48　Oracle ASM 组件架构图

ASM 文件是在 Oracle ASM 磁盘组中存储的文件，Oracle 数据库与 Oracle ASM 之间以文件作为介质进行交互。数据库中的数据文件、控制文件、在线重做日志文件以及其他形式的文件均可保存为 ASM 文件的形式。**ASM 区段**是 Oracle ASM 文件的一个片段，每个Oracle ASM 文件包含一个或多个文件区段，而每个 ASM 区段包含一个或多个磁盘上的基本分配单元。**ASM 基本分配单元**是在磁盘组中进行地址空间分配的最基本单位，是 OracleASM 分配磁盘时使用的最小规模连续磁盘空间。一个或多个基本分配单元组成了一个 ASM区段。

Oracle 数据库往往会同时采用包括操作系统文件系统、集群文件系统与 Oracle 自动存储管理在内的多种数据文件存储机制。例如，一个数据库可以将控制文件和在线重做日志文件存储在传统的文件系统中、将用户数据文件存储在裸分区之中、将剩余其他数据文件存储在Oracle ASM 中并将归档重做日志文件存储在一个集群文件系统中。

4.6.2　Oracle 数据库的逻辑存储结构

从图 4.47 中可以看出，Oracle 的逻辑存储结构包含若干个层次，其中一个表空间包含一个或多个段，一个段包含一个或若干个区段，一个区段由若干个数据块组成。图 4.49 展示了逻辑结构中各个对象之间的关系。

1）数据块。数据块是 Oracle 数据库逻辑存储结构中最小的逻辑单位。一个逻辑数据块对应于物理磁盘上的若干字节（在图 4.49 中是 2KB）。数据块是 Oracle 数据库使用或分配磁盘空间的最小存储单位。

2）区段。存储特定类型信息的连续数据块在一起形成了区段。在图 4.49 中，一个 24KB 的区段包含 12 个 2KB 的数据块，一个 72KB 的区段包含 36 个 2KB 的数据块。

3）段。由区段的集合组成，用以分配给特定的数据库对象，如表、索引等。例如，一个雇员表（employee）存储在自己的数据段中，而雇员表的每个索引则存储在自己的索引段中。占用存储空间的每个数据库对象都包含一个单独的段。在图 4.49 中，一个 96KB 的段由一个 24KB 的区段和一个 72KB 的区段组成。

4）表空间。由一个或多个段组成，是 Oracle 数据库逻辑存储结构中最高层次的存储单位。

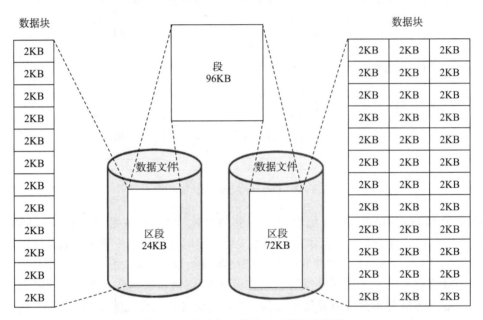

图 4.49　表空间中的段、区段和数据块

每个段仅属于一个表空间。因此，一个段所拥有的多个区段均存储在相同的表空间中。在一个表空间中，一个段可以包含来源于多个数据文件的区段，如图 4.49 所示。例如，段中的一个区段存储在 users01.dbf 数据文件中，而另一个区段存储在 users02.dbf 数据文件中。一个单独的区段不能跨越数据文件。

4.7　大数据库分布存储案例

4.7.1　HBase

HBase 是一个构建在 HDFS 上的分布式列存储系统，是基于 Google Bigtable 模型开发的典型的 key-value 系统，主要用于海量结构化数据存储。逻辑上，HBase 将数据按照表、行和列进行存储，物理上则将数据按照特定格式存储于文件中。本节将介绍 HBase 的物理存储模型和相关的索引结构。

1. HBase 的物理存储模型

HBase 中的所有数据文件都存储在 Hadoop HDFS 文件系统上。而在物理存储中，HBase 将每个列族（Column Family）存储在 HDFS 上的一个单独文件中，且空值不会被保存。HBase 的物理存储机制如图 4.50 所示。在 3.11.1 节中曾介绍过 HBase 的分片机制，一个 Table 会被 HBase 分为多个 Region，HRegionServer 将负责调整 Region 所对应的 HRegion 的分布以管理系统的负载均衡。在物理存储中，每个 HRegion 会将数据存储在一个或多个 Store 中，而 Store 由一个 MemStore 和 0 至多个 StoreFile 组成，MemStore 是数据写入磁盘前的内存缓存文件，MemStore 写满后会刷写到磁盘生成一个 StoreFile，StoreFile 对应的底层物理实现则是存储在 HDFS 上的 HFile，而其中的 HLog 则是防止 MemStore 数据丢失的预写式日志（WAL）文件，存储格式采用的是 Hadoop 的 SequenceFile（见 4.2.3 节）。

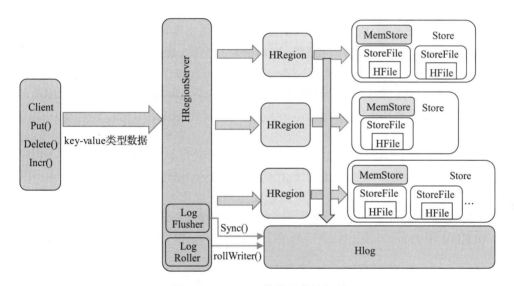

图 4.50　HBase 的物理存储机制

2. HFile 和 HLog File

HBase 中的所有数据文件都存储在 Hadoop HDFS 文件系统上，主要包括两种文件类型，即 HFile 和 HLog File，分别作为物理存储 StoreFile 和 HLog 的数据文件。

（1）HFile

HFile 采用 Hadoop 的二进制格式文件存储 key-value 类型数据，HFile 的内部结构如图 4.51 所示。HFile 文件采用不定长结构，由不同类型的块（Block）所构成，每个块包括 header 信息、data 信息以及用于 data 校验的 checksum 信息。块的类型包括：Data（表格数据块）、Meta（元数据块）、Bloom Chunk（布隆数据块）、File Info（文件信息块）、Trailer、Leaf Index（叶子索引块）、Intermediate Index（中间索引块）、Root Index（根索引块）、Bloom

Index（布隆索引块）和 Meta Index（元数据索引块）。其中只有记录文件元信息的 File Info 块和存储偏移指针的 Trailer 块两部分是定长的，表格数据块（Data Block）用于存储 key-value 对，其结构包括随机数字构成的 Magic 和一个个 key-value 对，索引块的结构将在后面介绍。

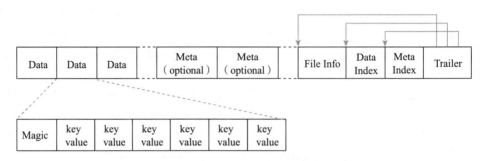

图 4.51　HFile 的内部结构图

对于数据库的修改操作，由于写入 HFile 中的数据是不可修改的，因此只能通过先删除后增加的方式实现修改，当需要删除数据时使用 key-value 对中的 KeyType 进行标记。HBase 在扫描 HFile 时，如果看到标记 delete、delete column、delete family 时，则确认这些数据已经不存在，后续 HBase 在处理文件合并操作时会将这些标记为删除的数据删除掉，这样可以提高 HBase 存储插入的性能。

（2）HLog File

HLog File 采用了 Hadoop 的 SequenceFile 格式序列化 MemTable 数据。同 HFile 中的数据块的存储结构类似，HLog File 中也存储一个个 key-value 对，如图 4.52 所示。区别是 HLog File 的 Key 是一个 HLogKey 对象，记录了写入数据的归属信息，包括 TableName、Region、SequenceNumber、WriteTime。而 HLog File 中 Value 则是 MemTable 的 key-value 对象，即 HFile 中的 key-value 对。

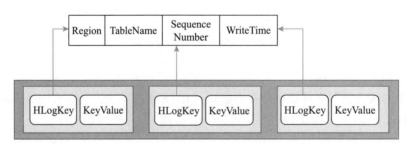

图 4.52　HLog File 结构图

3. HFile 的索引结构

下面看一下 HFile 中的索引结构。HFile 中的索引结构根据索引层级的不同分为两种，即 single-level 和 mutli-level，前者表示单层索引，后者表示多层索引，多层索引一般为两级或三级。在 HFile 的块结构中，索引块可以分为表格数据索引块（Block）、元数据索引块

（Meta Index）和布隆索引信息块（Bloom Meta）。其中，Root Index、Intermediate Index 和 Leaf Index 三种块类型用于存储表格数据索引，其结构上采用了树形结构，即 Root Index 存储索引树根节点，Intermediate Index 存储索引中间节点，Leaf Index 存储索引叶子节点。在加载 HFile 文件时只需先加载根索引块 Root Index，其余索引块在读取时按需加载，这样可以有效提高读数据性能。在对数据块（Data Block）构建索引时，由于刚开始 HFile 数据量较小，索引采用 single-level 结构，只有 Root Index 一层索引，直接指向数据块。当 HFile 数据量慢慢变大直至根索引块满了之后，索引就会变为 mutli-level 结构，由一层索引变为两层，根节点指向叶子节点（Leaf Index），叶子节点指向实际数据块。如果数据量再变大，则索引层级就会变为三层。

下面针对 HFile 中索引相关的块数据结构进行说明。

（1）根索引块

索引树的根节点索引块 Root Index，可以作为布隆过滤器的直接索引，也可以作为 data 索引的根索引。单层索引和多层索引对应的根索引块结构会略有不同。多层索引（mutli-level）根索引块的数据结构如图 4.53 所示。

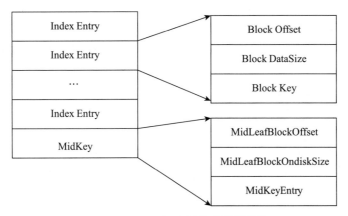

图 4.53　HFile 根索引块的数据结构

其中，Index Entry 为指向具体索引对象的相关信息，其数量存储在 Trailer 块中的 dataIndexCount 字段，结构包括索引指向数据块的文件内偏移量（Block Offset）、索引指向数据块在磁盘上的大小（Block DataSize）、索引指向数据块中的第一个 Key（Block Key）。除此之外，还有 3 个字段用来记录 MidKey 的相关信息，MidKey 表示 HFile 所有 Data Block 中中间的一个 Data Block，以便于对 HFile 进行拆分操作时快速定位 HFile 的中间位置。单层索引结构和多层索引结构相比，根索引块只缺少 MidKey 这 3 个字段。

（2）非根索引块

多层索引结构中会存储非根索引块，作为索引树的中间层节点或者叶子节点存在，这两种节点对应的块（Intermediate Index 和 Leaf Index）拥有相同的结构，如图 4.54 所示。与根索引块的结构相似，非根索引块最核心的字段也是 Index Entry，用于指向叶子节点块或

者数据块，内部偏移量字段 Entry Offset 用于表示 Index Entry 在该块中相对于第一个 Index
Entry 的偏移量，用于实现 Block 内的
二分查找。所有非根节点索引块，包括
Intermediate Index Block 和 Leaf Index
Block，在其内部定位一个 Key 的具体索
引并不是通过遍历实现的，而是使用二分
查找算法，这样可以更加高效快速地定位
到待查找 Key。非根索引块的结构也用于
元数据索引块（Meta Index），只不过索引
对象指向元数据块（Meta）。

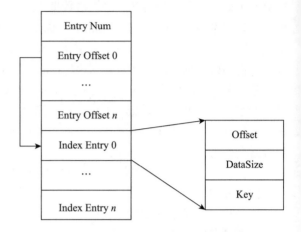

图 4.54　HFile 非根索引块的数据结构

（3）布隆过滤器索引数据

布隆过滤器索引在 HBase 中对应的
块类型包括布隆数据块（Bloom Chunk），
布隆索引块（Bloom Meta）。布隆索引块

的结构与其他索引块的结构类似，其中每个索引实体指向的是布隆数据块，如图 4.55 所示。
布隆索引块的元信息部分包括版本（Version）、布隆数据块占用空间大小（TotalByteSize）、最
大映射元素数量（TotalMaxKeys）等信息，而每个索引实体中则包含布隆数据块在文件内的
偏移量（Offset）、块大小（DataSize）和块中第一个 Key。

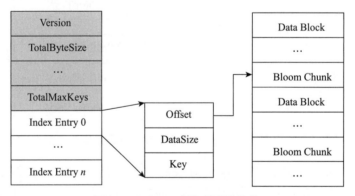

图 4.55　HFile 布隆索引块结构

4.7.2　Spanner

Spanner 本质上是一个 key-value 数据库，使用 LSM-Tree 提升写入吞吐量，数据在页
（Page）中为 PAX 行列混存结构，能够同时支持 OLTP 和轻量级 OLAP。

1. 基于 key-value 的存储模式

Spanner 不是关系数据库，也不是 NoSQL，通常被称为 NewSQL。Spanner 的本质是
key-value 数据库，因为在 Spanner 底层没有 Schema，但面向用户支持定义 Schema，存储时

将 Schema 转换为底层的 key-value 模式，任何一行数据都会被转换为一个或多个 key-value 对存储。

以表 4.2 为例，每个表都被分配一个唯一的 ID，比如 Singer 表的 ID 为 employee。在 Employee 表中，EmpID 为主键（Primary Key），唯一标识一个雇员，如第一行描述为：employee_1:(1, "Jay", "Zhou", " Heping ")。

表 4.2 Employee 表

EmpID	FirstName	LastName	Address
1	Jay	Zhou	Heping
2	Guo	Zhang	Hunnan
3	Jay	Wang	Shenhe

对于每一行数据，可以使用（table_id + Primary Key）组成的 Key 定位到它。表就是 key-value 对的集合。

对于非 Key 属性查找，同样需要构建二级索引（Secondary Index）。例如，我们希望通过 FirstName 查找雇员，但 FirstName 不是 Key，则需要为每行记录构建由 FirstName 组成的 Key，使得这些 Key 可以查找到那行记录。这里，索引也是表，也有唯一的 table_id，若 FirstName 唯一，对应的值就是符合条件的记录的 Primary Key（1），该索引称为唯一索引；如果 FirstName 不唯一，即不止一个雇员叫 Jay，则需要构建非唯一索引（Non-unique Index），简单的方法是将原表中的 Primary Key 从 Value 中移出来作为 Key 的一部分：

```
firstname_Jay_1 : null
firstname_Jay_3 : null
```

索引中的 Value 统一为 Null，Primary Key 直接放在了 Key 中，代表 ID 为 1 和 3 的 Employee 都叫 Jay。

为区分数据表和索引，数据表的结构为 table_singers_1 : (1, "Jay", "Zhou", "Heping")，唯一索引的结构为 index_firstname_Jay：(1)，非唯一索引的结构为 index_firstname_Jay_1 : null。

2. 数据交错（interleaved）存储

Spanner 采用数据交错（interleaved）存储。同一个表中数据的前缀（Prefix）相同，即都是唯一的 table_id，接着按主键排序。而父表的 Primary Key 是子表 Primary Key 的前缀，因此在存储时，子表的行会紧跟着排在父表后面，也就是说，它们会存在于同一页或者相邻页。因此如果访问父表行的同时要访问相应的子表行，则效率会有所提升，因为每次 Spanner 会从硬盘读出一页或多页数据（预读），而要访问的子表行已经在内存中。但是，如果要访问的子表行离父表行太远（如子表行太多的情况），预读也会失效。

3. 基于 LSM-Tree 的组织方式

Spanner 采用 LSM-Tree 组织方式。基于 LSM-Tree 的写示意图如图 4.56 所示，写数据时，先将数据写入内存 MemTable，当 MemTable 中的数据量达到一定阈值后，会把 MemTable 转化为 Immutable Table，Immutable Table 是不可修改的，稍后被刷入磁盘。
Immutable Table 被刷入磁盘后成为一个独立的 SSTable，磁盘中的 SSTable 分为多个层级，
新鲜数据都被刷到 Level 0 层，每一层可能有多个 SSTable，当本层的数据达到一定阈值后，
将会被合并刷入 Level 1 层，以此类推。由于 SSTable 本身有序，因此在合并时只需要使用
归并排序，合并后的下层 SSTable 也是能够保证有序的。合并 SSTable 有助于减少冗余数据、
提高读写效率。

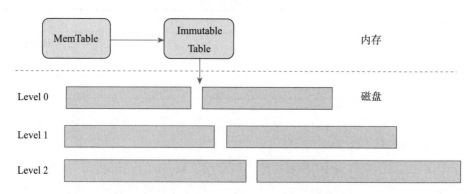

图 4.56　基于 LSM-Tree 的写示意图

读数据时，从内存开始，然后依次往下查找，直到找到数据为止。为了尽量避免读取不
必要的数据，每个（或者每层）SSTable 都有一个布隆过滤器，对每个要查找的 Key 进行哈
希后，如果未命中布隆过滤器，则说明该 Key 在该 SSTable 中绝对不存在，避免了无效的读
取，节省了 I/O。如果命中了布隆过滤器，则说明该 Key 可能存在于该 SSTable 中，开始对
该 SSTable 进行查找。

4. 基于 PAX 行列混存的块结构

SSTable 中有数个数据块（Data Block），每个数据块都会被一起刷入磁盘，称为一页
（Page）。Spanner 采用 PAX 行列混存结构，如图 4.57 所示。

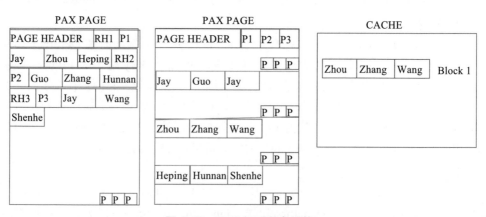

图 4.57　PAX 行列混存结构

　　PAX 将每一页分为多个 mini page，每个 mini page 存储特定的列，因此需要查询特定的列时，只需要读取少数的 mini page，而不需要将整页都读入内存，如果需要查询整条数据，需要将整页读入内存。例如，如果只访问 LastName，则只需读入 mini page "Zhou, Zhang, Wang"，若访问第一条记录，则需要读入整页。

4.7.3　OceanBase

　　OceanBase 系统的存储引擎层同时负责数据的存储与查询处理。在存储方面，OceanBase 采用基于 LSM-Tree 的架构管理数据文件，增量数据存储于 MemTable 中，基线数据存于 SSTable 中，再进一步通过转储和合并优化数据组织。此外，OceanBase 还使用了数据缓存机制提高查询性能。OceanBase 的存储层提供了一定的查询功能，包括主键插入、更新、删除、数据加锁、随机读取和范围查询等操作，同时在执行分布式查询处理时，查询层可以将部分过滤条件、表达式计算等操作下压给存储层执行。

1. 基于 LSM-Tree 的数据存储

　　OceanBase 数据库的存储引擎基于 LSM-Tree 架构，将数据分为基线数据（放在 SSTable 中）和增量数据（放在 MemTable 中）两部分，其中 SSTable 是只读的，一旦生成就不再被修改，存储于磁盘；MemTable 支持读写，存储于内存。数据库 DML 操作（插入、更新、删除等）首先写入 MemTable，等到 MemTable 达到一定规模时转储到磁盘成为 SSTable。在进行查询时，需要分别对 SSTable 和 MemTable 进行查询，并将查询结果进行归并，返回给 SQL 层归并后的查询结果。同时在内存实现了 Block Cache 和 Row Cache，来避免对基线数据的随机 I/O。当内存的增量数据达到一定规模的时候，会触发增量数据和基线数据的合并，把增量数据落盘。同时每天晚上的空闲时刻，系统每日也会自动合并。

　　OceanBase 是一个基线加增量的存储引擎，同时也借鉴了部分传统关系数据库存储引擎的优点。OceanBase 数据库把数据文件按照 2MB 为单位切分组织，每个 2MB 单元称为宏块，合并和转储时以宏块粒度进行增量合并以及重用。另外，OceanBase 数据库通过轮转合并的机制把正常服务和合并时间错开，使得合并操作对正常用户请求完全没有干扰。

　　由于 OceanBase 数据库采用基线加增量的设计，一部分数据在基线，一部分数据在增量，原则上每次查询既要读基线，也要读增量。为此，OceanBase 数据库做了很多的优化：除了对数据块进行缓存之外，也会对行进行缓存，行缓存会极大提高对单行的查询性能；对于不存在行的"空查"，通过对布隆过滤器缓存优化查询；由于基线是只读数据，采用行列混合的编码压缩，既利用编码信息提升查询性能，也大幅降低了存储成本。

2. 内存表（MemTable）
（1）MemTable 中的数据结构

　　OceanBase 数据库的内存存储引擎 MemTable 由 BTree 和 HashTable 组成，在插入、更新或删除数据时，数据被写入内存块，在 HashTable 和 BTree 中存储的均为指向对应数据的指针。

（2）两种数据结构的特点

BTree 和 HashTable 两种数据结构的优缺点如表 4.3 所示。

表 4.3　BTree 和 HashTable 两种数据结构的优缺点

数据结构	优点	缺点
HashTable	插入一行数据时，需要先检查此行数据是否已经存在，当且仅当数据不存在时才能插入，检查冲突时，用 HashTable 要比 BTree 快； 事务在插入或更新一行数据时，需要找到此行并对其进行上锁，防止其他事务修改此行，OceanBase 数据库的行锁放在 ObMvccRow 中，需要先找到它，才能上锁	不适合对范围查询使用 HashTable
BTree	进行范围查询时，由于 BTree 节点中的数据都是有序的，因此只需要搜索局部的数据即可	单行的查找，也需要进行大量的 rowkey 比较，从根节点找到叶子节点，而 rowkey 比较性能是较差的，因此理论上性能比 HashTable 慢很多

3. 块存储 SSTable

当 MemTable 的大小达到某个阈值后，OceanBase 数据库会将 MemTable 中的数据转存于磁盘上，转储后的结构称为 SSTable。

（1）宏块和微块

OceanBase 数据库将磁盘切分为大小为 2MB 的定长数据块，称为宏块（Macro Block），宏块是数据文件写 I/O 的基本单位，一个 SSTable 由若干个宏块构成。在宏块内部，数据被组织为多个大小为 16KB 左右的变长数据块，称为微块（Micro Block），微块中包含若干数据行（Row），微块是数据文件读 I/O 的最小单位。

宏块是定长的，大小为固定的 2MB，长度不可以被调整；微块是变长的，默认值为 16KB，指的是数据被压缩前的大小，数据压缩后大小通常会比指定的微块长度更小，同时可以通过语句修改微块长度，对于不同的表设置不同的微块长度，语句如下：

```
ALTER TABLE mytest SET block_size = 131072;
```

一般来说微块长度越长，数据的压缩比越高，但相应地一次 I/O 读的代价也会越大；微块长度越短，数据的压缩比越低，但相应地一次 I/O 读的代价就越小。

随着数据的删除或者更新，一个宏块的数据填充可能不满，当相邻的几个宏块中的所有行可以在一个宏块中存放时，相邻的多个宏块会被合并成一个宏块。

（2）编码与压缩

OceanBase 内部的数据编码是基于数据库关系表中不同字段的值域和类型信息所产生的一系列的编码方式，它比通用的压缩算法更懂数据，从而能够实现更高的压缩效率。

按列压缩比按行压缩更有效，因为从关系表中的列维度看，列数据具有相同的数据类型和值域范围，其相似性要远远好于行维度上的数据，所以 OceanBase 数据库是按照列对数据编码的。当一列经过编码后成为定长存储时，OceanBase 数据库会对这一列在微块内使用列存储。另外，OceanBase 数据库的读写分离架构使得数据总是批量写入磁盘，这种模式比传统的脏页回刷磁盘的方式更加适合进行数据压缩。在开启编码后，会增加部分数据在后台合并的开销，但对用户的实时写入、更新、删除性能均无影响，且对部分查询性能有优化作用。这是因为编码后的数据不需要解码，可以直接支持查询。另外，数据编码使得同一个数据块中能够容纳更多的数据，I/O 的性能也随之提升，因此数据编码也是 OceanBase 数据表的默认选项。

OceanBase 数据库实现了多种数据编码方法，包括字典编码、RLE 编码、常量编码、差值编码、前缀编码、列间编码等，并根据数据特征自动为每一列选择最合适的数据编码，不需要用户指定。

4. 转储和合并

（1）转储（Minor Compaction）

当 MemTable 的内存使用达到一定阈值时，需要将 MemTable 中的数据存储到磁盘上以释放内存空间，这个过程称为"转储"。在转储之前首先需要保证被转储的 MemTable 不再进行新的数据写入，这个过程称为"冻结"（Minor Freeze），冻结会阻止当前活跃的 MemTable 再有新的写入，并同时生成新的活跃 MemTable。

在对冻结 MemTable 进行转储时，会扫描冻结 MemTable 中的数据行，并将这些数据行存储到 SSTable 中，当一条数据被多个不同事务反复修改时，可能会有多个不同版本的数据行转储到 SSTable 中。

转储有两种触发方式：自动触发与手动触发。当一个租户的 MemTable 内存使用量达到 memstore_limit_percentage 时，会自动触发转储。也可以通过运维命令手动触发转储。需要注意的是，尽管允许对单个分区手动触发 Minor Freeze，但由于多个不同的分区可能共用相同的内存块，因此对单个分区的 Minor Freeze 可能并不能有效地释放内存，而针对租户的 Minor Freeze 可以有效地释放对应租户 MemTable 的内存。

（2）合并（Major Compaction）

合并操作是当转储产生的增量数据积累到一定程度时，通过 Major Freeze 实现大版本的合并。

转储和合并的最大区别在于，合并是集群上所有的分区在一个统一的快照点和全局静态数据进行合并的行为，是一个全局的操作，最终形成一个全局快照。

转储和合并的对比如表 4.4 所示。

表 4.4　转储和合并的对比

转储	合并
分区或者租户级别，只是 MemTable 的物化	全局级别，产生一个全局快照
每个 OBServer 的每个租户独立决定自己 MemTable 的冻结操作，主备分区不保持一致	全局分区一起做 MemTable 的冻结操作，要求主备 Partition 保持一致，在合并时会对数据进行一致性校验

（续）

转储	合并
可能包含多个不同版本的数据行	只包含快照点的版本行
转储只与相同大版本的 Minor SSTable 合并，产生新的 Minor SSTable，所以只包含增量数据，最终被删除的行需要特殊标记	合并会把当前大版本的 SSTable 和 MemTable 与前一个大版本的全量静态数据进行合并，产生新的全量数据

OceanBase 数据库支持多种不同的合并方式，具体的描述如下。

1）全量合并。全量合并算法与 HBase 和 RocksDB 的 Major Compaction 过程类似。顾名思义，在全量合并过程中，会把当前的基线数据都读取出来，和增量数据合并后，再写到磁盘上作为新的基线数据。在这个过程中，会把所有数据都重写一遍。全量合并会极大地耗费磁盘 I/O 和空间，如非必要或者 DBA 强制指定，OceanBase 数据库一般不会主动做全量合并。

OceanBase 数据库发起的全量合并一般发生在列类型修改等 DDL 操作之后。DDL 变更是实时生效的，不阻塞读写，也不会影响到多副本间的 Paxos 同步，将对存储数据的变更延后到合并时来做，这时就需要将所有数据重写一遍。

2）增量合并。大多数情况下，当需要进行合并时并不是所有的宏块都要被修改，当一个宏块没有增量修改时，直接重用它，而不是重写它，这种方式称为增量合并。全量合并是把所有的宏块重写一遍，而增量合并只重写发生了修改的宏块。增量合并极大地减少了合并的工作量，也是 OceanBase 数据库目前默认的合并算法。

对于宏块内部的微块，很多情况下也并不是所有的微块都会被修改。当发现宏块有行被修改时，在处理每一个微块时，会先判断这个微块是否有行被修改过，如果没有，只需要把这个微块的数据直接拷贝到新的宏块上，这样没被修改过的微块就省去了解析行、选择编码规则、对行进行编码以及计算列（Checksum）等操作。微块级增量合并进一步减少了合并的时间。

3）渐进合并。在执行某些 DDL 操作时，例如执行表的加列、减列、修改压缩算法等操作后，可能需要将数据重写一遍。OceanBase 数据库并不会立即对数据执行重写操作，而是将重写动作延迟到合并时进行。基于增量合并的方式，无法完成对未修改数据的重写，为此 OceanBase 数据库引入了"渐进合并"，即把数据的重写分散到多次合并中去做，在一次合并中只进行部分数据的重写。

通过命令可以控制一张表的渐进轮次，例如如下命令：

```
obclient> ALTER TABLE mytest set default_progressive_merge_num=60;
```

将表 mytest 的渐进轮次设置为 60，当执行加列或减列操作后的 60 次合并过程中，每一次合并会重写 1/60 的数据，在 60 轮合并过后，数据就被整体重写了一遍。

当未对表的 progressive_merge_num 进行设置时，其默认值为 0，目前语义为在执行需要重写数据的 DDL 操作之后，做渐进轮次为 100 的渐进合并。当表的 progressive_merge_num 被设置为 1 时，表示强制执行全量合并。

4）轮转合并。一般来说，合并会在业务低峰期进行，但并不是所有业务都有业务低峰期。在合并期间，会消耗比较多的 CPU 和 I/O，此时如果有大量业务请求，势必会对业务造成影响。为了规避合并对业务的影响，借助 OceanBase 数据库的多副本分布式架构，引入了轮转合并的机制。

一般配置下，OceanBase 数据库会同时有 3 个数据副本，当一个数据副本在进行合并时，可以将该副本上的查询流量切换到其他没在合并的集群上，这样业务的查询就不受每日合并的影响了。等该副本合并完成后，再将查询流量切换回来，继续进行其他副本的合并，这一机制称为轮转合并。

为了避免切换流量后，Cache 较冷造成的 RT（Read-Through）波动，在切换流量之前，OceanBase 数据库还会进行 Cache 的预热，通过参数可以控制预热的时间。

5）合并触发。OceanBase 数据库支持三种合并触发方式：自动触发、定时触发与手动触发。当集群中任一租户的 Minor Freeze 次数超过阈值时，会自动触发整个集群的合并；可以通过设置参数来在每天的业务低峰期定时触发合并；也可以通过运维命令手动触发合并，例如：

```
obclient> ALTER SYSTEM MAJOR FREEZE
```

5. 缓存机制

由于很多数据存储于 SSTable，为了加速查询，需要对数据进行缓存。OceanBase 数据库并不需要对缓存的大小进行设置，类似于 Linux 对于页缓存的控制策略，OceanBase 数据库会尽量使用租户的内存，直到租户的内存达到一定阈值后，才会触发对缓存的淘汰。同时 OceanBase 数据库也是一个多租户系统，对于每一个租户都会有各自的缓存，但 OceanBase 数据库会对所有租户的缓存进行统一管理。

OceanBase 数据库支持多种不同类型的 Cache，具体类型如下。

1）Block Cache：类似于 Oracle 的 Buffer Cache，缓存具体的数据块，实际上 Block Cache 中缓存的是解压后的微块，大小是变长的。

2）Block Index Cache：缓存微块的索引，类似于 BTree 的中间层，在数据结构上和 Block Cache 有一些区别，由于中间层通常不大，因此 Block Index Cache 的命中率通常都比较高。

3）Bloom Filter Cache：OceanBase 数据库的 Bloom Filter 是构建在宏块上的，按需自动构建，当一个宏块上的空查次数超过某个阈值时，就会自动构建 Bloom Filter，并将 Bloom Filter 放入 Cache。

4）Row Cache：缓存具体的数据行，在进行 Get 或 MultiGet 查询时，可能会将对应查到的数据行放入 Row Cache，这样在进行热点行的查询时，就可以极大地提升查询性能。

5）Partition Location Cache：用于缓存分区的位置信息，帮助对一个查询进行路由。

6）Schema Cache：缓存数据表的元信息，用于执行计划的生成以及后续的查询。

7）Clog Cache：缓存 Clog 数据，用于加速某些情况下 Paxos 日志的拉取。

6. 读写流程

在 OceanBase 的存储引擎层对于数据的写操作是采用先写日志机制保证事务性，即先执行日志写操作再执行数据写操作，查询操作分为以下几种：单点查询（Get）、多点查询（MultiGet）、单范围扫描和多范围扫描，各种查询操作的查询过程类似。

（1）日志写

在执行 DML 操作时，为了保证事务性，会产生对应的 Redo Log，记录对数据行的插入、更新和删除操作，我们将这些日志称为 Clog。

OceanBase 数据库单台物理机上启动一个 OBServer 进程，有几万至十万个分区，所有分区同时共用一个 Clog 文件，当写入的 Clog 文件超过配置的阈值（默认为 64MB）时，会打开新的 Clog 文件进行写入。

OBServer 收到的某个 Partition Leader 的写请求产生的 Clog、其他节点 OBServer 同步过来的 Clog（存在分区同在一个 Paxos Group），都写入日志缓冲区中，由单个 I/O 线程批量刷入 Clog 文件。

写请求在 Partition Leader 所在 OBServer 上等待落盘同时并行同步给其他 OBServer，多数派成功后返回客户端成功。

日志写示意图如图 4.58 所示。

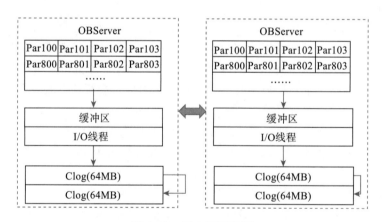

图 4.58　日志写示意图

（2）数据写

与传统数据库的刷脏页机制不同，OceanBase 数据库的存储引擎基于 LSM-Tree 架构，对于数据块的写主要是在转储和合并阶段。在 MemTable 转储为 SSTable 时，也会在静态数据中记录当前的 Clog 日志回放点，在转储完成之后，对应 Clog 日志回放点之前的日志在理论上就可以被回收了，但通常这些日志文件并不会被立即删除，而是等到日志空间不足时再进行日志文件的重用。

在进行转储 / 合并时，对于一些较大的 SSTable，会将一个 SSTable 的数据拆分到多个线程中进行并行转储 / 合并，对于一张用户表，可以通过表级参数 tablet_size 来调整并行合并的粒度，当 SSTable 的大小超过表的 tablet_size 时，就会按照 tablet_size 对数据进行拆分，开启并行合并；但一般来说，并行合并的并行度不会超过配置的合并线程数。

（3）查询流程

数据查询大体上可以分为以下几种：单点查询（Get）、多点查询（MultiGet）、单范围扫描、多范围扫描，以及对于插入操作需要处理的 Exist 查询。

Get、MultiGet 和 Exist 查询操作在存储层的查询流程是类似的，如图 4.59 所示。查询处理时首先使用 SSTable 的布隆过滤器对其进行过滤，如果命中则说明查询目标数据在基线数据的 SSTable 中，通过访问 SSTable 返回数据，如果未命中则需要查询缓存中的 Row Cache 和 Block Cache 以便查看是否有目标数据。执行范围查询需要使用 Scan/MultiScan 操作，其查询流程与 Get 操作类似。

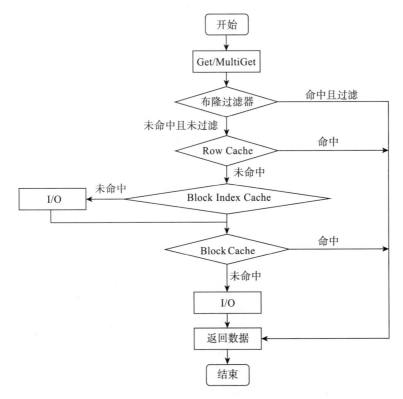

图 4.59　Get、MultiGet、Exist 的查询流程图

4.8　本章小结

为支持大数据的高效管理，大数据模型主要为传统的关系型数据模型和主流的非关系型数据模型，如 key-value 模型、行列混合模型等。key-value 数据模型能够有效支持大数据的

快速写入，但同关系模型相比，key-value 数据模型所支持的查询简单；而行列混合模型主要用于同时满足事务数据和分析数据的需要。相应地，也提出了多种大数据存储模式，典型有块存储、文件存储、对象存储等。本章主要介绍了大数据存储模型、分布式系统的索引结构、分布式缓存机制等分布式数据库在存储层所采用的关键技术，以及当今流行的大分布式数据系统 HBase、Google Spanner 和 OceanBase 在数据存储方面所采用的技术。

习题

1. 简单介绍当前的三种主流存储形态以及各自的适用场景。
2. 为什么采用对象存储？简述对象存储和文件存储的异同。
3. 简介 RCFile 行列混合存储结构的优势以及适用的场景。
4. LSM-Tree 是广泛被应用的层次技术，请给出一种提高其读取性能的优化策略。
5. 假设有 100 000 000 个元素的集合，要构建误判率不超过 1% 的布隆过滤器，布隆过滤器至少需要多少位？在这种情况下，为了使误判率最低，哈希函数的数量应该是多少？
6. 有键值模型数据如下图所示，针对下列查询设计二级索引：

    1）查询使用 Unicode 编码方式的文档；

    2）查询使用 UTF-8 编码方式且语言为 en 的文档。

Column Family: **WebDoct**		
Key(DocId)	Columns	

001	Column Key	Column Value	Timestamp
	"URL"	"http://A"	4
	"Language"	"en"	4
	"Encode"	"iso-8859-1"	4

002	Column Key	Column Value	Timestamp
	"URL"	"http://B"	6
	"Language"	"en"	6
	"Encode"	"utf-8"	6

003	Column Key	Column Value	Timestamp
	"URL"	"http://C"	3
	"Language"	"de"	3
	"Encode"	"unicode"	3

004	Column Key	Column Value	Timestamp
	"URL"	"http://D"	7
	"Language"	"en"	7
	"Encode"	"unicode"	7

7. 对比分析 HBase、Spanner、OceanBase 三种流行分布式数据库在数据存储方面的异同点。

参考文献

[1]　辛格 . Ceph 分布式存储学习指南 [M]. Ceph 中国社区，译 . 北京：机械工业出版社，2017.

[2]　胡世杰 . 分布式对象存储：原理架构及 Go 语言实现 [M]. 北京：人民邮电出版社，2018.

[3]　杨传辉 . 大规模分布式存储系统：原理解析与架构实战 [M]. 北京：机械工业出版社，2013.

[4]　Ceph 中国社区 . Ceph 分布式存储实战 [M]. 北京：机械工业出版社，2016.

[5]　什么是对象存储？ OSD 架构及原理 [EB/OL]. http://www.chinastor.com/jishu/OSD.html，2015.

[6]　Facebook 数据仓库揭秘：RCFile 高效存储结构 [EB/OL]. https://wenku.baidu.com/，2018.

[7]　GOOGLE 分布式数据库技术演进研究——从 Bigtable、Dremel 到 Spanner（一）[EB/OL]. https://blog.csdn.net/x802796/article/details/18802733, 2014.

[8]　HDFS 原理分析：基本概念 [EB/OL]. http://os.51cto.com.

[9]　OceanBase 数据库概览 [EB/OL]. https://www.oceanbase.com/2021-03-10, 2021.

[10]　OceanBase 数据库官方文档 [EB/OL]. https://www.oceanbase.com/docs, 2021.

[11]　Apache HBase Team. Apache HBase ™ Reference Guide, Version 3.0.0-SNAPSHOT[EB/OL]. https://hbase.apache.org/apache_hbase_reference_guide.pdf, 2021.

[12]　BEAVER D, KUMAR S, LI H C, et al. Finding a Needle in Haystack: Facebook's Phone Storage[C]//Proc. of OSDI. CA: USENIX, 2010: 47-60.

[13]　BLOOM B H. Space/time trade-offs in hash coding with allowable errors[J]. CACM, 1970, 13(7): 422-426.

[14]　CHANG F, DEAN J, GHEMAWAT S. Bigtable: a distributed storage system for structured data[J]. ACM Transactions on Computer Systems, 2008, 26(2): 1-26.

[15]　COPELAND G P, KHOSHAFIAN S N. A decomposition storage model[C]//Proc. of The 1985 ACM SIGMOD International Conference on Management of Data. CA: USENIX, 1985: 268-279.

[16]　CORBETT J C, JEFFREY D, MICHAEL E, et al. Spanner: Google's globally-distributed database[J]. ACM Transactions on Computer Systems, 2013, 31(3): 8.1-8.22.

[17]　BACON D F, et al. Spanner: becoming a SQL system[C]//The 2017 ACM International Conference. New York: ACM, 2017: 331-343.

[18]　ELLNER S, SHUTE J. F1-the Fault-Tolerant distributed RDBMS supporting Google's Ad business[C]//International Conference on Management of Data. New York: IEEE, 2012:777.

[19] FastDFS[EB/OL]. http://code.google.com/p/fastdfs/w/list, 2012.

[20] GHEMAWAT S, GOBIOFF H, LEUNG S. The Google file system[J]. Operating Systems Review, 2003, 37(5): 29-43.

[21] HE Y, LEE R, HUAI Y, et al. RCFile: A Fast and Space efficient Data Placement Structure in Map Reduce based Warehouse Systems[C]//Proc. Of ICDE. New York: IEEE, 2011: 1199-1208.

[22] KARGER D, LEHMAN E, LEIGHTON T, et al. Consistent Hashing and Random Trees: Distributed Caching Protocols for Relieving Hot Spots on the World Wide Web [C]//Proc. of the Twenty-Ninth Annual ACM Symposium on Theory of Computing. New York: ACM, 1997: 654-663.

[23] O'NEIL P, CHENG E, GAWLICK D, et al. The log-structured merge-tree (LSM-tree)[J]. Acta Informatica, 1996, 33 (4): 351-385.

[24] PUGH W. Skip lists: a probabilistic alternative to balanced trees[J]. Communications of the ACM. 1990, 33(6): 668-676.

[25] RAMANATHAN S, GOEL S, ALAGUMALAI S. Comparison of Cloud Database: Amazon's Simple DB and Google's Bigtable[J]. International Journal of Computer Science Issues, 2011, 8(6): 1694-1814.

[26] Spanner[EB/OL].http://baike.baidu.com/.

[27] Techtarget.com. Managing data with an object storage system[EB/OL]. http://searchstrage. techtarge.com/magazineContent/inside-object-based-strage, 2021.

[28] ZHOU J, ROSS K A. A Multi-resolution Block Storage Model for Database Design[C]// Proc. of Database Eng. and App. Symp. New York: IEEE, 2003: 22-31.

第 **5** 章

分布式查询处理与优化

查询处理是数据库管理系统中的重要内容。同集中式查询处理相比，分布式环境中的查询处理更加困难。因为分布式数据库由逻辑上的全局数据库和分布于各局部场地上的物理数据库组成，用户或应用只看到全局关系组成的全局数据库，并且只在全局关系上发布查询命令。在查询执行过程中，查询命令由系统将其转换成内部表示，经过查询重写、查询优化等过程，最终转换为局部场地上的物理关系的查询。通常，分布式查询处理过程分为查询转换、数据局部化、查询存取优化和局部查询优化四个阶段。其性能与很多因素相关，影响查询处理效率的因素有网络传输代价（通信量和延迟等）、局部 I/O 代价及 CPU 计算代价等，但主要由网络通信代价和局部 I/O 代价来衡量。不同的分布式数据库系统可能对评估查询处理的传输代价和 I/O 代价的侧重不同，如：分布式数据库分布的场地较远且又受网络带宽限制时，主要考虑通信代价。为了提高查询的效率，需要对查询处理过程进行优化。查询优化就是确定一种执行代价最小的查询执行策略或寻找相对较优的操作执行步骤。

本章首先介绍分布式查询处理的基本概念、查询处理与优化过程和案例分析。为应对大数据库系统中海量数据的查询与分析，本章在后半部分介绍大数据库中的查询处理方法、流行的大数据分析架构以及大数据库系统的查询处理案例。

5.1 查询处理基础

5.1.1 查询处理目标

无论是集中式数据库系统，还是分布式数据库系统，查询处理的目标就是希望快速并高效地得到查询结果，而实现这一目标的途径就是查询优化。查询优化的基本目的是为用户的查询生成执行代价最小的执行策略，但具体的优化目标和优化策略需要侧重考虑不同的性能参数。如集中式数据库系统中只需要考虑局部执行代价；而在分布式数据库系统中，除了要考虑局部执行代价外，还要考虑网络传输代价。优化的目标是指局部执行代价和网络传输代价的和最小。

局部执行代价主要是指 I/O 代价（输入 / 输出次数）及 CPU 处理代价。CPU 处理代价是在内存操作上所花费的时间，I/O 代价是磁盘与内存之间的换入 / 换出操作所花费的时间。

网络传输代价主要是指传输启动代价和数据通信代价。数据通信代价是指在参与执行查询的场地之间进行数据交换所需要的时间。这个代价在处理数据包和在通信网络中传输数据的过程中产生。

对于集中式数据库系统，执行策略的代价主要体现在查询的执行时间上，对于执行时间的度量一般是用磁盘 I/O 操作的次数和执行查询所要求使用 CPU 的时间来衡量。在现在的计算机上，CPU 的处理速度通常比磁盘的读写速度快很多。例如，在磁盘上读或写一个块大约需要 5ms（0.005s），而在相同的时间里，一个单核的 CPU 可以处理 500 万条指令。因此，通常情况下，查询的执行时间主要取决于查询执行策略所产生的磁盘 I/O 的数量。因此，集中式数据库系统在进行查询优化时，尽可能地选择能够降低磁盘 I/O 代价的算法，以使查询的总响应时间最短。通常，可以通过缓存管理等技术来减少 I/O 操作。

而在分布式数据库系统中，由于查询通常涉及多个场地，因此根据不同的系统环境，在优化目标上分为分布查询总执行代价最小和局部查询响应时间最短两种。而在度量代价的特征参数方面，除磁盘 I/O 和 CPU 代价以外，还包括不同站点通过网络传输数据的代价。一般来说，查询存取优化以总执行代价最小为优化目标。优化时，综合考虑磁盘 I/O 代价、CPU 代价和数据通信代价，并且根据不同的系统环境，需要选择相应的代价因素作为总代价评估的主要参数。局部查询优化以局部查询的响应时间最短为目标，主要包括基于数据的分布和复制对查询的并行处理，以及对查询执行策略的物理优化。

在分布式数据库系统的查询优化中，主要以通信网络的类型作为系统环境的类型，不同的通信网络类型通常具有不同的优化目标和优化算法。

在远程通信网络的环境中，与站点间数据传输时间相比，磁盘读写数据的时间和 CPU 处理时间几乎可以忽略不计。因为远程网络中站点之间的通信带宽普遍较低，站点之间的数据传输速度要比磁盘数据的读写速度慢很多，所以，对于远程通信网络环境中的分布式数据库系统，查询处理的代价主要由数据传输代价所决定。在查询优化时主要考虑数据传输量和传输次数，以减少通信开销作为优化的主要目标。

在高速局域网中，高速局域网的网络带宽（100~1000Mbit/s）要比远程通信网络高很多，因此，查询优化需要同时考虑局部查询处理代价和通信代价，以总执行代价最小作为优化目标。如果站点间的数据传输时间比局部查询处理时间短很多，则局部查询处理代价是查询的主要代价，优化时以减少局部查询执行时间作为主要目标。如果数据传输时间与局部查询处理时间相近，则查询优化要以同时减少通信代价和局部执行代价作为主要目标。其中，局部查询的执行时间主要通过 CPU 处理时间和磁盘 I/O 次数进行度量。在查询优化中，通信代价和局部执行代价主要基于各个站点上数据的分布情况和执行操作符所使用的算法来估计。与集中式数据库系统的情况不同，分布式查询的局部处理代价会随着数据传输策略的不同而变化，这一点也增加了评估分布查询执行策略代价的复杂度。

综上所述，分布式数据库的查询处理优化策略中，对于查询中涉及的场地之间的存取策略时，只考虑网络传输代价；而对于每个场地上的局部存取策略，按照集中式数据库方式来处理，考虑 I/O 代价及 CPU 处理代价。通常，数据通信代价是分布式数据库中最重要的考虑因素。因为大多数分布式数据库都是基于网速较低的广域网，导致数据通信代价远远大于计算代价。因此，分布式查询优化的主要目的可以归纳为局部执行代价和数据通信代价最小化的问题。由于局部优化类似于集中式系统，因此可以独立地进行局部优化。目前，随着网络技术的发展，分布式环境中同样存在快速的通信网络，其带宽可以与硬盘的带宽相比。这时，需要考虑这三种代价所占的权重，因为它们对于整体代价都具有重要的影响。

5.1.2　查询优化的意义

我们知道，查询处理器将演算查询转换为代数操作，然后通过查询优化选择最好的执行计划。我们通过以下实例来说明查询优化的意义。

例 5.1　设有一个供应关系数据库，有供应者和供应关系，具体如下。

- 供应者关系：SUPPLIER(SNO，SNAME，AREA)
- 供应关系：SUPPLY(SNO，PNO，QTY)
- 零件关系：PART(PNO, PNAME)

其中，SNO 为供应者编号，SNAME 为供应者姓名，AREA 为供应者所属地域，PNO 为零件号，QTY 为数量，PNAME 为零件名称。

查询要求：找出供应 100 号零件的供应商的信息。

执行上面查询的 SQL 语句表示如下：

```
SELECT      SNAME
FROM        SUPPLIER S,SUPPLY SP
WHERE       S.SNO=SP.SNO
AND         PNO= 100;
```

等价的关系代数表示如下：

$Q1= \Pi_{SNAME}(\sigma_{S.SNO=SP. SNO \text{ and } PNO=100}(S \times SP))$

$Q2= \Pi_{SNAME}(\sigma_{PNO=100}(S \infty SP))$

$Q3= \Pi_{SNAME}(S \infty \sigma_{PNO=100}(SP))$

下面针对不同的执行策略进行代价计算。

（1）Q1 代价计算（仅考虑 I/O 代价）

$Q1= \Pi_{SNAME}(\sigma_{S.SNO=SP. SNO \text{ and } PNO=100}(S \times SP))$

- 计算广义笛卡儿积代价。假定关系 S 共有 10 000 个元组，关系 SP 共有 100 000 个元组，其中关系 SP 中零件号为 100 的零件有 50 个。在内存中，同时能存放 5 块关系 S 的元组和 1 块关系 SP 的元组，其中 1 块可以装关系 S 中的 100 个元组或关系 SP 中的 1000 个元组。采用嵌套循环连接算法实现，并且数据只有读到内存才能进行连接操作。
- 通过读取块数计算 I/O 代价。读取总块数为 10 000/100 + 10 000/100 × 5 × 100 000/1000 = 100+20 × 100 = 2100，若每秒读写 20 块，则花费时间为 2100/20 = 105s。
- 完成笛卡儿积运算后的元组个数为：$10^4 \times 10^5 = 10^9$。内存中放不下连接后的中间结果，需将其暂时写到外存。若每块可装 100 个完成笛卡儿积运算后的元组，则写这些

元组需要的时间为 $(10^9/100)/20 = 5 \times 10^5 \mathrm{s}$。

- 选择操作：读回需要的时间为 $5 \times 10^5 \mathrm{s}$，假设选择后剩 50 个元组，均可放在内存中。
- 投影操作：忽略内存计算代价。
- 查询共花费：$105\mathrm{s} + 2 \times 5 \times 10^5 \mathrm{s} \approx 10^6 \mathrm{s} \approx 278\mathrm{h}$。

（2）Q2 代价计算（仅考虑 I/O 代价）

$Q2 = \Pi_{\mathrm{SNAME}}(\sigma_{\mathrm{PNO}=100}(S \infty SP))$

- 计算自然连接代价。需要把数据读到内存进行连接，但连接结果比笛卡儿积要小很多，读取块数依然为 $10\,000/100 + 10\,000/100 \times 5 \times 100\,000/1000 = 100 + 20 \times 100 = 2100$，花费时间为 $2100/20 \approx 105\mathrm{s}$。
- 假设连接结果大小为 10^5 个元组，内存放不下，写到外存需要的时间为 $(10^5/100)/20 = 50\mathrm{s}$。
- 读自然连接结果需 $50\mathrm{s}$，执行选择运算，选择结果均可放在内存。
- 投影运算：忽略内存计算代价。
- 总花费时间为：$105\mathrm{s} + 50\mathrm{s} + 50\mathrm{s} = 205\mathrm{s} \approx 3.42\mathrm{min}$。

（3）Q3 代价计算（仅考虑 I/O 代价）

$Q3 = \Pi_{\mathrm{SNAME}}(S \infty \sigma_{\mathrm{PNO}=100}(SP))$

- 计算对 SP 做选择运算的代价。需读 SP 到内存进行选择运算，读 SP 块数为 $100\,000/1000 = 100$，花费时间为 $100/20 = 5\mathrm{s}$。
- 选择结果为 50 个 SP 元组，均可放在内存。
- 计算和 S 自然连接的代价。需读 S 到内存进行连接运算，读 S 块数为 $10\,000/100 = 100$，花费时间为 $100/20 = 5\mathrm{s}$。
- 连接结果为 50 个元组，均可放在内存。
- 投影运算：忽略内存计算代价。
- 总花费时间为：$5\mathrm{s} + 5\mathrm{s} = 10\mathrm{s}$。

可见，上面三个功能等价的查询执行策略的执行代价差别很大。为此，在查询处理过程中需要对查询进行重写优化。

我们通过例 5.1 的分析可知，可以通过对关系进行选择操作缩减元组数量，减少不相关元组的连接，从而减少 I/O 操作。对于分布式数据库系统，查询处理器还必须考虑通信代价和选择最佳场地。

例 5.2 接例 5.1，若 SUPPLIER、SUPPLY 是分布存储的，如图 5.1 所示。关系 SUPPLIER 和 SUPPLY 均按照对属性 SNO 所设定的取值范围进行水平分片，假定 $X=Y$，分别放置在场地 1～4 中，并且数据按照连接属性聚簇索引，查询由场地 5 发出。假设各场地数据量如下：场地 1 和场地 2 各有 5000 个 SUPPLIER 元组，场地 3 和场地 4 各有 50 000 个 SUPPLY 元组。假设广域网环境下，对于 SUPPLIER 关系的传输速度是 20 个元组 /s，对于关系 SUPPLY 的传输速度是 50 个元组 /s，通信延迟为 1s。局部操作的代价是 10^4 元组 /s。下面列举出几种典型的执行策略来比较数据通信代价。

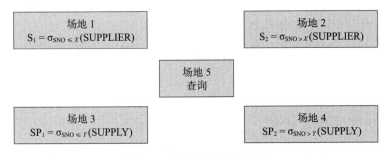

图 5.1　数据分布存储示例

（1）执行策略 1

所有场地的数据分片传到查询场地 5 并执行选择、连接、投影等运算。

$$Q4 = (S_1 \cup S_2) \underset{\text{SNO}}{\infty} \sigma_{\text{PNO}=100}(SP_1 \cup SP_2)$$

1）从场地 1、场地 2 传输 S_1、S_2 数据到场地 5 的总传输时间是 $1+10^4/20=501s$。

2）从场地 3、场地 4 传输 SP_1、SP_2 数据到场地 5 的总传输时间是 $1+10^5/50=2001s$。

3）在场地 5 对 SP 表执行选择操作的时间是 $10^5/10^4=10s$。

4）假设 SP 选择后形成 SP' 表，有 100 个元组，则 S 表和 SP' 连接操作的时间是 $10^4 \times 100/10^4=100s$。

时间共计 2612s，约为 43.5min。

（2）执行策略 2

首先在场地 1、场地 2 局部场地执行选择运算，然后将选择运算的结果传输到场地 3、场地 4，对应地执行连接运算，最后将场地 3 和场地 4 的连接结果传输到查询场地 5，如图 5.2 所示。

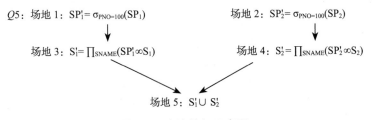

图 5.2　查询执行示意图

1）在场地 1 和场地 2 上执行选择操作，总操作时间是 $10^4/10^4=1s$。

2）假设选择操作后关系 SP_1' 和 SP_2' 均为 50 个元组，从场地 1 和场地 2 传输到场地 3 和场地 4，总的传输时间是 $1+2 \times 50/50=3s$。

3）在场地 3 和场地 4 上进行连接操作，总操作时间是 $2 \times 5000 \times 50/10^4=50s$。

4）假设投影和连接操作后，关系 S_1' 和 S_2' 元组的大小都缩减为原来的一半，则传输速率变为 40 个元组 / 秒。从场地 3 和场地 4 传输 S_1' 和 S_2' 到场地 5 需要总传输时间为

$1+2 \times 50/40=3.5s$。

时间共计为 $1+3+50+3.5=57.5s$。

由此可见，执行策略 2 所消耗的代价远远小于执行策略 1 的查询执行计划。因此，针对分布式数据库系统，还需要综合考虑有关场地选择以及局部 I/O 的存取优化策略，进而优化查询执行策略。

5.1.3 查询优化的基本概念

用户或应用看到的是全局关系组成的全局数据库，用户查询是通过查询语言（通常用 SQL 语言）来表达分布式查询的。之后，由系统将其转换成等价的关系表达式描述对关系的操作序列。为了方便转换，采用一种查询树作为内部表示方法。本节介绍关系代数和查询树。

1. 关系代数
（1）运算符

一元运算：只涉及一个运算对象的运算称为一元运算。关系代数中的一元运算符包括选择（σ）和投影（Π）。这里用 u 表示一元运算符，即 u:=σ（选择）/Π（投影）。

二元运算：涉及两个运算对象的运算称为二元运算。关系代数中的二元运算符包括连接（∞）、笛卡儿积（×）、并（∪）、交（∩）、差（–）和半连接（∝）。这里用 b 表示二元运算符，即 b:=∞（连接）/×（笛卡儿积）/∪（并）/∩（交）/–（差）/∝（半连接）。

（2）等价变换

关系代数中的等价变换规则主要包括：

- 重复律：$uR \equiv uuR$
- 交换律：$u_1 u_2 R \equiv u_2 u_1 R$
- 分配律：$u(RbS) \equiv (uR) b (uS)$
- 结合律：$Rb_1(Sb_2T) \equiv (Rb_1S) b_2 T$
- 提取律：$(uR) b (uS) \equiv u(RbS)$

其中 R、S、T 为关系，u_1、u_2、u 为一元运算符，b_1、b_2、b 为二元运算符。

一元操作的复杂度是 $O(n)$，其中 n 是指关系的基数，假设结果元组可以相互独立地存取。二元操作的复杂度是 $O(n\log n)$，如果一个关系的每个元组必须参加操作，且参与操作的关系的元组是基于连接属性存储的。消除重复属性值的投影操作和分组操作要求每个元组和其他的元组相互比较，因此具有的复杂度是 $O(n\log n)$。两个关系笛卡儿积的复杂度是 $O(n^2)$，因为一个关系的每个元组必须和另外一个关系的元组相结合。

关系代数的复杂性导致不同的执行计划的执行时间差别很大。为此，规定了一些有效的处理器规则，以帮助选择最终的执行计划。基于操作复杂性所遵循的两个原则为：第一，因为复杂度与关系的基数密切相关，而大多数选择操作可以减少关系的基数，所以，应该先进行选择操作；第二，操作应该按复杂度增加的顺序排列，以便可以避免或者延迟笛卡儿积操作。

2. 查询树

表达一个查询的关系代数可以通过语法分析得到一棵查询语法树。在查询树中，叶子表示关系，中间节点表示运算，前序遍历表示运算次序。

定义 5.1 查询树定义如下：

ROOT：=T

T：=R/（T）/TbT/UT

U：=σ_F/Π_A

b：= ∞ /X/ ∪ / ∩ /–/ ∝

关系代数操作与查询树的对应关系如图 5.3 所示。

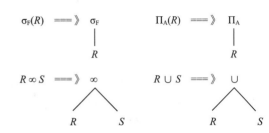

图 5.3 关系代数操作与查询树的对应关系

例 5.3 对于供应关系数据库，查询地域在"北方"供应 100 号零件的供应商的信息。

SQL 查询语句：

```
SELECT      SNO, SNAME
FROM        SUPPLIER,SUPPLY
WHERE       AREA=" 北方 "
AND         PNO=100
AND         SUPPLIER.SNO=SUPPLY.SNO
```

等价的关系代数表达式 $Q1$：$\Pi_{SNO,SNAME}(\sigma_{AREA='北方'^{\wedge}PNO=100}$ (SUPPLIER ∞ SUPPLY))

对应的查询树如图 5.4 所示。

图 5.4 Q1 的查询树

5.1.4 查询优化的过程

为了实现选择最优的执行策略，查询优化的执行主要涉及 3 个概念，分别是：执行策略的搜索空间（Search Space）、查询代价模型和搜索策略。搜索空间是指根据变换规则将输入的片段查询表达式生成的多个等价查询执行计划。这些查询执行计划间的主要区别在于其中操作符的执行顺序和操作符的执行方法不同，但都能够获得相同的最终执行结果。查询代价模型是对一个给定的查询执行计划进行代价估计的计算方法，目的是获得较好的优化效果。通过查询代价模型对搜索空间中的查询执行计划进行评估，从而选择最优的执行策略。这里，搜索策略定义了对搜索空间中查询执行计划评估的顺序，从而降低了执行计划选择的代价。查询优化的具体执行过程如图 5.5 所示。其中代价模型将在第

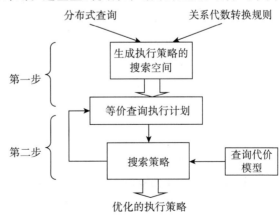

图 5.5 查询优化的具体执行过程

6 章介绍。

查询优化的第一步就是生成查询执行计划的搜索空间。搜索空间中的每一个查询执行计划都可以被抽象为一个关系代数表达式树，而树中的节点层次结构定义了节点中操作符的执行顺序。由于执行计划是等价的，因此对应的操作符树也都是等价的，但是其执行代价却不等价，这点对于多个关系的连接操作最为明显。对于复杂的查询操作而言，搜索空间中潜在的执行计划数量可能很大。例如，对于一个包含 N 个关系的连接操作来说，可以有 $N!$ 种不同的连接方式（这里，把 $R \infty S$ 和 $S \infty R$ 看作两种不同的连接顺序）。这样，从搜索空间中选择执行策略的代价可能会使查询优化的时间开销高于查询实际执行的时间。为此，在查询变换时，通常使用一些启发式规则对逻辑查询计划进行改进，从而减少搜索空间中的执行计划的数量。常用的规则有：

- 对于选择操作，尽可能深地下移并优先执行。
- 对于投影操作，尽可能深地下移并优先执行。必要时可以加入新的投影。
- 消除重复操作。
- 尽量避免使用不必要的笛卡儿积，某些选择操作可以与笛卡儿积相结合把操作转换为等值连接。

例 5.1 中的查询转换为关系代数表达式树后如图 5.6a 所示，其中对两个关系先执行自然连接操作，再执行投影操作。但是，根据对投影操作的转换规则，可以把投影操作下移到连接操作之前，先对关系 SUPPLIER 执行在属性 SNAME 和 SNO 上的投影，再执行连接操作，如图 5.6b 所示。在分布式查询中，转换后的执行计划明显要优于原始的执行策略，这是因为投影操作可以减少参与连接操作的关系，从而减少网络通信代价。

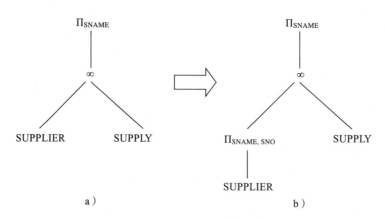

图 5.6　下推投影操作的执行计划

查询优化的第二步是根据搜索策略逐一计算执行计划的代价，从而在搜索空间中选择出最优的执行计划。现有搜索策略主要有两种：

- 自顶向下方法：从表达式树的根开始向下进行，估计每个节点可能的执行方法，计算每种组合的代价并从中选择最优执行计划。

- 自底向上方法：从表达式树的叶子开始，计算每个子表达式的所有实现方法的代价。

其中，自底向上方法是目前比较常用的搜索策略，不但用于集中式数据库的查询计划选择，对于分布式查询的执行策略选择同样有效。常用的搜索策略主要包括以下几种。

（1）启发式方法

这种方法与生成搜索空间中的执行计划方法相似，基于启发式规则从树的叶子开始逐一进行选择。

（2）动态规划方法

在这种方法中，首先计算子表达式所有可能计划的代价，从中选择代价最小的，再计算子表达式根节点的可能实现，从而自底向上对树进行处理。该方法虽然经常能够获得最优执行策略，但并不能保证得到实际最优的执行策略。另外，当参与的关系数量增加时，其穷尽执行计划的方法会增加优化的整体代价。

（3）System R 优化方法

该方法是由 Selinger 等人在 1984 年的 VLDB 会议上提出的，基于自底向上的动态规划方法并进行了一定的改进。其主要思想是将子表达式的非最优执行计划应用于表达式树中高层的执行计划生成，以便获得查询总体上的最优执行计划。

（4）爬山法

在爬山法中，首先根据贪婪启发式方法得到一个初始的执行计划，接着通过对这个执行计划进行小的修改（如修改连接的顺序）获得邻近的执行计划，再从中选择具有较低代价的执行计划。重复这一过程，直到已经无法通过小的修改获得代价更低的执行计划，此时选择当前的执行计划作为最终的执行计划。虽然爬山法只能获得一个局部最优的执行计划，但可以避免选择代价较高的执行计划。因此，爬山法十分适合查询中包含较多关系的搜索策略。爬山法与前几种方法的不同之处主要体现在它是一种随机化策略，即随机生成一个完整的执行计划，再对这个计划进行改进，而其他方法则是自底向上构建执行计划。

5.2　查询处理器

影响分布式查询处理效率的因素有网络传输代价（通信量和延迟等）、局部 I/O 代价及 CPU 使用情况代价等，但分布式查询处理效率主要由数据通信代价和局部 I/O 代价来衡量。不同的分布式数据库应用可能对评估查询处理的传输代价和 I/O 代价的侧重不同。为了提高查询的效率，在分布式查询处理过程中要进行优化处理。查询优化就是确定一种执行代价最小的查询执行策略或寻找相对较优的操作执行步骤，一般可采用多级优化。主要分三个阶段完成：基于等价变换规则的查询重写优化；基于代价模型的存取优化；面向局部场地的物理优化。本章主要涉及查询重写优化过程。第 6 章将介绍查询存取优化。

查询处理器的主要功能是将高级查询转换成一个等价的低级查询，如图 5.7 所示。通常将关系演算转换成等价的关系代数表达式。低级查询实际上实现了查询的执行策略，这种转换必须同时满足正确性和高效性。所谓正确性是指低级查询应与源查询具有同一语义，即相

同的输入得到相同的结果。关系演算到关系代数的映射使正确性容易满足，但是不容易达到
高效的执行策略。因为，一个关系演算查询可以有
很多正确的等价关系代数，而且每个等价的执行策
略可能有不同的计算代价。因此，优化的难点就是
如何选择执行代价最小的执行策略。

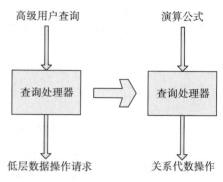

图 5.7　查询处理器功能示意图

5.2.1　查询处理器的特性

不同类型数据库的查询处理器的性能可能存在
一定差异。集中式数据库的查询处理器不考虑场地、
副本、网络等特性，但分布式数据库一定要考虑。
这也是分布式数据库和集中式数据库的查询处理器
的核心不同之处。总的来说，分布式数据库系统的查询处理器通常从数据库查询语言、优
化类型、优化时机、统计信息、决策场地等特性来描述查询处理器。下面针对各个特性进行
描述。

1. 查询语言

查询处理器的输入语言不同，查询处理过程也存在一定的差别。如果输入语言是高级语
言，由于一种高级语言可转换为多种等价的低级语言描述形式，因此系统需要将该高级语言
描述的查询语句转换为一种优化的表示形式，同时也需要较多的优化代价。若输入语言介于
高级语言和低级语言之间，则优化机会和优化代价就会大大减少。通常，输入查询处理器的
语言有基于关系演算的，也有基于关系代数的。关系演算表示的查询需要分解为关系代数的
表示形式，而基于关系代数的查询不需要转换过程，只需重写为优化的关系代数。在分布式
环境中，输出语言通常是增加了通信参量的关系代数的中间形式。

2. 优化类型

查询优化的目标是在所有可能的执行策略中选择最好的。确认哪一种策略最好的最简
单的方法就是使用穷举方法，即考虑所有可能的查询执行计划，从中选择代价最小的一个。
可以知道，随着关系数量的增加，查询执行计划的策略空间将会快速增大，这将带来高额的
代价。

为了避免穷举法的高额代价，可利用一些随机化策略。这些策略可通过减少内存和时间
消耗来减少优化代价。通过该优化，至少能找到一个较好但不一定是最优的查询执行策略。

启发式方法也是普遍使用的减少搜索代价的方法，其核心思想是通过约束执行策略来缩
小执行策略空间，最大限度地减少中间关系。可以先执行一元操作，然后按照中间关系的大
小按升序排列二元操作的执行次序。分布式系统中的一个重要的启发式方法就是用半连接来
取代连接操作以最小化数据通信。

3. 优化时机

查询优化的执行时机是指查询被优化的阶段，根据查询执行的实际时间可以分为静态查

询优化和动态查询优化。

静态查询优化在查询编译时完成。利用统计信息估计中间关系的大小，使用穷举法判断每个查询执行计划的代价。在静态查询优化中，可以同时考虑多个查询，将执行计划共享部分的代价分摊至多个查询，从而估计查询的总体代价。因为策略中的中间关系大小是通过数据库统计估计得到的，而估计中的错误可能导致选择非最优的策略。

动态查询优化过程在查询执行时进行。在一个执行点上，基于之前执行的操作的正确结果信息选择下一个最优操作。因此，不需要数据库统计信息来估计中间结果的大小，但数据库统计信息对于选择第一个最优操作还是很有帮助的。动态查询优化的主要优点是利用了中间关系的实际大小，可将误选策略的可能性降低到最小；不足是在执行每个查询时都要重复执行查询优化任务。因此动态查询优化方法只适合 ad-hoc 查询。

为此，结合静态查询优化和动态查询优化的优点，形成了混合查询优化方法。这种方法在静态查询优化的基础上在查询运行过程中辅以动态查询优化，即当预期的中间关系大小和实际测得的大小存在一定差距时，就启动动态查询优化，从而避免了单纯使用静态查询优化所产生的不准确的估计。

查询优化的有效性依赖于数据库的统计信息。在分布式数据库中，查询优化的统计信息与分片有关，包括片段的基数和大小，以及每个属性的不同值的个数和大小。为了将误差和错误最小化，有时可能用到更多的细节统计信息，如属性值的柱状图，统计的准确性可以通过周期性的更新来得到保证。当优化查询统计值和实际值的误差达到一定阈值时，需要对查询进行重新优化。

4. 决策场地

当使用静态优化时，无论是应用一个单独的场地还是应用几个场地参与回答查询，大多数系统都使用集中式决策方法。这种方法中，仅一个单独的场地产生策略。然而，决策过程可能被分布到不同场地，且多个场地参与到最佳策略中。集中式方法比较简单，但是要求知道整个分布式数据库的信息，而分布式方法仅需要局部信息。混合方法也经常使用，其中一个场地负责主要决策，其他场地负责局部决策。

因此，查询优化场地分以下几种情况。

- 单场地：集中的方法，简单，需要整个分布式数据库的知识。
- 分布的：所有的场地协同确定执行策略，只需局部知识，但有协调代价。
- 混合型的：一个场地确定全局执行策略，其他场地优化局部子查询的执行策略。

5. 复制的片段

全局关系通常被划分为关系片段，即物理分片，并存储在相应的物理场地上。逻辑上的全局查询实际上是分布式查询，需要通过关系分片和分配描述将关系映射到关系的物理片段上，我们称这个过程为查询局部化。查询局部化的主要功能是将分布式查询转换为针对局部数据的局部查询。出于可靠性的目的，可将片段复制存储到不同的场地上。尽管大多数优化算法考虑独立的局部化优化过程，但也存在一些算法在运行时基于存在的复制片段达到通信时间最小化。这类优化算法更加复杂，因为存在有更多种可能的策略。

6. 使用半连接

半连接操作对于缩减操作关系的大小很有意义，当主要考虑通信代价时，半连接对于提高分布式连接操作的性能特别有用，因为它可以减少场地之间的数据交换量。然而，使用半连接可能导致消息数量的增加和局部处理时间的增加。早期的分布式数据库（比如基于低速广域网的 SDD-1）中广泛地使用了半连接。后来的一些系统，比如 System R* 是基于高速网络的，没有使用半连接，而是采用直接连接，因为使用连接可以降低局部处理代价。实际上，如果能大量缩减连接操作所产生的数据，半连接在高速网络环境中仍然有效。因此，一些查询处理算法仍选择直接连接和半连接结合的优化策略。

7. 网络拓扑

分布式查询处理器要考虑网络拓扑结构。在广域网中，代价函数被简化为以数据通信代价为主导因素。这样，分布式查询优化简化为两个分离的子问题：基于中间场地的通信选择全局执行策略；基于集中查询处理算法选择各个局部执行策略。在局域网中，局域网的通信代价与 I/O 代价相当，因此，分布式查询处理器通过增加并行执行是合理的，如一些局域网的消息多播（multi-cast）策略已成功应用于连接操作的优化处理中。

在客户 / 服务器环境中，可通过数据传输方式由客户工作站来执行数据库的操作。这样，在优化中，需要决定哪些查询在客户端执行、哪些查询在服务器端处理，以及需要传输哪些相应的数据。

5.2.2　查询处理层次

在分布式环境中，查询处理的目的就是将用户用高级语言描述的分布式查询，转换为在各个本地数据库中用低级语言描述的执行策略。分布式查询处理过程可以分为多个阶段，各个阶段分别实现不同的功能，如图 5.8 所示。

1. 查询分解

在分布式数据库系统的查询处理中，第一个阶段是查询分解（Query Decomposition），其作用是将由类似 SQL 描述的查询语句转换为由关系代数表达式所描述的逻辑查询计划。在查询分解过程中，仅使用全局模式（Global Schema）生成逻辑查询计划。因此，查询转换可以使用集中式数据库中所采用的技术，包括语法分析、语义与语法的预处理、逻辑查询计划生成和查询重写等。

2. 数据局部化（Data Localization）

数据局部化的任务是根据分布式数据库的分片模式（Fragment Schema）将全局模式下的逻辑查询计划转换为在各场地上的片段查询（Fragment Query）。在生成分片查询后，还要对分片查询进行进一步的优化处理，因为查询分解中的查询重写并没有考虑分片模式的具体细节。

3. 查询存取优化

在查询分解和数据局部化中，虽然应用关系代数的变换规则对逻辑查询计划树进行了优化，但由于缺少对数据存取执行策略的考虑，因此其结果并不能作为最终的优化结果。查询存取优化阶段的目的是选择接近"最优"的执行策略。在全局存取优化中,根据分片在各个站点上的状态和系统执行环境的假设,将分片查询的逻辑查询计划转换为多个不同的等价执行策略。执行策略中需要加入场地间传输数据的通信操作,还要考虑实现关系代数操作符的物理查询计划,以便通过磁盘 I/O、CPU 执行时间和数据通信时间等估计执行策略的执行代价。执行策略将指定每个场地上要执行的局部查询计划以及场地间数据的传输方式。

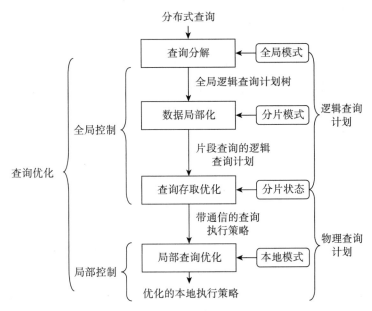

图 5.8　分布式查询处理过程

连接是查询存取优化中主要考虑的关系操作,因为连接操作不但执行代价大,而且涉及场地间的数据传输,尤其是多个关系间的连接,连接的顺序和连接的方式对执行代价都有很大影响。现有的技术主要通过半连接操作减少通信代价,但在注重局部执行代价的环境中,通常采用集中数据库系统的连接方法实现。

查询存取优化将生成带有分片间通信操作符的查询策略。

4. 局部查询优化

局部查询优化是查询处理的最后一个阶段,主要是分布式查询中涉及的各个场地在其分片的局部模式上执行局部查询的过程。在场地上执行局部查询,由于不涉及数据通信代价,因此其执行方法与集中式数据库相同,即基于局部模式上的逻辑查询计划选择最优的物理查询计划。其中,场地的局部查询优化方法同样可以应用集中数据库系统中的算法。

在整个分布式查询处理过程中,从查询分解开始到局部查询的执行,每个阶段中都需要对查询的逻辑查询计划或物理查询计划进行优化。因此,查询优化的过程就是为查询生成一个"最优"执行策略的过程。这个执行策略由一个查询执行计划来描述。查询优化是保证系统执行效率的关键。本章中主要介绍查询处理过程中的查询分解和数据局部化部分。查询存取优化部分将在第 6 章详细介绍。

5.3 查询分解

查询分解将面向全局模式的演算查询转换为代数查询。本节将介绍面向全局关系的分布式查询到片段查询的变换，即利用全局关系与其片段关系的等价变换，将分布式查询中的全局关系替换为对片段关系的查询，变换后的查询称为片段查询。对应于片段查询的查询树称为片段查询树。本部分主要采用集中式 DBMS 中的技术实现，因为没有考虑关系分布。下面介绍分布式查询与片段查询的等价关系及片段查询树的生成。

查询分解可以分为以下 4 个步骤：

1）以规范形式重写演算查询。查询规范化通常涉及查询量词和查询限制条件。

2）按照语义分析规范化表示的查询，检测不正确的查询，并尽可能早地将其拒绝。通常使用查询图捕获查询的语义。

3）简化正确的关系演算查询。消除多余的谓词是简化查询通常采用的一种方法。多余谓词可能是在系统转换时产生的。

4）将演算查询重构成一个代数查询。基于启发式规则将该代数查询等价变换为优化的代数查询。

5.3.1 规范化

将查询转换成规范化形式的目的是便于进一步处理。然而，输入查询依赖于所使用的查询语言，可能比较复杂。对于 SQL，最重要的转换部分就是查询条件。这些查询条件可能很复杂，可以包括任意的量词，如存在量词和全称量词。有两种谓词规范表示形式，一种是 AND 形式，另一种是 OR 形式。在 AND 规范形式中，查询可以被表达为独立的 OR 子查询，并用 AND 结合起来；在 OR 规范形式中，查询可以被表达为独立的 AND 子查询，并用 OR 结合起来。但这种形式可能导致重复的连接和选择操作。通常采用 AND 形式。

其规范形式如下：

$$(p_{11} \lor p_{12} \lor \cdots \lor p_{1n}) \land \cdots \land (p_{m1} \lor p_{m2} \lor \cdots \lor p_{mn}),$$
$$(p_{11} \land p_{12} \land \cdots \land p_{1n}) \lor \cdots \lor (p_{m1} \land p_{m2} \land \cdots \land p_{mn})$$

其中 p_{ij} 是简单谓词，$\land$ 为 AND（与）操作，$\lor$ 为 OR（或）操作。

无量词谓词的转换有如下等价公式。

- 交换律：
$$P_1 \land P_2 \Leftrightarrow P_2 \land P_1$$
$$P_1 \lor P_2 \Leftrightarrow P_2 \lor P_1$$

- 结合律：
$$P_1 \land (P_2 \land P_3) \Leftrightarrow (P_1 \land P_2) \land P_3$$
$$P_1 \lor (P_2 \lor P_3) \Leftrightarrow (P_1 \lor P_2) \lor P_3$$

- 分配律：
$$P_1 \lor (P_2 \land P_3) \Leftrightarrow (P_1 \lor P_2) \land (P_1 \lor P_3)$$
$$P_1 \land (P_2 \lor P_3) \Leftrightarrow (P_1 \land P_2) \lor (P_1 \land P_3)$$

- 德·摩根定律：
$$\neg(P_1 \land P_2) \Leftrightarrow \neg P_1 \lor \neg P_2$$
$$\neg(P_1 \lor P_2) \Leftrightarrow \neg P_1 \land \neg P_2$$

- 对合律：$\neg(\neg P_1) \Leftrightarrow P_1$

应用上述给出的等价公式将分布式查询转换为规范化形式。

例 5.4   在供应数据库中，执行下面的 SQL 语句

```
SELECT      SNAME
FROM        SUPPLIER,SUPPLY
WHERE       SUPPLIER.SNO=SUPPLY.SNO
AND         PNO= 100
AND         (QTY>5000 OR QTY<1000);
```

"与"的形式为：

```
SUPPLIER.SNO=SUPPLY.SNO ∧ PNO=100 ∧ (QTY>5000 ∨ QTY<1000)
```

"或"的形式为：

```
(SUPPLIER.SNO=SUPPLY.SNO ∧ PNO=100 ∧ QTY>5000) ∨
(SUPPLIER.SNO=SUPPLY.SNO ∧ PNO=100 ∧ QTY<1000)
```

在"或"形式的规范形式中，需要分别独立处理两个与操作，如果子表达式没有被删除，会导致冗余操作。

5.3.2   分析

查询分析能够拒绝查询类型不正确或者语义不正确的非规范查询。查询类型不正确是指关系属性或关系名没有在全局模式中定义，或者操作被应用于错误类型的属性上。

例 5.5

```
SELECT S#      !该属性不存在
    FROM  SUPPLIER
    WHERE SNAME>200     !类型不匹配
```

查询语义不正确是指查询的组件不能构造出查询结果。在关系演算中，很难确定一般查询的语义正确性。但是对于关系查询（仅包括选择、投影和连接操作，且不包括"非"运算和"或"运算），基于查询图（Query Graph）可判断其语义正确性。查询图中，一个节点代表结果关系，其余节点代表操作关系。边分为两种：一种是两个节点都不是结果节点，边代表连接操作；另一种是其中一个节点是结果节点，边表示投影。非结果节点可以用选择或自连接谓词标注。在关系查询连接图中，只考虑连接的子图称为连接图（Join Graph）。连接图在查询优化中至关重要。

例 5.6   在供应数据库中，执行下面的 SQL 语句：

```
SELECT      SNAME,QTY
FROM        SUPPLIER S,SUPPLY SP,PART P
WHERE       S.SNO=SP.SNO
AND         SP.PNO=P.PNO
AND         P.PNAME="BOLT"
AND         S.AREA=" 北方 "
AND         SP.QTY>5000;
```

该查询的查询图和连接图如图 5.9 所示。

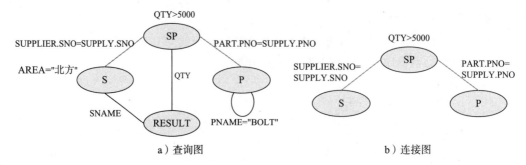

a）查询图   b）连接图

图 5.9   例 5.6 中查询对应的查询图和连接图

下面基于查询图检查查询语义正确性。如果查询图不是连通的，则查询的语义不正确。

例 5.7

```
SELECT    SNAME,QTY
FROM      SUPPLIER S,SUPPLY SP,PART P
WHERE     S.SNO=SP.SNO
AND       P.PNAME="BOLT"
AND       S.AREA=" 北方 "
AND       SP.QTY>5000;
```

在例 5.7 中，缺少连接谓词 SUPPLY.PNO=PART.PNO，该例的查询图如图 5.10 所示。在图 5.10 中，关系 P 同结果关系不连通，则说明查询语义不正确，查询将被拒绝。

当一个或者更多的子图（对应于子查询）与包含结果关系的图不连通时，尽管可以考虑是缺失连接的笛卡儿操作（Cartesian），是正确的查询，但通常系统会拒绝丢失连接谓词的查询。

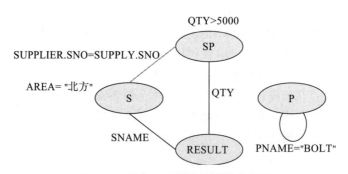

图 5.10   例 5.7 中查询对应的查询图

5.3.3 约简

关系语言可以利用条件谓词定义查询条件、控制语义数据和表达完整的语义。但是查询条件可能包含冗余的谓词，为减少重复的条件检测、减少计算代价，需要对查询条件进行约简处理。遵循的约简规则如下：

- $P \wedge P \Leftrightarrow P$
- $P \vee P \Leftrightarrow P$
- $P \wedge \text{true} \Leftrightarrow P$
- $P \vee \text{false} \Leftrightarrow P$
- $P \wedge \text{false} \Leftrightarrow \text{false}$
- $P \vee \text{true} \Leftrightarrow \text{true}$
- $P \wedge \neg P \Leftrightarrow \text{false}$
- $P \vee \neg P \Leftrightarrow \text{true}$
- $P_1 \wedge (P_1 \vee P_2) \Leftrightarrow P_1$
- $P_1 \vee (P_1 \wedge P_2) \Leftrightarrow P_1$

例 5.8   SQL 查询

```
SELECT      PNAME                                  SELECT      PNAME
FROM        PART                                   FROM        PART
WHERE       (NOT (PNAME="BOLT")       化简为        WHERE       PNAME="NUT"
AND         (PNAME="SCREW"        ─────────────▶
OR          PNAME="BOLT")
AND         NOT (PNAME="SCREW"))
OR          PNAME="NUT"
```

设 P_1 表示 PNAME="BOLT", P_2 表示 PNAME="SCREW", P_3 表示 PNAME="NUT",
则查询可以表示为 $(\neg P_1 \wedge (P_1 \vee P_2) \wedge \neg P_2) \vee P_3$, 其等价变换过程如下:

$$
\begin{aligned}
(\neg P_1 \wedge (P_1 \vee P_2) \wedge \neg P_2) \vee P_3 &\Leftrightarrow (\neg P_1 \wedge ((P_1 \wedge \neg P_2) \vee (P_2 \wedge \neg P_2))) \vee P_3 \\
&\Leftrightarrow (\neg P_1 \wedge P_1 \wedge \neg P_2) \vee (\neg P_1 \wedge P_2 \wedge \neg P_2) \vee P_3 \\
&\Leftrightarrow (\text{false} \wedge \neg P_2) \vee (\neg P_1 \wedge \text{false}) \vee P_3 \\
&\Leftrightarrow \text{false} \vee \text{false} \vee P_3 \Leftrightarrow P_3
\end{aligned}
$$

5.3.4　查询重写

查询分解的最后一步是用关系代数重写查询。可以分两步实现:直接将关系演算转换为关系代数;重写关系代数查询以提高性能。通常使用操作树来表示关系代数查询。

元组关系演算查询到查询树的转换,可以通过如下步骤实现:在 SQL 查询语句中,叶子来自 FROM 子句;根节点是结果关系,由所需要属性的投影操作生成,包含在 SELECT 子句中;WHERE 子句中的条件被转换成从叶子节点到根节点的关系操作序列,操作序列由操作符和谓词出现的顺序直接生成。

查询重写实际上是将用户请求构成的查询树进行等价变换。假设 R、S、T 表示关系,$A=\{A_1, A_2, \cdots, A_n\}$ 是关系 R 的属性集, $B=\{B_1, B_2, \cdots, B_n\}$ 是关系 S 的属性集, E 是包括属性 $A_1, A_2, \cdots, A_n$ 和 $B_1, B_2, \cdots, B_n$ 的关系,关系 T 和关系 R 模式相同, P、P_1、P_2 为选择谓词,则常采用的等价转换规则描述如下。

- 规则 1:笛卡儿积、连接的交换律

$$R \times S \Leftrightarrow S \times R$$

$$R \infty S \Leftrightarrow S \infty R$$

- 规则 2：笛卡儿积、连接的结合律

$$(R \times S) \times T \Leftrightarrow R \times (S \times T)$$

$$(R \infty S) \infty T \Leftrightarrow R \infty (S \infty T)$$

- 规则 3：投影的串接定律

$$\Pi_{A_1, A_2, \cdots, A_n}(\Pi_{B_1, B_2, \cdots, B_n}(E)) \Leftrightarrow \Pi_{A_1, A_2, \cdots, A_n}(E)$$

其中，关系 E 包括属性 $A_1, A_2, \cdots, A_n$ 和 $B_1, B_2, \cdots, B_n$，且 $A \subseteq B$。

- 规则 4：选择的串接定律

$$\sigma_{P_1}(\sigma_{P_2}(R)) \Leftrightarrow \sigma_{P_1 \wedge P_2}(R)$$

- 规则 5：选择和投影的交换律

$$\sigma_P(\Pi_{A_1, A_2, \cdots, A_n}(R)) \Leftrightarrow \Pi_{A_1, A_2, \cdots, A_n}(\sigma_P(R))$$

其中，P 谓词中属性集 $A_P \subseteq A$。

$$\Pi_{A_1, A_2, \cdots, A_n}(\sigma_P(E)) \Leftrightarrow \Pi_{A_1, A_2, \cdots, A_n}(\sigma_P(\Pi_{A_1, A_2, \cdots, A_n, B_1, B_2, \cdots, B_n}(E)))$$

其中，P 谓词中属性集 $A_P \not\subseteq A$

- 规则 6：选择与笛卡儿积的分配律

$$\sigma_P(R \times S) \equiv \sigma_P(R) \times S$$

其中，P 仅和 R 有关。

$$\sigma_P(R \times S) \Leftrightarrow \sigma_{P_1}(R) \times \sigma_{P_2}(S)$$

其中，$P = P_1 \wedge P_2$，P_1 和 R 有关，P_2 和 S 有关。

$$\sigma_P(R \times S) \Leftrightarrow \sigma_{P_2}(\sigma_{P_1}(R) \times S)$$

其中，$P = P_1 \wedge P_2$，P_1 和 R 有关，P_2 和 RS 有关。

- 规则 7：选择与并的分配律

$$\sigma_P(R \cup T) \Leftrightarrow \sigma_P(R) \cup \sigma_P(T)$$

- 规则 8：选择与差的分配律

$$\sigma_P(R - T) \Leftrightarrow \sigma_P(R) - \sigma_P(T)$$

- 规则 9：投影与笛卡儿积的分配律

$$\Pi_{A_1, A_2, \cdots, A_n, B_1, B_2, \cdots, B_n}(R \times S) \equiv \Pi_{A_1, A_2, \cdots, A_n}(R) \times \Pi_{B_1, B_2, \cdots, B_n}(S)$$

- 规则 10：投影与并的分配律

$$\Pi_{A_1, A_2, \cdots, A_n}(R \cup F) \equiv \Pi_{A_1, A_2, \cdots, A_n}(R) \cup \Pi_{A_1, A_2, \cdots, A_n}(F)$$

等价变换可以保证重构查询的正确性，同时也要考虑实现优化的等价变换。应用上面给出的等价变换规则，一棵查询树可等价转换为多棵查询树，其中有一棵查询树是最优的。因此，在每次等价变换过程中，需要选择能生成最优查询树的等价变换。

关系查询优化的基本思想是先做能使中间结果变小的操作，尽量减少查询执行代价。

下面，我们根据各个关系操作的执行代价，应用启发式规则，实现优化的等价转换。假设：n 为关系元组个数，进行顺序查询，则关系运算的执行代价表如表 5.1 所示。

因此，查询重写的基本思想是：尽量先进行一元运算，使中间结果变小，以减少后续的二元运算代价。也就是将一元运算移向查询树的底部。

表 5.1 关系运算的执行代价表

操作谓词	执行代价
σ、Π（不消重复元组）	$O(n)$
Π（消重复元组）、GROUP	$O(n\log n)$
×	$O(n^2)$
∞、∪、∩、−、∝、÷	$O(n\log n)$

根据以上查询重构思想，等价变换的通用准则为：

- 准则 1：尽可能将一元运算移到查询树的底部（叶子部分），使之优先执行一元运算。
- 准则 2：利用投影和选择的串接定律，缩减每一个关系，以减少关系尺寸，降低网络传输量和 I/O 代价。

例 5.9

```
SELECT      SNAME
FROM        SUPPLIER S,SUPPLY SP,PART P
WHERE       S.SNO=SP.SNO
AND         SP.PNO=P.PNO
AND         P.PNAME="BOLT"
AND         S.AREA=" 北方 "
AND         SP.QTY>5000;
```

将该查询用查询树表示，即查询树 Q1，如图 5.11 所示。

根据分配律，将一元运算向下移，得到全局优化后的查询树 Q2，如图 5.12 所示。

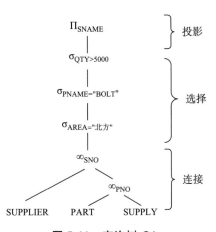

图 5.11 查询树 Q1

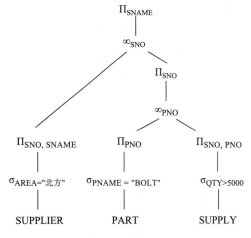

图 5.12 重构的查询树 Q2

5.4 数据局部化

数据局部化的主要任务是利用数据分布信息本地化查询数据，即确定查询中包括哪些片段，并将基于全局关系的分布式查询转换成片段查询。根据全局关系的分片定义和重构规则可将基于全局关系的分布式查询转换为片段查询。通常分两步实现：首先，应用重构规则将全局查询中的每个关系用相应的片段替换，即分布式查询被映射为片段查询；接下来，应用同上层类似的化简和转换规则，重写出缩减而优化的片段查询。本节将介绍分布式查询到片段查询的变换，即利用全局关系与其片段关系的等价关系，将分布式查询中的全局关系替换为对片段关系的查询，变换后的查询称为片段查询。对应于片段查询的查询树，称为片段查询树。下面介绍分布式查询与片段查询的等价关系及片段查询树的生成方法。

分布式查询与片段查询具有如下等价关系。

- 水平分片是基于选择条件对关系的划分，水平分片可以用来简化选择和连接操作。全局关系 R 的水平分片 R_1, R_2, $\cdots$, R_n 可表示为：

$$R = R_1 \cup R_2 \cup \cdots \cup R_n$$

- 垂直分片是基于投影属性对关系的划分。垂直分片的重构操作是连接操作，垂直分片的局部化操作程序由基于属性分片的连接构成。全局关系 R 的垂直分片 R_1, R_2, $\cdots$, R_n 表示为：

$$R = R_1 \infty R_2 \infty \cdots \infty R_n$$

通常，片段查询树的生成具有如下步骤。

1）将分片树的 h（水平）节点转换为查询树的 ∪（并集）节点，如图 5.13 所示。

从第 3 章可知，分布式数据库中关系的水平分片是通过选择操作来实现的，即将关系按照某个或多个属性值根据约定的范围划分成若干个数据片段，并分配到不同的场地中。这些被划分的片段通过合并操作可重构成完整的全局关系。

图 5.13 分片树的 h（水平）节点转换为查询树的 ∪（并集）节点示例

例 5.10 设供应商关系 SUPPLIER{SNO，SNAME，AREA，ADDRESS，TITLE，GRADE} 按照 AREA 划分为两个水平分片，存储于不同的场地。定义为：

$$S_1 = \sigma_{AREA="北方"}(\text{SUPPLIER})$$
$$S_2 = \sigma_{AREA="南方"}(\text{SUPPLIER})$$

该关系的全局关系可用水平分片关系表示为 $S = S_1 \cup S_2$。水平分片可以简化选择和连接操作。对于选择操作，在选择条件中指明相关的属性值，在查询计划中就只关心其所属的数据分片，而不必计算和传输不相关的数据分片。如在本例中，如果查询 AREA 为"北方"的供应商，则直接定位到 S_1 数据分片上。对于连接操作，当参与连接的数据是按照连接属性进行分片时，可以将相关的数据分片在局部完成连接，并将结果传输到查询场地。在查询场

地上，再把所有的局部结果关系合并在一起，组成完整的查询结果关系，这样可以减少很多
不相关的连接。比如，如果关系 SUPPLIER 和
SUPPLY 都是按照 SNO 的取值范围将数据分片
存储到场地 1、场地 2 中，则可以分别在局部执
行连接，再将结果传输到查询场地。

图 5.14 分片树的 v（垂直）节点转换为查
询树的 ∞（连接）节点示例

2）将分片树的 v（垂直）节点转换为查询树
的 ∞（连接）节点，如图 5.14 所示。

例 5.11 设供应商关系 SUPPLIER{SNO，SNAME，AREA，ADDRESS，TEL，GRADE}
按照属性划分为两个垂直分片，存储于不同的场地。定义为：

$$S_1 = \Pi_{SNO,SNAME,GRADE}(SUPPLIER)$$
$$S_2 = \Pi_{SNO,AREA,ADDESS,TEL}(SUPPLIER)$$

该全局关系可用垂直分片关系表示为 $S = S_1 \infty S_2$。

垂直分片可以通过避免传输不相关的属性及不必要的中间结果来减少传输代价。在
执行查询计划中，不必考虑那些包含无须参与查询操作的关系属性的数据分片。比如查询
供应商的姓名信息，仅需要考虑 S_1 数据分片，而与 S_2 无关，则可省去对 S_2 的任何操作和
传输。

3）用替换后的分片树代替分布式查询树中的全局关系，得到片段查询树。

例 5.12 在供应数据库中，SUPPLIER 水平分片为 S_1 和 S_2，具体如下：

- $S_1 = \sigma_{AREA=" 北方 "}(SUPPLIER)$
- $S_2 = \sigma_{AREA=" 南方 "}(SUPPLIER)$

SUPPLY 水平分片为 SP_1 和 SP_2，具体如下：

- $SP_1 = \sigma_{AREA=" 北方 "}(SUPPLY)$
- $SP_2 = \sigma_{AREA=" 南方 "}(SUPPLY)$

执行例 5.9 的查询。关系代数表达式为：

$$\Pi_{SNAME}(\sigma_{AREA=' 北方 '\wedge QTY>5000 \wedge PNAME='BOLT'}(\sigma_{S.SNO=SP.SNO \wedge P.PNO=SP.PNO}(S \times SP \times P)))$$

根据上述分片定义，SUPPLIER 和 SUPPLY 的分片树和转换后的∪节点如图 5.15 所示。

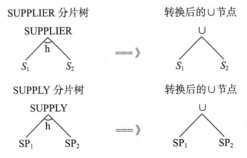

图 5.15 水平分片树与转换后的∪节点示例

在 $Q2$ 基础上，用 SUPPLIER 分片树替换后的 $\cup$ 节点替换查询树 $Q2$ 的全局关系 SUPPLIER，用 SUPPLY 分片树替换后的 $\cup$ 节点替换查询树 $Q2$ 的全局关系 SUPPLY，即得到转换后的片段查询树 $Q3$，如图 5.16 所示。

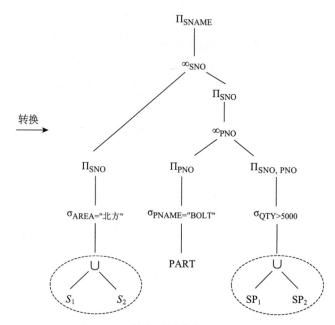

图 5.16   转换后的片段查询树 $Q3$

5.5   片段查询的优化

前面介绍了分布式查询树的构造、优化以及如何将分布式查询树转换为片段查询树。本节将介绍片段查询树的优化规则并进行优化。

片段查询优化同 5.3.4 节的查询重写类似，同样采用启发式规则进行查询等价变换。遵循的准则具体如下。

- 准则 1：对于一元运算，根据一元运算的串接定律，将叶子节点之前的选择运算作用于所涉及的片段，如果不满足片段的限定条件，则置为空关系。
- 准则 2：对于连接运算的树，若连接条件不满足，则将其置为空关系。
- 准则 3：在查询树中，将连接运算（∞）下移到并运算（$\cup$）之前执行。
- 准则 4：消去不影响查询运算的垂直片段。

例 5.13   以片段查询树 $Q3$ 为基础，执行以下操作。

1）根据片段查询优化准则 1，按限定条件化简，得到 $Q4$，如图 5.17 所示。

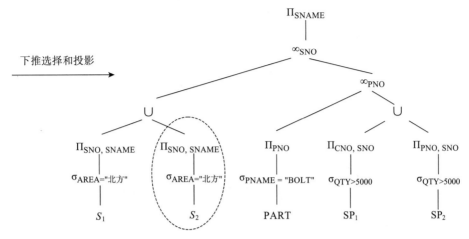

图 5.17 转换后的片段查询树 Q4

2）根据例 5.12 可知：

$S_1 = \sigma_{AREA="北方"}(SUPPLIER)$

$S_2 = \sigma_{AREA="南方"}(SUPPLIER)$

$SP_1 = \sigma_{AREA="北方"}(SUPPLY)$

$SP_2 = \sigma_{AREA="南方"}(SUPPLY)$

所以，Q4 中的虚线部分为空关系，可将其去掉，得到 Q5 查询树，如图 5.18 所示。

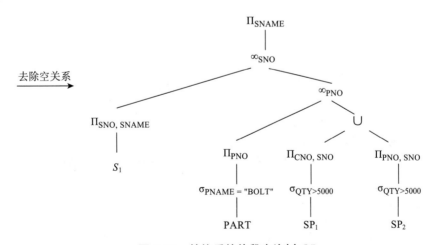

图 5.18 转换后的片段查询树 Q5

3）根据准则 3，将连接运算（∞）下移到并运算（∪）之前，得到 Q6，如图 5.19 所示。
由于 $S_1 = \sigma_{AREA="北方"}(SUPPLIER)$、$S_2 = \sigma_{AREA="南方"}(SUPPLIER)$、$SP_1 = \sigma_{AREA="北方"}(SUPPLY)$、
$SP_2 = \sigma_{AREA="南方"}(SUPPLY)$，因此，Q6 查询树中虚线部分满足准则 2，即其连接条件不满足，
则应将其置为空关系。因此，需将虚线部分从查询树中去掉。得到 Q7，如图 5.20 所示。

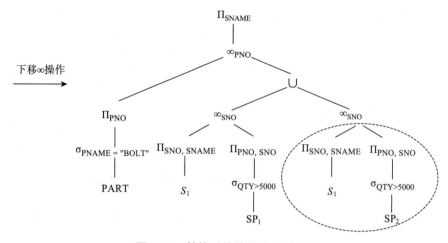

图 5.19 转换后的片段查询树 Q6

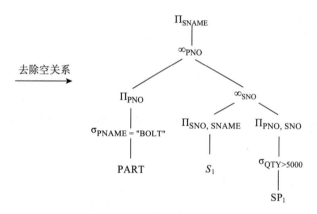

图 5.20 转换后的片段查询树 Q7

最后，Q7 为化简后的最终的优化查询。

下面举一个适用于准则 4（消去不影响查询运算的垂直片段）的例子。

例 5.14 假设存在雇员关系 EMP {ENO，ENAME，BIRTH，SALARY，DNO}，其分片为：

- $E1 = \Pi_{\text{ENO, ENAME, BIRTH}}$（EMP）
- $E2 = \Pi_{\text{ENO, SALARY, DNO}}$（EMP）
- $E21 = \sigma_{\text{DNO=201}}$（$E2$）
- $E22 = \sigma_{\text{DNO=202}}$（$E2$）
- $E23 = \sigma_{\text{DNO}\diamond 201 \text{ AND DNO} \diamond 202}$（$E2$）

要求执行查询 SQL 语句 SELECT ENO，ENAME，BIRTH FROM EMP，则查询树 $Q1$ 和垂直片段查询树 $Q2$ 描述如图 5.21 所示。

消去不影响查询运算的垂直片段 $E21$、$E22$ 和 $E23$，得到优化后的查询树 $Q3$ 如图 5.22 所示。

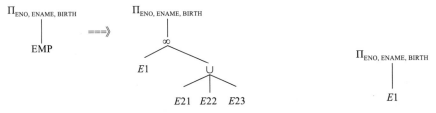

图 5.21　查询树 Q1 和垂直片段查询树 Q2　　　　　　图 5.22　转化后的查询树 Q3

5.6　Oracle 查询计划案例

Oracle 从 10g 开始系统默认采用 CBO（基于代价的优化器）作为查询优化器。CBO 通过相关统计信息计算执行计划的代价。将每个执行计划所耗费的资源进行量化，并对执行计划中的每个步骤都给出一定的代价，最后选择代价最低的作为最优的执行计划。下面对 CBO 技术进行简单的介绍。

Oracle CBO 主要由查询转换器、查询代价估计器和查询计划生成器 3 部分组成，如图 5.23 所示。

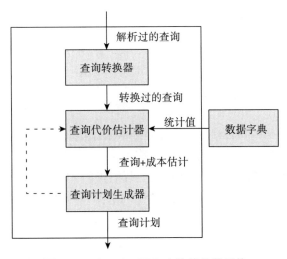

图 5.23　Oracle CBO 查询优化器架构

1. 查询转换器

解析好的查询是由若干个查询块（query block）组成的，每个查询块为一个相对独立的查询，这些查询块嵌套或相互关联在一起。查询转换器的主要目的就是通过转变这些查询块之间的关系来获得更优的执行计划。查询转换器主要应用视图合并、谓词下移、基于实例化视图的查询重写等技术来对查询的形式进行转换。

2. 查询代价估计器

该部分主要生成 3 种特征值：选择度、基数和代价。选择度为从行集合中选择一部分行的比率，即选择出来的数据占整个数据集的比率。选择度通常是与查询谓词相关的。例如，谓词"GRADE=2021"的选择度为 1，则利用该查询条件可以查询出表中的所有数据。基数代表了行集合中行的数量，即整个数据集的行数。代价表示工作量或使用资源的数量。CBO 会根据不同的扫描策略（如全表扫描、索引扫描等）情况下的磁盘 I/O 数、CPU 使用量和内存使用量来计算查询的代价。不同的扫描策略的代价可能有明显的区别。

3. 查询计划生成器

查询计划生成器首先计算每个查询块的子查询计划，然后根据不同的策略对子查询计划进行组合。由于对关系表的扫描策略、连接方法和连接顺序可能有多种选择，因此候选的执行计划也可能有很多种。计划生成器从可能的执行计划中选择成本最低的作为真正的执行计划。

设某个单机 Oracle 数据库系统管理企业员工的信息，员工信息表的全局模式为以下结构：

$$EMP=\{ENO, ENAME, DEPT, SALARY\}$$

其中，ENO 为职工号（为主键），DEPT 为部门（总部、生产部门、销售部门），SALARY 表示职务对应的工资。EMP 中除 SALARY 属性外，其他均称为职工的基本信息，SALARY 为工资信息。CBO 环境下，对员工信息表执行下面的 SQL 语句：

```
Select * From EMP Where DEPTNO=10;
```

可以得到以下的执行计划：

```
Execution Plan
-----------------------------------------------------------
   0       SELECT STATEMENT Optimizer=CHOOSE (Cost=2 Card=3 Bytes=120)
   1    0    TABLE ACCESS (BY INDEX ROWID) OF 'EMP' (Cost=2 Card=3 Bytes=120)
   2    1      INDEX (RANGE SCAN) OF 'IX_DEPTNO' (NON-UNIQUE) (Cost=1 Card=3)
```

CBO 得出了索引扫描的执行计划，该计划是依据计算每种执行方案的代价得出的。在该执行计划中，每一行的 Cost 表示执行到该步骤时所需的代价，Card 表示该步骤所返回的行数，Bytes 表示这一步骤处理数据量的估计值。我们再向 EMP 表中录入 1500 个部门编号为 10 的数据，如果采用 CBO 优化器，可以得到以下的执行计划：

```
Execution Plan
-----------------------------------------------------------
0   SELECT STATEMENT Optimizer=CHOOSE (Cost=2 Card=1536 Bytes=61440)
1 0    TABLE ACCESS (FULL) OF 'EMPTEMP' (Cost=2 Card=1536 Bytes=61440)
```

如果强制提示 Oracle 使用索引扫描，执行以下的查询：

```
Select /*+ Index(EMP IX_DEPTNO) */* From EMP Where DEPTNO=10;
```

可以得到以下的执行计划：

```
Execution Plan
----------------------------------------------------------
0    SELECT STATEMENT Optimizer=CHOOSE (Cost=16 Card=1536 Bytes=61440)
1 0    TABLE ACCESS (BY INDEX ROWID) OF 'EMP' (Cost=16 Card=1536 Bytes=61440)
2 1      INDEX (RANGE SCAN) OF 'IX_DEPTNO' (NON-UNIQUE) (Cost=5 Card=1536)
```

可以看出该执行计划需要的成本数为 16，要高于全表扫描的执行计划。因此，当不使用任何提示时，CBO 通过比较不同的候选计划，选择了全表扫描作为最终的执行计划。

Oracle 分片数据库同样选择 CBO 作为查询优化器。CBO 可以访问分片目录库中的统计信息，确定局部执行的代价，并利用谓词下移等技术减少网络间传输数据的流量，从而得到最优的执行计划。

5.7 大数据库的查询处理及优化

5.7.1 NoSQL 数据库的查询处理方法

1. 键值型数据库的查询处理

键值型数据库是大数据库系统中较为简单的一种，由于其数据模型是由键值对构成的，因此数据库是一张简单的哈希表，可以将这种数据结构看作简化的关系型。该关系模式只包含两个列，一个列是主键（key），另一个列是值（value），因而所有的数据库访问都是通过主键查询来执行的。应用程序可以根据查询对象的键来查询其所对应的值，"值"是数据库中的一个数据块，任何数据结构都可以作为值存在，比如 list、set、hash 等。键值分布式存储系统查询速度快、存放数据量大、支持高并发，非常适合通过主键进行查询，但基本的键值数据库不合适进行复杂的条件查询。通过一定的改进才能提供较为复杂的查询，比如在通过主键查询的基础上，可以进行范围查询、求差集、求并集、求交集等操作。

但是如果要在不同的数据集之间建立关系或将不同的关键字集合联系起来，那么即便某些键值数据库提供了"链接遍历"等功能，也很难提高效率，因为不能直接检测到键值数据库中的值。所以对于以键值对中部分值作为关键字的查询，键值数据库的查询效率不高。另外，键值数据库的每次查询只能操作一个键，无法同时处理多个关键字的查询。

2. 列存储数据库的查询处理

列存储数据库与关系数据库不同，并不以"行"为核心的顺序来存储数据，而是以"列"为核心的顺序来存储数据，具有相同列性质的数据集中存储在一个页面或数据块中，可以快速响应以列为主的查询。列存储设计源于大数据应用中虽然数据量大，但是通常涉及的属性（即列）并不是很多，通常也不会涉及连接操作的情况。列可以存储关键字及其映射值，并且可以把值分成多个列族，每个列族代表一个数据映射表，列族将多个列合并为一个组，每个列族可以随意添加列，列族是访问控制的基本单位。这与键值数据库相类似，列存储数据库中的键值对应于多个列，这些列具有相似性，在使用之前必须先创建，才能在列族中的任何关键字下存放数据，创建列族后，其中的任何一个列关键字下都可以存放数据，对同一类属性的访问，可以提高查询效率。

列族数据库中通常不支持功能丰富的查询，因而在设计其数据模型时，应该优化列和列族，以提升数据读取速度，在列族中插入数据后，每行中的数据都会按列名排序。假如某一列的查询次数相对更频繁，可以将其值用作行键，以提高查询效率。获取某个特定的列比获取整个列族更高效，因为只返回所需数据即可，可以减少很多数据传输，尤其是列族中的列数较多时。同时也可以考虑将关键字之外的频繁被查询的其他列当索引。

3. 文档数据库的查询处理

文档数据库的数据格式主要包括 XML、JSON、BSON 等，这类文件具有自述性，具有分层的树状数据结构，数据库中的文档具有相似的结构，但是不必完全相同。如果将文档看作键值数据库中"值"的一种，那么从宏观上来讲，文档数据库也可归类为键值数据库。

文档数据库中的相似文档放在同一个集合中，类似关系数据库中的同样关系模式的数据放在同一个关系中，但是与关系数据库不同的是，文档数据库并不要求文档的结构完全相同，比如文档 1 为：

```
{"firstname": "Martin",
"likes":["Biking","Photography"],
"lastcity":"Boston",
"lastVisited":"pune"}
```

文档 2 为：

```
{"firstname":"Pramod",
"citiesvisited":["Chicago","London","Pune","Bangalore"]},
"addresses":[
{"state":"AK",
"city":"DILLINGHAM",
"type":"R"},
{"state":"MH",
"city":"PUNE"
"type":"R"}],
"lastcity":"Chicago"}
```

这两份文档虽然看上去相似，但是属性不完全相同，文档数据库中的文档没有空属性，与关系模型不同。

各种文档数据库提供了不同的查询功能，典型的查询功能是通过"视图查询"实现的，可以利用"物化视图"或者"动态视图"来实现复杂的文档，即在大数据库中预先计算查询操作的结果，并将其缓存起来。相对于关系数据库，非关系型的数据库更强调这个问题，因为大多数应用程序都要处理某种与聚合结构不甚相符的查询操作。

构建物化视图有两种方法。一种是积极的方法，当数据有变动的时候，立即更新物化视图，在这种情况下，只要向数据库中加入一条记录，与之相关的其他信息也随之更新。这种方法适合读取物化视图的次数远多于写入次数的应用，能保证及时获得更新的数据。另一种方法则比较被动，并非每次数据有更新都去更新物化视图，而是定期通过批处理操作来更新物化视图，根据实际应用需要，制定更新周期。

　　可以在数据库之外构建物化视图：先读取数据，计算好视图内容，然后将其存放回数据库，一般来说，数据库都可以自己构建物化视图。用户只需要提出计算需求，数据库就可以根据配置好的参数自行计算。物化视图可以在同一个聚合内使用，比如提供汇总信息。物化视图也可以在列族数据库中使用，根据不同列族来创建物化视图，这样就可以在同一个原子操作内更新物化视图。

5.7.2　基于 MapReduce 的查询处理

　　MapReduce 是当前应用最广泛的大数据处理框架，非常适合非结构化数据的 ETL 处理。MapReduce 计算提供了简洁的编程接口，Map 和 Reduce 以函数的形式接收和输出数据。

1. MapReduce 框架处理流程

　　在 MapReduce 中，在程序执行之前，对输入的类进行组织时先按照预订的 Map 任务个数将输入文件分割，然后把每个输入分片中的所有数据再组织成 <key,value> 对，交给每个 Map 任务。Map 任务接收到 <key,value> 类型的数据之后，进行处理，然后将数据组织成 <key,value> 形式输出，MapReduce 框架会对这些传输的键值对首先以 key 值进行排序，然后对相同 key 值的 value 进行合并，形成新的数据组织形式 <key,value-list>。其中 key 是所有 Map 输出的 key 中的一个，value-list 是同一 key 值所有 Map 输出的 value 的 list。Reduce 阶段，MapReduce 框架将这些重新组织的 <key,value-list> 按照 key 值发送到对应的 Reduce 上进行处理。Reduce 对数据处理之后再以 <key,value> 形式输出，形成最终的结果。具体的处理流程如图 5.24 所示，具体过程如下。

　　1）用户程序中的 MapReduce 库先把输入文件划分为 M 份（M 由用户定义），通常每份 16 ~ 64MB，然后启动多个程序副本到集群内的其他机器上。

　　2）用户程序副本中的一个称为 master，其余称为 worker，worker 由 master 分配任务，包括 M 个 Map 任务和 R 个 Reduce 任务。master 为空闲 worker 分配 Map 作业或者 Reduce 作业，worker 的数量也可以由用户指定。

　　3）被分配了 Map 作业的 worker 读取对应输入分片的数据，Map 作业从输入数据中抽取出键值对，每一个键值对都作为参数传递给 Map 函数，Map 函数产生的中间键值对被缓存在内存中。

　　4）缓存的中间键值对会被定期写入本地磁盘，而且通过分区函数被分为 R 个区。这些中间键值对的位置会被通报给 master，master 负责将信息转发给 Reduce worker。

　　5）Master 通知分配了 Reduce 作业的 worker 其负责的分区的位置，Reduce worker 就从 Map worker 的本地磁盘中读取它负责的缓存的中间键值。当 Reduce worker 将全部中间数据读取到了它的分区之后，先对它们进行排序，使得相同键的键值对聚集在一起。因为不同的键可能会映射到同一个分区也就是同一个 Reduce 作业，所以排序是必须的。

　　6）Reduce worker 遍历排序后的中间键值对，对于每个唯一的键，都将键与关联的值传递给 Reduce 函数，Reduce 函数产生的输出会添加到这个分区的输出文件中。

　　7）当所有的 Map 和 Reduce 作业都完成了，master 唤醒用户程序，此时，MapReduce

函数调用返回用户程序的代码。

所有执行成功后，MapReduce 输出放在了 R 个分区的输出文件中（分别对应一个 Reduce 作业，文件名由用户指定）。通常用户不需要合并这 R 个输出文件，而是将其作为输入交给另一个 MapReduce 调用，或者在其他的分布式应用中作为输入被划分为多个文件。

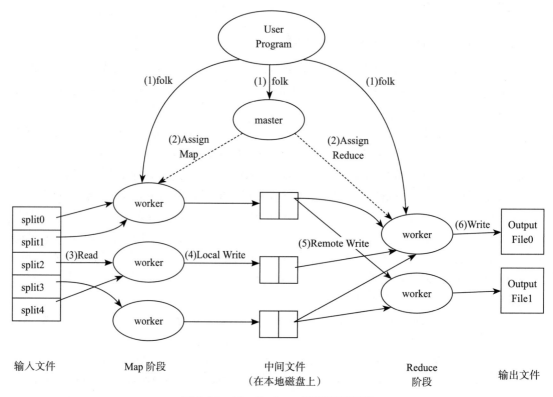

图 5.24　MapReduce 框架处理流程

为了优化执行效率，MapReduce 计算框架在 Map 阶段还可以执行可选的 Combiner 操作，即在 Map 阶段将中间数据中具有相同 key 的 value 值合并，获得局部的结果，从而减少中间数据量，减小网络传输代价。

为确保每个 Reducer 的输入都是按键排序的，在 Reduce 阶段设计了 Shuffle 过程，如图 5.25 所示。每个 Map 在内存中都有一个缓存区，Map 的输出结果会先放到这个缓冲区中，默认情况下，缓冲区的大小为 100MB，缓冲区有一个溢出比，默认是 80%，当输出到缓冲区中的内容达到 80% 时，就会进行 spill（溢出），一个后台线程把内容写到磁盘中。数据按照 Reducer 的数量和数据的 key 值进行分区（partition）。在缓冲区溢出到磁盘之前，在每个分区中要按照键值对数据进行排序，如果设置了 Combiner，则可以将数据按照 key 值进行合并，然后写入磁盘中。当内存缓冲区达到 80% 的内容溢出时，就会新建溢出的临时文件。上述数据从 Map 输出作为输入传给 Reducer 的过程就称为 Shuffle。Shuffle 过程中很重要的两个步骤就是排序和 Combiner，可以大大提高 MapReduce 的效率。在 Map 执行后，磁盘上会存储一些临时文件，然后会将这几个临时文件合并（merge）成一个文件，这些临时文件和合并的文件都是在本地文件系统上存储的。每个 Map 输出这样一个文件，不同 Map 生成的文件按照不同的分区传给不同的 Reduce，最后 Reduce 直接把结果输出到 HDFS 文件系统上。

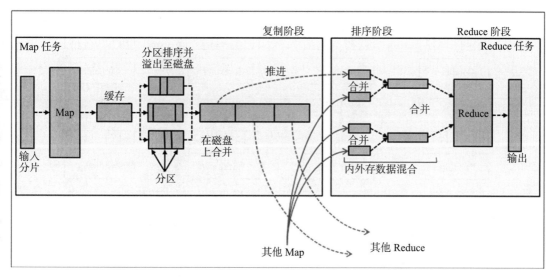

图 5.25 MapReduce 的 Shuffle 和排序

2. MapReduce 计算模式

大数据中的查询可以归类为几种典型的计算模式，下面主要介绍 MapReduce 批处理任务中常见的计算模式。

（1）计数与求和模式

如果计算对象是数值类型，则主要求取的是一些统计结果，比如最大值、最小值、平均值等。例如有许多文档，每个文档都由一些字段组成。需要计算出每个字段在所有文档中的出现次数。Mapper 以需要统计的对象的 ID 作为 key，对应的数值作为 value，Mapper 每遇到指定词就把频次记 1，Reducer 一个个遍历这些词的集合然后把它们的频次加和。但是这种方法的缺点显而易见：Mapper 提交了太多无意义的计数。可以通过先对每个文档中的词进行计数减少传递给 Reducer 的数据量。在此应用中使用 Combiner 可以大大减少 Shuffle 阶段的网络传输量，如图 5.26 所示。在 Partitioner 的设计上通常可以对 Reducer 个数哈希取模，但是这样做有可能导致数据分布倾斜，负载不均，因而 Partitioner 的合理设计也可以提高效率。通过 Shuffle 阶段，MapReduce 将相同对象传递给同一个 Reducer，Reducer 则对相同对象的若干 value 进行数学统计计算，得到最终结果。

对于求和对象是记录的应用，其流程与数值求和流程基本类似，区别主要在 Reducer 阶段采用累加对象 ID 形成信息队列。

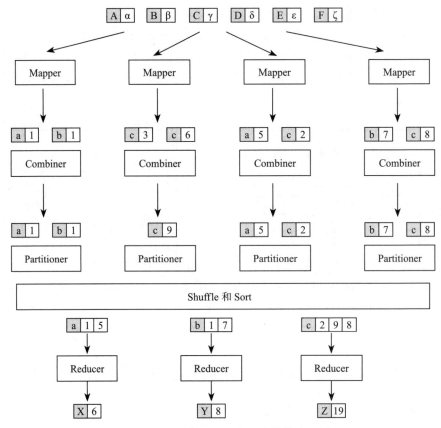

图 5.26　MapReduce 求和计算模式示例

（2）过滤模式

数据过滤的应用很多，即在很多条记录中，找出满足某个条件的所有记录。对于简单条件数据过滤，只是对于每一个记录按照条件来检测是否应为输出结果，不涉及与其他结果的聚合操作，因而只需 Map 函数即可完成操作，这种类型的计算模式可以用 Map-Only 类型的 MapReduce 方案。Mapper 从数据块中依次读入记录，并根据过滤条件判断每个记录是否满足指定的条件，如果满足则作为输出结果。

另外，数据过滤模式之一的 Top k 的应用也很广泛，即从大量数据中，根据记录某个字段内容的大小取出其值最大的 k 个记录，比如搜索最受欢迎的 10 部电影。与简单条件数据过滤不同，Top k 的计算模式需要进行记录之间的比较，并获得全局最大数据子集。如图 5.27 所示，这种计算模式的基本思路为：首先在 Mapper 阶段统计出数据块内所有记录中某个字段满足 Top k 条件的记录子集作为局部的 Top k 结果集，然后在 Reducer 阶段，对这些局部 Top k 记录进行进一步筛选，获得最终的全局最大的 k 条记录，Mapper 和 Reducer 阶段的 Top k 查找都可以使用排序算法来实现。

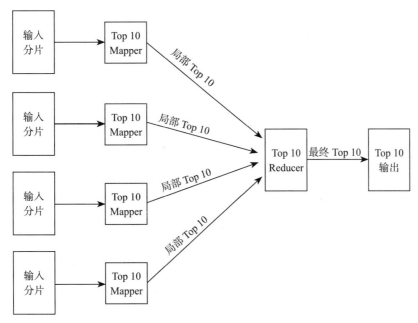

图 5.27　MapReduce Top10 计算模式示意图

（3）排序

MapReduce 具有很强的排序特性，在 Reduce 阶段，中间数据按照 key 的大小进行排序，对于排序应用来说，可以利用这一排序过程。在 Map 阶段，将需要排序的字段作为 key，记录的内容作为 value 输出；在 Reduce 阶段，如果只有一个 Reducer，只需将 Mapper 排序的结果直接输出，如果设置了多个 Reducer，要结合 Partition 的策略，对每个局部有序的数据进行全局排序，比如按照数据 key 的范围分发到不同的 Reducer。

（4）Join

Join 分为 Map 端 Join 和 Reduce 端 Join 两类。如图 5.28 所示，Map 端的 Join 中，参与 Join 的两个数据集合通常有大小之分，而且小的数据集合可以完全放入内存，只需采用 Map-Only MapReduce 任务即可完成 Join 操作，因而 Mapper 的输入数据块是较大数据集拆分后的小的数据子集。由于参与 Join 的一方数据量较小，因此可以分发到每个 Mapper 并加载到内存，利用内存哈希表，以外键作为哈希表的 key，在读入另一数据集记录的同时按照哈希表来进行 Join 操作。

Reduce 端的 Join 中，输入为参与 Join 的两个数据集，首先，Mapper 将两个数据集 R 和 S 的记录进行处理，标记每个记录的来源，将参与 Join 的外键作为 key，记录的其他内容作为 value 输出；然后，通过 Partition 和 Shuffle 过程，两个数据集中具有相同 key 的记录被分配到同一个 Reducer，Reducer 根据外键排序后按照 key 对进行聚集，同时区分每个记录的来源，维护两个列表或哈希表，分别存储不同的数据集合 R 和 S 的记录，然后按照列表或哈希表中的数据进行 Join，输出结果。

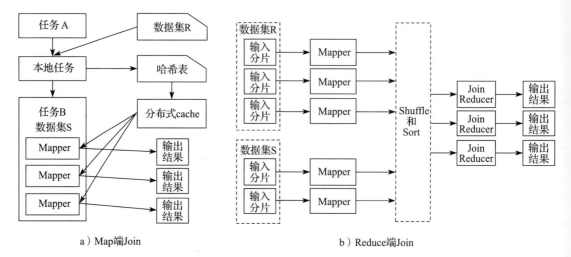

a）Map端Join   b）Reduce端Join

图 5.28 MapReduce Join 计算模式

5.7.3 基于 Hadoop 的查询处理

Hadoop 是基于 MapReduce 框架和 Google File System（GFS）所开发的分布式批处理框架。其数据存储部分是 Hadoop 分布式文件系统（Hadoop Distributed File System，HDFS），它存储 Hadoop 集群中所有存储节点上的文件。在 HDFS 基础上，Hadoop 中包括一个类似 Google Bigtable 的分布式数据存储系统 HBase。Hadoop 中还包含了用于并行处理的 MapReduce 框架。而在 Hadoop 上，则有为了便于在 Hadoop 上对数据仓库进行操作而开发的 Hive 系统，Hive 为 Hadoop 提供了使用 SQL 来操作 MapReduce 对数据进行分析的能力，但是 Hive 所提供的功能有限，对于数据挖掘等复杂算法还需要通过对 MapReduce 编程实现。

Hadoop 为数据分析应用提供了强大的批处理能力，基于其中所包含的 MapReduce 框架能够实现在大数据上的多种复杂查询处理，而相关的查询优化方法也被陆续提出并应用。下面将分别介绍在 Hadoop 引擎上对查询的处理策略和优化方法。

1. 基于 Hadoop 的等值连接查询

连接操作是关系代数中执行代价较大的操作，在 Hadoop 中处理连接操作同样面临着执行代价大的问题。为此，使用 Hadoop 进行连接操作需要设计在 MapReduce 上的特殊算法，有关 MapReduce 的执行原理已经在前面章节进行了介绍。这里假设要执行连接操作的关系 R 和关系 S 存储于 HDFS 上。以下是使用 Hadoop 进行等值连接操作的几种常见方法。

（1）Reduce Side Join

Reduce Side Join 算法是最基本的 Hadoop 处理连接操作的算法，基于 MapReduce 框架，其执行过程可以分为 3 个阶段，即 Map 阶段、Shuffle 阶段和 Reduce 阶段，如图 5.29 所示。

在 Map 阶段，处理节点的每个 Map 任务对关系 R 和关系 S 的数据块进行处理，处理方式是将元组中连接属性的值作为 Key 值，将元组内容作为 Value 并同时写入一个表示关系来源的标签（见图 5.29 中 Value（1,2）中的首个 1）。Map 任务输出的结果以键值模型（Key,Value）形式存储在本地，并基于 Key 值进行数据分区，分区中的数据按照 Key 值进行排序。

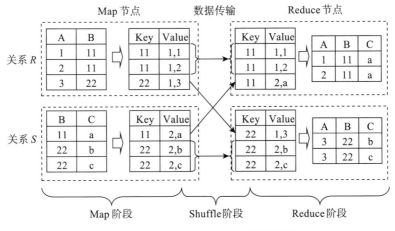

图 5.29　Reduce Side Join 算法样例

在 Shuffle 阶段，Map 任务节点上的数据将基于 Key 值所在的分区传输到相应的 Reduce 任务所在的节点上。

在 Reduce 阶段，Reduce 任务将 Map 节点发送来的分区数据采用归并排序方法进行聚合，使用 Reduce 函数对来自两个关系的具有相同 Key 值的数据执行连接操作，并输出连接后的结果数据。

由于实际的连接操作是在 Reduce 任务节点上执行的，因此称为 Reduce Side Join。Reduce Side Join 的原理与并行连接算法中的并行哈希循环算法在原理上是相同的。在执行代价方面，在 Map 阶段需要对所有数据进行两次 I/O 读写，在 Shuffle 阶段需要对所有数据执行在 Map 节点上的读和在 Reduce 节点上的写，同时还要在 Map 节点和 Reduce 节点上传输这些数据，在 Reduce 阶段则要在 Reduce 节点上执行归并排序连接操作的处理代价。对于有多个关系的连接操作，则需要在 Hadoop 上执行多次基于 MapReduce 的 Reduce Side Join 算法。

（2）Map Side Join

Reduce Side Join 存在整体效率低的问题，因为在 Shuffle 阶段需要大量的数据传输和读写开销。为此，针对特殊的应用场景，提出了 Map Side Join 算法以对查询进行优化。Map Side Join 算法要求两个执行连接操作的关系中至少一个关系数据量非常小，这个较小的关系表（假设是 R）要求能够存储在内存中，另一个关系表（假设是 S）可以非常大。在这种情况下，可以将小关系表 R 复制到每个 Map 任务节点上，用一张哈希表存储。这样在 Map 阶段可以直接对大关系表 S 的分片数据进行扫描，在连接属性上对大关系表数据进行哈希，并从小关系表 R 的哈希表中找到具有相同连接属性值的记录，连接后输出结果。Map Side Join 算法整体处理过程都在 Map 任务中执行并输出结果，处理方式如图 5.30 所示。

Map Side Join 的另一个应用场景是参与连接的两个关系数据在连接前已经按照连接属性划分和存储，这样也可以直接在 Map 阶段执行连接操作获得结果。

（3）半连接算法

半连接算法是分布式数据库中经典的连接优化算法（见 6.3 节），其原理同样可以应用于 Hadoop 中以对连接操作进行优化。Hadoop 的半连接算法其实是对 Reduce Side Join 算法的一种优化，将半连接算法与并行连接算法结合以减少连接中的数据通信代价。

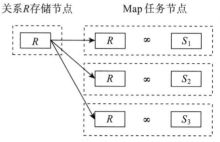

图 5.30　Map Side Join 算法

Hadoop 的半连接算法在 Map 阶段首先对小关系表（假设是关系 R）在连接属性上做投影得到关系 R'，再将关系 R' 使用 Hadoop 的 DistributedCache 发送到各个任务节点上，在 Map 任务中将无法与 R' 中 Key 值进行连接操作的元组过滤。在 Shuffle 阶段和 Reduce 阶段的操作与 Reduce Side Join 算法的处理方式相同，如图 5.31 所示。

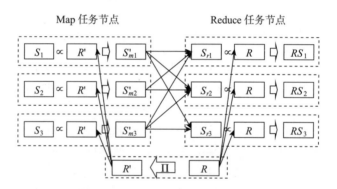

图 5.31　Hadoop 的半连接优化算法

由于半连接优化算法使用了 Hadoop 的 DistributedCache，这是一个构建于内存的 Hadoop 缓存，因此小关系表的投影关系 R' 的大小必须能够被缓存所容纳才能使用半连接优化算法。对于内存无法容纳投影关系 R' 的情况，可以使用布隆过滤器来节省空间。具体方法是用小关系表的连接属性的属性值生成布隆过滤器文件替代连接属性投影，在 Map 阶段使用布隆过滤器对大关系表元组进行过滤。虽然，布隆过滤器存在 True Negative 的误识别问题，但不会漏掉能够进行连接的元组。基于布隆过滤器的半连接优化算法会产生一部分不必要的数据传输，但相比于 Reduce Side Join 算法，依然能够减少大量的传输数据产生的通信代价和磁盘 I/O 代价。

2. 基于 Hadoop 的多关系连接查询

在使用 Hadoop 处理多关系连接时，可以基于上面介绍的 Reduce Side Join 算法或其改进算法通过执行一个连接序列完成连接的处理，即使用多次的 MapReduce 任务。例如，假设有 3 个关系的连接操作 $R(A, B) \bowtie S(B, C) \bowtie T(C, D)$，在进行连接处理的时候可以先执行 $R(A, B) \bowtie S(B, C)$ 再将其结果与关系 T 进行连接，也可以先执行 $S(B, C) \bowtie T(C, D)$ 再与 R 执行连接。然而这种连接方式将导致 Hadoop 启动多次 MapReduce 任务，这在 Hadoop 中是非常耗时的。

对于 3 个关系的连接操作 $R(A, B) \bowtie S(B, C) \bowtie T(C, D)$，为了减少 MapReduce 任务的启动次数，可以设计一个通过一次 MapReduce 任务完成连接的算法。该算法的基本思想是对参与连接的关系在 Map 阶段后将其通过哈希函数 h 生成的分片发送到多个 Reduce 任务节点上，在每个 Reduce 任务节点处理 3 个关系的连接并获得结果。这种方法显然会增加查询处理中的通信代价，但是可以减少 MapReduce 任务次数，这在基于 Hadoop 的查询优化中十分重要。

下面以连接操作 $R(A, B) \bowtie S(B, C) \bowtie T(C, D)$ 为例介绍如何实现一次 MapReduce 任务的查询处理。在该算法中需要将关系 R 和关系 T 的每个元组复制到多个 Reduce 任务节点，而对关系 S 的每个元组仅需要复制到一个 Reduce 任务节点。具体处理过程如下。

在 Map 阶段，在 Map 任务节点上，使用哈希函数 h 将连接属性 B 和 C 哈希到编号为 1 到 m 的桶中。这样关系 R 和关系 T 的元组被哈希到 m 个桶中，而关系 S 的元组则被哈希到 $k=m^2$ 个桶中，因为关系 S 的元组同时包含两个连接属性。

在 Reduce 阶段，根据两个连接属性 B 和 C，设置 m^2 个 Reduce 任务节点，每个 Reduce 任务节点用 (i, j) 进行标记，其中 i 和 j 的取值范围是 $1 \sim m$。在对数据传输的 Shuffle 阶段中，将关系 S 的每个元组 $S(b, c)$ 复制到对应编号为 $(h(b), h(c))$ 的 Reduce 任务节点上，将关系 R 的每个元组 $R(a, b)$ 复制到对应编号为 $(h(a), x)$ 的 Reduce 任务节点集合上，其中 x 表示任意值，同样，将关系 T 的每个元组 $T(b, c)$ 复制到对应编号为 $(y, h(c))$ 的 Reduce 任务节点集合上，其中 y 表示任意值。这样，在每个 Reduce 任务节点上有 $1/m^2$ 的关系 S 数据，以及 $1/m$ 的关系 R 和关系 T 数据。如图 5.32 所示，其中是一个 $m=4$ 的数据划分。

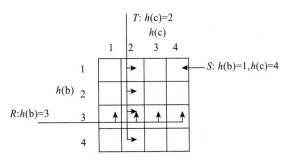

图 5.32　$m=4$ 时关系 R、T、S 的数据复制分布

对于一次 MapReduce 任务的多关系连接查询算法可以扩展至 3 个关系以上的连接操作，对于连接属性可以采用不同的哈希函数，其查询处理也更为复杂，请参考 Afrati 和 Ullman 的论文。

5.7.4　基于 Spark 的数据分析处理

Spark 是由 UC Berkeley 的 AMP 实验室开发的基于内存的 Map-Reduce 实现，目的是提高 Map-Reduce 的计算效率。AMP 实验室在 Spark 基础上封装了一层 SQL，产生了一个新的类似于 Hadoop 的 Hive 系统——Shark，目前 Shark 已经被 Spark SQL 所取代。

1. Spark 的生态系统

以 Spark 为核心的伯克利数据分析栈（BDAS）的结构如图 5.33 所示。在 Spark 中包含 MapReduce 框架的 Map 和 Reduce 操作，而其性能出色的主要原因则是使用了弹性分布数据集（Resilient Distributed Dataset，RDD）。Tachyon 是一个分布式内存文件系统，提供内存形式的 HDFS，用于实现 RDD 和文件共享。底层的数据可以存储在 HDFS、HBase、HyperTable 和 S3 等数据存储系统中。而系统的分布式资源管理运行则交给了 Apache 的资源管理框架 Mesos 和 YARN 运行，因此 Spark 包括多种运行模式：本地模式、Mesos 模式和 YARN 模式等。Spark 的上层生态系统则包括面向数据分析的 Spark SQL、面向数据流处理的 Spark Streaming 和面向图数据处理的 GraphX。更上层的应用则是 SparkR 这类更加复杂的应用。

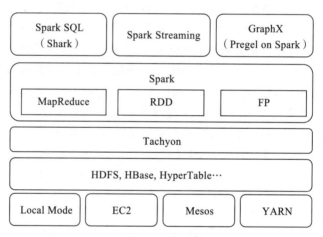

图 5.33　伯克利数据分析栈的结构

2. Spark 与 Hadoop 的主要区别

Spark 与 Hadoop 最显著的不同之处是 MapReduce 任务中间输出和结果可以保存在内存中，从而不需要读写 HDFS，避免了大量的磁盘 I/O 代价。在应用方面，相比 Hadoop，Spark 更适合于需要迭代计算的复杂数据分析操作。

Hadoop 只提供了 Map 和 Reduce 两种操作，而 Spark 提供了丰富的数据集操作类型，其中包括 map、filter、flatMap、sample、groupByKey、reduceByKey、union、join、cogroup、mapValues、sort、partionBy 等多种操作类型，Spark 把这些操作称为转换。此外，还提供了 reduce、count、collect、take、foreach、save 等多种行动操作。丰富的数据集操作类型使 Spark 能够支持更多类型的应用，尤其是数据挖掘和机器学习方面的应用。在通信模型上，Spark 除了提供 Shuffle 模式之外，还提供了数据广播模式。用户可以命名、物化、控制中间结果的存储、分区等。

在容错方面，Spark 支持使用 Checkpoint 来实现分布式数据集计算容错。Checkpoint 主要以两种方式实现：Checkpoint data 和 logging the updates。Checkpoint data 需要很大的数据

存储空间,而 logging the updates 则可能造成大量计算重新处理,为此需要根据应用来选择容错策略。

3. Spark 的高性能核心——弹性分布数据集

弹性分布数据集是 Spark 的最核心的创新。同样采用 MapReduce 框架的 Spark 系统的性能远高于 Hadoop 系统的主要原因,就是使用了 RDD 作为内存缓存,减少了大量的磁盘 I/O 操作,而内存中的数据可以高效地被访问用于迭代计算。

弹性分布数据集(RDD)是一个分布式数据架构,表示已被分区的不可变的可并行操作的数据集合。不同的数据格式对应着 RDD 的不同实现,且 RDD 数据缓存在内存中以便于后续操作符直接从内存访问数据。RDD 的数据是可序列化的,在必要时,如内存不足时可以将 RDD 的数据序列化到磁盘存储。Spark 的任务调度是基于 RDD 之间的依赖关系的,通过一系列对 RDD 的操作就生成了 Spark 的任务。使用 RDD 可以处理的编程模型包括:

- 迭代计算,例如图处理和机器学习的迭代算法;
- 关系型查询,可以运行批处理作业和交互式的 SQL 查询;
- MapReduce 批处理,RDD 通过提供比 MapReduce 更加丰富的操作,使其可以有效地运行 MapReduce 任务,甚至更加复杂的任务;
- 流式处理,RDD 通过其恢复机制能够有效地支持流式数据处理。

可以通过以下 4 种方式构建 RDD。

- 从共享文件系统中创建,如 HDFS 或兼容的数据存储系统,HBase、Cassandra 等。
- 通过转换已有的 RDD,生成新的 RDD。
- 通过将驱动中并行计算的数据集进行分片创建分布式的 RDD。
- 通过对 RDD 进行持久化。默认的 RDD 具有延时性和暂时性,即在调用时而非创建时填充数据,使用后从内存丢弃。在数据需要被重用或需要对处理的数据进行验证的情况下,会将计算后的 RDD 放入缓存中存储。

RDD 在数据存储模型上采用了分区的方式,一个 RDD 会被划分为多个分区分布在集群的多个节点上,每个分区就是一个数据块(Block),数据块可以存储在内存中,也可以在内存不足时存储到磁盘上。RDD 的数据管理模型如图 5.34 所示。

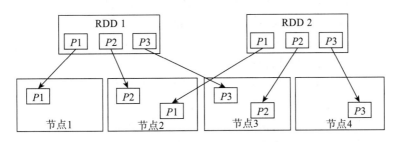

图 5.34 RDD 的数据管理模型

RDD 支持两种操作符:转换操作符(Transformations)和行动操作符(Actions)。转换操作符是将一个 RDD 通过转换生成一个新的 RDD，这个操作并不立即执行，而是在执行行动操作时触发。行动操作符触发 Spark 提交作业，将数据输出到 Spark 系统。

4. Spark 的运行逻辑

Spark 在处理作业的过程中，将数据在分布式环境下分区，并将作业转换为有向无环图（DAG），再分阶段对 DAG 进行调度，分布式执行处理。Spark 的调度方式与 MapReduce 不同。Spark 根据 RDD 之间不同的依赖关系切分形成不同的阶段，每个阶段包含一系列操作执行的流水线。图 5.35 为一个典型的 Spark 处理流程。Spark 首先从 HDFS 的文件中读取数据创建 RDD_A 和 RDD_C（在图中用 A、B、C、D、E、F 表示），每个 RDD 对其数据进行分区并分布式存储，分区的方式主要有基于哈希分区和基于范围分区两种，图中分区用 RDD 内矩形表示。在阶段 1 中 RDD_A 通过 Map 操作转换为 RDD_B。在阶段 2 中，在 RDD_C 上执行 Map 操作，转换为 RDD_D，再通过 reduceByKey 的 Shuffle 操作转换为 RDD_E。在阶段 3，RDD_B 和 RDD_E 执行 Join 操作，得到最终的连接结果 RDD_F。最后，RDD_F 通过 saveAsSequenceFile 输出并保存到 HDFS 中。

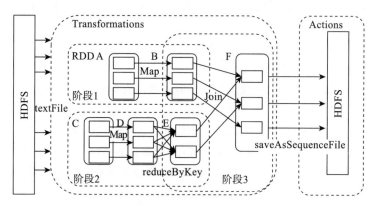

图 5.35　Spark 处理流程

5. Spark SQL（Shark）的查询优化

Spark SQL 和 Shark 都是以提供基于 Spark 的交互式查询框架而实现的，用户可以通过编写 SQL 来操作 Spark 对数据的处理。Shark 的实现主要基于 Hive 框架，而现在已经被合并到 Spark SQL 中。Spark SQL 和 Shark 在查询优化上与关系数据库的处理方式相同，查询优化分为逻辑执行计划优化和物理执行计划优化两个阶段。

在逻辑执行计划优化阶段，Shark 完全采用了 Hive 的优化机制，包括 Map、Join 和字段裁剪等。Spark SQL 的执行是基于核心模块 Catalyst 的，Catalyst 采用了自己的规则集对逻辑查询计划树进行优化。可以将逻辑执行计划看作一个有向无环图。

在物理执行计划优化阶段，逻辑执行计划会被映射到物理执行计划，物理执行计划也是一个树形结构，树中每个节点对应一个物理操作符，即 Spark 的操作符。同逻辑执行计划一样，物理执行计划也是一个有向无环图。Shark 的物理执行计划将生成由 Spark 的 RDD 操作原语表示的操作序列，而其中的操作原语要远比 Hive 丰富。Spark SQL 的 Catalyst 在逻辑执行计划生成物理执行计划过程中，采用了基于规则的方法，即根据逻辑执行计划的逻辑操作符选择对应的物理执行操作符。这里 Catalyst 优化过程并没有像集中式数据库的优化器那样对连接顺序等进行优化，而只是实现了将优化后的逻辑执行计划映射到基于 Spark RDD 的物理执行计划。

5.8 大数据库查询处理与优化案例

5.8.1 HBase

HBase 系统主要基于 Scanner 的核心体系实现 KeyValue 访问，同时结合 StoreFile 的过滤机制和 HFile 索引结构优化数据访问。

1. Scanner 的核心体系

RegionServer 通过构建 Scanner 实现对该 Region 的数据检索。Scanner 的核心体系包括三层，即 RegionScanner、StoreScanner、MemStoreScanner+StoreFileScanner，如图 5.36 所示。RegionScanner 和 StoreScanner 负责组织调度任务，StoreFileScanner 和 MemStoreScanner 负责 KeyValue 的查找操作。HBase 中，一张表可由多个列族组成，每个列族对应一个 Store 及其 StoreScanner，该 StoreScanner 负责 Store 上的数据查找。每个 Store 的数据由内存中的 MemStore 和磁盘上的 StoreFile 文件组成。每个 StoreScanner 由 MemStoreScanner 和 StoreFileScanner 构成。StoreScanner 会为当前该 Store 中的每个 HFile 构造一个 StoreFileScanner，用于实际执行对应文件的检索。同时，也为对应 MemStore 构造一个 MemStoreScanner，用于执行该 Store 中 MemStore 的数据检索。

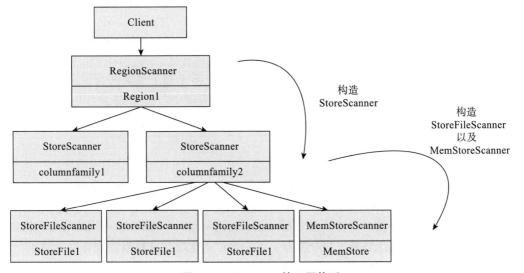

图 5.36 Scanner 的三层体系

2. 读取流程

HBase 作为主要的大数据库系统，其查询逻辑层的处理及优化的过程主要通过读取流程完成。

读流程如下：

1）Client 访问 ZooKeeper，获取元数据存储所在的 RegionServer；

2）通过所获取的地址访问对应的 RegionServer，从而获得对应的表存储的 RegionServer；

3）从表所在的 RegionServer 读取数据；

4）查找对应的 Region，在 Region 中寻找列族，先找到 MemStore，如果数据不在 MemStore 中，则到 BlockCache 中寻找，如果数据也不在 BlockCache 中，则需要遍历 StoreFile；

5）将读取的数据缓存到 BlockCache 中，再将结果返回。

具体地，客户端首先会从 ZooKeeper 中获取元数据 hbase:meta 表所在的 RegionServer，然后根据待读写 rowkey 发送请求到元数据所在的 RegionServer，获取数据所在的目标 RegionServer 和 Region（并将这部分元数据信息缓存到本地），最后将请求进行封装发送到目标 RegionServer 进行处理。HBase 数据读取可以按照 rowkey 查询一行记录，也可以按照 startkey 和 stopkey 查找多行满足条件的记录。

往往一次扫描可能会同时扫描一张表的多个 Region，此时，客户端会根据元数据将扫描的起始区间切分成多个互相独立的查询子区间，每个子区间对应一个 Region。因此客户端可以将每个子区间请求分别发送给对应的 Region 进行处理。

HBase 数据读取流程如图 5.37 所示。

1）过滤淘汰部分不满足查询条件的 Scanner。StoreScanner 为每一个 HFile 构造一个对应的 StoreFileScanner。

2）每个 Scanner 寻找到 startKey。这个步骤在每个 HFile 文件（或 MemStore）中寻找扫描起始点 startKey。如果 HFile 中没有找到 starkKey，则寻找下一个 KeyValue 地址。HFile 中具体的寻找过程比较复杂。

3）KeyValueScanner 合并构建最小堆。将该 Store 中的所有 StoreFileScanner 和 MemStoreScanner 合并形成一个 heap（最小堆）。

经过 Scanner 体系的构建，KeyValue 此时已经可以由小到大依次经过 KeyValueScanner 获得，但这些 KeyValue 是否满足用户设定的 TimeRange 条件、版本号条件以及 Filter 条件还需要进一步的检查。系统执行 next 函数获取 KeyValue 并对其进行条件过滤。

5.8.2　Spanner

Spanner 使用 SQL 语句来访问数据库，每条 SQL 语句可以产生多个查询计划，查询优化器评价这些查询计划并选择最优的查询计划去执行。

Spanner 将数据划分为多个可以独立移动的分片（split），并分配给不同的物理位置的服务器。Spanner 执行查询计划基于两个部分，首先执行本地所包含数据的服务器中的子计划，然后利用聚集分布式剪枝来协调和聚合多个远程的查询计划，如图 5.38 所示。

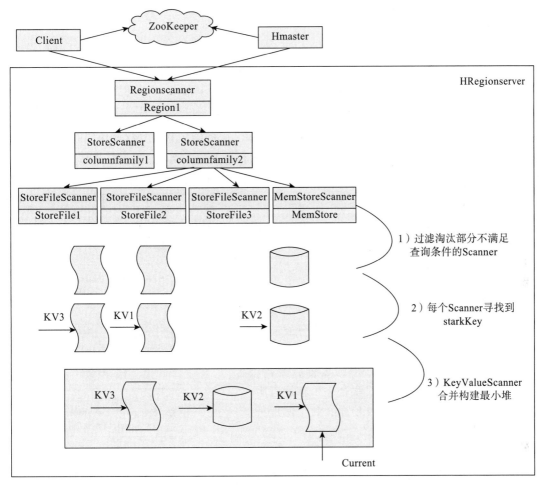

图 5.37　HBase 数据读取流程

1. 查询过程

Cloud Spanner 中的 SQL 查询首先被编译成执行计划，然后被发送到初始根服务器执行。选择根服务器是为了尽量减少到达所查询数据的跃点数。

根服务器负责：

- 下发子查询计划到其他参与的服务器；
- 等待所有服务器返回子查询计划结果给自己；
- 汇总各个服务器的执行结果，如果需要，进行进一步处理；

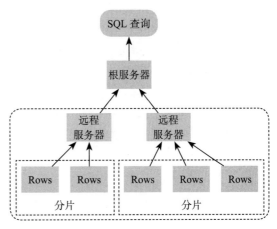

图 5.38　Spanner 查询计划执行服务器结构模型

- 将汇总后的执行结果返回给客户端。

远程服务器负责:

- 接收根服务器下发的子查询计划;
- 将子查询计划拆分成一个或多个分片的子查询计划并执行;
- 汇总各个分片执行的结果;
- 返回汇总的结果给根服务器。

接收子计划的远程服务器充当其子计划的"根"服务器,其型号与最顶层的根服务器相同,结果是一个远程执行树。从概念上讲,查询执行从上到下流动,查询结果从下到上返回。

2. 查询计划实例

(1)聚集查询

查询语句:

```
SELECT s.SingerId, COUNT(*) AS SongCount
FROM Songs AS s
WHERE s.SingerId < 100
GROUP BY s.SingerId;
```

Spanner 将执行计划发送到根服务器,根服务器协调查询执行并执行子计划的远程分发。此执行计划以分布式联合开始,该联合将子计划分发到拆分满足 SingerId 小于 100 的远程服务器。在执行计划后面的本地分布式联合表示在远程服务器上的执行操作。如图 5.39 所示,每个本地分布式联合在 Songs 表的分片上独立地评估子查询,前提是符合过滤条件 SingerId<100。本地分布式联合将结果返回给聚合运算符。聚合运算符通过 SingerId 执行计数聚合,并将结果返回给序列化结果运算符。Serialize Result 操作符将结果序列化为包含 SingerId 的歌曲计数的行。然后,分布式联合将所有结果联合在一起并返回查询结果。

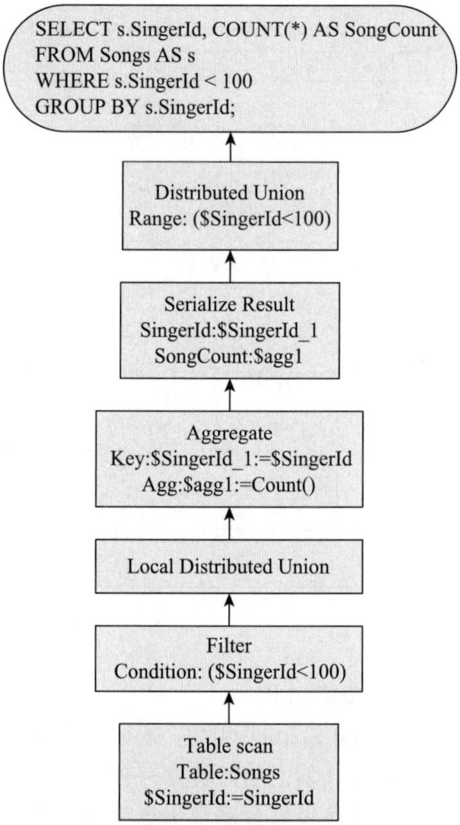

(2)同位连接查询

同位连接查询(Co-located Join Query)是指交错表之间的连接。交错表以物理方式与它们的相关表的行存储在同一位置。因此,与基于索引的连接或后向连接相比,同位连接具有更高的执行性能。

查询语句:

图 5.39　聚集查询执行计划

```
SELECT al.AlbumTitle, so.SongName
FROM Albums AS al, Songs AS so
WHERE al.SingerId = so.SingerId AND al.AlbumId = so.AlbumId;
```

此查询假设 Songs 在 Albums 中交错，即每个 Albums 中的一行记录和与其相关的 Songs 记录存储在一起。

此执行计划从分布式联合开始，它将子计划分发到具有表相册拆分的远程服务器。因为歌曲是相册的交错表，所以每个远程服务器都能够在每个远程服务器上执行整个子计划，而不需要连接到不同的服务器。子计划包含交叉应用。如图 5.40 所示，每个交叉应用对表执行表扫描，以检索 SingerId、AlbumId 和 AlbumTitle。然后，交叉应用将表扫描的输出映射到索引 SongsBySingerAlbumSongNameDesc 上的索引扫描的输出，并检查是否满足索引中的 SingerId 与表扫描输出的 SingerId 是否匹配的过滤条件。每个交叉应用将其结果发送给 Serialize Result 操作符，该操作符序列化 AlbumTitle 和 SongName 数据，并将结果返回给本地分布式联合。分布式联合聚合来自本地分布式联合的结果，并将其作为查询结果返回。

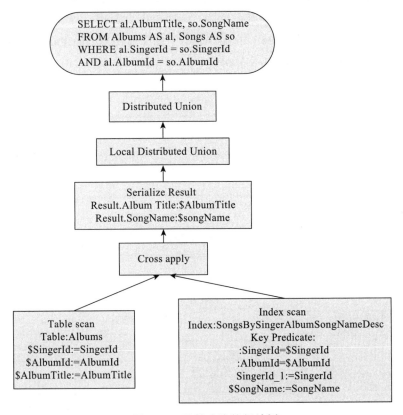

图 5.40　连接查询执行计划

（3）索引和后向连接
上面的示例在两个表上使用连接，一个表在另一个表中交错。当两个表或一个表和一个索引不交错时，执行计划更复杂，效率更低，因此我们可以根据需要建立索引。假设建立索引如下：

```
CREATE INDEX SongsBySongName ON Songs(SongName)
```

利用索引执行下面的查询：

```
SELECT s.SongName, s.Duration
FROM Songs@{force_index=SongsBySongName} AS s
WHERE STARTS_WITH(s.SongName, "B");
```

生成的执行计划很复杂，因为索引 SongsBySongName 不包含 Duration 列。要获得持续时间值，Cloud Spanner 需要将索引结果反向连接到 Songs 表。这是一个连接，但它不位于同一位置，因为 Songs 表和全局索引 SongsBySongName 不是交错的。生成的执行计划比同一位置的连接示例更复杂，因为如果数据不在同一位置，Cloud Spanner 将进行查询优化以加快执行。

图 5.41 中的查询执行计划需要读两张表，一张是索引表 SongsBySongName，另一张是数据表 Songs，因为索引无法像记录那样交错，所以索引和数据可以处于不同的分片，那么要实现这个查询，就不能使用 (Local) Cross Apply，而需要使用 Distributed Cross Apply，因此最顶层的操作符是 Distributed Cross Apply。

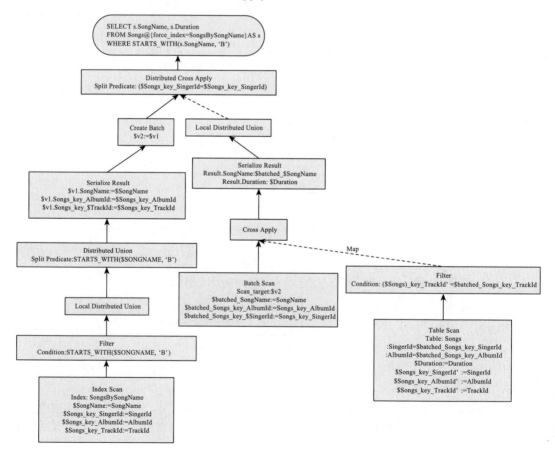

图 5.41　Distributed Cross Apply 查询计划

根服务器的 Distributed Cross Apply 会等待 Distributed Union 后进行 Create Batch 的结果作为输入，当 Distributed Cross Apply 收到 Create Batch 的结果作为输入后，再下发计划给远程服务器，做 Map 操作。这里注意，下发其实被分为两个阶段，左边先执行完，Distributed Cross Apply 才会进行右边的下发。

远程服务器将计划分配给多个分片进行 Index Scan。Index Scan 的结果被 Filter 过滤符合条件的返回。Local Distributed Union 汇总本台服务器上的数据发回给根服务器。根服务器使用 Distributed Union 汇总远程服务器发来的数据。Serialize Result 格式化数据。Create Batch 操作符代表创建中间表，由于涉及跨服务器的 Join，因此需要创建中间表。将 Create Batch 创建的中间表作为输入发给 Distributed Cross Apply 操作符。Distributed Cross Apply 下发查询到远程服务器（进行 Map）。Batch Scan 读取中间表并返回给 Cross Apply。Cross Apply 根据 Batch Scan 结果进行 Join 并通过 Serialize Result、Local Distributed Union 后返回给根服务器。Distributed Cross Apply 根据返回结果完成 Join，返回 SQL 执行结果。

5.8.3 OceanBase

OceanBase 数据库实现了完整 SQL 查询引擎，当 SQL 请求到了 OBServer 服务端，经过语法解析、语义分析、查询重写、查询优化等一系列过程后，再由查询执行器来负责执行。对于分布式数据查询，查询优化器会依据数据的分布信息生成分布式的执行计划。本节将主要介绍 OceanBase 数据库中的查询重写（Query Rewrite）技术和分布式计划生成的相关技术。

1. 查询重写

OceanBase 数据库的查询重写分为基于规则的查询重写和基于代价的查询重写。基于规则的查询重写总是会把 SQL 往性能更优的方向重写，从而增加了该 SQL 的优化空间。一个典型的基于规则的重写是把子查询重写成连接，如果不重写，子查询的执行方式只能是嵌套循环连接。但是重写之后，优化器就也可以考虑哈希连接和归并连接的执行方式。因为基于代价的查询重写并不能总是把 SQL 往更优性能的方向进行重写，所以需要代价模型来判断。

在数据库中，一个重写规则通常需要满足特定的条件才能够进行重写，而且很多规则的重写可以互相作用（一个规则的重写会触发另外一个规则的重写），所以在 OceanBase 数据库中，我们把能够互相作用的重写规则组织成一个规则集合。因为一个规则集合中的规则可以互相作用，所以对于每个规则集合，OceanBase 数据库采用迭代的方式进行重写，一直到不能被重写或者迭代次数达到预先设定的阈值为止。类似地，对于基于代价的重写规则也是采用这种方式处理。这里需要注意的是，基于代价的重写之后可能又会重新触发基于规则的重写，所以整体上基于代价的重写和基于规则的重写也会采用这种迭代的方式进行重写。

（1）基于规则的查询重写

OceanBase 数据库支持对多种 SQL 语句结构进行基于规则的查询重写。下面对这些规则集合逐一进行介绍。

1）子查询展开重写。子查询可以分为相关子查询和不相关子查询。数据库对于具有子查询的 SQL 语句一般使用基于元组的嵌套循环方式执行，也就是父查询每生成一行数据都需要执行一次子查询,使用这种方式需要多次执行子查询,在父查询具有大量数据行的情况下执行效率非常低。查询重写对于子查询的优化,一般会采用展开为连接操作的方法,提升查询的性能,主要原因如下:

- 可避免子查询多次执行;
- 优化器可根据统计信息选择更优的连接顺序和连接方法;
- 子查询的连接条件、过滤条件重写父查询的条件后,优化器可以进行进一步优化,比如条件下压等。

子查询展开是指将 WHERE 条件中的子查询提升到父查询中,并作为连接条件与父查询并列进行展开。子查询的表和谓词转换后将以外层父查询中的多表连接的形式存在。这种重写能够使优化器在进行路径选择、连接方法和连接排序时都会考虑到子查询中的表,从而可以获得更优的执行计划,一般涉及的子查询表达式有 NOT IN、IN、NOT EXIST、EXIST、ANY、ALL、SOME 等。子查询具体包括以下几种重写方式。

展开为半连接(SEMI JOIN/ANTI JOIN)

对于查询中使用 EXIST、NOT EXIST、IN 和 NOT IN 的子查询,将分别转换为 SEMI JOIN 或 ANTI JOIN 形式的半连接操作。SEMI JOIN 的半连接(注意,这里的半连接与第 6 章中介绍的半连接有所差别)以左表中的记录为查找对象,为每一个左表记录在右表中查找匹配记录,如果在右表中存在匹配的记录,则返回对应的左表的记录,否则该左表记录将被过滤掉。而 ANTI JOIN 的半连接则与 SEMI JOIN 相反,是以左表中记录为查找对象,为每一个左表记录在右表中查找匹配记录,如果在右表中不存在匹配的记录,则返回对应的左表的记录,否则该左表记录将被过滤掉。其中 SEMI JOIN 用于 IN 和 EXIST 子查询的重写,而 ANTI JOIN 则用于 NOT IN 和 NOT EXIST 子查询的重写。

例如,具有 IN 子查询的 SQL 语句:

```
SELECT *
FROM t1
WHERE t1.c1 IN (SELECT t2.c2 FROM t2);
```

在子查询中 C2 列上的值不唯一时,以上查询语句的执行计划将被 OceanBase 数据库重写为 SEMI JOIN 运算符执行。

具有 NOT IN 子查询的 SQL 语句:

```
SELECT *
FROM t1
WHERE t1.c1 NOT IN (SELECT t2.c2 FROM t2);
```

则会被重写为 ANTI JOIN 运算符执行。

展开为内连接(INNER JOIN)

当子查询中的输出结果具有唯一性时(通常为主键上的点查询或查询结果为主键列),由于父查询的每个记录至多与子查询中的一个结果记录匹配,因此可以将子查询直接重写为内连接。

例如,对于雇员关系 EMP {ENO, ENAME, BIRTH, SALARY, DNO} 有查询:

```
SELECT *
FROM EMP
WHERE DNO IN (SELECT DNO
              FROM EMP
              WHERE ENO='0001');
```

将会在查询处理时重写为内连接并使用哈希连接或索引连接执行。

ANY/ALL 子查询重写为 MAX/MIN

对于 ANY/ALL 的子查询,如果子查询中没有 GROUP BY 子句、聚集函数以及 HAVING 子句,则可以使用聚集函数 MAX/MIN 进行等价重写,具体对于子查询

```
Val θ ALL/ANY (SELECT col_item FROM tab_name WHERE P )
```

其中 θ 表示比较运算符,col_item 为单独列且有非 NULL 的属性,重写规则如表 5.2 所示。

表 5.2　ANY/ALL 子查询重写规则

比较运算符	ANY/ALL	col_item 上的聚合函数
>	ALL	MAX(col_item)
>=	ALL	MAX(col_item)
<	ALL	MIN(col_item)
<=	ALL	MIN(col_item)
>	ANY	MIN(col_item)
>=	ANY	MIN(col_item)
<	ANY	MAX(col_item)
<=	ANY	MAX(col_item)

将子查询更改为含有 MAX/MIN 的子查询后,再结合使用 MAX/MIN 的重写,可减少重写前对内表的多次扫描。

2)外连接消除。外连接操作可分为左外连接、右外连接和全外连接,外连接消除是指将外连接转换成内连接,从而可以提供更多可选择的连接路径,供优化器考虑。

要进行外连接消除,需要存在"空值拒绝条件",即谓词条件中,存在当内表生成的值为 NULL 时使得输出为"非真"的条件。

例如,有查询:

```
SELECT t1.c1, t2.c2
FROM t1 LEFT JOIN t2 ON t1.c2 = t2.c2
WHERE t2.c2 > 5;
```

以上查询中由于谓词条件中有"t2.c2 > 5",该查询谓词在执行 FROM 语句的左外连接操作后执行,而在左外连接的结果中"t2.c2 > 5"和"t2.c2 IS NULL"不会同时成立,因此可以判断输出结果中不会出现未与右表匹配的左表记录(即 t2.* 都为 NULL)。这样,该左外连接等价于一个内连接,转换为内连接执行将使优化器具有更多的优化选择,如下推选择运算符等。

3）简化条件重写。

HAVING 条件消除

OceanBase 在语法上支持单独使用 HAVING 子句（通常 HAVING 子句需要与 GROUP BY 一起使用），如果查询中没有聚集操作及 GROUP BY，则 HAVING 可以合并到 WHERE 条件中，并将 HAVING 条件删除，从而可以将 HAVING 条件在 WHERE 条件中统一管理优化，并进行进一步相关优化。

等价关系推导

等价关系推导是指利用比较操作符的传递性，推导出新的条件表达式，从而减少需要处理的行数或者选择更有效的索引。OceanBase 数据库可对等值连接进行推导，比如 $a = b$ and $a > 1$ 可以推导出 $a = b$ and $a > 1$ and $b > 1$，如果 b 上有索引，且 $b > 1$ 在该索引上选择度很低，则可以大大提升访问 b 列所在表的性能。

恒真 / 恒假消除

对于如下恒真或恒假条件：

- false AND expr
- true OR expr

可以将这些恒真或恒假条件消除，比如以下 SQL 查询：

```
SELECT *
FROM t1
WHERE 0 > 1 AND c1 = 3
```

其中查询谓词"$0 > 1$ AND $c1 = 3$"中"$0 > 1$"为 false，这使得 AND 表达式为恒假值，所以该 SQL 不用执行可直接返回，从而加快了查询的执行。

4）非 SPJ 重写。对于关系代数中选择（Select）、投影（Project）和连接（Join）运算符以外的其他运算符，OceanBase 数据库提供了以下优化规则。

冗余排序消除

冗余排序消除是指删除 ORDER ITEM 中不需要的项，减少排序开销，以下 3 种情况可进行排序消除：

- ORDER BY 表达式列表中有重复列，可进行去重后排序，例如"ORDER BY c1, c1, c2, c3"中的 c1 列可以消除 1 个，重写后变为"ORDER BY c1, c2, c3"；
- ORDER BY 列中存在 WHERE 中有单值查询条件的列，则对该列排序可删除，例如"WHERE c2 = 5 ORDER BY c1, c2, c3"重写后变为"WHERE c2 = 5 ORDER BY c1, c3"；
- 如果子查询有 ORDER BY 但是没有 LIMIT，且子查询位于父查询的集合操作中，则 ORDER BY 可消除。因为对两个有序的集合做 UNION 操作，其结果是乱序的。但是如果 ORDER BY 中有 LIMIT，则语义是取最大或最小的从某个 OFFSET 开始的 N 个记录，此时不能消除 ORDER BY，否则有语义错误。

LIMIT 下压

LIMIT 下压重写是指将 LIMIT 下降到内联视图（也称为派生表）的子查询中，OceanBase 数据库现在支持在不改变语义的情况下，将 LIMIT 下压到派生表及 UNION 对应的子查询中。

例如：

```
SELECT *
FROM (SELECT *
      FROM t1
      ORDER BY c1) a
LIMIT 1;
```

以上查询可以将"LIMIT 1"下推至内联视图的查询语句中，变为：

```
SELECT *
FROM (SELECT *
      FROM t1
      ORDER BY c1 LIMIT 1) a
LIMIT 1;
```

从而减少中间结果大小，这对于后续的存取查询优化能够生成更优的执行计划。

DISTINCT 消除

对于 DISTINCT 运算符的重写，OceanBase 数据库提供了以下重写规则：

- 如果 SELECT 子句中只包含常量，则可以消除 DISTINCT，并加上 LIMIT 1；
- 如果 SELECT 子句中包含确保唯一性约束的列，则 DISTINCT 能够消除。

（2）基于代价的查询重写

OceanBase 数据库目前支持基于代价的查询重写——或展开（Or-Expansion）。数据库中很多高级的重写规则（比如复杂视图合并和窗口函数重写）都需要基于代价进行重写。

Or-Expansion 把一个查询重写成若干个用 UNION 组成的子查询，这个重写可能会给每个子查询提供更优的优化空间，但也会导致多个子查询的执行，所以这个重写需要基于代价去判断。通常来说，Or-Expansion 的重写主要有如下 3 个作用。

1）允许每个分支使用不同的索引来加速查询。

例如，对于查询 $Q1$ 和 $Q2$：

$Q1$: SELECT * FROM t1 WHERE t1.a = 1 OR t1.b = 1;

$Q2$: SELECT * FROM t1 WHERE t1.a = 1 UNION ALL SELECT * FROM t1.b =1 AND lnnvl(t1.a = 1);

$Q1$ 会被重写成 $Q2$ 的形式，其中 $Q2$ 中的谓词 lnnvl(t1.a = 1) 用于保证这两个子查询不会生成重复的结果。如果不进行重写，$Q1$ 一般来说会选择主表作为访问路径，对于 $Q2$ 来说，如果 t1 上存在索引（a）和索引（b），那么该重写可能会让 $Q2$ 中的每一个子查询选择索引作为访问路径。

2）允许每个分支使用不同的连接算法来加速查询，避免使用笛卡儿连接。

例如，对于查询 $Q1$ 和 $Q2$：

$Q1$: SELECT * FROM t1, t2 WHERE t1.a = t2.a OR t1.b = t2.b;

$Q2$: SELECT * FROM t1, t2 WHERE t1.a = t2.a UNOIN ALL
SELECT * FROM t1, t2 WHERE t1.b = t2.b AND lnnvl(t1.a = t2.a)

$Q1$ 会被重写成 $Q2$ 的形式。对于 $Q1$ 来说，它的连接方式只能是嵌套循环连接算法，但是被重写之后，每个子查询都可以选择嵌套循环连接、哈希连接或者归并，这样会有更多的优化空间。

3）允许每个分支分别消除排序，更加快速地获取 Top *k* 结果。

例如，对于查询 *Q*1 和 *Q*2：

*Q*1: SELECT * FROM t1 WHERE t1.a = 1 OR t1.a = 2 ORDER BY b LIMIT 10;

*Q*2: SELECT * FROM (SELECT * FROM t1 WHERE t1.a = 1 ORDER BY b LIMIT 10 UNION ALL
SELECT * FROM t1 WHERE t1.a = 2 ORDER BY b LIMIT 10) AS temp ORDER BY temp.b LIMIT 10;

*Q*1 会被重写成 *Q*2。对于 *Q*1 来说，执行方式是只能把满足条件的行数找出来，然后进行排序，最终取 Top 10 结果。对于 *Q*2 来说，如果存在索引 (a,b)，那么 *Q*2 中的两个子查询都可以使用索引把排序消除，每个子查询取 Top 10 结果，然后对这 20 行数据进行排序取出最终的 Top 10 行。

2. 分布式计划的生成

OceanBase 数据库的优化器会分两个阶段来生成分布式执行计划。

- 第一阶段，不考虑数据的物理分布，生成所有基于本地关系优化的最优执行计划。在本地计划生成后，优化器会检查数据是否访问了多个分区或者是否是本地单分区表，用户可以用 HINT 语句强制指定采用并行查询执行。
- 第二阶段，生成分布式计划。根据执行计划树，在需要进行数据重分布的地方，插入 EXCHANGE 运算符，从而将原先的本地计划树变成分布式计划。

在 OceanBase 数据库中，SQL 查询的分布式计划生成过程就是在原始计划树上寻找恰当的位置插入 EXCHANGE 运算符的过程，在自顶向下遍历计划树时，需要根据相应运算符的数据处理的情况以及输入算子运算符的数据分区情况，决定是否需要插入 EXCHANGE 运算符。

EXCHANGE 运算符是需要进行跨作业数据传递的运算符，具体分为如下两类：

- EXCHANGE OUT 运算符负责生产数据；
- EXCHANGE IN 运算符负责消费数据。

下面介绍 OceanBase 数据库所采用的主要运算符。

（1）单输入可下压运算符

单输入可下压运算符主要包括 AGGREGATION、SORT、GROUP BY 和 LIMIT 运算符等，除 LIMIT 运算符以外，其余所列举的运算符都会有一个操作的键，如果操作的键和输入数据的数据分布是一致的，则可以做一阶段聚合操作，即 Partition Wise Aggregation。如果操作的键和输入数据的数据分布是不一致的，则需要做两阶段聚合操作，聚合运算符需要做下压操作。

（2）二元输入运算符

在 OceanBase 数据库中，二元运算符主要考虑 JOIN 算子的情况。对于 JOIN 来说，基于规则生成分布式执行计划和数据重分布的方法主要有 3 种。

- PARTITION-WISE JOIN：当左右表都是分区表且分区方式相同、物理分布一样，

JOIN 的连接条件为分区键时，可以使用以分区为单位的连接方法。

- PARTIAL PARTITION-WISE JOIN：当左右表中一个表为分区表，另一个表为非分区表，或者两者皆为分区表但是连接键仅和其中一个分区表的分区键相同时，会以该分区表的分区分布为基准，重新分布另一个表的数据。
- 数据重分布：在连接键和左右表的分区键都没有关系的情况下，由于一些实现的限制，当前会生成将左右表的数据都重新分布到一台计算节点上再执行连接的计划。可以根据规则计算来选择使用广播方式还是数据重分布方式。

3. 分布式执行计划调度

分布式执行计划的简单调度模型为，在计划生成的最后阶段，以 EXCHANGE 节点为界，拆分成多个子计划，每个子计划被封装成为一个 DFO（Data Flow Operation），在并行度大于 1 的场景下，会一次调度两个 DFO，依次完成 DFO 树的遍历；在并行度等于 1 的场景下，每个 DFO 会将产生的数据存入中间结果管理器，按照后序遍历的形式完成整个 DFO 树的遍历。

（1）单 DFO 调度示例

如图 5.42 所示，除 ROOT DFO 外，DFO 树在垂直方向上分别被划分为 0、1、2 个 DFO，从而后序遍历调度的顺序为 0 → 1 → 2，即可完成整个计划树的迭代。

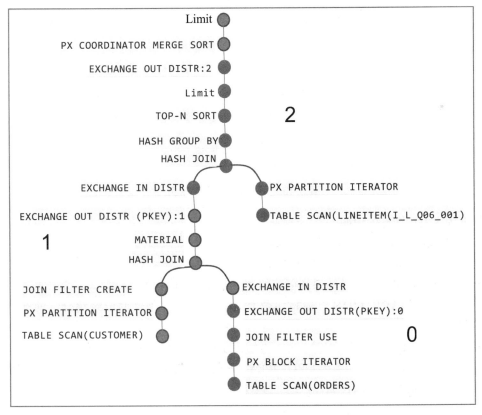

图 5.42 单 DFO 调度示例

（2）两个 DFO 调度示例

对于并行度大于 1 的计划，调度方式会采用两 DFO 调度。图 5.43 为查询计划执行两 DFO 调度：除 ROOT DFO 外，DFO 树被划分为 3 个 DFO，调度时会先调 0 和 1 对应的 DFO，待 0 号 DFO 执行完毕后，会再调度 1 和 2 号 DFO，依次迭代完成执行。

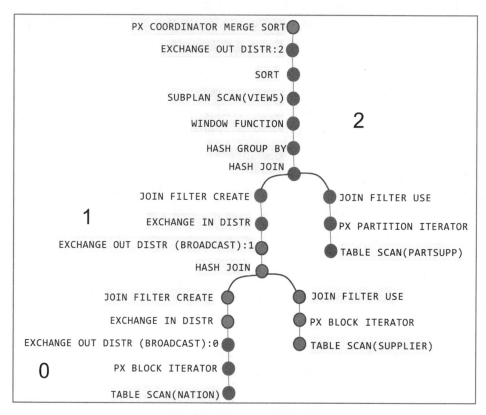

图 5.43 两个 DFO 调度示例

以下为主要运算符的说明。

- PX BLOCK ITERATOR：把表分成多个分片。
- JOIN FILTER CREATE：创建 Bloom Filter 的过程。
- JOIN FILTER USE：使用系统创建的过滤器进行布隆过滤。
- WINDOW FUNCTION：窗口函数就是在满足某种条件的记录集合上执行的特殊函数。
- SUBPLAN SCAN（VIEWS）：用于展示优化器从哪个视图访问数据。
- HASH GROUP BY：基于 GROUP BY 的列建立哈希表，然后基于该哈希表找出对应的记录，提高数据库性能。

5.9 本章小结

分布式查询处理是分布式数据库的重要组成部分，决定着数据库系统的查询性能。本章首先介绍了查询处理的目标、查询优化的意义和优化的基本概念，之后讨论了分布式查询处理器，包括查询处理器的描述特性、查询处理器的功能层次，使人们对查询处理器有了全面了解，尤其是分布数据库中查询处理器所具有的特性。本章重点阐述了查询处理器的查询分解和数据局部化过程。在查询分解过程中，从查询规范化、分析、约简，到查询重写，优化始终贯穿于其过程。数据局部化也是分布式数据库特有的步骤，是将基于全局关系的分布式查询转换为面向片段的局部查询。在数据局部化过程中，片段查询也需要进行相应的重写优化过程，保证转换后的片段查询具有简单且完好的形式。转换后的查询是基于代价的查询存取优化的输入。最后介绍了大数据系统中的查询处理和优化的方法，主要介绍了基于键值模型、列存储模型、文档模型等主要数据模型的查询处理方法，支持大数据查询处理与分析的分布式处理框架，以及 HBase、Spanner、OceanBase 典型的大数据系统的查询优化技术。第 6 章将介绍基于代价的查询存取优化和局部优化过程。

习题

1. 在查询分解中，有两种谓词规范表示形式：AND 形式和 OR 形式。请问为什么给出规范化形式？作用是什么？请对比两种形式的执行策略。
2. 对比查询优化的过程图和查询处理层次图，分析并说明它们之间的对应关系。
3. 针对查询处理器的几个主要特性，说明各个特性的含义以及在查询处理中如何体现各个特性的优势。
4. 依据第 3 章习题 5，进行如下操作：要求查询基础学院校区的学生的学号（Sno）、姓名（Sname）、课号（Cno）、课名（Cname）和成绩（Grade）。
   1）写出在全局模式上的 SQL 查询语句，并转换成相应的关系代数表达式，画出查询树；
   2）进行分布查询优化，画出优化后的查询树，要求给出中间转换过程；
   3）进行分片优化，画出优化后的分片查询树，要求给出中间转换过程。
5. 依据第 3 章习题 6，进行如下操作：
   1）要求查询 Title>8 的雇员的信息和他们的销售信息（Eno（雇员编号），Ename（姓名），Pno（商品编号），num（数量），date（日期））。写出在全局模式上的 SQL 查询语句，并转换成相应的关系代数表达式，画出分布查询树；
   2）进行分布查询优化，画出优化后的分布查询树，要求给出中间转换过程；
   3）进行分片优化，画出优化后的分片查询树，要求给出中间转换过程。
6. 假设关系 R、S、T 的数据量分别为 m、n、l，估计连接操作 $R(A, B) \bowtie S(B, C) \bowtie T(C, D)$ 在使用基于 Hadoop 的多关系连接算法时的数据传输量。

7. 对比分析 HBase、Spanner、OceanBase 使用的查询优化机制的特点与其系统存储结构之间的关系。

参考文献

［1］ 张俊林. 大数据日知录：架构与算法 [M]. 北京：电子工业出版社，2014.

［2］ 郭鹏. Cassandra 实战 [M]. 北京：机械工业出版社. 2011.

［3］ 胡争，范欣欣. HBase 原理与实践 [M]. 北京：机械工业出版社，2020.

［4］ SADALAGE P J, FOWLER M. NoSQL 精粹 [M]. 爱飞翔，译. 北京：机械工业出版社，2014.

［5］ WHITE T. Hadoop 权威指南：原书第 2 版 [M]. 周敏奇，王晓玲，金澈清，等译. 北京：清华大学出版社，2011.

［6］ OceanBase 数据库概览 [EB/OL]. https://www.oceanbase.com/2021-03-10, 2021.

［7］ OceanBase 数据库官方文档 [EB/OL]. https://www.oceanbase.com/docs, 2021.

［8］ BERNSTEIN P A, GOODMAN N, WONG E, et al. Query processing in a system for distributed databases (SDD-1)[J]. ACM Transactions on Database System, 1981, 6(4):602-625.

［9］ CERI S, PELAGATTI G. Correctness of query execution strategies in distributed databases[J]. ACM Transaction Database System,1983, 8(4):577-607.

［10］ CERI S, GOTTLOB G, PELAGATTI G. Taxonomy and formal properties of distributed schemes[J]. IEEE Transactions, Software Engineering,1983, SE-9(4):487-503.

［11］ DEAN J, GHEMAWAT S. MapReduce: simplified data processing on large clusters[J]. Communications of The ACM, 2008, 51(1): 107-113.

［12］ FRANKLIN M J, JONSSON B T, Kossman D. Performance Tradeoffs for Client-Server Query Processing[C]//Proc. of SIGMOD. New York: ACM, 1996: 146-160.

［13］ OZSOYOGLU Z M, ZHOU N. Distributed Query Processing in Broadcasting Local Area Networks[C]//Proc. of 20th Hawaii Int.Conf. on System Sciences, 1987: 419-429.

［14］ ROSENKARANTZ D J, HUNT H B. Processing Conjunctive Predicates and Queries[J]. PVLDB, 1980: 64-72.

［15］ SACCO M S, YAO S B. Query Optimization in Distributed Data-Base Systems. Advances in Computers[J]. Academic Press, 1982(21): 225-273.

［16］ SELINGER P G, ASTRAHAN M M, CHAMBERLIN D D, et al. Access Path Selection in a Relational Database Management System [C]//Proc. of SIGMOD. New York: ACM, 1979: 23-34.

[17] SWAMI A. Optimization of Large Join Queries: Combing Heuristics and Cmbinatorial Techniques[C]//Proc. of SIGMOD. New York: ACM, 1989: 367-376.

[18] ULLMAN J D. Principles of Database and Knowledge Base Systems (2nd edition)[M]. Rockville: Computer Science Press, 1982.

[19] WILLIAMS R, DANIELS D, HAAS L, et al. R*: An Overview of the Architecture [C]// Proc. of 2nd Int. Conf. on Databases. New York: IEEE, 1982: 1-28.

[20] CORBETT J C, JEFFREY D, MICHAEL E, et al. Spanner: Google's Globally-Distributed Database[C]//Proc. of OSDI. CA: USENIX, 2012.

C H A P T E R 6

第 **6** 章

查询存取优化

在第 5 章中，我们介绍了分布查询处理和优化及其遵循的规则，其内容主要是基于规则的优化方法。本章将详细介绍在各类大数据库系统中分布式查询的存取优化方法，即基于代价的优化方法。在分布式数据库中，分布查询处理和优化需要将全局关系等价变换到片段关系，再将分布式查询树转换为片段查询树。这一过程类似于集中式的 RDBMS 中生成查询的逻辑查询计划（Logic Query Plan），其中所涉及的变换都是在逻辑基础上进行的，如将一元运算符放到运算符树的叶子上，主要分为基于规则的优化和基于代价的优化。在存取优化中，主要涉及从查询场地发出查询命令、从数据源获取数据、确定最佳的执行场地和返回执行结果几个步骤，优化过程中需要根据对查询运算符物理执行算法代价评估，从而选择一个最优的查询执行方案，即物理查询计划（Physical Query Plan）。这里所说的"优化"事实上是相对"较好"的意思，因为一个查询优化策略的选择对于包含多个关系的复杂查询而言是一个 NP 问题。将数据分布式存储进一步提高了优化的复杂性，因此在优化中需要经常依赖于对处理环境进行的简单假设选择一个接近于最优的执行策略。

在查询请求被转换为关系代数描述的逻辑查询计划后，我们需要使用逻辑查询计划生成物理查询计划，即指明要执行的物理操作，以及这些操作执行的顺序和执行操作时使用的算法。在集中式数据库中，产生物理查询计划主要通过估计每个可能选项的预计代价，并从中选择代价最小的选项实现。其中，代价估计主要是考虑基于关系运算符算法所需的磁盘 I/O 数量。而在分布式环境下的物理查询计划代价的评估方法中，必须要考虑数据传输所产生的费用，尤其是查询中有连接运算将使代价的估计变得更加复杂。对于分布式查询中选择和投影操作的存取优化方法，可以使用集中式数据库中的方法。对于十分常用且代价较高的连接操作，在分布式查询连接操作算法中，针对不同的执行环境（广域网和局域网）主要分为两类：基于半连接的优化方法和基于直接连接的枚举法优化方法。

由于硬件技术的发展和大数据应用需求的变化，分布式数据库在体系结构和数据模型上的变化也促进了查询存取优化方法的发展。新一代分布式数据库系统主要面对的是海量且高速增长的数据集合，其系统往往部署在集中场地的大规模服务器集群上，节点间采用高速局域网连接，查询方式则直接针对数据模型和存储模型。对于大数据库查询的存取优化方法，除了利用第 4 章中所介绍的索引结构和缓存机制之外，也可以通过改进生成物理查询计划的算法提高查询处理的效率。

本章首先介绍存取优化涉及的相关基本概念，给出数据库中与存取优化算法相关的特征参数和查询代价模型，以及采用半连接操作的优化方法和枚举法优化技术；其次，讲述集中式的查询优化方法，其中包括集中式数据库物理查询计划的选择，以及 INGRES 和 System R 所采用的优化策略；再次，介绍分布式查询优化技术，主要讨论分布 INGRES、SDD-1 优化方法和 R* 优化方法，以及当前面向大数据的分布式数据库系统的优化方法，并给出一个 Oracle 分布式数据库的存取优化案例；最后，我们将基于多个大数据的分布式数据库系统，介绍这些系统中对于查询所采用的存取优化技术。

6.1　基本概念

无论是在集中式数据库系统中还是在分布式数据库系统中，查询优化始终是研究的热点问题。在对查询的处理中，存取优化的目的主要是为查询生成一个代价最小的执行策略，其执行的前提是查询已经被解析为关系代数描述的逻辑查询计划。与集中式查询相比，分布式查询的存取优化增加了新的特征，如数据传输的代价、多场地执行等，这些都增加了查询优化的复杂性，因此其考虑的问题和实现的目标都不同于集中式查询。本节主要对传统分布式数据库的存取优化相关基本概念进行介绍，而对于面向大数据的分布式数据库查询执行与处理将在 6.8 节中详细介绍。

6.1.1　分布查询的执行与处理

从全局的视角看，传统分布式数据库的分布查询执行过程实际上就是从查询场地发出查询命令、从源数据场地获取数据、确定最佳的执行场地和返回执行结果的过程，如图 6.1 所示。

图 6.1　分布查询执行过程

在分布查询执行中主要涉及三个场地，包括：

- 查询场地：指发出查询命令和存储最终查询结果的场地。查询场地也称为最终结果文件。
- 源数据场地：指查询命令需要访问的数据副本所在的场地，可能涉及一个或一个以上的场地。源数据场地也称为源数据文件。
- 执行场地：指查询操作执行所在的场地。执行场地可以和查询场地或源数据场地处于同一场地，也可不处于同一场地。执行场地也称为中间结果文件。

当查询场地一定时，选择不同的源数据场地（采用复制式分配模式时）和执行场地，查询执行的效率会存在一定差异。因此，必须考虑场地选择的优化，即查询的存取优化。下面通过例 6.1 看一下存取场地选择对执行效率的影响。

例 6.1　假设在分布式数据库系统中有全局关系雇员 EMP 和部门 DEPT：

- EMP {ENO, ENAME, BIRTH, SALARY, DNO}
- DEPT{DNO, DNAME}

其中关系 EMP 和 DEPT 有如下特性：

- 在 EMP 中，元组数为 10 000，元组平均大小为 100B，因此关系的大小为 $100 \times 10\ 000$ = 1000KB；
- 在 DEPT 中，元组数为 100，元组平均大小为 35B，因此关系的大小为 35×100= 3.5KB；
- 查询涉及的三个场地分别是 S_1、S_2 和 S_3，其中 S_1 存储关系 EMP，S_2 存储关系 DEPT，S_3 为查询场地，如图 6.2 所示。

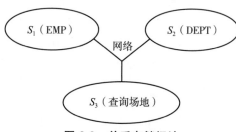

图 6.2　关系存储场地

现在要查询每个雇员的姓名 ENAME 及所在单位名称 DNAME。要执行该查询，首先使用 SQL 语句进行描述，具体如下：

```
SELECT  ENAME, DNAME
FROM EMP, DEPT
WHERE EMP.DNO=DEPT.DNO
```

解析成对应关系代数表达式为：

$$\Pi_{\text{ENAME, DNAME}}(\text{EMP} \infty \text{DEPT})$$

现在我们假设查询结果元组的大小为 40B，S_3 为查询场地，查询结果的大小为 $40 \times 10\ 000$ = 400KB。对于这一查询可以有三种执行策略，假设执行代价主要由传输代价决定，下面我们来比较不同查询存取策略的执行代价。

- 策略 1：选择 S_3 为执行场地，需要传输关系 EMP 和 DEPT 到 S_3，查询结果则无须传输。设 Size(R) 表示关系 R 的大小，即字节数。数据的传输量 = Size(EMP)+ Size(DEPT)= 1000KB+3.5KB=1003.5KB。
- 策略 2：选择 S_2 为执行场地，则需传输关系 EMP 到 S_2，再将结果 R 传输到场地 S_3。数据的传输量 = Size(EMP)+ Size(R)=1000KB+400KB=1400KB。
- 策略 3：选择 S_1 为执行场地，则需传输关系 DEPT 到 S_1，再将结果 R 传输到场地 S_3。数据的传输量 = Size(R)+ Size(DEPT)=3.5KB+400KB=403.5KB。

从以上三种执行策略的结果可以看出，选择不同的执行场地对传输代价的影响很大。在实际应用中，通常选择执行代价小的策略，以提高查询效率。为此，需要尽可能多地生成执行策略，并通过代价评估选择其中的最优策略，这就是存取优化的基本内容。但是，由于组成系统的环境不同，优化的侧重点也会不同。

6.1.2　查询存取优化的内容

在查询处理过程中，从根据规则对关系代数表达式的等价变换，到片段模式的片段查询优化，再到查询执行计划的选择，以及最后局部优化中的物理查询计划生成，以上这些工作都属于查询优化的内容。其中，以查询执行计划的选择对查询的执行效率的影响最为显著，也最为复杂。

查询存取优化的内容就是将片段查询的关系代数表达式转换为可能物理查询计划的执行策略，再通过代价评估选择最优的执行计划作为最终的分布式查询执行计划。

在存取优化中，对于片段查询执行策略的选择主要涉及三方面的内容。

（1）确定片段查询所需访问的物理副本

一般来说，在执行同样的查询时，对每一个片段尽可能选取相同的物理副本，而对涉及同一片段的不同子查询则可以在其不同的物理副本上执行。在查询优化时，对于物理副本的选择通常采用以下几种启发式规则。

- 本场地上的物理副本优先。由于在分布式查询处理中，数据通信代价是影响总执行代价的重要因素，因此选择本场地上的物理副本可以减少通信代价。
- 如果二元运算存在，则尽可能选择在本场地上执行的二元运算。这一规则的目的同样是减少通信代价，因为在一般情况下，执行连接操作后的结果集合的大小要小于两个连接关系的大小。
- 数据量最小的物理关系应被优先选中。
- 网络通信代价小的应被优先选中。在选择物理副本时，不但要考虑副本的大小，还要考虑网络带宽对通信代价的影响，因为通信代价的计算涉及传输的数据量和两场地之间的网络带宽。

（2）确定片段查询表达式中操作符的最优执行顺序

片段查询的关系代数表达式可以使用逻辑查询计划树来描述。由查询分解与变换所产生的逻辑查询计划树基本上定义了部分操作符的执行顺序，即按照从树的叶子到根的顺序执行。但在查询优化中还要定义在同一层上操作符的执行顺序。对于连接、半连接和并操作等二元运算，操作符的执行顺序的选择对其执行代价的影响很大，为此要尽可能选择最优的执行顺序。而对于一元运算操作符则比较容易确定最优的执行顺序。这里需要注意的是，从树的叶子开始逐步往上执行并不一定是最好的执行顺序，例如多个关系间的连接操作。

（3）选择执行每个操作符的方法

为每个操作符指定合适的物理查询计划，即场地上的数据库存取方法的选择。尽可能将同一场地上对同一物理副本的全部操作，在一次数据库访问后一起执行。例如，对于一个关系的选择和投影操作可以同时执行。一般来说，操作符执行方法的选择可以采用集中式数据库中的方法。但是，对于连接操作，其执行方法的选择相对比较困难，因为对于不同系统和环境有其自身的特殊性。

在查询优化中，以上三个方面彼此间不是互相独立而是互相影响的。例如，操作符的执行顺序会影响中间结果关系的大小，而参与操作符运算的关系的大小会影响执行操作符的算法，同样物理副本的选择会影响操作符的执行顺序。因此，单独考虑某一方面会导致无法获得较好的执行策略。在具体优化时，通常以操作符的执行顺序作为优化的重点，同时考虑其他两方面的内容。因为对于物理副本，可以基于规则进行选择，而对于操作符的执行方法，需要根据其依赖的系统确定。

6.2　存取优化的理论基础

在分布式查询存取优化中，执行计划的生成主要决定于对其查询执行计划的代价估计。本节主要介绍与代价估计相关的查询代价模型，以及查询模型中的数据库特征参数与关系运算特征参数的概念和计算方法。这些内容是理解查询优化中执行计划的基础。

6.2.1　查询代价模型

在集中式数据库系统中，查询的执行代价模型主要涉及 CPU 代价和磁盘 I/O 代价。由于磁盘 I/O 代价要远远高于 CPU 代价，因此在通常情况下查询优化中仅使用 I/O 代价作为计算查询执行代价的参数。但是，对于分布式查询的代价模型，除包含局部查询的 CPU 代价和磁盘 I/O 代价之外，还包括通信代价。因此，对于集中式和分布式查询的代价可以用以下模型计算：

- 集中式查询：$C_{Total} = C_{cpu} + C_{IO}$
- 分布式查询：$C_{Total} = C_{cpu} + C_{IO} + C_{com}$

其中，C_{Total} 表示查询执行的总体代价，C_{cpu} 表示 CPU 代价，C_{IO} 表示磁盘 I/O 代价，C_{com} 表示查询中的通信代价。下面介绍每一种代价的具体计算模型。

1. 通信代价

通信代价是分布式查询所特有的，主要由场地间的信息通信和数据传输所产生。通信代价中涉及两种因素：数据传输费用和通信延迟。其中，数据传输费用对通信代价起决定作用，因此一般使用数据传输费用衡量通信代价，即以尽可能使传输的数据量最小为优化目标。

通信代价的计算模型通常使用以下公式：

$$C_{com}(X) = C_{init} + C_{tran}*X$$

其中：

- C_{init} 为场地间传输数据时启动所需的时间代价，简称启动代价。具体数值由通信系统决定，由于一次数据传输仅发生一次，因此可以看作一个常量。
- C_{tran} 为网络通信中传输单位数据量所发生的时间代价，简称单位传输代价。该数值由网络的传输速率决定，通常以字节数 / 秒为单位。
- X 为网络通信中数据的传输量，这里需要以字节数为单位。

2. 磁盘 I/O 代价

磁盘 I/O 代价主要指在执行局部查询时对磁盘进行数据的读取或写入所需的时间代价。对于集中式数据库系统，由于所有操作访问的是相同的磁盘，且代价估计仅考虑 I/O 代价，因此通常使用 I/O 次数作为磁盘 I/O 的代价。但是，在分布式系统中，需要同时考虑通信代价等，因此需要计算磁盘 I/O 的具体执行时间。常用的计算模型为：

$$C_{IO}(X) = N_{IO}(X)*C_{disk}$$

其中：

- C_{disk} 表示执行一次磁盘 I/O 操作所需的时间；
- X 表示要读 / 写的数据大小；
- $N_{IO}(X)$ 表示查询中所需对数据按块（或称为页面）进行读取或写入的次数。关于查询所需磁盘 I/O 的计算涉及关系的存储方法等多方面因素，其计算方法十分复杂，具体内容可以参考文献 [2]。

由于磁盘的结构特征和工作原理，访问磁盘上大小同样为 4KB 但位置不同的两个页面时，所需的执行时间通常是不同的。这里所说的磁盘 I/O 访问时间实际上是"平均"等待时间，即平均磁盘 I/O 时间，主要由平均寻道时间、平均旋转等待时间和传输时间所构成。

3. CPU 代价

CPU 代价指查询过程中 CPU 用于处理查询相关指令所需的时间，计算模型为：

$$C_{cpu}(X) = X * C_{inst}$$

其中：

- X 表示 CPU 指令的数量；
- C_{inst} 表示执行一个 CPU 指令所需的时间。

基于以上三个代价模型，分布式查询计划的总体执行代价计算公式可以转换为：

$$C_{Total} = X_{inst} * C_{inst} + X_{IO} * C_{disk} + C_{init} * X_{tran} + C_{tran} * X_{com}$$

其中 X 分别表示 CPU 指令数量、磁盘 I/O 的数量、数据通信的次数和通信的数据量。

在实际的代价估计中，可以根据系统环境对总体代价模型进行调整。通常采用的调整策略有以下三种：

- 在执行磁盘 I/O 所花费的时间比操作内存数据花费的时间长很多时，局部查询的执行代价可以认为近似等于磁盘 I/O 代价，因此在总代价的估算中可以不考虑 CPU 代价；
- 当系统环境为通信带宽较低的广域网时，通常有 $C_{com}(X)/C_{IO}(X) = 20 : 1$，因此查询代价的估计以通信代价 C_{com} 为主；
- 当系统环境为通信带宽较高的局域网时，通常有 $C_{com}(X)/C_{IO}(X) = 1.6 : 1$，因此查询代价的估计需要综合考虑通信代价 C_{com} 和 I/O 代价 C_{IO}。

这里需要注意总查询代价和响应时间这两个概念之间的不同。总查询代价是指查询相对于整个分布式数据库系统的执行开销总和，而响应时间是查询处理所需的具体执行时间。下面通过例 6.2 来理解这两个概念。

例 6.2　如图 6.3 所示，场地 S_1 和场地 S_2 分别有关系 R 和 S，现在同时有两个查询请求 $Q1$ 和 $Q2$。$Q1$ 的查询计划为：先在关系 R 和 S 上执行选择操作，之后将数据传输至场地 S_3 执行连接操作。$Q2$ 的查询计划为：先在关系 R 和 S 上执行投影操作，之后将数据传输至场地 S_4 上执行连接操作。这里我们仅考虑磁盘 I/O 代价和通信代价。

对于查询 $Q1$ 和 $Q2$，各自的查询代价包括在 S_1 和 S_2 上执行局部查询处理的磁盘 I/O 代价和传输数据至 S_3 与 S_4 的两次（传输关系 R 和 S）通信代价，则总执行代价分别为：

- $C_{Total}(Q1) = C_{disk} * (N_{IO}(\sigma(R)) + N_{IO}(\sigma(S))) + C_{init} * 2 + C_{tran} * (X(\sigma(R)) + X(\sigma(S)))$

- $C_{\text{Total}}(Q2) = C_{\text{disk}}*(N_{\text{IO}}(\Pi(R)) + N_{\text{IO}}(\Pi(S))) + C_{\text{init}}*2 + C_{\text{tran}}*(X(\Pi(R)) + X(\Pi(S)))$

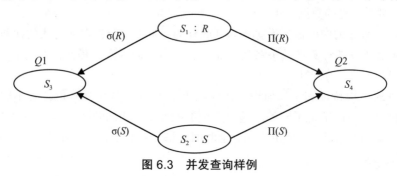

图 6.3　并发查询样例

　　若两个场地的查询和数据传输可以采用并行方式执行，则查询 Q1 和 Q2 的响应时间可以近似用以下公式计算：

- $T_{\text{Total}}(Q1) = C_{\text{init}}+\text{MAX}\{C_{\text{disk}}*N_{\text{IO}}(\sigma(R)) + C_{\text{tran}}*X(\sigma(R)), C_{\text{disk}}*N_{\text{IO}}(\sigma(S))+C_{\text{tran}}*X(\sigma(S))\}$
- $T_{\text{Total}}(Q2) = C_{\text{init}}+\text{MAX}\{C_{\text{disk}}*N_{\text{IO}}(\Pi(R)) + C_{\text{tran}}*X(\Pi(R)), C_{\text{disk}}*N_{\text{IO}}(\Pi(S))+C_{\text{tran}}*X(\Pi(S))\}$

　　从这个例子中可以看出，查询的响应时间不等于查询代价。使用并行方式执行查询能够减少查询的响应时间，但并不能保证查询代价最小。因为在两个查询的并行操作涉及同一场地的同一关系时，可能增加局部处理代价和网络通信代价，例如在 S_1 上同时执行 $\sigma(R)$ 和 $\Pi(R)$ 两个操作时，会因并发控制而产生更多的执行代价和通信代价。但选择查询代价最小的执行计划可以提高系统的整体吞吐率。因此，在实际的查询优化中，需要综合考虑响应时间和查询代价。

6.2.2　数据库的特征参数和统计信息

　　为了准确地估计出执行策略的代价，我们需要通过统计方法获得数据库中关系的一些重要特征参数和统计信息，以便估算出局部处理的代价和中间结果的大小，其中中间结果的大小通常决定了网络通信代价和后续运算符的物理执行算法。数据库的特征参数和统计信息能够帮助优化器快速获得较为准确的执行代价。

1. 基础特征参数和统计信息

对于一个给定的关系 R，常用的数据库特征参数和统计信息包括：

- 关系的基数：指关系 R 所包含的元组个数，记为 Card(R)。
- 属性的长度：指关系 R 中属性 A 的取值所占用的平均字节数，记为 Length(A)。
- 元组的长度：指关系 R 中每个元组占用的平均字节数，记为 Length(R)。这里有 Length(R)=$\sum$Length(A_i)。
- 关系的大小：指关系 R 的所用元组包含的字节数，记为 Size(R)，可以通过 Card(R)*Length(R) 计算获得。
- 关系的块数：指包含关系 R 所有元组所需的块的数量，记为 Block(R)。该参数主要用于对磁盘 I/O 的估计。

- 属性不同值：指关系 R 中属性 A 在所有元组中不同属性值的个数，记为 $\text{Val}(R, A)$。如果 A 对应的是 R 上的一个属性列表，则 $\text{Val}(R, A)$ 是关系 R 中属性列表 A 上对应列的不同取值元组的数量，相当于 $\delta(\Pi_A(R))$ 中元组数量，δ 为消除重复元组操作。
- 属性的值域：指属性 A 的取值范围，记为 $\text{Dom}(A)$。
- 属性 A 的最大值和最小值，记为 $\text{Max}(A)$ 和 $\text{Min}(A)$。

以上这些数据库特征参数在系统运行期间经常被定期地统计，以便帮助查询优化器准确地选择查询的执行策略。

2. 大数据库的统计信息

在分布式的大数据库系统中，由于数据规模比集中式数据库更庞大，因此导致频繁地扫描关系表获得统计信息的代价更加高昂，这会严重影响系统的整体性能，另外，过于简要的统计信息会导致代价估计与实际执行代价具有较大偏差，因此无法获得最优执行计划。为此，分布式数据库通常采用直方图（Histogram）、Count-Min Sketch 等作为统计信息，以实现在保证维护代价的基础上提高统计信息精度。

（1）直方图

直方图是用于对数据分布情况进行描述的工具，主要对可排序的数据值按大小进行分桶，不同的分桶策略的统计误差特性会有所不同。常用的直方图包括等高直方图、等宽直方图和最频繁值直方图（Top Frequency Histogram）。等宽直方图也叫频率直方图（Frequency Histogram），是将列的取值区间划分成宽度相等的区间，统计每个间隔中对应值的数量作为直方图高度。等高直方图是将列的数值划分成多个桶，每个桶对应一个连续区间，桶中的值数量尽可能相等。相比于等宽直方图，等高直方图的优势在于在最坏的情况下也可以保证较小的误差，因此 TiDB 分布式数据库系统主要使用等高直方图。最频繁值直方图则只对最频繁出现的列值进行计数，其余取值认为是均匀分布，这类直方图对于具有较高数据倾斜的列有较好的统计效果。

例 6.3 假设有数据值集合 {1.1, 1.9, 1.9, 1.9, 2.0, 2.4, 2.6, 2.6, 2.6, 2.8, 3.5, 3.8, 3.8, 3.8, 4.4, 4.7, 5.2, 5.5, 5.9, 6.3}。由数据生成桶宽为 1.5 的等宽直方图如图 6.4a 所示，其中的数值按 1.5 的区间间隔分桶并统计每个桶中数值的频数。由数据生成的等高直方图如图 6.4b 所示，其中每个桶中的数值数量都是 5，同时根据桶中数据的取值决定桶覆盖的间隔。而对于最频繁值直方图，则只统计最频繁出现的三个值的频数（1.9, 3）、（2.6, 3）、（3.8, 3）。

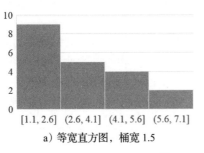

a）等宽直方图，桶宽 1.5

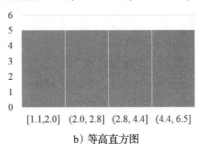

b）等高直方图

图 6.4 直方图样例

（2）Count-Min Sketch

Count-Min Sketch 用于快速返回一个元素的出现频率，其结构设计上可以被认为是一个计数布隆过滤器。Count-Min Sketch 的思想是使用一个长度为 n 的整数数组，不存储所有不同的元素，只存储它们的 Sketch 的计数。

Count-Min Sketch 对于数据集合中的一个元素，使用哈希函数获得 $0 \sim n - 1$ 之间的数作为对应的位置索引值并将数组对应位置的计数值加 1，这样对于某个元素出现的频数，只要通过哈希查看数组对应位置的计数值就可以了。然而由于哈希函数的冲突问题，在元素不同取值数量较多时会增加冲突的概率，两个不同取值一旦哈希到同一个位置将导致频率的统计值偏大。为了解决该问题，在使用 Count-Min Sketch 时通常使用多个数组，每个数组对应一个哈希函数来计算元素在数组中的位置索引，当要查询某个元素的频率时，在每个数组中的计数值中找到对应的索引值并选择其中最小值作为该元素的估计值。

例 6.4　如图 6.5 所示，元素 A、B、C 使用哈希函数计算的位置索引分别通过计数的方式存储在三个哈希函数对应的数组中。当在查询元素 A 的频数时，从三个数组中对应索引位置读出的数值分别是 4、12、4，因此使用 4 作为元素 A 的频数估计值。

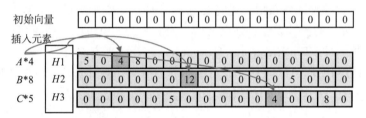

图 6.5　Count-Min Sketch 样例

6.2.3　关系运算的特征参数

基于以上数据库特征参数，我们能够估计出关系运算的结果关系的特征参数，这对于查询优化中评价查询执行计划的通信代价和磁盘 I/O 代价都十分重要。特征参数主要用于选择最优的执行策略，为此特征参数的估计要具有以下特性。

- 尽可能准确地估计结果。
- 易于计算的估计方法。估计特征参数的执行代价不能过高，不要影响查询优化的执行时间。
- 独立的逻辑估计结果，即对特征参数的估计不依赖于关系运算的物理执行计划。

由于估计特征参数的目标并不是准确地估计每一个特征参数的大小，而是帮助选择执行策略，因此一般采用一些简化的估计策略，在保证近似的估计结果基础上降低参数估计的执行代价。为此，在特征参数的估计中通常引入两个假设以简化问题，尽管它们很少符合实际应用的情况。

- 属性之间是互相独立的，即一个属性上的值不会影响其他属性。

- 属性的取值是均匀分布的。

在数据库的查询优化中,通常对关系属性的所有取值做了一个假设:属性的取值按照均匀分布的方式出现在关系元组中。然而,在实际应用中这种情况很少出现,许多属性的取值是近似服从 Zipfian 分布的,这种分布的特点是第 i 个最频繁值的出现频率正比于 $1/\sqrt{i}$。

对于取值为非均匀分布的属性,在特征参数的计算中可以使用直方图的方式统计属性取值。这种方法能够在非均匀分布的属性上更准确地估计关系运算的结果。

我们用 S 表示一元运算在关系 R 上的结果关系,用 T 表示二元运算在关系 R 和 S 上的结果关系。下面将给出各种关系代数运算符的结果关系特征参数的计算方法。

1. 选择运算

选择运算能够减少元组的数目,同时每个元组的长度保持不变,其相关的特征参数如下。

（1）基数

对于选择运算,使用一个选择度 ρ 来表示满足选择谓词条件的元组数量占原关系元组数量的比例。对于选择运算的结果关系基数有:

$$\mathrm{Card}(S) = \rho * \mathrm{Card}(R)$$

选择度 ρ 的具体计算方法主要由选择条件和涉及属性的特征参数所决定,可以分为以下几种情况。

1）等值比较。在等值比较的选择条件中,有 $S=\sigma_{A=X}(R)$,其中 A 是 R 的属性,X 是常数,则选择度 ρ 的估计值为 $1/\mathrm{Val}(R, A)$,对应的结果关系基数为:

$$\mathrm{Card}(S) = \mathrm{Card}(R)/\mathrm{Val}(R, A)$$

2）非等值比较。估计非等值比较的结果关系基数比较困难,其形式为 $S=\sigma_{A<X}(R)$。非等值比较的结果关系基数估计方法可以分为两种。

一种方法是认为非等值比较的查询结果倾向于产生比一半更少的元组,因此通常假设非等值比较的选择度为 1/3,则有:

$$\mathrm{Card}(S) = \mathrm{Card}(R)/3$$

这种估计方法适合于没有更多数据库特征参数的条件下对选择运算结果的估计。

另一种方法是使用属性的特征参数最大值 $\mathrm{Max}(A)$ 和最小值 $\mathrm{Min}(A)$ 对非等值比较的查询结果进行估计。这种估计方法相对更加精确,具体有:

- 当选择条件为 $A > X$ 时,$\mathrm{Card}(S) = (\mathrm{Max}(A) - X)/(\mathrm{Max}(A)-\mathrm{Min}(A)) * \mathrm{Card}(R)$;
- 当选择条件为 $A < X$ 时,$\mathrm{Card}(S) = (X - \mathrm{Min}(A))/(\mathrm{Max}(A) - \mathrm{Min}(A)) * \mathrm{Card}(R)$。

3）不等比较。不等比较是指 $S=\sigma_{A \neq X}(R)$ 这样的查询,这种形式比较少见。在 $\mathrm{Val}(R, A)$ 较大的情况下,可以近似认为所有元组都满足条件,因此有 $\mathrm{Card}(S) = \mathrm{Card}(R)$。也可以使用 $\mathrm{Card}(S)= \mathrm{Card}(R)(\mathrm{Val}(R, A) - 1)/ \mathrm{Val}(R, A)$ 作为估计值,即认为有 $1/\mathrm{Val}(R, A)$ 的元组不满足选择条件。

4）多属性选择条件。当选择运算中涉及多个属性时，要根据连接不同属性选择条件的逻辑运算符来决定结果关系的选择度。对于 AND 运算符，结果关系的基数是关系 R 的元组数乘以每个属性上的选择度。假设 C_i 和 C_j 是在不同属性 A_i 和 A_j 上的选择条件，即 $S = \sigma_{C_i \text{ AND } C_j}(R)$，则有：

$$\text{Card}(S) = \text{Card}(R) * \rho_i * \rho_j$$

这里要注意，如果 C_i 和 C_j 是互相矛盾的两个条件，比如 $A = 0 \text{ AND } A>0$，由逻辑可以看出不会有任何元组满足条件，此时 $\text{Card}(S) = 0$。

而连接选择条件是 OR 运算符时，有 $S = \sigma_{C_i \text{ OR } C_j}(R)$，结果关系的基数更加难以确定。一种可能准确估计的方法是基于概率的方法，其中使用 $1 - \rho_i$ 表示不满足条件 C_i 的元组比例，使用 $1 - \rho_j$ 表示不满足条件 C_j 的元组比例，这样 $(1 - \rho_i)(1 - \rho_j)$ 就是不属于 S 的元组比例，因此有 S 中元组数量：

$$\text{Card}(S) = \text{Card}(R) * (1 - (1 - \rho_i)(1 - \rho_j)) = \text{Card}(R)(\rho_i + \rho_j - \rho_i * \rho_j)$$

例 6.5　假设有关系 $R(A, B, C)$，已知 $\text{Card}(R)=10000$，$\text{Val}(R, A)=50$，$\text{Val}(R, B)=100$，$\text{Max}(B)=100$，$\text{Min}(B)=0$，要求估计 $S_1 = \sigma_{A=50 \text{ AND } B>20}(R)$ 和 $S_2 = \sigma_{A=50 \text{ OR } B>20}(R)$。

首先分别计算选择条件 $A=50$ 和 $B>20$ 的选择度，有 $\rho_{A=50} = 1/\text{Val}(R, A)=1/50$，$\rho_{B>20} = (\text{Max}(B)-20)/(\text{Max}(B)-\text{Min}(B))=0.8$。根据以上选择度计算 S_1 和 S_2 的结果关系基数有：

- $\text{Card}(S_1) = \text{Card}(R) * \rho_{A=50} * \rho_{B>20} = 10000*0.02*0.8=160$
- $\text{Card}(S_2) = \text{Card}(R)(\rho_{A=50} + \rho_{B>20} - \rho_{A=50} * \rho_{B>20})=10000*(0.02+0.8-0.02*0.8)=8040$

（2）元组长度

选择运算结果关系的元组长度不变，所以 $\text{Length}(T) = \text{Length}(R)$。

（3）属性不同值的数量

对结果关系属性不同值数量的估计可以分为属性 B 属于选择谓词和属性 B 不属于选择谓词两种情况来考虑。

当属性 B 属于选择谓词时，如果选择条件中有等式条件 $B=X$（X 为属性值），则其不同值的数量为：

$$\text{Val}(S, B) = 1$$

如果选择条件中属性 B 上的条件为不等式或 B 与选择谓词相关且为关键字，在属性值均匀分布的假设下，不同值的数量与选择度成正比：

$$\text{Val}(S, B) = \rho * \text{Val}(R, B)$$

当属性 B 不属于选择谓词时，假设 B 是均匀分布的，在这种情况下对结果关系中属性 B 的不同值数量的近似值估计方法如下：

$$\text{Val}(S, B) = \begin{cases} \text{Card}(S) & \text{当 Card}(S) < \text{Val}(R, B)/2 \text{ 时} \\ (\text{Card}(S) + \text{Val}(R, B))/3 & \text{当 Val}(R, B)/2 \leqslant \text{Card}(S) < 2\text{Val}(R, B) \text{ 时} \\ \text{Val}(R, B) & \text{当 Card}(S) \geqslant 2\text{Val}(R, B) \text{ 时} \end{cases}$$

例 6.6　假设关系 R 中有 Card(R)=500 个元组，选择谓词涉及属性 A，独立于属性 A 的属性 B 有 Val(R, B)=150，则在选择度不同取值的情况下有：

- 当选择度 ρ=0.8 时，有 Card(S)=0.8 × 500=400，此时有：

$$\text{Card}(S) \geqslant 2\text{Val}(R, B)=300$$

因此，属性 B 的不同值数量 Val(S, B)= Val(R, B)=150

- 当选择度 ρ=0.5 时，有 Card(S)=0.5 × 500=250，此时有：

$$\text{Val}(R, B)/2 \leqslant \text{Card}(S) <2\text{Val}(R, B)（150/2 \leqslant 250<2*150）$$

因此，属性 B 的不同值数量 Val(S, B)= (Card(S)+ Val(R, B))/3=(250+150)/3=133

- 当选择度 ρ=0.1 时，有 Card(S)=0.1 × 500=50，此时有：

$$\text{Card}(S)<\text{Val}(R, B)/2=75$$

因此，属性 B 的不同值数量 Val(S, B)= Card(S)=50

（4）关系的大小

$$\text{Size}(S)= \text{Card}(S)*\text{Length}(S)$$

选择运算使关系大小变小，因为 Card(S) <Card(R) 且 Length(S)= Length(R)。

2. 投影运算

（1）基数

投影运算的结果关系通常分为消除重复和不消除重复两种情况，消除重复的结果关系可以认为是在不消除重复的结果关系上增加了一个 δ 运算符。具体的计算规则如下。

1）投影后未消除重复或投影中包含 R 的关键字属性，则结果关系的基数与原关系基数一样：

$$\text{Card}(S) = \text{Card}(R)$$

2）投影只涉及单个属性 B，且消除重复元组，则：

$$\text{Card}(S) = \text{Val}(R, B)$$

3）投影涉及多个属性，消除重复元组，且有：

$$\prod_{A_i \in \text{AttrList}}\text{Val}(R, A_i)<\text{Card}(R)$$

其中 AttrList 为投影中的属性列表，则结果关系的基数近似为：

$$\text{Card}(S) = \prod_{A_i \in \text{AttrList}}\text{Val}(R, A_i)$$

（2）元组的长度

投影运算结果关系的元组长度是投影涉及属性的长度之和，即：

$$\text{Length}(S) = \sum\text{Length}(A_i)（A_i \text{ 是投影属性}）$$

（3）关系的大小

$$\text{Size}(S) = \text{Card}(S) * \text{Length}(S)$$

通常情况下，投影能够使关系的大小缩减，但由于投影允许产生新的属性，例如 $\Pi_{a,b,a+b}(R)$，因此投影操作也有可能增加关系的大小。

（4）不同值数量

$\mathrm{Val}(S, A) = \mathrm{Val}(R, A)$，即不同值数量保持不变。

3. 并、交与差

（1）基数

对于关系之间的并、交与差运算，如果结果关系执行消除重复操作，则都只能计算出结果关系基数的上限和下限，因此通常采用平均值作为基数的估计值。

1）并运算。如果不消除重复，则结果关系基数等于两个关系基数之和：

$$\mathrm{Card}(T) = \mathrm{Card}(R) + \mathrm{Card}(S)$$

如果消除重复，则结果关系基数最大可大至两个关系基数之和，最小可小至两个关系基数中的较大者，因此有：

$$\mathrm{Max}\{\mathrm{Card}(R), \mathrm{Card}(S)\} \leqslant \mathrm{Card}(T) \leqslant \mathrm{Card}(R) + \mathrm{Card}(S)$$

在估计中使用中间值作为结果关系基数：$\mathrm{Card}(T)=(\mathrm{Max}\{\mathrm{Card}(R), \mathrm{Card}(S)\}+\mathrm{Card}(R)+\mathrm{Card}(S))/2$。

2）交运算。交运算的结果关系最小可以是空，最大可以等于两个关系中的较小者，因此按取区间中间值的方法估计结果关系的基数为较小关系基数的一半：

$$\mathrm{Card}(T) = \mathrm{Min}\{\mathrm{Card}(R), \mathrm{Card}(S)\}/2$$

3）差运算。对于两个关系的差运算 $R–S$，其结果关系基数的区间为：

$$\mathrm{Card}(R)–\mathrm{Card}(S) \leqslant \mathrm{Card}(T) \leqslant \mathrm{Card}(R)$$

如果 S 包含 R 中所有元组时，$\mathrm{Card}(R)–\mathrm{Card}(S)=0$。在估计中可使用中间值作为结果关系基数：$\mathrm{Card}(T)=(2\mathrm{Card}(R)–\mathrm{Card}(S))/2$。

（2）元组的长度

并、交与差运算不影响元组的长度，则：

$$\mathrm{Length}(T)=\mathrm{Length}(R)= \mathrm{Length}(S)$$

4. 笛卡儿积

（1）基数

笛卡儿积的基数为两个关系基数的乘积：

$$\mathrm{Card}(T) = \mathrm{Card}(R)* \mathrm{Card}(S)$$

（2）元组的长度

笛卡儿积的元组长度为两个关系元组长度之和：

$$\mathrm{Length}(T)=\mathrm{Length}(R) + \mathrm{Length}(S)$$

（3）属性不同值的数量

笛卡儿积结果关系中属性不同值的数量等于其原关系中对应属性的不同取值的数量：

$$Val(T, A) = Val(R, A) \text{ 或者 } Val(T, A) = Val(S, A)$$

5. 连接运算

在连接运算的特征参数估计中，我们主要考虑自然连接的情况，等值连接和 θ 连接可以按照一定的规则转换为自然连接的问题进行计算，假设 $T = R \infty S$。

（1）基数

连接运算结果关系的基数计算是一个复杂的问题，主要原因在于我们无法确定关系 R 中属性 A 的值与关系 S 中属性 A 的值是如何联系的。根据不同的情况，结果关系的基数具有不同的估计值：

1）两个关系不具有相同的属性 A 取值，此时结果关系为空：$Card(T) = 0$。

2）连接属性是其中一个关系 S 的主键且是另一个关系 R 的外键，此时 R 中每个元组正好与 S 中的一个元组连接，因此有：

$$Card(T) = Card(R)$$

3）关系 R 和 S 中所有元组具有相同的属性 A 取值，此时任何 R 中的任一个元组与 S 中的任一个元组都能够进行连接，因此有：

$$Card(T) = Card(R) * Card(S)$$

4）普遍的连接情况。以上是几种较特殊情况下的计算连接运算的结果关系基数，实际上这些情况十分少见。为了计算更为普遍的连接运算的结果关系基数，我们需要进行一定的假设：

- 对于具有相同属性 A 的两个关系 R 和 S，且 $Val(R, A) \leq Val(S, A)$，则 R 中属性 A 的每个取值都在 S 中出现；
- 对于不是关系 R 与关系 S 连接属性的属性 B，在连接后不会丢失属性值；
- 属性的不同值均匀地分布在关系 R 和 S 中。

基于以上假设条件，我们对关系 R 和 S 连接的大小进行估计。已知有 $Val(R, A) \leq Val(S, A)$，则对于 R 中的每个元组都有 $1/Val(S, A)$ 的机会与 S 中的元组进行连接，因此能够与其连接的元组数量为 $Card(S)/Val(S, A)$。由于关系 R 的元组数为 $Card(R)$，因此连接所产生的元组数量为 $Card(T) = Card(R) * Card(S)/Val(S, A)$。对于 $Val(R, A) \geq Val(S, A)$，我们同样可以得到相似结果，因此转换为更加一般的表达式为：

$$Card(T) = Card(R) * Card(S)/Max(Val(S, A), Val(R, A))$$

（2）元组的长度

在自然连接下，结果关系元组的长度为两个关系元组长度之和再减去一个连接属性的长度，因此有：

$$Length(T) = Length(R) + Length(S) - Length(A)$$

其中 A 为连接属性。

（3）属性的不同值数量

对于连接结果关系中属性的不同值数量，只能给出大致的取值范围。

- 如果属性 A 是一个连接属性，则有：

$$\mathrm{Val}(T, A) \leqslant \mathrm{Min}(\mathrm{Val}(R, A), \mathrm{Val}(S, A))$$

- 如果 A 不是关系中的连接属性则有：

$$\mathrm{Val}(T, A) \leqslant \mathrm{Val}(R, A) \text{ 或者 } \mathrm{Val}(T, A) \leqslant \mathrm{Val}(S, A)$$

- 如果 A 不是关系中的连接属性，且连接后没有属性值丢失，则有：

$$\mathrm{Val}(T, A) = \mathrm{Val}(R, A) \text{ 或者 } \mathrm{Val}(T, A) = \mathrm{Val}(S, A)$$

6. 半连接运算

半连接运算通常描述为 $T = R \propto S = \Pi_{\mathrm{Attr}(R)}(R \bowtie S)$，其中关系 R 为左变元，关系 S 为右变元。关于半连接运算的详细内容将在 6.3 节中介绍。

（1）基数

可以将结果关系 T 看作在半连接左变元关系 R 上执行选择操作的结果，因此其基数的估计与选择运算的估计相似。对于半连接的选择度可以使用以下公式近似估计：

$$\rho = \mathrm{Val}(S, A)/\mathrm{Val}(\mathrm{dom}(A))$$

其中 $\mathrm{Val}(\mathrm{dom}(A))$ 表示在属性 A 的域值集合中不同值的数量，则由此可确定结果关系的基数为：

$$\mathrm{Card}(T) = \rho * \mathrm{Card}(R)$$

对于半连接的选择度有一种特殊的情况存在，即左变元 R 的连接属性 A 是一个来自右变元 S 的外键（A 在 S 中是主键）。此时半连接的选择度为 1，因为 $\mathrm{Val}(S, A) = \mathrm{Val}(\mathrm{dom}(A))$，因此有：

$$\mathrm{Card}(T) = \mathrm{Card}(R)$$

（2）元组的长度

半连接运算结果关系的元组长度与运算左变元的长度相同：

$$\mathrm{Length}(T) = \mathrm{Length}(R)$$

（3）属性的不同值数量

如果属性 A 不属于半连接的属性，假设该属性独立于半连接属性且均匀分布，则可以把半连接作为一个左变元上的选择操作，因此属性 A 的不同值数量可以使用选择运算中不同值的估计方法。

如果属性 A 是半连接属性或者与半连接属性相关，则结果关系中属性不同值的数量正比于选择度 ρ，有：

$$\mathrm{Val}(T, A) = \rho * \mathrm{Val}(R, A)$$

7. 多属性的自然连接

在自然连接中，连接属性可能包括多个属性，下面给出多属性的自然连接的特征参数的评估方法。假设关系 $R(A, B, C)$ 和关系 $S(B, C, D)$ 进行自然连接。

（1）基数

估计多属性自然连接结果的基数的方法与估计自然连接的方法相似，这里首先对连接属性做出与自然连接中相同的假设。下面考虑关系中一个元组与另一个关系中元组连接的概率。

在属性 B 上，假设 $Val(R, B) \geqslant Val(S, B)$，则 S 中的属性 B 值必然出现在 R 中的元组中，再根据属性值均匀分布的假设，有 S 的一个元组与 R 中元组连接的概率为 $1/Val(R, B)$。反之，如果 $Val(R, B) < Val(S, B)$，则 R 中的属性 B 值必然出现在 S 中的元组中，因此有 R 的一个元组与 S 中元组连接的概率为 $1/Val(S, B)$。综合以上两种情况，在属性 B 上的连接概率为 $1/Max(Val(R, B), Val(S, B))$

同样，我们可以计算在属性 C 上的连接概率为 $1/Max(Val(R, C), Val(S, C))$。这里假设属性 B 和 C 的值是独立的，则两个关系同时在属性 B 和 C 上具有相同值的概率是这两个概率值的乘积。因此关系 R 与关系 S 的多属性连接结果的基数为：

$$Card(T) = Card(R)*Card(S)/Max(Val(R, B), Val(S, B))*Max(Val(R, C), Val(S, C))$$

将这一公式推广至任意数目的属性自然连接时，可以描述为结果关系的基数是两个关系的基数乘积除以每个公共属性 X 中 $Val(R, X)$ 与 $Val(S, X)$ 的较大者。

（2）元组的长度

多属性自然连接的结果元组长度为两个关系元组长度之和再减去连接属性长度之和：

$$Length(T) = Length(R) + Length(S) - \sum Length(A_i)$$

8. 多关系的连接

可以将多关系连接看作二元自然连接向一般形式的扩展：

$$T = R_1 \infty R_2 \infty \cdots \infty R_n$$

（1）基数

多个关系连接结果的基数估计方法可以基于自然连接结果关系基数的计算方法，这里我们只考虑最为普遍的情况。假设属性 A 是连接属性之一，出现在 k 个关系中，每个关系上属性 A 的不同值数量用 $Val(R_i, A)$ 表示并按从小到大排序，表示为 $Val_1 < Val_2 < \cdots < Val_k$。下面从 $Val(R_i, A)$ 值最小的关系开始考虑其中每一个元组与其他关系元组具有相同 A 取值的概率。在关系 R_i 上具有相同 A 值的元组概率是 $1/Val_i$，因此在 k 个关系中具有相同属性 A 取值的概率是 $1/Val_2*Val_3*\cdots*Val_k$。

因此，对于任何连接的结果关系基数的估计，首先计算各关系基数的积 $Card(R_1)*Card(R_2)*\cdots*Card(R_n)$，对于在连接属性中至少出现两次的属性 X，除以除 $Val(R_i, X)$ 中最小值外所有值的乘积。

（2）元组的长度

多个关系连接结果的元组长度为连接关系长度之和减去连接属性之和，或者所有连接属性长度之和加上所有非连接属性长度之和：

$$\text{Length}(T)=\Sigma\text{Length}(A_i)+\Sigma\text{Length}(B_j)=\Sigma\text{Length}(R_i)-\Sigma\text{Length}(A_j)*(n_j-1)$$

其中 A_i 为连接属性，B_j 表示非连接属性，n_j 为 A_j 属性上连接关系的个数。

下面通过一个例子来看一下与连接运算相关的特征参数估计。

例 6.7　假设有三个关系 R、S 和 U，其包含的属性和特征参数信息如下：

$R(A, B, C)$	$S(C, D, E)$	$U(B, C)$
Card(R)=1000	Card(S)=2000	Card(U)=4000
Val(R, A)=100	Val(S, C)=20	Val(U, B)=200
Val(R, B)=50	Val(S, D)=50	Val(U, C)=50
Val(R, C)=100	Val(S, E)=200	
Length(A)=10	Length(D)=20	
Length(B)=5	Length(E)=15	
Length(C)=8		

令关系中各属性互相独立且属性值均匀分布，则估计以下情况的结果关系基数大小。

$R \infty S$

对于自然连接 $R \infty S$，连接属性为属性 C，因此我们比较两个关系中属性 C 不同值数量的大小，有 Val(R, C)> Val(S, C)，因此结果关系的基数为：

Card(T)= Card(R)*Card(S)/Max(Val(R, C), Val(S, C))=1000*2000/100=20 000

$R \infty_{A=D \text{ and } B=E} S$

这是一个多属性的等值连接，我们可以使用多属性的自然连接的结果关系基数估计方法，把属性 A 和 D 看作相同属性，把属性 B 和 E 看作相同属性。根据多属性自然连接结果关系基数的计算方法，这个等值连接运算的结果技术估计为：

Card(T) = Card(R) *Card(S)/Max(Val(R, A), Val(S, D)) Max(Val(R, B), Val(S, E))
= 1000*2000/(100*200)=100

$R \infty S$

在半连接运算的结果基数估计中，首先计算半连接的选择度，根据属性集合包含的假设有 ρ = Val(S, C)/Val(dom(C))=20/100=0.2，再根据选择度计算半连接结果的基数：

Card(T)=ρ*Card(R)=0.2*1000=200

这里，如果属性 C 是关系 R 的外键，且是关系 S 的主键，则有选择度 ρ=1，对应的结果关系基数等于关系 R 的基数，即 Card(T)=Card(R)=1000。

$R \infty S \infty U$

对于这个多关系的自然连接运算，我们先计算关系大小的积，为 Card(R)*Card(S)*Card(U)=1000*2000*4000，再查找出现两次以上的属性，其中属性 B 出现两次，属性 C 出现三次。比较各关系中属性不同取值的大小，对属性 B 的连接概率为 1/Val(U, B)=1/200，对属性 C 的连接概率为 1/(Val(R, C)*Val(U, C))=1/(100*50)。因此连接的结果关系基数估计值是：

$$Card(T)=1000*2000*4000/(200*100*50)=8000$$

$$Length(T)=Length(A)+Length(B)+Length(C)-2*Length(C)-Length(B)=23+33+13-2*8-5=48$$

6.3　基于半连接的优化方法

在分布式查询的二元操作符中，连接操作是一种执行代价较高且代价不容易确定的操作，执行策略的不同对代价的影响很大。目前，对分布式查询中连接操作的优化方法主要有两种趋势：一种为采用半连接方法，减少连接操作中的通信量，以降低数据传输费用，适用于以减少通信代价为主要目标的优化方法；另一种为采用直接连接技术，主要考虑局部处理代价，适用于以减少局部处理代价为主要目标的优化方法。一个系统需要根据其目标综合地考虑其优化算法。本节将介绍采用半连接优化方法的查询优化技术。

6.3.1　半连接操作及相关规则

半连接（Semi-join）操作是在连接和投影操作基础上定义的一种导出关系代数操作，是对全连接操作的一种缩减。关系 R 与关系 S 间的半连接操作可以描述为 $R \propto S$ 或 $S \propto R$，半连接操作是在两个关系的连接操作结果上执行在其中一个关系属性上的投影。因此，假设有关系 R 与关系 S 在属性 A 上的半连接操作，其半连接操作可以进行如下转换：

$$R \propto S = \Pi_R(R \bowtie S) = R \bowtie \Pi_A(S)$$

$$S \propto R = \Pi_S(S \bowtie R) = S \bowtie \Pi_A(R)$$

半连接后结果关系的元组长度有：

$$Length(R \propto S) = Length(R)$$

$$Length(S \propto R) = Length(S)$$

半连接后结果关系的基数有：

$$Card(R \propto S) < Card(R)$$

$$Card(S \propto R) < Card(S)$$

由此可见，半连接操作具有不对称性，即不满足交换律 $R \propto S \neq S \propto R$。

两个关系间的连接操作可以转换为包含半连接操作的表达式，有：

$$R \bowtie S = (R \propto S) \bowtie S = (R \bowtie \Pi_A(S)) \bowtie S$$

$$S \bowtie R = (S \propto R) \bowtie S = (S \bowtie \Pi_A(R)) \bowtie R$$

其中选择哪一个关系作为半连接的左变元对连接操作的结果是没有影响的，即都会得出相同的连接结果。

6.3.2 半连接运算的作用

半连接是一种能够减少其左变元关系的基数的关系操作,在以减少通信代价为优化目标的分布式查询中具有重要意义。下面用一个例子来说明如何使用半连接操作减少分布式查询中的通信代价。

例 6.8 假设有雇员关系 EMP 和部门关系 DEPT,已知两个关系具有如下特征参数。

EMP:

Card(EMP)=10 000

属性	ENO	ENAME	…
长度(B)	4	35	…

DEPT:

Card(DEPT)=100

属性	DNO	DNAME	MgrNO(部门经理)	…
长度(B)	4	35	4	…

其中,关系 EMP 保存在场地 S_1,关系 DEPT 保存在场地 S_2,如图 6.6 所示。

图 6.6　场地上的数据分布

现有查询要求:在场地 S_2 上查询部门名称和部门经理姓名,选择最优的执行策略,这里只考虑数据传输代价。查询的 SQL 语句如下:

```
SELECT  DNAME, ENAME
FROM  DEPT, EMP
WHERE  DEPT.MgrNO =EMP.ENO
```

对应的关系代数表达式为:

$$Q = \Pi_{\text{DNAME, ENAME}}(\text{DEPT} \infty \text{EMP})$$

下面对三种执行策略的传输代价进行对比。

(1)策略 1:使用直接连接,执行场地选择 S_2

涉及的数据传输操作为将 S_1 上关系 EMP 的 ENO 和 ENAME 属性传送到 S_2 场地,有:

COST=(Length(ENO)+ Length(ENAME))* Card(EMP)=39*10 000=390KB

(2)策略 2:使用直接连接,执行场地选择 S_1

首先传输 DEPT 的 DNAME 和 MgrNO 属性到场地 S_1,执行连接操作后,再将结果关系传送回场地 S_2,则这两步的传输代价为:

COST1=(Length(DNAME)+ Length(MgrNO))* Card(DEPT)=39*100=3.9KB

COST2=(Length(DNAME)+ Length(ENAME))* Card(EMP ∞ DEPT)=70*100=7KB

总代价为：COST= COST1+ COST2=10.9KB

（3）策略 3：使用半连接方法

根据半连接的原理，关系代数表达式中的连接运算可以转换为：

DEPT ∞ EMP= (EMP ∝ DEPT) ∞ DEPT=(EMP ∞ Π_{MgrNO}(DEPT)) ∞ DEPT

因此半连接的执行步骤如下。

1）将 DEPT 的 MgrNO 属性传输到场地 S_1，即将 D1=Π_{MgrNO}(DEPT) 传送到场地 S_1：

COST1= Length(MgrNO)* Card(DEPT)=4*100=0.4KB

2）在场地 S_1 执行 EMP 与 D1 的连接操作，即 E1=EMP ∞ Π_{MgrNO}(DEPT)，根据连接大小的估计元组有：Card(E1)=100。

再将 E1 的属性 ENO 和 ENAME 传到场地 S_2，即将 E2=$\Pi_{\text{ENO, ENAME}}$（E1）传到 S_2，则传输代价为：

COST2=(Length(ENO)+ Length(ENAME))* Card(E1)=39*100=3.9KB

3）在场地 S_2 上执行连接操作 R=$\Pi_{\text{DNAME, ENAME}}$(DEPT ∞ E2)。因此总的传输代价为：

COST= COST1+ COST2=0.4+3.9=4.3KB

从以上三种策略的传输代价可以看出采用半连接技术的策略所用的传输代价最低，因此基于半连接算法的执行策略能够减少数据的传输代价。但在执行半连接操作的同时，也可能增加传输数据的通信次数，并增加局部查询处理的代价（执行了两次场地上的本地连接操作）。因此，在评估一个查询的不同执行策略时，需要综合考虑总体执行代价。

6.3.3 使用半连接算法的通信代价估计

采用半连接算法实现连接操作的执行方法主要应用于两个关系分别保存在不同场地的情况。对于一个连接操作，半连接算法的执行策略是否优于直接连接算法的执行策略要根据具体的代价估计判断。由于半连接方法主要用于以通信代价为优化目标的低带宽环境中，因此这里仅考虑通信代价。由 6.2.1 节的内容可知，分布式查询的通信代价计算模型为：

$$C_{\text{com}}(X) = C_{\text{init}} + C_{\text{tran}} * X$$

这里假设关系 R 和关系 S 分别保存在场地 S_1 和场地 S_2，下面对不同的执行策略的通信代价进行估计。

1）若在场地 S_2 上执行，则传输关系 R 至场地 S_2 执行 R ∞ S 的通信代价为：

$$C_{\text{join}}= C_{\text{init}} + C_{\text{tran}} * (Length(R)*Card(R))= C_{\text{init}} + C_{\text{tran}} *Size(R)$$

2）若在场地 S_1 上执行，则传输关系 S 至场地 S_1 执行 R ∞ S 的通信代价为：

$$C_{\text{join}} = C_{\text{init}} + C_{\text{tran}} * (Length(S)*Card(S))= C_{\text{init}} + C_{\text{tran}} *Size(S)$$

3）采用半连接算法，如果利用转换 $R \infty S = (R \propto S) \infty S = (R \infty \Pi_A(S)) \infty S$ 执行 $R \infty S$，假设 A 为连接属性，S' 表示 S 在属性 A 上的投影，R' 表示半连接 $R \infty S$ 的结果关系，则通信代价如下。

- 传输 S 在属性 A 上的投影关系的通信代价为：

$$C_{S'} = C_{init} + C_{tran} * (Length(A)*Card(S'))$$

- S' 到达场地 S_1 后与 R 执行连接操作，执行结果关系 R' 要传输回场地 S_2，对应的通信代价为：

$$C_R = C_{init} + C_{tran} * (Length(R)*Card(R'))$$

因此，半连接算法的总通信代价为：

$$C_{semi} = C_{S'} + C_{R'} = 2C_{init} + C_{tran} *(Length(A)*Card(S')+ Length(R)*Card(R'))$$

同理，对于基于关系表达式转换 $S \infty R = (S \propto R) \infty R = (S \infty \Pi_A(R)) \infty R$ 的执行策略有总通信代价为：

$$C_{semi} = C_{R'} + C_{S'} = 2C_{init} + C_{tran} *(Length(A)*Card(R')+ Length(S)*Card(S'))$$

6.3.4 半连接算法优化原理

在分布式查询策略中，使用半连接算法优化能够减少查询执行代价中的通信代价。在具体的执行过程中，对于给定的两个关系间的连接操作，使用半连接算法进行优化的连接算法可以概括为以下执行步骤。

输入信息：已知两个关系 R 和 S 分别位于场地 1 和场地 2，假设 S 的元组数小于 R。

输出信息：$R \infty S$，其中 $R.A=S.B$，执行结果返回给 S 所在场地。

具体算法如下：

1）在场地 2 上计算 $S' = \Pi_B(S)$；

2）传送 S' 到 R 所在的场地 1；

3）在场地 1 上计算 $R' = R \infty S' = R \propto S$；https://ad.2144.com/101259

4）将 R' 传到 S 所在的场地 2；

5）在 S 所在的场地 2 上计算 $R' \infty S = (R \propto S) \infty S = R \infty S$，如图 6.7 所示。

可以看出，半连接算法的优化原理主要在于减少场地之间传输数据的通信代价。因此，当存在 $C_{semi} \leqslant C_{join}$ 时，可以选择半连接算法的执行策略，此时有：

$$2C_{init} + C_{tran} *(Length(A)*Card(S')+ Length(R)*Card(R')) \leqslant C_{init} + C_{tran} *Size(R)$$

化简后为：

$$C_{init} / C_{tran} + Size(S') + Size(R') \leqslant Size(R)$$

由此可见，采用半连接算法的执行策略能够降低查询的通信代价的前提条件为：

- C_{init} 与 C_{tran} 的值相差不大或 C_{init} 小于 C_{tran}，此时不会因增加的一次网络启动代价而造成整体执行代价的增加；

- Size(S')+Size(R') 明显小于 Size(R)，即半连接算法中产生的中间结果关系小于单独一个连接关系的大小，此时能够较少查询执行所需的数据传输量，从而降低通信代价。

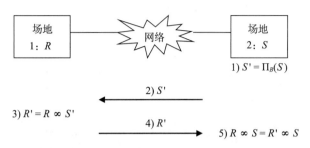

图 6.7 半连接算法的优化执行过程

6.4 基于枚举法的优化技术

前面介绍了如何使用半连接优化算法对连接操作进行优化，半连接优化方法能够减少查询执行的通信代价，但同时会导致通信次数和局部执行代价的增加。当系统环境为高速局域网时，查询执行代价主要考虑的是局部处理代价，半连接优化方法则不再适用。在这种情况下，分布式数据库系统通常使用基于直接连接技术的枚举法优化技术。所谓枚举法优化，就是枚举连接操作所有可行的直接连接算法，通过对每种方法的查询执行代价估计，从中选择一种执行代价最小的算法作为连接操作的执行算法。

直接连接算法广泛应用于集中式数据库系统，常见的直接连接算法主要有嵌套循环连接算法、基于排序的连接算法、哈希连接算法和基于索引的连接算法。这里，对每种直接连接算法进行的代价估计主要考虑执行连接操作所需的磁盘 I/O 代价。而对磁盘 I/O 代价的估计主要依赖于数据库的特征参数。下面将逐一介绍这 4 种直接连接操作算法的执行原理和代价估计方法。

6.4.1 嵌套循环连接算法

嵌套循环连接算法（Nest-Loop Join Algorithm）是一种最简单的连接算法，其原理是对连接操作的两个关系对象中的一个仅读取其元组一次，而对另一个关系对象中的元组重复读取。嵌套循环连接算法的特点是可以用于任何大小的关系间的连接操作，不必受连接操作所分配的内存空间大小的限制。对于嵌套循环连接算法，可根据每次操作的对象大小分为基于元组的嵌套循环连接和基于块（Block）的嵌套循环连接。

假设有关系 $R(A, B)$ 和关系 $S(B, C)$，分别有 Card(R)=n 和 Card(S)=m，现在要执行两个关系在属性 B 上的连接操作，如图 6.8 所示。

1. 基于元组的嵌套循环连接

基于元组的嵌套循环连接是最简单的形式，其中循环以关系中的元组为单位进行操作，具体的执行算法如下：

```
Result=∅ /* 初始化结果集合 */
For each tuple s in S
  For each tuple r in R
    If r.B=s.B Then /* 元组 r 和元组 s 满足连接条件 */
      Join r and s as tuple t;
      Output t into Result;/* 输出连接结果元组 */
    End If
  End For
End For
Return Result
```

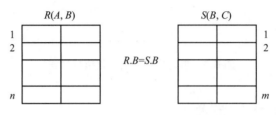

图 6.8　两个连接关系

　　其中，循环外层的关系通常称为外关系，而循环内层的关系称为内关系。在执行嵌套循环连接时，仅对外关系进行 1 次读取操作，而对内关系则需要进行反复读取操作。如果不进行优化，则这种基于元组的执行代价很大，以磁盘 I/O 代价最多为 Card(R)*Card(S)。因此，通常对这种算法进行修改，以减少嵌套循环连接的磁盘 I/O 代价。一种方法是使用连接属性上的索引，以减小参与连接元组的数量；另一种方法是通过尽可能多地使用内存来减少磁盘 I/O 的数目。

2. 基于块的嵌套循环连接

　　基于块的嵌套循环连接方法是通过尽可能多地使用内存，减少读取元组所需的 I/O 次数。其中，对连接操作的两个关系的访问均按块进行组织，同时使用尽可能多的内存来存储嵌套循环中外关系的块。

　　与基于元组的方法相似，我们将连接操作中的一个对象作为外关系，每次读取部分元组到内存中，整个关系只读取一次，而另一个对象作为内关系，反复读取到内存中执行连接。对于每个逻辑操作符，数据库系统都会分配一个有限的内存缓冲区。假设为连接操作分配的内存缓冲区大小为 M 个块，同时有 Block(R) ≥ Block(S) ≥ M，即连接两个关系都不能完全读取到内存中。为此，首先选取较小的关系作为外关系，这里选择关系 S。将 1 ~ $M{-}1$ 块分配给关系 S，而将第 M 块分配给关系 R。将外关系 S 按照 $M{-}1$ 个块的大小分为多个子表，并重复地将这些子表读取到内存缓冲区中，用于重复地依次读取关系 R 的每一个块。对于内存缓冲区中元组的连接操作，先在 $M{-}1$ 个块的外关系 S 元组的连接属性上构建查找结构，再从内关系 R 在内存中的块中取元组，通过查找结构与 S 中的元组连接。图 6.9 展示了基于块的嵌套循环连接方法原理，具体算法如下：

```
Result=∅ /* 初始化结果集合 */
Buffer=M /* 内存缓冲区 */
For each M-1 in Block(S) /* 每次从外关系 S 中读取 M-1 个块到内存缓冲区中 */
```

```
Read M-1 of Block(S) into Buffer;
For each block in Block(R) /* 每次从内关系R中读取1个块到内存缓冲区 */
    Join M-1 of Block(S) and 1 of Block(R) in Buffer;/* 在内存中对块中元组执行连接 */
    Output t into Result;
End For
End For
Return Result
```

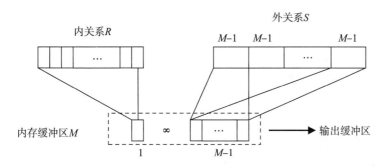

图6.9 基于块的嵌套循环连接方法原理

3. 嵌套循环连接方法的代价估计

对于两个关系 R 和 S，如果使用基于元组的嵌套循环连接方法，则需要对每个元组的读取产生 1 次磁盘 I/O。因此，假设两个关系的元组数量分别为 Card(R) 和 Card(S)，则基于元组的嵌套循环连接方法的执行代价为 Card(R)*Card(S)，即两个关系大小的乘积。

假设两个连接关系 R 和 S 占用的块分别为 Block(R) 和 Block(S)，M 为内存缓冲区大小。在嵌套循环过程中使用 S 作为外关系，每一次迭代时首先读取 $M-1$ 个块 S 的内容到内存缓冲区，再每次读取 R 的 Block(R) 中 1 个块的内容到内存中与 $M-1$ 块的 S 内容执行连接。因此，连接的代价可以用以下公式计算：

$$C_{\text{join}} = \frac{\text{Block}(S)}{M-1}(M-1+\text{Block}(R))$$

这个公式可以进一步化简为：

$$C_{\text{join}} = \text{Block}(S) + \frac{\text{Block}(S)}{M-1}*\text{Block}(R)$$

从以上公式可以看出，在选择较小的关系作为连接的外关系时可以获得较小的执行代价，因此通常选择较小的关系作为外关系。如果连接关系 Block(R)*Block(S) 的值很大，且远远大于内存缓冲区大小 M 时，可以认为连接的代价近似等于 Block(R)*Block(S)。虽然嵌套循环连接的执行代价看上去较高，但是这种算法能够适用于任意大小的关系之间的连接执行，因此嵌套循环连接算法依然广泛应用于现有的数据库系统中。

例6.9 假设连接的两个关系 R 和 S，Block(R)=2000，Block(S)=500，内存缓冲区 M=51。这里，我们使用较小的关系 S 作为外关系执行嵌套循环连接，每次迭代时先读取

M–1=50 个块的 S 内容到内存中，再循环读取关系 R 的 2000 个块。因此，根据前面的公式，得到连接的执行代价为 500/(51–1)*2000+500=20 500 次磁盘 I/O。

6.4.2 基于排序的连接算法

基于排序的连接算法（Sort-Based Join Algorithm）是直接连接算法中的另外一种常用方法。首先将两个关系按照连接属性进行排序，然后按照连接属性的顺序扫描两个关系，同时对两个关系中的元组执行连接操作。由于数据库中关系的大小往往大于连接操作可用内存缓冲区的大小，因此对关系的排序通常采用外存排序算法，即归并排序算法。还有将基于排序的连接算法的执行过程与归并排序算法结合的算法，可以节省更多的磁盘 I/O，通常称为归并排序连接算法。

1. 归并排序算法

简单的归并排序算法的执行可以分为两个阶段。

- 第一阶段是对关系进行分段排序，即首先将需要排序的关系 R 划分为大小为 M 个块的子表，其中 M 是可用于排序的内存空间的个数，以块为单位，再将每个子表放入内存中采用快速排序等主存排序算法执行排序操作，这样可以获得一组内部已排序的子表。
- 第二阶段是对关系的子表执行归并操作，即按照顺序从每个排序的子表中读取一个块的内容放入内存中，在内存中统一对这些块中的记录执行归并操作，每次选择最小（最大）的记录放入输出缓冲区中，同时删除子表中相应的记录。当子表在内存中的块被取空时，从子表中顺序读取一个新的块放入内存中继续执行归并操作。

归并排序的过程如图 6.10 所示，其中同时对多个子表执行归并操作，因此也称为两阶段多路归并排序。这里要说明的是，第二阶段的归并操作执行的条件是关系的子表数量小于排序操作可用内存的块数 M，这样才能保证同时对所有子表进行归并操作。因此，两阶段归并执行的条件是关系的大小 $\text{Block}(R) \leqslant M^2$。如果关系的大小大于 M^2，则需要嵌套执行归并排序算法，使用三阶段或更多次的归并操作。

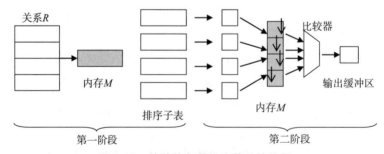

图 6.10　简单的归并排序算法的执行

下面以两阶段归并排序为例，来计算归并排序的执行代价。

2. 简单基于排序的连接算法

基于排序连接算法主要是对已经按照连接属性排序的两个关系，按照顺序读取关系中的块到内存中执行连接操作。简单的基于排序的连接算法执行过程如图 6.11 所示，其中先使用内存对关系 R 和 S 进行排序，再基于归并方法按顺序依次连接关系中的元组。

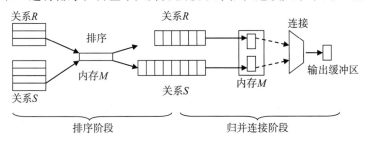

图 6.11　简单的排序连接算法

在这种算法中，假设在排序阶段使用的是两阶段多路归并排序，关系的大小满足条件 $\text{Block}(R) \leqslant M^2$ 和 $\text{Block}(S) \leqslant M^2$。这样在算法排序阶段的执行代价包括对关系的子表执行排序所需的一次读（读子表数据）和一次写（子表排序结果写入磁盘）的代价为 $2(\text{Block}(R)+\text{Block}(S))$，以及多路归并时的读写代价 $2(\text{Block}(R)+\text{Block}(S))$。而在归并连接阶段还需要对关系执行一次读操作，因此简单基于排序的连接算法的执行代价为：

$$C_{\text{join}} = 5(\text{Block}(R) + \text{Block}(S))$$

3. 归并排序连接算法

在上面这种简单的基于排序的连接算法中，归并连接阶段仅使用了内存缓冲区的两个块的空间，还有大量的空闲内存没有使用。因此，一种更加有效的归并排序连接算法被提了出来，其思想是将排序的第二阶段与归并连接阶段合并，即直接使用两个关系的排序子表执行归并连接操作，这样可以节省一次对关系的读写操作。

假设可用内存缓冲区为 M 个块，算法首先对两个关系按照 M 划分子表并排序，再从每个子表中顺序读取一块调入内存缓冲区执行连接操作。这里要求两个关系的子表总数不超过 M 个，其执行过程如图 6.12 所示。

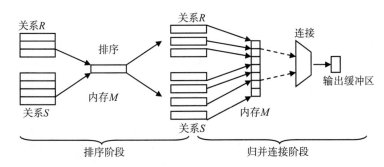

图 6.12　归并排序连接算法

归并排序连接算法在排序阶段的代价包括对子表的一个读写操作 $2(\text{Block}(R)+\text{Block}(S))$，而在归并连接阶段仅需要一次代价为 $\text{Block}(R)+\text{Block}(S)$ 的读操作，因此总执行代价为：

$$C_{\text{join}} = 3(\text{Block}(R)+\text{Block}(S))$$

这里需要注意的是归并排序连接算法要求两个关系的子表数量必须小于内存缓冲区的块数 M，这样才能保证归并阶段有足够的内存存放每个子表的一部分以执行连接。因此执行归并排序连接算法需要关系的大小满足条件 $\text{Block}(R)+\text{Block}(S) \leq M^2$。

6.4.3 哈希连接算法

哈希连接算法也称为散列连接算法，基本的执行过程同样分为两个阶段。首先使用同一个哈希函数对进行连接的两个关系 R 和 S 中元组的连接属性值进行散列，在连接属性上具有相同键值的元组会出现在相同哈希数值的桶中，然后对两个关系中哈希数值对应的桶中的元组执行连接。

假设可用的内存缓冲区为 M 块，散列时使用 $M–1$ 个块作为桶的缓冲区（最多允许散列到 $M–1$ 个桶），剩余的 1 个块作为扫描关系的输入缓冲区。在算法的第一阶段，使用内存将关系 R 和 S 散列到 $M–1$ 个桶中，分别得到 $R_1, \cdots, R_{m-1}$ 和 $S_1, \cdots, S_{m-1}$，需要对两个关系执行一次读写操作，代价为 $2(\text{Block}(R)+\text{Block}(S))$。在第二阶段，每次选取两个关系中具有相同哈希值的桶 R_i 和 S_i 放到内存中执行连接操作。假设 S 为较小的关系，由于在对桶连接时必须有一个桶能够全部装入 $M–1$ 个内存缓冲区块中，才能够在执行桶连接时保证仅执行一次读取操作，因此关系 S 的大小需要满足 $\text{Block}(S) \leq M(M–1)$。若连接的两个关系能够满足一次连接操作的条件，则哈希连接算法的执行代价为：

$$C_{\text{join}} = 3(\text{Block}(R)+\text{Block}(S))$$

例 6.10 以例 6.7 中的关系 R 和 S 为连接对象，$\text{Block}(R)=2000$，$\text{Block}(S)=500$，内存缓冲区 $M=51$。在算法的第一阶段将关系散列到 50 个桶中，关系 R 的每个桶平均大小为 40 块，关系 S 的每个桶平均大小为 10 块。这样，由于较小的关系桶的大小小于可用内存大小，因此在桶连接操作时可以使用一次读取操作。哈希到桶中的执行代价为读写关系 R 和 S 的 5000 次磁盘 I/O，以及执行一次连接所需的 2500 次磁盘 I/O。因此，使用哈希连接算法总共需要 7500 次磁盘 I/O。

6.4.4 基于索引的连接算法

基于索引的连接算法的执行条件是参与连接的关系之一在连接属性上建有索引。假设关系 R 和 S 执行连接操作，连接属性为 Y，S 在属性 Y 上建有索引，那么索引连接的执行方式就是检查 R 的每一个数据块，并在每一个数据块中考虑每个元组 t，使用 $t[Y]$ 的值在关系 S 的 Y 属性索引上检索相关的元组，这些元组恰好是 S 中与 R 的元组 t 连接的元组。

基于索引的连接算法的执行代价主要依赖于几个因素。首先是关系 R 的存储方式，如果是聚簇存储则需要对 $\text{Block}(R)$ 个块读取访问 R 的所有元组，如果是非聚簇存储，则需要

Card(R) 次的 I/O。而对于 R 的每一个元组都需要生成对 S 的一次基于索引的选择操作，因此 S 采用聚簇索引时对 S 的磁盘 I/O 次数为 Card(R) Block(S)/Val(S, Y)，而如果是非聚簇索引，则需要 Card (R) Card (S)/ Val (S, Y) 次磁盘 I/O。

由此可见，在索引关系 S 上的索引检索执行代价是基于索引的连接算法的主要执行代价。在与关系 S 相比关系 R 很小而 Val(S, Y) 很大时，索引连接将具有更低的执行代价。

6.4.5　连接关系的传输方法

在采用枚举法优化技术时，当连接的两个关系在不同场地时，需要将它们传输到同一场地执行连接操作。传输的方法将涉及传输方式与执行场地选择两个问题。传输方式主要有全体传输和按需传输两种。

1. 全体传输

全体传输中的传输代价主要取决于传输关系的字节数，相应的传输代价可以用如下公式描述：

$$C_{\text{tran}} = [(\text{Card}(R)*\text{Length}(R))/m]*C_{\text{mes}}$$

其中 m 为传输报文的字节数，C_{mes} 为传输报文的单位代价。

2. 按需传输

按需传输是指根据请求命令，按需求读取需要的信息，其传输的内容是关系中的一部分，可能是一个或多个元组。按需传输的代价可以用如下公式描述：

$$C_{\text{tran}} = l*C_{\text{mes}} + [(\text{Card}(R')*\text{Length}(R'))/m]*C_{\text{mes}}$$

其中 l 为请求报文，R' 为需要传输的关系。

关于执行场地选择，主要包括三种情况。假设关系 R 和 S 分别在场地 S_1 和 S_2，则连接的不同执行场地需要传输不同的关系：

- 执行场地为 S_1，需要传输关系 S；
- 执行场地为 S_2，需要传输关系 R；
- 执行场地为其他，需要同时传输关系 R 和 S。

6.5　集中式系统中的查询优化算法

6.4 节介绍了基于直接连接技术的枚举法优化技术，本节将围绕直接连接技术介绍在集中式系统中所使用的查询优化技术。这是因为分布式查询优化技术是在集中式查询优化技术基础上的扩展，其中增加了对通信代价的评估，另外，在分布式查询中，局部执行时要使用集中式的执行方法，因此集中式优化技术依然适用于分布式查询。本节主要以 INGRES 系统和 System R 系统来分别说明集中式优化技术的动态优化算法和静态优化算法。

6.5.1　INGRES

INGRES 源自美国加州大学伯克利分校的一个研究项目，是一个较早的关系数据库系统。在其基础上产生了很多后继项目与商业的数据库系统，PostgreSQL、Sybase、Informix 和 Microsoft SQL Server 都是受其影响的数据库系统。

INGRES 系统使用的是一种动态查询优化算法。这种算法的思想是将对查询优化的过程分为两个阶段。

- 第一阶段是基于演算代数的查询分解（decomposition）。其中将一个查询分解为一个查询序列，序列中每个查询包含一个独立的关系及在这个关系元组变量上的查询谓词。
- 第二阶段是查询优化（optimization）。这里的查询优化是针对序列中每个独立查询进行的，使用单变量查询处理器（One-Variable Query Processor，OVQP），为独立查询中关系上的逻辑操作选择合适的物理操作。例如，在关系的属性 A 上有查询谓词为 $A\theta c$，其中，θ 是比较操作符，c 是常数。如果 θ 是 "="">" 或 ">"，且在属性 A 上存在一个 B+ 树索引，则选择索引扫描；如果 θ 是 "$\neq$" 或者 θ 是 "<" 但属性 A 上的索引是哈希索引，此时索引扫描将不会对查询性能有所帮助，因此将选择全关系上的顺序扫描。

在 INGRES 系统中使用的查询语言是 QUEL 语言，QUEL 是一种元组演算语言，语句通常使用元组变量进行定义，其形式与 SQL 相似。

例 6.11 假设有更新操作 "如果 Jones 是在 1 楼工作，则将他的工资提高 10%"，相应的 QUEL 语句如下：

```
RANGE OF E IS EMPLOYEE
RANGE OF D IS DEPT
REPLACE E.SALARY = 1.1*E.SALARY
WHERE E.NAME = "Jones" AND E.DEPT = D.DEPT AND D.FLOOR = 1
```

其中 E 代表了在 EMPLOYEE 上所有符合谓词条件的元组。由于 QUEL 可以等价地转换为 SQL 语句，因此为了便于读者理解，在后面的例子中将使用 SQL 代替 QUEL 来说明。

在 INGRES 的优化算法中，一个包含 n 个变量的查询 q 可以被分解为一个连续的查询序列 $q_1 \rightarrow q_2 \rightarrow \cdots \rightarrow q_n$，其中 $q_i \rightarrow q_{i+1}$ 表示 q_i 先执行并且其结果将被后续查询 q_{i+1} 所使用。查询分解中使用了拆分（Detachment）和元组替换（Tuple Substitution）。

拆分主要指对一个给定的查询 q，将其分解为 $q' \rightarrow q''$，其中 q' 和 q'' 之间仅包含一个公共变量。假设有如下查询 q：

```
SELECT V2.A2,V3.A3, ···,Vn.An
FROM R1 V1, ···,Rn Vn
WHERE P1(V1.A1') AND P2(V1.A1,V2.A2,···, Vn.An)
```

其中 Ai 是关系上的属性，$P1$ 表示在关系 $R1$ 属性上的谓词，而 $P2$ 表示在关系 $R1,\cdots,Rn$ 上的谓词操作。根据拆分操作的方法，q 将被拆分为两个查询 q' 和 q''。

q'：

```
SELECT V1.A1 INTO R1'
FROM R1 V1
WHERE P1(V1.A1)
```

q''：

```
SELECT V2.A2, …, Vn.An
FROM R1' V1, R2 V2, …, Rn Vn
WHERE P2(V1.A1, V2.A2, …, Vn.An)
```

其中查询 q' 的执行结果将被查询 q'' 所使用，两个查询的公共变量为 A1。查询 q' 中仅包含一个查询变量，这样的查询称为单变量查询（one-variable query），而像查询 q'' 这种包含多个变量的查询则称为多变量查询（multi-variable query）。

这样，查询 q' 的执行结果 R1' 不但能够缩减参与到查询 q'' 中的元组数量，如果 R1' 被以一种特殊的结构处理，还能够减少后续查询的执行代价。例如，在查询 q' 中使用了属性 A1 上的索引，得到的元组为按照属性 A1 进行排序的，这样就可以在后续的查询中使用基于排序的连接算法来降低查询代价。

下面用一个例子来说明拆分的执行过程。

例 6.12　假设数据库中有三个关系：

- 供应者 SUPPLIER (S#, SNAME, CITY)
- 部件 PARTS (P#, PNAME, Size)
- 供应关系 SUPPLY (S#, P# , QUANLITY)

现有查询 Q，要查询供应 20 号螺钉（Bolt）且数量在 200 个以上的上海供应者的名称，对应的 SQL 查询语句如下：

```
SELECT S.SNAME
FROM SUPPLIER S, PARTS P, SUPPLY SP
WHERE S. CITY='上海'
AND P.PNAME='Bolt'
AND P.PSIZE=20
AND SP.S#=S.S#
AND SP.P#=P.P#
AND SP. QUANLITY ≥ 200
```

首先对查询中关系 PARTS 的属性进行拆分，查询 Q 可以被分解为 Q1 和 Q'：

$Q1$：

```
SELECT P.P# INTO PARTS1
FROM PARTS
WHERE P.PNAME='Bolt'
AND P.PSIZE=20
```

Q'：

```
SELECT S.SNAME
FROM SUPPLIER S, PARTS1 P, SUPPLY SP
WHERE S. CITY='上海'
AND SP.S#=S.S#
AND SP.P#=P.P#
AND Y. QUANLITY ≥ 200
```

这里可以用一个二叉树来表示拆分的结果：

基于 INGRES 的拆分规则，查询 Q 最终被拆分为 5 个子查询，且有执行顺序关系 $Q1 \rightarrow Q2 \rightarrow Q3 \rightarrow Q4 \rightarrow Q5$，对应的二叉树结构如图 6.13 所示。

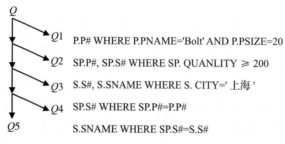

图 6.13 查询拆分结果的二叉树

在这个查询序列中，查询 $Q1$、$Q2$ 和 $Q3$ 是在单关系上的独立查询，因此可以使用单变量查询处理器 OVQP 进行处理，而查询 $Q4$ 和 $Q5$ 因涉及多个关系，且不可被继续约分，所以无法被 OVQP 处理，此时就需要使用 INGRES 算法中的元组替换技术。

元组替换技术主要针对包含多个关系且不可被约分的查询所提出的，如例 6.12 中的 $Q4$ 和 $Q5$。元组替换是将包含 n 个关系的查询 Q 替换为一系列只包含 $n-1$ 个关系的查询，其中每个查询中被消掉的关系被替换为这个关系的一个元组值上的查询。元组替换可以表示为如下形式：

$$Q(R1, R2, \cdots, Rn) \rightarrow \{Q'_t(R2, R3, \cdots, Rn), t \in R1\}$$

假设存在一个不可归约的查询 Q，其中包含 n 个关系 $R1, R2, \cdots, Rn$，在执行元组替换时选择 $R1$ 作为消掉的关系，则根据 $R1$ 中每个元组 t，将查询 Q 中关系 $R1$ 属性替换为元组 t 中的属性值。下面通过例 6.13 来说明元组替换的过程。

例 6.13 这里使用例 6.12 中的 $Q5$ 作为要执行元组替换的查询，$Q5$ 查询对应的 SQL 语句如下：

```
SELECT S.SNAME
FROM SUPPLIER S, SUPPLY1 SP
WHERE SP.S#=S.S#
```

这时，我们假设在关系 SUPPLY1 上包含三个元组且对应的属性 S# 值如下：

```
SUPPLY1    S#
————————
 101
 102
 103
```

则执行元组替换时将关系 SUPPLY1 消掉，同时将查询谓词中关于 SUPPLY1 的属性 SP.S# 分别替换为三个元组中的值。这样查询 $Q5$ 在元组替换后变为 $Q51$、$Q52$ 和 $Q53$：

$Q51$：

```
SELECT S.SNAME
FROM SUPPLIER S
```

```
WHERE S.S#=101
```

*Q*52：

```
SELECT S.SNAME
FROM SUPPLIER S
WHERE S.S#=102
```

*Q*53：

```
SELECT S.SNAME
FROM SUPPLIER S
WHERE S.S#=103
```

可以看出查询 *Q*5={*Q*51, *Q*52, *Q*53}。替换后的查询 *Q*51、*Q*52 和 *Q*53 中仅包含单个关系，因此可以使用单变量查询处理器来执行查询。

6.5.2　System R 方法

System R 数据库系统是 20 世纪 70 年代 IBM 公司在 San Jose 研究中心的一个研究项目中实现的。与 INGRES 不同，System R 第一个实现了现在普遍使用的 SQL 语言，并且使用基于动态规划算法（Dynamic Programming）的查询优化技术，即在一个执行计划空间中选择最优的执行计划。因此 System R 也是使用静态查询优化技术的典型系统。

System R 中的查询优化算法是目前关系数据库中使用较多的算法，其输入是一个 SQL 查询被解析后的关系代数树，根据该树描述的逻辑查询计划，算法将生成各种物理执行计划，并最终从中选择较优的一个物理执行计划。这里，判断一个执行计划的优劣主要根据其执行代价，System R 是使用磁盘 I/O 和 CPU 执行时间来评估执行计划代价的。对于一个查询，能够生成多个执行计划的主要因素之一就是查询中包含多个关系的连接操作，因为有多少个不同的连接顺序就会产生多少个执行计划。System R 的优化算法中主要使用动态规划算法来选择代价最小的执行计划。其中，对代价的估计将会用到一些在关系上的统计信息（主要是 6.2.2 节中介绍的数据库特征参数），具体过程将在后面举例说明。

在 System R 的查询优化算法中，主要考虑以下两个问题：

- 用于实现逻辑操作符的物理操作，可以分为在单独关系上的选择谓词操作和关系连接的二元操作；
- 相似操作的排序，主要考虑多关系之间的连接操作。

对于物理操作符的选择问题，如果是一个一元的逻辑操作，将为其选择代价最小的执行方法。例如在关系上的选择操作，如果在查询谓词的属性上存在一个可用的索引，则使用索引扫描，否则使用全关系表扫描。而对于二元的连接操作，则主要有两种算法可以使用，即 6.4 节中介绍的嵌套循环连接算法和排序归并连接算法。

嵌套循环连接算法主要使用基于块的嵌套循环连接。在不考虑关系中索引的情况下，连接的执行代价近似为 Block(R)* Block(S)，如果连接的关系在连接属性上有索引，则还可以减少连接的执行代价，因为不必每次将内关系的全部数据读入内存，因此近似执行代价变为 Block(R)* log(Block(S))。

排序归并连接算法中，由于要求关系中元组是按照连接属性排序的，因此其代价计算分为两个部分，一部分是对关系的排序代价，另一部分是连接代价。排序的代价可以分为三种情况：关系已排序，此时不需要任何排序代价；关系使用内存排序，代价为 Block(R)；关系较大，需要使用归并排序，此时代价为 3 Block(R)。而归并连接过程的代价则是读取两个关系的代价 Block(R)+ Block(S)。这里均没有考虑内存操作的执行代价。

System R 在优化中将根据这两种连接方法的执行代价进行比较，结果选择其中较小的作为最终的物理执行算法。

对于多关系连接的顺序，由于包含 n 个关系的连接操作将有 n！个排列，因此不能对每个排列都进行代价估计。为了解决这一问题，System R 采用了动态规划方法，首先从每个关系开始构建连接，逐渐添加关系到连接序列中。再每次根据启发式规则删除掉代价较大的计划，直到所有关系均加入连接序列中。这里有两个启发式规则可以使用：一个是两个关系连接的两种顺序中必然存在一个代价较小的；另一个是笛卡儿积操作具有较高代价。最后再根据索引等情况选择一个代价较小的连接顺序。下面通过一个例子来说明优化过程。

例 6.14 对于例 6.12 中的关系有如下查询：

```
SELECT S.SNAME
FROM SUPPLIER S, PARTS P, SUPPLY SP
WHERE P.PNAME='Bolt'
AND SP.S#=S.S#
AND SP.P#=P.P#
```

其中索引情况如下：PARTS 的 PNAME 属性上具有索引。

在进行连接顺序的优化时，首先选取三个关系作为连接序列的起点，如图 6.14 所示。在增加了 1 个连接关系后可以得到 6 种不同的连接方式。根据笛卡儿积的启发式规则可以去除掉 $S \times P$ 和 $P \times S$。根据关系的连接顺序代价规则，假设 $P \infty SP$ 和 $S \infty SP$ 具有较小代价（较小的关系作为嵌套循环连接外关系时执行代价较小），则删除 SP ∞ P 和 SP ∞ S。当加入第三个关系后，得到连接序列 ($S \infty SP$) ∞ P 和 ($P \infty SP$) ∞ S。对于这两个执行序列，进一步考虑索引对连接的影响，可以看出，在关系 P 上执行基于 PNAME 属性索引的查询能够减小连接关系的大小，从而减少连接的代价，因此选择 ($P \infty SP$) ∞ S 作为最终的连接序列。

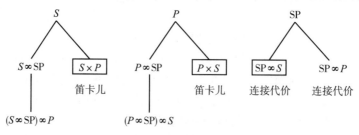

图 6.14　连接顺序的选择

6.5.3　考虑代价的动态规划方法

本节主要介绍一种采用动态规划方法来选择连接顺序的算法。该算法首先构建一个只包含单个关系的基本代价表，之后，通过不断将关系填充到代价表进行评估，并仅保留必要信息，最后获得最终的连接顺序。该方法与 System R 方法相比，增加了中间关系的大小估计，这对于评估后续操作的执行代价具有重要意义。

采用动态规划方法处理包含 n 个关系的连接 $R1 \infty R2 \infty \cdots \infty Rn$。首先需要构建一个基于代价的以每个关系作为连接顺序入口的基础表，表中的每一个列代表连接关系的子集，表中为每个初始关系及后续产生的关系集合记录三项内容。

1）关系集合连接结果大小的估计值。这里主要基于 6.2.3 节中介绍的结果大小估计公式：

$$Card(R \infty S) = Card(R)*Card(S)/Max(Val(R, A), Val(S, A))$$

2）集合中关系连接的最小代价。为了简化问题，可以使用中间关系的大小作为最小代价的简单度量值。在复杂的度量方法中，还将考虑关系连接所使用的算法以及 CPU 执行时间等。

3）最小代价的表达式，即集合中关系的分组连接顺序。

在基础表中，每个单一关系 R 构成一个集合，其内容包括 R 的大小、代价取值为 0 和连接表达式 R。其他表的构建过程基于基础表的归纳过程。每次归纳向关系子集中增加一个关系，直到获得包含全部 n 个关系的子集，其对应的最小代价表达式就是连接。以 4 个关系的连接 $R \infty S \infty T \infty U$ 为例，表中的子集如图 6.15 所示。

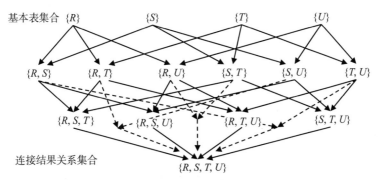

图 6.15　多关系连接的关系子集

对于包含两个关系的集合，可以认为其连接代价为 0，因为按照中间关系的大小作为最小代价，此时还没有中间关系，也可以采用其他复杂方法估计代价。而对于两个关系的连接顺序，如果是排序归并连接算法，则代价与连接顺序没有关系，如果使用嵌套循环连接，则要使用较小的关系作为外关系。当集合中的关系数量为两个以上时，则需要计算中间结果的代价，并从几个可能的情况中选择代价最小的作为连接表达式。例如，3 个关系的连接 $R \infty S \infty T$，在执行顺序上可以有 3 种情况：$(R \infty S) \infty T$，$R \infty (S \infty T)$，$(R \infty T) \infty S$。

对于 3 个关系以上的连接集合，还存在另一个问题，就是连接树的结构问题。对于包含 k 个关系的集合 RS（$k > 3$），如果只考虑左深树的连接方式（即每次增加一个关系的连接），那么在考虑代价时，对 RS 中每个关系 R_i，计算集合 RS-$\{R_i\}$ 的连接代价，再与关系 R_i 进行连接的代价。例如，4 个关系的连接 $R \infty S \infty T \infty U$，只考虑其中 3 个先连接，再与第 4 个关系连接的情况。如果考虑连接的所有情况，则还需要考虑所有对集合 RS 中的关系分解为 RS1 和 RS2 两个子集的情况，每种分解情况中需要计算 RS1 与 RS2 的最小代价和大小。例如，图 6.15 中虚线所表示的连接关系分别为 $(R \infty S) \infty (T \infty U)$、$(R \infty T) \infty (S \infty U)$ 和 $(S \infty T) \infty (R \infty U)$。

下面用一个含有 4 个关系的连接例子来说明动态规划方法的执行过程。

例 6.15 假设有 4 个关系 R、S、T 和 U，对这 4 个关系执行连接，已知每个关系的元组数量和属性特征值如图 6.16 所示。

首先构建基本表，其中每个关系构成一个关系集合，对应的代价为 0，最佳表达式就是关系本身，如图 6.17 所示。

$R(a, b)$	$S(b, c)$	$T(c, d)$	$U(d, a)$
Card(R)=2000	Card(S)=1000	Card(T)=1000	Card(U)=1500
Val(R, a)=2000	Val(S, b)=50	Val(T, c)=100	Val(U, d)=50
Val(R, b)=100	Val(S, c)=20	Val(T, d)=200	Val(U, a)=100

图 6.16 连接关系的特征参数

	$\{R\}$	$\{S\}$	$\{T\}$	$\{U\}$
结果大小	2000	1000	1000	1500
最小代价	0	0	0	0
表达式	R	S	T	U

图 6.17 基本表

在基本表的基础上，生成两个关系构成集合的表。连接的结果大小采用前面的公式进行计算，由于没有中间结果，因此最小代价为 0，而表达式则使用较小关系作为外关系的连接，结果如图 6.18 所示。

	$\{R, S\}$	$\{R, T\}$	$\{R, U\}$	$\{S, T\}$	$\{S, U\}$	$\{T, U\}$
结果大小	20 000	2 000 000	1500	10 000	1 500 000	7500
最小代价	0	0	0	0	0	0
表达式	$S \infty R$	$T \infty R$	$U \infty R$	$S \infty T$	$S \infty U$	$T \infty U$

图 6.18 两个关系的连接表

接下来考虑 3 个关系集合的连接表。对于 3 个关系，其连接顺序必然是先由其中两个关系连接，结果再和第三个关系连接，因此，必然存在一个中间结果关系。3 个关系连接的结果大小可以由前面的标准公式算出，且无论连接的顺序如何，其结果大小是固定的。对于最小代价的估计，这里使用中间关系大小作为简单的代价估计方法，这个中间关系就是其中两个关系连接的结果。由于要选择最小代价，因此选择连接结果最小的关系对，并基于这两个关系的连接生成连接表达式。

我们以 $\{R, S, T\}$ 为例，需要比较其中任意两个关系连接的结果大小，选择其中最小的作为最小代价和连接计划。这里从图 6.18 可以看出 $S \infty R$ 的大小为 20 000，$T \infty R$ 的中间关系大小为 2 000 000，而 $S \infty T$ 的中间关系大小为 10 000，$S \infty T$ 的中间关系最小，因此选择它来生成 $\{R, S, T\}$ 集合的连接计划。

3 个关系集合的连接表结果如图 6.19 所示。

	$\{R, S, T\}$	$\{R, S, U\}$	$\{R, T, U\}$	$\{S, T, U\}$
结果大小	20 000	15 000	7500	75 000
最小代价	10 000	1500	1500	7500
表达式	$(S \infty T) \infty R$	$(U \infty R) \infty S$	$(U \infty R) \infty T$	$(T \infty U) \infty S$

图 6.19　3 个关系的连接表

最后考虑全部 4 个关系连接的情况，无论连接的顺序如何，结果关系的大小估计值都是 150 000 个元组，可以将连接的代价看作中间关系的代价之和。在本例中不仅考虑由 3 个关系的集合生成 4 个关系的集合情况，也考虑由两个包含两个关系的集合连接生成最终连接的情况。因此有图 6.20 的结果，可以看出代价最小的连接顺序为 $((U \infty R) \infty T) \infty S$，其代价为 9000。

连接的顺序	代价	连接的顺序	代价
$((S \infty T) \infty R) \infty U$	30 000	$(S \infty R) \infty (T \infty U)$	27 500
$((U \infty R) \infty S) \infty T$	16 500	$(T \infty R) \infty (S \infty U)$	3 500 000
$((U \infty R) \infty T) \infty S$	9000	$(U \infty R) \infty (S \infty T)$	11 500
$((T \infty U) \infty S) \infty R$	82 500		

图 6.20　连接的顺序方式与代价

6.5.4　PostgreSQL 的遗传算法

PostgreSQL 数据库系统同样起源于美国加州大学伯克利分校的 INGRES 项目，在经过 20 余年的不断演化和改进，现在已经成为功能最强大、最具特性、最先进的开源软件数据库系统。

在 PostgreSQL 数据库系统的查询优化器中，在候选执行策略空间中使用近似穷举搜索的算法选择最优的执行策略。这个算法在 System R 系统中也被使用过，对于关系较少的连接能够生成一个近似最优的连接顺序，但是当查询中的连接关系增长时，搜索空间中的候选策略将呈指数增长，这必然会消耗大量内存空间和优化时间。

为了解决包含大量关系连接的查询优化问题，PostgreSQL 系统中使用了一种遗传算法（Genetic Algorithm）。

1. 遗传算法

遗传算法其实是一种启发式的优化算法，主要通过随机搜索的方式进行操作。在遗传算法中主要涉及以下几个概念。

- 染色体（chromosome）：用于表示一个个体（individual）在搜索空间里的参照物，实际上使用一套字符串表示。
- 基因（gene）：一个基因是染色体的一个片段，是被优化的单个参数的编码。
- 种群（population）：由个体组成的优化问题的可能的解的集合。
- 适应性（fitness）：一个个体对它的环境的适应程度，这里对应执行策略的执行代价。

在基因算法中，通过进化过程的重组（recombination）、变异（mutation）和选择（selection）操作找到新一代的搜索点，其平均适应性要比它们的祖先好。基因算法的流程如下所示：

```
Algorithm GA
Input: QUERY Q
Output: P(x)
Begin
INITIALIZE t := 0       // 初始化 t
INITIALIZE P(t)         // 初始化父代
evaluate FITNESS of P(t)
while not STOPPING CRITERION do
   P'(t) := RECOMBINATION{P(t)}
   P''(t) := MUTATION{P'(t)}
   P(t+1) := SELECTION{P''(t) + P(t)}
   evaluate FITNESS of P''(t)
   t := t + 1
End while
output p(t)
End
```

其中，FITNESS 表示适应性，$P(t)$ 表示 t 时刻的父代，$P''(t)$ 表示 t 时刻的子代，RECOMBINATION$\{P(t)\}$、MUTATION$\{P'(t)\}$ 分别表示对 $P(t)$ 进行重组和变异，算法在执行到某个特定的条件时停止。

2. PostgreSQL 中的遗传查询优化

在 PostgreSQL 系统中，遗传查询优化（GEQO）模块主要解决漫游推销员问题（TSP）中的查询优化问题，其中将查询计划使用整数字符串进行编码，每个字符串代表查询中关系的连接顺序。如图 6.21 所示为 4 个关系连接 $R \infty S \infty T \infty U$ 的连接树，其中每个关系使用整数进行编码（在 PostgreSQL 中，数据库中为关系等对象都分配了一个 oid），对应

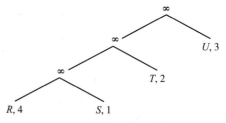

图 6.21　4 个关系的连接树

的连接编码为 "4-1-2-3"，表示 oid 为 4 的关系 R 先与 oid 为 1 的关系 S 连接，再与 T 和 U 连接。

在使用遗传查询优化（GEQO）模块生成执行计划时，GEQO 模块首先使用标准的查询

优化器生成在独立关系上查询谓词的扫描策略，而对于连接则使用遗传算法处理。这里，关系的连接序列对应着染色体，关系子集的连接操作对应遗传算法中的基因。

在处理连接的初始阶段，GEQO 模块简单地随机生成一些可行的连接序列，这个序列就是使用前面介绍的编码方式表示的。对于这些随机生成的连接序列，GEQO 模块使用标准查询优化器来估计它们的执行代价，其中对于连接序列中的每个连接操作，优化器会考虑全部可能的物理执行计划（嵌套循环连接、排序归并连接、哈希连接）以及在关系上的扫描方式，并选择代价最小的作为估计代价。接下来，GEQO 模块应用遗传算法，将执行代价作为连接序列的适应性（适应性与执行代价成反比，即执行代价越小，适应性越高），删除执行代价高的连接序列，保留执行代价较低的连接序列。

在下一阶段，根据遗传算法中重新组合适应性高的候选个体中的基因以生成新的候选个体的原理，对于上一阶段保留的执行代价较低的连接序列，GEQO 模块随机地选择这些连接序列中部分片段并改变其连接顺序以生成新的连接序列。对于新生成的连接序列，GEQO 模块评估其执行代价，并保留其中执行代价小的作为下一个循环阶段的候选连接序列。这一过程就是遗传算法中的重组、变异和选择过程。该过程将不断循环，直到算法执行达到某个特定的预设值为止，这个预设值可以是循环中考虑的连接序列数量，也可以是循环的次数。最后，GEQO 模块将从循环过程中所有被评估过的连接序列中，选择执行代价最小的作为最终的执行策略。

由于初始的连接序列和每次基因突变（改变连接顺序）时都是随机选择的，因此 GEQO 模块使用遗传算法得到的连接序列是不确定的，这也导致了每次选择的执行计划在执行时间上的不同。但使用遗传算法，能够使查询包含大量关系连接的查询优化在一个可接受的时间内停止，并得到一个相对较优的执行计划。

6.6　分布式数据库系统中的查询优化算法

本节主要对分布式数据库系统所使用的查询优化算法进行介绍，并加以对比。这些分布式查询优化方法主要包括分布式 INGRES 方法、System R* 方法和 SDD-1 方法，它们在优化时间、代价估计函数、优化因素、网络拓扑和连接算法上都有所不同。此外，本节还将介绍面向大数据的分布式数据库所使用的查询优化机制和相关算法。下面详细介绍这些方法。

6.6.1　分布式 INGRES 方法

分布式 INGRES 是 INGRES 系统的分布式版本。本节将从查询优化中涉及的各个因素对分布式 INGRES 算法进行说明。

分布式 INGRES 的查询优化基于 INGRES 系统优化算法实现，因此，分布式优化算法也是一种动态优化算法。分布式 INGRES 算法的代价估计函数综合考虑了分布式查询中的通信时间和查询执行的响应时间。由于通信时间和响应时间往往互相制约，因此在具体计算时，算法将给两者设置相应的权值，以体现两者的重要性。分布式 INGRES 还将利用支持广播式通信的网络环境，以广播的形式复制某个关系片段至多个执行场地，从而提高查询处理的并行性。而对于关系上的分片情况，分布式 INGRES 算法主要考虑对垂直分片的处理策略。

在执行优化前，分布式 INGRES 算法的输入主要包括两部分内容，一部分是由元组关系演算语言所表达的查询，另一部分是关系在各个分布式场地上的模式分片情况。发起查询的主 INGRES 场地对于其他场地的命令也分为两种：在局部场地执行查询 Q；复制局部关系 R 的片段 R_i 到指定的场地集合 $S_1, \cdots, S_k$。

分布式 INGRES 算法的基本执行过程如下。

1）首先，所有在单关系上的选择和投影查询操作会被下移到每个数据所在的场地上，进行局部执行，这时，可使用集中式的 INGRES 算法。

2）如果在第 1 步中，存在某个关系上的子查询没有在任何场地中查询到匹配的元组，则对于后面的连接操作将不会产生任何结果数据，此时算法将直接终止。

3）使用 6.5.1 节介绍的 INGRES 中的归约算法，将包含 n 个关系变量的查询 q 分解为一个连续的查询序列 $q_1 \rightarrow q_2 \rightarrow \cdots \rightarrow q_n$，如例 6.10 中所示。由于针对单个关系的查询已经处理结束，因此这里仅考虑不可归约的查询序列。在这一步中，归约算法将为查询生成所有可能的不可归约查询序列，以便在进一步的优化中选择代价较小的查询序列。

例 6.16 假设有如下三个关系：

- SUPPLIER（SNO, SNAME, CITY）
- PROJECT(JNO, JNAME, CITY)
- SUPPLY(SNO, JNO, AMOUNT)

在关系 SUPPLIER 上的水平分片分别位于三个场地 S_1、S_2、S_3 上，关系的水平分片定义具体分布如下：

S_1: SELECT * FROM SUPPLIER WHERE CITY="上海"

S_2: SELECT * FROM SUPPLIER WHERE CITY="广州"

S_3: SELECT * FROM SUPPLIER WHERE CITY!="上海" and CITY!="广州"

现有查询 Q，查找为项目供货的供货商名称，对应的 SQL 语句如下：

```
SELECT S.SNAME
FROM SUPPLIER S, PROJECT J, SUPPLY SJ
WHERE S.SNO=SJ.SNO and SJ.JNO=J.JNO
```

先执行 PROJECT 与 SUPPLY 的连接，这个语句可以被归约为两部分。

*Q*1:

```
SELECT SJ.SNO INTO temp
FROM PROJECT J, SUPPLY SJ
WHERE SJ.JNO=J.JNO
```

*Q*2:

```
SELECT S.SNAME
FROM SUPPLIER S, temp T
WHERE S.SNO=T.SNO
```

也可以先执行 SUPPLIER 与 SUPPLY 的连接，查询被归约为：

*Q*1':

```
SELECT SJ.JNO, S.SNAME INTO temp
FROM SUPPLIER S, SUPPLY SJ
WHERE S.SNO=SJ.SNO
```

*Q*2':

```
SELECT T.SNAME
FROM PROJECT J, temp T
WHERE J.JNO=T.JNO
```

以上两个查询序列 *Q*1 → *Q*2 和 *Q*1' → *Q*2' 彼此相对独立，都能够获得查询 *Q* 的结果，具体选择哪个需要在后续步骤中通过优化算法决定。

4）对于查询归约后获得的 *n* 个不可归约子查询，算法每次选择其中一个子查询进行处理。每次执行哪个子查询是根据查询结构、关系分片大小和关系分片的位置分布选择的。主要根据查询序列的代价估计来确定子查询的执行顺序。这将在后面介绍。

5）如果这个不可归约子查询能够在某个独立的站点执行而不需要复制关系分片，则直接跳转到第 9 步。例 6.14 中的 *Q*2，由于关系 SUPPLIER 是分布式存储的，因此必然需要复制关系分片。

6）选择查询的执行场地。根据分片涉及的场地，以及网络的拓扑结构（点到点通信或广播通信），对所有可能的执行场地进行考虑。

7）生成查询的执行策略。对于这个执行策略是具有一定要求的。假设有 *n* 个关系的子查询，一个执行查询的场地包含其中一个关系的一个分片，则必须将其他 *n*–1 个关系全部复制到这个场地上才能够满足执行查询的条件。

例如，对于例 6.14 中的 *Q*2，有两种执行策略可以选择：可将关系 temp 复制到三个场地上分别执行，也可将 SUPPLIER 的分片复制到第三个场地上执行。但后一个策略仅在一个场地上执行查询，因为 temp 仅保存在 S_1 或 S_2 其中一个场地上。对于这两个策略而言，考虑到负载均衡，我们将选择第一个策略以保证三个场地同时处理查询。

8）根据第 6 步中的执行策略复制各个关系的分片到指定的场地。为了对查询进行优化，这里仅传输与查询相关的分片内容，并且可以使用广播通信的形式提高传输效率。

9）由主 INGRES 场地向所有被选择的场地广播查询，查询被传输到各场地后，在各场地进行局部查询处理。如果所有场地上的局部查询都没有发生错误，则移除已执行的查询。必要时，还要修改剩余关系变量的查询范围。

10）返回第 4 步继续执行，直到处理完全部查询序列。

在分布式 INGRES 的查询执行过程中，一个需要解决的优化问题就是在第 4 步中，每次选择哪个子查询执行，这将影响查询的整体执行效率。这里使用一种贪婪算法来处理这些不可归约查询上的执行顺序问题。

当一个查询 *Q* 被分解为一组不可归约的子查询 $q_1, q_2, \cdots, q_n$ 后，在集中式环境中可以简单地顺序执行每个子查询。然而，在分布式环境中，由于关系会以分片的形式存储在多个场地上，因此子查询可能还需要继续细分以便能够在多个场地上执行，而这将产生在场地之间复制关系所需的通信代价。一种简单的优化方式是优先处理无前继查询且所涉及的关系较小的子查询。这是因为一方面可以获得较小的中间结果，另一方面可以减少复制关系所需的传输代价。

在每次选择了要处理的子查询后，另一个要解决的优化问题就是查询执行策略的选择。对于一个分布式的子查询，除了直接执行的策略外，也可以对查询进一步细分到各场地上执行。通常情况，如果细分后的查询结果关系的大小小于传输完整关系的通信代价，则选择细分查询的方式。下面通过一个例子来具体说明。

例 6.17 这里依然使用例 6.16 中的三个关系：

- SUPPLIER（SNO, SNAME, CITY）
- PROJECT(JNO, JNAME, CITY)
- SUPPLY(SNO, JNO, AMOUNT)

本例中假设关系分布在两个场地 S_1 和 S_2 上，具体情况如下：

S_1：PROJECT（200 元组），SUPPLIER1（50 元组）

S_2：SUPPLY（400 元组），SUPPLIER2（50 元组）

要查询"供货商及其所供应的工程属于同一城市的供货商名称和工程名称"，查询的 SQL 语句如下：

```
SELECT S.SNAME, J.JNAME
FROM SUPPLIER S, PROJECT J, SUPPLY SJ
WHERE S.SNO=SJ.SNO and SJ.JNO=J.JNO and S.CITY=J.CITY
```

这是一个不可归约的查询，其中包括三个子句。对于这个查询的划分，可选择的有以下几种策略：

$Q1$：

```
SELECT S.SNAME, J.JNAME INTO temp
FROM SUPPLIER S, PROJECT J, SUPPLY SJ
WHERE S.SNO=SJ.SNO and SJ.JNO=J.JNO and S.CITY=J.CITY
```

$Q2$：

```
SELECT S.SNAME, S.CITY, SJ.JNO INTO temp
FROM SUPPLIER S, SUPPLY SJ
WHERE S.SNO = SJ.SNO
```

$Q3$：

```
SELECT S.SNAME, S.SNO, J.JNAME, J.JNO INTO temp
FROM SUPPLIER S, PROJECT J
WHERE S.CITY = J.CITY
```

$Q4$：

```
SELECT J.JNAME, J.CITY, SJ.SNO INTO temp
FROM PROJECT J, SUPPLY SJ
WHERE J.JNO = SJ.JNO
```

这里假设三个关系中元组的大小相同，此时我们可以使用元组数量作为传输代价。查询策略 $Q1$ 中需要将查询涉及的关系复制到同一场地执行连接，根据对传输代价的优化，查询

策略将 S_1 上关系 PROJECT 的 200 个元组和 SUPPLIER1 的 50 个元组复制到 $S2$ 上执行连接。因此，如果使用细分查询的策略，其代价必须小于传输 250 个元组的代价。

对于查询 $Q2$，首先执行 SUPPLIER 与 SUPPLY 两个关系的操作，代价较小的传输策略是将场地 S_1 上的 SUPPLIER1 复制到场地 S_2，代价是 50 个元组。$Q2$ 的执行结果将被传输到 S_1 执行剩余的查询：

```
SELECT T.SNAME, J.JNAME
FROM PROJECT J, temp T
WHERE T.CITY=J.CITY and T.JNO=SJ.JNO
```

如果关系 SUPPLIER 中的属性 SNO 是主键，且每个供应商仅服务于一个工程，则 $Q2$ 的执行结果最多包含 50 个元组。此时，总的传输代价为不多于 100 个元组，选择先执行 $Q2$ 的策略可以获得较好的优化效果。但是，如果属性 SNO 的值不唯一，且供应商服务于多个工程，则 $Q2$ 的执行结果最多可能有 50*400=20000 个元组，此时不适合选择 $Q2$ 执行查询。因此，对于子查询选择的优化依赖于精确的查询结果估计，这需要在关系和关系属性值上的相关特征参数（见 6.2.3 节中的方法）。

另一个优化问题是如何确定每个不可归约子查询的执行策略，其中主要是选择执行查询的场地和需要复制的关系分片。在执行策略的选择中，分布式 INGRES 同时考虑通信代价和本地执行代价，代价的计算主要基于关系的物理分片情况、分片的大小和网络类型。对于执行策略的代价模型，分布式 INGRES 系统使用如下公式定义：

$$C_{Total}=c1*C_{com} + c2*C_{proc}$$

其中 C_{com} 表示复制关系分片所需的网络传输代价，C_{proc} 表示在各场地执行局部查询的代价，$c1$ 和 $c2$ 分别是两个代价上的权重。根据具体的系统运行环境，可以通过调整两个代价上的权重值来决定在优化中是侧重传输代价还是局部执行代价。

在对一个子查询的执行策略的优化中，有如下具体的已知信息：

- 系统包括 N 个分布式场地；
- 子查询 Q' 中涉及的 n 个关系及具体分片的分布情况。

在执行优化后需要确定的信息包括以下内容：

- 查询执行所涉及的 K 个场地；
- R_p 为不进行复制操作的关系。

因此，在场地 j 上执行的查询可以表示为 $Qj = Q(R_1, R_2,\cdots, R_p^j, \cdots, R_n)$，其中 R_p^j 为关系 R_p 在场地 j 上的分片。

下面主要介绍对通信代价的优化。要获得最小的通信代价，需要基于网络的类型确定查询的执行场地和传输的关系分片。广播方式的网络环境具有 $C_k(x)=C_1(x)$ 这一特征，其中 $C_k(x)$ 表示向 k 个场地传输 x 数据量的通信代价。可以看出，在广播式网络中，向多个场地传输数据的代价与向一个场地传输代价相等。因此，对于广播式的网络有如下优化规则：

1）如果存在某个场地 j，有

$$\sum_{i=1}^{n}\text{Size}(R_i^j) > \max_{i=1}^{n}(\text{Size}(R_i))$$

其中 Size(R_i^j) 表示场地 j 上子查询涉及的关系 R_i 分片大小，Size(R_i) 表示子查询所涉及的关系 R_i 的大小，即场地 j 的数据量大于查询中最大关系的数据量，则选择场地 j 作为子查询的唯一执行场地，因为此时需要传输的数据量最小。这里不存在关系 R_p。

2）如果不满足规则 1，即

$$\max_{j=1}^{N}\left(\sum_{i=1}^{n}\text{Size}(R_i^j)\right) \leqslant \max_{i=1}^{n}(\text{Size}(R_i))$$

则选择查询中具有最大数据量的关系作为 R_p，R_p 分片所在的场地作为执行场地，即 $K=M_p$，其中 M_p 表示关系 R_p 分片所在的场地。

对于普通的点到点传输类型的网络环境，将采取完全不同的优化方法。这主要是因为在点到点环境中，传输代价为 $C_k(x)=k*C_1(x)$，可见传输代价正比于关系的数据量 x。此时，获得最小传输代价的策略是选择具有最大数据量的关系作为 R_p。一旦关系 R_p 确定，查询的执行场地按照如下方法优化。

1）首先根据各场地的查询相关数据量，对场地进行按降序方式进行排列。

2）如果有：

$$\sum_{i \neq p}(\text{Size}(R_i) - \text{Size}(R_i^1)) > \text{Size}(R_p^1)$$

则 $k=1$；即只需一个查询场地。否则，选择最大的 j 作为执行场地，其中 j 满足如下条件：

$$\sum_{i \neq p}(\text{Size}(R_i) - \text{Size}(R_i^j)) \leqslant \text{Size}(R_p^j)$$

直到没有满足条件的 j 为止。k（j 的个数 +1）为确定的执行场地个数。

这个优化方法的基本思想是当一个场地被选择为执行场地时，该场地所需接收的数据量必须小于该场地不作为执行场地时所需发出的数据量。

例 6.18 有连接查询 $R \infty S$，其中关系 R 和 S 的分片情况如下表。

场地	S_1	S_2	S_3	S_4
R	500KB	500KB	1500KB	2000KB
S		250KB	1500KB	500KB

假设是点到点的网络环境，根据优化策略选择较大的关系 R（4500KB）作为 R_p，并根据数据量对四个场地进行排序，得到 $S_3>S_4>S_2>S_1$。首先查看数据量最大的场地 S_3，由于关系 S 的两个分片 S_2 和 S_4 大小之和为 750KB，小于场地 S_3 上关系 R 的分片 R_3 的大小为 1500KB，因此选 S_3 为执行场地。根据场地的排序，下面计算场地 S_4 上的数据传输情况，有 Size(S_2)+Size(S_3)=1750KB<R_4=2000KB，因此场地 S_4 也将作为查询的执行场地。再计算场地 S_2 上的数据传输情况，有 Size(S_3)+Size(S_4)=2000KB>R_2=500KB。因此，执行场地的数量 $k=2$，即场地 S_3 和 S_4 为执行场地。这里假设将场地 S_1 和 S_2 中关系 R 的分片复制到场地 S_3 中，则场地 S_3 相应的传输代价为 Size(S_2)+Size(S_4)+ Size(R_1)+Size(R_2)=1750KB，场地 S_4 的传输代价为 Size(S_2)+Size(S_3)=1750KB，总传输代价为 3500KB。如果选择 S_3 作为唯一的执行场地，则需

要 Size(S_2)+Size(S_4)+ Size(R_1)+Size(R_2)+ Size(R_4)=3750KB，显然大于优化后的策略。

下面考虑广播网络环境的情况。由于数据量最大的场地 S_3 的数据量为 3000KB，小于关系 R 的数据量 4500KB，因此 4 个包含关系 R 的分片的场地均为查询执行场地。此时需要把关系 S 的所有分片复制到这 4 个场地上，由于使用的是广播式网络，因此执行传输的代价为 Size(S)=2250KB。

6.6.2　System R* 方法

System R* 系统是 IBM 公司 System R 数据库管理系统的分布式版本。System R* 系统中的分布式查询优化算法是基于 System R 系统的查询优化器实现的，因此，同样使用穷举法对所有可能的查询执行策略进行代价估计，并选择其中代价最小的作为最终执行策略。System R* 系统在实现中不支持关系的分片和副本，因此在优化中依然是对整个关系操作的优化。在 System R* 系统中，分布式查询的编译是在发起查询的主场地协调下分布执行的。主场地的优化器负责确定执行场地选择和数据传输策略，当各执行场地接收子查询和相关的数据后，再由执行场地的优化器进行本地查询优化。在 System R* 系统查询优化器中，优化的目标同时考虑整体执行时间、局部处理代价和通信代价。

与集中式的 System R 相比，System R* 系统的查询优化器还要考虑查询中连接操作的执行场地的选择和场地间数据传输的代价。

对于两个关系 R 和 S 连接操作的执行场地，有三种可选的执行策略：

- 选择 R 所在的场地作为执行场地；
- 选择 S 所在的场地作为执行场地；
- 选择其他场地作为执行场地。

这三种策略的选择要根据查询的情况和关系的相关统计信息来确定。例如，如果 Size(R)>Size(S)，则选择 R 所在场地作为执行场地可以减少通信代价，反之则选择 S 所在场地作为执行场地。假设连接涉及三个关系，并有连接顺序 $(R \infty S) \infty T$，即先对 R 和 S 进行连接，执行结果再与 T 连接，此时如果有 R 和 S 关系均较小但连接的结果关系较大，则选择关系 T 所在的场地作为执行场地能够获得最小的通信代价。

对于两个关系 R 和 S 连接操作的数据传输方式，System R* 系统主要采用两种策略。

- 全体传输（ship-whole），即每次传输完整的关系到指定场地。
- 按需传输（fetch-as-needed）。按需传输策略与半连接算法中关系的传输方法相似，即每次仅传输连接外关系的一个元组中与连接操作相关内容到内关系的场地，连接后再将内关系匹配的元组传输回外关系所在场地。

这两种传输方式分别适用于不同的情况。全体传输虽然传输代价大于按需传输，但通信次数要小于按需传输，因此当较小的关系参与连接时，使用全体传输比较适合，而按需传输适用于连接的关系较大但仅有少量元组参与连接的情况。

对于给定的两个关系 R 和 S 的连接，假设 R 为连接的外关系，S 为连接的内关系，属性 A 为连接属性。在代价模型中，用 C_{lp} 表示局部查询处理的 I/O 和 CPU 代价，C_{com} 表示通信代价，t 表示关系 S 中与一个给定的关系 R 的元组匹配的元组数量。假设使用通用的嵌套循环连接算法，则 System R* 系统主要包括下面四种连接执行策略。

（1）全体传输外关系到内关系所在场地

在这一执行策略中，连接的执行场地为内关系 S 所在场地，执行代价分为三部分：读取关系 R 的代价、传输关系 R 的传输代价和执行局部连接的处理代价。具体公式如下：

$$C_{\text{total}} = C_{\text{lp}}(\text{Card}(R)) + C_{\text{com}}(\text{Size}(R)) + C_{\text{lp}}(t)*\text{Card}(R)$$

其中，$C_{\text{lp}}(t)$ 表示从关系 S 中查询与 R 元组匹配的元组的处理代价。由于关系 R 是连接的外关系，因此在关系 R 的元组到达内关系 S 的场地后可直接执行连接。

（2）全体传输内关系到外关系所在场地

与第一种策略不同，此时必须等待内关系 S 的所有元组都传输到外关系 R 的场地才能执行嵌套循环连接，因此需要先将内关系 S 保存在本地再执行连接。因此有执行代价表达式：

$$C_{\text{total}} = C_{\text{lp}}(\text{Card}(S)) + C_{\text{com}}(\text{Size}(S)) + C_{\text{lp}}(\text{Card}(S)) + C_{\text{lp}}(\text{Card}(R)) + C_{\text{lp}}(t)*\text{Card}(R)$$

（3）按需传输内关系元组

在这种执行策略下，外关系场地每次向内关系发送一个连接属性值，内关系场地执行连接后将连接的结果元组再传输回外关系 R 的场地。执行代价表达式为：

$$C_{\text{total}} = C_{\text{lp}}(\Pi_A(R)) + C_{\text{com}}(\text{Length}(A)* \text{Card}(R) + C_{\text{lp}}(t)*\text{Card}(R) +$$
$$C_{\text{com}}(t*\text{Length}(S))$$

（4）在其他场地执行连接

此时，首先将内关系复制并保存到执行场地，再复制外关系的元组到执行场地执行连接，因此不必在执行场地保存外关系。相应的执行代价表达式为：

$$C_{\text{total}} = C_{\text{lp}}(\text{Card}(S)) + C_{\text{com}}(\text{Size}(S)) + C_{\text{lp}}(\text{Card}(S)) + C_{\text{lp}}(\text{Card}(R)) +$$
$$C_{\text{com}}(\text{Size}(R)) + C_{\text{lp}}(t)*\text{Card}(R)$$

6.6.3 SDD-1 方法

SDD-1 是美国采用 ARPANET 远程网建立的世界上第一个分布式数据库管理系统。SDD-1 查询优化算法的目标是最小化场地之间的数据传输量，从而得到最小的总体时间代价。算法中假设网络支持点到点通信方式，这样网络带宽将成为系统的瓶颈。与分布式 INGRES 和 SYSTEM R* 不同，SDD-1 方法中使用了半连接优化方法减少场地间的数据传输。因此，在优化算法执行中，不仅需要关系的分布情况和属性上的特征参数，还需要知道连接的选择度、属性长度和元组大小等信息。

SDD-1 算法由两部分组成：第一部分是基本算法，主要内容包括对查询进行初始化、选择收益最大的半连接策略和选择连接执行场地；第二部分是后优化处理，任务是对基本算法得到的执行策略进行修正，以得到更合理的执行策略。

下面将详细介绍 SDD-1 算法相关的模型、代价与收益估计、算法的执行流程和后优化处理。

1. 查询优化相关模型

在 SDD-1 算法中，分别使用连接图和概要图来描述查询中的条件限制和关系上的特征参数。

（1）连接图

对于一个给定的连接查询，连接图中的节点表示查询中的变量和约束，图中的边表示每个查询条件中的子句。如果两个节点 N 和 N' 之间存在边，当且仅当查询中存在条件 $N=N'$。

例 6.19　假设数据库中有三个关系：

- 供应商 SUPPLIER (S#, SNAME, CITY)
- 零件 PARTS (P#, PNAME, Size)
- 供应关系 SUPPLY (S#, P# , QUANTITY)

设有查询 Q，对应的 SQL 语句如下：

```
SELECT S.SNAME
FROM SUPPLIER S, PARTS P, SUPPLY SP
WHERE S.S#=SP.S# AND SP.P#=P.P# AND S.CITY="Shanghai"
```

将以上查询转换成连接图，如图 6.22a 所示。

在查询处理中，在初始时选择和投影操作等一元运算将在关系的局部场地执行，以实现连接关系的缩减。SDD-1 算法主要处理多个关系连接操作的优化。可以将连接图简化为以下形式：图的节点表示关系，边表示连接运算，边上的标号表示连接条件，节点上的标号表示关系名和场地。图 6.22a 可以简化为图 6.22b 的形式。

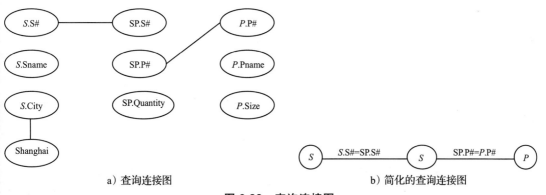

a）查询连接图　　　　　　　　　　　　b）简化的查询连接图

图 6.22　查询连接图

（2）概要图

概要图主要用于表示一个关系上的特征参数，其中数据包括关系中元组的数量 Card(R)、每个关系属性的长度 Length(A) 和属性不同值的数量 Val(R, A)。具体形式见例 6.20。

例 6.20　关系 SUPPLY｛S#, P# , QUANTITY ｝，Card(R)=30 000，则关系 SUPPLY 的概要图表示为：

Card(R)=30 000			
	S#	P#	QUANTITY
Length	6	4	10
Val	1800	1000	500

由概要图中的数据可知：属性 S# 的长度为 6，不同属性值的数量为 1800，属性 P# 的长度为 4，不同属性值的数量为 1000，属性 QUANTITY 的长度为 10，不同属性值的数量为 500。

2. 查询代价与收益估计

SDD-1 算法的基本优化思想是使用半连接算法减少关系连接时场地间的数据传输代价。对于多个关系的连接有多种半连接操作方法，因此需要找出其中最优的执行策略，并选择一个具有最小传输代价的执行场地。对于执行策略的选择主要基于对半连接操作的代价和收益的估计。如果一个半连接操作的代价小于收益，则该半连接是一个受益半连接。

受益半连接集的定义：对于一个给定的半连接集合，所有利益超过代价的半连接操作的集合称为受益半连接集，记为 P。

（1）半连接的代价

半连接的代价为传输关系在连接属性上的投影关系的代价。假设关系 R 和 S 在不同场地上，连接属性为 A，由图 6.23 可以看出，使用半连接算法将增加传输 Size $(\Pi_A(S))$ 的通信代价，则半连接 $R \propto {}_A S$ 的代价计算方法如下：

$$\text{Cost}(R \propto {}_A S) = C_0 + C_1 * \text{Val}(S, A) * \text{Length}(S.A)$$

其中 C_0 是通信启动代价，C_1 是传输单位数据的代价。

如果两个连接关系在同一场地，则传输代价为 0。

（2）半连接的利益

半连接的利益是因半连接而节省了不需要传输的元组所对应的传输代价。对于半连接 $R \propto {}_A S$，由图 6.23 可以看出，其利益可以看作由原来传输关系 R 减少到传输 R' 的差值，计算公式如下：

$$\text{Benefit}(R \propto {}_A S) = C_1 * (1-\rho) * \text{Card}(R) * \text{Length}(R)$$

其中，ρ 为连接的选择度（见 6.2.3 节），Length(R) 为关系 R 的一个元组的长度。

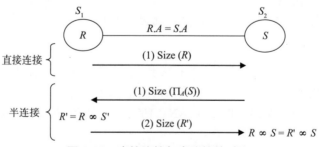

图 6.23　直接连接与半连接的对比

3. 基本优化算法

SDD-1 基本优化算法是一个迭代的爬山算法，算法的输入信息为描述查询条件限制的查询连接图和包含各关系特征参数的概要图。SDD-1 基本优化算法的具体流程如下：

```
输入：查询连接图和关系概要图。
输出：执行策略，包括半连接执行序列集合 P' 及最后的执行场地。
Begin
/* 初始化 */
将所有可执行的一元操作和局部操作，构成执行策略集 P';
计算所有的非本地半连接的代价和利益，构成受益半连接集 P。
/* 选择半连接 */
While (存在非本地半连接满足 (Benefit(∝) ≥ Cost(∝))) {
    P'= P' ∪ {∝'| ∝' 为最大受益半连接};
    修改概要图 (最大受益半连接∝' 执行后的概要图);
    重新估计执行∝' 后的各个半连接的代价和利益;
};
/* 选择执行场地 */
计算每个场地 S_i 上的数据量，其值为场地上执行局部处理后关系的大小之和 Size(S_i) =
    Σ(Card(R_i')* Length(R_i'))，其中 Card(R_i') 为执行局部操作后的结果;
选择具有最大数据量的场地 Sa 作为执行场地;
End
```

下面通过一个例子来说明 SDD-1 基本优化算法的执行过程。

例 6.21 已知有三个关系（供应商 SUPPLIER、供应关系 SUPPLY 和部门 DEPT），分别存在场地 S_1、S_2 和 S_3 上，其模式信息、查询连接图和概要图如下。

1）关系模式

- 供应商 SUPPLIER S(SNO, SNAME, CITY)
- 供应关系 SUPPLY Y(SNO, DNO)
- 部门 DEPT D(DNO, DNAME, TYPE)

2）连接图（SUPPLIER ∞ SUPPLY ∞ DEPT）

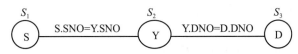

3）概要图

Card(SUPPLIER)=2000			
	SNO	SNAME	CITY
Length	4	20	20
Val	2000	2000	10

Card(SUPPLY)=5000		
	SNO	DNO
Length	4	2
Val	1000	100

Card(DEPT)=100		
	DNO	TYPE
Length	2	2
Val	100	5

查询要求：找出部门类型为"产品开发"、供应商所在城市为"上海"的供应商的编码和名称，对应 SQL 语句如下：

```
SELECT S.S#, S.SNAME
FROM SUPPLIER S,SUPPLY Y,DEPT D
WHERE S.SNO=SP.SNO AND Y.DNO=D.DNO
    AND D.TYPE="产品开发" AND S.CITY="上海"
```

假设 $C_0=0$，$C_1=1$，DOM(SUPPLY.SNO) = DOM(SUPPLIER.SNO)，DOM(SUPPLY.DNO) =

DOM(DEPT.DNO)。基本优化算法执行过程如下。

Step 1　初始化

1.1 处理一元操作局部约简

执行一元选择操作 TYPE="产品开发"，有

$$Card(\sigma_{TYPE=Dev}(DEPT))=Card(DEPT)/Val(DEPT, TYPE)=100/5=20$$
$$选择度\ \rho_D = 1/\ Val(DEPT, TYPE)=1/5$$

由于 DNO 为关键字，因此有 Val(DEPT, DNO)= ρ_D*Val(DEPT, DNO)=20。

执行一元选择操作 CITY="上海"，有

$$Card(\sigma_{CITY=SH}(SUPPLIER)) = Card(SUPPLIER)/Val(SUPPLIER, CITY)=2000/10=200$$
$$选择度\ \rho_S = 1/\ Val(SUPPLIER, CITY)=1/10$$

同理，Val(SUPPLIER, SNO)= ρ_S*Val(SUPPLIER, SNO)=200。

关系 SUPPLIER 和 DEPT 参与连接操作的概要图修改为：

Card(SUPPLIER)=200		
	SNO	SNAME
Length	4	20
Val	200	200

Card(DEPT)=20		
	DNO	TYPE
Length	2	2
Val	20	1

1.2 求可能的半连接集合

P_1= SUPPLY $\propto$ SUPPLIER

P_2= SUPPLY $\propto$ DEPT

P_3= SUPPLIER $\propto$ SUPPLY

P_4= DEPT $\propto$ SUPPLY

1.3 初始的利益代价表

1.3.1 半连接 P_1= SUPPLY $\propto$ SUPPLIER

代价为将 SUPPLIER 的 SNO 属性传输到 SUPPLY 所在场地，因此有：

Cost1= Val(SUPPLIER, SNO)* Length (SUPPLIER, SNO)=200*4=0.8KB

对 SUPPLY 关系的选择度为：

ρ_1 =ρ_S =0.1

这是因为 DOM(SUPPLY.SNO) $\in$ DOM(SUPPLIER.SNO)。

半连接的利益为：

Benefit1=(1–ρ_1)*Card(SUPPLY)*Length (SUPPLY) =0.9*5000*6=27KB

1.3.2 半连接 P_2= SUPPLY $\propto$ DEPT

同理，计算代价有：

Cost2= Val(DEPT, DNO)* Length (DEPT, DNO)=20*2=0.04KB

ρ_2= ρ_D =20/100=0.2

因此半连接利益为：

Benefit2=(1−ρ_2)*Card(SUPPLY)*Length (SUPPLY) = 0.8*5000*6=24KB

1.3.3 半连接 P_3= SUPPLIER ∝ SUPPLY

Cost3= Val(SUPPLY, SNO)* Length (SUPPLY, SNO)=1000*4=4KB

ρ_3 = Val(SUPPLY, SNO)/Card(DOM(SUPPLIER.SNO)) = 1000/2000 =0.5

Benefit3=(1−ρ_3)*Card(SUPPLIER)*Length (SUPPLIER) =0.5*200*24=2.4KB

这里由于 CITY 属性不必传输，因此 Length (SUPPLIER)= Length(SNO)+Length(SNAME)

1.3.4 半连接 P_4= DEPT ∝ SUPPLY

Cost4= Val(SUPPLY, DNO)* Length (SUPPLY, DNO)=100*2=0.2KB

由于在执行选择前有 DOM(SUPPLY.DNO) = DOM(DEPT.DNO)，执行选择操作后 DOM(DEPT.DNO) ∈ DOM(SUPPLY.DNO)，因此：

ρ_4=1

Benefit4=0

因此，初始的利益代价表如下：

半连接	代价（Cost）	选择度 ρ	利益（Benefit）
P_1	0.8KB	0.1	27KB
P_2	0.04KB	0.2	24KB
P_3	4KB	0.5	2.4KB
P_4	0.2KB	1	0

根据初始的利益代价表，得到受益半连接集 P={P_1, P_2}。

Step 2 选择半连接

2.1 循环 1

从受益半连接集 P 中选择利益代价最小者 P_1，将 P_1 加到策略集 P' 中，P'={…, P_1}；

2.1.1 重新计算概要图

当选定半连接策略后需要更新各场地上的关系概要图，对于外连接 SUPPLY ∝ SUPPLIER 需要更新 SUPPLY 的概要图内容，假设外连接后结果为 SUPPLY'(SNO, DNO)，则对于 SUPPLY' 有：

Card(SUPPLY')=ρ* Card(SUPPLY) = 0.1*5000=500

对于选择谓词属性 SNO 有：

Val(SUPPLY', SNO)= ρ* Val(SUPPLY, SNO) = 0.1*1000=100

对于非选择谓词属性 DNO 有：

Val(SUPPLY, DNO)=100

由于 Card(SUPPLY')>2Val(SUPPLY, DNO)，因此 Val(SUPPLY', DNO)= Val(SUPPLY, DNO)=100。

三个关系的概要图更新如下：

Card(SUPPLIER)=200		
	SNO	SNAME
Length	4	20
Val	200	200

Card(SUPPLY')=500		
	SNO	DNO
Length	4	2
Val	100	100

Card(DEPT)=20		
	DNO	TYPE
Length	2	2
Val	20	1

2.1.2 重新计算半连接利益代价表

由于 P_1 已经被处理，现在考虑其余三个半连接的利益和代价。

P_2= SUPPLY' $\propto$ DEPT

Cost2= Val(DEPT,DNO)* Length (DEPT,DNO)= 20*2=0.04KB

由于 Val(SUPPLY,DNO) 没有变化，因此 ρ_2=0.2。

半连接利益为：

Benefit2=$(1-\rho_2)$*Card(SUPPLY')*Length (SUPPLY) = 0.8*500*6=2.4KB

P_3= SUPPLIER $\propto$ SUPPLY'

Cost3= Val(SUPPLY', SNO)* Length (SUPPLY', SNO)=100*4=0.4KB

由于在执行 P1 后有 DOM(SUPPLY'.SNO) $\in$ DOM(SUPPLIER.SNO)，因此选择度为：

ρ_3 = Val(SUPPLY', SNO)/ Val(SUPPLIER, SNO)= 100/200 =0.5

Benefit3=$(1-\rho_3)$*Card(SUPPLIER)*Length (SUPPLIER) =0.5*200*24=2.4KB

P_4= DEPT $\propto$ SUPPLY'

Cost4= Val(SUPPLY', DNO)*Length (SUPPLY', DNO)=100*2=0.2KB

ρ_4= 1

Benefit4=0

更新后的利益代价表为：

半连接	代价（Cost）	选择度 ρ	利益（Benefit）
P_1	0.8KB	None	None
P_2	0.04KB	0.2	2.4KB
P_3	0.4KB	0.5	2.4KB
P_4	0.2KB	1	0

此时受益半连接集 P={P_2, P_3}。

2.2 循环 2

从受益半连接集 P 中选择利益代价最小者 P_2，将 P_2 加到策略集 P' 中，得：P'={…, P_2, P_1}。

2.2.1 重新计算概要图

对于外连接 SUPPLY' $\propto$ DEPT，需要更新 SUPPLY' 的概要图内容，假设外连接后结果为 SUPPLY"(SNO, DNO)，则对于 SUPPLY" 有：

Card(SUPPLY")=ρ* Card(SUPPLY) = 0.2*500=100

对于选择谓词属性 DNO 有：

Val(SUPPLY", DNO)= ρ* Val(SUPPLY, DNO) = 0.2*100=20

对于非选择谓词属性 SNO 有：

Val(SUPPLY', SNO)=100

由于 1/2(SUPPLY', SNO) ≤ Card(SUPPLY")<2Val(SUPPLY', SNO)，因此：

Val(SUPPLY", SNO)= 1/3*(Val(SUPPLY', SNO)+ Card(SUPPLY"))=1/3*(100+100)=200/3

三个关系的概要图更新如下：

Card(SUPPLIER)=200		
	SNO	SNAME
Length	4	20
Val	200	200

Card(SUPPLY")=100		
	SNO	DNO
Length	4	2
Val	200/3	20

Card(DEPT)=20		
	DNO	STYPE
Length	2	2
Val	20	1

2.2.2 重新计算利益代价表

P_3= SUPPLIER $\propto$ SUPPLY"

Cost3= Val(SUPPLY, SNO)* Length (SUPPLY", SNO)=200/3*4=0.27KB

由于在执行 P1 后有 DOM(SUPPLY'.SNO) ∈ DOM(SUPPLIER.SNO)，因此选择度为：

ρ_3 = Val(SUPPLY", SNO)/ Val(SUPPLIER, SNO)= 200/3/200 =1/3

Benefit3=(1−ρ_3)*Card(SUPPLIER)*Length (SUPPLIER) =2/3*200*24=3.2KB

P_4 = DEPT $\propto$ SUPPLY"

Cost4= Val(SUPPLY, DNO)*Length (SUPPLY, DNO)=20*2=0.04KB

ρ_4= 1

Benefit4=0

更新后的利益代价表为：

半连接	代价（Cost）	选择度 ρ	利益（Benefit）
P_1	0.8KB	None	None
P_2	0.04KB	None	None
P_3	0.27KB	0.2	3.2KB
P_4	0.04KB	1	0

受益半连接集 $P=\{P_3\}$。

2.3 循环 3

从受益半连接集 P 中选择 P_3 添加到策略集 P' 中，得：P'={⋯, P_3, P_2, P_1}。

2.3.1 重新计算概要图

对于外连接 SUPPLIER $\propto$ SUPPLY"，需要更新 SUPPLIER 的概要图内容，假设外连接后结果为 SUPPLIER'(SNO, SNAME)，则对于 SUPPLIER' 有：

Card(SUPPLIER')=ρ* Card(SUPPLIER) = 1/3*200=200/3

对于选择谓词属性 SNO 有：

Val(SUPPLIER', SNO)= ρ* Val(SUPPLIER, SNO) = 1/3*200=200/3

对于非选择谓词属性 SNAME 有：

Val(SUPPLIER', SNAME)= ρ * Val(SUPPLIER, SNAME) =200/3

三个关系的概要图更新如下：

Card(SUPPLIER')=200/3		
	SNO	SNAME
Length	4	20
Val	200/3	200/3

Card(SUPPLY")=100		
	SNO	DNO
Length	4	2
Val	200/3	20

Card(DEPT)=20		
	DNO	TYPE
Length	2	2
Val	20	1

2.3.2 重新计算利益代价表

P_4= DEPT $\propto$ SUPPLY"

Cost4= Val(SUPPLY", DNO)*Length (SUPPLY", DNO)=20*2=0.04KB

ρ_4=1；Benefit4=0；

此时已经没有受益半连接，因此循环结束。初始化和循环的执行过程和中间结果如图 6.24 所示。

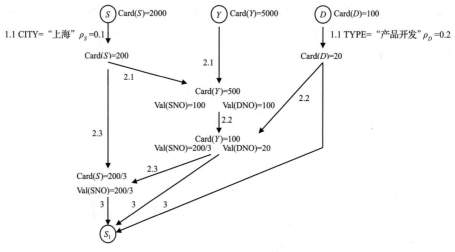

图 6.24　连接执行流程

Step 3　选择执行场地

根据最终的概要图计算各场地上的数据量：

- Size(S_1) =Size(SUPPLIER')=200/3*24=1.6KB
- Size(S_2) =Size(SUPPLY")=100*6=0.6KB
- Size(S_3) =Size(DEPT)=20*4=0.08KB

可以看出场地 S_1 包含的数据量最多，因此选择 S_1 作为执行场地能够获得最小的传输代价。对于这个例子中，查询的最终传输代价为：

Cost = Cost(Semijoin)+Cost(assembly)=(0.8+0.04+0.27)+(0.6+0.08)=1.79KB

其中 Cost(Semijoin) 表示半连接所需要的传输代价，Cost(assembly) 表示最后执行连接时所需的传输代价。

4. SDD-1 后优化处理

SDD-1 算法的后优化处理的目的是通过考虑半连接的间接影响对优化后的执行策略进行修改，以进一步减少通信代价。后优化处理主要基于以下两个规则对执行策略优化。

（1）准则 1

在执行策略集中，消去用于缩减处于执行场地上的关系的半连接操作。

例 6.22 在例 6.19 得到执行策略集 $P'=\{P_3, P_2, P_1\}$ 中，从图 6.24 中可以看到最终的执行场地为 S_1，在执行策略集中半连接 P_3= SUPPLIER $\propto$ SUPPLY 为缩减 S_1 上的关系 SUPPLIER，根据准则 1 可以将 P_3 从策略集中消去以减少优化代价。优化后的流程图如图 6.25 所示。

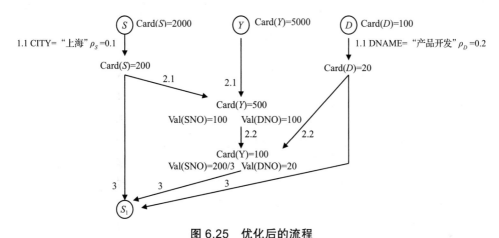

图 6.25　优化后的流程

由于从策略集中消去了 P_3，因此重新计算执行的总传输代价如下：

$$Cost = Cost(Semijoin)+Cost(assembly)$$
$$= Cost(P2)+ Cost(P1)+ Cost(assembly)$$
$$=(0.8+0.04)+(0.6+0.08)=1.52KB$$

（2）准则 2

延迟执行代价高的半连接，以尽可能利用已缩减的关系。

例 6.23 有关系 R、S、T，分别存在场地 S_1、S_2 和 S_3 上，对于连接 $R \infty S \infty T$，SDD-1 算法优化后的连接流程图如图 6.26a 所示，其中半连接的执行顺序为：

1）$T'= T \propto S$；

2）$S'= S \propto R$；

3）$S''= S' \propto T'$。

从图 6.26a 可以看出，对 T 缩减的半连接操作如果放在对 S 进行缩减的半连接操作之后执行，可以减少向 T 所在场地的数据传输量，能够得到更好的执行策略。因此根据准则 2 对执行策略进行调整，将 S 与 T 的半连接放到 R 与 S 的半连接后执行，如图 6.26b 所示，得到的执行顺序如下：

1）$S' = S \propto R$；

2）$T' = T \propto S'$；

3）$S'' = S' \propto T'$。

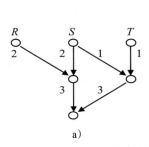
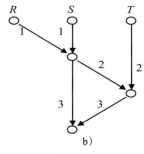

图 6.26　SDD-1 后优化处理准则

在准则 2 中即尽可能利用了已缩减的关系，使整体传输代价降低。

5. 半连接技术的不足

我们从上面了解到，半连接技术通过局部缩减操作缩减关系的数据量，发送缩减的关系到执行场地，并在执行场地对缩减后的关系进行查询处理。采用该技术大大降低了场地间传递的信息量，从而减少了整个系统的传输代价。但同时，我们也了解到，半连接技术使传输代价降低的同时，也增加了系统的局部处理代价。因此半连接技术有如下不足。

- 没有考虑局部代价。例如，在连接 $R \infty S = (R \propto S) \infty S = R \infty \Pi_B(S)$ 中 $\Pi_B(S)$ 的代价、$R \infty \Pi_B(S)$ 的代价。

- 当选择度较低时，半连接技术才能够得到减少传输代价的效果。SDD-1 优化技术是采用半连接技术对所有受益半连接进行缩减操作，确定一个执行代价最小的场地，再经过后优化处理得到最佳的执行策略。我们知道，系统的总代价需根据系统的组成环境综合考虑传输和局部代价，或侧重考虑某一方面的代价。因此，在应用半连接技术时，要考虑其适应的环境。

6.7　Oracle 分布式查询优化案例

5.6 节介绍了 Oracle CBO 的基本架构。本章将介绍两个 Oracle 分布式查询优化案例，分别针对两种 Oracle 分布式数据库类型，即基于数据链（DBLink）的 Oracle 分布式数据库和 Oracle 分片数据库（Sharded Database）。

6.7.1　基于数据链的 Oracle 分布式查询优化

Oracle 利用数据链可以访问异地数据库中的数据，并支持分布式查询优化。

某公司在总部保存供应商的信息，在生产部门保存每批进货的零件产品的信息，总部和生产部门分别建有 Oracle 单机数据库，部署在本地，具体的表结构如下：

```
Create Table SUPPLIER(
  SUPNO    NUMBER(2) Primary Key,
  SUPNAME  VARCHAR2(14),
  LOC      VARCHAR2(13));

Create Table PRODUCT(
  PNO      NUMBER not null,
  PNAME    VARCHAR2(10),
  BUYDATE  DATE,
  PRICE    NUMBER(7,2),
  SUPNO    NUMBER(2));
```

SUPPLIER 表在总部数据库中，大概有 4 条数据。PRODUCT 表在生产部门数据库中，大概有 5 万条数据。总部数据库上建有到生产部门的数据链 mfg.os.com。总部的用户希望查找产品名字为"CPU"的供货商的信息和对应的供货信息，在总部数据库中发出如下查询：

```
Select * from SUPPLIER T1, PRODUCT@mfg.os.com T2
Where T1.SUPNO=T2.SUPNO And T2.PNAME='CPU'
```

可以得到以下的执行计划：

```
Execution Plan
----------------------------------------------------------
0   SELECT STATEMENT Optimizer=CHOOSE (Cost=24 Card=532 Bytes=16492)
1 0   HASH JOIN (Cost=24 Card=532 Bytes=16492)
2 1     TABLE ACCESS (FULL) OF 'SUPPLIER' (Cost=2 Card=4 Bytes=44)
3 1     REMOTE* (Cost=21 Card=532 Bytes=10640)     MFG.OS.COM

3 SERIAL_FROM_REMOTE   SELECT "PNAME","SUPNO" FROM "PRODUCT" "T2" WHERE
  "PNAME"='CPU'
```

可以看出，CBO 为这个查询选择了哈希连接的连接策略。哈希连接选择两个表中数据量较小的一个（SUPPLIER）做全表扫描，并在内存中形成一个散列表保存 SUPPLIER 表中的数据。然后 Oracle 扫描数据量较大的表（PRODUCT），对于其每一行的 SUPNO，查找散列表中相匹配的行，返回连接映像。由于散列表保存在 Oracle 的一块私有内存中，可以避免某些不必要的锁操作，因此访问速度非常快。哈希连接非常适合表的数据量一大一小，而且小表的数据量完全可以保存到内存中的连接案例。

可以比较一下，采用不同的连接策略，以上查询的成本：

```
Select   /*+ USE_NL(t1,t2) */ * from SUPPLIER T1, PRODUCT@mfg.os.com T2
Where T1.SUPNO=T2.SUPNO And T2.PNAME='CPU'

Execution Plan
----------------------------------------------------------
0   SELECT STATEMENT Optimizer=CHOOSE (Cost=86 Card=532 Bytes=25004)
1 0   NESTED LOOPS (Cost=86 Card=532 Bytes=25004)
2 1     TABLE ACCESS (FULL) OF 'SUPPLIER' (Cost=2 Card=4 Bytes=76)
3 1     REMOTE*   MFG.OS.COM

3 SERIAL_FROM_REMOTE SELECT /*+USE_NL("T2")*/ "PNO", "PNAME", "BUYDATE",
  "PRICE", "SUPNO"  FROM "PRODUCT " "T2" WHERE "PNAME"='SMITH'

Select   /*+ USE_MERGE(t1,t2) */ * from SUPPLIER T1, PRODUCT@mfg.os.com T2
```

```
Where T1.SUPNO=T2.SUPNO And T2.PNAME='CPU'

Execution Plan
----------------------------------------------------------
0    SELECT STATEMENT Optimizer=CHOOSE (Cost=29 Card=532 Bytes=25004)
1 0    MERGE JOIN (Cost=29 Card=532 Bytes=25004)
2 1      TABLE ACCESS (BY INDEX ROWID) OF 'SUPPLIER' (Cost=2 Card=4 Bytes=76)
3 2        INDEX (FULL SCAN) OF 'PK_SUPPLIER' (UNIQUE) (Cost=1 Card=4)
4 1      SORT (JOIN) (Cost=27 Card=532 Bytes=14896)
5 4        REMOTE* (Cost=21 Card=532 Bytes=14896)    MFG.OS.COM

5 SERIAL_FROM_REMOTE   SELECT /*+ USE_MERGE("T2") */ "PNO", "PNAME", "BUYDATE",
  "PRICE", "SUPNO"  FROM "PRODUCT" "T2" WHERE "PNAME"='CPU'
```

在 Oracle 中可以利用 /*+hint*/ 的方法提示优化器采用特定的执行计划。以上两个查询
分别利用 USE_NL 提示和 USE_MERGE 提示，使 CBO 选择相应的嵌套循环和排序合并的连
接策略。它们的执行成本分别为 86 和 29，可以看出，CBO 默认情况下选择了最优的哈希连
接作为最后的执行计划。

对于分布式查询，Oracle 采用并列内联视图（Collocated Inline View）来降低网络间传输
的数据量，并尽量减少对远程数据库的访问。内联视图指的是一种嵌入式的 Select 语句，用
于替换主 Select 语句中的表。例如，以下括号里面的 Select 语句就是一个内联视图：

```
Select E.EMPNO,E.ENAME,D.DEPTNO,D.DNAME
From (Select EMPNO, ENAME From EMP_SALES@sales.os.com) E, DEPT D;
```

并列内联视图是指从同一个数据库中的多个表上执行 Select 语句所获得的内联视图。利
用并列内联视图，Oracle 可以尽量减少对远程数据库的访问，从而提高分布式查询的性能。
在很多情况下，Oracle 的 CBO 可以利用并列内联视图透明地重写用户发出的分布式查询语
句。例如，以下的 SQL 语句：

```
Create Table As (
              Select L.A, L.B, R1.C, R1.D, R1.E, R2.B, R2.C
              From LOCAL L, REMOTE1 R1, REMOTE2 R2
              Where L.C = R1.C
              And R1.C = R2.C
              And R1.E > 300
              );
```

CBO 可以将其重写为：

```
Create Table As (
              Select L.A, L.B, V.C, V.D, V.E
              From (
                    Select R1.C, R1.D, R1.E, R2.B, R2.C
                    From REMOTE1 R1, REMOTE2 R2
                    Where R1.C = R2.C
                    And R1.E > 300
                   ) V, LOCAL L
              Where L.C = V.C
              );
```

在以上的 SQL 语句中，LOCAL 表示本地数据库中的表，REMOTE1 和 REMOTE2 分别

表示同一个远程数据库中的表。并列内联视图 V 将 REMOTE1 和 REMOTE2 连接在一起后，将结果数据传递到本地数据库中，再与本地表 L 进行连接，这样可以减少对远程数据库的访问，从而降低网络上的数据流量。

　　CBO 并不是总能找到最优的执行计划，当数据库中对象的统计信息不准确时，用户可以根据自己对分布式环境中负载、网络和 CPU 等条件的了解，利用 Oracle 的提示（Hints）功能给查询语句指定查询计划。例如使用 NO_MERGE 提示，可以避免将一个内联视图合并到一个潜在的非并列 SQL 语句中：

```
Select /*+NO_MERGE(v)*/ T1.X, V.AVG_Y
  From T1, (Select X, Avg(y) As AVG_Y From T2 Group By X) V,
  Where T1.X = V.X And T1.Y = 1;
```

利用 DRIVING_SITE 提示，可以指定 SQL 语句的执行地点：

```
Select /*+DRIVING_SITE(dept)*/ * From EMP, DEPT@remote.com
  Where EMP.DEPTNO = DEPT.DEPTNO;
```

　　通常 CBO 会选择最优的执行地点，在某些情况下，用户也可以指定执行地点，以便充分利用服务器的性能，并降低网络上传输的数据量。

6.7.2　Oracle 分片数据库查询优化

　　在 Oracle 分片数据库环境下，CBO 可以读取分片目录库中的元数据信息，针对每个 SQL 语句选择最优的执行计划，尽量减少跨分片的查询。

1. 生成样例数据

　　以 3.9.3 节所示的分片数据库模式为例，首先为 Students、Courses 和 TakingCourse 表生成样例数据，在 SQLPlus 命令行下执行：

```
# 生成 Students 表数据
declare v_i number;
begin
  v_i:=1;
  while (v_i<500) loop
    insert into Students(SNO, SName, Grade, Gender)
    values('2021_' || to_char(v_i),'name_' || to_char(v_i),'2021','Male');
    v_i:=v_i+1;
  end loop;
  commit;
end;

# 生成 Courses 表数据
INSERT INTO Courses (CID, CName, ClassHours) values (100,'Database System', '48');
INSERT INTO Courses (CID, CName, ClassHours) values (200,'Data Structure', '32');
INSERT INTO Courses (CID, CName, ClassHours) values (300,'Operating System', '56');
INSERT INTO Courses (CID, CName, ClassHours) values (400,'Machine Learning', '32');
INSERT INTO Courses (CID, CName, ClassHours) values (500,'Data Science', '32');

# 生成 TakingCourse 表数据
declare v_a number;
begin
```

```
      v_a:=1;
      while (v_a<100) loop
        insert into TakingCourse(TKID, SNO, CID, TakingDate)
        values(TC_Seq.nextval, '2021_' || to_char(v_a), 100, sysdate);
        v_a:=v_a+1;
      end loop;
      commit;
end;
#########################
declare v_b number;
begin
      v_b:=100;
      while (v_b<200) loop
        insert into TakingCourse(TKID, SNO, CID, TakingDate)
        values(TC_Seq.nextval, '2021_' || to_char(v_b), 200, sysdate);
        v_b:=v_b+1;
      end loop;
      commit;
end;
#########################
declare v_c number;
begin
      v_c:=200;
      while (v_c<300) loop
        insert into TakingCourse(TKID, SNO, CID, TakingDate)
        values(TC_Seq.nextval, '2021_' || to_char(v_c), 200, sysdate);
        v_c:=v_c+1;
      end loop;
      commit;
end;
```

2. 查看数据在节点上的分布

```
# 在分片目录库节点
sqlplus / as sysdba
SQL> conn stu_schema/123456
Connected.
SQL> Select Count(*) From students;

  COUNT(*)
----------
       499
SQL> Select Count(*) From takingcourse;

  COUNT(*)
----------
       299

SQL> Select Count(*) From Courses;

  COUNT(*)
----------
         5

# 在 sh1(db02) 节点
sqlplus / as sysdba
```

```
SQL> conn stu_schema/123456
Connected.
SQL> Select Count(*) From students;

   COUNT(*)
----------
        257


SQL> Select Count(*) From takingcourse;

   COUNT(*)
----------
        154



SQL> Select Count(*) From courses;

   COUNT(*)
----------
          5

# 在 sh2(db03) 节点
sqlplus / as sysdba
SQL> conn stu_schema/123456
Connected.
SQL> Select Count(*) From students;

   COUNT(*)
----------
        242

SQL> Select Count(*) From takingcourse;

   COUNT(*)
----------
        145

SQL> Select Count(*) From courses;

   COUNT(*)
----------
          5
```

可以看出，分片表 Students 和 TakingCourse 的数据平均分布在 sh01 和 sh02 两个节点中，而复制表 Courses 中的数据在每个节点中都保存了一份。

3. 查看查询计划

在分片目录库节点上执行分片表相关查询，查看查询计划。

```
SQL>Select t1.sno, t1.sname, t2.cid From students t1, takingcourse t2 Where
    t1.sno=t2.sno and t1.sno='2021_100';
SNO                  SNAME                          CID
-------------------- ------------------------------ - ------------------
2021_100             name_100                         200
```

```
SQL> explain plan for SELECT t1.sno, t1.sname, t2.cid From Students t1,
    Takingcourse t2 WHERE t1.Sno=t2.Sno and t1.Sno='2021_100';

Explained.
SQL> Select * From Table(DBMS_XPLAN.DISPLAY);
PLAN_TABLE_OUTPUT
---------------------------------------------------------------------------
Plan hash value: 1229964818
```

Id	Operation	Name	Rows	Bytes	Cost (%CPU)	Time	Inst	IN-OUT
0	SELECT STATEMENT		1	53	4 (100)	00:00:01		
1	SHARD ITERATOR							
2	REMOTE						ORA_S~	R->S

```
Remote SQL Information (identified by operation id):
    2 - EXPLAIN PLAN INTO PLAN_TABLE@! FOR SELECT
        "A2"."SNO","A2"."SNAME","A1"."CID" FROM "STUDENTS" "A2","TAKINGCOURSE" "A1"
        WHERE "A2"."SNO"="A1"."SNO" AND "A2"."SNO"='2021_100' AND
        "A1"."SNO"='2021_100'
        /* coord_sql_id=78hm6mszh52n0 */  (accessing 'ORA_SHARD_POOL@ORA_MULTI_
        TARGET' )
```

在 sh01(db02) 节点上执行相同的 SQL 语句，可以看到更细节的查询计划。

```
SQL> Select t1.sno, t1.sname, t2.cid From Students t1, Takingcourse t2 Where  t1.Sno=t2.Sno
    and t1.Sno='2021_100';
```

SNO	SNAME	CID
2021_100	name_100	200

```
SQL> Explain Plan for Select t1.sno, t1.sname, t2.cid From Students t1, Takingcourse t2 Where
    t1.Sno=t2.Sno and t1.Sno='2021_100';
Explained.

SQL> Select * From Table(DBMS_XPLAN.DISPLAY);
PLAN_TABLE_OUTPUT
---------------------------------------------------------------------------
Plan hash value: 2878360280
```

Id	Operation	Name	Rows	Bytes	Cost (%CPU)	Time	Pstart	Pstop
0	SELECT STATEMENT		1	45	3 (0)	00:00:01		
1	NESTED LOOPS		1	45	3 (0)	00:00:01		
2	PARTITION RANGE SINGLE		1	25	1 (0)	00:00:01	5	5
3	TABLE ACCESS BY LOCAL INDEX ROWID	STUDENTS	1	25	1 (0)	00:00:01	5	5
*4	INDEX UNIQUE SCAN	PK_STUDENTS	1		0 (0)	00:00:01	5	5
5	PARTITION REFERENCE SINGLE		1	20	2 (0)	00:00:01	KEY(AP)	KEY(AP)
6	TABLE ACCESS BY LOCAL INDEX ROWID BATCHED	TAKINGCOURSE	1	20	2 (0)	00:00:01	KEY(AP)	KEY(AP)
*7	INDEX RANGE SCAN	PK_TAKINGCOURSE	1		1 (0)	00:00:01	KEY(AP)	KEY(AP)

```
Predicate Information (identified by operation id):
---------------------------------------------------
    4 - access("T1"."SYS_HASHVAL"=1610259289 AND "T1"."SNO"='2021_100')
    7 - access("T2"."SYS_HASHVAL"=1610259289 AND "T2"."SNO"='2021_100')
        filter("T1"."SYS_HASHVAL"=ORA_HASH("T2"."SNO") AND "T2"."SYS_HASHVAL"=ORA
_HASH("T1"."SNO"))
21 rows selected.
```

可以看出在节点内执行查询时，CBO 选择"嵌套循环"的连接策略和基于主键的"索引扫描"策略。从 v$sql 视图中得到这条查询语句的 sql_id：

```
SQL> Select sql_text, sql_id From v$sql Where sql_text Like '%students%';

SQL_TEXT                    SQL_ID
---------------         -------------
select t1.sno, t1.sname, t2.cid from students t1, takingcourse t2 where t1.sno=t
2.sno and t1.sno='2021_100'
53x3t1c1bdup2
```

在 v$sql_shard 视图中根据 sql_id 进行查询：

```
SQL> Select sql_id, shard_id From v$sql_shard Where sql_id='53x3t1c1bdup2';
SQL_ID          SHARD_ID
------------- ----------
53x3t1c1bdup2            1
```

可以看出，该 SQL 语句具体执行的位置在编号为 1 的分片节点上（SHARD_ID=1），同理，查询另一个 SQL 语句：

```
SQL> Select sql_text, sql_id From v$sql Where sql_text Like '%students%';
SQL_TEXT                    SQL_ID
---------------         -------------
select count(*) from students
5ap61tyqrdv5p

SQL> Select sql_id, shard_id From v$sql_shard Where sql_id='5ap61tyqrdv5p';

SQL_ID          SHARD_ID
------------- ----------
5ap61tyqrdv5p            1
5ap61tyqrdv5p           11
```

该 count(*) 语句需要遍历表中所有数据，从 v$sql_shard 视图中可以看出，该查询遍历了两个分片节点（SHARD_ID=1 和 SHARD_ID=11）。

6.8 面向大数据的存取优化方法

与传统分布式数据库查询优化的方法不同，由于大数据的查询处理数据迁移的代价非常高昂，因此在大数据库的查询存取优化中主要采用本地执行优化和并行处理的集合方式，即数据查询首先在各节点本地执行，同时利用分布式架构的并行处理能力提高在大数据上的整体查询处理效率。

6.8.1 大数据库的查询存取框架

大数据库的查询处理面临最大的挑战就是数据存取优化问题，这主要是因为在当前应用中数据规模、分布方式和应用需求与传统分布式数据库都具有较大差异。在数据规模方面，由于大数据库在单一场地数据存储规模的增加，同时采用多副本方式解决数据容错问题，因此在同场地通常采用基于集群服务器的主库和备库存储方案。在数据分布方式方面，大数据库进一步提供了数据异地多中心存储模式，即为管理数据在不同城市建设多个数据中心，数据在每个数据中心中均存储副本从而实现容错和容灾。在应用需求方面，无共享存储架构虽然具有较高的横向扩展性，但使得存在各个节点分散的存储空间利用率不平衡的问题，为此很多新型的大数据库系统采用存算分离的架构，将数据文件存储在独立的存储系统，通过元信息管理提供高效访问，如 Hadoop 的 HDFS、OceanBase 的 OFS 等系统。虽然大数据库同传统分布式数据库一样采用了多场地存储数据，但大数据库的多副本存储机制使得其在单一场地集群服务器中的数据就能够处理查询请求。随着场地内的服务器间网络速度的提升（可达 100Gbit/s），数据传输代价逐渐降低，大数据库在查询处理存取优化方法中需要更多地考虑局部处理代价和元数据管理的代价。

如图 6.27a 所示，在传统分布式数据库中，数据分布在多个远程场地的主机上，因此在查询存取方面具有较高的场地间数据迁移的传输代价。而大数据库在每个场地通常都建有完整的数据副本，如图 6.27b 所示，不同场地的数据副本主要用于保证系统数据的可靠性和可用性，场地内的主机集群具有数据的全部副本（通常具有单数个多份，图 6.27b 中 C 场地副本用于数据一致性投票），因此在响应查询时基于本地高速网络可以在主机间快速传输数据，其查询存取优化可以采用集中式数据库的方法。在保证数据副本一致性的前提下，大数据库可以在多场地上支持对数据的低延迟、高并发查询处理，同时多副本为系统提供了可靠性的保证。

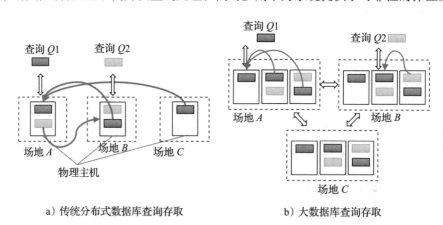

a）传统分布式数据库查询存取   b）大数据库查询存取

图 6.27   传统分布式数据库和大数据库的查询存取

大数据库的查询处理通常分为两个阶段：第一个阶段是将子查询发送到各个节点执行本地的查询处理，其存取优化的方法与集中式数据库相同，在该阶段中可以使查询并行执行以提高效率；第二个阶段是对数据进行重新分布，执行跨节点的运算符，并最终将执行结果聚集到单一节点。

6.8.2   基于索引的大数据库查询存取优化方法

由于索引能够尽早将与查询无关的数据过滤掉，因此基于索引提高数据访问效率成为大数据库查询处理中最常用的存取优化方法。各类大数据库系统根据面向的查询操作不同使用了多种索引结构以用于查询存取优化，如 B+ 树、布隆过滤器、跳跃表、LSM 树等索引结构（在 4.2 节和 4.4 节中有相关介绍）已被广泛应用，这些索引对于存储计算一体化和存储计算分离的架构都是适用的。

大数据库中所使用的索引主要用于数据存储节点本地的数据访问，这样可以有效地避免因为扫描整个表的数据导致的查询开销，同时在分布式查询处理中也能够有效地避免因为远程传输数据导致的大量 RPC 调用。下面介绍数据库中常用的 B+ 树索引的使用方法。

B+ 树是各类数据库系统所广泛使用的索引结构，无论是在单点查询还是范围查询上都具有较高的性能优势，可以快速返回查询结果。分布式数据库中使用 B+ 树构建全局索引和本地索引。对于单列索引，无论是点查询还是范围查询，其处理的过程都比较简单。如果索引属性列不是主表上的主键，很多数据库会采用回表的机制执行查询。关于索引的回表查询，如图 6.28 所示，很多数据库系统在索引实现上，非主键索引叶子节点上存储的并不是指向记录的指针，而是直接存储主键的键值。在执行查询时（emp_name='Anny'），首先访问非主键索引得到对应记录的主键键值，再使用主键键值查询主键索引访问记录。

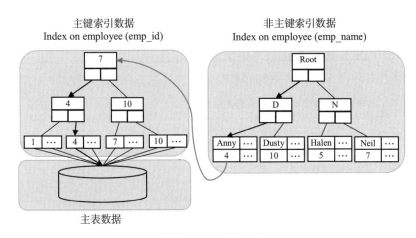

图 6.28　索引的回表

多列索引的结构和使用方式相对于单键索引要更复杂一些，OceanBase 数据库和 TiDB 数据库系统均实现了多列索引并支持索引的查询优化。多键索引的索引键（Key）结构是按照定义时指定的索引列顺序构成的组合键值，叶子节点索引项的索引值部分存储记录的主键值。对于多列索引结构，分布式数据库会根据查询谓词和索引定义的结构生成索引访问的策略，其中包括使用列索引的查询区间和索引查询后是否执行回表操作。

下面以 OceanBase 数据库和 TiDB 数据库两个分布式数据库系统为例，介绍基于多列索引生成查询执行计划的方法。

1. 多列索引扫描范围的生成

数据库的优化器会根据查询谓词和索引定义的列顺序确定访问多列索引的扫描范围。对于查询谓词生成的索引的扫描通常将使用范围（range）序列进行表示，即对需要访问的索引用访问路径进行表示，访问路径由在索引上各列的访问区间依照索引定义的列顺序构成。

假设多列索引的属性集合为 $A_{idx}=\{a_1, a_2, \cdots, a_n\}$，其中 a_i 表示索引属性，索引的访问路径可以使用 range$(a_{1l}, a_{2l}, \cdots, a_{nl}; a_{1h}, a_{2h}, \cdots, a_{nh})$ 进行表示，其中 a_{il} 表示索引属性 a_i 上访问范围的下界值，a_{ih} 表示索引属性 a_i 上访问范围的上界值，因此 a_{il} 和 a_{ih} 定义了在索引属性上的扫描范围（对于索引属性上的访问范围区间的开闭特性由查询谓词定义，在数据库的实现中会使用不同的数据结构。）。这里需要注意的是由于查询谓词中会包含 AND 表达式和 OR 表达式，因此在经过数据库的查询优化处理后可能会生成多条对于索引的访问路径。具体的访问路径生成方法可以参考多列索引访问路径生成算法（算法 6.1）。

算法 6.1　多列索引访问路径生成算法

输入：查询谓词 QP 和索引 A_{idxo}
输出：索引访问路径集合 $Range$。

```
Begin
/* 查询谓词重写，具体查询重写的规则会由于数据库系统不同而有所区别 */
将查询谓词 QP 改写为 AND 表达式或 OR 表达式的形式，并过滤与索引属性无关的过滤谓词；
If (QP 改写为 OR 表达式){
      将 OR 表达式拆分为子项，每个子项作为一个 AND 表达式；}
构建 AND 表达式集合 E；
/* 对每个 AND 表达式 eᵢ 生成访问路径 rᵢ* /
Foreach (AND 表达式 eᵢ in E){
    rᵢ=∅；
    /* 从多列索引的第 1 个属性开始遍历表达式 eᵢ* /
    For (j=0; j<n; j++){
        If (当前索引属性列 aⱼ 在 eᵢ 中是点查询 aⱼ=c)
            将 a₁ₗ=c 和 a₁ₕ=c 放入路径；
        Else if (当前索引属性列 aⱼ 在 eᵢ 中是范围查询 (cₗ, cₕ))
            将 a₁ₗ=cₗ 和 a₁ₕ=cₕ 放入路径并结束访问路径生成；
        Else
            退出访问路径生成；
    }
    如果 rᵢ ≠ ∅，将剩余的索引属性路径区间设置为 (min,max)；
    将 rᵢ 加入访问路径集合 Range 中；
};
/* 访问路径集合 Range* /
如果存在 rᵢ=∅，rᵢ ∈ Range，则无法生成访问路径，Range=∅；
返回路径集合 Range；
End
```

多列索引的访问路径生成算法也同样适用于单列索引的访问路径生成。这里需要注意的一点是，目前很多数据库系统将多列索引作为辅助索引（Secondary Index），如图 6.29 所示，其叶节点存储主键索引的键值而非记录指针，这样使得访问路径中也包含主键索引的访问范围。在访问路径生成算法中，首先对查询谓词进行重写，将查询谓词转换为以 AND 或 OR 连接的表达式。对于 OR 表达式，需要对其中每个子表达式按照 AND 表达式处理逐一生成访问路径并加入路径集合中，如果其中某个子表达式由于查询谓词的原因无法生成索引访问路径，则表达式整体上无法生成访问路径。这是因为对于 OR 表达式来说，如果其中的一个子表达式无法使用索引，就意味着需要进行表扫描操作，此时访问索引已经失去优化的意义。在对 AND 表达式生成访问路径时，首先从多列索引的第一个索引属性列开始计算谓词表达式在该列上的扫描范围，如果在该属性列上是点查询，则添加该列的访问范围；之后继续查看下一个索引属性，如果在该属性列上是范围查询，则在添加该列的访问范围后不再访问后续索引属性。例 6.24 中给出了部分查询谓词下所生成的索引访问路径。

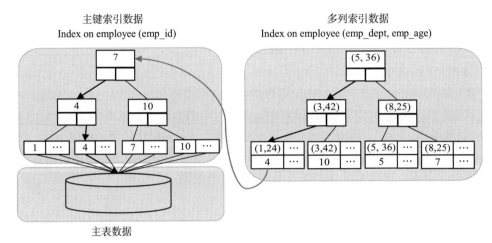

图 6.29　多列索引的结构

例 6.24　假设创建关系表 T1(a, b, c, d) 的语句为 CREATE TABLE T1 (a int primary key, b int,c int, d int, index K1(b, c))，其中属性 a 为主键，同时在属性 b 和 c 上创建了多列索引 K1，索引 K1 采用回表结构。对该关系表中执行各种查询谓词的索引访问路径生成情况如下。

- 查询 1：查询谓词为 "b = 1 and c <= 5 and c >= 1 and d >9"。对于这个查询，数据库会将其作为一个 AND 表达式生成访问路径。第一个索引属性列 b 是点查询，因此访问路径上 b 属性的范围是 [1,1]。下一个索引属性列 c 上的查询是范围查询，对应的访问范围是 [1,5]，由于当前属性列上是范围查询，因此不再考虑后续索引属性列，后续属性列上的范围统一用 [min, max] 表示。这样，访问索引的属性列为 range_key= (b, c, a)，我们可以将索引的访问路径表示为 $range_1$=(1, 1, min; 1, 5, max)。

- 查询 2：查询谓词为 "b > 5 and c = 1"。该查询中第一个索引属性列 b 上就执行了范围查询，因此不会再计算后续属性列范围，对应的访问路径表示为 $range_2$=(5, min, min; max, max, max)，访问索引的属性列为 range_key=(b, c, a)。

- 查询 3：查询谓词为 "b = 1 and c >1 or b=2 and c>5"。该查询中存在 OR 表达式，为此需要将 OR 表达式的子项分开处理，子表达式 "b = 1 and c >1" 所生成的访问路径为 $range_{31}$=(1, 1, min; 1, max, max)，子表达式 "b=2 and c>5" 所生成的访问路径为 $range_{32}$=(2, 5, min; 2, max, max)。

- 查询 4：查询谓词为 "b> 5 or d=2"。虽然查询谓词 "b> 5" 可以使用索引执行范围查询，但另一个 OR 的子表达式 "d=2" 是不能够使用索引的，必须执行表扫描操作进行过滤，因此该查询在优化中不会生成索引的访问路径。

- 查询 5：查询谓词为 "a> 5 and c=1 and d >9"。由于查询中有主键属性列 a 上的范围查询，该查询可以直接访问主键索引，访问索引的属性列为 range_key=(a)，生成在主键索引上的访问路径 $range_s=(5, max)$。

对于查询谓词的一些特殊情况，分布式数据库系统在实现时会设计更加详细的优化策略。以 TiDB 数据库系统为例，对于查询谓词中索引属性列上的 in 子句会被作为点查询处理，如 "b in (1, 2)"，而如果是由 OR 连接的等值比较表达式则认为是范围查询，如 "b=1 or b=2"。此时要想优化查询性能，就需要改写查询语句实现。

2. 索引的回表策略

在执行查询时，如果使用辅助索引查询数据，通常需要使用回表的方式利用主键索引访问主表中的数据，再进一步执行查询谓词中对于非索引属性列的过滤条件，如例 6.24 的查询 1 中执行过滤条件 "d>9"。但是，如果查询生成的索引访问路径中包含了查询结果（SELECT 子句）所需的所有属性列，则可以直接使用索引数据生成查询结果而不需要执行回表。

例 6.25 假设对于例 6.24 中的关系表和索引，有查询

```
SELECT a, b, c
FROM T1
WHERE b=2 and c>5
```

对于该查询访问的属性列为 range_key=(b, c, a)，所生成的索引访问路径为 range(2,5,min; 2, max, max)。由于索引中的属性列覆盖了 SELECT 子句中的属性列，这样只需要索引上的键值数据就可以生成查询结果，因此该查询的执行中对于多列索引的扫描不需要执行回表操作。

6.8.3　基于并行的大数据库查询存取执行计划

由于分布式数据库实现了对数据的分片并分布式存储这些分片，因此在查询处理时可以通过在各个存储节点上的并行查询提高计算的并行化处理效率，这需要对查询执行计划基于数据分布增加新的数据处理操作。

分布式数据库在建表时可以指定数据的分布策略，如随机分布、区间分布、哈希分布。数据在各个节点上分布存储，而大规模对数据重分布会增加查询处理的代价，因此查询存取优化中主要是将计算尽可能地贴近数据，在节点本地生成查询结果再进行汇总。为此，与单机查询执行计划相比，在分布式数据库中基于并行的分布式查询执行计划需要增加两项工作：增加分布式物理运算符；设计分布式执行计划调度策略。下面对这两项工作进行介绍。

1. 增加分布式物理运算符

面向大数据的分布式数据库为了执行并行查询需要增加新的物理运算符，以实现对分布式存储数据上的聚合、连接等操作。增加的分布式物理运算符主要包括以下几种。

- 聚集运算符（Gather）：主要用于在分布式各分片存储节点执行完本地处理后，对所有分片节点查询执行结果进行收集，如果需要可以执行聚集操作，并将最终结果返回给用户。
- 数据重分布运算符（Redistribute）：用于将数据基于指定的重分布键和分布规则将表中的数据通过网络重新以分片的形式分发到各个节点上。

- 广播运算符（Broadcast）：将指定的数据发送给所有参与后续运算符处理的节点。

下面以 Greenplum 系统的并行查询处理为例对分布式物理运算符进行说明。

例 6.26 对于关系模式，假设在分布式存储时使用主键作为分布键，具体模式如下：

- 供应商 SUPPLIER S(<u>SNO</u>, SNAME, CITY)
- 供应关系 SUPPLY Y(<u>SNO</u>, <u>DNO</u>, <u>DATE</u>, QUATITY, PRICE)
- 部门 DEPT D(<u>DNO</u>, DNAME, TYPE)

有如下查询语句：

```
SELECT S. CITY, SUM(Y.QUATITY) as TOTLENUM
FROM SUPPLY Y, SUPPLIER S
WHERE S.SNO=Y.SNO
GROUP BY S. CITY
```

以上查询对应的单机查询执行计划和并行查询执行计划分别如图 6.30 所示。在单机查询执行计划中（图 6.30a 为 PostgreSQL 的单机执行计划），对于查询在执行时查询优化器选择使用 Hash 连接作为连接操作的物理运算符。其中，首先扫描 SUPPLIER 表并将记录按照 SNO 属性执行 Hash 分桶，划分后的数据暂时保存在内存中，接下来顺序扫描 SUPPLY 表，每扫描一个元组就将其 Hash 到指定的桶中与对应 SUPPLIER 表元组执行连接运算，最后对于 Hash 连接后的结果，再使用基于 Hash 的分组聚合算法以 CITY 为分组键执行聚集操作，计算出最后的 SUM(Y.QUATITY) 结果。

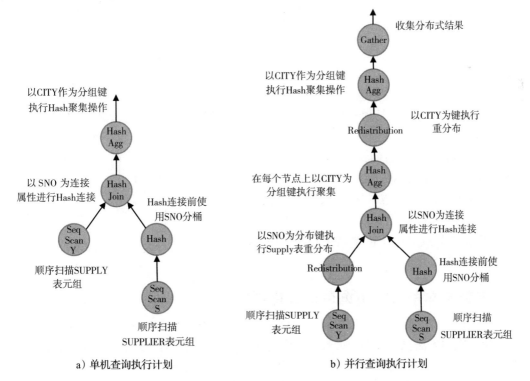

a）单机查询执行计划   b）并行查询执行计划

图 6.30 Greenplum 的单机查询执行计划与并行查询执行计划

分布式数据库的并行查询执行计划如图 6.30b 所示，在原有单机执行计划的基础上增加了新的运算符。首先对于 SUPPLY 表，由于分布键为 SNO、DNO、DATE 三个属性，而不是 SNO 属性，因此无法保证与 SUPPLY 能够执行连接的对应元组存储在同一个节点，因此需要执行重分布操作（Redistribution），即按照 SNO 为分布键重新分片，并通过网络通信传输数据。在重分布 SUPPLY 表后，每个节点上的 SUPPLY 表新分片和对应的 SUPPLIER 分片执行 Hash 连接操作，以及以 CITY 为分组键的聚集操作。此时，每个节点上有本地数据在 CITY 上的分组聚集中间结果。接下来，将各节点的中间结果以 CITY 为分布键在各节点上执行重分布，使每个 CITY 值对应的结果聚集在同一个节点以便计算。最后，使用聚集运算符将各节点上的并行统计结果汇聚到主节点。

在并行查询执行计划的优化时，当两个表的连接操作在一个表中的数据量非常大而另一个表中的数据量很少时，会采用增加小表广播运算符（Broadcast）的执行计划。因为相对于大表的重分布操作，广播小表的网络通信代价更低，也能够避免重分布所造成的节点本地数据读写。例如，在例 6.26 中可以广播较小的 SUPPLIER 表到所有节点上，与 SUPPLY 各个分片执行 Hash 连接。

2. 设计分布式执行计划调度策略

分布式数据库查询执行计划的另一种并行优化方法是将查询执行计划切分成多个 Stage，分布式数据库 Greenplum 和分布式处理框架 Spark 都采用了此种方法。可以将每个 Stage 看作执行查询计划的一个片段，输入的数据可以是底层存储的关系表，也可以是计划树下层运算符产生的中间结果。查询执行计划被分成 Stage 片段将更有利于系统的查询调度器提高并行化程度和资源利用率。

以 Greenplum 系统为例，在 Greenplum 中查询执行计划划分后的每个片段称为 Slice，Slice 的切分点为插入分布式运算符的 Motion 节点。图 6.30b 中的并行查询执行计划被划分为 Slice 后如图 6.31 所示。其中分为 4 个 Slice，Slice 运行在主节点上用于汇聚结果，其余的 Slice 均运行在表分片所在的节点上。

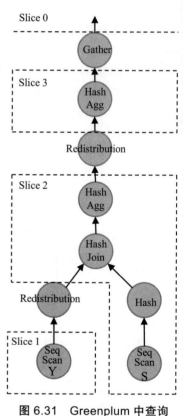

图 6.31　Greenplum 中查询执行计划划分

6.9　大数据库系统的查询存取优化案例

与传统的分布式数据库系统不同，大数据库上分布式查询的查询处理与优化方式主要采用并行化处理的方法执行查询。大数据库中构建索引通常是针对分布式节点本地数据查询进行存储优化的方法，而键值模型的二级索引也只能对查询已知情况下的连接操作进行优化，不但需要大量额外的空间存储索引数据，还需要处理数据与索引数据之间的一致性问题。因此，基于索引的查询处理和优化方式主要适用于点查询或范围查询。相对于基于索引的优化方法，基于并行化方法的分布查询处理更加适用于复杂的连接操作和聚合操作，这些操作可用于大数据库上的联机事务处理（OLTP）和联机分析处理（OLAP），提供更加高效的性能。

本节主要介绍在大数据库上基于并行方法的分布查询处理与优化方法，其中包括当前分布式数据库的并行查询处理和基于分析引擎的大数据查询优化方法。

6.9.1 HBase

HBase 系统主要基于 Scanner 的核心体系实现 key-value 访问，同时结合 StoreFile 的过滤机制和 HFile 索引结构优化数据访问。本部分主要介绍基于 HFile 索引结构的数据查询，并结合样例阐述 key-value 访问过程，以及基于二级索引的查询处理过程。

1. 基于 HFile 索引结构的数据查询

本书第 4 章中介绍了 HFile 的文件存储格式，其中包括数据索引块和布隆索引块，下面介绍如何使用这些索引数据块进行数据的高效检索。整个数据索引体系由叶子索引（Leaf Index）块、中间索引（Intermediate Index）块、根索引（Root Index）块三个部分构成，其组成了类似于 B+ 树的结构，在数据量较小时仅构建根索引块部分，在数据量增加后，索引也开始分裂为多层，增加中间索引块和叶子索引块，索引数据块的数据结构见 4.7.1 节。索引层下面为数据层，即 Data Block 构成，存储用户的实际 key-value 数据，如图 6.32 所示。查询 RowKey 为"205"的查询处理流程如下。

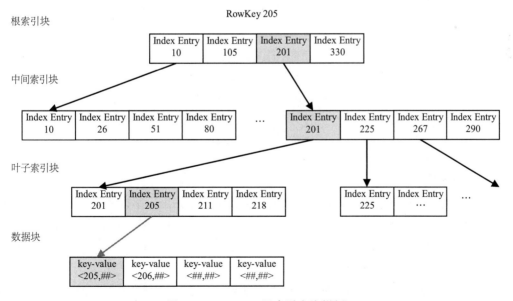

图 6.32 HFile 三层索引查询样例

1）对于查询输入的 RowKey 为"205"，首先在根索引块中通过二分查找定位到"205"

所对应的 Index Entry 的键值为"201"，通过 Index Entry 的偏移量找到中间索引块。

2）将索引"201"指向的中间索引块加载到内存，然后通过二分查找定位到"205"在 Index Entry 的"201"和"225"之间，接下来访问 Index Entry "201"指向的叶子索引节点。

3）将索引"201"指向的叶子索引块加载到内存，通过二分查找定位到"205"在叶子节点所对应的 Index Entry。

4）将 Index Entry "205"指向的数据块加载到内存，通过遍历的方式找到对应的键值。

上述流程中因为中间索引块、叶子索引块和数据块都需要加载到内存，所以 I/O 次数正常为 3 次。但是实际上 HBase 为索引块和数据提供了缓存机制，可以将频繁使用的块缓存在内存中，以便进一步加快实际读取过程。所以，在 HBase 中通常一次随机读请求最多产生 3 次 I/O，如果数据量小（只有一层索引）且数据已经缓存到了内存，则不会产生 I/O。

2. 基于 HBase 二级索引的查询处理

关于键值数据的二级索引结构，在 4.4.2 节中进行了详细介绍。在 HBase 的二级索引实现上可以分为表索引和列索引两种方式。表索引采用宽行型二级索引方式构建，即构建单独的 HBase 表存储索引数据，业务表的数据列值作为索引表的 RowKey，而业务表的 RowKey 作为索引表的 Qualifier（HBase 中 Family 下面的 Column Key）。这种以表方式构建二级索引的结构对数据更新性能影响较大，且数据一致性需要在数据库之外维护。列索引的方式是将索引数据放在业务数据表中，但是使用单独列族进行存储，其中数据列的值作为索引列族的 Qualifier，而数据列的 Qualifier 作为索引列族的 value，这种方式适合单行上有大量 Qualifier 的数据模式，如存储某个用户所拥有的文件信息。

因此，HBase 系统并未提供自动的基于二级索引的查询处理机制，而是要通过对相关 API 的调用实现对二级索引的数据访问。一种实现方式是在 HBase 系统中使用协处理器（0.92 版本之后）来实现二级索引的功能，其运行方式类似于关系数据库中的触发器和存储过程，即对某一数据列构建二级索引后，通过 Observer 方式实现在主业务表中执行 put 和 delete 操作时同步更新数据对应的索引表，而在检索索引时采用与访问 HBase 数据列相同的方式访问索引表或索引列。另一种方式是在客户端发起对于主业务表和索引表的 put 和 delete 操作，这需要对操作的执行顺序进行精心的设计。

6.9.2　Spanner

Google 的 Spanner 系统已成为功能全面的关系数据库系统，其查询执行与 Spanner 的其他体系结构功能（例如强一致性和全局复制）紧密集成在一起。本节主要介绍 Spanner 分布式查询处理相关的算法与技术。

1. Spanner 的分布式运算符

为了支持跨多个服务器主机的分布式查询处理，在 Spanner 中设计了分布式运算符，具体包括分布式联合（Distributed Union）、分布式交叉应用（Distributed Cross Apply）和分布式外部应用（Distributed Outer Apply）运算。其中，分布式外部应用运算符的执行方式与分布式交叉应用运算符的执行方式相似，类似于内连接与外连接的关系。

（1）分布式联合

分布式联合运算符在概念上将一个或多个表分成多个分片，在每个分片上独立地执行子查询，然后在根服务器上合并所有子查询的结果。其作用与 Gather 运算符相同。

Distributed Union 是 Spanner 中的一个基本操作，作用是将子查询发送到每个具有潜在持久数据或临时数据的服务器节点上，查询中 Spanner 并不依赖于数据的静态分析，因为在查询执行期间和查询重新启动之后，表的分片可能会发生变化，如查询可能会发现本地可用的数据已移到另一台服务器上。在运行时，Distributed Union 通过使用 Spanner 协处理器将子查询路由到满足子查询请求的最近副本之一，最大限度地减少延迟。分片过滤器（Filter）会利用分片的范围键来避免查询不相关的片段。在远程调用执行子查询之前，Distributed Union 对过滤表达式进行分析，提取出一组分片键范围，保证其完全覆盖子查询可能产生结果的所有表行。该过程也称为范围提取，它是分枝修剪的核心操作。在分析之后，将子查询并行分配给每个相关的数据片段。

例 6.27　假设查询如下：

```
SELECT S.SongName, S.SongGenre
FROM Songs AS S
WHERE S.SingerId = 2 AND S.SongGenre = 'ROCK';
```

所生成的查询执行计划如图 6.33 所示，其中分布式联合运算符的功能是向分布式数据库的各个节点发送谓词条件为 " S.SingerId = 2 AND S.SongGenre = 'ROCK'" 的子查询，节点在收到子查询后在本地分片上执行表扫描（Table Scan），并将结果 SongName、SongGenre 属性使用序列化结果运算符返回给根服务器，最后根服务器对各个节点的结果执行合并操作作为 SQL 查询的结果。

（2）分布式交叉应用

分布式交叉应用（Distributed Cross Apply）运算符通过在多个服务器上执行操作扩展了交叉应用（Cross Apply）运算符。

这里首先介绍 Spanner 的交叉应用运算符。交叉应用运算符是一个二元运算符，其运算方式是对由一个表执行检索到的每一行内容与来自另一个表上的检索结果合并，生成最终的执行结果。交叉应用运算符不同于面向集合的哈希连接算法，其执行方式是面向行处理的，

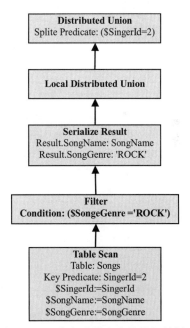

图 6.33　分布式联合查询执行计划

处理过程与基于索引的连接算法（6.4.4 节）相似，即使用在一个表上查询到的元组到另一个在连接属性上具有索引的表上执行索引扫描，从而生成匹配结果。该运算符可以用于与连接属性上有二级索引且独立分布的表的连接操作，也可用于与包含主键的远程表间的内连接、

左外连接和半连接查询操作。交叉应用运算符有两个输入参数，分别是输入（input）和映射（map），执行时将主查询中检索结果的每一行作为输入（input）端，映射到由子查询构成映射（map）端作为其执行参数，执行结果记录中则同时包含输入端和映射端的属性列。交叉应用运算符的执行代价可以参考基于索引的链接算法，执行时将较小的关系表作为输入端可以降低执行代价，而映射端在检索属性上建有索引以进一步提高查询效率。

例 6.28   查询每个歌手的名字，以及歌手的一首歌的歌名：

```
SELECT si.FirstName, ( SELECT so.SongName
                FROM Songs AS so
                WHERE so.SingerId=si.SingerId
                LIMIT 1)
FROM Singers AS si;
```

以上查询所生成的执行计划中的交叉应用运算符如图 6.34 所示。其中，交叉应用运算符的输入端是对 Singers 表的表扫描操作，映射端是在 Songs 表上的子查询操作。交叉应用运算符在执行时将输入端表扫描结果的每一行映射到映射端的子查询中，以 SingerId 作为子查询的谓词条件执行子查询，以便检索出歌手的歌曲。这里子查询使用了限制运算符 Limit 将返回结果限定为一首歌曲，以便保证其结果能够与输入端的一个记录行相匹配，从而能够组合出最终的输出结果，如果没有与该行 SingerId 对应的结果，SongName 将返回 NULL。

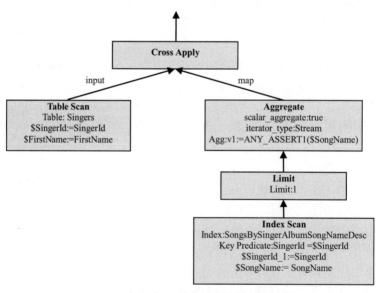

图 6.34   查询执行计划中的交叉应用运算符

在分布式交叉应用运算符中，输入端会对批处理进行分组，这与交叉应用运算符一次一元组的处理方式有所不同，而映射端则是在远程服务器节点上执行操作的交叉应用运算符。

例 6.29   执行以下查询：

```
SELECT AlbumTitle
FROM Songs JOIN Albums On Albums. AlbumId=Songs.AlbumId
```

对于以上连接查询采用分布式交叉应用运算符的查询执行计划如图 6.35 所示。执行计划中，分布式交叉应用运算符的第一阶段是执行输入端，输入端是在 Songs 表上执行索引扫描的结果，由于查询中只涉及 Songs 表上的 AlbumId 属性，因此仅使用索引中的键值即可以生成 AlbumId 属性的批处理集合，其中使用了分布式联合运算符将分布式结果合并后生成批处理分组。第二阶段是执行映射端，输入端 AlbumId 属性的批处理集合会发送到各服务器节点上，在服务器节点上利用 Albums 表中 AlbumId 属性上的索引执行交叉应用运算，最后将结果汇聚到根服务器的分布式交叉应用运算符生成最终的输出结果。

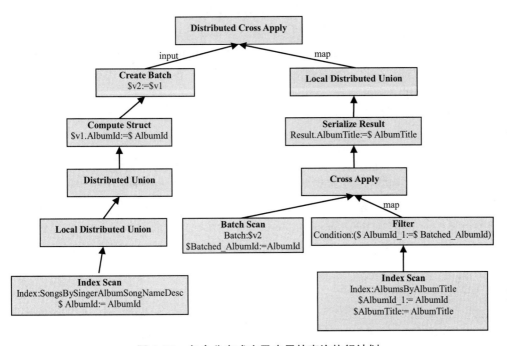

图 6.35　包含分布式交叉应用的查询执行计划

分布式外部应用运算符的执行方式与分布式交叉应用运算符类似，对于输入端关系无法在映射端关系中匹配连接结果的行依然会保留在结果集中，并使用 NULL 填充映射端的结果属性。

2. 分布式查询优化

Google Spanner 的 SQL 查询编译器使用传统的方法构建关系代数运算符树，并使用等价重写对其进行优化。分布式查询在查询代数树中用显式运算符表示，其中最常用的是分布式联合（Distributed Union）运算符。该运算符将子查询下推到每个相关的分片操作，以便将全局扫描替换为基于表分片的本地扫描的显式分布式操作，之后再连接局部结果而获得全局查询结果。

在 Distributed Union 执行过程中，其优化处理的主要方法包括：

- 采用范围分片和分片过滤，将复杂的操作（如子查询或分组、排序等操作）下推到局部场地执行，若局部场地的分片列是满足分组或排序列的子集，或是满足查询过滤条件的片段；

- Spanner 支持表交织，将多个共享主键前缀的表中的行并置在一起，即所有"子表"行与它们所连接的"父表"行一起存储，可以将这些表的连接操作下推到局部操作，优化查询性能；

- Distributed Union 扩展的批处理执行 Apply Join（Distributed Cross Apply 和 Distributed Outer Apply）运算符，由两个分布式联合实现：一个分布式联合将输入端的行应用到远程子查询中生成批处理集合，另一个分布式联合将映射端每个批处理集合中的行应用到分片上本地连接子查询。

这里主要介绍 Distributed Union 及其扩展的 Distributed Apply Join。前面详细介绍了 Spanner 的主要分布式运算符。下面介绍如何使用这些运算符优化分布式查询执行计划。

（1）Distributed Union

在关系代数中，分布式查询执行计划首先在每个 Spanner 的关系表正上方都插入一个 Distributed Union 运算符。也就是说，表的全局扫描被一个显式分布式操作代替，该操作对表片段进行本地扫描。

$$\text{Scan(T)} \Rightarrow \text{DistributedUnion[shard} \subseteq \text{T](Scan(shard))}$$

然后，按照等价转换规则转换查询树，将 Distributed Union 向上拉到树上，将选择与投影等基础操作向下推到 Distributed Union 以下，在数据片段的服务器上执行。当分片属性列属于分组操作或排序操作属性列子集时，还可以下推分组操作和排序操作到各数据片段上执行。

（2）Distributed Apply Join

Spanner 分布查询执行中的另一个优势是采用批处理方式实现分布表之间的 Apply Join，即 Batched Apply Join。Apply 运算符的执行方式是先计算左参数表，后计算右参数表。该运算符的主要使用场景是将一个二级索引和一个与其独立的分布式基表进行连接，也可以用于执行谓词中包含远程表索引键的内部/左/半连接。前面介绍的 Distributed Cross Apply 和 Distributed Outer Apply 均属于 Apply 运算符。

在分布式环境中，Apply Join、Cross Join 或 Nested Loop Join 等运算符的简单实现都会对 Join 运算符在输入中的每一行产生一个跨机器调用。查询延迟和计算资源消耗导致这一操作的执行代价十分昂贵。为此，Spanner 设计通过扩展 Distributed Union 运算符以批处理的方式实现 Apply Join 操作。这里采用两个分布式连接操作，一个分布式连接是将输入端的记录行以成批（Batch）的形式应用到远程子查询，另一个分布式连接将每批中的行应用到 shard 上本地原始连接的子查询。图 6.36 示意性地显示了其转换过程。Distributed Apply 操作是将 Cross Apply 或 Outer Apply 操作与 Distributed Union 操作相结合实现的。例如，针对一次一元组执行方式的批处理优化处理过程为：将 input 端元组输入按批划分为元组子集合（Batch），针对元组子集合 Batch 再按批集合实现分布式执行（如 Cross Apply），最后整合结果，完成 Distributed Apply 操作。

Distributed Apply 的目标是最小化索引键连接的跨机器调用次数并采用并行化执行，将全表扫描转换为一系列最小范围的扫描。通常，基于索引键连接的左参数表具有足够小的选择度，使结果可以适应封装在单个批之内从而仅需要使用单个远程调用。同时，Spanner 将传统用于索引键连接（等值连接）的优化策略扩展到一般的内部连接（Inner join）、左外连接（Left Outer join）和半连接（Semi join），优化策略需要与连接操作右表的分片键相互关联使用。Distributed Apply 使用以下步骤执行片段剪枝，下面结合如图 6.36 所示的批处理过程介绍片段剪枝优化，具体如下：

1）使用每行中的列值评估分片键的过滤表达式，为批处理中的每一行记录提取分片键范围的最小集合；

2）将 1）中所有行的分片键范围合并到一个集合中；

3）通过将 2）中得到的分片键范围与分片边界相交，计算要发送批次的最小分片集，并为每个分片构造一个最小批（即剪枝后的元组子集合）。

与 Distributed Union 操作一样，Distributed Apply 可以在多个片段上并行执行其子查询。在每个分片上，基于范围抽取扫描分片上的最小数据量以回答查询。

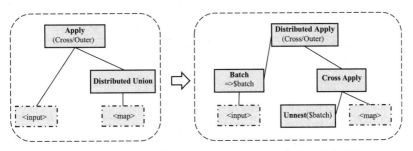

图 6.36　分布式查询优化中 Distributed Apply 运算符的转换

3. 查询范围提取

查询范围提取是分析查询以确定所要访问的表的哪些部分的过程，表中行的访问范围使用主键取值区间进行表示。基于分布式范围提取，可确定查询涉及表的哪些片段。Spanner 的查询范围提取操作包括以下三种类型。

- 分布范围提取：用于确定查询涉及关系表的哪些分片（Shard），以便将查询发送至存储这些片段的主机。
- 搜寻范围提取：在查询发送到服务器后，确定要从底层存储堆栈读取分片的哪些片段（Fragment）。基于主键结构和表的大小，将全分片扫描转换为主键上小范围的搜寻能够有效减少执行时间。由于范围抽取的代价可能要高于将全扫描转换的范围搜寻的收益，因此优化算法的代价估计显得十分重要。
- 加锁范围提取：确定要对表的哪些片段加锁（针对悲观的事务并发）或检查潜在的未决修改（针对时间戳的快照事务）。加锁范围提取通过将一个大范围的加锁操作使用多个其子集上的小范围加锁进行替代，从而提高了事务的并发度。

在 Spanner 中，实现范围提取依赖于两种主要技术：在编译时，将过滤后的扫描表达式进行规范化并将其重写到相关的自连接树中，以提取连续键列的范围。在运行时，使用称为过滤树的特殊数据结构，通过自下而上的区间算法来计算范围，可以有效地评估后过滤条件。

例 6.30 表 Documents 的主键包括属性 ProjectId、DocumentPath 和 Version，ProjectId 是分区键，对于如下查询：

```
SELECT d.*
FROM Documents d
WHERE d.ProjectId = @param1
AND STARTS_WITH(d.DocumentPath, '/proposals')
AND d.Version = @param2
```

其中，@param1 和 @param2 是已知的查询参数，假设参数值分别为 P001 和 2017-01-01，有 10 个前缀为 "/proposals" 的文档，即 "/proposals/doc1" "/proposals/doc2" 等。

针对上述场景，三种范围提取可以得到如下信息：

- 分布范围为 P001，即将查询路由到 ProjectId 为 P001 所在的分片；
- 搜索范围为 (P001, /proposals/doc1, 2017-01-01)、(P001,/proposals/doc2, 2017-01-01) 等。这里为了确定相关的文档，需要在 key 范围上执行一次读操作；
- Spanner 支持列级加锁，对于键属性列，加锁范围为 (P001, /proposals)，对于非键属性列，最小加锁范围与搜寻范围一致。

在以上用例中，查询的范围抽取主要决定于 WHERE 子句中在主键列上的谓词。抽取到的搜寻范围表述了需要访问关系表的最少片段。在实际应用中，查询谓词相比用例中的谓词更加复杂。同时在系统实现中，范围抽取与查询处理器完全集成在一起并在运行时执行，以便能够插入带有范围计算的数据访问。分布范围、搜寻范围和加锁范围最大的差异就在于指定键值区间所涉及的键属性列表前缀长度，例如上例中分布范围抽取使用的键属性前缀长度为 1（即 ProjectId），而搜寻范围抽取使用的键属性前缀长度为 3（即 ProjectId、DocumentPath、Version 三个列）。

下面将分别按编译时和运行时介绍执行范围提取技术。

（1）编译时重写（Compile-time rewriting）

图 6.37 展示了如何将 Documents 表上的示例查询重写为相关自连接结构。重写的计划包含三个扫描，其中一个扫描（Scan1）的范围是常量表达式，另外两个扫描（Scan2、Scan3）是相关的。重写中在扫描上使用过滤器将原始表达式剪枝为特定扫描范围内的表达式，具体如下：

- Scan1 有一个关联的过滤器，它将 ProjectId 的值确定到常量参数 @param1，可以通过参数 @project_id 构造 key 范围，但不执行任何数据访问；
- Scan2 基于 Scan1 生成的参数 @project_id，通过 DocumentPath 找到以 /proposals 开头的第一个文档（例如，/proposals/doc1），然后直接寻找下一个更大的值（/proposals/doc2），跳过 doc1 的所有版本；

- Scan3 是交叉应用树中最右边的扫描，其依赖于 Scan1 和 Scan2 的输出，返回到所有感兴趣的列。

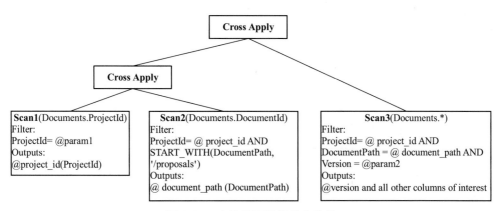

图 6.37　查询重写的相关自连接

在编译重写时，需要执行许多表达式规范化的操作步骤，主要包括以下步骤。

- 将 NOT 推送到叶节点的谓词。此转换无须将过滤条件转换为 DNF 或 CNF。
- 对于涉及键属性列的谓词树叶子节点，通过分离键上查询的方式对范围进行规范化。例如，$k>1$ 变为 $k<1$，而 $NOT(k>1)$ 变为 $k<=1$，等等。
- 小整数区间离散化。例如，k BETWEEN 5and 7 返回显式枚举值 5、6、7。对于较大的间隔，例如，k BETWEEN 5 and 7000 是不可枚举的，需要从基础表中读取 k 的实际值。
- 那些包含子查询或昂贵的库函数、运算等内容的复杂条件会因为范围提取而被消除掉。

（2）运行时的过滤树

过滤树（Filter Tree）是运行时的数据结构，用于通过自底向上的交集 / 并集提取键值范围，并对相关自连接产生的行进行后过滤。过滤树被编译时重写产生的所有相关扫描所共享，记录着未更改的值谓词结果，并对区间计算进行剪枝。

为了说明，考虑如下过滤器：

```
(k1=1 AND k2="a" AND
REGEXP_MATCH(value, @param)) OR
(k1=2 AND k2<"b")
```

该 REGEXP 条件获得的过滤树如图 6.38 所示。每次执行一个键属性列的范围提取。过滤树中的每个叶节点为每个键属性列指定了初始区间。对于不包含条件或复杂条件的特殊键列则设置为无限区间。首先将过滤条件转换为 positive 形式，区间逻辑相当于分别对 AND 和 OR 节点执行交集和并集。例如，为了提取整数 $k1$ 的范围，在 AND 节点进行区间交集操作，分别获得点范围 [1，1] 和 [2，2]，然后在 OR 节点处将其合并为 [1，2]。

当提取 $k2$ 的范围时，$k1$ 的值是已知的。也就是说，可以修剪掉包含不可满足条件或重言式的树枝。不可满足的节点对应于空区间，而布尔值为真的节点对应于无限区间。例如，为 $k1=2$ 提取 $k2$ 的范围会使最左边的 AND 节点不可满足，因此它会产生一个空范围，这样 $k2$ 被提取为单个区间（–INF, "b"）。当使用过滤树进行后过滤评估时，不可满足的分支也不会被访问，从而提高执行效率。

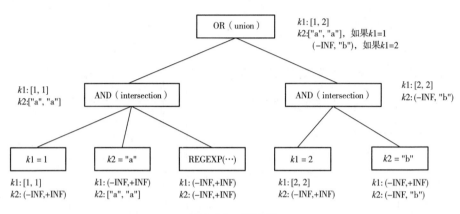

图 6.38   过滤树

对于复杂表达式，Spanner 采用运行时分析，生成多个列值或多个范围，并且不能简单地重写为简单条件。范围提取通常会产生最小的键范围，即使对于复杂的表达式也是如此。然而，范围计算通常是一种近似值，因为在谓词中隔离键属性列可能是任意复杂的（例如，可能需要求解多项式）。极端情况下，分布范围提取的结果可能不完美，因此将其视为启发式优化问题。在最坏的情况下，可能会将子查询发送到一个不相关的分片，该子查询将在该分片上执行，并且不会返回结果。该部分内容还涉及搜索与扫描以及锁定粒度的权衡等更复杂的优化决策。

4．查询重启

Spanner 支持在出现故障、重新分片和二进制部署时自动重启查询。Spanner 通过重启查询隐藏瞬时故障。Spanner 的重启查询主要适用于采用快照并发的查询，这也是 Spanner 处理的大多数查询。下面主要介绍 Spanner 支持的隐藏瞬态故障以及处理的策略及技术挑战。

（1）隐藏瞬时故障的策略思想

Spanner 隐藏的瞬态故障包括一般故障，如网络断开连接、机器重新启动和进程崩溃等，以及另外两类故障：可重试故障事件和暂时性故障事件。可重试故障事件主要指分布式等待和数据移动，分布式等待是由于在片段副本上重试外部和内部请求而引起的，而不是在给定进程恢复或失败之前被阻止。存在的潜在阻塞事件包括服务器过载、副本数据在存储层中不可用以及副本未捕获到所需的时间戳。暂时性故障事件主要与数据所有权有关，因为查询和读取请求不会阻止数据重新存储和数据移动，使数据所有权和片段边界可能在查询的生存期内发生变化。

Spanner 隐藏瞬态故障，并使瞬时故障恢复时最大限度地减少代价。而这种故障处理方法会为 Spanner 用户以及内部设计选择带来许多好处，但也带来了相当大的复杂性。Spanner 隐藏瞬态故障采用如下策略思想。

- 采用更简单的编程模型：无重试循环。鼓励 Spanner 用户设置实际的请求截止日期，并且不需要围绕快照事务和独立只读查询编写重试循环。
- 对查询结果进行流式分页。通常来说，交互式应用使用分页检索内存中数据上的简单查询结果。批处理作业也使用分页来定义要在一次快照中处理的数据部分，以便将所有数据放入内存中。
- 优化在线请求的尾部延迟。Spanner 隐藏瞬时故障并在故障后重新启动时最小化执行工作，有助于减少在线请求的尾部延迟。这对于在许多机器上并行访问大量资源的混合事务和分析查询工作负载来说尤为重要。
- 向前推进长时间运行查询。对于查询的总运行时间与平均故障时间相当的长时间运行查询，需要有一个执行环境，确保在出现暂时性故障时能够向前推进，使某些查询可能在合理的时间内完成。
- 支持定期滚动升级。这对于 Spanner 开发的敏捷性、快速部署和 bug 修复至关重要。Spanner 在谷歌数据中心内的大量机器上运行，能够在一周左右的时间内将所有机器逐步升级到新版本，同时运行几个版本，这是 Spanner 开发灵活性的基石。同时对查询重启还补充了其他可恢复操作，如模式升级、在线索引构建、定期部署新的服务器版本，而不会显著影响请求延迟和系统负载。
- 采用简单的错误处理体系结构。Spanner 在故障处理方面简化了体系结构，Spanner 不仅将可重启的 RPC 用于客户端 - 服务器调用，还用于内部服务器 - 服务器调用。每当服务器无法执行请求时，无论是服务器范围内的原因（如内存或 CPU 过度使用），还是与有问题的碎片或从属服务故障有关，Spanner 服务器都可以返回内部重试错误代码，并依靠重启机制在重试请求时不浪费大量资源。

（2）隐藏瞬态故障处理策略和挑战

为了支持重启，Spanner 主要采取了如下处理策略。

1）采用重新启动令牌。为了支持重启，Spanner 通过一个额外的参数（重启令牌）扩展了它的 RPC 机制。重新启动令牌随所有查询结果一起分批发送，每批发送一个重新启动令牌。需要注意的是，重启合约不保证可重复性。例如，SELECT*FROM *T* LIMIT 100 可以自由返回表 *T* 中任何一组 100 行。如果在返回 30 行后重新启动此查询，则返回的 30 行中不会有重复的行，查询将再返回 70 行。这些行可能与查询在不重新启动的情况下返回的 70 行不同。

2）查询重启策略。针对简单查询，Spanner 实现了流式请求处理，其中中间结果和最终结果都不会进入持久性存储以实现可重启性，对于单个操作符，如 Sort，可以选择持久化中间结果以减少内存压力。针对无状态操作如投影和过滤器等，重新启动范围扫描，流式实现较简单。而对于任意复杂度的 SQL 查询的重启，无法为中间结果和最终结果的每一行增加标识列，而是通过捕获正在执行的查询计划的分布式状态，在查询处理器内部实现 SQL 查询重启。要求重启令牌具有较小的尺寸，并且 CPU 的生产成本较低。

除此之外，实现重启查询还必须克服以下挑战。

1）支持动态重分区。当服务器失去一个碎片的所有权或一个片段的边界改变时，Spanner 使用查询重启（query restarts）继续执行。也就是说，针对某个关键范围的请求需要处理正在进行的数据拆分、合并和移动。例如，如果一台服务器执行了对碎片 [20,30] 的部分查询并被中断，则托管合并碎片 [10,40] 的另一台或同一台服务器可能会再次收到相同的请求。因此，查询处理器必须将其进度合并到重启令牌中表的键空间中，以便能够支持重启保证。

2）处理非确定性。在分布式环境中，提高查询性能的同时也会遇到许多不确定性，这会导致结果行以某种不可重复的顺序返回。例如，在多个片段上并行执行子查询的结果顺序可能取决于服务器和网络负载；阻塞运算符的结果顺序可能取决于允许使用的内存缓冲区数量；浮点结果可能对输入顺序敏感。需要对所有这些不可重复性来源进行解释和补偿，以保持重启合约。

3）支持跨服务器版本重新启动。新版本的服务器代码可能会对查询处理器进行细微的更改。需要解决这些更改以保持可重启性。Spanner 的以下方面必须与这些版本兼容。

- 重启动令牌线性规范化。重启令牌的序列化格式必须进行版本控制，并且能够由服务器的上一版本和下一版本进行解析。
- 查询计划一致性。在版本 N 上启动并在版本 $N+1$ 上重新启动的查询应该由相同的运算符树执行，即使编译相同的 SQL 语句会在版本 $N+1$ 中导致不同的计划。
- 操作行为一致性。操作必须能够以与服务器上一版本和下一版本相同的方式解释其部分重启令牌。即使在没有重新启动令牌的情况下调用特定的运算符，运算符也不得跨版本更改行为，即，如果上游运算符依赖于可重复输入顺序，则运算符不得在不考虑重新启动令牌版本的情况下更改顺序。

6.9.3 OceanBase

本节主要介绍 OceanBase 中与数据存取相关的查询优化策略。OceanBase 系统在数据访问路径、物理运算符的执行算法，以及分布式查询执行计划和调度方面都进行了大量的优化工作，以此确保系统在面对大规模数据的查询处理时依然具有较高的性能。

1. 面向基表访问的路径选择方法

在 OceanBase 数据库系统中，访问路径是指数据库中访问表的方法，即如何使用索引访问基本表。索引访问路径是实现基表查询的最重要的方法之一，对于执行基本表扫描来说，执行时间一般与需要扫描的数据量（范围）成正比。对于有合适索引的查询，使用索引可以有效地降低数据的访问量，从而提高查询效率。

OceanBase 数据库的路径选择方法包括基于规则的路径选择方法和基于代价的路径选择方法。OceanBase 数据库首先会使用基于规则的路径选择方法，如果基于规则的路径选择方法之后只有一个可选择的路径，那么就直接使用该路径，否则就再使用基于代价的路径选择方法选择一个代价最小的路径。

（1）基于规则的路径选择

目前 OceanBase 数据库路径选择的规则体系分为前置规则（正向规则）和 Skyline 剪枝规则（反向规则）。前置规则直接决定了一个查询使用什么样的索引，是一个强匹配的规则体系。Skyline 剪枝规则会比较两个索引，如果一个索引在一些定义的维度上优于另外一个索引，那么相对劣势的索引就会被剪掉，最后比较没有被剪掉的索引的执行代价，从而选出最优的计划。OceanBase 数据库的优化器会优先使用前置规则选择索引，如果没有匹配的索引，再采用 Skyline 剪枝规则剪掉一些劣势的索引，最后代价模型会在没有被剪掉的索引中选择代价最低的路径。

前置规则

目前 OceanBase 数据库的前置规则只用于简单的单表扫描。因为前置规则是一个强匹配的规则体系，一旦命中，就直接选择命中的索引，所以要限制它的使用场景，避免选错计划。目前 OceanBase 数据库根据"查询条件是否能覆盖所有索引键"和"使用该索引是否需要回表"这两个信息，将前置规则按照优先级划分为如下三种类型。

- 匹配"唯一性索引全匹配 + 不需要回表（主键被当成唯一性索引来处理）"时，选择该索引。如果存在多个这样的索引，选择索引列数最少的一个。
- 匹配"普通索引全匹配 + 不需要回表"时，选择该索引。如果存在多个这样的索引，选择索引列数最少的一个。
- 匹配"唯一性索引全匹配 + 回表 + 回表数量少于一定的阈值"，则选择该索引。如果存在多个此匹配类型的索引，选择回表数量最少的索引。

其中，索引全匹配是指在索引键上都存在等值条件（对应于点查询或者多点查询）。

例 6.31 假设创建关系表 $T(a, b, c, d, e)$ 的语句为 CREATE TABLE T(a INT PRIMARY KEY, b INT, c INT, d INT, e INT, UNIQUE KEY uk1(b,c), UNIQUE KEY uk2(c,d))，查询语句如下：

$Q1$: SELECT b, c FROM T WHERE (b = 1 OR b = 2) AND (c = 1 OR c =2);

$Q2$: SELECT * FROM T WHERE (c = 1 OR c =2) OR (d = 1 OR d = 2);

则查询 $Q1$ 使用 uk1 即可完成查询，符合"唯一性索引全匹配 + 不需要回表"，因此选择索引 uk1；查询 $Q2$ 会解析出多个在索引 uk2 上的访问路径且需要回表查询其他列，符合"唯一性索引全匹配 + 回表 + 回表行数最多 4 行"，因此选择索引 uk2。

Skyline 剪枝规则

Skyline 从字面上的理解是指天空中的一些边际点，这些点组成搜索空间中最优解的集合。Skyline 操作是在给定对象集 O 中找出不被别的对象所"优于"（dominate）的对象集合。如果一个对象 A 在所有维度都不被另一个对象 B 所"优于"，并且 A 至少在一个维度上优于 B，则称 A 优于 B。所以在 Skyline 操作中比较重要的是维度的选择以及在每个维度上的"支配"的关系定义。

假设有 N 个索引的路径 <idx_1, idx_2, idx_3, …, idx_n> 可以供优化器选择，对于查询

Q，索引 idx_x 在定义的维度上优于索引 idx_y，那就可以提前把索引 idx_y 剪掉，不让它参与最终代价的运算。

Skyline 剪枝规则对每个索引（主键也是一种索引）定义了如下三个维度。

1）是否回表：即通过主键索引访问基本表数据。

2）是否存在 Interesting Order：是否有合适的排序结果可以利用。通过 Interesting Order 利用底层的数据排序，就不需要对底层扫描的行做排序，可以消除 ORDER BY，进行 MERGE GROUP BY，提高 Pipeline（不需要进行物化）等操作。

3）索引前缀能否抽取查询范围：查询范围的抽取可以方便底层直接根据抽取出来的范围定位到具体的块，从而减少存储层的 I/O。

例 6.32 下面通过示例来说明存在表 Skyline 剪枝，假设有关系表如下：

```
CREATE TABLE skyline(
    pk INT PRIMARY KEY, a INT, b INT, c INT,
    KEY idx_a_b(a, b),
    KEY idx_b_c(b, c),
    KEY idx_c_a(c, a));
```

*Q*1：SELECT * FROM skyline;/* 回表：该查询是否需要回查主表。*/

*Q*2：SELECT pk, b FROM skyline ORDER BY b;

*Q*3：SELECT pk, b FROM skyline WHERE c > 100 AND c < 2000;

对于查询 *Q*1 考虑回表维度，如果走索引 idx_a_b 就需要回查主表，因为索引 idx_a_b 没有 *c* 列。对于查询 *Q*2 考虑 Interesting Order 维度，由于在索引 idx_b_c 上有对 *b* 列的排序，因此采用索引 idx_b_c 可以直接获得排序结果，从而把 ORDER BY 运算符消除。对于查询 *Q*3 考虑索引前缀的范围查询维度，采用索引 idx_c_a 可以快速定位到需要的行的范围，不用全表扫描。

基于这三个维度，定义了索引之间的优势关系，如果索引 *A* 在三个维度上都不比索引 *B* 差，并且其中至少有一个维度比 *B* 好，那么就可以直接把 *B* 索引剪掉，因为基于索引 *B* 最后生成的计划肯定不会比索引 *A* 好，具体规则如下。

- 如果索引 idx_A 不需要回表，而索引 idx_B 需要回表，那么在这个维度上索引 idx_A 优于 idx_B。
- 如果在索引 idx_A 上抽取出来的 Interesting Order 是向量 $V_a<a_1, a_2, a_3, \cdots, a_n>$，在索引 idx_B 上抽出来的 Interesting Order 是向量 $V_b<b_1, b_2, b_3, \cdots, b_m>$，如果 $n > m$，并且对于 $a_i = b_i (i=1, \cdots, m)$，那么在这个维度上索引 idx_A 优于 idx_B。
- 如果在索引 idx_A 能用来抽取的查询范围的列集合是 $S_a<a_1, a_2, a_3, \cdots, a_n>$，在索引 idx_B 上能用来抽取查询范围的列集合是 $S_b<b_1, b_2, b_3, \cdots, b_m>$，如果 S_a 是 S_b 的超集，那么在这个维度上索引 idx_A 优于 idx_B。

（2）基于代价的路径选择

在基于规则的路径选择之后，如果存在多个可以选择的路径，OceanBase 数据库会计算每个路径的代价，从中选择代价最小的路径作为最终选择的路径。OceanBase 数据库的代价模型考虑了 CPU 代价（例如处理一个谓词的 CPU 开销）和 I/O 代价（比如顺序、随机读取宏块和微块的代价），CPU 代价和 I/O 代价最终相加得到一个总的代价。

一个访问路径的代价主要由扫描访问路径的代价和回表的代价两部分组成。如果一个访问路径不需要回表，那么就没有回表的代价。在 OceanBase 数据库中，访问路径的代价取决于很多因素，比如扫描的行数、回表的行数、投影的列数和谓词的个数等。但是对于访问路径来说，代价在很大程度上取决于行数，如下示例分析主要从行数这个维度来介绍这两部分的代价。

1）扫描访问路径的代价。扫描访问路径的代价跟扫描的行数成正比，理论上来说扫描的行数越多，执行时间就会越久。对于一个访问路径，查询范围决定了需要扫描的范围，从而决定了需要扫描的行数。查询范围的扫描机制是顺序 I/O，即在磁盘上读连续的块。

2）回表的代价。回表的代价跟回表的行数是正相关的，回表的行数越多（回表的行数是指满足所有能在索引上执行的谓词的行数），执行时间就会越长。回表的扫描机制是随机 I/O，所以回表一行的代价会比查询范围扫描一行的代价高很多。

当分析一个访问路径的性能时，可以从上面两个因素入手，即定位出来通过查询范围扫描的行数以及回表的行数。这两个行数通常可以通过执行 SQL 语句来获取。

例 6.33　存在关系表 $T1$ 的建表语句 `CREATE TABLE T1(c1 INT PRIMARY KEY,`
`c2 INT, c3 INT, c4 INT, c5 INT, INDEX k1(c2,c3))`，有查询

$Q1$: `SELECT * FROM t1 WHERE c2 > 20 AND c2 < 800 AND c3 < 200;`
其中，索引 $k1$ 的访问路径是，首先获取用来抽取查询范围的谓词，谓词 $c2 > 20$ AND $c2 < 800$ 用来抽取查询范围，而谓词 $c3 < 200$ 被当成回表前的谓词。

2. 面向连接的优化实现方法

不同方式的连接算法为 SQL 调优提供了更多的选择，可以使得 SQL 调优时能够根据表的数据特性选择合适的连接算法，从而让多表连接组合变得更加高效。连接语句在数据库中由连接算法实现，主要的连接算法有嵌套循环连接、哈希连接和归并连接，其中哈希连接和归并连接只适用于等值的连接条件，嵌套循环连接可用于任意的连接条件。由于三种算法在不同的场景下各有优劣，因此优化器会自主选择最佳连接算法。

OceanBase 数据库支持上述三种不同连接算法，算法的具体流程可参见 6.4 节。针对连接顺序及连接算法的选择，OceanBase 数据库也提供了相关 Hint 机制进行控制，以方便用户根据自身的实际需求去选择何种连接顺序及连接算法以进行多表连接操作。下面主要介绍 OceanBase 数据库在三种算法上的优化方法。

（1）连接算法

1）嵌套循环连接。由于嵌套循环连接（Nested Loop Join）可能会对内表进行多次全表扫描，因为每次扫描都需要从存储层重新迭代一次，这个代价相对比较高，所以 OceanBase 数据库支持对内表进行一次扫描并把结果物化在内存中，这样在下一次执行扫描时就可以直接在内存中扫描相关的数据，而不需要从存储层进行多次扫描。但是物化在内存中的方式是有代价的，所以 OceanBase 数据库优化器是基于代价去判断是否需要物化内表。

嵌套循环连接还有以下两种实现的算法：基于块嵌套循环连接（Blocked Nested Loop Join）和基于索引嵌套循环连接（Index Nested Loop Join）。

一般地，在进行查询优化时，OceanBase 数据库优化器会优先选择基于索引嵌套循环连接，然后检查是否可以使用基于块嵌套循环连接，这两种优化方式可以一起使用，最后才会选择嵌套循环连接。

2）归并连接。归并连接属于基于排序的连接算法，原理是首先会按照连接的字段对两个表进行排序（如果内存空间不够，就需要进行外排），然后开始扫描两张表进行归并连接。在一些场景中，如果连接字段上有可用的索引，并且排序一致，那么可以直接跳过排序操作。通常来说，归并连接比较适合两个输入表已经有序的情况，否则哈希连接会更加好。

3）哈希连接。哈希连接的原理是用两个表中相对较小的表（通常称为 Build Table）根据连接条件创建哈希表，然后逐行扫描较大的表（通常称为 Probe Table）并通过探测 Hash Table 找到匹配的行。如果 Build Table 非常大，构建的 Hash Table 无法在内存中容纳时，OceanBase 数据库会采用多趟哈希连接算法，即分别将 Build Table 和 Probe Table 按照连接采用条件切分成多个分区（Partition），每个 Partition 都包括一个独立的、成对匹配的 Build Table 和 Probe Table，这样就将一个大的哈希连接切分成多个独立、互相不影响的哈希连接，每一个分区的哈希连接都能够在内存中完成。在分区上的哈希连接需要使用与分区时不同的哈希函数。在绝大多数情况下，哈希连接效率比其他连接方式效率更高。

OceanBase 数据库提供了 hint 机制：用 /*+ USE_NL(table_name_list) */ 去控制多表连接时选择嵌套循环连接算法；用 /*+ USE_MERGE(table_name_list) */ 去控制多表连接时选择归并连接算法；用 /*+ USE_HASH(table_name_list) */ 去控制多表连接时选择哈希算法。比如下面场景连接算法选择的是哈希连接，而用户希望通过归并连接，则可以使用上述 hint 进行控制：

例 6.34　创建关系表 *T*1 和 *T*2：

```
CREATE TABLE T1(c1 INT, c2 INT);
CREATE TABLE T2(c1 INT, c2 INT);
```

使用 hint 机制指定索引的查询如下：

```
SELECT /*+ USE_MERGE (T1,T2)*/*
FROM T1, T2
WHERE T1.c1 = T2.c1;
```

（2）连接顺序

在多表连接的场景中，优化器的一个很重要的任务是决定各个表之间的连接顺序（Join Order），因为不同的连接顺序会影响中间结果集的大小，进而影响到计划整体的执行代价。为了减少执行计划的搜索空间和计划执行的内存占用，OceanBase 数据库优化器在生成连接顺序时主要考虑左深树的连接形式。OceanBase 数据库在生成连接顺序时，采用 System-R 的动态规划算法，考虑的因素包括每一个表可能的访问路径、Interesting Order、连接算法（嵌套循环连接、哈希连接或者排序归并连接等）以及不同表之间的连接选择率等。

如果给定 *N* 个表的连接需求，则 OceanBase 数据库生成连接顺序的方法如下：

1）为每一个基表生成访问路径，保留代价最小的访问路径以及有所有具有 Interesting Order 的路径。如果一个路径具有 Interesting Order，它的序能够被后续的运算符使用。

2）生成所有表集合的大小为 i（$1 < i \leqslant N$）的计划。OceanBase 数据库一般只考虑左深树，表集合大小为 i 的计划可以由其本身的计划和一个基表的计划组成。OceanBase 数据库按照这种策略，考虑了所有的连接算法以及 Interesting Order 的继承等因素生成所有表集合大小为 i 的计划。这里也只是保留代价最小的计划以及所有具有 Interesting Order 的计划。

OceanBase 数据库提供了 Hint 机制，用 /*+LEADING(table_name_list)*/ 去控制多表连接的顺序。

3. 并行查询执行

对于采用 Shared-Nothing 架构的分布式系统来说，由于一个关系数据表的数据会以分区的方式存放在系统里面的各个节点上，对于跨分区的数据查询请求，必然会要求执行计划能够对多个节点的数据进行操作，因此 OceanBase 数据库具有分布式执行计划生成和执行能力。

对于分布式执行计划，分区可以提高查询性能。如果数据库关系表比较小，则不必要进行分区，如果关系表比较大，则需要根据上层业务需求，审慎选择分区键，以保证大多数查询能够使用分区键进行分区裁剪以减少数据访问量。同时，对于有关联性的表，建议采用关联键作为分区键，采用相同分区方式，使用 Table Group 的方式将相同分区配置在同样的节点上，以减少跨节点的数据传输。OceanBase 数据库的优化器会自动根据查询和数据的物理分布生成分布式执行计划，相关内容已经在第 5 章进行了介绍。

并行执行（Parallel Execution）是将一个较大的任务切分为多个较小的任务，启动多个线程或者进程来并行地处理这些小任务。并行执行分为并行查询（Parallel Query）、并行 DDL（Parallel DDL）、并行 DML（Parallel DML）。目前 OceanBase 支持并行查询与并行 DDL，还未支持并行 DML。

下面主要介绍 OceanBase 并行查询技术。

（1）OceanBase 并行查询工作原理

并行查询技术可以用于分布式执行计划的执行，也可以用于本地查询计划的执行。当单个查询所要访问的数据不在一个节点上时，需要通过数据重分布的方式，将相关的数据分布到同样的计算节点进行计算，以每一次的数据重分布节点为上下界，OceanBase 数据库的执行计划在垂直方向上被划分为一个个的数据流对象（Data Flow Operation，DFO），而每一个 DFO 可以被切分为指定并行度个数的任务（task）并行执行以提高执行效率。通常来说，当并行度被提高时，查询的响应时间会缩短，更多的 CPU、I/O 和内存资源会被用于查询的执行。对于大数据量查询处理的决策支持系统或者数据仓库型应用来说，查询时间提升会尤为明显。

整体来说，OceanBase 并行查询的总体思路和分布式执行计划有相似之处，将执行计划分解之后，不同于串行执行将整个计划由单个执行线程执行，将执行计划的每个部分由多个执行线程执行，通过一定的调度的方式，实现执行计划的 DFO 之间的并发执行和 DFO 内部的并发执行。在在线交易（OLTP）场景下，也可以适用于批量更新操作、创建索引、维护索引等操作。

当系统满足以下条件时，并行查询可以有效提升系统处理性能：

- 充足的 I/O 带宽；
- 系统 CPU 负载较低；
- 充足的内存资源，以满足并行查询的需要。

如果系统没有充足的资源进行额外的并行处理，使用并行查询或者提高并行度并不能提高执行性能。相反，在系统过载的情况下，操作系统被迫进行更多的调度，上下文切换或者页面交换可能会导致性能的进一步下降。

通常在决策支持系统（Decision Support System，DSS）中，在大量分区需要被访问和数据仓库环境下，并行执行能够降低执行响应时间。OLTP 系统通常在批量 DML 操作或者进行模式维护操作时能够受益，例如进行索引的创建等。对于简单的 DML 操作或者分区内查询以及涉及分区数比较小的查询来说，使用并行查询并不能很明显地减少查询响应时间。

另外需要注意的是，当想要通过并行查询得到最佳的性能表现时，系统的每一个组成部分需要共同进行配置。因为任何一个部分的性能表现瓶颈都会成为制约整个系统表现的单点。

（2）并行查询启动方式

启动并行查询的方式有两种：通过 Parallel Hint 指定并行度（dop）的方式启动并行查询；针对查询分区数大于 1 的分区表的查询自动启动并行查询。

1）分区表并行查询。针对分区表的查询，如果查询的目标分区数大于 1，系统会自动启用并行查询，并行度的值由系统默认指定为 1。如果查询分区所在的 OBServer 的个数小于等于并行度，那么工作线程（总个数等于并行度）会按照一定的策略分配到涉及的 OBServer 上；如果查询分区所在的 OBServer 的个数大于并行度，那么每一个 OBServer 都会至少启动一个工作线程，一共需要启动的工作线程的数目会大于并行度。如果针对分区表的查询，查询分区数目小于等于 1，系统不会启动并行查询。OceanBase 支持分区内并行，如果希望在查询分区数等于 1 的情况下，能够采用 Hint 的方式进行分区内并行查询，需要将对应的并行度 dop 的值设置为大于等于 2。如果 dop 的值为空或者小于 2 将不启动并行查询。

如下例所示，创建一个分区表 ptable，对 ptable 进行全表数据的扫描操作，通过 explain 查看生成的执行计划。

例 6.35　创建关系表 ptable 和分区的语句如下：

```
CREATE TABLE ptable(c1 INT, c2 INT) PARTITION BY hash(c1) PARTITIONS 16;
```

对于查询：

```
SELECT * FROM ptable;
```

如果查看其执行计划可以看到，分区表默认的并行查询的并行度（dop）为 1。如果

OceanBase 集群一共有 3 个 OBServer，表 ptable 的 16 个分区分散在 3 个 OBServer 中，那么每一个 OBServer 都会启动一个工作线程来执行分区数据的扫描工作，一共需要启动 3 个工作线程来执行表的扫描工作。

针对分区表，添加 Parallel Hint，启动并行查询，并指定并行度为 8：

```
SELECT /*+ PARALLEL(8) */ * FROM ptable
```

查看执行计划可以看出，并行查询的并行度为 8。当 dop=8 时，如果 16 个分区均匀分布在 4 台 OBServer 节点上，那么每一个 OBServer 上都会启动 2 个工作线程来扫描其上对应的分区（一共启动 8 个工作线程）；如果 16 个分区分布在 16 台 OBServer 节点上（每一个节点一个分区），那么每一台 OBServer 上都会启动 1 个工作线程来扫描其上对应的分区（一共启动 16 个工作线程）。

对 ptable 的查询添加过滤条件 c1=1：

```
SELECT * FROM ptable WHERE c1 = 1;
```

如果查看计划可以看出，查询的目标分区个数为 1，系统没有启动并行查询。如果希望针对一个分区的查询也能够进行并行执行，就只能通过添加 Parallel Hint 的方式进行分区内并行查询。

2）非分区表并行查询。非分区表本质上是只有 1 个分区的分区表，因此针对非分区表的查询，只能通过添加 Parallel Hint 的方式启动分区内并行查询，否则不会启动并行查询。

例 6.36 创建一个非分区表 stable：

```
CREATE TABLE stable(c1 INT, c2 INT)
```

对 stable 进行全表数据的扫描查询：

```
SELECT * FROM stable;
```

可以看到生成的执行计划在不使用 Hint 的情况下，不会启动并行查询，为此需要添加 Parallel Hint 来启动分区内查询，执行 dop 大于等于 2。

3）多表并行查询。如果执行多表连接查询，默认情况下针对两个参与连接的关系表都会采用并行查询，但默认并行度为 1。对于连接操作同样可以通过使用 Paralle Hint 的方式改变并行度。

例 6.37 假设创建两张分区表 p1table，p2table：

```
CREATE TABLE p1table(c1 INT, c2 INT) PARTITION BY hash(c1) PARTITIONS 2;
CREATE TABLE p2table(c1 INT, c2 INT) PARTITION BY hash(c1) PARTITIONS 4;
```

查询 p1table 与 p2table 的连接结果：

```
SELECT * FROM p1table p1 JOIN p2table p2 ON p1.c1=p2.c;
```

以上查询默认的并行度在两张表中都是 1。如果查询条件增加 "WHERE p2table = 1"，则针对 p2table 的查询仅需要扫描单个分区，因此不进行并行查询，而对于 p1table 表需要扫描两个分区，默认执行并行查询。

6.10 本章小结

本章主要介绍了分布式查询存取优化的相关概念和关键技术。首先对分布式查询的执行与处理过程进行了详细讲解，并在此基础上阐述了查询存取优化的目的、内容和重要性。

存取优化的目的主要是减少查询执行的代价。本章详细地介绍了分布式查询的代价模型，以及与代价评估相关的数据库特征参数和关系运算特征参数。数据库特征值对于评估关系运算的特征参数和计算局部执行代价至关重要。关系运算特征参数主要是对关系运算结果的统计信息进行估计。关系运算的结果可能成为后续运算的输入信息，用于正确地估计一个执行策略的代价。

分布式查询的典型优化技术是半连接优化方法和基于集中式连接算法的枚举法优化。半连接优化方法适用于以网络通信代价为主要代价的分布式环境；枚举法优化方法适用于高速网络环境的分布式数据库系统。其中的查询物理执行策略主要包括嵌套循环连接算法、基于排序的连接算法和哈希连接算法。

在查询优化中，主要针对连接操作的优化。本章主要介绍了集中式数据库系统的查询优化算法和分布式系统的查询优化算法及其主要系统中的查询优化方法。集中式的优化方法是分布式查询优化方法的基础算法，分布式优化方法主要是在这些方法基础上的改进。分布式查询的执行中涉及的场地本地查询的执行依然要使用这些集中式的优化算法。

在集中式优化算法中，本章主要介绍了关系数据库的鼻祖 INGRES 系统的优化方法和 System R 方法。INGRES 系统采用动态查询优化算法，包括查询的分解和优化两部分。System R 方法采用静态优化方法，基于穷举执行策略，估计并选择其中代价小的作为最终执行策略。考虑代价的动态规划方法也是一种静态优化方法，其中引入了对连接中间结果大小的估计。如果连接涉及大量的关系，穷举所有的执行策略并估计其代价将造成优化代价的增加。为此，PostgreSQL 系统中使用遗传算法解决大量关系连接操作的优化问题。

对于分布式查询优化算法，本章分别介绍了三个典型的分布式数据库系统所使用的优化算法：分布式 INGRES 的动态优化方法、System R* 系统的静态优化方法和应用半连接技术的 SDD-1 优化方法。对于面向大数据的存取优化算法，本章首先介绍了大数据库普遍采用的查询存取框架，并进一步介绍了基于索引的存取优化方法和基于并行的查询执行计划生成方法。

在应用实例方面，本章还介绍了 Oracle 数据库系统的分布查询优化技术。

最后，在大数据库的查询处理与优化方面，本章主要介绍了并行查询处理的系统结构和主要处理算法与原理。在基于分析引擎的大数据库查询优化上介绍了基于 HBase、Google Spanner 和 OceanBase 这三个当前典型分布式数据库系统的查询优化所采用的关键技术并进行了分析。

习题

1. 设有关系**学生基本信息** S(Sno(学号), Sname(姓名), Sage(年龄), Major (专业))；**学生选课信息** SC(Sno,Cno(课号),Grade(成绩))。关系 S 在 S_1 场地，关系 SC 在 S_2 场地。

Card(S)=10 000	Sno	Sname	Major
Length	6	8	2
Val	10 000	10 000	20

Card(SC)=50 000	Sno	Cno	Grade
Length	6	4	3
Val	10 000	100	70

若在 S_2 场地发出如下查询：查询计算机专业且选择课号为 1 的所有学生的学号、姓名、课号和成绩。

要求：

1）写出查询语句；

2）若以传输代价为主，给出优化的查询执行过程，并说明原因；（提示：对比采用不同优化技术的传输代价，从中选择优化的方案。）

3）评估结果关系的元组数量。

2. 设有关系 EMP(Eno,Ename) 和关系 DEPT(Dno,Dname,Mgrno)，其中 Eno 表示员工编号、Ename 表示员工姓名、Dno 表示部门编号、Dname 表示部门名称、Mgrno 表示部门经理的员工编号。Eno 为关系 EMP 的主键，Dno 为 DEPT 的主键。关系 EMP 在 S_1 场地，关系 DEPT 在 S_2 场地。假设：Length(Eno)=4, Length(Ename)=35,Val(EMP,Eno)=10 000, Length(Dno)=4, Length(Dname)=35,Val(DEPT,Dno)=100。

要求： 在 S_2 场地发出查询所有部门的编号、名称和经理。

1）写出查询语句。

2）以 S_1 作为执行场地，采用全连接技术，计算传输代价。

3）采用半连接优化技术，计算传输代价。

3. 现有如下数据分布场景：

$$\prod_{A_i \in \text{AttrList}} \text{Val}(R, A_i) < \text{Card}(R)$$

假设：部门信息关系模式为 DEPT(Dno, Dname, Resp)，Dno 为部门编号，Dname 为部门名称，Resp 为部门的业务说明；员工信息关系模式为 EMP(Eno, Ename, Major, Tel)，Eno 为员工编号，Ename 为员工姓名，Major 为专业，Tel 为联系电话；部门负责人信息关系模式为 D_E(Dno, Eno, Starttime)，每一个部门有且仅有一名部门经理，部门经理可以兼任，且 Dom(D_E.Eno) ⊆ Dom(EMP.Eno)，Starttime 为起始任职时间。若上述三个关系的关系概要图如下：

Card(DEPT) = 30	Dno	Dname	Resp
length	5	20	50
value	30	30	20

Card(EMP) = 800	Eno	Ename	Major	Tel
length	6	8	20	12
value	800	750	80	800

Card(D_E) = 30			
	Dno	Eno	Starttime
length	5	6	8
value	30	25	25

要求：

1）如果在场地 2 发出查询，查询部门经理编号、部门的全部信息，请写出 SQL 查询语句，并选择连接方式，计算传输代价（注：不考虑按需传输的直接连接方式）；

2）如果在场地 2 发出查询，查询部门经理的全部信息、部门编号，请写出 SQL 查询语句，并选择连接方式，如果选用了半连接存取优化算法，其传输收益是多少？

4. 已知：有关系 EMP 和 DEPT。假设：只考虑传输代价。EMP 和 DEPT 信息如下表所示：

EMP：Card（EMP）=10 000

属性	Eno	Ename
长度（B）	4	35

DEPT：Card（DEPT）=100

属性	Dno	Dname	Mgrno（部门经理）
长度（B）	4	35	4

存在三个场地 S_1、S_2 和 S_3，如下图所示：

查询要求：在场地 S_3 上查询部门名称和部门经理姓名。SQL 语句为：

SELECT Dname, Ename FROM DEPT, EMP WHERE DEPT.Mgrno =EMP.Eno

1）举例说明采用半连接优化技术的查询执行过程和执行代价；

2）若采用直接连接，给出一种执行策略和执行代价。

5. 考虑关系 $r1(A, B, C)$、$r2(C, D, E)$ 和 $r3(E, F)$，它们的主码分别为 A、C、E。假设 $r1$ 有 1000 个元组，$r2$ 有 1500 个元组，$r3$ 有 750。估计 $r1 \bowtie r2 \bowtie r3$ 的大小，并说明原因。

6. 对 3 个关系 R、S 和 T 的分布式连接 $R \underset{B=B}{\bowtie} S \underset{C=C}{\bowtie} T$，已知有如下的概要图：

Card(R)=300   Card(S) = 4000   Card(T)=50

at 场地 S_1 at 场地 S_2 at 场地 S_3

	A	B
Length	20	10
Val	300	300

	B	C
Length	10	5
Val	1000	100

	C
Length	5
Val	50

假设 $C_0=0$、$C_1=1$、$DOM(R.B) \subseteq DOM(S.B)$、$DOM(T.C) \subseteq DOM(S.C)$，则

1）按照 SDD-1 半连接优化算法，逐步求出半连接优化集和最终执行场地；

2）对以上结果做相应的后优化处理。

7. 假设创建关系表 $T1(a, b, c, d)$ 的语句为 `CREATE TABLE T1 (a int primary key, b int,c int, d int, e int, index K1(b, c, d))`，其中属性列 a 为主键，同时在属性列 (b, c, e) 上创建了多列索引 K1，索引 K1 采用回表结构。基于该表结构回答以下问题：

1）查询谓词"`b=1 and c=4 and d>7 and e>9`"的索引访问路径集；

2）查询谓词"`b=2 and c<=4 and c>=1 and d=5`"的索引访问路径集；

3）查询谓词"`b=1 and c>4 and d>7 or b=2 and c<5`"的索引访问路径集；

4）查询谓词"`a>1 and a<=4 and d>7 and e>9`"的索引访问路径集；

5）查询谓词"`b=1 and c<=4 or d>7 and e>9`"的索引访问路径集；

6）查询谓词"`b=1 and c in (2, 3) and d>7`"的索引访问路径集。

参考文献

[1] 冯雷，姚延栋，高小明，等 . Greenplum：从大数据战略到实现 [M]. 北京：机械工业出版社，2019.

[2] 莫利纳，等 . 数据库系统实现 [M]. 杨冬青，吴愈青，包小源，等译 . 北京：机械工业出版社，2010.

[3] 杨传辉 . 大规模分布式存储系统：原理解析与架构实战 [M]. 北京：机械工业出版社，2014.

[4] AFRATI F, ULLMAN J. Optimizing joins in a map-reduce environment[C]//Proc. of EDBT2010. Lausanne: ACM, 2010, 99-110.

[5] AHO A V, ULLMAN J D, Hopcroft J E. Data structures and algorithms[M]. New York : Springer, 1984.

[6] BERNSTEIN P A, GOODMAN N. Concurrency Control in Distributed Database Systems[J]. ACM Computing Surveys, 1981, 13(2): 185-222.

[7] BACON D F, BALES N, Bruno N, et al. Dale Woodford: Spanner: Becoming a SQL System[C]//Proc. of SIGMOD. New York: ACM, 2017: 331-343.

[8] Cloud Spanner [EB/OL]. https://cloud.google.com/spanner.

[9] DEWITT D J, GRAY J. Parallel database systems: The future of high performance database systems. Commun[J]. ACM, 1992, 35(6): 85-98.

[10] EPSTEIN R, STONEBRAKER M, WONG E. Distributed query processing in a relational database system[R]. ACM Special Interest Group on Management of Data, 1978: 169-180.

[11] PIATETSKY-SHAPIRO G, CONNELL C. Accurate estimation of the number of tuples satisfying a condition[C]//Proc. of SIGMOD. New York: ACM, 1984: 256-276.

[12] IHbase[EB/OL]. http://github.com/ykulbak/ihbase.

[13] ITHbase[EB/OL]. https://github.com/hbase-trx/hbase-transactional-tableindexed.

[14] LOHMAN G M, DANIELS D, HAAS L M, Kistler R, Selinger P G. Optimization of Nested Queries in a Distributed Relational Database[J]. PVLDB, 1984: 403-415.

[15] MELNIK S, GUBAREV A, LONG J, et al. Dremel: Interactive Analysis of WebScale Datasets[J]. PVLDB , 2010: 330-339.

[16] Oracle Coherence[EB/OL]. http://www.oracle.com/technetwork/middleware/coherence / overview/index.html.

[17] SELINGER P G, ASTRAHAN M M, CHAMBERLIN D D, et al. Access Path Selection in a Relational Database Management System [C]//Proc. of SIGMOD. New York: ACM, 1979: 23-34.

[18] STONEBRAKER M, WOMG E, KREPS P. The Design and Implementation of INGRES [J]. ACM Transactions on Database System, 1976,l(3): 189-222.

[19] STONEBRAKER M. The design and implementation of distributed INGRES[R]. The INGRES Papers: Anatomy of a Relational Database System, 1986: 187-196.

[20] VERNICA R, CAREY M J, LI C. Efficient Parallel Set-Similarity Joins Using MapReduce[C]//Proc. of SIGMOD. New York: ACM, 2010, 495-506.

[21] WONG E, YOUSSEFI K. Decomposition-A Strategy for Query Processing[J]. ACM Transactions on Database Systems, 1976,1(3): 223-241.

[22] YAO S B. Approximating block accesses in database organizations[J]. Commun. ACM 20, 1977,20(4):260-261.

[23] YOUSSEFI K. Query Processing for a Relational Database System[D]. University of California, Berkeley, 1978.

[24] ZAHARIA M, CHOWDHURY M, FRANKLIN M J, et al. Spark: Cluster computing with working sets[C]//Proc. of the 2nd USENIX Conference on Hot Topics in Cloud Computing. CA: USENIX, 2010: 1-8.

[25] ZAHARIA M, CHOWDHURY M, DAS T, et al. Resilient distributed datasets: a fault-tolerant abstraction for in-memory cluster computing[C]//Proc.of the 9th USENIX conference on Networked Systems Design and Implementation (NSDI'12). CA: USENIX, 2012.

第**7**章

分布式事务管理

　　事务是指一系列数据库操作，是保证数据库正确性的基本逻辑单元。在分布式数据库系统中，分布式事务在外部特征上继承了传统事务的定义，同时由于其分布特性而具有自身独特的执行方式。分布式事务管理的目的在于保证事务的正确执行及执行结果的有效性，主要解决系统可靠性、事务并发控制及系统资源的有效利用等问题。在实现上，需要通过一整套的方法与技术，来维护分布式事务的性质和分布式数据库的一致性和完整性，并采用适当的策略，来保证系统的可靠性和可用性。本章将介绍分布式事务的概念、特性及模型，然后分别讨论分布式事务、分布式事务管理的实现及其实现中采用的协议，最后讨论大数据库的事务管理问题。

7.1　事务的基本概念

　　在讨论分布式事务之前，首先回顾一下集中式数据库管理系统中事务的基本概念及事务的性质。

7.1.1　事务的定义

　　在集中式数据库管理系统中，任何数据库应用最终将被转换为一系列对数据库进行存取的操作序列。最基本的操作包括读操作和写操作两种。为了保证数据库的正确性及操作的有效性，我们将数据库应用中的全部或部分操作序列的执行定义为事务，这些操作要么全做，要么全不做，是一个不可分割的工作单位。更准确地说，事务是由若干个为完成某一任务而逻辑相关的操作组成的操作序列，是保证数据库正确性的基本逻辑单元。例如，在关系数据库中，事务可以是一条 SQL 语句、多条 SQL 语句或整个程序。一般来说，一个数据库应用包含多个事务。

　　在执行一个事务前，需要对事务进行定义并加以声明，事务的声明有两种方式：显式声明和隐式声明。显式声明是指在程序中用事务命令显式地划分事务；如果程序中没有显式地定义事务，则由系统按默认规定自动地划分事务，这种声明方式被称为事务的隐式声明。

　　事务的基本模型如图 7.1 所示。一个事务由开始标识（begin_transaction）、数据库操作和结束标识（commit 或 abort）三部分组成。其中，事务有两种结束方式，commit 表示提交，即成功完成事务中的所有数据库操作；abort 表示废弃，即在事务执行过程中发生了某种故障，使得事务中的操作不能继续执行，系统需要将该事务中已完成的操作全部撤销，具体定义如下。

图 7.1 事务的基本模型

- 提交（commit）：将事务所做的操作结果永久化，使数据库状况从事务执行前的状态改变到事务执行后的状态。
- 废弃（abort）：把事务所做的操作全部作废，使数据库保持事务执行前的状态。

对应于事务的组成部分，在 SQL 中，事务的执行命令有三种类型：

- 事务开始命令 begin_transaction：说明事务的开始。
- 事务提交命令 commit_transaction：保留事务执行后的结果。
- 事务废弃命令 abort_transaction：事务取消，使数据库保持事务执行前的状态。

为了便于读者更好地理解事务的概念，下面通过具体例子来说明一个事务。

例 7.1 航班订票系统。设航班订票数据库中有航班信息表 FLIGHT(Fno，Date，Src，Dest，StSold，Capacity) 和顾客订座表 FC(Fno，Date，Cname，Special)。其中，Fno 为航班号，Date 为航班日期，Src 为出发地，Dest 为目的地，StSold 为卖出席位数，Capacity 为座席数；Cname 为客户姓名，Special 为客户信息。

则订票事务可描述如下：

```
begin_transaction reservation   /* 事务开始 */
    input (Flight_no,Cdate,Customer_name);   /* 输入预订信息 */
    EXEC SQL SELECT StSold,Capacity   /* 查询预订航班的卖出席位数和坐席数 */
        INTO temp1,temp2
        FROM FLIGHT
        WHERE Fno= Flight_no AND Date= Cdate;
    If temp1==temp2 then   /* 若无空座 */
        Output("no free seats");
        Abort;   /* 事务废弃 */
    Else
        EXEC SQL UPDATE FLIGHT   /* 更新航班信息表 */
            SET StSold= StSold+1
            WHERE Fno= Flight_no AND Date= Cdate;
        EXEC SQL INSERT   /* 更新顾客订座表 */
            INTO FC(Fno,Date,Cname,Special)
            VALUES (Flight_no,Cdate,Customer_name,null);
        Commit;   /* 事务提交 */
        Output("reservation complete");
    Endif
End;
```

在这段程序中，若产生无空座的情况，应用程序可以发现并执行事务废弃命令，使数据库保持该事务执行前的状态；否则，将航班信息表中所订航班的卖出席位数加 1，并在顾客订座表中插入一条新的订票记录。简言之，订票事务的处理逻辑如下：

- 步骤 1：读 FLIGHT 表中的 StSold、Capacity 信息。

- 步骤 2：写 FLIGHT 表中的 StSold 信息。
- 步骤 3：写 FC 记录。

我们将上面的订票事务进行变形，进一步理解订票事务内的具体操作。具体描述如下：

```
B: begin_transaction reservation   /* 事务开始 */
R1:     input (Flight_no,Cdate,Customer_name);   /* 读取预订信息 */
R2:     temp←read(FLIGHT(Flight_no,Cdate). StSold); /* 读取卖出席位数 */
        If temp==FLIGHT(Flight_no,Cdate). Capacity then
            Output("no free seats");
A:          Abort;   /* 事务废弃 */
        Else
W1:         Write (FLIGHT(Flight_no,Cdate). StSold,temp+1);   /* 更新航班信息表 */
W2:         Insert (FC,fc);   /* 更新顾客订座表 */
W3:         Write(FC.Fno,Flight_no);
W4:         Write(FC. Date,Cdate);
W5:         Write(FC. Cname,Customer_name);
W6:         Write(FC. Special,null);
C:          Commit;   /* 事务提交 */
            Output("reservation  complete");
    End;
```

通过上面事务的具体描述，可得到订票事务的偏序集 T（如图 7.2 所示）。该事务是由一系列对数据库的操作（包括读操作和写操作）组成的操作集，这些操作要么全做，要么全不做。事务提交意味该事务正常操作完成，订票成功；否则事务操作失败，系统需要将已执行的数据库操作全部撤销，使数据库回滚到该订票事务执行前的状态，好像此次订票从未发生过一样。

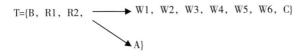

T={B, R1, R2, ⟶ W1，W2，W3，W4，W5，W6，C}

⟶ A}

B：事务开始；R：读操作；W：写操作；A：事务废弃；C：事务提交

图 7.2　订票事务的偏序集 T

7.1.2　事务的基本性质

事务是对数据库的一个操作序列，是保证数据库正确的最小运行单位。事务具有 4 个特性：原子性（Atomicity）、一致性（Consistency）、隔离性（Isolation）和耐久性（Durability）。

1. 原子性

事务的原子性主要体现在：事务所包含的操作要么全部完成，要么什么也没做。也就是说，事务的操纵序列或者完全被应用到数据库中或者完全不影响数据库。

由于输入错误、系统过载、死锁等导致的事务废弃而需要进行的原子性维护处理，称为事务恢复。由于系统崩溃（死机、掉电）而导致事务废弃或提交结果的丢失而进行的原子性维护处理，称为故障恢复。对于废弃的事务，必须将事务恢复到执行前的状态，这种恢复处理称为反做（UNDO）。而对于提交结果丢失的事务，必须将事务恢复到执行后的状态，这种恢复处理称为重做（REDO）。有关事务恢复和故障恢复等内容将在第8章进行详细介绍。

2. 一致性

假如数据库的状态满足所有的完整性约束，则称该数据库是一致的。事务的一致性是指：事务执行的结果必须是使数据库从一个一致性状态变换到另一个一致性状态，而不会停留在某种不一致的中间状态上（如图7.3所示）。也就是说，无论是事务执行前还是执行后，数据库的状态均为一致性的状态，处于这种状态的数据库被认为是正确的。然而，如果事务由于故障其执行被中断，则它对数据库所做的修改可能有一部分已写入数据库，这时数据库将处于一种不一致的状态。为保证数据库中数据的语义正确性，部分结果必须被反做。由此可见，事务的一致性与原子性是密切相关的。

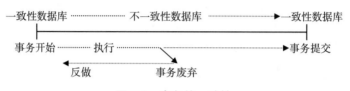

图7.3　事务的一致性

在例7.1中，订票事务执行后数据库的状态只存在两种情况：一种情况是订票事务中的所有操作均被成功执行，使数据库转换为订票后的状态；另一种情况是由于某种故障使得事务的执行被迫中断，则系统需要撤销订票事务中已执行的操作，也就是对部分结果进行反做，使数据库恢复到订票事务执行前的状态。在这两种情况下，数据库的状态均为正确的状态，体现了事务操作的一致性。

3. 隔离性

当多个事务的操作交叉执行时，若不加控制，一个事务的操作及所使用的数据可能会对其他事务造成影响。事务的隔离性是指：一个事务的执行既不能被其他事务所干扰，也不能干扰其他事务。具体来讲，一个没有结束的事务在提交之前不允许将其结果暴露给其他事务。这是因为未提交的事务有可能在以后的执行中被强行废弃，因此，当前结果不一定是最终结果，而是一个无效的数据。若存在其他事务使用了这种无效的数据，则这些事务同样也要进行废弃。这种因一个事务的废弃而导致其他事务被牵连地进行废弃的情况称为"级联废弃"。

例如：事务 T_1 的操作序列为 {R1(X)，R2(Y)，W1(X)}，事务 T_2 的操作序列为 {R2(X)，W2(X)}，T_1 与 T_2 的操作交叉运行，设执行过程为 {R1(X)，R2(Y)，W1(X)，R2(X)，W2(X)}。在执行中，T_2 引用了没提交的事务 T_1 的结果 X，则当 T_1 提交失败时，事务 T_1 需反做，由于"级联废弃"，T_2 也必须反做（如图7.4所示）。然而，如果事务 T_1 的操作及使用的数据对 T_2 是隔离的，也就是当事务 T_1 提交后，其结果再提交给 T_2，那么就不会出现级联废弃问题了。

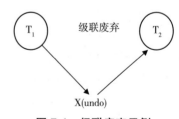

图7.4　级联废弃示例

4. 耐久性

事务的耐久性体现在：当一个事务提交后，系统保证该事务的结果不会因以后的故障而丢失。也就是说，事务一旦被提交，它对数据库的更改将是永久性的。即使发生了故障，系统应具备有效的恢复能力，将已提交事务的操作结果恢复过来，即进行重做（REDO）处理，使这些事务的执行结果不受任何影响。

人们常把事务的原子性、一致性、隔离性和耐久性 4 个特性简称为 ACID 特性。这 4 条性质起到了保证事务操作的正确性、维护数据库的一致性及完整性的作用。

7.1.3　事务的种类

按照组成结构的不同，可以将事务划分为两类：平面（flat）事务和嵌套（nest）事务。

1. 平面事务

平面事务是指每个事务都与系统中其他事务相分离，并独立于其他事务。平面事务是用 begin 和 end 括起来的自治执行方式，其结构如图 7.5 所示。

2. 嵌套事务

嵌套事务是指一个事务的执行包括另一个事务。其中，内部事务称为外部事务的子事务，外部事务称为子事务的父事务。嵌套事务的结构如图 7.6 所示。

图 7.5　平面事务的结构

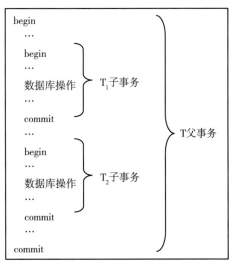

图 7.6　嵌套事务的结构

在图 7.6 中，若 T_1、T_2 欲提交，则必须等待 T 提交。这也称事务提交依赖性（commit_dependency）。除事务提交依赖性外，还有废弃依赖性（abort_dependency）。具体定义如下：

- 提交依赖性：子事务提交，必须等待父事务提交。
- 废弃依赖性：父事务废弃，则子事务必须废弃。

7.2　分布式事务

与集中式数据库管理系统中的事务一样，分布式事务同样由一组操作序列组成，只是二者的执行方式有所不同，前者的操作只集中在一个场地上执行，而后者的操作则分布在多个场地上执行。本节将针对分布式事务的定义、实现模型及管理目标进行介绍。

7.2.1　分布式事务的定义

在分布式数据库系统中，任何一个应用的请求最终都将转化成对数据库的存取操作序列，该操作序列可定义为一个或几个事务。所以，分布式事务是指分布式数据库应用中的事务，也称为全局事务。由于分布式系统的特性，一个分布式事务在执行时将被分解为若干个场地上独立执行的操作序列，称为子事务。子事务也可定义为：一个分布式事务在某个场地上操作的集合。从外部特征来看，分布式事务是典型的嵌套型事务。

分布式事务继承了集中式数据库管理系统中事务的特性，同样具有 ACID 4 个特性。同时，由于分布式数据库系统的分布特性，使得分布式事务的 ACID 特性更带有分布执行时的特性。例如，为了保证分布式事务的原子性，必须保证组成该事务的所有子事务要么全部提交，要么全部撤销。不允许出现有些场地上的子事务提交而有些场地上的子事务撤销的情况发生。因此，在事务执行过程中，分布式事务要比集中式事务更加复杂，因为分布式事务除了要保证各个子事务的 ACID 特性外，还需要对这些子事务进行协调，决定事务的提交与撤销，以保证全局事务的 ACID 特性。另外，在分布式事务中，除了要考虑对数据的存取操作序列之外，还需要涉及大量的通信原语和控制报文。通信原语负责在进程间进行数据传送，控制报文负责协调各子事务的操作。

7.2.2　分布式事务的实现模型

从分布式事务的定义来看，分布式事务是一个应用任务中的操作序列，是用户对数据库存取操作集合的最小执行单位。一个分布式事务在执行时将被分解为多个场地上的子事务执行。也就是说，一个分布式事务所要完成的任务是由分布于各个场地上的子事务相互协调合作完成的。为完成各个场地的子事务，有两种实现模型，即进程模型和服务器模型。

1. 进程模型

进程模型是一种比较常见的分布式事务的实现模型，其特点是全局事务必须为每一个子事务在相应的场地上创建一个代理者进程（也称局部进程或子代理进程），用来执行该场地上的有关操作。同时，为协调各子事务的操作，全局事务还要启动一个协调者进程（也称根代理进程），来进行代理者进程间的通信，控制和协调各代理者进程的操作。

发出分布式事务的场地称为该事务的源场地。在源场地上，每个事务有一个根代理进程，负责创建、启动和协调其他进程。当用户提出一个应用请求时，通常由根代理进程在请求的源场地上创建并启动该事务。同时，为完成事务的操作，在各个执行场地上还要有一个子代理进程，负责接收根代理进程发给它的命令并创建和执行相应的子事务。相应地，将根代理定义为协调者进程的执行者，将子代理定义为代理者进程的执行者。

　　分布式事务的进程模型如图 7.7 所示，每个事务由一个根代理进程和若干个子代理进程组成。子代理完成各场地上的子事务，根代理负责创建、启动和协调其他进程，以完成全局事务的操作。为了保证全局数据库的一致性，通常分布式事务的进程模型需要满足以下规定：

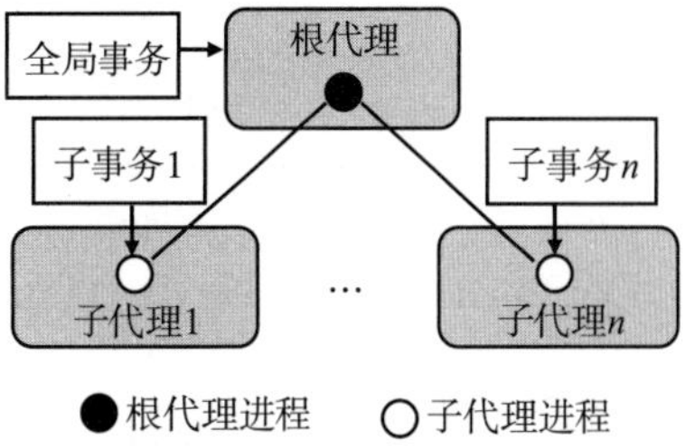

图 7.7　分布式事务的进程模型

- 每个应用均有一个根代理，只有根代理才能执行全局事务的开始、提交或废弃等命令；
- 只有根代理才可以请求创建新的子代理；
- 只有当各个子事务均被成功提交后，根代理才能决定在全局上提交该事务，否则根代理将决定废弃该事务。

下面通过具体的例子来介绍分布式事务的进程模型。

例 7.2　实现两个银行账户间的转账操作的分布式事务。

　　设有一银行账户关系 ACCOUNT{Acc_No，Amount}，该关系用于存放某银行账户的金额，其中 Acc_No、Amount 分别为账号和金额。要求实现：完成从贷方账号（from_acc）到借方账号（to_acc）的转账操作，转账金额为 transfer_amount。

　　假设：贷方账户和借方的账目分别存在不同场地上。其全局程序为：

```
begin_transaction
    input (transfer_amount,from_acc,to_acc);
    EXEC SQL SELECT Amount
        INTO temp
        FROM ACCOUNT
        WHERE Acc_No=from_acc;
    If temp< transfer_amount then
        Output("transfer failure");
        Abort;
    Else
        EXEC SQL UPDATE ACCOUNT
            SET Amount=Amount- transfer_amount
            WHERE Acc_No=from_acc;
        EXEC SQL UPDATE ACCOUNT
            SET Amount=Amount+ transfer_amount
            WHERE Acc_No=to_acc;
        Commit;
        Output("transfer complete");
end
```

　　在这段程序中，由于贷方和借方的账目分别存放于不同的场地上，因此，要想实现借贷双方的转账操作，需要涉及两个不同场地上的操作。相应地，整个账户转账应用被分为两个进程（根代理进程和子代理进程），其操作分别由根代理和子代理相互协作而共同完成。具体操作如下。

- 根代理（ROOT）：

```
begin_transaction;
    input (transfer_amount,from_acc,to_acc);
    EXEC SQL SELECT Amount
        INTO temp
        FROM ACCOUNT
        WHERE Acc_No=from_acc;
    If temp< transfer_amount then
        Output("transfer failure");
        Abort;
    Else
        EXEC SQL UPDATE ACCOUNT
            SET Amount=Amount- transfer_amount
            WHERE Acc_No=from_acc;
        Create AGENT1;
        Send (agent1,transfer_amount,to_acc);
        Commit;
End
```

- 子代理（AGENT1）：

```
Receive (ROOT, transfer_amount, to_acc);
EXEC SQL UPDATE ACCOUNT
        SET Amount=Amount+ transfer_amount
        WHERE Acc_No=to_acc;
```

其中，贷方账目存放在根代理所在的场地上，由根代理进程完成贷款处理。根代理首先检查贷方转账后余额是否不足，若发现不足，则废弃该子事务，撤销已做的修改，恢复数据库到正确状态；否则，根代理将贷方账户的余额更新为转账后的值，创建子代理 AGENT1，并将参数传给 AGENT1。当子代理成功执行后，根代理提交该全局事务，转账成功。借方账目存放在子代理所在的场地上，由子代理负责完成借款处理。当子代理接收到根代理发送给它的命令后，即执行更新操作，修改借方的余额。

从上述过程可以看出，根代理负责全局事务的启动、提交或终止处理。若子代理发生故障而没有被成功完成，根代理则不产生任何效果，即贷款账目或借款账目均保持转账前的状态。

2. 服务器模型

分布式事务的服务器模型如图 7.8 所示，该模型要求在事务的每个执行场地上创建一个服务器进程，用于执行发生在该场地上的所有子事务。首先，全局事务通过服务请求，申请服务器进程为其服务；然后，在每个场地上由相应的服务器进程代表全局应用来执行子事务中的操作。这样，对于一个全局应用，协调者进程生成一个根代理，负责执行全局事务程序；在各局部服务的进程里，生成一个子代理，负责执行子事务程序。最终，子代理由各个服务器进程相互协作共同完成一个全局应用。

在分布式事务的服务器模型中，每个服务器进程可以交替地为多个子事务服务。也就是说，如果不同全局事务中的子事务在同一个场地执行，那么它们可以共用一个服务器进程。同进程模型相比，服务器模型减少了进程的创建与切换所带来的开销，但同时也降低了数据的分布处理能力。

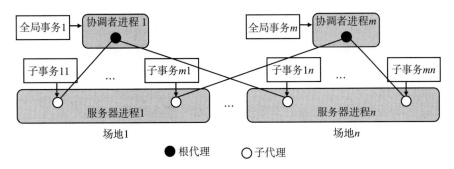

图 7.8 分布式事务的服务器模型

7.2.3 分布式事务管理的目标

分布式事务管理的目标是使事务的执行具有较高的执行效率，具有较高的可靠性和并发性。然而，这三个目标虽然密切相关，但往往不能同时达到，例如要想达到较高的可靠性通常是以牺牲事务的执行效率和并发性作为代价的。为了进一步明确分布式事务管理的目标，首先需要确定影响分布式事务执行效率的因素。对于分布式事务的执行效率，除了数据特性以外，其执行效率还与 CPU 和内存利用率、控制报文开销、分布执行计划和系统可用性等因素相关。

1. CPU 和内存利用率

由于数据存取是数据库应用中最主要的操作，因此由数据存取所造成的 I/O 代价是影响数据库执行效率的主要因素。然而，当系统中的应用程序数量达到一定规模后，系统需要耗费大量的代价用于进程的调进、调出及数据切换。这时，除了 I/O 速度之外，CPU 和内存利用率也可能成为系统的瓶颈。为此，分布式事务管理应针对各种应用的特征，采取优化调度策略来降低系统运行开销。

2. 控制报文开销

数据报文用来描述数据本身的特征，而在分布式数据库系统中，除了数据报文外，还需要控制报文。这是因为除了数据存取操作外，分布式事务管理还需要对各子事务的操作进行协调，这就需要在各子事务间传输大量的控制报文。控制报文的长度越长、数量越多，系统需要耗费的传输代价及 CPU 代价就越大。因此，减少控制报文的长度及数量是分布式事务管理的一个重要目标。

3. 分布执行计划

由于分布式事务管理是在分布的环境下进行的，需要在各个场地之间传输其执行状态、操作数据、操作命令等信息，因此，同集中式事务相比，分布式事务的执行过程还需要相当大的通信开销。为了减少这一开销，分布式事务管理需要合理地规划每一个子事务的执行过程，以提高其响应速度。

4. 系统可用性

在分布式事务管理中，还要考虑系统的可用性问题。所谓可用性是指：当系统中的某一场地或局部场地发生故障时，系统依然能够保证其未发生故障的部分能够正常运行，而不致发生系统全面瘫痪。因此，当系统发生故障时，如何保证系统具有较高的可用性成为分布式事务管理的重要目标之一。

基于上述影响因素可知，分布式事务管理的目标主要体现在以下几方面：

- 维护分布式事务的 ACID 性质；
- 提高系统的性能，包括 CPU、内存等的系统资源的使用效率和数据资源的使用效率，尽量减少控制报文的长度及传送次数，加快事务的响应速度，降低系统运行开销；
- 提高系统可靠性和可用性，当系统的一部分或者局部发生故障时，系统仍能正常运转，而不是整个系统瘫痪。

7.3 分布式事务的提交协议

事务的原子性是维护数据库状态一致的最基本的特性。同集中式数据库系统中的事务模型一样，为维护分布式事务的原子性，要求分布式事务的管理程序具有实现全局原语（begin_transaction、commit、abort）的能力。而全局原语的执行又依赖于在各场地上执行的一系列的相应操作，即由全局事务分解的各个子事务或局部操作。只有当各局部操作正确执行后，全局事务才可以提交。当发生故障要废弃全局事务时，所有局部操作也应被废弃。因此，所有子事务均被正确提交是分布式事务提交的前提。为实现分布式事务的提交，普遍采用两段提交（2-Phase-Commit）协议，简称 2PC 协议。

本节主要介绍两段提交协议的基本概念及基本思想，有关两段提交协议的具体分类将在 7.5 节加以介绍。

7.3.1 协调者和参与者

依据前文的介绍，一个分布式事务在执行时将被分解为多个场地上的子事务执行。为完成各个场地的子事务，全局事务必须为每一子事务在相应的场地上创建一个代理者进程，也称局部进程或子进程。同时，为协调各子事务的操作，全局事务还要启动一个协调者进程，来控制和协调各代理者间的操作。为进一步理解两段提交协议，我们先了解一下协调者和参与者这两个概念。具体定义如下：

- **协调者**：在事务的各个代理中指定的一个特殊代理（也称根代理），负责决定所有子事务的提交或废弃。
- **参与者**：除协调者之外的其他代理（也称子代理），负责各个子事务的提交或废弃。

协调者和参与者是两段提交协议所涉及的两类重要角色，在分布式事务的执行过程中分别承担着不同的任务。协调者是协调者进程的执行方，掌握全局事务提交或废弃的决定权；而参与者是代理者进程的执行方，负责在其本地数据库执行数据存取操作，并向协调者提出子事务提交或废弃的意向。

一般来说，一个场地唯一地对应一个子事务，协调者与参与者在不同的场地上执行。特殊情况下，若协调者与参与者对应于相同的场地，则二者的通信可以在本地进行，而不需要借助于网络完成。为了不失一般性，在这种情况下仍在逻辑上认为协调者与参与者处于不同的场地上来进行处理。

要想在全局上实现事务的正确运行，系统需要在协调者和参与者之间传输大量的操作命令（如提交或废弃）及应答等信息。协调者和参与者之间的关系如图 7.9 所示。协调者和每个参与者均拥有一个本地日志文件，用来记录各自的执行过程。无论是协调者还是参与者，他们在进行操作前都必须将该操作记录到相应的日志文件中，以进行事务故障恢复和系统故障恢复。一方面，协调者可以向参与者发送命令，使各个参与者在协调者的领导下以统一的形式执行命令；另一方面，各个参与者可以将自身的执行状态以应答的形式反馈给协调者，由协调者收集并分析这些应答以决定下一步的操作。

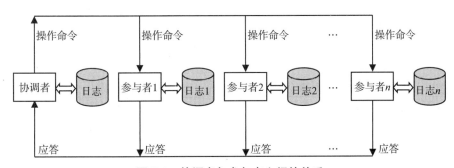

图 7.9　协调者与参与者之间的关系

7.3.2　两段提交协议的基本思想

下面，我们给出两段提交协议的定义。两段提交协议是为了实现分布式事务提交而采用的协议，其基本思想是把全局事务的提交分为如下两个阶段。

1. 决定阶段

由协调者向各个参与者发出"预提交"（Prepare）命令，然后等待回答，若所有的参与者返回"准备提交"（Ready）应答，则该事务满足提交条件。如果至少有一个子事务返回"准备废弃"（Abort）应答，则该事务不能提交。

2. 执行阶段

在事务具备提交条件的情况下，协调者向各个参与者发出"提交"（Commit）命令，各个参与者执行提交。否则，协调者向各个参与者发出"废弃"（Abort）命令，各个参与者执行废弃，取消对数据库的修改。无论是"提交"还是"废弃"，各个参与者执行完毕后都要向协调者返回"确认"（Ack）应答，通知协调者事务执行结束。

两段提交协议也可用图 7.10 直观显示。从两段提交协议的定义可以看出，决定阶段可以被理解为事务执行的谋划阶段，谋划者就是协调者，由协调者根据各子事务当前的执行情况做出全局决定（全局提交或全局废弃）；而执行阶段可以被理解为针对全局决定的具体实施阶段，实施者是各个参与者，由参与者按照全局决定来提交或废弃其管理的子事务，并向协调者发送确认信息。

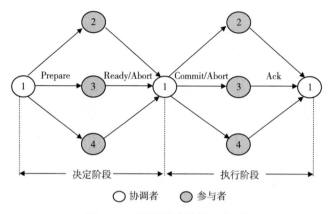

图 7.10 两段提交协议示意图

两段提交协议保证了分布式事务执行的原子性，这是由于全局事务的最终提交是建立在所有子事务均可以被正常提交的基础上的。而子事务能否被正常提交是协调者通过收集参与者的应答来进行判断的。当存在某个子事务还没有准备好提交时（例如某子事务正在等待读取一个被其他事务更新的数据），那么负责该子事务的参与者就不允许将其立即提交，从而导致全局事务也不能被立即提交，以保证数据库中数据的正确性。因此，两段提交协议是十分必要的。

7.3.3 两段提交协议的基本流程

两段提交协议的基本流程如图 7.11 所示，具体步骤如下。

1）协调者在征求各参与者的意见之前，首先要在它的日志文件中写入一条"开始提交"（Begin_commit）的记录。然后，协调者向所有参与者发送"预提交"（Prepare）命令，此时协调者进入等待状态，等待收集各参与者的应答。

2）各个参与者接收到"预提交"（Prepare）命令后，根据情况判断其子事务是否已准备好提交。若可以提交，则在参与者的日志文件中写入一条"准备提交"（Ready）的记录，并将"准备提交"（Ready）的应答发送给协调者；否则，在参与者的日志文件中写入一条"准备废弃"（Abort）的记录，并将"准备废弃"（Abort）的应答发送给协调者。发送应答后，参与者将进入等待状态，等待协调者所做出的最终决定。

3）协调者收集各参与者发来的应答，判断是否存在某个参与者发来"准备废弃"的应答，若存在，则采取两段提交协议的"一票否决制"，在其日志文件中写入一条"决定废弃"（Abort）的记录，并发送"全局废弃"（Abort）命令给各个参与者；否则，在其日志文件中写入一条"决定提交"（Commit）的记录，向所有参与者发送"全局提交"（Commit）命令。此时，协调者再次进入等待状态，等待收集各参与者的确认信息。

4）各个参与者接收到协调者发来的命令后，判断该命令类型，若为"全局提交"命令，则在其日志文件中写入一条"提交"（Commit）的记录，并对子事务实施提交；否则，参与者在其日志文件中写入一条"废弃"（Abort）的记录，并对子事务实施废弃。实施完毕后，各个参与者要向协调者发送确认信息（Ack）。

5）当协调者接收到所有参与者发送的确认信息后，在其日志文件中写入"事务结束"（End_transaction）记录，全局事务终止。

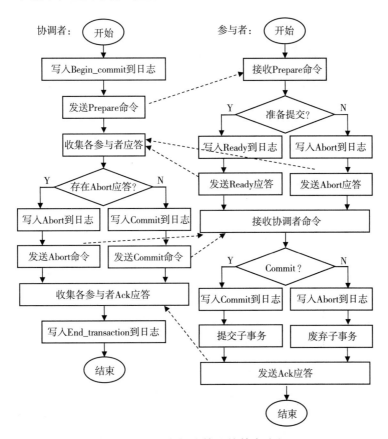

图 7.11　两段提交协议的基本流程

7.4　分布式事务管理的实现

在分布式数据库系统中，事务由若干个不同场地的子事务组合而成。因此，为了维护事务的特性，分布式事务管理不仅要将每个场地上的子事务考虑在内，而且要在全局上对整个分布式事务进行协调与维护。本节将围绕分布式事务执行的控制模型及分布式事务管理的实现模型进行介绍。

7.4.1 LTM 与 DTM

与集中式数据库系统中的事务管理不同，分布式事务管理在功能上分为两个层次：局部事务管理器（LTM）和分布式事务管理器（DTM）。如图 7.12 所示，局部事务管理器类似于集中式数据库系统中的事务管理器，用来管理各个场地的子事务，负责局部场地的故障恢复和并发控制；而对于整个分布式事务，由驻留在各个场地上的分布式事务管理器协同进行管理。由于各场地上的分布式事务管理器之间可以相互通信且目标一致，因此在逻辑上可以将这些分布式事务管理器看作一个整体。

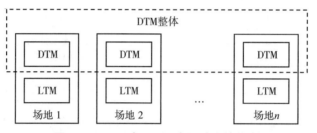

图 7.12 LTM 与 DTM 在场地中的分布

下面，我们将针对局部事务管理器和分布式事务管理器的功能及特点进行比较（如表 7.1 所示）。

表 7.1 局部事务管理器和分布式事务管理器的特点比较

比较项	局部事务管理器	分布式事务管理器
操作对象	子事务	分布式事务
操作范围	局限在某个场地内	事务所涉及的所有场地
实现目标	保证本地事务的特性	保证全局事务的特性
执行方式	接收命令，发送应答	发送命令，接收应答

首先，局部事务管理器将各个场地上的子事务作为操作对象；而分布式事务管理器的操作对象是整个分布式事务。其次，局部事务管理器的操作范围局限在某个场地内；而分布式事务管理器的操作范围是该事务所涉及的所有场地。另外，局部事务管理器要实现的目标是保证本地事务的特性；而分布式事务管理器的目的是保证全局事务的特性，特别是分布式事务的原子性。分布式事务管理器要保证每一场地的子事务要么都成功提交，要么都不执行。也就是说，所有局部事务管理器必须采取相同的事务执行策略（提交或废弃），使各个子事务遵循一致的决定。局部事务管理器负责接收分布式事务管理器发来的命令，记入日志后执行命令，并向分布式事务管理器发送应答；分布式事务管理器负责向局部事务管理器发送命令，通过接收应答对这些场地进行监控，以实现合理地调度和管理各个子事务。

7.4.2 分布式事务执行的控制模型

通过前文介绍可知，分布式事务管理器和局部事务管理器是分布式事务管理的两个重要组成部分。那么，如何使二者能够有效地进行协同工作，既保证本地事务的特性，也保证全局事务的特性呢？为此，需要针对分布式事务的执行过程建立控制模型，以实现分布式事务管理器与各个局部事务管理器之间的协作能够有条不紊地进行。在分布式数据库系统中，分布式事务执行的控制模型主要包括三种：主从控制模型、三角控制模型和层次控制模型。

1. 主从控制模型

分布式事务执行的主从控制模型如图 7.13 所示。在这种模型中，分布式事务管理器作为主控制器，而局部事务管理器作为从属控制器。分布式事务管理器通过向局部事务管理器发送命令和收集应答来对这些场地进行状态监控，并产生统一的命令供各个局部管理器执行。局部事务管理器根据分布式事务管理器的指示来执行本地的子事务，并将最终结果返回给分布式事务管理器。也就是说，分布式事务管理器与各个局部事务管理器之间采用这种一问一答的方式来控制需要同步的操作。需要强调的是，在分布式事务执行的主从控制模型中，事务间的通信只发生在分布式事务管理器与局部事务管理器之间，而局部事务管理器之间无通信。若局部事务管理器之间需要传递参数等信息，则必须经由分布式事务管理器转发来实现。

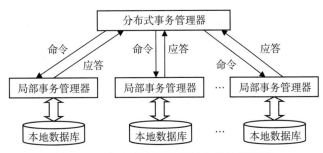

图 7.13　分布式事务执行的主从控制模型

2. 三角控制模型

分布式事务执行的三角控制模型如图 7.14 所示。这种模型与主从控制模型相类似，在分布式事务管理器与局部事务管理器之间可以传递命令和应答。三角控制模型与主从控制模型的差别是：局部事务管理器之间可以直接发送和接收数据，而不需要通过分布式事务管理器作为中介。因此，同主从控制模型相比，三角控制模型在一定程度上减少了不必要的通信代价，但同时也使分布式事务管理器与局部事务管理器之间的协作控制变得更加复杂。

3. 层次控制模型

分布式事务执行的层次控制模型如图 7.15 所示。在这种模型中，每个局部事务管理器本身可以具有双重角色，除了用来管理其本地的子事务外，局部事务管理器也可以兼职成为一个新的分布式事务管理器。局部事务管理器可以将其负责的子事务进一步分解，同时衍生出一系列下一层的局部事务管理器，每个分解部分由下一层的局部事务管理器负责执行。这时，局部事务管理器自身将成为一个分布式事务管理器，由其来控制下一层各个局部事务管理器的执行，向它们发送命令并接收应答。分布式事务执行的层次控制模型允许进行扩展设计，其层数可以随着任务量的增大而增加。可见，同前两种控制模型相比，层次控制模型在实现上更加复杂。

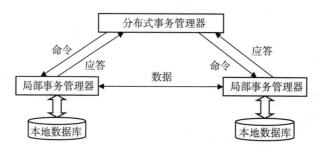

图 7.14 分布式事务执行的三角控制模型

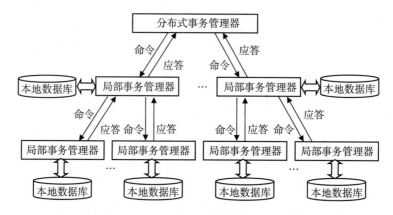

图 7.15 分布式事务执行的层次控制模型

7.4.3 分布式事务管理的实现模型

分布式事务管理的实现模型如图 7.16 所示，该模型自顶向下包含 3 个层次：代理层、分布事务管理器（DTM）层和局部事务管理器（LTM）层。

- 代理层：由一个根代理和若干个子代理组成，它们之间通过发送控制报文来协同工作。
- DTM 层：由驻留在各场地上的 DTM 组成，负责管理分布式事务，调度子事务的执行，保证分布式事务的原子性。
- LTM 层：由所有场地上的 LTM 组成，负责管理 DTM 交付的子事务的执行，保证子事务的原子性。

除此之外，在分布式事务管理的实现过程中，还需要一个全局事务管理器（GTM），负责处理全局事务调度及将全局事务划分为各个子事务等。

在分布式事务管理的实现模型中，层次间的通信涉及两种接口类型：根代理 _DTM 接口和 DTM_LTM 接口。其中，代理层与 DTM 层之间的通信是通过根代理 _DTM 接口实现的，根代理可以向 DTM 发送 begin_transaction、commit、abort 或 create 原语。需要注意的是，一般规定只有根代理才能与 DTM 层具有接口关系，而不允许子代理与 DTM 层直接进行通信。DTM 层与 LTM 层间的通信是通过 DTM_LTM 接口实现的，由 DTM 向 LTM 发送 local_begin、local_commit、local_abort 或 local_create 原语。下面给出这些原语的具体定义。

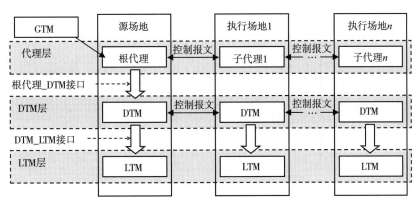

图 7.16 分布式事务管理的实现模型

- 根代理 _DTM 接口
  - begin_transaction：全局事务开始命令。
  - commit：全局事务提交命令。
  - abort：全局事务废弃命令。
  - create：全局创建子代理。
- DTM_LTM 接口
  - local_begin：局部事务开始命令。
  - local_commit：局部事务提交命令。
  - local_abort：局部事务废弃命令。
  - local_create：局部创建子代理。

基于分布式事务管理的实现模型，例 7.2 中银行账户转账事务的实现过程如图 7.17 所示。该事务的执行过程如下：

1）根代理通过根代理 _DTM 接口向本地的 DTM 发送 begin_transaction 命令，全局事务开始执行；

2）DTM 通过 DTM_LTM 接口向本地的 LTM 发送 local_begin 命令，启动局部事务执行，在局部事务执行前，LTM 要将当前局部事务信息写入日志；

3）根代理通过 create 原语创建子代理 agent1；

4）根代理的 DTM 通知子代理 agent1 所在场地的 DTM，子代理 agent1 所在场地的 DTM 向本地 LTM 发送 local_begin 命令，建立并启动局部事务进程；

5）在局部事务执行前，子代理 agent1 所在场地的 LTM 将当前局部事务信息写入日志；

6）子代理 agent1 所在场地的 LTM 通知并激活子代理 agent1 来执行子事务；

7）子代理 agent1 接收根代理发来的参数信息。

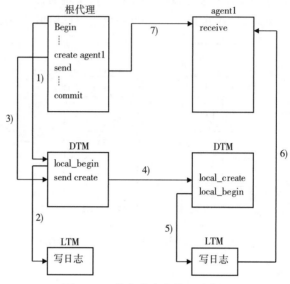

图 7.17　分布式事务管理实例

7.5　两段提交协议的实现方法

两段提交（2PC）协议是实现分布式事务正确提交而经常采用的协议。如 7.3 节所述，两段提交协议的基本思想是分布式事务的提交，当且仅当全部子事务均提交。如果有一个参与者不能提交其子事务，则所有局部子事务要全部终止。所谓"两段提交协议"中的"两段"是指将事务的提交过程分为两个阶段，即决定阶段和执行阶段。在 7.3 节中介绍了最基本的两段提交协议。下面按照各参与者之间的通信结构，可以将两段提交协议的实现方法分为集中式、分布式、分层式和线性四种。下面将针对这些不同种类的两段提交协议分别加以介绍。

7.5.1　集中式方法

前面 7.3 节中讨论的并在图 7.10 中描述的范例被称为集中式方法。在集中式方法的执行过程中，首先要确定一个协调者场地，通常由事务的发起者场地（源场地）充当，完成事务提交的初始化工作。所谓"集中式"是指事务间的通信只集中地发生于协调者与参与者之间，而参与者与参与者之间不允许直接通信。集中式方法实现简单，是经常采用的一种分布式事务提交协议实现方法。关于集中式方法的基本思想及流程描述，我们已经在 7.3 节介绍，本节将不做赘述。

从集中式方法的处理过程可以看出，假设参与者的数目为 N，场地间传输一个消息的平均时间为 T，则需要传递的消息总数为 $4N$，传输消息总用时为 $4T$。由此可见，对于集中式方法，消息传输代价随着参与者数目的增加而线性增长。

7.5.2 分布式方法

与集中式相对应，两段提交协议的另一种类型是分布式方法。所谓"分布式"是指事务的所有参与者同时也都是协调者，都可以决定事务的提交和废弃，提交过程是完全分布地完成。由事务的始发场地完成提交的初始化工作。

分布式方法的事务提交过程描述如下：首先，始发场地进行事务提交的初始化工作，初始化完毕后向所有参与者广播"预提交"命令。各个参与者收到"预提交"命令后，做出"准备提交"或"准备废弃"的决定，并向所有参与者发送"准备提交"或"准备废弃"的应答信息。然后，每一场地的参与者都根据其他参与者的应答独立地做出决定，若存在参与者发来"准备废弃"的应答，说明存在某个子事务不能正常结束，因此各个参与者要对其子事务进行废弃处理；否则，各个参与者提交其子事务。

分布式方法的通信结构如图 7.18 所示，其最大的特点是事务的提交过程只需要一个阶段，即决定阶段。这是因为，该协议允许所有参与者在决定阶段可以互相通信，使各个参与者均可以获悉其他参与者的当前状态（"准备提交"或"准备废弃"），因而它们可以独立地做出事务的终止决定，而不需要借助协调者统一向它们发送执行命令的第二阶段。

从分布式方法的处理过程可以看出，假设参与者的数目为 N，场地间传输一个消息的平均时间为 T，则需要传递的消息总数为

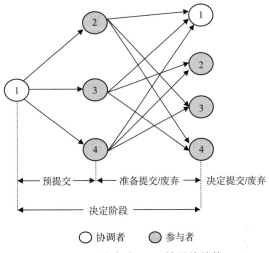

图 7.18 分布式 2PC 的通信结构

$N*$（$N+1$），传输消息总用时为 $2T$。由此可见，同集中式 2PC 相比，分布式方法的响应效率较高。但由于该种协议需要传送报文的数目较大，因而只适合传输代价较小的系统采用。

7.5.3 分层式方法

分层式 2PC 也称树状实现方法，这是因为在分层式方法中，协调者与参与者间的通信结构如同一棵树。其中，协调者所在场地称为树根，参与者构成树的中间节点或叶节点。在树形结构中，信息的流向有两种：一种流向是上层节点向下层节点发送"预提交"或"提交/废弃"命令，另一种流向是下层节点向上层节点发送"准备提交"或"确认"应答。从上层节点往下层节点发送命令的过程是：由根节点开始，将命令发送给下一层节点，再由下一层节点继续往下分发，直到叶子节点。从下层节点往上层结点发送应答的过程是：由叶子节点开始，将应答信息发送给父节点，当父节点收集了下层结点的全部应答信息后将应答继续向上层发送，直到根节点。

分层式方法的事务提交过程描述如下：协调者向其下层参与者节点发送"预提交"命令。各参与者收到"预提交"命令后，将该命令继续向下层节点发送，直到叶子节点。当各叶子节点收到"预提交"命令后，根据自身的状态来发送应答，若准备好提交，则向上层发"准备提交"的应答信息，否则发送"准备废弃"应答。当中间层某节点收到下层节点的应答后，将其自身的应答信息（"准备提交"或"准备废弃"）也加入当前所接收的应答中，并继续向上层结点发送，直到根节点。若根节点所接收的应答信息均是参与者的"准备提交"应答，则该事务满足提交条件。否则，不满足事务提交条件。接下来，根节点将根据参与者返回的应答信息决定向下层参与者发送"提交／废弃"命令。各层的参与者将按照协调者的决定进行提交或废弃，并向上层节点返回"确认"应答。

分层式方法的通信结构如图 7.19 所示，其特点是协调者与参与者间的通信并不采取广播的方式进行，而是借助于树形结构将报文在不同层次的节点间传送。可以将集中式方法看作分层式方法的一个特例，即对应于树形结构中只有根节点和叶子节点而无中间节点的情况。

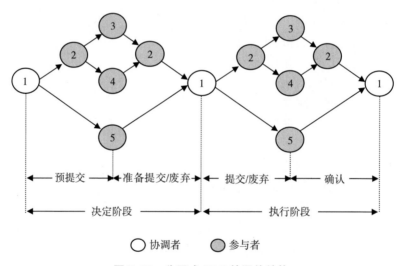

图 7.19　分层式 2PC 的通信结构

从分层式方法的处理过程可以看出，假设参与者的数目为 N，场地间传输一个消息的平均时间为 T，则需要传递的消息总数为 $4N$，传输消息总用时为 $4T \sim 2NT$。由此可见，同分布式方法相比，分层式 2PC 的报文传输数量较少，但响应效率相对较低。

7.5.4　线性方法

线性的 2PC 协议是另一种可供选择的分布式事务提交协议。在线性的 2PC 协议中，允许参与者之间相互通信，为了使通信过程能够按次序有条理地进行，需要由事务的始发场地构造一个线性有序的场地表。表中第一个场地为协调者场地，后续依次为第一个参与者场地，第二个参与者场地，直到第 n 个参与者场地。

　　线性方法的事务提交过程描述如下：事务的始发场地首先进入"预提交"状态，之后向场地表中下一个参与者场地发送"预提交"命令，若该场地准备好提交，则向前一场地发"准备提交"应答。同时自己成为当前场地，继续向下一场地发"预提交"命令，以此类推，直到最后一个场地。当最后参与者场地收到"预提交"命令，且也准备好提交时，此时最后参与者场地充当了协调者，自己首先进入提交状态，并向前一场地发送提交命令。前一场地收到提交命令后，执行提交，并向下一场地发送提交命令，以此类推，直到事务始发场地提交完成，全局事务提交完成。若场地表中任一场地收到"预提交"命令时，处于没准备好提交状态，则向前一场地发"准备废弃"应答，收到"准备废弃"应答的场地即可决定废弃事务，并向前一场地发"废弃"命令，直到事务原发场地，事务废弃完成。

　　线性方法的通信结构如图 7.20 所示，其特点是做出事务终止的决定是串行进行的，因此该协议的处理过程省略了一些中间状态。但当子事务的数量达到一定的规模后，信息传输需要耗费巨大代价，其执行效率明显降低。

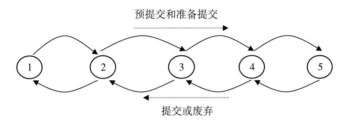

图 7.20　线性 2PC 的通信结构

　　从线性方法的处理过程可以看出，假设参与者的数目为 N，场地间传输一个消息的平均时间为 T，则需要传递的消息总数为 $3*(N-1)$，传输消息总用时为 $2*(N-1)*T$。由此可见，同其他类别的 2PC 相比，线性 2PC 的报文传输数量较少，但响应效率较低，适用于通信代价较高的系统。

7.6　非阻塞分布式事务提交协议

　　在前文介绍的两段提交协议中，若参与者收到了协调者发送的"提交"命令时，说明其他所有参与者均已向协调者发送了"准备提交"的应答，则参与者可以提交其子事务。但是，如果在两段提交协议执行的过程中出现协调者故障或网络故障，使得参与者不能及时收到协调者发送的"提交"命令时，那么参与者将处于等待状态，直到获得所需的信息后才可以做出决定。在故障恢复前，参与者的行为始终停留不前，子事务所占有的系统资源也不能被释放，这时我们称事务进入了阻塞状态。若参与者一直收不到协调者的命令，则事务将始终处于阻塞状态而挂在相应的执行场地上，所占用的系统资源也不能被其他事务利用。由此可见，这种事务阻塞降低了系统的可靠性和可用性。

　　那么如何改进两段提交协议，使其成为非阻塞的分布式事务提交协议呢？为此，一种改进的分布式事务提交协议——三段提交（3PC）协议被提出，它在一定程度上减少了事务阻塞的发生，提高了系统的可靠性和可用性。本节将重点介绍三段提交协议的基本思想和流程，而对于其故障恢复策略将在第 8 章详细介绍。

7.6.1 三段提交协议的基本思想

三段提交协议是为了减少分布式事务提交过程中事务阻塞的发生而提出的，其基本思想是把全局事务的提交分为三个阶段。在两段提交协议中，如果参与者已获悉其他所有参与者均已向协调者发送了"准备提交"的应答时，则参与者可以提交其子事务。如果在两段提交协议的基础上加以改进，使得参与者的提交要等到参与者获悉两件事后才可以进行：一件事是参与者要知道所有参与者均发出了"准备提交"的应答，另一件事是参与者要知道所有参与者当前的状态（故障状态或已恢复状态）。这时，两段提交协议即衍变为三段提交协议。其中，利用前两个阶段完成事务的废弃，利用第三个阶段来完成事务的提交。具体描述如下。

阶段 1：投票表决阶段

由协调者向各个参与者发"预提交"（Prepare）命令，然后等待回答。每个参与者根据自己的情况进行投票，若参与者可以提交，则向协调者返回"赞成提交"（Ready）应答，否则向协调者发送"准备废弃"（Abort）应答。

阶段 2：准备提交阶段

若协调者收到的应答中存在"准备废弃"（Abort）应答，则向各个参与者发"全局废弃"（Abort）命令，各个参与者执行废弃，执行完毕后向协调者发送"废弃确认"（Ack）应答。相反地，若协调者收到的应答均为"赞成提交"（Ready）应答，则向各个参与者发"准备提交"（Prepare-to-Commit）命令，然后等待回答，若参与者已准备就绪，则向协调者返回"准备就绪"（Ready-to-Commit）应答。

阶段 3：执行阶段

当协调者收到所有参与者的"准备就绪"（Ready-to-Commit）应答后，向所有参与者发送"提交"（Commit）命令，此时各个参与者已知道其他参与者均赞成提交，因此可以执行提交，提交后向协调者发送"提交确认"（Ack）应答。

三段提交协议也可用图 7.21 直观地显示。三段提交协议在两段提交协议的执行过程中增加了一个"准备提交"阶段。协调者在接收到所有参与者的赞成票后发送一个"准备提交"命令，当参与者接收到"准备提交"命令之后，它就得知其他的参与者都投了赞成票，从而确定自己在稍后肯定会执行提交操作，除非它失败了。协调者一旦接收到所有参与者的"准备就绪"应答就再发出全局"提交"命令。

三段提交协议在一定程度上解决了两段提交协议中的阻塞问题，这是由于在以下两种情况下，参与者不必进入等待状态而可以独立地做出决定，也就是执行相应的恢复处理。

- 一种情况是当参与者已发送完"赞成提交"的应答后，而长时间没有收到协调者再次发来的命令时，该参与者可启动恢复处理过程。

- 另一种情况是当参与者已发送完"准备就绪"的应答后，而长时间没有收到协调者发来的"提交"命令时，该参与者可启动恢复处理过程。

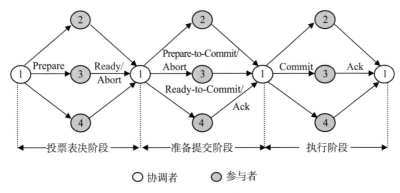

图 7.21 三段提交协议示意图

从三段提交协议的执行过程可以看出，参与者具有 4 个状态："赞成提交""准备就绪""提交"和"废弃"。当参与者发送完"赞成提交"应答后，即处于"赞成提交"状态；当参与者发送完"准备就绪"应答后，即处于"准备就绪"状态；当参与者发送完"提交确认"应答后，即处于"提交"状态；同样，当参与者发送完"废弃确认"应答后，即处于"废弃"状态。如表 7.2 所示，三段提交协议规定：在参与者的这些状态中，有些状态是不相容的。不相容的状态对包括："赞成提交"状态与"提交"状态、"提交"状态与"废弃"状态、"准备就绪"状态与"废弃"状态。也就是说，一个参与者在其他任何一个参与者处于"赞成提交"状态时，不可能进入"提交"状态；一个参与者在另一个参与者进入"提交"状态或任何一个参与者已进入了"准备就绪"状态时，不可能进入"废弃"状态。

表 7.2 三段提交协议中参与者状态的相容矩阵

参与者 1	参与者 2			
	赞成提交	准备就绪	提交	废弃
赞成提交	相容	相容	不相容	相容
准备就绪	相容	相容	相容	不相容
提交	不相容	相容	相容	不相容
废弃	相容	不相容	不相容	相容

基于上述规定，参与者则可以根据其他参与者的状态进行相应的恢复处理。具体过程是：参与者进入恢复处理后，访问其他参与者的当前状态，若所有的参与者均处于"赞成提交"或"废弃"状态，根据状态的不相容性，说明此时没有任何一个参与者已提交，则该参与者通知所有参与者进行废弃。若存在某个参与者处于"准备就绪"或"提交"状态，则说

明当前不可能存在参与者被废弃，因为"准备就绪"状态或"提交"状态均不相容于"废弃"状态，此时该参与者通知所有参与者提交。为了遵循状态的相容性，在提交时需注意，若某参与者当前状态为"赞成提交"，则需要先将其转化为"准备就绪"状态，然后再进行提交，进而进入"提交"状态。

由此可见，三段提交协议的非阻塞特性主要体现在：当协调者与参与者失去联系时，参与者不是就此被动地等待，而可以积极主动地采取相应的措施，通过了解其他参与者的状态来推断协调者的命令并独立地执行，尽量使事务继续执行下去。

7.6.2 三段提交协议执行的基本流程

三段提交协议的基本流程如图 7.22 所示，具体步骤如下。

1）协调者在它的日志文件中写入一条"开始提交"（Begin_commit）的记录，并向所有参与者发送 Prepare 命令，此时协调者进入等待状态。

2）各个参与者接收到 Prepare 命令后，决定是否赞成提交。若赞成，则在其日志文件中写入一条"赞成提交"（Ready）的记录，并将"赞成提交"（Ready）的应答发送给协调者；否则，在其日志文件中写入一条"准备废弃"（Abort）的记录，并将"准备废弃"（Abort）的应答发送给协调者。发送应答后，参与者将进入等待状态。

3）协调者收集各参与者发来的应答，判断是否存在某个参与者"准备废弃"，若存在，则在其日志文件中写入一条"决定废弃"（Abort）的记录，并发送"全局废弃"（Abort）命令给各个参与者；否则，在其日志文件中写入一条"准备提交"（Prepare-to-Commit）的记录，向所有参与者发送"准备提交"（Prepare-to-Commit）命令。此时，协调者再次进入等待状态。

4）各个参与者接收到协调者发来的命令后，判断该命令类型，若为"全局废弃"命令，则在其日志文件中写入一条"废弃"（Abort）的记录，对子事务实施废弃后向协调者发送"废弃确认"（Ack），随后执行步骤 5）；否则，若参与者已准备就绪，则在其日志文件中写入一条"准备就绪"（Ready-to-Commit）的记录，向协调者返回"准备就绪"（Ready-to-Commit）应答，并进入等待状态，随后执行步骤 6）～ 8）。

5）协调者接收到所有参与者发送的"废弃确认"（Ack）后，在其日志文件中写入"事务结束"（End_transaction）记录，全局事务终止。

6）当协调者接收到所有参与者发送的"准备就绪"（Ready-to-Commit）应答后，在其日志文件中写入"全局提交"（Commit）记录，向所有参与者发送"全局提交"（Commit）命令，并等待接收参与者的"提交确认"（Ack）应答。

7）各个参与者接收到协调者发来的"全局提交"（Commit）命令后，在其日志文件中写入一条"提交"（Commit）的记录，提交其子事务后向协调者发送"提交确认"（Ack）应答。

8）当协调者接收到所有参与者发送的"提交确认"（Ack）应答后，在其日志文件中写入"事务结束"（End_transaction）记录，全局事务终止。

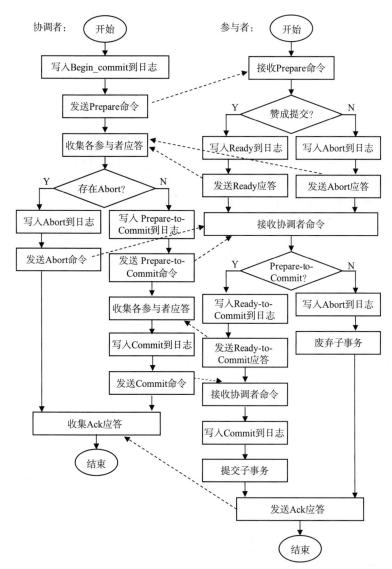

图 7.22 三段提交协议的基本流程

7.7 Oracle 分布事务管理案例

在本节中，我们通过一个基于数据链实现的 Oracle 分布式数据库案例，介绍分布式事务在 Oracle 环境下的具体执行步骤。

某公司在总部的用户登录到本地的数据库服务器中，分别向本地的供货商表 SUPPLIER 和位于生产部门的零件产品表 PRODUCT 中录入数据。供货商表和零件产品表位于异地的两台服务器中，由于涉及多个场地中的数据库，因此这是一个分布式事务，下面介绍这一事务的具体执行步骤。设总部场地和生产部门场地使用的数据库链分别为 hq.os.com 和 mfg.os.com。

步骤 1：客户端应用发出 DML 语句

在总部的用户登录到本地的数据库中，执行以下 SQL 语句：

```
Connect hq/password@hq ...;
Insert Into SUPPLIER ...;
Update PRODUCT@mfg.os.com ...;
Insert Into SUPPLIER ...;
Update PRODUCT@mfg.os.com ...;
COMMIT;
```

这段 SQL 代码组成了一个分布式事务，在该事务执行的过程中，Oracle 定义了一个 Session Tree 来表示参与事务每个节点之间的关系和它们所扮演的角色，如图 7.23 所示。参与分布式事务的节点分为几种角色，其具体意义如表 7.3 所示。

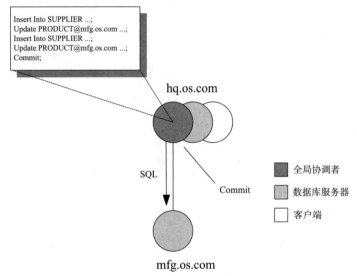

图 7.23　定义事务的 Session Tree

表 7.3　参与分布式事务的节点角色描述

角色	描述
客户端	引用其他节点中信息的节点
数据库服务器	接收其他节点数据访问请求的节点
全局协调者	分布式事务的发起节点
提交点场地	在全局协调者命令下提交或回滚事务的节点

全局协调者是 Session Tree 的父节点或根节点，主要负责以下几项任务：

- 发出所有的分布式 SQL 语句和远程存储过程调用；
- 命令除提交点场地之外的所有直接关联节点进入 Prepare 阶段；
- 如果所有节点进入 Prepare 阶段，命令提交点场地进行全局事务的提交；

● 如果接收到 Abort 响应，命令所有节点进行事务的废弃处理。

在这个例子中，用户在总部场地（hq.os.com）上发出 SQL 命令，因此总部是全局协调者；这些 SQL 命令分别对总部数据库和生产部门数据库执行 DML 操作，因此 hq.os.com 和 mfg.os.com 均为数据库服务器；因为总部数据库操作了生产部门数据库上的数据，所以 hq.os.com 同时也是 mfg.os.com 的客户端。

步骤 2：Oracle 数据库决定提交点场地

提交点场地的主要工作是在全局协调者的命令下，初始化一个提交或回滚操作。Oracle 通过 Session Tree 中每个节点的 COMMIT_POINT_STRENGTH 参数，指定一个节点作为提交点场地。由于提交点场地上应该保存最关键的数据，因此对应的 COMMIT_POINT_ STRENGTH 数值应该最高。

在这个例子中，假设事务的发起节点上的 COMMIT_POINT_STRENGTH 参数值最高，因此其被选为提交点场地，如图 7.24 所示。

步骤 3：全局协调者发出 Prepare 命令

Prepare 阶段包括如下步骤。

1）数据库决定提交点场地之后，全局协调者向除提交点场地之外的所有直接关联的 Session Tree 中的节点直接发送 Prepare 消息。在本例中，mfg.os.com 是被要求进入 Prepare 状态的唯一节点。

2）mfg.os.com 节点试图进入准备状态。如果一个节点能够确保它能提交事务的本地操作结果，并且能在它的本地 redo 日志中记录提交信息，那么，此节点可以成功进入 Prepare 状态。在本例中，只有 mfg.os.com 收到了 Prepare 消息，因为 hq.os.com 是提交点场地。

3）mfg.os.com 节点用一个 Ready 消息响应 hq.os.com。

如果任何一个被要求进入准备状态的节点向全局协调者响应了一个 Abort 消息，那么全局协调者就通知所有节点回滚事务。如果所有被要求进入准备状态的节点都向全局协调者响应一个 Ready 消息或者一个只读消息，即它们都成功进入准备状态，那么全局协调者命令提交点场地提交事务，如图 7.25 所示。

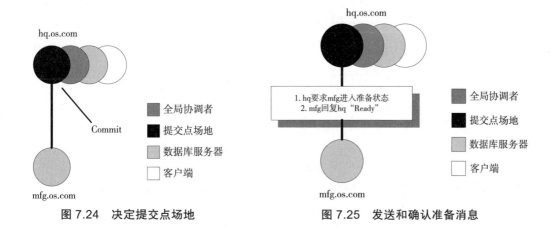

图 7.24　决定提交点场地　　　　图 7.25　发送和确认准备消息

步骤 4：提交点场地提交

提交点场地的事务提交过程包括以下步骤。

1）hq.os.com 节点接收到 mfg.os.com 准备好的确认消息，命令提交点场地提交事务。

2）提交点场地局部提交事务，并且在它的 redo 日志中记录这一事实。

步骤 5：提交点场地通知全局协调者提交

此阶段包括以下步骤。

1）提交点场地告诉全局协调者事务已提交。由于在本例中，提交点场地和全局协调者是同一个节点，因此没有操作需要执行。提交点场地知道事务已经被提交了，因为它在自己的日志上记录了这一事实。

2）全局协调者确认分布式事务中所包含的所有其他节点上的事务已被提交。

步骤 6：全局协调者命令所有节点提交

事务中所包含的所有节点的事务提交包括以下步骤。

1）全局协调者通知提交点场地提交之后，它命令所有与其直接关联的节点进行提交。

2）所有的参与者命令它们的服务器进行提交。

3）每个节点，包括全局协调者，提交事务并且在本地记录相应的 redo 日志条目。随着每个节点的提交，局部占用的资源锁被释放。

在图 7.26 中，作为提交点场地和全局协调者的 hq.os.com 已经提交了事务。

步骤 7：全局协调者和提交点场地完成所有节点的提交

这里首先介绍 Oracle 中"忘记事务"的概念。所谓的"忘记事务"指的是 Oracle 中两段提交协议完成后，事务最后的处理工作，主要包括：提交点场地清除事务的信息；

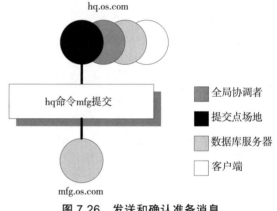

图 7.26　发送和确认准备消息

提交点场地通知全局协调者事务的信息已被清除；全局协调者清除本地有关事务的信息。

因此，分布式事务最后的提交可以通过以下几个步骤完成。

1）事务所涉及的所有节点和全局协调者成功提交之后，全局协调者通知提交点场地这一事实。

2）等待这一消息的提交者场地，抹去该分布式事务的状态信息。

3）提交点场地通知全局协调者它已经完成。换句话说，提交点场地进行"忘记事务"操作。因为两段提交协议中包含的所有节点已经成功提交了事务，所以它们将来永远不用再决定它的状态。

4）全局协调者以"忘记事务"的方式来结束事务。

提交阶段完成之后，分布式事务就完成了。这些所描述的步骤可以在若干分之一秒钟之内自动实现。

7.8　大数据库的事务管理

随着计算机技术及互联网技术的快速发展，企业数据、统计数据、科学数据、医疗数据、Web 数据、移动数据、物联网数据等数据的规模与日俱增。而传统的关系型数据管理系统已经不能满足高并发的读写、高可用性和高可扩展性的新兴应用需求。这些海量数据对传统的数据管理技术带来了巨大挑战，如何对其进行有效管理和利用已经成为当前不可回避的严峻问题。

大数据库系统是对关系型 SQL 数据系统的补充，是一种分布式、不保证遵循 ACID 特性的数据库设计模式。大数据库能够很好地应对海量数据的挑战，它向人们提供了高扩展性和灵活性。本节首先讨论大数据库的事务管理问题；其次介绍大数据库系统设计的理论基础；接下来讨论弱事务型大数据库和强事务型大数据库的特点、应用背景及设计原则；再次介绍大数据库中的事务特性；最后介绍大数据库的事务实现方法。

7.8.1　大数据库的事务管理问题

如果把事务管理比喻成一块砖，那么数据库管理就是一座房子。可见，事务管理是数据库管理的基础并且它们有着紧密的联系。关系数据库非常善于处理事务的更新操作，尤其是处理更新过程中复杂一致性的问题。然而，传统的关系数据库管理系统已经不能满足新兴应用的需求，因此一些大数据库系统被设计并实现，以弥补传统数据库系统的不足之处。传统的事务管理策略不是万能的，不能直接应用于大数据库系统中。大数据库系统中的事务管理需要解决如下问题。

1. 要满足大数据库高并发读写的需求

大数据库要处理高并发的读写操作，往往要达到每秒上万次读写请求。例如：BBS 网站的实时统计在线用户状态、记录热门帖子的点击次数、投票计数等应用都需要解决高并发读写问题。因此，大数据库事务管理需要使大数据库中的读事务、读写事务满足高并发的读写需求。

2. 要满足大数据库高可用性和高可扩展性的需求

关系数据库提供事务处理功能和强一致性，但是大部分应用（如社网、论坛等）并不要求严格的数据库事务，对读一致性的要求很低，有些场合对写一致性的要求也不高。对于某些应用来说，严格支持事务的 ACID 特性在一定程度上限制了数据库的扩展和处理海量数据的性能。因此，大数据库事务管理需要保证大数据库系统的高可用性和高可扩展性。

3. 对大数据库高效率读写的需求

大数据库中存储了大规模的数据资源，例如：Twitter、FriendFeed 等网站每天都产生数亿条用户动态信息，腾讯等大型 Web 网站的用户登录系统也要处理数以亿计的账号信息。此时，如果仍采用传统的事务管理策略，事务管理将成为数据库高负载下一个沉重的负担。因此，大数据库事务管理需要满足高效率读写的需求。

综上所述，为了使大数据库系统能较好地应对互联网应用的高性能、高可用和低成本的挑战，需要对传统的事务作用域、事务语义以及事务实现方法等方面进行改进和扩展。

7.8.2 大数据库系统设计的理论基础

前文已介绍事务具有原子性（Atomicity）、一致性（Consistency）、隔离性（Isolation）、耐久性（Durability）4 个特性，也称为 ACID。ACID 原则是传统数据库常用的设计理念，它能很好地保证数据库系统的高可靠性和强一致性，可以说 ACID 原则是 RDBMS 的基石。然而，支持 ACID 和 SQL 等特性限制了数据库的扩展和处理海量数据的性能，因此具备弱数据结构模式、易扩展等特性的大数据库得以飞速发展，在众多网络及新型应用程序中得以部署。

在大数据库系统中，设计者尝试通过牺牲 ACID 和 SQL 等特性来提升对海量数据的存储管理能力。相应地，CAP 理论和 BASE 理论被相继提出，它们是大数据库系统设计的基石。这些基本理论对于深入理解分布式环境下技术方案设计选型具有重要的指导作用，本部分将介绍 CAP 理论、BASE 理论及其内在联系。

1. CAP 理论

分布式系统的 CAP 理论是由 Eric Brewer 于 1999 年首先提出的，是对 Consistency（一致性）、Availability（可用性）、Partition Tolerance（分区容忍性）的一种简称（如图 7.27 所示），具体含义如下。

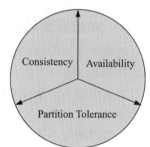

图 7.27　分布式系统的 CAP 理论

- 一致性 C：即强一致性，在分布式系统中的同一数据多副本情形下，对于数据的更新操作体现出的效果与只有单份数据是一样的。要求数据被一致地更新，所有数据变动都是同步的。
- 可用性 A：客户端在任何时刻对大规模数据系统的读 / 写操作都应该保证在限定延时内完成，即系统在面对各种异常时，依然可以响应客户端的读 / 写请求并提供正常服务。
- 分区容忍性 P：以实际效果而言，分区相当于对通信的时限要求。系统如果不能在时限内达成数据一致性，就意味着发生了分区的情况，分区容忍性是指在网络中断、消息丢失的情况下，系统照样能够工作。

Eric Brewer 在提出 CAP 概念的同时，也证明了 CAP 定理：任何分布式系统在可用性、一致性、分区容忍性方面，不可能同时被满足，最多只能得其二。该定理也被称作布鲁尔定理（Brewer's theorem）。任何分布式系统的设计只是在 C、A、P 三者中的不同取舍而已，要么 AP，要么 CP，要么 AC，但是不存在 CAP，这就是 CAP 原则的精髓所在。在网络环境下，运行环境出现网络分区一般是不可避免的，所以系统必须具备分区容忍性 P。因此，在设计分布式系统时，架构师往往在 C 和 A 之间进行权衡和选择，即要么 CP，要么 AP。

为了进一步理解 CAP 定理，我们来看一个简单的例子。假定在分布式系统中有两个节点 $m1$ 和 $m2$，分别存储某数据 a 的副本，作用在 $m1$ 上的某更新操作将数据 a 从 $v1$ 更新成 $v2$。系统因具备分区容忍性 P 而允许网络分割的发生。假定此时由于网络中断形成了两个分区，m1 和 m2 分别隶属于这两个分区。考虑以下两种情况：

1）若要保证一致性 C，则要求数据 a 的所有副本必须一致，即保证 m2 上的数据 a 也被更新为 v2 而与 m1 同步。由于允许网络分割的发生，m1 和 m2 无法进行通信，因此无法将数据 a 同步到一致状态。这样，对于 m2 上数据 a 的读请求必然要被拒绝，因此无法保证系统的可用性 A（如图 7.28a 所示）。

2）若要保证可用性 A，那么对于 m2 上数据 a 的读请求必须在限定时间内返回值。在网络故障尚未解决之前，m1 和 m2 无法进行通信，此时 m2 返回的 a 值为 v1，而并非当前数据 a 的最新状态 v2，即出现了数据不一致的现象，因此无法保证系统的一致性 C（如图 7.28b 所示）。

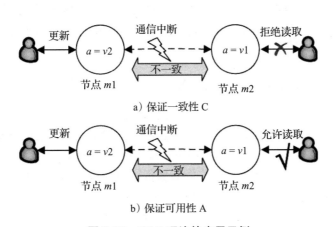

图 7.28　CAP 理论的应用示例

综上可知，对于一个分布式系统来说，在保证分区容忍性 P 的前提下，无论选择一致性 C 还是可用性 A，必然以牺牲另外一个因素作为代价，C、A、P 三者不可兼得。

2. BASE 理论

对于很多互联网应用来说，对于一致性的要求可以降低，而对可用性的要求则更为明显，从而产生了弱一致性的 BASE 理论。BASE 理论是基于 CAP 理论逐步演化而来的，其核心思想是即便不能达到强一致性，但可以根据应用特点采用适当的方式来达到最终一致性的效果。BASE 是 Basically Available、Soft-state、Eventually consistency 三个词组的简写，是对 CAP 中 C 和 A 的延伸。BASE 理论的含义如下。

- 基本可用 (Basically Available)：在绝大多数时间内系统处于可用状态，允许偶尔的失败。
- 软状态 / 柔性状态（Soft-state）：数据状态不要求在任意时刻都完全保持同步，即状态可以有一段时间的不同步。
- 最终一致性（Eventually consistency）：与强一致性相比，最终一致性是一种弱一致性。尽管软状态不要求在任意时刻数据保持一致同步，但是最终一致性要求在给定时间窗口内数据会达到一致状态。

3. ACID、CAP 与 BASE 三者间的内在联系

在 CAP 理论被明确提出之前，ACID 和 BASE 代表了两种截然相反的设计哲学，分别处于可用性－一致性分布图谱的两极。ACID 注重一致性，是数据库的传统设计思路。而 BASE 理论在逻辑上与 ACID 原则的概念相反，它牺牲高一致性，以获得可用性和分区容忍性。

ACID 与 CAP 的关系稍显复杂一些，ACID 中的 C 和 A 字母所代表的概念不同于 CAP 中的 C 和 A。ACID 中的 C 指的是事务不能破坏任何数据库规则。例如，假设有甲、乙、丙三个账户，每个账户余额是 100 元，那么甲、乙、丙账户总额是 300 元，如果他们之间同时发生多次转账操作，那么转账结束后三个账户总额应该还是 300 元。这就是一种数据库规则，事务必须对其进行保护，使系统保持一致的状态，而不管在任何给定的时间内有多少并发事务。与之相比，CAP 中的 C 仅指副本之间数据的一致性，其语义被 ACID 中的一致性约束所涵盖。当出现网络分区时，ACID 中的 C 是无法保证的，因此分区恢复时需要重建 ACID 中要求的一致性。

7.8.3　弱事务型与强事务型大数据库

传统的关系数据库善于处理事务的更新操作，尤其是处理更新过程中复杂一致性的问题。但是，关系数据库在一些操作上过大的开销严重影响了其他功能的日常使用，严格遵循事务的特性在一定程度上限制了数据库的扩展和处理海量数据的性能，尤其是关系数据库并不擅长处理大数据管理方面的关键操作。随着数据规模的与日俱增，关系数据库已不再是社交网络和大数据公司的最佳选择，因此 Bigtable、Megastore、Azure、Spanner、OceanBase 等大数据库应运而生。按照对事务特性的支持程度，可进一步将其划分为弱事务型大数据库和强事务型大数据库，其特点及比较如表 7.4 所示。

表 7.4　弱事务型大数据库和强事务型大数据库的比较

	弱事务型大数据库	强事务型大数据库
优点	复杂性较低 系统可扩展性好	完整性和实效性较高 支持跨行或跨表事务 应用程序实现简单
缺点	不能完全遵循 ACID 特性 不支持跨行或跨表事务 功能简单，应用层负担大	事务执行代价较大 2PC 协议难以实现
应用背景	面向海量交互数据和海量分析数据	面向海量交易数据
设计原则	强调 AP，弱化 C	强调 C，权衡选择 CA 或 CP
应用系统	Bigtable、Megastore、Azure 等	Spanner、OceanBase 等

1. 弱事务型大数据库的特点

弱事务型大数据库是指在全局上不能完全遵循事务 ACID 特性的大数据库（如 Bigtable、Megastore、Azure 等），其目的是通过牺牲 ACID 和 SQL 等特性来提升大数据库的存储管理能力。

弱事务型大数据库具有如下优势。

- 具有较低的复杂性。关系数据库提供事务处理功能和强一致性，但是大部分应用（如社网、论坛等）并不需要遵循这些特性。弱事务型大数据库系统则对所提供的功能进行了简化，对所支持的事务特性进行了弱化，以提高性能。
- 具有较好的系统可扩展性。大多数弱事务型大数据库系统只需支持单记录级别的原子性，不支持外键和跨记录的关系。例如：Bigtable 当前不支持通用的跨行键的事务，即仅要求单行数据符合事务特性，行与行之间、表与表之间不要求符合事务特性。这种一次操作获取单个记录的约束极大地增强了系统的可扩展性。

同时，弱事务型大数据库也存在如下缺点。

- 不能完全遵循 ACID 特性。弱事务型大数据库不遵循或不能完全遵循 ACID 特性，这为大数据库带来优势的同时也成为其缺点，毕竟事务在很多场合下（如金融业）还是需要的。由于不能完全遵循 ACID 特性，因此系统在中断的情况下无法保证在线事务能够准确执行。
- 仅支持有限范围内的事务语义。大多数弱事务型大数据库仅支持有限范围内的事务语义，而无法在全局上支持事务语义，对于并发控制、故障恢复、数据回滚等复杂逻辑都需要用户自己设计并实现。例如：许多大数据库（如 Megastore、Azure 等）将事务操作的数据限制于一个组内，以降低事务的执行代价。
- 功能简单。大多数弱事务型大数据库系统提供的功能都比较简单，这就增加了应用层的负担。例如，如果在应用层实现 ACID 特性，则加重了程序员编写代码的负担。

2. 强事务型大数据库的特点

强事务型大数据库是指能够在全局上完全遵循事务 ACID 特性的大数据库（如 OceanBase、Spanner 等）。事实证明，ACID 特性是非常重要的，许多数据库系统设计人员力求能够在保证数据库高性能的同时兼顾事务功能与特性。例如：Google 的 Spanner 数据库既具有大数据库系统的可扩展性，也具有分布式数据库的事务能力，可以将一份数据复制到全球范围的多个数据中心，并保证数据的强一致性。

强事务型大数据库具有如下优势。

- 具有较高的完整性和实效性。由于强事务型大数据库能够严格支持事务的 ACID 特性，因此其数据的特点是完整性好、实效性强，能够保证数据库系统的强一致性。
- 支持全局上的跨行或跨表事务。强事务型大数据库能够支持全局上的跨行或跨表事务，可满足多线程在多台服务器上对数据库进行操作的需求。例如：阿里巴巴集团研发的可扩展的关系数据库 OceanBase 实现了数千亿条记录、数百 TB 数据上的跨行或跨表事务。
- 应用程序实现简单。多数应用服务器以及一些独立的分布式事务协调器做了大量的封装工作，使得应用程序中引入分布式事务的难度和工作量大幅降低，也降低了程序员的编码难度。

虽然强事务型大数据库提供事务处理功能和强一致性，但仍存在如下缺点。

- 事务执行代价较大。大多数强事务型大数据库对数据的修改需要记录到日志中，而日志则需要不断写到硬盘上来保证持久性，这种代价是昂贵的，而且降低了事务的性能。
- 2PC 协议难以实现。为了支持分布式环境下的事务特性，通常采用 2PC 协议来保证分布式事务正确提交。然而，由于大数据库具有可扩展性，节点可随时加入和退出，因此节点的动态变化很难保证支持事务的节点的及时提交。另外，当发生网络分割时，2PC 协议的执行过程可能会处于长时间的停滞状态。因此，大数据库通常采用回避分布式数据库系统中的 2PC 协议的思想或采用改进的 2PC 协议实现。

3. 应用背景

由上可知，弱事务型大数据库和强事务型大数据库各有利弊，它们适用于不同的应用背景和业务需求。

- 弱事务型大数据库系统主要面向海量交互数据（如社网、论坛等）和海量分析数据（如企业 OLAP 应用等）。海量交互数据的应用特点是追求较强的实时交互性，数据结构异构、不完备，数据增长快；海量分析数据的应用特点是面向海量数据分析，其操作复杂，往往涉及多次迭代，追求数据分析的高效率。
- 强事务型大数据库系统主要面向海量交易数据，例如商品搜索广告的计费、网上购物、网上支付等商务交易和金融交易。其特点是数据库操作多为简单的读写操作，访问频繁，数据增长快，一次交易的数据量不大，但对这些数据的处理依赖于严格的数据库事务语义，即要求支持 ACID 的强事务机制。例如：对于金融业，一致性是最重要的，用户绝不能容忍账户上的钱无故减少，但可以容忍系统故障而停止服务，而强一致性的事务是这一切的根本保证。

4. 设计原则

对于弱事务型大数据库和强事务型大数据库，系统架构师在进行系统设计时往往采用不同的设计原则。

- 弱事务型大数据库系统更加注重性能和扩展性，而非事务机制，并不强调数据的完全一致。在设计弱事务型大数据库系统时，架构师往往更关注 A 和 P 两个因素，即强调高可用性和高扩展性，而弱化了强一致性 C 的需求。
- 在设计强事务型大数据库系统时，通常会权衡 CA 和 CP 模型，CA 模型在网络发生故障时完全不可用，CP 模型具备部分可用性，实际的选择需要通过业务场景来权衡。

7.8.4 大数据库中的事务特性

通过对互联网上的数据进行分析，发现其中一部分数据与商务交易、金融交易等应用相关。在此需求下，大数据库的数据处理过程要遵守数据库事务语义，支持事务的 ACID 特性。另外，大数据库还要应对互联网应用的高性能、高可用和低成本的挑战，为此大数据库中的事务特性与传统数据库也存在不同之处。

1. 对传统 ACID 特性的支持

对于某些应用需求，对事务 ACID 特性的支持是非常重要的。例如在银行交易、信用卡交易、商品销售、电子商务等应用中，对数据的处理依赖于严格的数据库事务语义。每个事务使得数据库从一个一致的永久状态原子地转移到一个新的一致的永久状态，可以说，事务的 ACID 特性是数据库事务的灵魂。同时，作为大型数据的数据管理系统，大数据库还面临着数据库存储容量和事务处理能力等方面的挑战。为此，一些大数据库系统的设计人员力求能够在保证数据库高性能的同时兼顾事务功能与特性。例如，OceanBase 数据库支持事务的 ACID 特性和 SQL，并保证数据库中主库和备库的强一致性。下面以 OceanBase 为例，介绍其对事务 ACID 特性的支持。

　　OceanBase 数据库是应如下需求而产生的：首先，OceanBase 以淘宝网数据作为处理对象，淘宝网是一个迅速发展的网站，它的数据规模及其访问量使得 OceanBase 网需要支持数百 TB 的数据量以及数十万 TPS、数百万 QPS 的访问量；其次，淘宝网数据膨胀较快，传统的分库分表会对业务造成很大的压力，必须设计自动化的分布式系统；最后，虽然在线业务的数据量十分庞大（例如几十亿条、上百亿条甚至更多记录），但最近一段时间的修改量往往并不多，通常不超过几千万条到几亿条，例如，若每天有十亿笔写事务，每笔写业务的数据量为 1KB，总共需要的内存大约是 1TB，平均到 10 台服务器，每台仅需要 100GB 存储空间，因此，尽管数据库记录总数可能很大，但一天内的增删改记录数只占很小的比例。

　　面对上述需求，OceanBase 将数据分为两种类型：基准数据和动态数据（如图 7.29 所示）。前者是指一段时间内相对稳定的主体数据，后者是指增删改的数据，基准数据的数据规模要远远大于动态数据。当用户查询到来时，需要把基准数据和增量数据融合后返回给客户端。对于动态数据，由于其规模较为有限，OceanBase 采用单台更新服务器（UpdateServer）以增量方式对其进行记录，包括最近一段时间的增、删、改等更新增量。

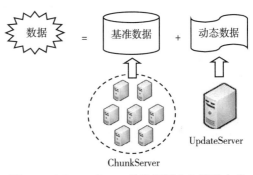

图 7.29　OceanBase 的数据划分与处理方式

对于基准数据，OceanBase 以类似分布式文件系统的方式将其存储于多台基准数据服务器（ChunkServer）中，这部分数据在一段时间内相对稳定。

　　这种将动态数据和静态数据相分离的管理策略可有效减少事务执行的代价，进而使得 OceanBase 能够较好地支持事务的 ACID 特性，主要体现在以下几个方面。

- 可避免复杂的分布式事务。由于增量数据规模较小，最近一段时间的更新操作往往总是能够存放在内存中，因此写事务可集中在单台更新服务器上，采用集中式的方法进行处理。这样，避免了复杂的分布式事务，从而高效地实现了跨行或跨表事务。
- 易于保证副本一致性。由于基准数据是静态的，因此实现时不需要复杂的线程同步机制，易于保证基准数据的多个副本之间的一致性，简化了子表的分裂和合并操作。
- 扩展性较好。更新服务器上的修改增量能够被定期分发到多台基准数据服务器中，避免成为瓶颈，实现了良好的扩展性。

2. 与传统 ACID 特性的不同之处

事务的 ACID 特性可以确保当出现并发存取和故障时，数据库状态的一致性得以保持。然而，尽管这是一个极其有用的容错技术，但是对 ACID 特性的严格支持在一定程度上限制了数据库的扩展和其处理海量数据的性能，因此具备弱数据结构模式、易扩展等特性的大数据库得以飞速发展，在众多网络及新型应用程序中得以部署。总体来看，大数据库的事务特性与传统数据库 ACID 特性的不同之处主要体现在两个方面（如表 7.5 所示）。

表 7.5　与传统 ACID 特性的不同之处

	传统数据库	大数据库	
事务作用域	全局支持	局部支持（对于多数大数据库）	组内支持
			分区内支持
			节点内支持
事务的语义	严格支持 ACID 特性	弱一致性支持	最终一致性
			读自己写一致性
			会话一致性
			单调读一致性
			单调写一致性

（1）支持有限范围内的事务语义

传统的分布式数据库通常采用 2PC 协议从全局层面来保证分布式事务的 ACID 特性。然而，由于大数据库具有可扩展性，节点的动态变化很难保证支持事务的节点的及时提交。尤其当允许发生网络分割时，极有可能使 2PC 协议的执行过程处于阻塞状态。另外，对数据的修改需要记录到日志中，随着数据规模的增大，频繁将日志写到硬盘上的代价巨大，降低了事务的性能。为此，许多大数据库（例如 Bigtable、Megastore、Azure 等）可支持有限范围内的事务语义，将事务操作的数据限制于一个局部的组内、分区内或节点内，仅在局部范围内支持事务，以降低事务的执行代价。但并不是所有大数据库都采用局部支持的策略，例如 Spanner 则支持全局事务。对于并发控制、故障恢复、数据回滚等复杂逻辑，若要在全局上支持事务语义，均由应用层设计并实现。

（2）支持弱一致性

传统的分布式数据库要求严格支持事务的 ACID 特性，而当前大数据库大多采用 CAP 理论作为设计的基本原则。前文已介绍，虽然 ACID 特性与 CAP 理论中都涉及一致性，但它们具有不同的语义。ACID 中的一致性强调对操作的一致性约束，要求事务的运行不改变数据库中数据的一致性。而 CAP 中的一致性强调数据的一致性，要求同一数据的多个副本之间是一致的，即多副本对外表现类似于单副本。当 CAP 中的一致性得到保证时，ACID 中的一致性未必得到保证。因此，可将 CAP 中的一致性看作一致性约束的一种，是 ACID 中一致性所涵盖语义的子集。由于支持 ACID 特性在一定程度上限制了数据库的扩展和其处理海量数据的性能，因此为了增加系统高可用性，一些大数据库系统的设计者通过牺牲 ACID

特性来提升对海量数据的存储管理能力，他们基于 CAP 设计原则采用弱一致性模型进行数据库设计。这些弱一致性模型包括最终一致性、读自己写一致性、会话一致性、单调读一致性以及单调写一致性等。例如，数据 a 有三个副本，当某个副本被更新后，强一致性要求另两个副本上读取 a 的操作都会以 a 的最新状态为基准。与强一致性不同，最终一致性无法保证在所有其他副本上对 a 的操作能够立即看到更新后的新值，而是在某个时间片段（不一致窗口）之后可以保证这一点。也就是说，在该时间片段内部，允许副本间的数据是不一致的。这样，大数据库系统对所支持的事务特性进行了弱化，通过放松一致性保证了系统的高可用性。本书将在第 10 章对这些弱一致性模型进行详细分析，此处不再赘述。

7.8.5　大数据库的事务实现方法

随着互联网的高速发展，大数据库系统面临着高性能、高可用和低成本的挑战。为了使大数据库在支持事务的同时，能较好地应对这些挑战，当前的大数据库系统采用了一系列事务实现方法。总体来看，这些方法从事务支持范围、一致性保证以及数据存取性能等方面对传统方法进行了扩展和改进。大数据库的事务实现方法大致可分为两类：一类是根据应用需求将数据分组，以提供分组内的事务操作，分组之间的事务操作基于异步消息队列或传统的两段提交协议来实现；另一类是通过内存事务引擎来存储数据修改的操作记录，并提供动态数据的存储、写入和查询服务，实现事务的 ACID 特性。另外，一些大数据库系统中的分布式事务通过两段提交协议实现。本节将针对上述方法的实现技术进行介绍。

1. 基于分组的事务实现方法

基于分组的事务实现方法的基本思想是：将数据分割成不同的分组，在执行事务时以分组为粒度来进行事务中的操作。基于分组的事务实现过程分为两个步骤。第一步，将数据分割成不同的分组。划分原则是将逻辑上属于相同实体的多行数据存放在一起，组成数据分组。由于同一分组中的数据在底层存储中被存放在一起，因此便于存取。第二步，每个事务以分组为粒度，对一个分组内的多行数据进行操作，产生的数据日志也以分组为单位来进行管理。事务操作也是限定于同一实体组内，这样可以保证分组内部事务的 ACID 特性。

Bigtable、Megastore、Azure 以及 Oracle 的 NoSQL 等大数据库系统在执行事务时均采用了基于分组的实现策略。下面以 Megastore 为例来介绍其事务实现方法。

Megastore 是 Google 内部的一个存储系统，它的底层是 Google 的 Bigtable。Megastore 的适用场景比较广泛，如社交类应用、邮箱、Google 日历等。在这些应用中，数据往往可以根据用户来进行拆分，同一个用户内部的操作需要保证强一致性，对于这部分数据操作需要支持事务；而多个用户之间的操作往往可以要求弱一致性，比如用户之间发送的邮件不要求立即被收到，可以根据用户将数据拆分为不同的子集并分布到不同的机器上。针对上述应用特性，Megastore 系统将数据分割成不同的实体组（Entity Group），其核心思想是：在实体组内部提供完整的 ACID 支持，而在实体组之间只提供受限的 ACID，不保证数据的强一致性。每一个实体组有一个特殊的根实体（Root Entity），对应 Bigtable 存储系统中的一行记录，对根实体的原子性操作可利用 Bigtable 的单行事务实现。由于同一个实体组中的实体连续存放,因此多数情况下同一个用户的所有数据属于同一个 Bigtable 子表,分布在同一台 Bigtable Tablet Server 上,从而既能保证实体组内部的 ACID 特性,又能提供较高的扫描性能和事务性能。

将数据进行实体组划分后,Megastore 系统可在某实体组范围内进行事务操作。在 Megastore 系统中使用 REDO Log 的方式实现事务。每个实体组的数据共享同一个日志,即同一个实体组的 REDO Log 都写到这个实体组的根实体中,从而保证操作的原子性。Megastore 在实现事务时采用先写日志原则(WAL),每次提交事务时先将事务内容写入日志,一旦成功写入日志,事务就提交成功。为了实现 ACID 特性,需要将不同事务的请求串行化,Megastore 用日志位置来标记事务执行的先后顺序,执行日志内的操作时按照日志位置从小到大来进行。这样,可以保证之后的事务都能观察到当前事务对数据的影响。在实体组内部,事务的具体实现过程如下。

1)读取实体组当前的最大日志位置 LP_i。

2)若当前操作为读操作,则读取数据返回结果。若当前操作为写操作,则只记录操作内容,并不直接进行修改。

3)当事务提交时,将事务中所有的写操作组合成一条日志即 REDO Log,提交到 LP_i 的下一位置。如果该位置没有其他事务提交成功的日志,则写入该事务的日志;否则提交失败,中止事务。

例如,按照下面的定义格式,在 Megastore 系统中定义 User 和 Photo 两张表,主键分别为 userid 和(userid, photoid)。Photo 表是一个子表,因为它声明了一个外键。User 表是一个根表。一个 Megastore 实例中可以有若干个不同的根表,表示不同类型的实体组集。Megastore 中的索引分为两大类:局部索引和全局索引。局部索引定义在单个实体组中,作用域仅限于单个实体组(如 PhotosByTime)。全局索引则可以横跨多个实体组集进行数据读取操作(如 PhotosByTag)。

```
CREATE TABLE User {
required int64 userid;
required string name;
} PRIMARY KEY(userid), ENTITY GROUP ROOT;

CREATE TABLE Photo {
required int64 userid;
required int32 photoid;
required int64 time;
required string url;
optional string thumburl;
repeated string tag;
} PRIMARY KEY(userid, photoid),
IN TABLE User,
ENTITY GROUP KEY(userid) REFERENCES User;

CREATE LOCAL INDEX PhotosByTime ON Photo(userid, time);
CREATE GLOBAL INDEX PhotosByTag ON Photo(tag) STORING(thumburl);
```

如图 7.30 所示,将 User 和 Photo 两张表中的数据按照用户进行拆分,可形成若干实体组，每个实体组由某用户信息及该用户所发布的照片信息所构成。User 表中的每个用户（如 U1）将作为一个根实体，对应 Bigtable 存储系统中的一行记录。除此之外，该行记录还存储了事务元数据（Transaction Meta），用于记录日志（如 Log1、Log2 和 Log3）。若存在某事务对 U1 实体组进行操作，则该事务先获取该组当前日志中的可用位置（如 Log3），然后读取 U1 实体组中的数据或记录更新操作，最终将该事务中的所有更新操作组合成一条日志，提交到当前日志的下一位置上。若该位置已被其他日志（如 Log4）占据，则说明在该事务操作过程中存在其他事务对 U1 实体组进行了操作且先于其提交，为了避免出现并发问题，该事务被终止。若该日志位置仍然空缺，则事务被提交。

	Transaction Meta	User表		Photo表				
Row Key	Root WAL	User.name	Photo.time	Photo.url	Photo.thumburl	Photo.tag	PhotosByTag.thumburl
<U1>	Log3 Log2 Log1	Mary					
<U1,P1>			T1	URL1	TURL1	girl, car	
<U1,P2>			T2	URL2	TURL2	bag, girl	
<U1,T1><U1,P1>							
<U1,T2><U1,P2>							
<car><U1,P1>							TURL1
<bag><U1,P2>							TURL2
<girl><U1,P1>							TURL1
<girl><U1,P2>							TURL2

局部索引 / 全局索引

以U1为根实体的实体组

图 7.30 Megastore 系统中的实体组示例

由此可以看出，对于实体组内部的操作通过先写日志原则来实现事务的 ACID 特性。而对于跨实体组的操作，Megastore 提供了两种处理方式：一是基于两段提交协议来保证数据的强一致性，二是基于异步消息队列来提供最终一致性（如图 7.31 所示）。显然，从效率上讲异步消息队列更胜一筹。因此，多数情况下，Megastore 采用第二种方式来处理跨实体组的操作。

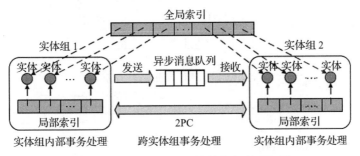

图 7.31 Megastore 系统的事务实现机制

2. 基于内存的事务实现方法

计算机硬件发展的特点是内存容量越来越大以及价格越来越低，随着计算机硬件性价比的大幅提升以及高性能应用需求的提出，基于内存的事务实现方法引起了学术界的研究热潮。OceanBase、H-Store、VoltDB 等数据库系统采用了基于内存的事务实现方法，它们能够严格支持事务 ACID 特性，利用内存事务引擎来降低磁盘 I/O 代价，提高了事务处理的性能。下面以 OceanBase 为例来介绍基于内存的事务实现方法。

OceanBase 是一个分布式关系数据库，采用基准数据与动态数据分离存储的设计架构。在 OceanBase 系统架构中，包括四类服务器：主控服务器（RootServer）、基准数据服务器（ChunkServer）、合并服务器（MergeServer）以及更新服务器（UpdateServer）。

- RootServer 是 OceanBase 的总控中心，负责 ChunkServer、MergeServer 的上线、下线管理及负载均衡管理。
- ChunkServer 负责保存基准数据并提供访问。具体来讲，其作用是将基准数据分块后保存在有序字符串表（Sorted String Table，SSTable）中，SSTable 位于 ChunkServer 的磁盘上。每个 SSTable 被保存了多个副本，分布在不同的 ChunkServer 上。
- MergeServer 负责接收并解析用户的 SQL 请求，经过词法分析、语法分析、生成执行计划等一系列操作后，发送给相应的 ChunkServer 执行。
- UpdateServer 负责执行写事务，将一段时间内增删改的数据以增量方式保存在 UpdateServer 的内存表（MemTable）中，将 Redo Log 写入磁盘。

OceanBase 将内存表分为活跃内存表（Active MemTable）和冻结内存表（Frozen MemTable）两种。如图 7.32 所示，活跃内存表、冻结内存表及其周边的事务管理结构共同组成了更新服务器的内存事务引擎，实现满足 ACID 特性的数据库事务。首先，数据的更新操作被写入活跃内存表，直到达到冻结的触发条件时，该活跃内存表的状态被转为冻结，成为冻结内存表。然后，更新服务器将构造新的活跃内存表，此后新的增删改操作将被写入该表中。接下来，系统在后台把冻结内存表与当前基准数据融合，生成新的基准数据。最后，系统将释放冻结内存表及旧的基准数据所占用的内存或磁盘空间。

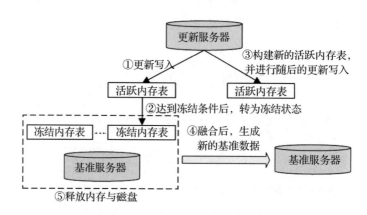

图 7.32　OceanBase 的内存事务引擎

按照事务中所包含操作的类型可将 OceanBase 的事务分为：只读事务（只包含读操作的

事务）、读写事务（既包含读操作也包含写操作的事务）。它们的具体实现过程分别如图 7.33 和图 7.34 所示。

（1）只读事务

步骤①：用户将只读事务发送给 MergeServer，MergeServer 解析 SQL 语句，进行词法分析、语法分析、预处理，确定要读取的数据存储在哪些 ChunkServer 上，并生成逻辑执行计划和物理执行计划。

步骤②：MergeServer 将读请求进行拆分，同时发给多台 ChunkServer，每台 ChunkServer 执行对应的读请求。

步骤③：由于基准数据与修改增量的分离，ChunkServer 需要向 UpdateServer 请求获取增量数据。

步骤④：UpdateServer 向 ChunkServer 返回增量数据。

步骤⑤：每台 ChunkServer 将读取到的结果数据返回给 MergeServer。

步骤⑥：MergeServer 执行结果合并，融合基准数据和修改的更新数据。如果 SQL 请求涉及多张表格，MergeServer 还需要执行联表、嵌套查询等操作。最终，MergeServer 将结果返回给客户端。

传统的关系数据库是基于磁盘来读取数据的，根据用户的 SQL 请求从磁盘中读出数据页，再从中取出需要的内容。OceanBase 的只读事务与它们类似，不同的是，OceanBase 从读出的数据页中取出需要的内容时，还需要将其与对应的修改增量融合。由于修改增量以及融合操作都在内存中，因此这个操作对性能的损耗很小。与此同时，由于 OceanBase 通常采用固态盘作为存储并且没有随机磁盘写，能够充分利用固态盘优异的随机读性能，因此能够获得很好的读性能。

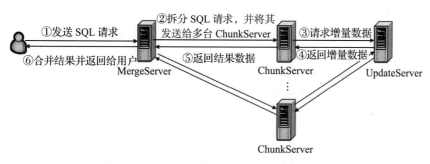

图 7.33　OceanBase 的只读事务操作流程

（2）读写事务

步骤①：用户将读写事务发送给 MergeServer，与只读事务相同，MergeServer 解析 SQL 语句，生成 SQL 执行计划。

步骤②：MergeServer 从相关的 ChunkServer 中获取需要读取的基准数据。

步骤③：ChunkServer 向 MergeServer 返回基准数据。

步骤④：MergeServer 将 SQL 执行计划和基准数据一起传给 UpdateServer。

步骤⑤：UpdateServer 根据物理执行计划执行读写事务，生成 Redo Log，把修改增量写入内存表中。

步骤⑥：UpdateServer 向 MergeServer 返回操作成功或者失败。

步骤⑦：MergeServer 把操作结果返回给客户端。

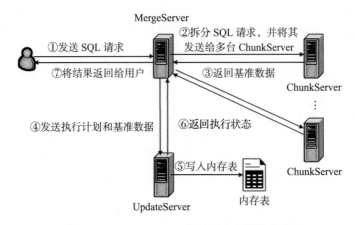

图 7.34   OceanBase 的读写事务操作流程

例如，假设用户的 SQL 语句为：update table1 set col1 = 'b', col2=col2+1 where rowkey=1，即将表格 table1 中主键为 1 的 col1 列取值设置为 b，col2 列取值加 1。这一行数据存储在 ChunkServer 中，假定 col1 列和 col2 列的原始值分别为 a 和 1。那么，MergeServer 执行 SQL 时，首先从 ChunkServer 读取主键为 1 的数据行的 col1 列和 col2 列，接着将读取结果以及 SQL 执行计划一起发送给 UpdateServer。UpdateServer 根据执行计划生成 Redo Log，并将 col1 列和 col2 列的修改增量（分别被改为 b 和 2）记录到内存表中。

对于每个读写事务，它对行数据的更新操作将被保存在 UpdateServer 的一个变长的内存块中。若存在多个读写事务对同一行数据进行更新，则存在多个这样的内存块，这些内存块将按更新的时间顺序组织成链表存放在 UpdateServer 的内存中。当读取某行数据时，需要从对该行数据的最早的更新操作（即链表首部）开始遍历，对同一列的更新操作进行合并，再将合并后的更新操作作用到基准数据上生成最终数据。随着更新次数的增加，链表的长度也随之增加。为了降低读取时的合并代价，OceanBase 设置了一个链表长度阈值，当链表长度超过该阈值时，则启动内存块的合并。

我们仍沿用上面的例子，若存在 3 个读写事务要对 table1 中主键为 1 的行数据进行更新操作，它们对该行数据的更新操作分别被存储在内存块 1、2 和 3 中，这些内存块按照时间的先后顺序被组织成一个链表。假定此时链表长度已达到阈值，则需要合并不同块中对同一列的更新操作，最终 3 个块被合并成 1 个块（如图 7.35 所示）。

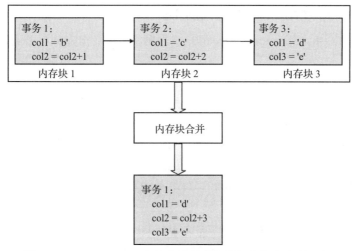

图 7.35 OceanBase 中多个读写事务的更新操作合并示例

上述介绍的基于内存的读写事务的处理方式与传统的基于磁盘的读写事务处理方式是不同的。传统的基于磁盘的关系数据库对于读写事务的处理过程通常包括如下步骤：首先，根据用户的 SQL 请求从磁盘中读出数据页，再从中取出需要的内容；然后，根据请求对数据进行修改，再把修改后的结果与原数据页融合生成新的数据页，写 Redo Log 和 Undo Log，并把新的数据页刷新到磁盘。第一，上述方式容易造成较大的写代价，而 OceanBase 的读写事务操作是把修改增量写入 MemTable 中，这些修改增量不需要做成数据页，因此省去了将新的数据页写入磁盘的操作代价。第二，传统的读写事务处理方式容易出现写入放大现象，例如每次修改通常为 100B，而数据页的大小通常为 8KB，这就出现了明显的写入放大（写放大倍数为 80 倍）。这样，写操作的延迟大大增加。而 OceanBase 只是利用修改增量进行更新，避免了传统数据库的写入放大。第三，OceanBase 可以通过块合并技术将链表中的内存块进行合并，降低事务中读操作的代价。因此，与传统的关系数据库相比，基于内存事务引擎的 OceanBase 数据库在读写事务性能上有明显的优势。

3. 大数据库中 2PC 协议的实现

由于分布式数据库系统中 2PC 协议的执行会严重影响系统的性能，因此，虽然一些大数据库系统支持事务，但在事务执行过程中通常采用回避 2PC 协议或改进 2PC 协议的思想。例如，微软的 Azure、阿里巴巴的 OceanBase 等大数据库中的事务语义通常需要被限制在一个分区或一个节点范围内。但对于某些应用需求来说，要使系统在全局上完全遵循事务 ACID 特性，仍需要采用 2PC 协议来保证分布式事务的正确提交。例如：Google 的 Megastore 数据库对于跨实体组的操作提供了两类处理方式（基于 2PC 协议的方式和基于异步消息队列的方式）供用户选择；Google 的 Spanner 数据库将 2PC 协议和 Paxos 协议（Paxos 协议的基本原理详见第 10 章）相结合，通过 2PC 保证多个数据分片上操作的原子性，通过 Paxos 协议实现同一个数据分片的多个副本之间的一致性。7.9.2 节将以 Spanner 为例来介绍 2PC 协议的实现过程。

7.9　大数据库的分布式事务管理案例

本节分别以 HBase、Spanner 和 OceanBase 为例，来介绍分布式事务管理方案。

7.9.1　HBase

HBase 是 Google Bigtable 的开源实现。由于 Bigtable 只支持单行范围的事务处理，因此 HBase 的事务模型也与 Bigtable 一脉相承，目前仅针对单行读写具有 ACID 保证，并不支持跨行的事务处理。随着应用环境的复杂化，HBase 原生支持的单行事务并不能完全满足用户需求，因此 Google 后续设计了 Percolator 协议来实现分布式跨行事务。本部分首先介绍 HBase 行级事务的特性，然后介绍分布式跨行事务的实现。

1. 行级事务

HBase 目前只支持行级事务。"行"即表中的一个记录或关系中的一个元组，由多个属性值单元组成。面向一个记录行中的多个属性单元的操作组成的事务称为行级事务。行级事务仅要求单行数据符合事务的 ACID 特性，而对于行与行之间、表与表之间并不要求符合事务特性。

HBase 使用行锁使得对同一行数据的更新都是互斥操作，以保证更新的原子性。对同一行的更新操作（包括针对一列、多列或多列族的操作），要么完全成功，要么完全失败，不会有其他状态。HBase 中每个列族都会对应一个 HStore 存储，用来存储该列族数据。HStore 存储是 HBase 存储的核心，由写缓存 MemStore 和数据文件 StoreFile 构成。在进行写操作时，HBase 并不会直接将数据落盘，而是采用预写日志（Write-Ahead Logging，WAL）机制，即先写入日志 HLog 中，再写入缓存 MemStore，等缓存满足一定大小之后再一起落盘于 StoreFile 中。WAL 可以保证数据的可靠性，即在任何情况下数据都不丢失。假如一次写入完成之后发生了宕机，即使所有缓存中的数据丢失，也可以通过恢复日志还原丢失的数据，从而保证事务的原子性。每个事务只会产生一个 WAL 单元，用来表示该事务中的更新操作集合。例如，假设一个行级事务要更新某行中的 3 列（c1、c2、c3），所产生的 WAL 单元为 <logseq#-for-entire-txn>: <WALEdit-for-entire-txn>，其中 WALEdit 会被序列化为 <-1, 3, <Keyvalue-for-edit-c1>, <KeyValue-for-edit-c2>, <KeyValue-for-edit-c3>>。

2. 跨行事务

目前，HBase 仅支持行级事务，只能保证针对同一行数据多个操作的 ACID，无法支持表级别的全局 ACID。然而，HBase 原生支持的单行事务难以满足用户需求。由于 HBase 是 Google Bigtable 架构的一个开源实现，因此在 Google Bigtable 的很多内部用户中同样面临类似的问题。因此，Google 后续设计了 Percolator 协议来实现分布式跨行事务。接下来，将介绍 Percolator 是如何基于 HBase/Bigtable 单行事务实现跨行事务的。需要说明的是，由于 Percolator 对于 HBase 和 Bigtable 均适应，因此 Percolator 中的概念及组件对应关系如下：Bigtable 对应 HBase，GFS 对应 HDFS，Tablet Server 对应 HBase 的 RegionServer，ChunkServer 对应 HDFS 的 DataNode，Chubby 对应 ZooKeeper。

Percolator 是 Google 研发的海量数据增量更新的处理系统，它可以保证 Bigtable 操作的事务特性。Percolator 协议的架构如图 7.36 所示。在 Google 集群中，每一个机器上同时部署了三种服务：Percolator Worker、Tablet Server 和 Chunk Server。这些服务又依赖 Chubby 来提供高吞吐、低延迟的分布式锁服务和协调服务。对于 Percolator 来说，主要引入了 Timestamp Oracle 和 Percolator 两个服务。其中，Timestamp Oracle 用来提供全局自增的逻辑时间戳服务。Percolator 用来提供 Percolator Worker 服务，借助 Bigtable 客户端来实现 Percolator 协议。Percolator Worker 主要用来响应来自客户端的分布式事务 RPC 请求，多个 Percolator Worker 之间无任何状态依赖，因此可以通过部署众多 Percolator Worker 来实现服务横向扩展。

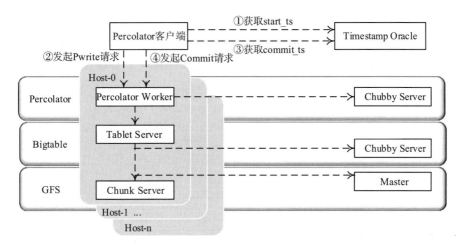

图 7.36　Percolator 协议的架构

Percolator 的事务提交是标准的 2PC，分为 Prewrite 和 Commit 两个阶段。当 Percolator 客户端发起一个分布式事务时，处理过程如下：

1）Percolator 客户端向 Timestamp Oracle 服务请求分配一个自增的 ID，用来表示当前事务的开始时间戳 start_ts。

2）Percolator 客户端向 Percolator Worker 发起 Pwrite 请求（对应于 2PC 的第一阶段），此时数据已经成功写入 Bigtable，但对其他事务尚不可见。

3）Percolator 客户端向 Timestamp Oracle 服务再次请求分配一个自增的 ID，用来表示当前事务的提交时间戳 commit_ts。

4）Percolator 客户端向 Percolator Worker 发起 Commit 请求（对应于 2PC 的第二阶段），该 Commit 操作执行成功后将对其他事务可见。

为了支持跨行事务，需要在同一个列族下增加 lock 列和 write 列，lock 列用来存放事务协调过程中需要用的锁信息，write 列用来存放当前行的可见时间戳版本。下面以账户间转账为例，来介绍跨行事务的运行机制。例如，假设有 Bob、Joe 两个账户，账户余额分别是 10 元和 2 元（他们对应于表中的两行记录），Bob 要向 Joe 转账 7 元。

账户的初始状态如图 7.37 所示，其中列族 bal 代表账户余额，新增的两个列名为 bal:lock 和 bal:write，分别用来记录与 bal 相关的锁信息和可见时间戳版本。从初始状态可以看出，对于账户 Bob 所在行，在 bal:write 列的取值 data@5 表示该行的当前可见版本为 5，即最近一次事务提交的时间戳是 5。同样，对于账户 Joe，最近一次事务提交的时间戳也是 5。

key	bal: data	bal: lock	bal: write
Bob	6: 5: $10	6: 5:	6: data@5 5:
Joe	6: 5: $2	6: 5:	6: data@5 5:

图 7.37 账户的初始状态

首先，对账户 Bob 进行 Pwrite 操作。如图 7.38 所示，在 Bob 所在 rowkey 下写入一行 timestamp 为 7 的数据，即 "7:$3"，并在 lock 列中标明当前行是分布式事务的主锁，即 "I am primary"。其中，主锁表示整个事务是否成功执行，若主锁所在行的操作成功执行，则表示整个分布式事务成功执行；否则，整个分布式事务失败，将回滚。

key	bal: data	bal: lock	bal: write
Bob	7: $3 6: 5: $10	7: I am primary 6: 5:	7: 6: data@5 5:
Joe	6: 5: $2	6: 5:	6: data@5 5:

图 7.38 对账户 Bob 进行 Pwrite 操作

然后，对账户 Joe 进行 Pwrite 操作。其过程与账户 Bob 的 Pwrite 操作类似，不同在于，lock 列被标明当前行是分布式事务的从锁，对应的主锁为 Bob 所在行的 bal 列族，即 "primary@Bob.bal"（如图 7.39 所示）。从锁行是否提交成功并不影响整个分布式事务成功与否，只要主锁所在行提交成功，则后续会异步地将从锁行提交成功。至此，分布式事务 2PC 过程的第一阶段已经成功完成。需要注意的是，虽然对 Bob 和 Joe 分别写入了新的余额，但新余额目前并不能被其他事务读取，这是因为 write 列存放的最近时间戳仍为 5。若想令新余额对其他事务可见，必须执行 2PC 的第二个阶段，即 Commit 阶段。

key	bal: data	bal: lock	bal: write
Bob	7: $3 6: 5: $10	7: I am primary 6: 5:	7: 6: data@5 5:
Joe	7: $9 6: 5: $2	7: primary@Bob.bal 6: 5:	7: 6: data@5 5:

图 7.39 对账户 Joe 进行 Pwrite 操作

接下来，对主锁所在行（即账户 Bob）执行 Commit。先写入一个 cell，将该行 write 列设为 7，表示该行最近一次事务提交的时间戳是 7。再删除一个 cell，将该行 lock 列中的主锁信息删除（如图 7.40 所示）。由于 Bigtable 具有行级事务特性，因此可保证上述写入和删除的操作是原子的。

key	bal: data	bal: lock	bal: write
Bob	8: 7: $3 6: 5: $10	8: 7: 6: 5:	8: data@7 7: 6: data@5 5:
Joe	7: $9 6: 5: $2	7: primary@Bob.bal 6: 5:	7: 6: data@5 5:

图 7.40　对账户 Bob 进行 Commit 操作

至此，分布式事务已成功提交，结果已经对其他事务可见。但是 Percolator 协议仍然会尝试提交从锁行的数据。因为即使此时不提交，也会在后续流程中进行提交，容易造成读取操作的延迟。从锁行的提交与主锁行的提交相类似，同样包含写入 cell 和删除 cell 两个操作。最终，Bob 和 Joe 的最近时间戳均为 7，可见余额分别为 3 和 9（如图 7.41 所示）。

key	bal: data	bal: lock	bal: write
Bob	8: 7: $3 6: 5: $10	8: 7: 6: 5:	8: data@7 7: 6: data@5 5:
Joe	8: 7: $9 6: 5: $2	8: 7: 6: 5:	8: data@7 7: 6: data@5 5:

图 7.41　对账户 Joe 进行 Commit 操作

7.9.2　Spanner

Spanner 数据库既具有大数据库系统的可扩展性，也具有分布式数据库事务能力，可以将一份数据复制到全球范围的多个数据中心，并保证数据的强一致性。Spanner 中的分布式事务通过 2PC 协议实现，其基本思想是：假设一个分布式事务涉及多个数据节点，2PC 协议可以保证在这些节点上的操作要么全部提交，要么全部失败，从而保证了整个分布式事务的原子性。协议中包含两个角色：协调者和参与者。协调者是分布式事务的发起者，而参与者是参与事务的数据节点。与传统分布式数据库中 2PC 协议的执行过程一样，Spanner 把全局事务的提交分为如下两个阶段：决定阶段和执行阶段。在决定阶段，协调者向所有的参与者发送投票请求，每个参与者决定是否要提交事务。如果打算提交，则需要写好日志，并向协调者回复。在执行阶段，协调者收到所有参与者的回复，如果都是准备提交，那么决定提交这个事务，写好日志后向所有参与者广播提交事务的通知。反之，则中止事务并且通知所有参与者。参与者收到协调者的命令后，执行相应操作。

在上述 2PC 协议执行过程中，如果协调者发生宕机，则每个参与者可能都不知道事务应该提交还是回滚，整个协议被阻塞。因此，2PC 协议最大的缺陷在于无法处理协调者宕机问题。因此，常见的做法是将 2PC 协议和 Paxos 协议结合起来，2PC 协议的作用是保证多个数据分片上操作的原子性，而 Paxos 协议的作用体现在两方面：一是实现同一个数据分片的多个副本之间的一致性，二是解决 2PC 协议中协调者宕机问题，即当 2PC 协议中的协调者出现故障时，通过 Paxos 协议选举出新的协调者继续提供服务。

如图 7.42 所示，假定在 Spanner 数据库系统中某分布式事务涉及数据 X、Y、Z，这些数据被存储在不同的 Shard 节点上。它们各有 3 个副本，形成 3 个 Paxos 组，分别记作（$X1$，$X2$，$X3$）、（$Y1$，$Y2$，$Y3$）和（$Z1$，$Z2$，$Z3$），每个组内部通过 Paxos 协议来保证副本的一致性。其中（$X1$，$Y1$，$Z1$）隶属于数据中心 1，（$X2$，$Y2$，$Z2$）隶属于数据中心 2，（$X3$，$Y3$，$Z3$）隶属于数据中心 3。假定 $X1$、$Y2$、$Z3$ 分别为各自 Paxos 组的 Leader，$Y2$ 为协调者，$X1$ 和 $Z3$ 为两个参与者。该事务的执行过程如下。

（1）决定阶段

步骤①：客户端向各 Paxos 组的 Leader 发送（也可以是协调者直接向参与者发送）"预提交"（Prepare）命令，并通知它们 $Y2$ 为协调者，然后等待回答。

步骤②：各个 Paxos 组的 Leader（$X1$、$Y2$、$Z3$）接收到"预提交"（Prepare）命令后，根据情况判断其子事务是否已准备好提交。若可以提交，则对相应数据加排他锁，并在 Paxos 日志文件中写入一条"准备提交"（Ready）的记录。否则，在 Paxos 日志文件中写入一条"准备废弃"（Abort）的记录。这里，副本间 Paxos 日志文件的一致性是基于 Paxos 协议实现的，由各 Paxos 组的 Leader 将命令发给其组员，并接收组员的确认信息。

步骤③：参与者 $X1$ 和 $Z3$ 将"准备提交"（Ready）或"准备废弃"（Abort）的应答发送给协调者 $Y2$。发送应答后，$X1$ 和 $Z3$ 将进入等待状态，等待 $Y2$ 所做出的最终决定。

（2）执行阶段

步骤①：协调者 $Y2$ 收集各个参与者发来的应答，判断是否存在某个参与者发来"准备废弃"的应答。若存在，则采取两段提交协议的"一票否决制"，在其 Paxos 日志文件中写入一条"决定废弃"（Abort）的记录；否则，在其日志文件中写入一条"决定提交"（Commit）的记录。接下来，$Y2$ 基于 Paxos 协议将决定通知给 $Y1$ 和 $Y3$，并接收 $Y1$ 和 $Y3$ 的确认信息。

步骤②：协调者 $Y2$ 向参与者 $X1$ 和 $Z3$ 以及客户端发送"全局废弃"（Abort）命令或"全局提交"（Commit）命令。此时，$Y2$ 进入等待状态，等待收集 $X1$ 和 $Z3$ 的确认信息。

步骤③：参与者 $X1$ 和 $Z3$ 接收到协调者发来的命令后，判断该命令类型，若为"全局提交"命令，则在其日志文件中写入一条"提交"（Commit）的记录，否则参与者在其日志文件中写入一条"废弃"（Abort）的记录。同样，为了维护副本间 Paxos 日志文件的一致性，$X1$ 和 $Z3$ 分别还要将命令发给其组员，并接收组员的确认信息。

步骤④：参与者 *X*1 和 *Z*3 对相应数据进行解锁，并对子事务实施提交或废弃。

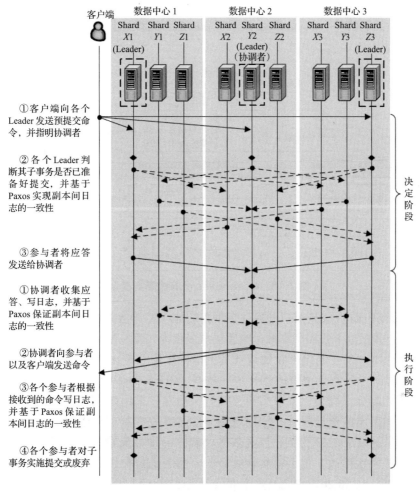

图 7.42　Spanner 系统中 2PC 协议的实现

从上述执行过程可知，Spanner 的两段提交实现基于 Paxos 协议，每个参与者和协调者本身产生的日志都会通过 Paxos 协议复制到自身的 Paxos 组中，从而解决可用性问题。

7.9.3　OceanBase

OceanBase 数据库是阿里巴巴和蚂蚁集团完全自研的原生分布式关系数据库软件。OceanBase 实现了弹性扩展的能力，同时实现了不依赖高端硬件解决数据库事务的高可靠和高可用的能力。在 OceanBase 数据库中，同一个事务操作的分区可能是一个或多个，分区 Leader 可能位于同一机器（即 Observer）上，也可能位于不同的机器上。上述情况可分为两种类型：单机事务（包括单分区事务和单机多分区事务）和多机多分区事务。本节将对 OceanBase 分布式事务模型、单机事务的特点以及多机多分区事务的特点进行介绍。

1. OceanBase 分布式事务模型

OceanBase 分布式事务模型包括三个重要的组件：全局时间戳服务（GTS）、两段提交组件和多版本并发控制组件。OceanBase 读写事务的执行流程如图 7.43 所示。

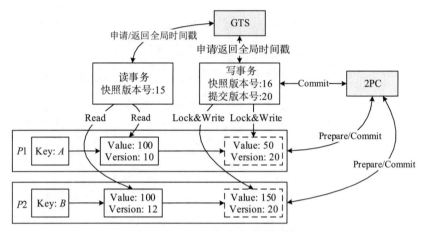

图 7.43　OceanBase 分布式事务模型

首先，OceanBase 在收到用户开启一个事务的请求时，会从 GTS 中申请一个全局时间戳作为快照版本，并把这个快照版本推送给底层的多版本并发控制组件。

其次，多版本并发控制组件收到请求后，根据请求中的 rowkey 找到对应行的行头，并利用快照版本号进一步查询或修改该行中的数据。OceanBase 的 MemTable 包含索引结构及行操作链表两个部分。其中，索引结构存储行头信息，采用内存 B 树实现行操作；行操作链表存储了不同版本的修改操作，从而支持多版本并发控制。利用行头可以针对多个版本的数据进行维护。以图 7.43 为例，假定数据 A 和 B 分别存放在分片 P1 和 P2 上，我们曾经针对 A 行进行了两次修改，那么就会在 A 行的行头上通过拉链的方式来维护两个版本的数据，版本号分别为 10 和 20，对应的数据取值分别是 100 和 50。多版本并发控制组件可根据rowkey、快照版本号等信息进行读写事务操作，具体如下。

1）对于读事务：假定某查询请求的快照版本号为 15，首先多版本并发控制组件会通过rowkey 找到对应行数据的行头（假定为 A 行），然后在行头上迭代查看每个版本的数据，找到一个比当前读快照小的版本号（即 10），将对应的数据（即 100）返回给用户。

2）对于写事务：假定某更新请求的快照版本号为 16，由于涉及修改操作，在修改前需要对 rowkey 所在行先加一个行锁，成功加锁后再对该行数据进行修改。在完成修改之后将进入 2PC 的提交阶段，由两段提交组件继续处理（将在下文的"多机多分区事务"中详细介绍）。提交事务的时候会生成一个提交版本号（本例中为 20），版本号是递增的，作为本事务所有修改数据的版本。提交结束之后，每个分区将行锁解锁释放。

2. 单机事务

在 OceanBase 中，事务操作的所有分区 Leader 在同一台机器上的事务，被称为单机事务或者本地事务。为了最大限度优化单机事务的提交性能，不同场景做了不同的优化。

- 单分区事务：只有一个分区存在写操作的事务称为单分区事务。该场景下，事务提交不需要通过 2PC 来完成，直接写一条日志即可完成事务提交。
- 单机多分区事务：多个分区存在写操作且 Leader 在同一个机器上的事务称为单机多分区事务。由于 OceanBase 数据库分区级日志流的设计，一台机器上的多个分区分别有各自独立的 Paxos 组，因此单机多分区事务本质上也是分布式事务。为了提高单机的性能，OceanBase 数据库对事务内参与者副本分布相同的事务采用了特殊的优化方法——一阶段提交，大大提高了单机事务提交的性能，具体如下。

OceanBase 使用多版本并发控制机制进行并发控制（详见第 9 章），参与者在提交事务时需要修改全局版本号。对于单机多分区事务，多个分区需要修改的全局版本号其实是一个，所以协调者在收到所有参与者回复的"准备提交"或"准备废弃"应答之后，如果认为事务可以提交，就可以帮助参与者修改全局版本号。这是因为单机多分区事务的协调者也一定是在这同一台机器上。所以，在 2PC 的第一阶段，如果协调者收到参与者的回复后即可应答用户事务的执行结果，而无须进入第二阶段，从而减少了单机多分区事务的延时。

3. 多机多分区事务

同一个事务在多个分区存在写操作且这些分区的 Leader 分布在多个机器上的事务称为多机多分区事务。与单机事务不同，多机多分区事务需要遵照完整的 2PC 协议，即需要等到各个参与者的"提交"或"废弃"执行完毕后，才能将事务的最终结果应答给客户端。

为了提升系统的分布式事务处理能力，降低延迟，OceanBase 数据库进一步改进了传统的 2PC 协议，采用参与者即协调者的优化，让每个分布式事务的第一个参与者承担 2PC 协议中协调者的工作。如图 7.44 所示，传统的 2PC 协议包含独立的协调者，协调者维护分布式事务的状态，执行"预提交"（Prepare）和"提交 / 废弃"（Commit/Abort）操作后应答客户端，且每一个操作之前都需要记录日志，用于协调者发生故障后恢复分布式事务的状态，1 次两段提交的延迟相当于 2 次 RPC（即协调者通知参与者"预提交"和协调者通知参与者"提交 / 废弃"）和 4 次写日志操作（即协调者写 Prepare 日志和 Commit 日志、参与者写 Prepare 日志和 Commit 日志）。OceanBase 数据库主要从两个方面对传统的 2PC 协议进行了优化。

1）对于传统的 2PC 协议，协调者需要通过记录日志来持久化自己的状态，否则，如果协调者和参与者同时宕机，协调者恢复后可能会导致事务提交状态不一致。与传统 2PC 协议不同，OceanBase 数据库采用协调者无状态设计，协调者不再维护分布式事务的状态，而是在宕机恢复时，通过所有参与者的局部状态动态构造分布式事务的全局状态。这种方式的优势在于：避免了协调者写日志，将协调者变成一个无持久化状态的状态机，这样，1 次两段提交的延迟将降低到 1 次写日志操作（即参与者写 Prepare 日志）。为什么 OceanBase 可以做到协调者无状态呢？这是因为 OceanBase 数据库将 Paxos 分布式一致性协议（详见第 10 章）引入两段提交过程中，当主副本发生宕机后，会由同一数据分片的备副本转换为新的主副本继续提供服务，以此保证参与者的高可用性。在参与者高可用的前提下，当协调者出现故障时，新的协调者会向这些参与者发送请求来询问当前分布式事务的状态，继续推进两段提交过程，因此 OceanBase 对协调者进行了"无状态"的优化。

　　2）对于传统的 2PC 协议，只有当所有参与者发出"提交"应答之后，协调者才可以向客户端返回"提交成功"，1 次两段提交的延迟是 2 次 RPC。而对于 OceanBase，当所有参与者发出"准备提交"应答之后，协调者就可以向客户端返回"提交成功"，这样 1 次两段提交的延迟将降低到 1 次 RPC。这是因为数据存在多个副本，只要保证在预提交阶段验证事务执行没有错误，协调者发出"提交"指令后，就可以乐观地认为事务执行成功并反馈给事务发起者，即 OceanBase 相信"提交"指令会被多数副本收到，事务最终一定是会提交成功的。因此，协调者可以提前把这个结果告诉客户端。

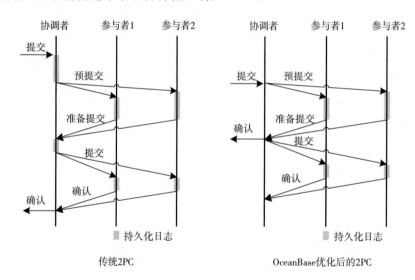

图 7.44　传统 2PC 与 OceanBase 优化后的 2PC

7.10　本章小结

　　分布式事务管理的目的在于保证事务的正确执行及执行结果的有效性，使事务具有较高的执行效率，以及较高的可靠性和并发性。两段提交协议是实现分布式事务正确提交而经常采用的协议，其基本思想是分布式事务的提交，当且仅当全部子事务均提交。按照各个参与者的通信结构的不同，可以进一步将两段提交协议的实现方法分为集中式、分布式、分层式和线性四种类型。三段提交协议是在两段提交协议的基础上发展而来的，其基本思想是将事务的提交过程延长，增加了一个"准备提交"阶段，在一定程度上减少了事务阻塞的发生，提高了事务的可靠性和系统的可用性。大数据库系统能较好地应对互联网应用的高性能、高可用和低成本的挑战，对传统的事务作用域、事务语义以及事务实现方法等方面进行了改进和扩展。

习题

1. 理解分布式事务的 ACID 四个特性，说明其与集中式数据库的异同。

2. 某网络学院，根据学科分为三个培训学院，即计算机学院、管理学院和机械学院，分别位于北京（场地 0）、上海（场地 1）和广州（场地 2）三个城市，其中北京为总院，如下图所示。网络学院管理系统中存在如下全局关系模式：学生（学号，姓名，性别，学院），课程（课程号，课程名，学时，授课教师），选课（学号，课号，成绩）。各个学院所在场地管理本院学生信息和选课信息，总院管理选课信息和课程信息。

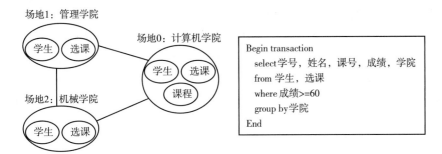

存在一个全局事务，要求：

1）执行该全局事务时，请说明该全局事务分为几个子事务，定义协调者和参与者，并说明它们完成的功能；

2）若采用集中式两段提交协议提交，简述提交过程；

3）若在提交过程中，某一参与者没有收到 Commit 报文，如何处理？

3. 完成电话的银行代缴费业务。设银行账户关系为 ACCOUNT(Acc_no, Amount1), Acc_no 表示银行存款账号，Amount1 表示银行存款余额；通信公司数据库中的客户关系为 CUSTOM(Phone_num, Amount2), Phone_num 表示客户的电话号码，Amount2 表示话费余额。具体的业务过程是：电话用户到达银行，填写拟缴费的电话号码和缴费金额；银行完成从电话用户账号（假设为 111）到通信公司存款账号（假设为 222）的转账业务，同时将交费信息发送给通信公司；通信公司接收到交费信息后，为该电话号码修改话费余额。现假设存放账号 111 信息的表、存放账号 222 信息的表以及通信公司客户关系表均不在一个场地上，请按照进程代理模型给出分布式事务的执行过程。

4. 三阶段提交协议与两段提交协议有何不同？采用线性通信拓扑设计一个 3PC 协议。

5. 分布式事务主要有哪些实现模型？

6. 试对局部事务管理器和分布式事务管理器的功能及特点进行比较。

7. 两段提交协议主要有哪些实现方法？其优缺点是什么？

8. 请针对三段提交协议中参与者状态之间的相容性进行解释。

9. 试论述大多数大数据库系统在事务执行过程中通常回避 2PC 协议的原因。

10. 试分别论述 OceanBase 的只读事务和读写事务的具体实现过程。

11. 试结合具体例子论述 HBase 实现分布式跨行事务的过程。

12. 试论述 OceanBase 从哪些方面对传统的 2PC 协议进行了优化。

参考文献

[1] 萨师煊，王珊. 数据库系统概论 [M]. 4 版. 北京：高等教育出版社，2006.

[2] SILBERSCHATZ A, KORTH H F, SUDARSHAN S. 数据库系统概念 [M]. 杨冬青，唐世渭，等译. 北京：机械工业出版社，2000.

[3] OZSU M T, VALDURIEZ P. Principles of Distributed Database System (Second Edition) [M]. 北京：清华大学出版社，2002.

[4] 邵佩英. 分布式数据库系统及其应用 [M]. 北京：科学出版社，2005.

[5] 杨成忠，郑怀远. 分布式数据库 [M]. 哈尔滨：黑龙江科学技术出版社，1990.

[6] 周龙骧. 分布式数据库管理系统实现技术 [M]. 北京：科学出版社,1998.

[7] 陆嘉恒. 大数据挑战与 NoSQL 数据库技术 [M]. 北京：电子工业出版社，2013.

[8] 张俊林. 大数据日知录：架构与算法 [M]. 北京：电子工业出版社，2014.

[9] 李凯，韩富晟. OceanBase 内存事务引擎 [J]. 华东师范大学学报（自然科学版），2014(5): 147-163.

[10] 阳振坤. OceanBase 关系数据库架构 [J]. 华东师范大学学报（自然科学版），2014(5): 141-148.

[11] 周欢，樊秋实，胡华梁. OceanBase 一致性与可用性分析 [J]. 华东师范大学学报（自然科学版），2014(5): 103-116.

[12] AGRAWAL D, ABBADI A E, MAHMOUD H A, et al. Managing Geo-replicated data in multi-datacenters [C]//Proc. of DNIS. Berlin: Springer Berlin Heidelberg, 2013: 23-43.

[13] BAKER J, BOND C, CORBETT J C, et al. Megastore: Providing scalable, highly available storage for interactive services [C]//Proc. of CIDR, 2011: 223-234.

[14] BERNSTEIN P A, HADZILACOS V, GOODMAN N. Concurrency Control and Recovery in Database Systems. Reading [M]. Mass.: Addison-Wesley, 1987.

[15] BERNSTEIN P A, NEWCOMER E. Principles of Transaction Processing for the Systems Professional [M]. San Mateo, Calif.: Morgan Kaufmann, 1997.

[16] CAMPBELL D G, KAKIVAYA G, ELLIS N. Extreme scale with full SQL language support in Microsoft SQL Azure [C]//Proc. of SIGMOD. New York: ACM, 2010: 1021-1024.

[17] CHANG F, DEAN J, GHEMAWAT S, et al. Bigtable: a distributed storage system for structured data [C]//Proc. of 7th USENIX Symp. Operating Systems Design and Implementation. CA: USENIX, 2006: 15-28.

[18] CORBETT J, DEAN J, EPSTEIN M, et al. Spanner: Google's globally-distributed database [C]//Proc. of OSDI. CA: USENIX, 2012: 251-264.

[19]　ELMAGARMID A K. Transaction Models for Advanced Database Applications [M]. San Mateo, Calif.: Morgan Kaufmann, 1992.

[20]　GRAY J, REUTER A. Transaction Processing: Concepts and Techniques [M]. San Mateo, Calif.: Morgan Kaufmann, 1993.

[21]　GRAY J N. Notes on Data Base Operating Systems. Operating Systems: An Advanced Course [M]. New York: Springer-verlag, 1979.

[22]　GRAY J, LAMPORT L. Consensus on transaction commit [J]. ACM Transaction on Database Systems, 2006, 31(1):133-160.

[23]　KALLMAN R, KIMURA H, NATKINS J, et al. H-store: a high-performance, distributed main memory transaction processing system [J]. PVLDB Endow., 2008, 1(2): 1496-1499.

[24]　LYNCH N, MERRITT M, WEIHL W E. Atomic Transactions in Concurrent Distributed Systems [M]. San Mateo, Calif.: Morgan Kaufmann, 1993.

[25]　MAHMOUD H, NAWAB F, PUCHER A, et al. Low-latency multi-datacenter databases using replicated commit [C]. PVLDB, 2013, 6(9): 661-672.

[26]　SKEEN D. Nonblocking commit protocols [C]. Proc. of SIGMOD, 1981: 133-142.

[27]　SELTZER M. Oracle NoSQL Database [EB/OL]. 2013. http://www.oracle.com/technetwork/database/database-technologies/nosqldb/overview/nosqlandsqltoo-2041272.pdf.

[28]　胡争，范欣欣 . HBase 原理与实践 [M]. 北京 : 机械工业出版社，2019.

[29]　DANIEL P, FRANK D. Large-scale Incremental Processing Using Distributed Transactions and Notifications [C]//Proc. of OSDI. CA: USENIX, 2010: 1-10.

[30]　倪超 . 从 Paxos 到 Zookeeper：分布式一致性原理与实践 [M]. 北京：电子工业出版社，2015.

[31]　OceanBase 企业级分布式关系数据库 [EB/OL]. 2021. https://www.oceanbase.com/docs/oceanbase-database/oceanbase-database/V3.1.2.

第**8**章

分布式恢复管理

数据库系统的可恢复性和高可靠性是保证各种应用正确而可靠地运行所不可缺少的重要组成部分。尽管计算机系统可靠性在不断提高，数据库系统中也采用了很多措施和方法保证数据库系统的正确运行，但仍不可避免系统出现这样或那样的故障，导致数据库数据丢失或被破坏。因此，一方面数据库系统必须采取相应的恢复措施，把数据库系统从故障状态恢复到一个已知的正确状态；另一方面还要考虑数据库系统的可靠性，尽量将崩溃后数据库的不可用时间减少到最小，并保证事务的原子性和耐久性。本章主要介绍分布式数据库系统的恢复管理和可靠性协议，首先介绍事务恢复所涉及的概念，然后分别针对集中式环境和分布式环境所采用的故障恢复方法加以介绍，接下来阐述可靠性的概念和度量，并讨论分布式数据库的可靠性协议，最后针对大数据库系统中的恢复管理问题、故障类型、故障检测技术和容错技术进行介绍。

8.1 分布式恢复概述

数据库恢复机制要针对任何可能出现的故障提供相应的恢复策略，本节将针对事务恢复所涉及的概念、故障类型以及恢复模型进行介绍。

8.1.1 故障类型

恢复是数据库系统在出现故障的情况下采取的补救措施，使系统恢复到出错前的正确状态。系统在恢复正确后可继续运行，不会因系统故障而造成数据库损坏或数据丢失。在介绍故障类型之前，首先结合故障模型讨论一下系统可能出现的三种故障形式：故障（Fault）、错误（Error）和失效（Failure）。

系统的故障模型如图 8.1 所示。系统由一系列单元组成，这些单元本身也可以称为系统，通常被称为子系统。系统能够针对外部环境的影响给出相应的响应，我们将这些影响称为"激励"，将系统所处外部环境的状态称为系统的"外部状态"，将系统内部各单元的状态称为"内部状态"。通常，在故障模型中存在三种故障形式，具体定义如下。

- **故障（Fault）**：指系统单元所处的内部状态发生的错误或系统内部设计错误。
- **错误（Error）**：指系统单元内出现了不正确的状态，是故障的内在表现形式。
- **失效（Failure）**：指系统的外部状态中所表现出来的错误。

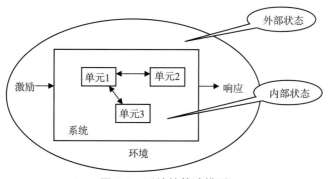

图 8.1 系统的故障模型

当系统单元被组建得不合理或系统内部设计存在不足时，将会引起系统故障的发生，此时系统的内部状态处于错误的状态，进而使系统的外部环境受到影响，最终导致失效。因此，我们通常认为：由故障（Fault）引发错误（Error），由错误（Error）导致执行失败，即失效（Failure），如图 8.2 所示。

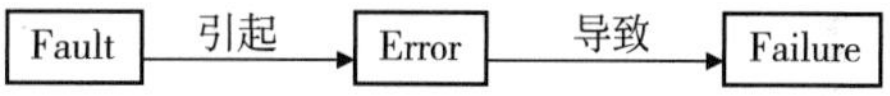

| Fault | → 引起 → | Error | → 导致 → | Failure |

图 8.2 故障的三种形式

系统错误分为以下三种类型。

- **永久性错误**：这种错误会一直持续下去，不会自动恢复。例如硬盘损坏等。
- **间歇性错误**：这种错误时常发生，但时常会自动恢复。例如电路接触不良、计算机运行不稳定等。
- **临时性错误**：这种错误可能发生一次，以后不再发生。例如偶然的电流干扰导致瞬息读写错误。

图 8.3 进一步说明了导致系统失效的各种原因。

数据库系统中可能发生各种各样的故障，每种故障都会在系统中引发不同的错误状态。下面，将针对数据库系统中的故障类型进行介绍。

数据库系统中的故障经常被分为以下类别，如图 8.4 所示。

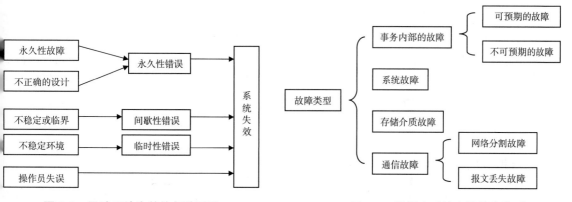

图 8.3 导致系统失效的各种原因　　　　　　**图 8.4 数据库系统中的故障类型**

1. 事务内部的故障

事务内部的故障可细分为可预期的故障和不可预期的故障。可预期的事务故障是指故障的发生可以通过事务程序本身来检测。例如：在例 7.2 中，事务在执行的过程能够检查贷方转账后余额是否不足，若发现不足，则废弃该子事务，将数据库恢复到正确状态。相反地，不可预期的事务故障是指故障的发生不能被应用程序所检测并处理。例如：并发事务发生死锁、算术溢出、完整性被破坏、操作员失误等故障都是不可预期的事务故障，这类故障无法由事务程序本身所预测。

事务内部的故障大多数都是不可预期的，发生这类故障的事务将不能正常运行到其终点位置（Commit 或 Abort）。因此，针对这类故障，数据库恢复机制要强行废弃该事务，使数据库回滚到事务执行前的状态。

2. 系统故障

系统故障的表现形式是使系统停止运转，必须经过重启后系统才能恢复正常。例如，CPU 故障、系统死循环、缓冲区溢出、系统断电等故障均为系统故障。这类故障的特点是：仅使正在运行的事务受到影响，数据库本身没有被破坏。此时，内存中的数据全部丢失。一方面，一些尚未完成的事务的结果可能已被写入数据库中；另一方面，一些已提交的事务的结果可能还未来得及更新到磁盘上。这样，故障发生后数据库可能处于不一致的状态。

对于系统故障，数据库恢复机制要在系统重启后，将所有非正常终止的事务强行废弃，同时将已提交的事务的结果重新更新到数据库中，以保证数据库的正确性。

3. 存储介质故障

存储介质故障是指存储数据的磁盘等硬件设备发生的故障。例如，磁盘坏损、磁头碰撞、瞬时强磁场干扰等均为存储介质故障。这类故障的特点是：不仅使正在运行的所有事务受到影响，而且数据库本身也被破坏。因此，同前两种故障相比，存储介质故障是一种较严重的故障类型。

对于存储介质故障，数据库恢复机制要定期地对数据库进行转储，借助于备份数据库和日志文件来进行故障恢复。

4. 通信故障

前三种故障都是针对集中式数据库而言的，针对这些故障的恢复处理都局限在某个场地内部。而对于分布式数据库来说，各个场地之间需要传送通信报文，因此容易引发通信故障。通信故障可细分为网络分割故障和报文丢失故障。其中，网络分割故障是指通信网络中一部分场地和另一部分场地之间完全失去联系，报文丢失故障是指报文本身错误或在传送过程中被丢失而导致数据不正确。

对于通信故障，数据库恢复机制要针对故障的表现形式进行判断，分析故障产生的原因并进行相应的处理，如重发报文等。

综上所述，数据库系统中的故障可归纳为两大类：硬故障和软故障。硬故障通常是永久的、不能自动修复的，如存储介质故障（不包括使用 RAID 可以修复的介质故障）。硬故障导致的失效（Failure），称为硬失效。这种故障对数据库系统是致命的，应尽力避免。软故障通常是临时性或间歇性的，如事务内部的故障、系统故障、通信故障等。这些故障大多是临时性的，多是由于系统不稳定造成的，比较容易恢复。如系统可通过恢复机制进行恢复或重新启动事务恢复。通常这些软故障导致的失效（Failure），称为软失效。系统中 90% 的失效是软失效。

8.1.2　恢复模型

在故障恢复过程中，数据库恢复管理器依据数据库日志文件（log）对数据库事务进行恢复操作。本部分首先针对日志文件的格式和内容以及反做（undo）和重做（redo）恢复策略进行介绍，然后分别对软故障的恢复模型和硬故障的恢复模型进行描述。

1. 数据库日志文件

事务是数据库系统的基本运行单位。一个事务对数据库更新操作的执行过程如图 8.5 所示。一个事务的完成，不仅仅是执行操作序列，还必须将事务执行信息（尤其是更新操作）写入日志文件。这样，在故障发生时，系统的恢复机制就可以根据日志中

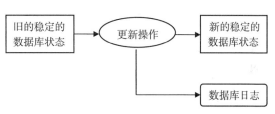

图 8.5　数据库更新操作的执行过程

的信息对系统进行恢复，保证数据库状态的正确性，维护系统的一致性。因此，数据库日志文件是用来保存恢复信息的数据文件。

在日志中，系统的运行情况通常以运行记录的形式存放。日志记录可分为数据日志记录、命令日志记录和检查点日志记录三个类别。

每条数据日志记录的内容包括：

- 事务标识符（标明是哪个事务）；
- 操作类型（插入、删除或修改）；
- 操作的数据项；
- 数据项的旧值（称为前像，BeforeImage）；
- 数据项的新值（称为后像，AfterImage）。

每条命令日志记录的内容包括：

- 事务标识符（标明是哪个事务）；
- 命令（如 Begin、Abort 或 Commit）。

检查点是在日志中周期性设定的操作标志，目的是减少系统故障后的恢复的工作量。在检查点上，需要完成以下操作：首先，将日志缓冲区中的内容写入外存中的日志；然后，在外存日志中登记一个检查点记录；接下来，将数据库缓冲区中的内容写入外存数据库；最后，把外存日志中检查点的地址写入重启动文件，使检查点以前的工作永久化。当系统出现故障时，只需要进行如下恢复处理：对最近检查点以后的提交操作进行恢复处理；对最近检查点没提交的活动事务的操作进行恢复处理；对检查点以后没有提交的事务的操作进行恢复处理。

可见，基于检查点的恢复处理可有效减少恢复的工作量。

例 8.1   并行操作的事务 T1 和 T2，其操作序列为：

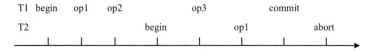

则检查点日志文件中所记录的信息为：

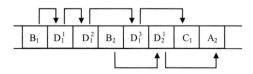

其中，D_i^j 表示事务 i 对数据记录 D 的第 j 步操作（opj），B_i 表示事务 i 开始执行（begin），C_i 和 A_i 分别表示事务 i 的提交（commit）与废弃（abort）。从日志文件可知：

- T1 的执行过程为：开始 B_1，修改操作 D_1^1、D_1^2、D_1^3，最后提交 C_1。
- T2 的执行过程为：开始 B_2，修改操作 D_2^1，最后废弃 A_2。

2. 反做（undo）和重做（redo）恢复策略

反做（undo）和重做（redo）是数据库事务恢复过程中采用的两个典型的恢复策略。其中涉及的外存数据库是指存在于磁盘上的数据库。修改的数据已写到外存数据库是指该数据具有永久性。

反做（undo）也称撤销，是将一个数据项的值恢复到其修改之前的值，即取消一个事务所完成的操作结果。当一个事务尚未提交时，如果缓冲区管理器允许该事务修改过的数据写到外存数据库，一旦此事务出现故障需废弃时，就要对被这个事务修改过的数据项进行反做（undo），即根据日志文件将其恢复到前像。反做（undo）的目的是保持数据库的原子性。反做操作也称为回滚（rollback）操作。

重做（redo）是将一个数据项的值恢复到其修改后的值，即恢复一个事务的操作结果。当一个事务提交时，如果缓冲区管理器允许该事务修改过的数据不立刻写到外存数据库，一旦此事务出现故障，需对被这个事务修改过的数据项进行重做（redo），即根据日志文件将其恢复到后像。重做（redo）的目的是保持数据库的耐久性。重做操作也称为前滚（rollforward）操作。

如果在进行反做（undo）处理时又发生了故障，则要重新进行反做（undo）处理。对事务进行一次或多次反做（undo）处理应是等价的，该特性称为反做（undo）的幂等率。同理，重做（redo）也有幂等率特性。反做幂等率和重做幂等率分别被表示为：

$$undo（undo（...T））= undo（T）$$
$$redo（redo（...T））= redo（T）$$

重做（redo）和反做（undo）幂等率说明，对一个事务 T 执行任意多次 redo/undo 操作，其效果应与执行一次 redo/undo 操作的结果相同。

系统的故障恢复是以日志文件为基础完成的，因此，要求事务在执行过程中满足先写日志协议（WAL），具体含义为：

- 在外存数据库被更新之前，应将日志文件中有关数据项的反做信息写入外存文件；
- 事务提交之前，日志文件中有关数据项的重做信息应在外存数据库更新之前写入外存文件。

3. 故障恢复模型

数据库系统中的故障可归纳为两大类：硬故障和软故障。基于数据库日志文件，应用 undo 和 redo 策略可以进行软故障恢复和硬故障恢复。下面，将针对这些故障的恢复模型分别加以介绍。

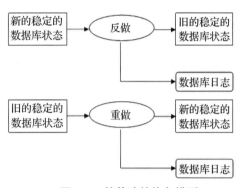

（1）软故障的恢复模型

当发生软故障时，造成数据库不一致状态的原因包括：一些未完成事务对数据库的更新已写入外存数据库；一些已提交事务对数据库的更新还没来得及写入外存数据库。因此，基本的恢复操作分为两类，即反做（undo）和重做（redo），其恢复模型如图 8.6 所示。

图 8.6　软故障的恢复模型

（2）硬故障的恢复模型

硬故障的主要恢复措施是进行数据转储和建立日志文件。首先，DBA 要定期地将数据库转储到其他磁盘上，形成一系列备份数据库（也称"后备副本"）。若当前数据库被破坏，则可以将后备副本重新导入到当前磁盘上，使数据库恢复到数据转储时的状态。接下来，利用日志文件重新运行转储以后的所有更新事务，使数据库再进一步地恢复到故障发生时的状态。

若将上述过程以模型化形式表示，则可以得到数据库系统的故障恢复模型（如图 8.7 所示）。在 T_a 时刻，DBA 对整个数据库进行转储，直到 T_b 时刻转储结束并生成当前最新版本的数据库后备副本。若系统在事务运行到 T_f 时刻发生故障，则开始进行故障恢复。首先由 DBA 重新载入刚生成的后备副本，将数据库恢复为 T_b 时刻的状态。接下来，系统利用日志文件重新运行在 T_b 到 T_f 时间段执行的所有更新事务，执行完毕后数据库将恢复到故障发生前（T_f 时刻）的一致状态，故障恢复结束。

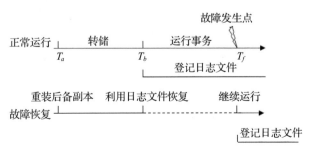

图 8.7　硬故障的恢复模型

8.2　集中式数据库的故障恢复

在对故障恢复前，要判断故障是永久性的，还是间歇性的；是导致了外存数据错误，还是使内存数据发生错误。针对可能产生的不同故障，应采用相应的故障恢复方法。在介绍故障恢复之前，还需了解数据库中数据的更新方法、缓冲区中数据更新方法等内容。

8.2.1　局部恢复系统的体系结构

局部场地上的数据库系统可以被看作一个集中式的数据库系统。尽管局部数据库系统可能发生各式各样的故障，但故障恢复系统的体系结构是一致的（如图 8.8 所示）。在局部恢复系统中，主要借助局部恢复管理器（LRM）来完成故障恢复，以保证本地事务的原子性和耐久性。

其中，数据库存储在永久性的外存设备上，之所以称为"永久性外存"，是因为这些设备相对稳定。数据库缓冲区用来存放最近

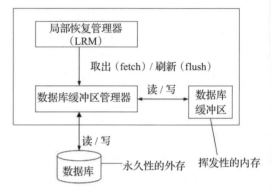

图 8.8　局部恢复系统的体系结构

执行的事务所使用的数据。为了提高数据存取的性能，数据库缓冲区被放置在具有挥发性的内存中，以页为单位来缓存数据。数据库缓冲区管理器负责读写数据库及缓冲区中的数据，也就是说，所有的数据读写操作都必须借助于缓冲区管理器来完成。局部恢复管理器与缓冲区管理器之间存在两个交互接口：读取（fetch）数据页和刷新（flush）数据页。

局部恢复管理器读取某页数据的过程是：首先，由局部恢复管理器发出"取出"（fetch）命令并指明它想要读取的数据页；然后，缓冲区管理器对缓冲区进行检测，判断当前缓冲区中是否存在局部恢复管理器想要读取的数据页，若存在，则缓冲区管理器直接从缓冲区中读取相应数据页供局部恢复管理器使用，否则，缓冲区管理器将从数据库中读取该数据页，并将其加载到空闲的缓冲区后提供给局部恢复管理器。需要注意的是，若当前缓冲区已无空闲空间，则缓冲区管理器需要从当前缓冲区中选取某个数据页（例如采用 LRU 选取策略）写回到数据库中，将腾出的空间用于缓存新的数据页。

局部恢复管理器刷新某页数据的过程与上述读取数据页的过程类似。首先由局部恢复管理器发出"刷新"（flush）命令并指明它想要刷新的数据页；然后，缓冲区管理器在当前缓冲区中查找该数据页，若存在，则将该页数据写回到数据库中。对于缓冲区中无此数据页的情况，还要将该页数据从数据库读取到缓冲区中，将其更改后写回到数据库。

8.2.2　数据更新策略

要恢复出错的数据库数据，首先需要了解数据是如何进行更新操作的，才能恰到好处地完成数据库的恢复。数据的更新具体可分为数据库中数据的更新和缓冲区中数据的更新。

1. 数据库中数据的更新策略

数据库数据的更新通常采用两种更新方法，即原地更新和异地更新。原地更新是指数据库的更新操作直接修改数据库缓冲区中的旧值。异地更新是指数据库的更新操作将数据项新值存放在与旧值不同的位置上，如采用影子页面（shadowing page）或采用差分文件方式存储。

- 影子页面是指当更新数据时，不改变旧存储页面，而是构建一个影子页面，将新值存于新建的影子页面上。这些旧页面可被应用于故障恢复的过程中。
- 由于更新操作等价于先删除旧值，再插入新值，因此，差分文件（F）由只读部分（FR）加上插入部分（DF+）和删除部分（DF-）组成，即 F = (FR ∪ DF+)-DF-。

2. 缓冲区中数据的更新策略

缓冲区更新策略可由固定 / 非固定（fix/non_fix）和刷新 / 非刷新（flush/no_flush）组合而成，共组成 4 种缓冲区更新策略，即固定 / 刷新方式（fix/flush）、固定 / 非刷新方式（fix/no_flush）、非固定 / 刷新方式（non_fix/flush）和非固定 / 非刷新方式（non_fix/no_flush）。具体含义如下：

- 固定 / 非固定（fix/non_fix）：是指缓冲区管理器是否要等到局部恢复管理器（LRM）下发命令后，才将缓冲区中修改的内容写到外存数据库。
- 刷新 / 非刷新 (flush/no_flush)：是指在事务执行结束后，局部恢复管理器（LRM）是否强制缓冲区管理器将当前缓冲区中已修改的数据写回外存数据库。

8.3　分布式事务的故障恢复

分布式数据库系统主要由节点及节点间的通信链路组成。因此，在分布式数据库系统中，除了可能出现集中式数据库系统中的故障外，还可能出现分布式数据库系统特有的故障。通常，我们将发生在各个场地内部的故障称为场地故障，将发生在场地间通信过程中的故障称为通信故障。前面介绍了集中式数据库的故障恢复方法，本节将围绕分布式数据库系统的事务恢复方法进行介绍。

前文介绍的两段提交协议和三段提交协议均具有恢复场地故障和通信故障的特性。下面分别以这两种协议对场地故障及通信故障的恢复进行描述。

8.3.1　两段提交协议对故障的恢复

1. 场地故障

依据前文所述，两段提交协议的思想概括地说是将事务提交分为两个阶段：决定阶段和执行阶段。决定阶段是做出提交 / 废弃的决定；执行阶段实现决定阶段的决定。两段提交协议实现的概要图如图 8.9 所示，其中 C 和 P 分别表示协调者（Coordinator）和参与者（Participant）。协调者可以向参与者发送 P（预提交）命令和 C/A（提交 / 废弃）命令，参与者可以向协调者返回 R/A（准备提交 / 准备废弃）应答和 ACK（确认）应答。

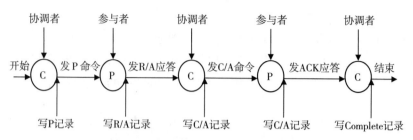

图 8.9　两段提交协议实现的概要图

下面，将针对两段提交协议执行中可能发生的所有 5 种场地故障情况进行分析，并给出相应的恢复策略。

场地故障情况 1：在参与者场地，若参与者在写 R/A 记录之前出错。此时，协调者发完 P 命令后在规定时间内收不到应答信息。针对该故障采用的恢复策略是：若故障参与者在协调者发现超时前被恢复，则进行单方面的"废弃"。若故障参与者在协调者发现超时时仍未被恢复，则协调者做"废弃"处理，即默认认为收到 A 应答。

场地故障情况 2：在参与者场地，若参与者在写 R/A 记录之后、写 C/A 记录之前出错，则分三种情况讨论。

- 出错时参与者已写 R 记录，但未发送 R 应答。由于协调者没有收集到所有参与者返回的 R/A 应答，因此处于等待状态。针对该故障采用的恢复策略是：若故障参与者在协调者发现超时前被恢复，则该参与者需要访问其他场地的状态来了解事务的最终命运，我们将该过程称为"启动终结协议"（两段提交协议的终结协议的详细描述见 8.4.3 节）。若故障参与者在协调者发现超时时仍未被恢复，则协调者做"废弃"处理，即默认认为收到 A 应答。
- 出错时参与者已写 A 记录，但未发送 A 应答。针对该故障采用的恢复策略是：故障参与者在恢复后不需要做任何处理。协调者发现超时后，做"废弃"处理，即默认认为收到 A 应答。
- 出错时参与者已经将 R/A 应答返回给协调者。此时，协调者可以通过收集参与者的应答来决定全局提交或全局废弃，其他参与者均可以按照协调者的命令正常终止，但由于协调者没有收集到所有参与者返回的 ACK 应答，因此处于等待状态。针对该故障采用的恢复策略是：若故障参与者在协调者发现超时前被恢复，则启动终结协议。若故障参与者在协调者发现超时时仍未被恢复，则协调者给故障参与者重发 C/A 命令。

场地故障情况 3：在参与者场地，若参与者在写 C/A 记录之后出错，则分两种情况讨论。

- 出错时参与者未发送 ACK 应答。由于协调者没有收集到所有参与者返回的 ACK 应答，因此处于等待状态。针对该故障采用的恢复策略是：协调者发现超时后给故障参与者重发 C/A 命令。
- 出错时参与者已发送 ACK 应答。此时，协调者和参与者均可以正常终止，因此无须采取任何措施。

场地故障情况 4：在协调者场地，协调者在写 P 记录之后、写 C/A 记录之前出错，下面分两种情况讨论。

- 出错时协调者未将 P 命令发送给参与者。针对该故障采用的恢复策略是：协调者重新启动后，从预提交记录中读出参与者的标识符，重新执行两段提交协议。
- 出错时协调者已将 P 命令发送给参与者。此时，参与者将处于等待状态，等待协调者向它们发送 C/A 命令。针对该故障采用的恢复策略是：若协调者在参与者发现超时前被恢复，则从预提交记录中读出参与者的标识符，重新执行两段提交协议。若协调者在参与者发现超时时仍未被恢复，则参与者启动终结协议。

场地故障情况 5：在协调者场地，协调者在写 C/A 记录之后、写 Complete 记录之前出错，下面分两种情况讨论。

- 出错时协调者未将 C/A 命令发送给参与者。此时，参与者还未收到协调者发来的 C/A 命令，因此处于等待状态。针对该故障采用的恢复策略是：若协调者在参与者发现超时前被恢复，则给所有参与者重发其决定的命令；若协调者在参与者发现超时时仍未被恢复，则参与者启动终结协议。
- 出错时协调者已将 C/A 命令发送给参与者。此时，协调者在故障过程中可能错过了对参与者 ACK 应答的接收。针对该故障采用的恢复策略是：协调者重新启动后，给所有参与者重发其决定的命令。

2. 通信故障

我们在 8.1 节已经介绍，通信故障有两种：报文丢失和网络分割。若存在两个场地 A 和 B，报文丢失是指 A 最大延迟内没有收到 B 发来的报文。网络分割指网络被断开或存在两个以上不相连的子网。如果系统不存在通信故障，则应有以下两个表现。

- 收到的报文内容及报文顺序均正确。
- 无超时错误发生。无超时错误是指在发送报文后，在规定的延迟时间内应收到返回的应答信息。

通信故障的直观表现是造成所传输的信息的丢失。丢失的信息可分为命令信息、响应信息及数据库信息。当命令或响应信息丢失时，直接影响事务的实现。下面按报文丢失和网络分割分别描述其故障恢复方法。

如果对图 8.9 进行适当的简化处理，则可以得到两段提交协议中报文信息传输的简要图（如图 8.10 所示）。根据丢失的报文信息类型不同，报文丢失故障可分为四种情况。下面将对这四种情况进行分析，并给出相应的恢复策略。

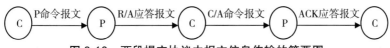

图 8.10　两段提交协议中报文信息传输的简要图

通信故障情况 1：丢失 P 命令报文。此时，存在参与者未收到协调者发送的 P 命令，因此处于等待状态。同时，协调者也在等待这些参与者的应答。针对该故障采用的恢复策略是：协调者发现超时，做"废弃"处理，即默认认为收到 A 应答报文。

通信故障情况 2：丢失 R/A 应答报文。此时，由于协调者没有收集到所有参与者返回的应答，因此处于等待状态。针对该故障采用的恢复策略同"丢失 P 命令报文"处理过程一样：协调者保持等待，如果出现超时，做"废弃"处理。

通信故障情况 3：丢失 C/A 命令报文。此时，参与者没有及时收到来自协调者的命令，因而处于等待状态。针对该故障采用的恢复策略是：参与者保持等待，如果出现超时，则参与者启动终结协议。

通信故障情况 4：丢失 ACK 应答报文。此时，协调者没有收集到全部的 ACK 应答而处于等待状态。针对该故障采用的恢复策略是：协调者利用超时机制，向参与者重发 C/A 命令，要求参与者给予应答。

对于网络分割故障，两段提交协议采用的故障恢复思想是：先将网络中所有场地节点分为两大区——包含协调者的分区和不包含协调者的分区。包含协调者的分区被称为协调者群；不包含协调者的分区被称为参与者群。之后，分两种情况进行恢复处理：

- 在协调者群中，若认为参与者群出故障，则故障恢复与场地故障情况 1、2 和 3 相同。
- 在参与者群中，若认为协调者群出故障，则故障恢复与场地故障情况 4 和 5 相同。

8.3.2   三段提交协议对故障的恢复

1. 场地故障

依据前文所述，三段提交协议将事务提交分为三个阶段：投票表决阶段、准备提交阶段和执行阶段。同两段提交协议相比，三段提交协议在一定程度上减少了事务阻塞的发生，其实现的简要图如图 8.11 所示。协调者可以向参与者发送 P（预提交）命令、PC/A（准备提交 / 全局废弃）命令和 C（提交）命令，参与者可以向协调者返回 R/A（赞成提交 / 准备废弃）应答、RC/ 废弃 ACK（准备就绪 / 废弃确认）应答和提交 ACK（提交确认）应答。

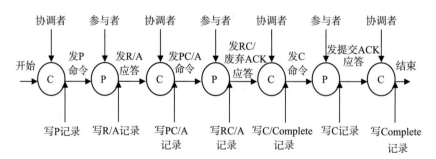

图 8.11   三段提交协议实现的简要图

与两段提交协议相似，三段提交协议也采用超时方法处理各种情况的场地故障，其恢复策略如下。

场地故障情况 1：在参与者场地，若参与者在写 R/A 记录之前出错。此时，协调者发完

P 命令后在规定时间内收不到参与者的投票结果。针对该故障采用的恢复策略是: 若故障参与者在协调者发现超时前被恢复,则进行单方面的 "废弃"。若故障参与者在协调者发现超时时仍未被恢复,则协调者做 "废弃" 处理,即默认认为收到 A 应答。

场地故障情况 2: 在参与者场地,若参与者在写 R/A 记录之后、写 RC/A 记录之前出错,则分三种情况讨论。

- 出错时参与者已写 R 记录,但未发送 R 应答。由于协调者没有收集到所有参与者返回的 R/A 应答,因此处于等待状态。针对该故障采用的恢复策略是: 若故障参与者在协调者发现超时前被恢复,则该参与者将启动终结协议 (三段提交协议的终结协议的详细描述见 8.4.5 节)。若故障参与者在协调者发现超时时仍未被恢复,则协调者做 "废弃" 处理,即默认认为收到 A 应答。

- 出错时参与者已写 A 记录,但未发送 A 应答。针对该故障采用的恢复策略是: 故障参与者在恢复后不需要做任何处理。协调者发现超时后,做 "废弃" 处理,即默认认为收到 A 应答。

- 出错时参与者已经将 R/A 应答返回给协调者。此时,协调者可以通过收集参与者的应答来决定 "准备提交" 或 "废弃",其他参与者均可以按照协调者的命令来执行。由于协调者没有收集到所有参与者返回的 RC/ 废弃 ACK 应答,因此处于等待状态。针对该故障采用的恢复策略是: 若协调者已决定 "废弃",则协调者不需要做任何处理,故障参与者恢复后将启动终结协议。若协调者已决定 "准备提交" 并且故障参与者在协调者发现超时前被恢复,则参与者启动终结协议。若协调者已决定 "准备提交" 并且故障参与者在协调者发现超时时仍未被恢复,则协调者给故障参与者重发 PC 命令。

场地故障情况 3: 在参与者场地,若参与者在写 RC/A 记录之后、写 C 记录之前出错,则分四种情况讨论。

- 出错时参与者未发送 RC 应答。由于协调者没有收集到所有参与者返回的 RC 应答,因此处于等待状态。针对该故障采用的恢复策略是: 若故障参与者在协调者发现超时前被恢复,则启动终结协议。若故障参与者在协调者发现超时时仍未被恢复,则协调者给故障参与者重发 PC 命令。

- 出错时参与者未发送废弃 ACK 应答。由于协调者没有收集到所有参与者返回的废弃 ACK 应答,因此处于等待状态。针对该故障采用的恢复策略是: 协调者发现超时后给故障参与者重发 A 命令。

- 出错时参与者已发送 RC 应答。此时,协调者根据收集到的 RC 应答决定是否进行全局提交,发出 C 命令后等待参与者提交 ACK 应答。针对该故障采用的恢复策略是: 协调者不需要做任何处理,故障参与者恢复后将启动终结协议。

- 出错时参与者已发送废弃 ACK 应答。此时,协调者和参与者均可以正常终结,因此无须采取任何措施。

场地故障情况 4: 在参与者场地,若参与者在写 C 记录之后出错,下面分两种情况讨论。

- 出错时参与者未发送提交 ACK 应答。由于协调者没有收集到所有参与者返回的提交

ACK 应答，因此处于等待状态。针对该故障采用的恢复策略是：协调者发现超时后给故障参与者重发 C 命令。

- 出错时参与者已发送提交 ACK 应答。此时，协调者和参与者均可以正常终结，因此无须采取任何措施。

场地故障情况 5：在协调者场地，协调者在写 P 记录之后、写 PC/A 记录之前出错，下面分两种情况讨论。

- 出错时协调者未将 P 命令发送给参与者。针对该故障采用的恢复策略是：协调者重新启动后，从预提交记录中读出参与者的标识符，重新执行两段提交协议。
- 出错时协调者已将 P 命令发送给参与者。此时，参与者将处于等待状态，等待协调者向它们发送 PC/A 命令。针对该故障采用的恢复策略是：若协调者在参与者发现超时前被重新启动，则重新执行三段提交协议；若协调者在参与者发现超时时仍未被启动，则参与者启动终结协议。

场地故障情况 6：在协调者场地，协调者在写 PC/A 记录之后、写 C/Complete 记录之前出错，下面分三种情况讨论。

- 出错时协调者未将 PC/A 命令发送给参与者。此时，可能存在一些参与者正在等待协调者发来的 PC/A 命令。针对该故障采用的恢复策略是：若协调者在参与者发现超时前被恢复，则给所有参与者重发其决定的命令；若协调者在参与者发现超时时仍未被恢复，则参与者启动终结协议。
- 出错时协调者已将 PC 命令发送给参与者。此时，可能存在一些参与者正在等待协调者发来的 C 命令。针对该故障采用的恢复策略是：若协调者在参与者发现超时前被重新启动，则给所有参与者重发 C 命令；若协调者在参与者发现超时时仍未被启动，则参与者启动终结协议。
- 出错时协调者已将 A 命令发送给参与者。此时，协调者在故障过程中可能错过了对参与者废弃 ACK 应答的接收。针对该故障采用的恢复策略是：协调者重新启动后，给所有参与者重发 A 命令。

场地故障情况 7：在协调者场地，协调者在写 C 记录之后、写 Complete 记录之前出错，下面分两种情况讨论。

- 出错时协调者未将 C 命令发送给参与者。此时，参与者还未收到协调者发来的 C 命令，因此处于等待状态。针对该故障采用的恢复策略是：若协调者在参与者发现超时前被恢复，则给所有参与者重发 C 命令；若协调者在参与者发现超时时仍未被恢复，则参与者启动终结协议。
- 出错时协调者已将 C 命令发送给参与者。此时，协调者在故障过程中可能错过了对参与者提交 ACK 应答的接收。针对该故障采用的恢复策略是：协调者重新启动后，给所有参与者重发 C 命令。

2. 通信故障

在三段提交协议中，报文信息的传输过程如图 8.12 所示。根据丢失的报文信息类型不同，报文丢失故障可分为以下六种情况。下面，将针对这些情况进行分析，并给出相应的恢复策略。

图 8.12　三段提交协议中报文信息传输的概要图

通信故障情况 1：丢失 P 命令报文。此时，未收到协调者 P 命令的参与者将等待。同时，协调者也在等待这些参与者的应答。针对该故障采用的恢复策略是：协调者发现超时，做"废弃"处理，即默认认为收到 A 应答报文。

通信故障情况 2：丢失 R/A 应答报文。此时，协调者等待接收参与者返回的应答。针对该故障采用的恢复策略同"丢失 P 命令报文"处理过程，即协调者保持等待，发现超时，做"废弃"处理。

通信故障情况 3：丢失 PC/A 命令报文。此时，参与者启动超时机制，等待协调者发来的命令。针对该故障采用的恢复策略是：若参与者发现超时，则启动终结协议。

通信故障情况 4：丢失 RC/ 废弃 ACK 应答报文。此时，协调者没有收集到全部的 RC/ 废弃 ACK 应答而处于等待。针对该故障采用的恢复策略是：协调者利用超时机制，向参与者重发 PC/A 命令，要求参与者给予应答。

通信故障情况 5：丢失 C 命令报文。此时，参与者启动超时机制，等待协调者发来的命令，则故障恢复同通信故障情况 3。

通信故障情况 6：丢失提交 ACK 应答报文。此时，协调者没有收集到全部的提交 ACK 应答而处于等待。针对该故障采用的恢复策略是：协调者利用超时机制，向参与者重发 C 命令，要求参与者给予应答。

对于网络分割故障，与两段提交协议类似，三段提交协议采用的故障恢复思想同样是将网络中所有场地节点分为两个群体——协调者群和参与者群。之后，分两种情况进行恢复处理。

- 在协调者群中，若认为参与者群出故障，则故障恢复与场地故障情况 1、2、3 和 4 相同。
- 在参与者群中，若认为协调者群出故障，则故障恢复与场地故障情况 5、6 和 7 相同。

8.4　分布式可靠性协议

为了保证各种应用正确可靠地运行，除了要采取相应的恢复措施外，还要考虑数据库系统的可靠性，尽量将崩溃后数据库的不可用时间减少到最小，并保证事务的原子性和耐久性。本节将阐述可靠性的概念和度量，并讨论分布式数据库的可靠性协议。

8.4.1　可靠性和可用性

数据库系统的可靠性和可用性在前面的章节中曾被多次提到。例如：分布式数据库系统本身的体系结构可提高系统的可靠性和有效性；片段数据的重复存储和系统采用的恢复措施等都可提高系统的可靠性和可用性。可靠性和可用性看上去是十分相似的两个词语，但两者的定义和物理概念有着本质区别。那么，什么是系统的可靠性和可用性？它们之间有何差别？如何来衡量一个系统的可靠性和可用性？下面将对上述问题给出具体说明。

- **可靠性**（Reliability）。数据库系统的可靠性是指：在给定环境条件下和规定的时间内，数据库系统不发生任何失败的概率。
- **可用性**（Availability）。数据库系统的可用性是指：在给定时刻 t 上，数据库系统不发生任何失败的概率。

数据库系统的可靠性和可用性之间的差别如表 8.1 所示。其中，可靠性用来衡量在某时间段内系统符合其行为规范的概率；而可用性用来衡量在某个时间点之前系统正常运行的概率。可靠性强调数据库系统的正确性，是用来描述不可修复的或要求连续操作的系统的重要指标；而可用性强调当需要访问数据库时，系统的可运行能力。可靠性要求系统在 $[0, t]$ 的整个时间段内必须正常运行；而对于可用性来说，它允许数据库系统在 t 时刻前发生故障，但如果这些故障在 t 时刻前都已经被恢复，使之不影响系统的正常运行，那么它仍然计入系统的可用性。因此，在难易程度上，创建高可用性的系统要比创建高可靠性的系统容易。另外，可靠性与可用性具有不同的影响因素。影响可靠性的关键因素是数据冗余性，可以通过建立复制数据、配备备用电源等措施来实现；影响可用性的关键因素是系统的鲁棒性和易管理性，可以通过提高系统的可恢复能力来实现。

表 8.1　数据库系统的可靠性和可用性之间的差别

比较项	可靠性	可用性
用途	衡量在某时间段内系统符合其行为规范的概率	衡量在某个时间点之前系统正常运行的概率
强调内容	系统的正确性	系统的可运行能力
难易程度	提高较难	提高较容易
影响因素	数据冗余性	系统鲁棒性和易管理性

在实际应用中，数据库的可靠性和可用性是相互矛盾的。

- 一方面，提高系统的可靠性往往是以牺牲其可用性作为代价的。这是由于为了提高可靠性，我们往往采用非常慎重的策略。例如，我们一旦发现系统有出错的危险，为了提高可靠性，则立即停止系统的工作，使其变得不可用。这样做虽然保证了数据库的正确性，但由于间断了系统的正常运行，因此降低了系统的可用性。
- 另一方面，提高系统的可用性往往是以牺牲其可靠性作为代价的。例如，即使我们已经预见了系统出错的风险，但仍然允许系统继续工作以保证其可用性。这样，系统出现暂时不一致的状态是可以被容忍的，随后可以利用故障恢复机制使系统恢复正常。因此，在提高了系统可用性的同时降低了系统可靠性。

下面的例子进一步说明了在分布式数据库中可靠性和可用性相互矛盾的情况。假定数据 a 的副本分别存放在 n 个场地上，某事务 t 采用两段提交协议来更新 a，当协调者已决定提交，但在给各个参与者发送提交命令前发生网络故障。此时，若要保证系统的可靠性，则要求各个参与者保持等待而不允许其他事务使用存放于本地的 a 的副本，以免造成数据的不一致，直到故障被修复后事务 t 才被正常结束；相反，若要保证系统的可用性，则允许在参与者场地由其他事务使用存放于本地的 a 的副本，当故障恢复后再由恢复机制进行不一致检测并试图改正。

我们通常认为在某时间段内系统发生失败的次数服从泊松分布，即在 $[0, t]$ 的时间段内系统发生 k 次失败的概率为：

$$\Pr\{k \text{ failures in time } [0, t]\} = \frac{e^{-m(t)}[m(t)]^k}{k!}$$

进一步地，我们可以用条件概率函数 $R(t)$ 来度量系统的可靠性，它表示在 $[0, t]$ 的整个时间段内系统发生 0 次失败的概率。

$$R(t) = \Pr\{0 \text{ failures in time } [0, t]\} = e^{-m(t)}$$

为了度量系统的可用性，我们需要定义以下两个指标：平均故障间隔时间（MTBF）和平均故障修复时间（MTTR），如图 8.13 所示。

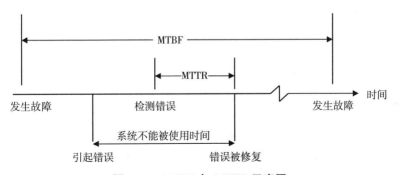

图 8.13　MTBF 与 MTTR 示意图

MTBF 是在可以自我修复的系统中相继的两次失败之间的期望时间。该时间可以通过两种方法计算，一种方法是基于平时累积的经验数据对其值进行估计，另一种方法是借助可靠性度量函数 $R(t)$ 来进行计算。

$$\text{MTBF} = \int_0^\infty R(t)\,dt$$

MTTR 是修复一个失败系统所需要的期望时间，该值与系统的修复概率相关。

系统的可用性 A 可以用 MTBF 与（MTBF+MTTR）的比值加以度量，具体定义如下：

$$A = \frac{\text{MTBF}}{\text{MTBF+MTTR}}$$

可见，当 MTBF 远远大于 MTTR 时，表示系统故障能够被快速恢复，系统可用性将接近 1。可用性越接近 1，系统的可用性越好。

8.4.2　分布式可靠性协议的组成

提出分布式可靠性协议的目的是保证分布式事务的原子性和耐久性。这些协议描述了事务开始操作、数据库操作（包括读操作和写操作等）、事务提交操作以及事务废弃操作的分布式执行过程。

分布式可靠性协议包括三部分：提交协议、恢复协议和终结协议。

- 提交协议是为了实现事务提交而采用的协议。例如：前文介绍的两段提交协议和三段提交协议均针对分布式事务的提交过程和提交条件给出了定义，所有子事务的正常提交是全局事务最终提交的前提。
- 恢复协议用来说明在发生故障时恢复命令的执行过程。例如：前文介绍的两段提交协议和三段提交协议在执行过程中，如果在协调者场地或参与者场地发生故障，该场地将根据恢复协议采取一定的恢复措施。
- 终结协议是分布式系统所特有的，用来描述非故障场地如何终止事务。例如：当一个分布式事务在执行时，若某场地发生故障，其他场地应积极主动地终止该事务（提交或废弃），而不必无止境地等待着故障场地的恢复。其他场地终止该事务的过程就是基于终结协议来执行的。

这里，恢复协议和终结协议是数据库系统发生故障时的两种解决措施，二者从相反的角度描述了如何处理各种故障，它们存在着本质区别（如表 8.2 所示）：前者的执行方是故障场地，而后者的执行方是非故障场地；前者的执行过程是使故障场地尽快恢复到故障发生前的状态，而后者的执行过程是使非故障场地能够不受故障场地的影响而继续执行操作；前者要实现的目标是使恢复协议尽量独立化，也就是说，在发生故障时故障场地能够独立地恢复到正常状态而不必求助于其他场地，而后者要实现的目标是使终结协议非阻断化，所谓非阻断的终结协议是指允许事务通过非故障场地正确地终结而不必等待故障场地的恢复。因此，设计非阻断的终结协议能够减少事务的响应时间，提高数据库系统的可用性。

表 8.2　恢复协议和终结协议的不同之处

比较项	恢复协议	终结协议
执行方	故障场地	非故障场地
执行过程	故障场地对故障进行恢复	非故障场地对事务进行终结
实现目标	独立化	非阻断化

8.3 节中已经针对两段提交协议和三段提交协议的执行过程进行了讨论，因此本节不再赘述。下面将分别围绕两段提交协议和三段提交协议的终结协议进行介绍。

8.4.3　两段提交协议的终结协议

依照前文所述，当两段提交协议的提交过程被某些故障中断时，故障场地和非故障场地都要采取一定的措施。一方面，故障场地通过重新启动进行恢复；另一方面，非故障场地需要启动终结协议来正确地终结该事务。这里我们重点讨论两段提交协议在执行中对终结协议的调用过程。首先，需要明确以下两个问题。

1. 终结协议在何时发挥作用

一般来说，终结协议在目标场地发现超时时发挥作用，也就是说，当目标场地没有在期望的时间内接收到源场地发来的消息时，目标场地将要启动终结协议。回顾 8.3.1 节所论述的两段提交协议对场地故障的恢复过程，当遇到如下 4 种情形的场地故障时，需要参与者启动终结协议。

- 在参与者场地，若参与者在写 R/A 记录之后、写 C/A 记录之前出错，并且出错时参与者已写 R 记录，但未发送 R 应答。
- 在参与者场地，若参与者在写 R/A 记录之后、写 C/A 记录之前出错，并且出错时参与者已经将 R/A 应答返回给协调者。
- 在协调者场地，协调者在写 P 记录之后、写 C/A 记录之前出错，并且出错时协调者已将 P 命令发送给参与者。
- 在协调者场地，协调者在写 C/A 记录之后、写 Complete 记录之前出错，并且出错时协调者未将 C/A 命令发送给参与者。

后两种情形说明了当协调者发生故障且不能在指定时间内向参与者发送命令时，参与者发现超时后将启动终结协议。而前两种情形虽然是在参与者场地发生了故障，我们仍可以将其看作发生故障的参与者在某状态下发生了超时，恢复后需要启动终结协议。

2. 如何确定终结协议的终结类型

终结协议的终结类型可能是全局提交，也可能是全局废弃，这将取决于事务被故障中断时各参与者所处的状态。由于终结类型与各场地的状态相关，因此我们基于图 8.9 添加了参与者在各时间段上所处的状态（如图 8.14 所示）。需要强调的是，只有当参与者在成功发送完消息后才完成状态的转换。例如：参与者在发送完 R 应答（或 A 应答）后，将由"初始"状态转换为"准备就绪"（或"废弃"）状态；参与者在发送完 ACK 应答后，再转换为"提交"（或"废弃"）状态。另外，不存在比其余进程多于一次状态转换的进程。例如，在任何时刻不存在如下情形：一个参与者处于"初始"状态，而同时另一个参与者处于"提交"状态。

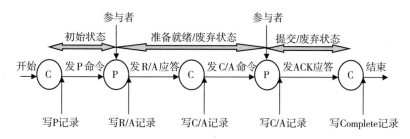

图 8.14　两段提交协议中参与者的状态转换图

设计一个终结协议的目的就是使超时的参与者通过请求其他参与者来帮助它做出决定，具体来说，就是通过访问其他参与者的当前状态来推断协调者的决定，从而确定终结类型。

终结协议要求所有参与者终结某事务的类型要完全一致（或者都提交，或者都废弃），以保证事务的原子性。

假定某分布式事务采用两段提交协议的执行方式，P_T 是发生超时的参与者。两段提交协议的终结协议由如下步骤组成。

1）选择一个参与者（例如可以选择 P_T）作为新的协调者。

2）P_T 向所有参与者发送"访问状态"命令，各参与者根据自身的状态（"初始""准备就绪""提交"或"废弃"）向 P_T 返回应答。

3）P_T 根据各参与者当前的状态做出决定。分为以下 5 种情况。

- 若 P_T 访问到的所有参与者 P_i 均处于"初始"状态，则 P_T 废弃该事务。这是由于 P_i 还没有发出 R/A 应答，因此它可以单方面废弃事务。根据全局提交规则，此时不存在其他参与者处于"提交"状态，即便是发生故障而没有被 P_T 访问到其状态的参与者也不可能处于"提交"状态。因此 P_T 决定废弃该事务，此决定与所有参与者终结事务的类型相一致。

- 若 P_T 访问到的部分参与者 P_i 处于"初始"状态，其余参与者 P_j 均处于"准备就绪"（或"废弃"）状态，则 P_T 废弃该事务。与第 1 种情况类似，此时不存在其他参与者处于"提交"状态，所有的参与者将采用完全一致的终结类型（废弃）。

- 若 P_T 访问到的所有参与者 P_i 均处于"准备就绪"状态，则 P_T 将无法做出决定而保持阻断。这是由于在 P_T 进行访问前，有可能存在某参与者 P_k 已经收到协调者的决定从而正确地终结了事务（提交或废弃），随后 P_k 与协调者同时发生了故障。此时，如果 P_T 进行状态访问，虽然未发生故障的参与者 P_i 均处于"准备就绪"状态，但 P_T 无法获取到 P_k 的状态。P_T 将不敢贸然决定是提交还是废弃，因为任何一种决定都存在着与 P_k 所做决定不一致的风险，从而 P_T 仍旧保持阻断。

- 若 P_T 访问到的部分参与者 P_i 处于"准备就绪"状态，其余参与者 P_j 均处于"提交"（或"废弃"）状态，则 P_T 提交（或废弃）该事务。此时，一些参与者 P_j 已经收到了协调者发送的决定，而另一些参与者 P_i 仍在等待这个决定，P_T 可以根据 P_j 的终结类型来做决定。

- 若 P_T 访问到的所有参与者 P_i 均处于"提交"（或"废弃"）状态，则 P_T 提交（或废弃）该事务。此时，所有其他的参与者 P_i 均已收到了协调者发送的决定，P_T 可以根据 P_i 的终结类型来做决定。

4）若 P_T 决定废弃，则向各参与者发送"废弃"命令，各参与者接收到命令后执行"废弃"；若 P_T 决定提交，则向各参与者发送"提交"命令，各参与者接收到命令后执行"提交"。

上述终结协议涵盖了需要处理的所有情况。由于在两段提交协议的执行过程中，参与者可以直接从"准备就绪"状态转换为"提交"（或"废弃"）状态，当参与者发生故障时，它可能已经执行了提交（或废弃），其终结方式对于其他参与者来说是不可知的。例如：对于第 3 种情况，P_T 将无法做出决定而保持阻断。因此，两段提交协议的终结协议是有阻断的协议。为了解决这个问题，需要把两段提交协议改进为三段提交协议。

8.4.4　两段提交协议的演变

为了进一步提高两段提交协议的性能，可以从以下两个角度对原有的两段提交协议进行改进：

- 尽量减少协调者和参与者之间需要传递的信息数量；
- 尽量减少需要写入日志的信息数量。

为此，通过对两段提交协议加以演变，两种改进的协议——假定废弃两段提交协议（简称为假定废弃 2PC 协议）和假定提交两段提交协议（简称为假定提交 2PC 协议）被提出。下面分别对这两种协议的基本思想和处理过程进行简要介绍。

1. 假定废弃 2PC 协议

假定废弃 2PC 协议的基本思想是：当某个处于"准备就绪"状态的参与者向协调者询问事务的处理结果时，如果协调者在其日志中没有找到该事务的结果信息，则认为该事务的处理结果是废弃。

与普通的两段提交协议类似，假定废弃 2PC 协议也把全局事务的提交过程分为决定阶段和执行阶段。在决定阶段，协调者根据各子事务当前的执行情况做出全局决定。与普通的两段提交协议不同的是，如果协调者决定废弃，在执行阶段它可以立即忘记该事务，并且不必等待参与者的 ACK 应答，也无须向日志写入事务的 Complete 记录。

2. 假定提交 2PC 协议

假定提交 2PC 协议的基本思想是：当某个处于"准备就绪"状态的参与者向协调者询问事务的处理结果时，如果协调者在其日志中没有找到该事务的结果信息，则认为该事务的处理结果是提交。

当使用假定提交 2PC 协议时，协调者在发送 P 命令前需要向日志写入一个收集记录，该记录包含了执行事务的所有参与者的名字，协调者发送 P 命令后进入"等待"状态。参与者收到 P 命令后根据自身情况进行投票，协调者据此来决定事务的提交或废弃。若协调者决定废弃，处理过程与普通的两段提交协议相同。若协调者决定提交，则向各个参与者发送全局提交命令，然后忘记该事务而不需要收集参与者的 ACK 应答，也无须向日志写入事务的 Complete 记录。参与者收到全局提交命令后，向日志写入 C 记录并更新数据库。

由于假定废弃 2PC 协议和假定提交 2PC 协议省略了参与者与协调者之间对 ACK 应答的传递，因此减少了协调者和参与者之间需要传递的信息数量。另外，一些写入日志的操作（如写 Complete 记录等）也被省略，从而减少了需要写入日志的信息数量。因此，同普通的两段提交协议相比，以上两种改进协议具有较高的执行效率。

8.4.5　三段提交协议的终结协议

当三段提交协议的提交过程被某些故障中断时，如果目标场地没有在期望的时间内接收到源场地发来的消息，目标场地将要启动终结协议。如 8.3.2 节介绍，在三段提交协议的执行过程中，如果发生如下 8 种情形的场地故障，需要参与者启动终结协议。

- 在参与者场地，若参与者在写 R/A 记录之后、写 C/A 记录之前出错，并且出错时参与者已写 R 记录，但未发送 R 应答。
- 在参与者场地，若参与者在写 R/A 记录之后、写 C/A 记录之前出错，并且出错时参与者已经将 R/A 应答返回给协调者。
- 在参与者场地，若参与者在写 RC/A 记录之后、写 C 记录之前出错，并且出错时参与者未发送 RC 应答。
- 在参与者场地，若参与者在写 RC/A 记录之后、写 C 记录之前出错，并且出错时参与者已发送 RC 应答。
- 在协调者场地，协调者在写 P 记录之后、写 PC/A 记录之前出错，并且出错时协调者已将 P 命令发送给参与者。
- 在协调者场地，协调者在写 PC/A 记录之后、写 C/Complete 记录之前出错，并且出错时协调者未将 PC/A 命令发送给参与者。
- 在协调者场地，协调者在写 PC/A 记录之后、写 C/Complete 记录之前出错，并且出错时协调者已将 PC 命令发送给参与者。
- 在协调者场地，协调者在写 C 记录之后、写 Complete 记录之前出错，并且出错时协调者未将 C 命令发送给参与者。

以上 8 种场地故障情况的共同点是参与者在某状态下发生了超时，此时需要参与者启动终结协议。由于终结类型与各个参与者的状态相关，为此我们在图 8.11 的基础上添加了参与者在各时间段上所处的状态（如图 8.15 所示）。这里认为只有当参与者在成功发送完消息后才完成状态的转换。例如：参与者在发送完 R 应答（或 A 应答）后，将由"初始"状态转换为"赞成提交"（或"废弃"）状态；参与者在发送完 RC 应答（或废弃 ACK 应答）后，再转换为"准备就绪"（或"废弃"状态）；参与者在发送完提交 ACK 应答后转换为"提交"状态。在参与者状态转换过程中，要求所有参与者在一次状态转换内同步，也就是不存在比其余进程多于一次状态转换的进程。

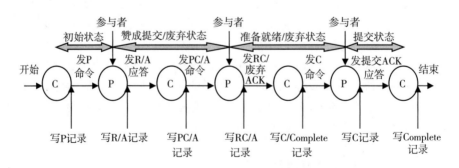

图 8.15 三段提交协议中参与者的状态转换图

三段提交协议的终结协议由如下步骤组成。

步骤 1：选择一个参与者作为新的协调者。

步骤 2：新的协调者向所有参与者发送"访问状态"命令，各参与者根据自身的状态（"初始""赞成提交""准备就绪""提交"或"废弃"）向协调者返回应答。

步骤 3：协调者根据各参与者当前的状态做出决定。分为以下两种情况。

- 若所有参与者均处于"初始""赞成提交"或"废弃"状态，则协调者决定全局废弃。这是由于参与者状态的不相容性（如表 7.2 所示），此时没有任何一个参与者已提交。因此，可以令所有参与者统一地采取废弃的终结方式。
- 若存在某个参与者处于"准备就绪"或"提交"状态，则协调者决定全局提交。这是由于"准备就绪"状态和"提交"状态均与"废弃"状态不相容，也就是说，如果存在处于"准备就绪"或"提交"状态的参与者，就不可能同时存在处于"废弃"状态的其他参与者。因此，可以令所有参与者统一地采取提交的终结方式。

步骤 4：若协调者决定废弃，则向各参与者发送"废弃"命令，各参与者接收到命令后执行"废弃"；否则，协调者首先将处于"赞成提交"状态的参与者转化为"准备就绪"状态，然后向其发送"提交"命令，各参与者接收到命令后执行"提交"。

在上述终结协议的执行过程中，如果新选举的协调者又发生了故障，则系统重新启动终结协议。只要至少存在一个参与者是活动的，系统就不会进入阻塞状态。因此，三段提交协议的终结协议是非阻断的协议。

8.4.6 三段提交协议的演变

前文比较详细地介绍了三段提交协议对场地故障的终结过程，本节将针对三段提交协议进行改进，使其除了能够处理各种场地故障之外，也能更好地适应网络分割故障。

网络分割故障是由于通信线路发生故障而造成的，网络分割分为简单分割（仅形成两个分裂区域）和多分割（形成两个以上的分裂区域）。一个能够处理网络分割故障的非阻断终结协议需要满足如下需求：要求所有分裂区域中的场地均能做出终结决定；要求各个分裂区域的终结决定一致。但是，一般来说，目前还不存在一种能够处理网络分割故障的非阻断终结协议。例如，三段提交协议在执行中如果发生了网络分割故障（但不是协调者故障），这些分裂区域将形成若干协调者群和参与者群，协调者群和参与者群都认为其他场地有故障并想要把事务终结，但是并不能保证它们的终结类型完全一致。因此，普通的三段提交协议不能很好地适应网络分割故障。

当发生网络分割故障时，如果不允许所有分裂区域内的场地继续进行操作，则将限制整个分布式数据库系统的可靠性；相反地，如果允许所有场地在各自的分裂区域内继续执行操作，则数据库的一致性将受到威胁。一种折中的解决策略是：只允许某些分裂区域的场地继续执行操作，而阻断隶属于其他分裂区域的场地的操作。这样，一方面由于允许某些分裂区域继续执行操作，因此减少了阻断；另一方面由于至少能保证数据在允许操作的分裂区域内具有一致性，因此在一定程度上保证了数据库的一致性。按照这种解决策略对三段提交协议加以演变，形成了一种改进的提交协议——基于法定人数的三段提交协议（简称为基于法定人数的 3PC 协议）。

基于法定人数的 3PC 协议能够使网络分割故障所形成的各个分裂区域要么进入阻断，要么能够终结，并且能够保证所有可终结的分裂区域能够按照统一的终结决定结束。其基本思想是：当发生网络分割故障时，每个分裂区域选出一名新的协调者，这些协调者负责统计本区域内参与者的投票情况，如果在某区域内大多数参与者都建议提交（或废弃）某事务，则协调者将做出提交（或废弃）的终结决定，使该区域内的参与者以统一的方式终结。这里，所谓"大多数"是指参与者的投票数要达到一个事先定义好的阈值。为此，需要定义如下参数。

- 为每个场地设置一个投票数 V_i，若执行某事务需要 n 个场地，则系统中的总投票数为 V（$V=V_1+\cdots+V_n$）。
- 预先定义两个阈值：提交法定人数 V_c 和废弃法定人数 V_a。这里要求 $0 \leqslant V_c \leqslant V$、$0 \leqslant V_a \leqslant V$ 且 $V_c+V_a>V$，从而保证事务不能同时既被提交又被废弃。

对于普通的三段提交协议，参与者可以直接从"赞成提交"状态转换为"废弃"状态，这可能导致网络分割所形成的各个区域具有不同的终结类型。例如：在网络分割故障发生前，某参与者 P_k 可能已经收到协调者的决定从而正确地废弃了事务，当发生网络分割故障时，某些分裂区域的协调者将无法明确 P_k 的当前状态而采取不同的终结方式。

为此，基于法定人数的 3PC 协议对三段提交协议的事务废弃过程进行了改进，它不允许参与者直接从"赞成提交"状态转换为"废弃"状态，而是在二者之间插入一个"准备废弃"状态（如图 8.16 所示）。也就是说，协调者在收集到各参与者发送的 R/A 应答后，如果这些应答中包含了 A 应答，那么协调者并不立即做出全局废弃的决定，而是向各参与者发送一个 PA（准备废弃）命令。若参与者已准备废弃，则在其日志文件中写入一条 RA（准备废弃）记录，向协调者返回 RA（准备废弃）应答。当协调者接收到所有参与者发送的 RA 应答后，在其日志文件中写入 A 记录，向所有参与者发送 A 命令。各个参与者接收到协调者发来的 A 命令后，在其日志文件中写入 A 记录，废弃其子事务后向协调者发送废弃 ACK 应答。当协调者接收到所有参与者发送的废弃 ACK 应答后，在其日志文件中写入 Complete 记录，全局事务终止。

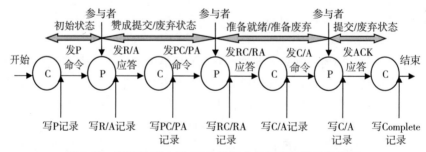

图 8.16　基于法定人数 3PC 协议中参与者的状态转换图

基于法定人数的 3PC 协议在处理网络分割故障时，各个分裂区域的协调者负责统计本区域内各参与者的投票并按照如下方式来终结事务。

1）若至少存在一个参与者处于"提交"（或"废弃"）状态，协调者就决定提交（或废弃）事务，并向该区域的所有参与者发送提交（或废弃）命令。

2）若处于"准备就绪"状态的参与者票数达到 V_c，协调者就决定提交事务，并向该区域的所有参与者发送提交命令。

3）若处于"准备废弃"状态的参与者票数达到 V_a，协调者就决定废弃事务，并向该区域的所有参与者发送废弃命令。

4）若处于"准备就绪"状态的参与者票数没有达到 V_c，但处于"赞成提交"状态和"准备就绪"状态的参与者票数总和达到 V_c，协调者将发送 PC 命令使参与者转换到"准备就绪"状态，然后按情况 2）处理。

5）若处于"准备废弃"状态的参与者票数没有达到 V_a，但处于"赞成提交"状态和"准备废弃"状态的参与者票数总和达到 V_a，协调者将发送 PA 命令使参与者转换到"准备废弃"状态，然后按情况 3）处理。

6）若上述情况都不满足，则该分裂区域进入阻塞，等待故障修复。

由此可见，当发生网络分割故障时，只要参与者的投票数满足前 5 种情况，则允许其所在的分裂区域继续执行操作，从而降低了终结协议的阻断程度。因此，同普通的三段提交协议相比，基于法定人数的 3PC 协议能够更好地适应网络分割故障。

8.5 Oracle 分布式数据库系统故障恢复案例

Oracle 利用重做日志文件（redo log file）来保存事务日志信息，记录对数据库的改变。重做日志文件分为两种：在线重做日志文件和归档重做日志文件。每个 Oracle 数据库都至少有两个在线重做日志组，每个组中至少有一个重做日志文件。这些在线重做日志组以循环方式使用。Oracle 首先写组 1 中的日志文件，等到组 1 中文件写满时，将切换到日志文件组 2，开始写组 2 中的文件。等到把日志文件组 2 写满时，会再次切换回日志文件组 1。如果数据库是在归档模式下运行，那么 Oracle 将把写满的在线日志复制到另一个位置形成一个副本，即归档重做日志文件。利用重做日志文件，当系统发生故障时，Oracle 可以重新执行记录下来的事务信息，将数据库恢复到一致性的状态。

Oracle 利用 undo 段来存储 undo 信息。利用 undo 信息，Oracle 可以回滚事务、恢复数据库并保证数据的读一致性。在物理结构中，Oracle 利用 undo 表空间来管理磁盘文件上的 undo 信息，并提供手动和自动等 undo 管理模式。

在 Oracle 中并不存在专门的恢复管理器或数据库缓冲区管理器组件来完成数据的读取、缓冲区数据更新和事务的恢复，实际上这些工作主要由 Oracle 系统的以下几个进程完成。

- SMON（系统监视进程）。SMON 进程负责的任务有很多，其中就包括执行实例的恢复。SMON 应用 Redo 执行前滚、打开数据库提供访问、回滚未提交数据。
- CKPT（检查点进程）。CKPT 负责辅助建立数据库的检查点，并更新保存脏数据块列表的检查点队列内容。
- DBWn（数据库块写入进程）。DBWn 进程负责将数据缓冲区中的脏块写入磁盘。发生写操作的触发条件主要有以下几种：缓冲区内包含较多的脏数据；发生检查点事件；缓冲区可用空间不足；每 3 秒钟；若干数据库操作命令。只要满足以上条件中的一种，DBWn 进程便将缓冲区中的脏数据写入磁盘中。

- LGWR（日志写入进程）。LGWR 进程负责将 Oracle 内存中重做日志缓冲区的内容刷新输出到磁盘，触发条件包括：每 3 秒钟；任何事务发出一个提交时执行刷新；存在相关命令切换日志文件；重做日志缓存区运行 1/3 满，或者已经包含 1MB 的缓存数据时。

图 8.17 展示了 Oracle 的事务恢复体系结构。

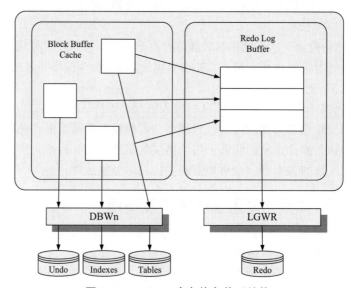

图 8.17　Oracle 事务恢复体系结构

在图 8.17 中，内存中的 Block Buffer Cache 用来缓存数据对象的信息和 undo 段的信息。事务对数据的修改信息首先缓存到内存中的 Redo Log Buffer 中。当 Oracle 想把已修改的数据输出到磁盘上时，必须先等待 LGWR 将对应的重做日志信息输出到磁盘上，才能继续进行操作。从图 8.17 中可以看出，事务的 undo 信息也会生成重做日志，这样当事务需要恢复时，在某些情况下，可以从重做日志中得到必要的 undo 数据。当满足触发条件时，DBWn 将 Block Buffer Cache 中的脏数据块写入相应的数据文件中。

假设一个事务在执行过程中系统发生故障，其中部分数据已经被刷新到磁盘上。当 Oracle 系统重新启动时，SMON 进程首先会查询重做日志文件找到该事务对应的 redo 信息（因为系统故障，内存中的数据均已丢失，Oracle 支持先写日志协议，对应的日志信息一定已经保存到重做日志文件中），Oracle 根据 redo 条目进行前滚操作，重新执行这个事务。当前滚到故障点时间时，Oracle 发现这个事务并没有被提交，于是利用 undo 信息再将这个事务回滚到开始的时间点，从而保证整个事务的原子性和数据库中数据的一致性。所以当系统发生故障需要恢复时，Oracle 首先进行前滚操作，把系统放到失败点上，然后回滚尚未提交的所有工作。

对于分布式环境，Oracle 利用系统进程 RECO 来管理分布式事务恢复。Oracle 支持两段提交协议（2PC），当 2PC 过程中某个步骤中系统出现故障或网络连接出现异常，那么该事务将成为一个可疑的分布式事务（In-doubt Distributed Transaction）。当这种情况出现时，本地数据库中的 RECO 进程将尝试连接远程数据库，并根据情况自动地提交或回滚本地未决的分布式事务。

图 8.18 描述了分布式事务在准备阶段发生故障的 Session Tree，该事务经历了以下几个步骤：

1）在总部的客户登录到本地服务器，发起了一个分布式事务；

2）全局协调者，同时也是提交点场地的数据库 hq.os.com 要求远程数据库 mfg.os.com 做好提交准备；

3）mfg.os.com 在发回"准备好"的消息前发生故障，系统崩溃；

4）mfg.os.com 数据库重新启动，两台数据库上的 RECO 进程互相访问远程数据库的状态，根据情况，事务未提交，决定将该可疑分布式事务回滚。

图 8.19 描述了分布式事务在提交阶段发生故障的 Session Tree，该事务经历了以下几个步骤：

1）在总部的客户登录到本地服务器，发起了一个分布式事务；

2）全局协调者，同时也是提交点场地的数据库 hq.os.com 要求远程数据库 mfg.os.com 做好提交准备；

3）mfg.os.com 向 hq.os.com 发出"准备好"的消息；

4）提交点场地 hq.os.com 收到"准备好"的消息，其局部的提交事务，并向远程的 mfg.os.com 发出"提交"命令；

5）mfg.os.com 收到"提交"命令，并局部提交事务，然而这时两个数据库之间的网络发生故障，mfg.os.com 的确认消息无法送回 hq.os.com；

6）待网络重新恢复后，RECO 进程重新确认两个数据库事务的状态，两者都已提交，所以 RECO 确认该分布式事务的提交，并进行后续的事务清理工作。

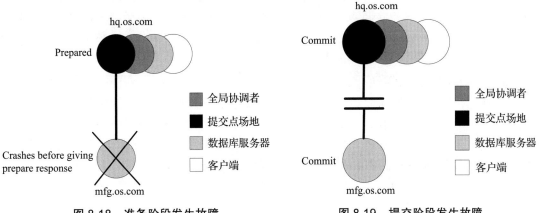

图 8.18　准备阶段发生故障　　　　　　图 8.19　提交阶段发生故障

8.6 大数据库的恢复管理

大数据库系统每天需要操作的数据量越来越大，集群规模也在不断扩大，难免会发生一些故障。容错就是当由于种种原因在系统中出现了数据损坏或丢失时，系统能够自动将这些损坏或丢失的数据恢复到发生事故以前的状态，使系统能够连续正常运行的一种技术。构建具备健壮性的分布式存储系统的前提是具备良好的容错性能，具备从故障中恢复的能力。按照实现方式的不同，可将大数据库系统中的容错技术分为基于事务的容错技术和基于冗余的容错技术，前者通常利用数据库日志文件（包括 Redo Log 和 Undo Log）对数据库事务进行恢复操作；后者通常将原有的数据和服务迁移到其他正常工作的节点上，利用冗余资源完成故障恢复。本节将针对大数据库系统中的恢复管理问题、故障类型、故障检测技术、基于事务的容错技术和基于冗余的容错技术进行介绍。

8.6.1 大数据库的恢复管理问题

随着大数据时代的到来，数据库系统所需要承受的计算任务越来越复杂，计算复杂度也逐渐提高。这使得由硬件失效或应用程序失败所造成的系统终端故障概率变大，从而消耗更多的恢复成本。因此，对于大数据库系统来说，具备有效的恢复管理机制显得至关重要，以此来确保大规模计算环境的可用性。大数据库系统的恢复管理需要解决如下问题。

1. 支持自适应的故障检测

只有能有效、及时地检测到故障发生，才有制定恢复策略的可能。因此，支持自适应的故障检测是数据库系统具有良好容错性能的前提。但是，在大数据库系统中，系统很难分辨一个长时间没有响应的进程到底是不是真的失效了。若贸然判断其失效，则被判断为失效的进程在过一段时间后可能会继续提供服务，这样就会出现多个进程同时服务同一份数据而导致数据不一致的情况。因此，大数据库恢复管理需要权衡响应时间和虚假警报率之间的轻重，并能动态地对该权衡因子进行自动调整。

2. 支持与传统恢复管理策略的兼容性

传统的分布式数据库通常依据数据库日志文件和两段提交协议对数据库事务进行恢复。对于大数据库系统来说，数据（包括日志文件）在系统中一般存储多个副本，而多个副本有可能带来数据不一致的问题。因此，大数据库恢复管理需要将传统分布式数据库中基于事务的故障恢复策略与多副本管理策略相结合。

3. 支持系统的高可用性

可用性用来衡量系统在面对各种异常时能够提供正常服务的能力，为了保证系统的高可用性，大数据库系统中的数据一般被冗余存储。当系统发生故障时，一方面要利用冗余资源来替代故障节点继续提供服务，另一方面还要保证故障发生后这些冗余资源之间的一致性。为此，大数据库恢复管理需要在故障恢复后保证数据的一致性。

8.6.2　大数据库系统中的故障类型

对于大数据库系统，由于其数据规模巨大、节点数目繁多且动态可变、节点间交互较为频繁，因此同传统分布式数据库系统相比，大数据库系统可能发生的故障类型显得更为复杂多样。例如，Google 某数据中心第一年运行时发生的故障数据如表 8.3 所示。从表 8.3 可以看出，在该系统中单机故障和磁盘故障发生概率最高，其次机架故障、内存错误、机器配置错误以及数据中心之间网络故障也多有发生。下面，将针对大数据库系统中各种常见的故障类型进行归纳介绍。

表 8.3　Google 某数据中心第一年运行发生的故障数据

序号	发生频率	故障类型	影响范围
1	0.5	数据中心过热	5 分钟之内大部分机器断电，1～2 天恢复
2	1	配电装置故障	大约 500～1000 台机器瞬间下线，6 小时恢复
3	1	机架调整	大量告警，500～1000 台机器断电，6 小时恢复
4	几千	磁盘故障	硬盘数据丢失
5	1	网络重新布线	大约 5% 机器下线超过 2 天
6	20	机架故障	40～80 台机器瞬间下线，1～6 小时恢复
7	5	机架不稳定	40～80 台机器发生 50% 丢包
8	12	路由器重启	DNS 和对外虚 IP 服务失效约几分钟
9	3	路由器故障	需要立即切换流量，持续约 1 小时
10	几十	DNS 故障	持续约 30 秒
11	1000	单机故障	机器无法提供服务

在大数据库系统中，常见的故障类型可归纳为四种类别：事务内部的故障、系统故障、存储介质故障以及通信故障。

1. 事务内部的故障

有些大数据系统是支持事务的，因此这些系统可能会发生事务内部的故障。与集中式数据库系统相同，大数据系统中事务内部的故障可细分为可预期的和不可预期的。前者可以通过事务程序本身来检测，而后者不能被应用程序所检测并处理。事务内部的故障大多数都是不可预期的，数据库恢复机制要强行废弃该事务，使数据库回滚到事务执行前的状态。

2. 系统故障

系统故障的表现形式是使系统停止运转，必须经过重启后系统才能恢复正常。在大数据系统中，内存错误、服务器断电等原因会使服务器发生宕机而处于系统故障之中（如表 8.3 中的 1～3）。这类故障的特点是：数据库本身没有被破坏，但内存中的数据全部丢失，节点无法正常工作，处于不可用状态。对于系统故障，在设计大数据库系统时需要考虑如何通过读取持久化介质中的数据来恢复内存信息，从而使数据库恢复到系统故障发生前的某个一致的状态。若系统支持事务，需要将所有非正常终止的事务强行废弃，同时将已提交的事务的结果重新更新到数据库中，以保证数据库的正确性。

3. 存储介质故障

存储介质故障是指存储数据的磁盘等硬件设备发生的故障。例如，磁盘坏损、磁头碰撞、瞬时强磁场干扰等均为存储介质故障。在大数据库系统中，存储介质故障是一种发生概率很高的故障（如表 8.3 中的 4）。这类故障的特点是：不仅使正在运行的操作受到影响，而且数据库本身也被破坏。对于存储介质故障，在设计大数据库系统时需要考虑如何将数据备份到多台服务器。这样，即使其中一台服务器出现存储介质故障，也能从其他服务器上恢复数据。

4. 通信故障

在网络环境下，运行环境中出现网络分区一般是不可避免的，所以大多数大数据库系统均需具备分区容忍性即 CAP 中的 P。因此，通信故障是大数据库系统要重点解决的一类故障。引发通信故障的原因可能是消息丢失、消息乱序或网络分割（如表 8.3 中的 5~11）。其中，网络分割将造成系统中的节点被划分为多个不连通的区域，每个区域内部可以正常通信，但区域之间无法通信。对于通信故障，在设计大数据库系统时需要考虑可能发生在网络通信中不同阶段的不同异常类型，并给出应对策略。

8.6.3 大数据库系统的故障检测技术

大数据库系统要想具有良好的容错性能，需要具有一个前提：拥有有效的故障检测（Failure Detection）手段。只有能有效、及时地检测到故障的发生，才有制定恢复策略的可能。因此，故障检测是任何一个拥有容错性的大数据库系统的基本功能，是容错处理的第一步。下面将针对大数据库系统中几种常见的故障检测技术进行介绍。

1. 基于心跳机制的故障检测

基于心跳机制的故障检测的基本思想是：被监控的进程（或节点）定期发送心跳信息给监控进程（或节点），若给定时间内监控进程（或节点）没有收到心跳信息，则认为该进程（或节点）失效。例如，假设 A 和 B 分别为监控进程（运行在 A 机器上）和被监控进程（运行在 B 机器上），A 需要确认 B 是否发生故障，那么 A 每隔一段时间向 B 发送一个心跳包。如果一切正常，则 B 将响应 A 的心跳包，并向 A 做出回应；若 A 重试一定次数后仍未收到 B 的响应，则认为机器 B 发生了故障。

然而，若监控进程收不到被监控进程的心跳响应，并不敢贸然判断被监控进程一定发生了故障。上例中，如果 A 与 B 之间发生了网络故障，或者 B 过于繁忙，都会导致 B 无法立即响应来自 A 的心跳包。若此时 A 认为 B 发生了故障，则 A 需要将 B 上面的服务迁移到集群中的其他服务器，而当网络问题被解决或者 B 闲下来后，B 可能会继续提供服务，这样将出现多台服务器同时服务同一份数据而导致数据不一致的情况，会引发"双主"问题。引发该问题的原因是：监控进程单方面判定被监控进程失效，而被监控进程自身并未认识自己已被认定失效，还在继续提供正常的服务。为此，一些大数据库系统对基于心跳机制的故障检测技术进行了改进和扩展，提出了基于租约机制的故障检测技术和基于 Gossip 协议的故障检测技术。

2. 基于租约机制的故障检测

租约机制就是带有超时时间的一种授权，基于租约机制的故障检测的基本思想是：监控进程（或节点）定期向被监控进程（或节点）发放租约，被监控进程（或节点）持有的租约在有效期内才允许提供服务，否则主动停止服务。此处仍然使用上面的例子，A 需要检测 B 是否发生故障，A 可以给 B 发放租约，B 持有的租约在有效期内才允许提供服务。正常情况下，B 通过不断申请租约来延长有效期。这些租约延长请求和批准确认信息通常都是附加在 A 和 B 之间的心跳消息中来传递的。当 B 出现故障或者与 A 之间的网络发生故障时，B 的租约将过期而主动停止服务，从而 A 能够确保 B 不再提供服务，将 B 上面的服务迁移到其他服务器。下面以 GFS 系统为例来介绍基于租约机制的故障检测技术。

GFS 是 Google 部署在廉价机器上的大型分布式文件系统，Google Bigtable 利用 GFS 作为其文件存储系统。在 GFS 系统中，Master 作为监控方对整个文件系统进行全局控制，而 Chunk 服务器作为被监控方。GFS 系统通过租约机制将 Chunk 写操作授权给 Chunk 服务器，获取租约授权的 Chunk 服务器称为 Primary Chunk 服务器，其他副本所在的 Chunk 服务器称为 Secondary Chunk 服务器。在租约有效期内，对该 Chunk 的写操作都由 Primary Chunk 服务器负责。租约的初始超时时间设置为 60s，当租约快到期时，如果文件更新没有异常，则 Primary Chunk 服务器可以向 Master 申请更长的租期。若 Master 批准延长租期，则向 Primary Chunk 服务器发送确认。租约延长请求和批准确认信息将附加在二者之间传递的心跳消息中。当 Primary Chunk 服务器出现故障或者与 Master 之间的网络发生故障而使租约过期时，该 Primary Chunk 服务器主动停止服务，Master 将产生一个加诸其他副本的新租约。这种采用租约机制的心跳实现，可以避免出现由于误判所引发的"双主"问题。

3. 基于 Gossip 协议的故障检测

Gossip 协议又被称为反熵（Anti-Entropy）协议，熵是物理学上的一个概念，代表杂乱无章，而反熵就是在杂乱无章中寻求一致。假定在一个有界网络中，每个节点都维护一张信息表且可以对其更新，Gossip 协议则负责将更新的信息同步到整个网络上。Gossip 协议的基本思想是：每个节点都随机地与其他节点通信，经过一番杂乱无章的通信，最终所有节点上的信息表状态都会达成一致。节点间通信的过程类似于流言传播的过程，每个节点可能知道所有其他节点，也可能仅知道几个邻居节点，节点可以按照自己的期望自行选择与之交换信息的节点进行通信。上述过程是让节点与节点直接通信，省略中心节点的存在，使网络达到去中心化。其中，任意两个节点之间的通信过程可以基于心跳机制来实现，即监控方通过每个节点的心跳来感知该节点是否还存活。通过对网络状况、负载等因素进行综合考虑来确定节点心跳时间的临界值。

Gossip 协议具有分布式容错的优点，即使有的节点因宕机而重启或者有新节点加入，经过一段时间后，这些节点的状态也会与其他节点达成一致。虽然 Gossip 协议无法保证在某个时刻所有节点状态一致，但可以保证在最终时刻所有节点状态一致。这里的"最终时刻"是一个在现实中存在而理论上无法被证明的时间点。因此，Gossip 协议是一个最终一致性协议。关于 Gossip 协议的介绍详见第 10 章。Dynamo 和 Cassandra 这两种大数据库系统均采用了基于 Gossip 协议的故障检测技术。

Dynamo 是 Amazon 公司开发的一个分布式存储引擎，采用一致性哈希方法将每份数据映射到哈希环的一个或多个节点上。Dynamo 利用 Gossip 协议使哈希环上的每个节点可以和其他节点周期性地分享元数据，快速感知哈希环上节点的变动（插入或删除），以检测节点是否发生故障。例如，假定 A 和 B 是 Dynamo 系统中哈希环上的两个节点，A 要检测 B 是否处于故障状态。首先，A 通过 get() 和 put() 操作尝试联系 B。若 B 处于正常状态，则对 A 进行响应，A 收到响应后得知 B 是可用的。如果 B 不对 A 进行响应，则 A 可能会认为节点 B 失败，A 将使用 B 的备份节点继续服务，并定期检查节点 B 后来是否复苏。A 获悉 B 的状态后，基于 Gossip 协议将 B 的状态传播出去。同样，哈希环上的其他节点也将其获悉的状态信息传播出去，最终使哈希环上的每个节点都可以了解到其他节点是否处于故障状态。

Apache Cassandra 是一套开源分布式 key-value 存储系统。它最初由 Meta 开发，用于储存特别大的数据。Cassandra 的集群内部基于 Gossip 协议进行位置发现和状态信息共享。每个节点通过启用 Gossip 进程来感知其他节点的心跳，从而判断其他节点是否还存活。不同节点之间定期交换状态信息，因为这些信息带有版本号，所以旧信息会被新的覆盖掉。集群中一个节点出现故障并不意味着该节点永久离开，因此 Cassandra 不会立即从环中自动永久删除该节点。其他节点的 Gossip 进程会周期性地尝试通信，看看它们是否恢复。Cassandra 没有采用一个固定的阈值作为宕机的标志，可以根据当前的网络、服务器负载等情况来调节失败探测的敏感度，从而适应相对不可靠的网络环境。

8.6.4 基于事务的大数据库容错技术

若大数据库系统支持事务，数据库恢复管理器主要依据数据库日志文件对数据库事务进行恢复。该恢复过程主要是针对事务内部的故障和系统故障进行恢复。若事务处理涉及多个场地，除了上述故障类型外，还需要对通信故障进行恢复。Megastore 在故障恢复过程中采用了基于事务的容错技术，具体如下。

在 Megastore 系统中，同一个实体组内部支持满足 ACID 特性的事务。Megastore 系统使用 Redo Log 的方式实现事务，将同一个实体组的 Redo Log 记录到该组的根实体中，对应 Bigtable 系统中的一行，从而保证 Redo Log 操作的原子性。Redo Log 被写完后，需要对其回放，即按照 Redo Log 将事务中的更新操作永久地作用到数据库中。如果在写完 Redo Log 后、回放 Redo Log 前系统发生了故障（如某些行所在的 Tablet Server 宕机），则回放 Redo Log 失败，此时事务操作仍可成功返回客户端。这是因为后续的读操作在读取数据时需要先回放 Redo Log，这样仍能保证读取到最新的数据。因此，当 Redo Log 被写完后，即可认为事务操作成功。

8.6.5 基于冗余的大数据库容错技术

基于冗余的容错技术的基本思想是：在系统发生故障时，以不降低系统性能为前提，将原有的数据和服务迁移到其他正常工作的节点上，利用冗余资源完成故障恢复。基于冗余的容错技术通过冗余的方式保证了系统的高可靠性和高可用性。

当大数据库系统发生故障时，一方面要利用冗余资源来替代故障节点继续提供服务，另一方面还要保证故障发生后这些冗余资源之间的一致性。7.8.4 节中介绍了一致性可分为强一致性和最终一致性。下面，将分别对以强一致性为目标的容错处理方法和以最终一致性为目标的容错处理方法进行介绍。

1. 以强一致性为目标的容错处理方法

强一致性要求所有副本的状态要保持一致，因此以强一致性为目标的容错处理方法除了要选择冗余资源来接替故障节点继续工作外，还要保证当故障节点恢复后和其他冗余资源的状态完全一致。在大数据库系统中，Bigtable、MongoDB 等系统均采用了以强一致性为目标的容错处理方法。下面，以 Bigtable 为例进行具体介绍。

Bigtable 是基于 Chubby 进行容错处理的，Chubby 是一个高可用的、序列化的分布式锁服务组件。一个 Chubby 服务包括多个活动的副本，在任何给定的时间内最多只有一个副本被选为 Master，由其为 Tablet 服务器分配 Tablets 并检测 Tablet 服务器是否失效。当启动一个 Tablet 服务器时，系统会在特定的 Chubby 目录下，对一个唯一标识的文件获得排他锁，Master 会通过该目录检测 Tablet 服务器状态。Bigtable 中的故障可分为 Tablet 服务器故障和 Master 故障。

（1）Tablet 服务器故障的恢复

Tablet 服务器宕机或与 Chubby 间出现通信故障均属于 Tablet 服务器故障。如图 8.20 所示，当 Tablet 服务器出现故障时，系统的容错处理过程包括如下步骤。

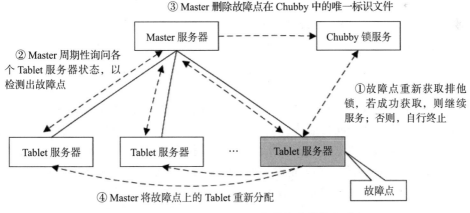

图 8.20　Bigtable 中 Tablet 服务器故障的恢复过程

1）发生故障的 Tablet 服务器重新启动后，尝试重新获取 Chubby 目录中唯一标识文件上的排他锁。若该文件还存在，则 Tablet 服务器继续提供服务；否则，Tablet 服务器将不会提供服务，自行终止进程，并尝试释放锁。

2）Master 通过周期性询问每个 Tablet 服务器所持有的排他锁状态来检测 Tablet 服务

器是否发生故障。若检测出 Tablet 服务器发生故障，则 Master 将删除该 Tablet 服务器在 Chubby 目录下唯一标识的文件，并将其上的 Tablets 重新分配到其他 Tablet 服务器上继续进行处理。

（2）Master 故障的恢复

Master 故障包括 Master 本身发生的故障以及 Master 与 Chubby 之间所发生的通信故障（例如会话失效）等。如图 8.21 所示，当 Master 发生故障时，系统的容错处理过程包括如下步骤。

1）在 Master 租约过期后，Master 的其他副本运行选举协议，选举出一个新的 Master。

2）新的 Master 在 Chubby 中获取一个唯一的 Master Lock，Chubby 可以防止出现并发的 Master 实例，确保当前只有一个 Master。

3）Master 扫描 Chubby 目录，获取现存的 Tablet 服务器信息。

4）Master 与现有的每个 Tablet 服务器进行通信，以确定哪些已被分配了 Tablet。

5）Master 获取 Tablet 信息，若发现某个 Tablet 尚未被分配，则把该 Tablet 信息添加到"未分配"的 Tablet 集合中，保证这些未被分配的 Tablet 有被分配的机会。

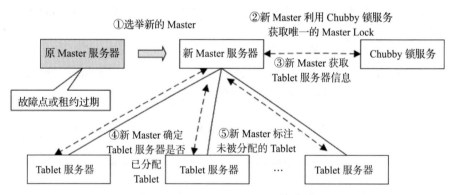

图 8.21   Bigtable 中 Master 故障的恢复过程

从上述过程可以看出，Bigtable 通过 Chubby 的互斥锁机制可以保证副本的强一致性。首先，某个时刻某个 Tablet 只能为一台 Tablet 服务器服务，当 Tablet 服务器出现故障时，Master 要等到 Tablet 服务器的互斥锁失效才能把出现故障的 Tablet 服务器上的 Tablet 分配到其他 Tablet 服务器上。另外，在任何给定的时间内最多只有一个副本被选为 Master，Master 在 Chubby 中获取一个唯一的 Master Lock，不会同时出现多个并发的 Master 实例，保证了数据的强一致性。

2．以最终一致性为目标的容错处理方法

最终一致性允许某时间片段内副本间数据的不一致，在该时间片段（不一致窗口）之后可以保证数据的一致性。以最终一致性为目标的容错处理方法通过牺牲部分的一致性采用多副本冗余的方式来保证系统的高可用性。在大数据库系统中，Dynamo、Cassandra 以及 HBase 等均采用了以最终一致性为目标的容错处理方法。下面，将以 Dynamo 和 Cassandra

为例进行具体介绍。

在 Dynamo 中，采用多副本冗余的方式将一份数据分别写到编号为 K，$K+1$，…，$K+N-1$ 的 N 台机器上。Dynamo 的容错机制主要包括数据回传和数据同步两个阶段。

（1）数据回传

若编号为 $K+i$（$0 \leqslant i \leqslant N-1$）的机器宕机或无法连接，则原本写入该机器的数据将转移到编号为 $K+N$ 的机器上。若在给定的时间 T 内机器 $K+i$ 恢复，并且机器 $K+N$ 通过 Gossip 机制感知到机器 $K+i$ 的恢复，则机器 $K+N$ 将数据回传到机器 $K+i$ 上。

（2）数据同步

若超过时间 T，机器 $K+N$ 仍未感知到机器 $K+i$ 的恢复，则机器 $K+N$ 认为机器 $K+i$ 发生了永久性异常，机器 $K+N$ 将通过 Merkle 树机制从其他副本（K，…，$K+i-1$，$K+i+1$，…，$K+N-1$）进行数据同步。同一数据的不同副本在进行数据同步时分别对数据集生成一个 Merkle 树。Merkle 树又称哈希树，可以是二叉树，也可以是多叉树。Dynamo 通过比较不同副本的 Merkle 树来确定副本之间是否一致，并可以在 $\log(N)$ 时间内快速定位是哪部分发生了变化。

例如，假设有 A 和 B 两台机器，分别存储了 8 个文件（$f1 \sim f8$）的副本。为了确定 A 和 B 上所保留的副本是否一致，在文件创建时每个机器都将构建一棵 Merkle 树（如图 8.22 所示）。其中，叶子节点保存的是数据集合的单元数据或者单元数据哈希值（如叶子节点 node7 的值为文件 $f1$ 的哈希值）。非叶子节点保存的是子节点值的哈希值（如非叶子节点 node3 的值是根据 node7 和 node8 的值进行计算而得到的一个哈希值）。Merkle 树表示了一个层级运算关系，根节点的值是所有叶子节点的值的唯一特征。首先比较 A、B 上 Merkle 树中最顶层的节点，如果相等，则认为副本一致，否则，再分别比较左右子树。假设文件 $f3$ 在 A、B 两台机器上存在不一致性，其检索过程如下：首先检索根节点 node0，如果发现两棵树在该节点上的值不一致，则继续检索 node0 的孩子节点 node1 和 node2；由于 node1 不同，则继续检索 node3 和 node4；以此类推，最终可定位到叶子节点 node9，获取其目录信息，即可判定 $f3$ 在 A、B 两台机器上是不一致的。

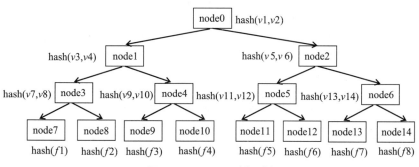

图 8.22　Merkle 树示例

下面通过具体的例子来介绍 Dynamo 的容错过程。假定在 Dynamo 系统中将 N 设置为 3。如图 8.23 所示，如果在对 A 节点进行写操作过程中，A 节点暂时宕机或无法连接，系统的容错处理过程包括如下步骤。

1）系统通过 Gossip 机制感知到 A 发生了故障，将 A 节点上存储的数据副本转移到 D 节点上，同时将 A 节点的元信息也发给 D。A 节点的元信息将作为"建议信息"保存到 D 上一个单独的数据库中。

2）D 节点接收到发来的数据副本后，将代替 A 节点执行对该数据副本的操作。

3）D 节点在本地定期扫描"建议信息"，以判断 A 节点是否已经恢复。若发现 A 节点已经恢复，则将"代管"的数据副本尝试回传给 A，由 A 继续完成数据操作。若回传成功，则 D 节点将"代管"的数据副本从本地删除。若超过时间 T，A 仍未恢复，则 D 节点将启动 Merkle 树比较机制，同 B、C 节点上存储的数据副本进行数据同步。

从上述容错过程可知，Dynamo 可以保证读和写操作不会因为节点的临时故障或网络故障而停滞，提高了系统的可用性。在对数据副本进行同步之前，各个副本之间是允许存在不一致性的，因此这期间在不同副本上读或写的数据可能是不一致的。Dynamo 基于 NRW 协议来指定数据的一致性（详见第 10 章），N 表示数据所具有的副本数，R 和 W 分别表示完成读操作（或写操作）所需要读取（或写入）的最小副本数。Dynamo 通过设置这三个数值来灵活地调整系统的可用性与一致性。如果 $W+R>N$，可保证当不超过一台机器发生故障时，至少能读到一份有效的数据。Dynamo 推荐使用 322（N、R、W 的取值分别是 3、2、2）的组合。

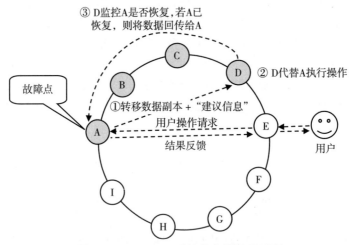

图 8.23 Dynamo 系统的容错处理过程

与 Dynamo 类似，Cassandra 也是在多个节点中存放数据副本以保证可靠性和容错性。对于写操作，一旦检测到要写入的某一个节点发生故障（宕机或无法连接），将会由其他节点替代故障节点继续执行任务。在 Cassandra 中将该过程称为提示移交。这里沿用图 8.23 中的例子，按照规则要将某数据首先写入 A 节点，然后复制到 B 和 C 节点。如果在 A 节点执行数据的写操作时，A 节点发生故障，系统将启动提示移交过程，具体如下。

1）当系统检测到无法将数据写入到 A 节点时，将会把数据写到其他的节点（例如 D 节点）上去，之后向用户返回写入成功。首先该数据对应的 Row Mutation 将封装一个带 hint 信息的头部（包含了目标为 A 节点的信息），然后将要写入的数据及封装后的信息一起传给 D 节点，并将该数据标识为不可读状态。同时，分别复制一份数据到 B 和 C 节点，此副本可以提供读。

2）D 节点接收到发来的数据副本后，将代替 A 节点执行对该数据副本的操作。

3）D 节点在本地定期扫描 Hint 信息，若发现 A 节点已经恢复，则将原本应该写入 A 节点的带 Hint 头的信息重新写回到 A。

从 Cassandra 的提示移交过程可知，对于写操作，系统永远可用，保证了系统的可用性。当用户的一致性级别定为 ANY 时，即意味着只要有一个提示被记录下来，也就可以认为写操作成功了。此时数据的各个副本可能处于不一致状态，为了保证最终一致性，每个节点要定期执行节点修护（NodeRepair）。与 Dynamo 类似，Cassandra 也通过对比 Merkle 树来对多个节点上的副本数据进行一致性检查。在故障节点恢复之后，也要执行 NodeRepair，以确保数据的一致性。

8.6.6　针对不同更新事务的恢复方法

下面，将结合缓冲区数据更新的不同策略来介绍相应的恢复方法。

1. fix/flush 方式

对于 fix/flush 方式的更新策略，其特点是：废弃事务的修改行为不会被写入外存，同时，被提交的事务的更新数据都被刷新到外存数据库。该策略的处理过程为：① LRM 向缓冲区管理器发 flush 命令，将更新数据刷新到外存；② LRM 向缓冲区管理器发 unfix 命令释放所有被固定的页面；③ LRM 向日志文件中写事务结束记录。从上述过程可以看出，在事务结束之前所修改的数据页面已被固定，直到事务提交时才被释放，因此事务的废弃不能触发对固定页面的释放。

由于这种执行策略可以保证事务的原子性和耐久性，因此对废弃事务不需做任何恢复操作。

2. fix/no_flush 方式

对于 fix/no_flush 方式的更新策略，其特点是：废弃事务没有将修改的数据写入外存，但被提交的事务的更新数据可能没有被刷新到外存数据库。其处理过程为：① LRM 向日志文件中写事务结束记录；② LRM 向缓冲区管理器发 unfix 命令释放所有被固定的页面。从上述过程可以看出，由于直到事务提交时被修改的数据页面才被释放，因此事务的废弃不能触发对固定页面的释放。但是局部恢复管理器并没有强制缓冲区管理器将当前缓冲区中已修改的数据写回到外存数据库，因此可能造成已提交的事务的更新没有被及时地刷新到外存中。

为了保证事务的耐久性，该执行策略的事务恢复需执行部分重做（redo），不需执行全部重做（redo）处理。也就是说，将已提交的事务进行重做处理。

3. no_fix/flush 方式

对于 no_fix/flush 方式的更新策略，其特点是：被提交的事务的更新数据都刷新到外存数据库，但废弃事务的部分结果可能已被写入外存。其处理过程为：① LRM 向缓冲区管理器发 flush 命令，将更新数据刷新到外存；② LRM 向日志文件中写事务结束记录。从上述过程可以看出，由于局部恢复管理器强制缓冲区管理器将当前缓冲区中已修改的数据写回到外存数据库，因此所有已提交的事务的更新均被及时地刷新到外存中。但在事务结束之前，一些被事务修改的数据页面可能已被释放，若发生事务废弃，则废弃事务的部分结果可能已被写入外存。

为了保证事务的原子性，该执行策略的事务恢复操作应需对事务全部进行反做（undo）处理。

4. no_fix/ no_flush 方式

对于 no_fix/no_flush 方式的更新策略，其特点是：被提交的事务的更新数据可能没有被及时地刷新到外存数据库，同时，废弃事务的部分修改的数据可能已写入外存。其处理过程为 LRM 向日志文件中写事务结束记录。这是由于局部恢复管理器没有强制缓冲区管理器将当前缓冲区中已修改的数据写回到外存数据库，同时，一些被事务修改的数据页面在事务结束之前可能已被释放，这使得事务的原子性和耐久性均受到影响。

为了保证事务的原子性和耐久性，当事务执行中出现 no_fix/ no_flush 方式的故障时，需对事务进行重做（redo）和反做（undo）恢复处理，具体恢复过程如下。

1）LRM 首先从重启动文件中取得最近的检查点的地址，然后建立两个表：重做表和反做表。初始化这两个表，重做表初态为空；反做表初态为检查点上活动事务。活动事务指检查点上还没有结束的事务。

2）确定反做事务表（undo 表）：在日志中从检查点向前搜索，直到日志结尾。找出只有 B 记录没有 C 记录的事务，即在系统故障时未结束的事务，写入反做事务表。

3）确定重做事务表（redo 表）：从检查点向前搜索，找出既有 B 记录也有 C 记录的事务，直到日志结尾，即在系统故障时已经提交但部分结果未写入外存的事务，写入重做事务表。

4）反做（undo）事务表中的所有事务。根据日志反向进行撤销操作，直到相应事务的 B（begin transaction）。

5）重做（redo）事务表中的所有事务。根据日志从检查点正向进行重做操作，直到相应事务的 C（commit transaction）。

例 8.2 若检查点日志文件为：

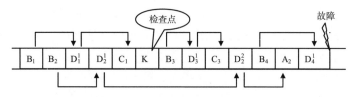

要求：根据日志文件确定重做（redo）表和反做（undo）表。

故障恢复过程如下。

1）初始化重做表和反做表。活动事务为在检查点上没有结束的事务，即 T2 为活动事务。活动事务放在 undo 表中。因此，redo 表 ={}，undo 表 ={ 活动事务 }={T2}。

2）确定 redo 表和 undo 表。从检测点开始正向扫描日志文件，如有新事务 T_i 的开始（B 记录），将 T_i 放入 undo 表，如有事务 T_j 提交（C），将 undo 表中的 T_j 移入 redo 表中，直到日志文件结束。因此，redo 表 ={T3}，undo 表 ={T2,T4}。

3）反做（undo）事务表 {T2,T4} 中的所有事务。根据日志反向进行撤销操作，直到相应事务的开始位置。

4）重做（redo）事务表 {T3} 中的所有事务。根据日志从检查点正向进行重做操作，直到相应事务的结束位置。

8.7 大数据库的分布式恢复管理案例

本节分别以 HBase、Spanner 和 OceanBase 为例，来介绍分布式恢复管理方案。

8.7.1 HBase

从第 7 章可知，基于 Google 后续设计的 Percolator 协议可以使 HBase/Bigtable 实现跨行事务。Percolator 的事务提交是标准的 2PC，分为 Prewrite 和 Commit 两个阶段。下面分别针对这两个阶段的故障恢复策略进行介绍。

1. Prewrite 阶段的故障恢复策略

在 Prewrite 阶段，首先 Percolator 客户端向 Timestamp Oracle 服务请求分配一个自增的 ID，用来表示当前事务的开始时间戳 start_ts。然后，选择一个 Write（即一行数据）作为 primary（主锁行），其他 Write 则是 secondary（从锁行）。primary 作为事务提交的同步点来保证故障恢复的安全性。接下来，先对主锁行进行 Prewrite 操作，成功后再对从锁行进行 Prewrite 操作。每一个 Prewrite 操作的伪代码如下：

```
bool Prewrite(Write w, Write primary) {
    Column c = w.col;
    bigtable::Txn T = bigtable::StartRowTransaction(w.row);
    // 检查是否存在 " 写 - 写 " 冲突
    if (T.Read(w.row, c+"write", [start_ts, ∞])) return false;
    // 检查当前行是否仍有其他未提交的事务在执行
    if (T.Read(w.row, c+"lock", [0, ∞])) return false;
    // 将数据写入 data 列
    T.Write(w.row, c+"data", start_ts, w.value);
    // 写入 lock 列
    T.Write(w.row, c+"lock", start_ts, {primary.row, primary.col});
    return T.Commit();
}
```

在 Prewrite 操作过程中，有两种情况会导致操作失败，具体如下。

故障 1：在当前事务开始后，已经有其他事务提交了对该 cell 的修改，即在 write 列中存在另外一条写记录，时间戳要比当前事务的 start_ts 新。上述现象被称为"写 - 写"冲突。

故障检测与恢复策略：以 Write.row 作为 key，检查 Write.col 对应的 write 列在 [start_ts, max] 之间是否存在相同 key 的数据。如果存在，则说明存在"写 - 写"冲突，即存在晚于当前事务提交的其他事务。恢复策略是算法返回 False，并废弃整个事务。

故障 2：其他事务已经在该 cell 上加锁了，并且这个锁此时仍然是"有效"的，即存在其他未提交事务。产生上述现象的原因可能是之前的某个事务在提交后，释放锁的过程比较缓慢。

故障检测与恢复策略：检查 lock 列中该 Write 是否被上锁，如果锁存在，说明存在其他未提交的事务也在更新当前行。此时 Percolator 不会等待锁被删除，而是选择直接 Abort 整个事务。这种简单粗暴的冲突处理方案避免了死锁发生的可能。

若上述两项检查均已通过，则以 start_ts 作为 Bigtable 的最近一次事务提交的时间戳，将数据写入 data 列。由于此时 write 列尚未写入，因此数据对其他事务不可见。最后，以 start_ts 作为时间戳，以 {primary.row, primary.col} 作为 value，写入 lock 列。

对于每个 Prewrite 操作，上述步骤都在同一个 Bigtable 单行事务中进行，保证了事务的 ACID 性质。在 Prewrite 阶段，任意 Prewrite 操作失败都会导致整个事务被废弃。

2. Commit 阶段的故障恢复策略

如果 Prewrite 成功，则进入 Commit 阶段，Commit 操作如下。首先，检查主锁行与从锁行是否都已成功进行了 Prewrite 操作，如果存在未成功的 Prewrite 操作，则废弃整个事务。然后，向 Timestamp Oracle 服务请求分配一个自增的 ID，用来表示当前事务的提交时间戳 commit_ts。接下来，对主锁行进行提交，具体包括如下步骤：

1）检测主锁行 lock 列对应的锁是否存在，如果锁已经被其他事务清理，则废弃整个事务。

2）以 commit_ts 作为最新时间戳、以 start_ts 时间戳上写入的值去更改主锁行的 write 列。读操作会先读 write 列获取 start_ts，然后再以 start_ts 去读取 data 中的 value。

3）删除主锁行 lock 列中对应的锁。

4）对主锁行的上述操作进行提交。如果主锁行的上述操作提交失败，则废弃整个事务。若成功，则意味着事务已提交成功，此时 Percolator 客户端可以返回用户提交成功。可以异步地写入从锁行的数据，即便发生了故障，此时也可以通过主锁行数据的状态来判断出从锁行的结果。从锁行提交操作无须检测 lock 列中的锁是否存在，一定不会失败，只需要执行步骤 2）和 3）。

```
bool Commit() {
    Write primary = writes_[0];
    vector<Write> secondaries(writes_.begin()+1, writes_.end());
    if (!Prewrite(primary, primary)) return false;
    for (Write w : secondaries)
        if (!Prewrite(w, primary)) return false;
    int commit_ts = oracle.GetTimestamp();
    // 对主锁行先进行提交
    Write p = primary;
    bigtable::Txn T = bigtable::StartRowTransaction(p.row);
    // 检测 lock 列 primary 对应的锁是否存在
```

```
if (!T.Read(p.row, p.col+"lock", [start_ts_, start_ts_]))
    return false;
// 更改主锁行的 write 列
T.Write(p.row, p.col+"write", commit_ts, start_ts);
// 更改主锁行的 lock 列
T.Erase(p.row, p.col+"lock", commit_ts);
// 主锁行提交
if (!T.Commit()) return false;
// 再将每个从锁行提交
for (Write w : secondaries) {
    // 更改从锁行的 write 列
    bigtable::Write(w.row, w.col+"write", commit_ts, start_ts_);
    // 更改从锁行的 lock 列
    bigtable::Erase(w.row, w.col+"lock", commit_ts);
}
return true;
}
```

传统 2PC 从协调者处获取全局最终一致性，而 Percolator 的 2PC 主要从 data、lock、write 这 3 列的状态来判断全局最终一致性。Percolator 使用了懒处理的方式，即一个事务执行时，会判断先前事务的状态，如果发现先前的事务发生故障，则帮助它进行相应的故障恢复。利用超时机制，Percolator 可以猜测哪些事务处于失败状态，从而对它进行 abort 或者 rollback/roll-forward，同时 Percolator 也采用了一个轻量级锁服务来加速判断过程。考虑如下故障情况。

故障 1：从锁行的数据在被异步写入时发生了故障。

故障检测与恢复策略：若发现从锁行存在 lock 信息，可以通过主锁行数据的状态来判断出从锁行的结果。如果主锁行已经被提交，则需要继续 Rollout 该事务，将所有发现的 cell 都提交。如果主锁行还没有被提交，则需要将这个事务进行回滚，将所有发现的 cell 都还原。

故障 2：如果在 Commit 主锁行时 Percolator Worker 进程退出，此时无论主锁行还是从锁行都遗留了一个 lock 信息，后续读取时将很难确定当前事务该回滚还是该成功提交。

故障检测与恢复策略：在 lock 列事先存入 Percolator Worker 的信息，在获取数据并检查 lock 时，若发现 lock 中存储的 Percolator Worker 已经宕机，则直接清理该 lock 信息。当然，另一种可能是 Percolator Worker 并没有宕机，只是卡住了，此时一旦发现主锁超过最长持锁时间，客户端可直接将 lock 删除，从而避免出现某行被长期锁住的风险。

8.7.2　Spanner

Spanner 系统基于 2PC 协议来实现分布式事务，在事务执行过程中可能会发生参与者、协调者的场地故障以及二者之间的通信故障，针对这些故障的恢复策略与传统的 2PC 协议恢复策略相同，此处不再赘述。协调者和参与者的故障可能会导致严重的可用性问题。例如，在协调者场地，协调者在写 C/A 记录之后、写 Complete 记录之前出错。假定协调者仅通知完一个参与者就宕机了，更糟糕的是，被通知的这位参与者在接收完"上级指示"之后也宕机了。由于出错时协调者未将 C/A 命令发送给所有的参与者，因此这些未接到命令的参与者将处于等待状态。按照前文介绍的 2PC 协议对故障的恢复策略，若协调者在参与者发现超时前被恢复，则给所有参与者重发其决定的命令；若协调者在参与者发现超时时仍未被恢复，则参与者启动终结协议：超时的参与者（记为 P_T）通过请求其他参与者来帮助它做出决定，具体来说，就是通过访问其他参与者的当前状态来推断协调者的决定，从而确定终结类型。终结协议要求所有参与者终结某事务的类型要完全一致（或者都提交，或者都废弃），以保证事务的原子性。而那个已接收到命令的参与者宕机了，若此时 P_T 能访问到的所有参与者均处于"准备就绪"状态，则 P_T 将无法做出决定而保持阻断。

为此，Spanner 将 Paxos 协议与 2PC 协议相结合，以提高系统的可用性。Spanner 利用 Paxos 协议将协调者和参与者生成的日志信息复制到所有副本中。这样，无论是协调者宕机还是参与者宕机，都会有其他副本代替它们来完成 2PC 过程而不至于阻塞。例如，在 7.9.2 节中描述的范例中，X1、Y2、Z3 分别为各自 Paxos 组的 Leader，Y2 为协调者，X1 和 Z3 为两个参与者。如图 8.24 所示，考虑如下四种故障类型：

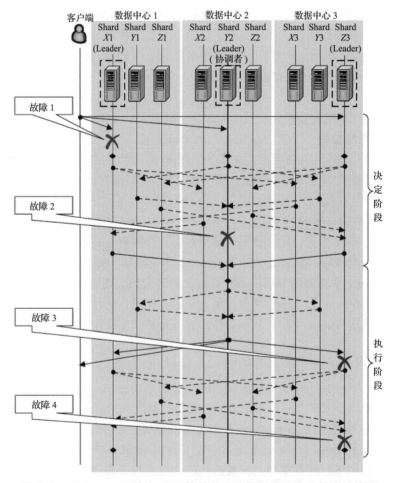

图 8.24　Spanner 系统中 2PC 协议的不同执行阶段发生的宕机故障

- 客户端发送 P 命令后，参与者 X1 宕机了；
- 客户端发送 P 命令后，协调者 Y2 宕机了；
- 协调者 Y2 给参与者 X1 和 Z3 发送 C 命令后，参与者 Z3 在持久化 C 命令之前宕机了；
- 协调者 Y2 给参与者 X1 和 Z3 发送 C 命令后，参与者 Z3 在持久化 C 命令之后宕机了。

针对图 8.24 中不同阶段发生的宕机故障，Spanner 给出了一系列恢复策略。

（1）决定阶段

假设客户端发送 P 命令后，X1 宕机了。此时 Y2 等待超时，Y2 给 Z3 发送撤销命令。对于 X1 的恢复过程，分两种情况讨论：若 X1 在持久化 P 命令之前宕机了，则 X1 恢复后可自行回滚；若 X1 持久化 P 命令之后宕机了，X1 自身通过回放日志可得知事务未决，将主动联系协调者 Y2（如图 8.25a 所示）。

假设客户端发送 P 命令后，协调者 Y2 宕机了。此时将通过选主协议从 Y2 的副本 Y1 和 Y3 中选出一个新的协调者，由新的协调者替代 Y2 继续执行 2PC 协议，以保证系统的可用性（如图 8.25b 所示）。

（2）执行阶段

假设协调者 Y2 给参与者 X1 和 Z3 发送 C 命令后，X1 成功提交了，而 Z3 宕机了。分两种情况讨论：若 Z3 在持久化 C 命令之前宕机了，则 Y2 继续向 Z3 发送 C 命令；若 Z3 在持久化 C 命令之后宕机了，Z3 恢复后自己进行提交（如图 8.25c 所示）。

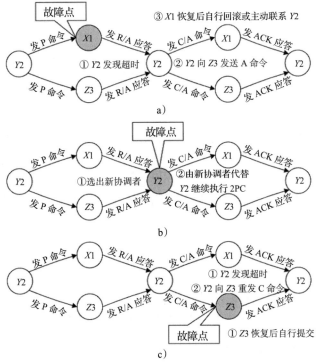

图 8.25　Spanner 系统的容错处理过程

8.7.3 OceanBase

OceanBase 数据库使用 2PC 协议来实现分布式事务，同时将 Paxos 分布式一致性协议引入两段提交过程中，具备自动容错能力和高可用性。下面针对 OceanBase 数据库的容错机制和容灾模式进行介绍。

1. OceanBase 数据库的故障恢复策略

OceanBase 数据库使用两段提交协议来实现分布式事务，下面以分布式转账为例来说明 OceanBase 数据库的故障恢复过程。假设服务器节点 A 上的账户甲向服务器节点 B 上的账户乙转账，在事务执行阶段完成甲、乙账户的余额检查和修改，并通过行锁对所做的修改进行保护，在事务提交阶段，事务两段提交的步骤如下。

1）第一阶段（预提交阶段）：节点 A 和节点 B 分别将甲、乙账户的修改以 redo 日志的形式持久化，确认持久化成功后应答预提交（Prepare）成功。

2）第二阶段（提交阶段）：如果在第一阶段账户甲和乙的预提交（Prepare）操作都成功，则通知节点 A 和节点 B 事务提交成功，节点 A 和节点 B 分别持久化 Commit 日志，并将甲、乙账户的修改提交掉，否则通知节点 A 和节点 B 事务回滚，节点 A 和节点 B 分别持久化 Abort 日志，并将甲、乙账户的修改回滚掉。

然而，如果在上述两段提交执行期间，某个节点（如节点 A）发生了故障，则无从知道 A 对账户甲的操作的状况。账户甲的预提交（Prepare）操作可能没有完成或者完成且成功或者完成但失败，节点 A 可能很快恢复，也可能很长时间没有恢复或者永久损坏，甚至无法简单地判断节点 A 是否发生故障或故障后是否恢复，因此该分布式事务的执行结果是不确定的。

为此，OceanBase 数据库将 Paxos 分布式一致性协议引入两段提交过程中，使得分布式事务具备自动容错能力。如图 8.26 所示，两段提交的每个参与者包含多个副本（Replica），副本之间通过 Paxos 协议实现高可用性，以此提升系统的可靠性。OceanBase 的两段提交的参与者从机器变成了分区，分区是由 Paxos 协议支撑的具有高可用服务能力的组件。

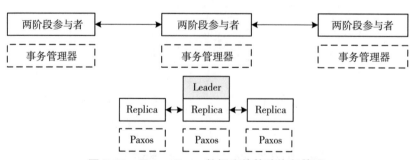

图 8.26　OceanBase 数据库的故障恢复策略

OceanBase 数据库的高可用性在设计时主要考虑两个方面。

1）当 OceanBase 数据库的节点发生宕机或意外中断等故障时，能够自动恢复数据库的可用性，减少业务受影响时间，避免业务因为数据库节点故障而中断。

2）在 OceanBase 数据库少数节点发生故障导致无法读取这部分节点的数据时，保证业务数据不会丢失。不同于传统数据库的主备或一主多从方案，OceanBase 数据库使用性价比较高、可靠性略低的服务器，同一数据保存在多台（大于等于 3）服务器中半数以上的服务器上（例如 3 台中的 2 台或 5 台中的 3 台等），每一笔写事务必须到达半数以上服务器才生效，因此当少数服务器发生故障时不会有任何数据丢失。此外，传统数据库主备镜像在主库发生故障时，通常需要外部工具或人工把备库升级成主库，而 OceanBase 数据库底层实现了 Paxos 高可用协议，在节点故障后，剩余的服务器会很快自动选举出新的主库，并继续服务。例如，当某个参与者发生故障时，通过 Paxos 协议可以很快（秒级）选举出另外一个副本代替原有参与者继续提供服务，并恢复原有参与者的状态，从而确定分布式事务的执行结果并继续推进两段提交协议的完成。

OceanBase 利用 Paxos 协议保证了参与者的高可用性，但同时也引入了跨网络、跨机房的同步延迟。如果采用传统的两段提交协议，将造成多次写日志，引起较大开销。为此，OceanBase 对传统两段提交协议进行了优化，使协调者不再写日志，只保留内存状态，以降低提交延迟。同时，因为所有参与者都是高可用的，所以传统两段提交协议易发生的问题（如协调者宕机卡住）不易发生。

2. OceanBase 数据库的容灾模式

目前 OceanBase 支持多种容灾模式，包括同城三机房、两地三中心三副本、两地三中心五副本、三地三中心五副本和三地五中心五副本（如图 8.27 所示）。其中，Region 对应物理上的一个城市或地域，zone 对应一个有独立网络和供电容灾能力的数据中心。业务可根据对机房配置以及性能和可用性的需求灵活选择容灾模式。

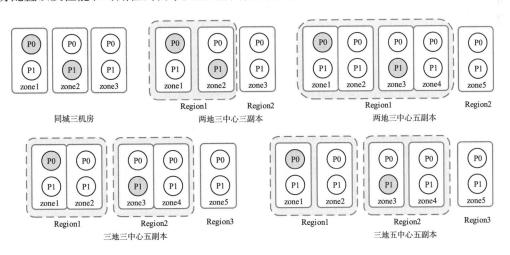

图 8.27　OceanBase 数据库的容灾模式

1）同城三机房。同城三机房的特点是同城三个机房（即 zone1、zone2 和 zone3）组成一个集群，每个数据部署 3 个副本，其中 1 个是主副本（如 zone1 上的 P0），2 个是备副本（如 zone2 和 zone3 上的 P0）。由于该方案包括多个 zone，因此 OceanBase 数据库集群拥有 zone 发生故障时的容灾能力。如果没有异地机房，并且对可靠性要求不是特别高，采用同城三机房部署方案可以达到机房级容灾。同城机房间的网络延迟一般为 0.5 ～ 2ms，所以这种方案具有非常高的性能。但由于该方案只有一个 Region，如果出现整个城市级别的故障，则会影响数据库的数据和服务能力。因此，同城三机房模式无法应对城市级的灾难。

2）两地三中心三副本。两地三中心是一类实现高可用和异地容灾的部署模式。通过在两地（即 Region1 和 Region2）的三个中心（即 zone1、zone2 和 zone3）分别部署一份副本，其中 2 个副本位于同一个城市（如 zone1 和 zone2 上的 P0 被部署在同一城市中），正常情况下事务提交在同城的两个副本完成同步即可，所以具备和同城三机房同样的性能。由于该方案由两个 Region 组成，因此数据库的数据和服务能力拥有地域级容灾能力。当少数副本所在的城市发生地域级故障时，整个 OceanBase 数据库集群的服务不受影响，并且不丢数据。但是当多数副本所在城市发生地域级故障时，会导致 OceanBase 数据库停止服务。所以，相对于同城三机房，两地三中心三副本这种容灾模式的可用性虽然有大幅的提升，但是本质上还隶属于机房级容灾方案。

3）两地三中心五副本。副本被部署在两个城市（Region1 和 Region2）中，一个城市为主城市（Region1），另外一个城市为备城市（Region2）。主城市包含两个机房，每个机房有两个副本；备城市只包含一个机房，这个机房只有一个副本。这一方案是两地三中心三副本部署方案的进化，用于解决两地三中心三副本部署方案在多副本所在城市发生机房故障时引入的事务提交跨城市问题。例如，主副本 P0 在主城市 Region1 的数据中心 1（由 zone1 和 zone2 构成）上，如果数据中心 2（由 zone3 和 zone4 构成）整体发生故障，那么 Paxos 协议会将数据中心 2 中的两个副本从成员列表中剔除，成员组由 5 个副本降级为 3 个副本，以后只需要强同步 3 个副本中的 2 个即可。大部分情况下，强同步操作可以在数据中心 1 内完成，避免跨城市同步。类似地，如果数据中心 1 整体发生故障，那么，Paxos 协议需要首先将主副本切到数据中心 2，接着再将成员组由 5 个副本降级为 3 个副本，以后强同步操作可以在数据中心 2 内完成，避免跨城市同步。为了节省成本，可以分别将数据中心 1 和数据中心 2 的各 1 个副本部署为日志副本。日志副本不提供服务，仅仅接收日志用于故障恢复，从而只需要存储并服务 3 份数据。例如，假定上海有两个机房，北京有一个机房，为上海的每个机房部署两个副本，为北京的单机房部署一个副本。任何一个机房不可用时，多数派副本都是存活的，可以实现无损容灾。不过如果出现上海地域级故障，多数派副本将不可用，主集群会停止服务。因此，两地三中心模式下，单集群部署满足不了地域级容灾需求。

4）三地三中心五副本。两地三中心部署方案的问题在于不支持异地容灾。为了支持地区级无损容灾，通过 Paxos 协议的原理可以证明，至少需要 3 个地区。OceanBase 数据库采用的是两地三中心的变种方案：三地三中心五副本。该方案包含三个城市（即 Region1、Region2 和 Region3），每个城市有一个机房，前两个城市的机房各有 2 个副本，第三个城市的机房只有 1 个副本。当任何一个城市出现故障时，至少可以保证 3 个副本是可用的，因此依然可以构成多数派。另外，每个城市最多只有 2 个副本，因此每次执行事务至少需要同步到两个城市，此时需要业务容忍异地复制的延时。

5）三地五中心五副本。和三地三中心五副本类似，三地五中心五副本模式由三个城市组成一个五副本的集群。不同点在于，三地五中心会把每个副本部署到不同的机房，以进一步强化机房容灾能力。

8.8 本章小结

数据库恢复机制必须具有把数据库系统从故障状态恢复到一个已知的正确状态的能力。数据库系统在恢复正确后可继续运行，不会因系统故障而造成数据库损坏或数据丢失。数据库系统中的故障可归纳为两大类：软故障和硬故障。在集中式数据库系统中，经常采用登记日志文件和数据库转储等技术来对这些故障进行恢复。而在分布式数据库系统中，除了可能出现集中式数据库系统中的故障外，还可能出现分布式数据库系统中特有的故障，如通信故障等。分布式数据库系统中普遍采用的两段提交协议和三段提交协议能够有效地处理场地故障和通信故障，具有一定的恢复能力。为了保证各种应用正确可靠地运行，除了要采取相应的恢复措施外，还要考虑数据库系统的可靠性，尽量将崩溃后数据库的不可用时间减少到最低，并保证事务的原子性和耐久性。对于大数据库系统来说，支持有效的恢复管理机制显得至关重要，需要解决自适应故障检测与数据一致性保证等一系列新问题，以此来确保大规模计算环境的可用性。

习题

1. 设有关系：学生基本信息 S(Sno(学号), Sname(姓名), Sage(年龄), Major (专业)) 和学生选课信息 SC(Sno,Cno(课号),Grade(成绩))。关系 S 在 S1 场地，关系 SC 在 S2 场地。若一名大二学生需要转专业（如从冶金专业转为计算机专业），同时需要修改学号（如将 985008 改为 983009 ）。
   要求：简写全局事务中需要完成的操作；将全局事务分解为子事务；若采用集中的两段提交协议提交，图示事务提交过程；在提交过程中，若 P 报文丢失，如何恢复？
2. 下面是当一个数据库系统出现故障时日志文件中的信息；

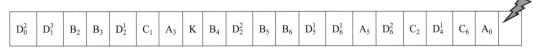

根据上述日志信息，完成下面的操作。

1）画出对应的事务并发执行图。
2）说明检查点的作用和检查点时刻数据库需要完成的主要操作。
3）确定反做（undo）事务集和重做（redo）事务集（写出详细过程）。

4）叙述 undo 和 redo 的作用。

3. 在两段提交协议的执行过程中，如出现下列故障，请问如何进行恢复。

1）参与者在写 R/A 记录之前出错。

2）协调者在写 C/A 记录之后、写 Complete 记录之前出错。

3）丢失 P 报文。

4. 假设调度器采用集中式两段锁并发控制，LRM 采用 no-fix/no-flush 协议，试写出本地恢复管理器的详细算法和调度器的调度算法。

5. 画出分布式 2PC 通信协议结构，并设计一个因场地故障而中止的 2PC 分布式通信协议。

6. 什么是数据库系统的"可靠性"和"可用性"？请举例说明两者的不同之处。

7. 为什么说两段提交协议的终结协议是有阻断的协议，而三段提交协议的终结协议是非阻断的协议？

8. 如何应用基于法定人数的 3PC 协议来处理网络分割故障？

9. 试论述基于心跳机制的故障检测技术的弊端。

10. 简述以强一致性为目标的容错处理方法和以最终一致性为目标的容错处理方法的不同之处。

11. 简述 HBase 的故障检测与恢复策略。

12. 简述 OceanBase 数据库的容灾模式。

参考文献

[1] 萨师煊，王珊编 . 数据库系统概论 [M]. 4 版 . 北京：高等教育出版社，2006.

[2] SILBERSCHATZ A, KORTH H F, SUDARSHAN S. 数据库系统概念 [M]. 杨冬青，唐世渭，等译 . 北京：机械工业出版社，2000.

[3] OZSU M T, VALDURIEZ P. Principles of Distributed Database System (Second Edition) [M]. 北京：清华大学出版社，2002.

[4] 邵佩英 . 分布式数据库系统及其应用 [M]. 北京：科学出版社，2005.

[5] 郑振楣，于戈，郭敏 . 分布式数据库 [M]. 北京：科学出版社，1998.

[6] 陆嘉恒 . 大数据挑战与 NoSQL 数据库技术 [M]. 北京：电子工业出版社，2013.

[7] 张俊林 . 大数据日知录：架构与算法 [M]. 北京：电子工业出版社，2014.

[8] 杨传辉 . 大规模分布式存储系统：原理解析与架构实战 [M]. 北京：机械工业出版社，2013.

[9] 孔超，钱卫宁，周傲英 . NoSQL 系统的容错机制：原理与系统示例 [J]. 华东师范大学学报（自然科学版），2014(5): 1-16.

[10] AGRAWAL D, ABBADI A E, MAHMOUD H A, et al. Managing Geo-replicated Data in Multi-datacenters [C]//Proc. of DNIS. Berlin: Springer Berlin Heidelberg, 2013: 23-43.

[11] ALKHATIB G. Transaction management in distributed database systems: the case of

oracle's two-phase commit [J]. Journal of Information Systems Education, 2003, 13(2): 95-104.

[12] BAKER J, BOND C, CORBETT J C, et al. Megastore: Providing Scalable, Highly Available Storage for Interactive Services [C]//Proc. of CIDR, 2011: 223-234.

[13] BERNSTEIN P A, HADZILACOS V, GOODMAN N. Concurrency Control and Recovery in Database Systems [M]. Mass.: Addison-Wesley, 1988.

[14] CHANG F, DEAN J, GHEMAWAT S, et al. Bigtable: a distributed storage system for structured data [C]//Proc. of 7th USENIX Symp. Operating Systems Design and Implementation. CA: USENIX, 2006: 15-28.

[15] CORBETT J, DEAN J, EPSTEIN M, et al. Spanner: Google's globally-distributed database [C]. Proc. of OSDI. CA: USENIX, 2012: 251-264.

[16] DECANDIA G, HASTORUN D, JAMPANI M, et al. Dynamo: Amazon's highly available key-value store [C]//Proc. of the 21st ACM Symp. Operating Systems Principles. New York: ACM, 2007: 205-220.

[17] GEORGE L. HBase: The Definitive Guide [M]. New York: O'Reilly Media, 2011.

[18] GRAY J N. Notes on Data Base Operating Systems. Operating Systems: An Advanced Course [M]. New York: Springer-verlag, 1979.

[19] GHEMAWAT S, GOBIOFF H, LEUNG S T. The Google File System [M]. CA: Google, Inc., 2003.

[20] HARDER T, REUTER A. Principles of transaction-oriented database recovery [J]. ACM Comput. Surv., 1983,15(4):287-317.

[21] LAKSHMAN A, MALIK P. Cassandra: a structured storage system on a p2p network [C]// Proc. of the 21st Annual Symposium on Parallelism in Algorithms and Architectures. New York: ACM, 2009: 47-47.

[22] MAHMOUD H, NAWAB F, PUCHER A, et al. Low-latency multi-datacenter databases using replicated commit [J]. PVLDB, 2013, 6(9): 661-672.

[23] MOHAN C, LINDSAY B. Efficient commit protocols for the tree of processes model of distributed transactions [J]. ACM SIGOPS Operating Systems Review, 1983: 76-88.

[24] MOHAN C, LINDSAY B, OBERMARCK R. Transaction management in the R* distributed database management system [J]. ACM Transactions on Database System, 1986, 11(4):378-396.

[25] RENESSE R V, DUMITRIU D, GOUGH V, et al. Efficient reconciliation and flow control for anti-entropy protocols [C]//Proc. of LADIS. New York:ACM, 2008.

[26] SKEEN D. A quorum-based commit protocol [C]//Proc. of 6th Berkeley Workshop on Distributed Data Management and Computer Networks, 1982: 69-80.

[27] THOMAS R H. A majority consensus approach to concurrency control for multiple copy databases [J]. ACM Transactions on Database System, 1979, 4(2):180-209.

[28] 胡争, 范欣欣. HBase 原理与实践 [M]. 北京：机械工业出版社，2019.

[29] DANIEL P, FRANK D. Large-scale Incremental Processing Using Distributed Transactions and Notifications [C]//Proc. of OSDI. CA: USENIX, 2010: 1-10.

[30] 倪超. 从 Paxos 到 Zookeeper: 分布式一致性原理与实践 [M]. 北京：电子工业出版社，2015.

[31] OceanBase 企业级分布式关系数据库 [EB/OL]. https://www.oceanbase.com/docs/oceanbase-database/oceanbase-database/V3.1.2.

第9章

分布式并发控制

 并发控制是事务管理的基本任务之一，它的主要目的是保证分布式数据库中数据的一致性，是事务管理的基本任务之一。当分布事务并发执行时，并发控制既要实现分布事务的可串行性，又要保持事务具有良好的并发度，以保证系统具有良好的性能。较为广泛应用的并发控制方法是以锁为基础的并发控制算法，尤其是两段锁（two-Phase Lock，2PL）协议。本章将介绍并发控制所涉及的概念和理论基础，着重介绍两段锁协议和分布式数据库的并发控制方法，并介绍将这些并发控制算法用于大数据库时所进行的相应扩展。

9.1 分布式并发控制的基本概念

 我们知道，为保证多个事务执行后数据库中数据的一致性，最简单的方法是一个接一个地独立执行每一个事务。然而，这只是理论上的一种选择，并不能应用于实际的系统，因为绝对串行执行事务会限制系统吞吐量，严重影响系统性能。事务的并发处理是提高系统性能的根本途径。

9.1.1 并发控制的问题

 多个事务并发执行，就有可能产生操作冲突，如出现重复读错误或读取脏数据等，造成数据库中数据的不一致。下面以一个例子来说明多个事务并发执行产生的冲突问题。

 例 9.1 有两个并发执行的事务 T_1 和 T_2，其中 x 是数据库中的一个属性，当前 $x=100$，T_1 和 T_2 操作序列如图 9.1 所示。

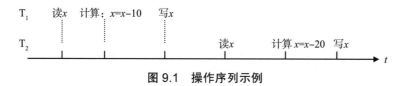

图 9.1 操作序列示例

图 9.1 中事务 T_1、T_2 的操作序列可表示如下：

- T_1：$R_1(x)$，$O_1(x)$，$W_1(x)$。
- T_2：$R_2(x)$，$O_2(x)$，$W_2(x)$。

其中 R(x) 表示读 x，W(x) 表示写 x，O$_1$(x) 表示执行 $x=x–10$，O$_2$(x) 表示执行 $x=x–20$。

若串行执行（T$_1 \to$ T$_2$），则操作序列为 R$_1$(x)、O$_1$(x)、W$_1$(x)、R$_2$(x)、O$_2$(x)、W$_2$(x)，执行结果为 $x=70$。

1. 丢失修改错误

例 9.2　若例 9.1 中的事务 T$_1$ 和 T$_2$ 并发地执行（如图 9.2 所示），执行结果为 T$_1$：$x=90$、T$_2$：$x=80$，最终结果为 $x=80$。T$_2$ 的执行结果破坏了 T$_1$ 执行的结果，该种现象称丢失修改错误。

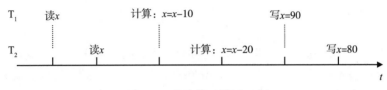

图 9.2　丢失修改错误示例

2. 不能重复读错误

例 9.3　有两个并发执行的事务 T$_1$ 和 T$_2$，其中 x 是数据库中的一个属性，T$_1$ 和 T$_2$ 操作序列如图 9.3 所示。

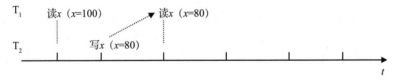

图 9.3　不能重复读错误示例

从例 9.3 的 T$_1$ 和 T$_2$ 操作序列，可了解不能重复读错误现象：当多个事务并行执行时，一个事务（如 T$_1$）重复读一个数据项（x）时，得到不同的值，该种现象称不能重复读错误，即一个事务的执行受到了其他事务的干扰。如图 9.3 所示，T$_1$ 两次读到的 x 值分别是 100 和 80，即出现了不能重复读现象。

3. 读脏数据错误

例 9.4　有两个并发执行的事务 T$_1$ 和 T$_2$，其中 x 是数据库中的一个属性，T$_1$ 和 T$_2$ 操作序列如图 9.4 所示。

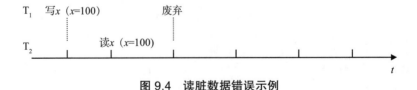

图 9.4　读脏数据错误示例

从例 9.4 的 T₁ 和 T₂ 操作序列中，可看到如下现象：事务 T₂ 读取了 T₁ 废弃的数据 x，即无效的数据，该种现象称读脏数据。应尽量避免读脏数据，因为，当事务 T₁ 废弃时，为了避免错误，读了脏数据的事务 T₂ 也必须废弃，即产生了所谓的级联废弃。

9.1.2 并发控制的定义

从上述例子可以看出，不加控制地并发执行事务可能导致数据库中数据的错误，因而，事务管理器的基本任务之一就是对事务进行并发控制。并发控制就是利用正确的方式调度事务中所涉及的并发操作序列，避免造成数据的不一致性；防止一个事务的执行受到其他事务的干扰，保证事务并发执行的可串行性。

与集中式数据库不同，分布式数据库中的数据分配在不同的场地上，也可能在多个场地上存在副本，因此，需要合理的事务并发控制算法，使事务正确地访问和更新数据，确保分布式环境中的各场地上有关数据库中数据的一致性。

9.2 并发控制理论基础

9.2.1 事务执行过程的形式化描述

并发控制的主要目的是保证分布式数据库中数据的一致性。并发控制既要实现分布事务的可串行性，又要保持事务具有良好的并发度。无论集中式数据库，还是分布式数据库，都要求并发执行的事务的执行结果具有严格的一致性。因此，通常以串行化理论为基础，并以它为模型来检验并发控制方法的正确性。依据串行化理论，在数据库上运行的一个事务的所有操作按其性质分为读和写两类。通常，一个事务 T_i 对数据项 x 的读操作和写操作记为 $R_i(x)$ 和 $W_i(x)$。一个事务 T_i 所读取数据项的集合，称为 T_i 的读集，所写的数据项的集合，称为写集，分别记为 $R(T_i)$ 和 $W(T_i)$。

例 9.5 设有事务 T₁，完成的操作如下：x=x+1；y=y+1。其中 x、y 为数据库中的两个数据项。

则 T₁ 的操作可表示为：$R_1(x) \ W_1(x) \ R_1(y) \ W_1(y)$。

$$R(T_1)=\{x, y\}$$
$$W(T_1)=\{x, y\}$$

在一个数据库上，各个事务所执行的操作组成的序列，称为事务的历程，记为 H，有时也称为调度，历程记录了各个事务的操作顺序。对于一个历程上的任何两个事务 T_i 和 T_j，如果 T_i 的最后一个操作在 T_j 的第一个操作之前完成，或反之，则称该历程为串行执行的历程，简称为串行历程，否则称为并发历程。系统通常希望事务历程中的各个事务是并发的，但同时它们的执行结果又等价于一个串行的事务历程，即事务历程是可串行化的。

例 9.6 有事务 T₁ 和 T₂，T₁ 和 T₂ 完成的操作为：

- T₁：$R_1(x) \ R_1(y) \ W_1(x) \ W_1(y)$。
- T₂：$R_2(x) \ W_2(y)$。

设有历程 H_1 和 H_2，分别为：

- H_1：$R_1(x)$ $R_1(y)$ $W_1(x)$ $W_1(y)$ $R_2(x)$ $W_2(y)$。
- H_2：$R_1(x)$ $R_2(x)$ $R_1(y)$ $W_1(x)$ $W_1(y)$ $W_2(y)$。

历程 H_1 和 H_2 也可用图 9.5 等价表示。

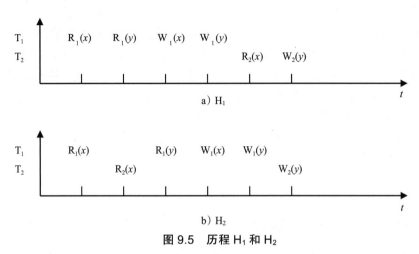

图 9.5　历程 H_1 和 H_2

可见，在历程 H_1 中，事务 T_1 的所有操作都是在事务 T_2 的操作之前完成的，因此该历程是串行历程。而历程 H_2 不满足串行历程的定义，因此该历程是并发历程。

9.2.2　集中库的可串行化问题

无论在集中式数据库系统中，还是在分布式数据库系统中，事务的并发调度都要解决并发执行事务对数据库的冲突操作，使冲突操作能串行地执行，非冲突操作可并发执行。在分布式数据库系统中，事务是由分解为各个场地上的子事务的执行实现的，因此，分布式事务之间的冲突操作转化为同一场地上的子事务之间的冲突操作，分布式事务的可串行性调度转化为子事务的可串行性调度。下面先介绍可串行化涉及的概念，然后介绍集中式数据库的可串行化问题。

在分布式事务执行过程中，每个场地 S_i 上的子事务执行序列，称为局部历程，用 $H(S_i)$ 表示。

在分布式数据库系统中，将分布事务的可串行调度转化为以场地为基础的子事务的可串行调度。

1. 可串行化的定义

定义 9.1　在集中式数据库系统中的一个历程 H，如果等价于一个串行历程，则称历程 H 是可串行化的。由可串行化历程 H 所决定的事务执行顺序，记为 SR（H）。

2. 事务的执行顺序

事务的并发调度就是要解决并发执行事务对数据库的冲突操作。

定义 9.2　两个操作 O_i 和 O_j 分别属于两个事务，如果它们操作同一个数据项，且至少其中一个操作为写操作，则 O_i 和 O_j 这两个操作是冲突的。如 $R_1(x)$ $W_2(x)$ 和 $W_1(x)$ $W_2(x)$ 均为冲突操作。若在一个串行历程中，用符号 "<" 表示先于关系，对分别属于 T_i 和 T_j 的两个冲突操作 O_i 和 O_j，若存在 $O_i < O_j$，则 $T_i < T_j$。

3. 历程等价的判别方法

若一个并行执行的历程 H 是可串行化的，则一定存在一个等价的串行历程。判断两个历程等价的定理和引理如下。

定理 9.1　任意两个历程 H_1 和 H_2 等价的充要条件为：

- 在 H_1 和 H_2 中，每个读操作读出的数据是由相同的写操作完成的；
- 在 H_1 和 H_2 中，每个数据项上最后的写操作是相同的。

引理 9.1　对于两个历程 H_1 和 H_2，如果每一对冲突操作 O_i 和 O_j，在 H_1 中有 $O_i < O_j$，在 H_2 中也有 $O_i < O_j$，则 H_1 和 H_2 是等价的。

例 9.7　设有三个历程 H_1、H_2 和 H_3，分别为：

- H_1：$R_1(x)$ $R_1(y)$ $W_1(x)$ $W_1(y)$ $R_2(x)$ $W_2(x)$。
- H_2：$R_1(x)$ $R_1(y)$ $W_1(x)$ $R_2(x)$ $W_1(y)$ $W_2(x)$。
- H_3：$R_1(x)$ $R_1(y)$ $R_2(x)$ $W_1(x)$ $W_1(y)$ $W_2(x)$。

要求：判断历程 H_2 和 H_3 是否为可串行化的历程。

从上面的历程 H_1 中可看出，事务 T_1 的所有操作都是在事务 T_2 的操作之前完成的，因此可判断，历程 H_1 是串行历程。

下面根据两个历程的等价引理判断 H_2 和 H_3 是否与历程 H_1 等价，若等价，则该历程是可串行化的历程。判别如下：

- 首先找出历程 H_1、H_2 和 H_3 的冲突操作；
- 分别找出历程 H_2 和 H_3 中与历程 H_1 的等价冲突操作，用 "⟷" 表示。

则结果如下：

H_2 的冲突操作	H_1 的冲突操作	H_3 的冲突操作
$R_1(x) < W_2(x)$ ⟷	$R_1(x) < W_2(x)$ ⟷	$R_1(x) < W_2(x)$
$W_1(x) < R_2(x)$	$W_1(x) < W_2(x)$	$R_2(x) < W_1(x)$
$W_1(x) < W_2(x)$	$W_1(x) < R_2(x)$	$W_1(x) < W_2(x)$

可知，历程 H_2 与历程 H_1 等价，因此历程 H_2 是可串行化的历程；历程 H_3 与历程 H_1 不等价，因此历程 H_3 不是可串行化的历程。

9.2.3　分布式事务的可串行化问题

定义 9.3　在分布式事务执行过程中，每个场地 S_i 上的子事务的执行序列，称为局部历程，用 H（S_i）表示。

在分布式数据库系统中，需要将分布式事务的可串行性历程转化为以场地为基础的子事务的可串行性历程。通常用下面的定理或引理判断分布式事务是否是可串行化的。

定理 9.2　对于 n 个分布式事务 T_1, T_2, $\cdots$, T_n 在 m 个场地上 S_1, S_2, $\cdots$, S_m 上的并发执行序列，记为 E。如果 E 是可串行化的，则必须满足以下条件：

- 每个场地 S_i 上的局部历程 $H(S_i)$ 是可串行化的；
- 存在 E 的一个总序，使得在总序中，如果有 $T_i < T_j$，则在各局部历程中必须有 $T_i < T_j$。

引理 9.2　设 T_1, T_2, $\cdots$, T_n 是 n 个分布式事务，E 是这组事务在 m 个场地上的并发执行序列，$H(S_1)$, $H(S_2)$, $\cdots$, $H(S_m)$ 是在这些场地上事务的局部历程，如果 E 是可串行化的，则必须存在一个总序，使得 T_i 和 T_j 中的任意两个冲突操作 O_i 和 O_j，如果在 $H(S_1)$, $H(S_2)$, $\cdots$, $H(S_m)$ 中有 $O_i < O_j$，当且仅当在总序中也有 $T_i < T_j$。

9.3　基于锁的并发控制方法

锁的基本思想是：事务在对某一数据项操作之前，必须先申请对该数据项加锁，申请成功后才可以对该数据项进行操作。如果该数据项已被其他事务加锁，则出现操作冲突，该事务必须等待，直到该数据项被解锁为止。

9.3.1　锁的类型和相容性

锁一般分为两种类型，即排他（exclusive）锁和共享（shared）锁。排他锁常称为 X 锁或写锁；共享锁称为 S 锁或读锁。排他锁指当事务 T 对数据 A 施加排他锁之后，只允许事务 T 自己读写 A，其他事务都不可读写 A。共享锁指当事务 T 对数据 A 施加共享锁之后，其他事务也可申请共享锁，但只能读取 A，即共享锁允许多个事务同时读取访问同一数据项 A。写锁和读锁的相容性如表 9.1 所示。

表 9.1　锁的相容性

	读锁	写锁
读锁	共享	排他
写锁	排他	排他

由表 9.1 可见，对于占有数据项 x 上的共享锁的事务 T 被允许访问 x 的同时，其他事务也被允许访问 x。因此，在对 x 拥有共享锁的事务后来又要对 x 进行修改，那么就需要将锁更改为排他锁，这一过程称为锁的"升级"。但是，读锁是不能直接升级为写锁的，而要通过对数据项先加更新锁。所谓更新锁是指只赋予事务 T 读 x 而不是写 x 的权限。只有更新锁能在以后升级为写锁，读锁是不能升级的，当 x 上已经有了读锁时，就可以被授予更新锁。一旦 x 上有了更新锁，就禁止在 x 上加其他任何类型（共享、更新、排他）的锁，因为这样才能保证更新锁可以升级为排他锁。

9.3.2　封锁规则

在基于锁的并发控制协议中，事务在执行过程中需对其访问的数据项进行加锁，访问结束要及时释放其对数据项加的锁，以便供其他事务访问，保证多个事务正确地并发执行。具体封锁规则为：

- 事务 T 在对数据项 A 进行读/写操作之前，必须对数据项 A 施加读/写锁，访问后立即释放已申请的锁；

- 如果事务 T 申请不到希望的锁，事务 T 需等待，直到申请到所需要的锁之后，方可继续执行。

9.3.3　锁的粒度

封锁数据对象的单位称为锁的粒度，指被封锁的数据对象的大小。锁的粒度也称锁的大小。系统根据自己的实际情况确定锁的粒度，锁的粒度可以是关系的属性（或字段）、关系的元组（或记录）、关系（也称为文件）或整个数据库等。锁粒度的大小对系统的并发度和开销有一定影响，锁粒度越大，系统的开销越少，但降低了系统的并发度。针对并发控制，系统的并发度与锁粒度成反比，如表 9.2 所示。

表 9.2　锁的粒度和系统开销及并发度的关系

粒度	开销	并发度
小	大	高
大	小	低

9.4　两段锁协议

两段锁协议是数据库系统中解决并发控制的重要方法之一。遵循两段锁协议规则的系统可保证事务的可串行性调度。两段锁协议的实现思想是将事务中的加锁操作和解锁操作分为两个阶段完成，并要求并发执行的多个事务在对数据操作之前进行加锁，且每个事务中的所有加锁操作要在解锁操作以前完成。通常两段锁协议分为基本的两段锁协议和严格的两段锁协议。在两段锁协议实现中，系统的加锁方式分为两种，一种为显式锁方式，另一种为隐式锁方式。显式锁方式由用户加封锁命令实现；隐式锁方式由系统自动加锁实现。

9.4.1　基本的两段锁协议

基本的两段锁协议的内容分为两个阶段，即加锁阶段和解锁阶段。具体规则描述如下。

1）阶段 1：加锁阶段。

- 事务在读写一个数据项之前，必须对其加锁；
- 如果该数据项被其他使用者已加上不相容的锁，则必须等待。

2）阶段 2：解锁阶段。

- 事务在释放锁之后，不允许再申请其他锁；

在事务执行过程中，两段锁协议的加锁、解锁过程如图 9.6 所示。

前面介绍了事务并发执行中可能出现丢失修改错误、不能重复读错误和读取脏数据错误。若采用基本的两段锁协议进行并发控制，则不会出现上述错误。具体描述示意图如图 9.7～图 9.9 所示。

1. 丢失修改错误

例 9.2 中描述了事务 T₁ 和 T₂ 并行执行时产生了丢失修改错误。若采用两段锁协议进行并发控制，示意图如图 9.7 所示。

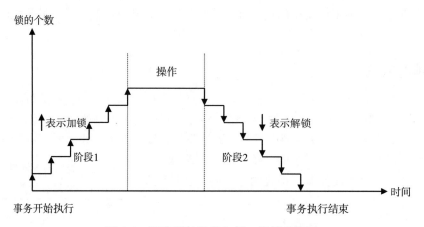

图 9.6   两段锁协议的加锁、解锁示意图

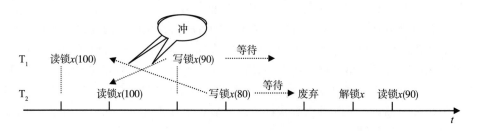

图 9.7   采用两段锁协议防止丢失修改错误

从图 9.7 可见，当事务 T_1、T_2 进行写操作时，读锁要"升级"为写锁，此时，T_1、T_2 均不能成功，必须等待，直到另一事务释放对数据项 x 的封锁为止。如：T_2 废弃，释放读锁；则 T_1 得到写锁，完成写操作。事务 T_2 重启动后，读取 x（事务 T_1 执行的结果），直至完成操作。因此，不会出现丢失修改错误。

2. 不能重复读错误

例 9.3 中描述了事务 T_1 和 T_2 并行执行时产生了重复读错误。若采用两段锁协议进行并发控制，示意图如图 9.8 所示。

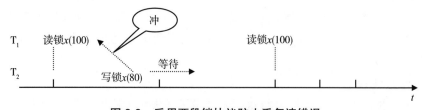

图 9.8   采用两段锁协议防止重复读错误

从图 9.8 可见，当事务 T_2 申请写锁时，不能申请成功，必须等待，当事务 T_1 再次读数

据项 *x* 时，读取的 *x* 值与第一次读到的值相同，不会出现重复读错误。

3. 读脏数据错误

例 9.4 中描述了事务 T_1 和 T_2 并行执行时产生了读脏数据错误。若采用两段锁协议进行并发控制，示意图如图 9.9 所示。

设 *x*=100

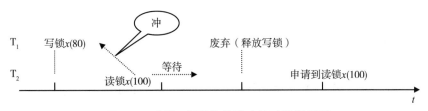

图 9.9　采用两段锁协议防止读脏数据错误

从图 9.9 可见，事务 T_1 申请写锁后，写 *x*=80。此时事务 T_2 申请读锁失败，必须等待。当事务 T_1 产生故障中断时，废弃事务 T_1 的执行，即执行 undo（反做），使 *x* 恢复为原值 100，并释放对 *x* 加的写锁。此时事务 T_2 申请到读锁，读取 *x* 值，*x* 值为原值（100），而不是事务 T_1 的脏数据（80）。

9.4.2　严格的两段锁协议

严格的两段锁协议与基本的两段锁协议内容基本上是一致的，只是解锁时刻不同。严格的两段锁协议是在事务结束时才启动解锁，保证了事务所更新数据的永久性。采用严格的两段锁协议的事务执行过程为：begin_transaction →加锁→操作→提交 / 废弃（Commit/Abort）→解锁。提交 / 废弃（Commit/Abort）时解锁过程具体如下。

（1）对 Commit 的处理

- 释放读锁；
- 写日志；
- 释放写锁。

（2）对 Abort 的处理

- 释放读锁；
- 反做处理；
- 释放写锁。

严格的两段锁协议的加锁、解锁示意图如图 9.10 所示。

两段锁协议的封锁方法要求事务在对一个数据项进行操作之前必先对该数据项封锁，封锁成功后才能进行操作。若该数据项已经被其他事务封锁，且为冲突操作，则该事务必处于等待状态，直到该数据对象被释放为止。两段锁协议的实现思想是将事务中的加锁操作和解锁操作分两个阶段完成，并发执行的多个事务在对数据操作之前要进行加锁，且每个事务中的所有加锁操作要在解锁操作以前完成。

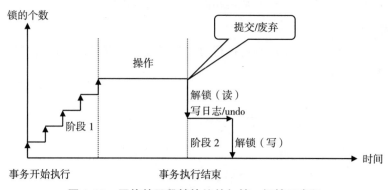

图 9.10　严格的两段锁协议的加锁、解锁示意图

9.4.3　可串行性证明

定理 9.3　按照两段锁协议执行的事务历程一定是可串行化的。

证明：

采用反证法证明。

设事务 T_1, $T_2 \in H$，历程 H 是不可串行化的，即存在 $O_{1i}(x) < O_{2j}(x)$，且 $O_{2s}(y) < O_{1t}(y)$，其中，O_{1i}, $O_{1t} \in T_1$，O_{2j}, $O_{2s} \in T_2$。

- $O_{1i}(x) < O_{2j}(x)$ 表明 T_1 先封锁 x，T_2 后封锁 x；
- $O_{2s}(y) < O_{1t}(y)$ 表明 T_2 先封锁 y，T_1 后封锁 y。

根据 2PL，T_1 在得到所有封锁之前，不会释放锁，T_2 也是如此。

这样，T_1 在得到 y 封锁之前，不会释放 x 的封锁；T_2 在得到 x 封锁之前，不会释放 y 的封锁。从而，T_1 和 T_2 都不会同时得到 x 和 y 的封锁，即以上情况不会发生，T_1 和 T_2 不会有顺序不一致的操作。

因此，H 是可串行化的。

9.5　分布式数据库并发控制方法

并发控制用于保证分布式数据库系统中的多个事务高效且正确地并发执行。较为广泛应用的并发控制方法是以锁为基础的并发控制算法，通常采用严格的两段锁协议实现并发控制，另外，还有时间戳方法及乐观方法。主要的并发控制算法如图 9.11 所示，下面将分别进行介绍。

9.5.1　基于锁的并发控制方法的实现

在分布式数据库系统中，常常采用严格的两段锁协议实现并发控制，主要分为集中式实现方法和分布式实现方法。为提高系统的可用性、可靠性及存取效率，在分布式数据库中，通常在多个场地上存放多个数据库的副本。针对存在多副本的分布式数据库系统，采用多副本的并发控制方法实现并发控制。

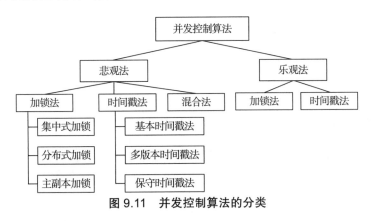

图 9.11　并发控制算法的分类

1. 集中式实现方法

集中式实现方法是在分布式数据库中设立一个 2PL 调度器，所有封锁请求均由该调度器完成，每个场地的事务管理器都和该调度器通信。图 9.12 描述了采用集中式 2PL 算法执行一个事务时，协作场地之间的通信过程。事务的执行需要协调场地上的事务管理器（协调 TM）、中心场地上的锁管理器（中心场地 LM）和其他参与场地上的数据处理器（DP）之间的通信。TM 场地负责事务初始化，参与场地是指执行操作的场地。

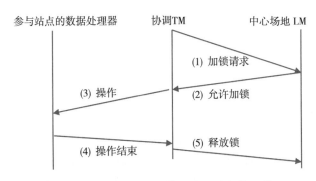

图 9.12　集中式 2PL 算法中场地间的通信

集中式两段锁算法考虑协调 TM 和中心场地 LM 两个方面。

协调 TM 端等待消息，如果所获得的消息类型为数据库操作的三元组（操作，数据项，事务标识符），则根据其操作类型判断。如果操作是开始事务则初始化场地集合，将场地集合置空；如果事务类型是读，则将代价最少的存储所需数据项的场地加入场地集合中；如果操作是写，则将所有包含该数据项的场地均加入场地集合中，并且将该数据库操作三元组发送到中心场地 LM；如果操作类型是放弃或者提交，则将该三元组发送到中心场地 LM。如果协调 TM 端等待消息是来自调度器的三元组 <操作，事务标识符，数据类型值>，则判断是否允许加锁，如果允许则发送数据库操作到场地集合中的数据处理器，否则通知用户事务终止。

如果协调 TM 端等待消息为数据处理器的消息三元组＜操作，事务标识符，数据类型值＞，则判断操作类型，如果操作为读，则给用户应用返回数据类型值；如果操作是写，则通知用户应用完成写操作；如果操作是提交，则如果获得了所有参与者的提交消息，那么通知用户应用成功完成，发送数据处理消息到中心场地 LM；如果未能获得所有参与者的提交消息，那么一直等到获得所有提交消息，记录到达的提交消息；如果操作是放弃，则通知用户应用执行事务的放弃，并发送数据处理消息到中心场地 LM。

中心场地 LM 端等待来自协调 TM 的消息。如果操作类型是读或者写，则找到所有数据对象。

这种实现方法实现简单，但存在易受调度器所在场地故障影响和需要大量通信费用的不足。

2. 分布式实现方法

分布式实现方法是在每个场地上都有一个 2PL 调度器，每个调度器处理本场地上的封锁请求。该种实现方法避免了集中式实现方法存在的不足，但同时也增加了实现全局调度的复杂性。图 9.13 描述了根据分布式 2PL 算法执行一个事务时，协作场地之间的通信过程。

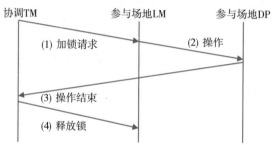

图 9.13 分布式 2PL 算法中场地间的通信

3. 对复制数据的封锁方法

在存放多副本的分布式数据库中，当系统的某一个或多个场地发生故障时，可通过其他场地上的数据副本完成数据处理，但同时也增加了系统选择副本及处理多副本更新等相应处理功能，即增加了系统的复杂性。通常多副本的并发控制方法分为基于特定副本的封锁方法和基于投票的封锁方法。基于特定副本的封锁方法又分为主副本法、主场地法和后备场地的主场地法；基于投票的封锁方法分为读—写全法和多数副本法。

（1）基于特定副本的封锁方法

主副本法。主副本法规定每一数据项在某个场地上的副本为主副本，通常主副本选择在用户申请封锁某数据项较多的场地，该场地也称为主场地。所有封锁申请由主副本所在场地的锁管理器 LM（Lock Manager）完成。采用主副本法，降低了通信费用，但也降低了并发程度。

主场地法。主场地法规定保存副本的某个场地为主场地，所有封锁申请由主场地的锁管理器 LM 完成。即系统中的所有封锁申请都要传到主场地，由主场地决定是否同意封锁请求。由于在主场地法中，所有锁申请由一个场地处理，易形成瓶颈，因此当主场地出现故障时，整个系统将瘫痪。

后备场地的主场地法。为防止主场地故障，设立另一个场地为后备主场地，当主场地发生故障后，由后备主场地顶替主场地。

（2）基于投票的封锁方法

读—写全法。读—写全法指当事务对某一数据项加锁时，若为读锁，只需封锁其中一个副本，即只需向选中的副本所在场地发送锁申请报文；若为写锁，必须封锁所有副本，即需要向所有存有该数据项的副本所在场地发送锁申请报文。因此，在写锁情况下通信费用较大，为弥补该方法的不足，提出了多数副本法。

多数副本法。多数副本法是指在对数据项进行加锁时，必须封锁数据项一半以上的副本。无论是读锁还是写锁申请，都要向 n 个副本中的至少 $(n+1)/2$ 个副本所在场地发加锁请求。申请成功后，若为读锁，则读取一个副本的值；若为写锁，则需向 n 个副本发送新值。

9.5.2 基于时间戳的并发控制算法

与基于锁的方法不同，基于时间戳的方法并不是通过互斥维护可串行化来实现事务的并发控制，而是选择具有优先级的串行顺序执行事务。为了建立这种顺序，事务管理器为每个事务 T_i 在其产生时都设置时间戳 TS（T_i）。基于时间戳排序（Timestamp Ordering，TO）的并发控制方法（简称基于时间戳的并发控制方法）主要有基本的时间戳法（基本 TO）、保守的时间戳法（保守 TO）和多版本的时间戳法。

1. 基本概念

时间戳（Timestamp）是基于事务启动时间点由系统赋予该事务的全局唯一标识，即系统为每一个事务赋予一个唯一的时间戳，并按事务的时间戳的优先顺序调度执行。同一事务管理器产生的时间戳是单调增加的，可以通过时间戳来区分事务。

一种设置时间戳的方法是使用全局单调递增计数器，但是全局计数器较难维护，因此一般每个场地都根据自己的计数器自动地设置时间戳。为了保证唯一性，每个场地单调递增自己的计数器的值。因此，时间戳是一个二元组 < 本地计数器值，场地 id>，但这样设置只能保证来自同一场地的事务是有序的。如果每个系统都能访问自己的局部时钟，可以统一使用系统时钟值作为计数器，同时要保持各局部时钟的同步。

通常，遵循如下规则设置时间戳：

- 每个事务在启动场地赋予一个全局的唯一标识（时间戳）；
- 事务的每个读操作或写操作都带有本事务的时间戳；
- 数据库中的每个数据项都记录有对其进行读操作和写操作的最大时间戳，令数据项为 x，x 的读、写操作的最大时间戳分别标记为 rts(x) 和 wts(x)；
- 如果事务被重新启动，则其被赋予新的时间戳。

基于时间戳的并发控制方法的思想是：给每个事务赋予一个唯一时间戳，根据时间戳对事务的操作执行顺序进行排序，则事务按时间戳顺序串行执行。如果发生冲突，则撤销一个事务并重新启动该撤销事务，同时为重新启动事务赋予新的时间戳。

时间戳排序（TO）规则的定义如下：分别属于事务 T_i 和事务 T_k 的两个冲突操作 O_{ij} 和 O_{kl}，O_{ij} 在 O_{kl} 之前执行当且仅当 $ts(T_i) < ts(T_k)$，称 T_i 是较老的事务，T_k 是较新的事务。

在基于时间戳的事务并发控制过程中，基于如下调度规则实现：

- 设 ts 是对数据 x 进行读操作的时间戳，若 $ts < rts(x)$，则拒绝该操作，重新启动该事务并赋予新的时间戳；否则执行读操作，$rts(x) = max(ts, rts(x))$。
- 设 ts 是对数据 x 进行写操作的时间戳，若 $ts < rts(x)$ 或 $ts < wts(x)$，则拒绝该操作，重新启动该事务并赋予新的时间戳；否则执行写操作，$wts(x) = max(ts, wts(x))$。

基于时间戳的并发控制方法不会出现死锁，任何事务也不会被阻塞，因为若某一操作不能执行，事务就重新启动。其避免死锁是以重新启动为代价的。

通过 TO 规则调度事务操作，检查每个与已执行的操作冲突的新操作。如果新操作所属事务比所有与之冲突的事务都新，那么接受它，否则就拒绝它并且全部事务必须以一个新时间戳重启。这就意味着系统根据时间戳顺序维护执行顺序。

2. 基本 TO 算法

TM 对每个事务设置时间戳并且将其附着在每个数据库操作上。对于每个数据项 x，DBMS 维护两个时间戳：$rts(x)$ 和 $wts(x)$。调度器（SC）负责跟踪读写时间戳并进行序列检查，调度事务执行。具体介绍如下。

BTO-TM（Basic TO-TM）算法。对于各个场地，均等待消息；如果消息类型是数据库操作，则初始化参数，并根据操作的类型分别执行相关操作。如果操作类型是开始事务，则将场地集合清空，并设置事务时间戳 T[ts(T)]；如果操作类型是读操作，则计算访问代价，选择其中最小代价的场地将其加入场地集合中，并将操作信息和事务时间戳发送给各个场地的调度器；如果操作类型是写操作，则将存储所需访问数据的场地加入场地集合中，并且将操作类型和事务时间戳发送给各个场地的调度器；如果操作类型是提交或者放弃，则将操作发送给场地的调度器。当消息类型是调度器信息时，若信息内容是拒绝操作，则将 Abort T 添加到消息中，发送给场地中的调度器，重新设置时间戳；如果信息内容是数据处理操作信息，则根据处理类型执行不同操作，如果处理类型是读操作，则返回结果给用户应用，如果是写操作，则通知用户应用完成写操作；如果是提交操作则通知用户应用成功完成事务；如果是放弃操作，则通知用户应用完成对事务 T 的放弃。场地持续执行上述循环。

BTO-SC（Basic TO-SC）算法。调度器等待消息，根据消息类型执行不同操作。如果是数据库操作消息，则初始化参数，保存读写时间戳，并根据操作类型执行相应的操作。如果是读操作，则比较时间戳，如果 $ts(T) > rts(x)$，则将数据操作信息发送给数据处理器，并且将 $rts(x)$ 修改为 $ts(T)$，如果 $ts(T) < rts(x)$ 则拒绝该事务的操作，并将拒绝事务的消息发送给对应的 TM；如果是写操作，若 $ts(T) > rts(x)$ 并且 $ts(T) > wts(x)$ 则发送处理操作给数据处理器，并且将 $rts(x)$ 和 $wts(x)$ 都修改为 $ts(T)$，否则拒绝执行该事务的操作，并通知相应的 TM。如果操作是提交，则发送数据操作给数据处理器；如果操作是放弃，则对于所有被事务 T 访问过的数据恢复 $rts(x)$ 和 $wts(x)$ 为其初始值，发送数据操作给数据处理器。调度器持续执行上述循环。

可见，基本 TO 算法不会引起死锁，但是无死锁是用事务的大量重启为代价换来的。事务所包含的操作如果被调度器拒绝，就必须由事务管理器重启该事务，并附一个新的时间戳，确保事务下次有机会执行。

为保证分布场地上的事务有效执行，避免 ts(site₁)>> ts(site₂) 情况持续下去，需要及时调整各个场地事务的时间戳。例如图 9.14 中，数据项 x 在场地 1（site₁）上，场地 2（site₂）上的事务 T 申请读数据项 x，首先，事务管理器设置事务时间戳 ts(T)，并将 ts(T) 和读操作发给场地 1 上的调度器 SC，如果 ts(T) > rts(x)，则将数据操作信息发送给数据处理器 DP，并且将 rts(x) 修改为 ts(T)。当 ts(T) < rts(x) 时，则拒绝读操作。为此，场地 2 需要调整自身时间戳，将其设置为大于 rts(x) 的

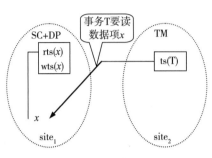

图 9.14 基本 TO 算法执行示例

值，并重新启动。这样可以避免在 ts(site₁) >> ts(site₂) 的情况下，来自场地 2 的操作永远得不到执行。

3. 保守 TO 算法

尽管基本的 TO 算法不会产生死锁，但是会带来过多的重启动，仍然会导致系统性能下降，保守的 TO 算法的思想是通过减少事务重启的数量减少系统的开销。

基本 TO 算法试图在接收到一个操作时就立即执行该操作，而保守算法是希望尽可能延迟每个操作，直到保证调度器中没有时间戳更小的操作。如果这个条件可以保证的话，那么调度器将不会拒绝操作，但是这种延迟可能会带来死锁。

保守 TO 算法中的基本思想是：每个事务的操作都被缓存起来并建立起有序的队列，然后按照顺序执行操作。具体说明如下：在场地 i，每个调度器 i 有一个队列 Q_{ij} 用于对应场地 j 的每个 TM，简称 TM_j，一个来自 TM_j 的操作按照时间戳递增的顺序放置于 Q_{ij} 中。调度器 i 按照这个顺序执行所有队列的操作。保守 TO 算法可以减少大量的重启，但是当队列是空时，还是会存在重启的现象。若场地 i 对场地 j 的队列 Q_{ij} 是空的，场地 i 的调度器将选择一个最小时间戳的操作发送给数据处理器，可是，场地 j 可能已经发送给 i 一个带有更小时间戳的操作，当操作到达场地 i 时，它将被拒绝，因为违反了 TO 规则。

如图 9.15 所示，存在 3 个场地，假设 Q_{23} 是空队列，调度器 2 选择了一个来自 Q_{21} 和 Q_{22} 的操作，但是后来从 site₃ 到达一个带有更小时间戳的冲突操作，那么这个操作就必须被拒绝并重启。

为了改进保守 TO 算法，提出极端的保守算法。其思想是保证每个队列中至少有一个操作，保证以后调度器获得的每个操作都大于或等于当前队列中的时间戳。如果一个事务管理器没有事务要处理，那么它需要周期性地发送空消息给系统中的每个调度器，通知它们以后将发送的操作都将大于当前空消息的时间戳。

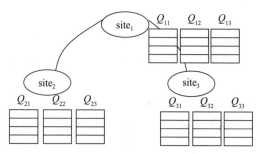

图 9.15　保守 TO 算法示例

可见，极端的保守算法实际上是在每个场地上串行地执行事务，但过于保守，因为每个操作都必须等到空队列中一个更新的操作的到来，存在延迟问题。改进的方法是，定义事务类型，为每个类型设置一个队列，而不是为每个 TM 设置一个队列。通常通过读集和写集来定义事务类型。要求每个类型队列中至少有一个操作，可见，改进的方法可以减少等待延迟时间。

4. 多版本 TO 算法

多版本 TO 算法的目的是减少事务重启代价，其方法是为每个写操作建立数据项的一个新版本，每一个版本都通过创建它的事务的时间戳来进行标记。版本对于用户来说是透明的，因为用户并不具体指明所用版本，仅是使用数据项。如果检测到事务串行执行，则在数据库某一个状态下处理事务。事务管理器分配给每个事务一个时间戳，用于跟踪每一个版本的时间戳，过程如下。

1）$R_i(x)$ 是事务 i 对数据 x 的一个版本上的读操作。如果 $ts(x_v)$ 是比 $ts(T_i)$ 小的最大时间戳，那么 x_v 为所求版本，则将 $R_i(x_v)$ 传送给数据处理器。

2）$W_i(x)$ 表示为 $W_i(x_w)$ 操作，那么，$ts(x_w) = ts(T_i)$，当且仅当写操作事务的时间戳 $ts(T_i)$ 比其他已经读 x 的一个版本（比如 x_r）的事务的时间戳大时：$ts(x_w) > ts(x_r)$，该写操作 $W_i(x)$ 可发送到数据处理器；如果调度器已经处理了一个 $R_j(x_r)$ 操作，若 $ts(T_i) < ts(x_r) = ts(T_j)$，则 $W_i(x)$ 被拒绝。

说明：x_v、x_w、x_r 等是指数据 x 不同的版本。

由此可见，调度器根据上述规则处理事务的读 / 写请求，则能保证可串行化调度。多版本 TO 算法是一种以存储空间换时间的算法。因此，为节省空间，应经常对数据库的多个版本进行清理。当分布式系统确认不再接收需要执行数据操作的新事务时，执行清除操作。

9.5.3　乐观的并发控制算法

并发控制算法本质上都是悲观算法。换句话说，它们假定事务间的冲突是非常频繁的，因此不允许多个事务访问同一个数据项。因此，事务的所有操作都通过以下阶段执行：验证（V）、读（R）、计算（C）和写（W）。悲观算法假设冲突经常发生，而乐观算法等到写阶段开始时，才进行冲突验证，也就是说延迟验证阶段直到执行写操作之前。因此，提交给乐观调度器的操作永远不会被延迟。每个事务的读、计算和写操作可以自由处理，不需要更新实际的数据库。每个事务在初始时都在本地更新副本。验证阶段检查这些更新是否能够维护数据库的一致性。如果结果是肯定的，就把这些更新变为全局的（即写到实际的数据库中），否则，该事务就被废弃并被重启。图 9.16 说明了悲观算法和乐观算法的执行过程。

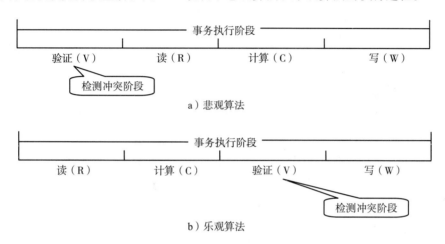

图 9.16 悲观算法和乐观算法的执行过程

下面以一种乐观控制算法为例来说明其验证过程。

乐观控制算法的规则如下：

- 时间戳只和事务相关，而与数据项无关；
- 时间戳不是在初始化时而是在开始验证时赋给事务，因为只有在验证阶段才需要时间戳，并且过早赋值可能会导致不必要的事务拒绝操作。
- 每个事务 T_i 又被分为许多子事务，每个子事务都可以在许多场地上执行。

令 T_{ij} 为在场地 j 上执行的事务 T_i 的子事务，每个场地上的子事务按一定执行序列执行，直到验证阶段，时间戳被赋给事务并复制给它的所有子事务，则 T_{ij} 的本地验证通过以下规则执行，且这些规则是相互排斥的。

规则 1 如果所有事务 T_k，其中 $ts(T_k)<ts(T_{ij})$，在 T_{ij} 开始读操作前完成了它们的写操作阶段，那么验证成功，因为事务执行是可串行化的。

规则 2 如果任何事务 T_k，满足 $ts(T_k)<ts(T_{ij})$，在 T_{ij} 读阶段完成 T_k 写操作，当 $WS(T_k)$ $\cap$ $RS(T_{ij})=\varnothing$ 时，验证成功。

规则 3 如果任何事务 T_k，满足 $ts(T_k)<ts(T_{ij})$，在 T_{ij} 完成读阶段之前完成 T_k 读操作，当 $WS(T_k)$ $\cap$ $RS(T_{ij})=\varnothing$ 并且 $WS(T_k)$ $\cap$ $WS(T_{ij})=\varnothing$ 时，验证成功。

规则 1 是显然的，它表示事务实际上是根据它们的时间戳顺序执行的；规则 2 保证 T_k 更新的数据项不会被 T_{ij} 读，且 T_k 在 T_{ij} 开始写前完成向数据库中写入更新操作。因此，T_{ij} 的更新不会被 T_k 重写。规则 3 和规则 2 相似，它要求 T_k 的更新不影响 T_{ij} 的读和写操作阶段。

一个事务经过本地验证来保证本地数据库一致性后，还需要通过全局验证来保证遵守相互一致性规则。

由于乐观的并发控制算法不阻塞事务的操作，可提高系统的处理效率，因此，近些年来展开了一些有关乐观并发控制算法的研究，并得到了一定的应用。典型的有 SQL Server 中支持的 optimistic with values 和 optimistic with row versioning 的乐观并发控制方法、Oracle 支持的 ora_rowscn 的乐观锁定方法等。

尽管如此，悲观的并发控制方法仍是数据库系统中采用的主流的并发控制方法。

9.6 分布式死锁管理

在分布式并发控制中，利用加锁机制可能导致死锁的产生。因为在多个事务并发执行的情况下，每个正在执行的事务已对其拥有的资源进行加锁，在其释放所拥有的锁之前，可能需要申请其他事务所封锁的资源，此时，该事务处于等待状态之中。若所有并发执行的事务均处于等待状态，等待其他事务释放锁而获得所需资源，则事务执行进入死锁状态。如前文所述，基于时间戳的分布式并发控制机制也存在事务等待的情况，因而也可能导致死锁的产生。因此，在分布式数据库管理系统中必须设计合适的处理死锁的算法。

9.6.1 死锁等待图

在数据库系统中使用加锁机制实现并发控制时，通常采用等待图方法分析死锁。等待图（Wait-For Graph，WFG）是一个表示事务之间等待关系的有向图，图中节点表示系统中的并发事务，边 T_i-T_j 表示事务 T_i 等待事务 T_j 释放其对某些资源所加的锁。当且仅当等待图中的边存在回路时，即出现死锁。等待图的方法也同样适用于分布式数据库系统。不过其检测过程比在集中式数据库中更复杂，因为导致死锁产生的两个事务很可能不在同一场地上，这称为全局死锁。在分布式数据库的死锁检测中，除了要检测各场地事务的局部等待图（记为 LWFG）是否存在回路之外，还要检测所有场地事务之间的全局等待图（记为 GWFG）是否存在回路。全局等待图由局部等待图组成，要判断全局等待图，首先要得到局部等待图，然后由所有的局部等待图联合而成全局等待图。

在图 9.17a 中，场地 Site$_1$ 和场地 Site$_2$ 分别有事务 T_1、T_2、T_3、T_4。在分布式死锁检测中，首先要对每个场地的事务进行等待图的绘制。从该等待图可知，在局部站点中并未出现回路，但这并不能说明事务未出现死锁，还需进一步判断各个站点之间的事务是否存在等待的状态。将图 9.17a 中的局部等待图按照事务间的等待关系联合起来，形成图 9.17b，可以看到，事务 T_1、T_2、T_3、T_4 在全局等待图中构成了一个回路，因而产生了死锁。

对于局部死锁，可以按照集中式数据库中提供的方法处理。本章主要讨论全局死锁的检测和解除方法。当系统产生死锁时，解除死锁的核心思想是消除等待图中的回路。如果能预测每次终止并重启回路中的一个事务所花费的系统代价，那么可以终止并重启总体代价最小的那个事务。但是，这一问题已经被证实是 NP 完全问题，所以，通常可以依照下面的准则选取终止并重启的事务：终止最年轻的事务，使得该事务之前完成的结果得到最大程度的保留；终止占用资源最少、代价最少的事务；终止预期完成时间最长的事务，减少资源的占用时间；终止可消除多个回路的事务。

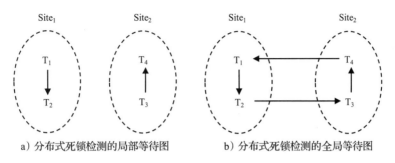

a) 分布式死锁检测的局部等待图   b) 分布式死锁检测的全局等待图

图 9.17 分布式死锁检测的局部和全局等待图

9.6.2 死锁的检测

1. 集中式死锁检测

在集中式死锁检测方法中，选择一个场地执行整个系统的死锁检测程序（也称为集中死锁检测器）。每个场地的锁管理器都要向该死锁检测器传输其 LWFC，从而逐渐构成 GWFG。如果在 GWFG 中发现回路，则认为存在死锁并采取相应的处理措施。然而，频繁的 LWFC 传输会带来大量的通信代价，因此，各个场地的锁管理器只需传输其等待图中变化部分的信息，以减少通信量。

集中式死锁检测方法比较简单，但是它存在着明显的不足。一是集中死锁监测器易成为瓶颈。如果该场地发生故障，则整个检测系统就会瘫痪。二是很难确定各个场地向检测器传输信息的时间间隔。时间间隔小，可以减小死锁检测延迟，但同时也增加了数据传输代价；时间间隔大，可以减少数据传输量，但影响死锁检测的及时性。三是存在巨大的通信代价。各个场地周期性地向死锁检测器场地发送消息，然而真正导致死锁产生的事务可能只涉及少数几个场地。

2. 层次死锁检测

层次死锁检测方法是对集中式死锁检测方法的改进，可以减少通信量。层次死锁的检测方法是建立一个死锁检测层次树，每个站点的局部死锁检测程序（记作 LDD）作为一个叶子节点，中间层节点是部分全局死锁检测程序（记作 PGDD），根节点是全局死锁检测程序（记作 GDD）。每个场地首先在本地用等待图检测死锁并做出相应的处理，然后将局部等待图发送给上层节点。每个非叶子节点都至少包括两个下层节点，从底层至上层，部分全局死锁监测程序可以检测其所包括的下层节点的事务是否产生死锁，直到最顶层的根节点，由根节点死锁检测程序判断全局事务是否产生死锁。如图 9.18 所示，Site$_1$ 至 Site$_5$ 的死锁检测由 LDD$_1$ 至 LDD$_5$ 完成。PGDD$_1$ 负责检测场地 1 与场地 2 中的事务是否构成死锁，PGDD$_2$ 负责检测场地 3、场地 4 与场地 5 中的事务是否构成死锁，GDD$_1$ 负责检测全局死锁。

与单纯的集中式死锁检测方法相比，层次死锁检测方法减少了数据传输量，是使用集中式 2PL 并发控制算法的系统中经常选择的死锁检测方法。但是，层次死锁检测方法的运行性能与层次的选择至关重要，在进行场地组划分时，应考虑站点之间的物理距离以及站点上容纳的数据的相关度等。PGDD 数目过大会增加运行成本，过少将失去其优越性。

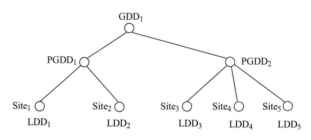

图 9.18　死锁检测层次树

3. 分布式死锁检测

在分布式死锁检测算法中，检测由各个场地共同完成，每个场地都是对等的，不区分全局死锁和局部死锁的检测程序，都承担检测全局死锁的任务。在检测过程中，局部 WFG 与其他场地的 WFG 相互通信，测试是否存在回路。

Obermarck 提出的路径下推（Path-pushing）算法是典型分布式死锁检测算法，其主要思想是：每个场地都接收来自其他场地的潜在的死锁回路，并将这些边加入局部 LWFG 中；等待其他场地事务的局部 WFG 中的边与远程事务等待该局部 WFG 的边相连。如果回路不包括外部边，则为局部死锁，可以被局部处理；如果回路中包括外部边，则存在潜在的分布式死锁，必须将该回路信息通知给其他场地的死锁检测程序。如图 9.19a 所示，$T_1 \rightarrow T_2 \rightarrow Es$ 和 $T_3 \rightarrow T_4 \rightarrow Es$ 两个回路中都包括了外部节点（External site, Es），可以判断存在潜在的死锁回路，并且两个场地都可以检测到可能的分布式死锁。

分布式数据库系统中的每个场地都可能检测出死锁回路，应该选择合适的操作场地以减少死锁检测和处理代价。如果把信息传送给系统中所有的死锁检测程序，将带来巨大的代价。可以选择沿着死锁回路的正向或者反向传输信息，得到信息的场地，更新它的 LWFG 并检查死锁。但即便选择同一方向（正向或反向）传递信息，也会产生信息冗余。在图 9.19a 中，$Site_1$ 发送它的潜在死锁信息给 $Site_2$，$Site_2$ 发送它的信息给 $Site_1$。在这种情况下，死锁检测程序在两个场地上都将检测到死锁，实际上只需要一个场地检测即可。可使用事务时间戳来确定潜在的死锁回路的信息传递方向。设局部 WFG 中引起分布式死锁的潜在的路径为 $T_i \rightarrow \cdots \rightarrow T_j$，$ts(T_i)$ 和 $ts(T_j)$ 分别为事务 T_i 和 T_j 设置的时间戳。若 $ts(T_i) < ts(T_j)$，则局部死锁检测程序向前传递回路信息。在图 9.19a 中，假设 T_1、T_2、T_3、T_4 的事务是按其时间戳标识的，则 $Site_1$ 有路径 $T_1 \rightarrow T_2 \rightarrow Es$，而场地 2 有路径 $T_3 \rightarrow T_4 \rightarrow Es$。因此，只需 $Site_1$ 发送信息给 $Site_2$ 即可。这样，平均可减少一半消息传输数。这种方法比集中检测法和分级检测法具有更高的检测效率。

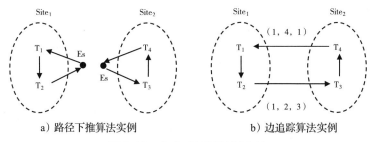

a) 路径下推算法实例　　　　　　b) 边追踪算法实例

图 9.19　分布式死锁检测方法

另一种典型的分布式死锁检测方法是 Chandy 等人提出的边追踪（Edge-Chasing）算法，这种方法就是沿着资源请求图上的等待边方向传递信息，并由各个节点根据目前收集到的信息判断是否出现了死锁，算法使用了 LWFG 来检测局部死锁，并且利用探测信息确认是否存在全局死锁。排除本地死锁后，如果一个场地上的管理器怀疑事务 T_i 处于死锁当中，则会给事务 T_i 所依赖的每个事务发送一个探测消息。当 T_i 等待一个远程资源时，就在远程场地上建立一个代理代表 T_i 获取资源，这个代理获得探测消息并确认当前场地上的依赖关系。探测消息标识事务 T_i 以及它曾经依次发送的路径，探测消息 (i,j,k) 表示事务 T_i 的代理 i 被初始化，并从 i 所依赖的代理 j 的管理器发送到代理 k 的管理器。当一个没有被阻塞的代理收到探测，就丢弃这个探测，它没有被阻塞也就不存在死锁。被阻塞的代理（等待其他场地资源的代理）发送一个探测给每个阻塞它的代理，如果代理 i 的管理器已经接受了探测 (i,j,k)，那么它就知道发生了死锁。如图 9.19b 所示，首先 Site$_1$ 上的两个事务形成依赖关系 $T_1 \rightarrow T_2$，而 T_2 依赖于远程站点上的事务 T_3，判断是否处于死锁当中则需发送探测消息 $(1,2,3)$ 给 Site$_2$ 上的事务 T_3 的管理器，T_3 处于非阻塞状态，因而丢弃该探测消息；在 Site$_2$ 上，事务 T_3 和事务 T_4 具有依赖关系 $T_3 \rightarrow T_4$，T_4 依赖于远程 Site$_1$ 的事务 T_1，因而形成探测信息 $(1,4,1)$ 发送给事务 T_1 的管理器，发现信息报文中 1=1（$i=k$），则出现回路，产生死锁。

死锁检测除了引起不必要的信息传输外，每个场地还需要付出选择一个事务终止并重启动的死锁处理代价。

9.6.3　死锁的预防和避免

在分布式系统中，死锁的检测及处理需要消耗大量的系统代价，因而应避免在系统运行过程中出现死锁。预防死锁的核心思想就是要破坏产生死锁的条件，在出现潜在死锁的情况下，先终止或重新启动某些事务，从而避免死锁的发生。常用的方法有以下两类。

一类是顺序封锁法。同操作系统中或集中式数据库中避免死锁的方法一样，预先对数据对象规定一个封锁顺序，所有事务都按照这个顺序实行封锁，避免在等待图中出现回路。在分布式数据库中，锁的顺序有全局排序和每个场地上的局部排序两种。如果采取局部顺序方式，则也要对场地排序。这样才能唯一确定一个事务，并要求事务在多个场地访问数据项时按事先定义好的场地顺序执行。

另一类方法是使用事务的时间戳来优化事务，并通过放弃更高或者更低优先级的事务来解决死锁。典型的算法包括等待 – 死亡（wait-die）和负伤 – 等待（wound-wait）两种。

- 等待 – 死亡是非抢占算法，如果事务 T_i 的加锁请求因事务 T_j 持有该锁而被拒绝，则 T_i 永远不会抢占 T_j。规则如下：设请求事务 T_i 的时间戳为 $ts(T_i)$，拥有资源的事务 T_j 的时间戳为 $ts(T_j)$；如果 $ts(T_i) < ts(T_j)$，则 T_i 等待；否则，撤销 T_i，并保持 T_i 原有时间戳重新启动。
- 负伤 – 等待是抢占算法，规则如下：设请求事务 T_i 的时间戳为 $ts(T_i)$，拥有资源的事务 T_j 的时间戳为 $ts(T_j)$。如果 $ts(T_i) < ts(T_j)$，撤销 T_j，并且将加锁的权利赋予 T_i；否则，T_i 等待。

规则是从 T_i 的角度来制定的：T_i 等待，T_j 死亡，并且 T_i 伤害 T_j。事实上，负伤和死亡的结果是相同的：受影响的事务被终止或者重新启动。当一个事务被撤销时，它的时间戳并不会发生改变，由于时间戳总是增加的，被撤销的事务最后将具有最小的时间戳，因此可以避免饥饿的出现。

这两种算法都是新的事务夭折。两者之间的区别在于它们是否抢占了处于活动状态的事务。等待 – 死亡算法倾向于新的事务，老的事务等待，杀死新的事务。这样较老的事务就要等待更长的时间，而长时间的等待将使它们变得越来越老。相反，负伤 – 等待规则倾向于较老的事务，因为它从不等待更年轻的事务。可分别采用这两种方法或者采用两者结合的方法实现死锁的预防。

9.7 Oracle 数据库并发控制案例

9.7.1 Oracle 中的锁机制

根据所保护对象的不同，Oracle 数据库中的锁可以分成 3 大类。

（1）DML 锁

DML 指的是由 Select、Insert、Update、Merge 和 Delete 等语句组成的数据操作语言。DML 锁用于保护数据的完整性，主要分成以下两种类型。

- TX 锁。事务发起第一个修改时会得到 TX 锁，而且会一直持有这个锁，直至事务执行提交或回滚。Oracle 中并没有传统的基于内存的锁管理器。在每个数据块的首部中有一个事务表。事务表中会建立一些条目来描述哪些事务将块上的哪些行被锁定。因此一个 TX 锁可以对应多个被该事务锁定的数据行。
- TM 锁。当事务修改数据的时候，TM 锁用来保证表的结构不会被其他事务改变。

（2）DDL 锁

在数据定义语言操作中会自动为对象加 DDL 锁，从而保护这些对象不会被其他会话所修改，即以防止其他会话得到这个表的 DDL 锁或 TM 锁。

（3）闩锁

闩锁保护内部数据库结构，用于协调对共享数据结构、对象和文件的多用户访问。

9.7.2　Oracle 中的并发控制

Oracle 采用一种多版本读一致性（Multiversion Read Consistent）的技术来保证对数据的并发访问。多版本是指 Oracle 可以从数据库同时物化多个版本的数据。利用多版本，Oracle 提供了以下特性：

- 读一致查询：对于一个时间点，查询会产生一致的结果。
- 非阻塞查询：查询不会被写入器阻塞。

例如，Session A 查询表 EMP 中的数据，Session B 对表 EMP 进行 update 操作：

```
Session A:
Select COUNT(*) From EMP Where SALARY=3000;

   COUNT(*)
----------------
        50


Session B:
Update EMP Set SALARY= SALARY+1000;
```

可以看到 Session B 没有被 Session A 阻塞，Session B 中的语句没有提交，当在 Session A 中再次执行查询时：

```
Session A:
Select COUNT(*) From EMP Where SALARY=3000;

   COUNT(*)
----------------
        50
```

Session A 的读也没有被 Session B 的写阻塞，读出的结果还是 50。当 Session B 提交时：

```
Session B:
Commit;
```

Session A 再执行查询，结果发生了变化：

```
Session A:
Select COUNT(*) From EMP Where SALARY=3000;

   COUNT(*)
----------------
         0
```

非阻塞查询可能造成丢失更新，可以采用 For Update 等方法避免这一问题，例如在 Session A 里查询出记录：

```
Session A:
Select * From EMP Where SALARY=3000 For Update;
```

Session B 若执行更新：

```
Session B:
Update EMP Set SALARY= SALARY+1000;
……
……
……
```

Session B 会被 Session A 阻塞，从而保证了数据的一致性。

9.8 大数据库并发控制技术

关系数据库有一整套关于事务并发处理的理论，比如多版本并发控制机制（MVCC）、事务的隔离级别、死锁检测、回滚等。然而，互联网应用在大多数情况下是多读少写，比如读和写的比例是 10:1，并且很少有复杂事务需求，因此，一般可以采用更为简单的 copy-on-write 技术：单线程写，多线程读，写的时候执行 copy-on-write，写不影响读服务。大数据库系统基于这样的假设简化了系统的设计，有些系统摒弃了事务的概念，减少了很多操作代价，提高了系统性能。本节讨论的主要技术仍然是支持事务概念的并发控制技术，着重阐述经典分布式数据库中并发控制策略的扩展策略，而支持弱一致性模型的并发控制技术将在第 10 章中详细讨论。

9.8.1 事务读写模式扩展

除了基本的读写模式外，本部分还介绍支持大数据库事务的典型的读写扩展模式。

1. 读事务扩展模式

大数据库中的读事务通常有三种模式，即最新读（current read）、快照读（snapshot read）和非一致性读（inconsistent read），最新读和快照读通常用于读取单个实体组（entity group）。

当开始一个最新读操作时，事务系统会首先确认之前提交的所有写操作已经生效，然后从最后一个成功提交的事务时间戳位置读取数据。最新读操作会有以下保证：一个读总是能够看到最后一个被确认的写，即满足可见性；在一个写被确认后，所有将来的读都能够观察到这个写的结果，一个写可能在确认之前就被观察到，满足持久性。

对于快照读，系统读取已经知道的完整提交的事务时间戳，并且从那个位置直接读取数据。和最新读不同的是，此时已提交的事务的更新数据可能还没有完全生效，要注意的是提交和生效是不同的，比如 REDO 日志同步成功但没有回放完成。最新读和快照读可以保证不会读到未提交的事务。

非一致性读不考虑日志状态并且直接读取最后一个值。这种方式的读对于那些对减少延迟有强烈需求并且能够容忍数据过期或者不完整的读操作是非常有用的。

2. 写事务扩展模式

写事务通常首先找到最新读操作，以便确定下一个可用的日志位置。提交操作将数据变更聚集到日志，并且分配一个比之前任何一个都高的时间戳，同时使用 Paxos 将该日志条目加入日志中。

3. 大数据库中的应用实例

Megastore 采用了读事务和写事务模式，其完整事务生命周期包括以下步骤：

1）读：获取时间戳和最后一个提交事务的日志位置。

2）应用逻辑：从 Bigtable 读取并且聚集写操作到一个日志 Entry。

3）提交：使用 Paxos 将日志 Entry 加入日志中。

4）生效：将数据更新到 Bigtable 的实体和索引中。

5）清理：删除不再需要的数据。

这个协议使用了乐观并发控制技术：读取时记录数据的版本号，事务提交时检查实体组当前的事务版本号与读取时记录的版本号是否相同，如果相同则成功提交事务，否则重试。比如有两个事务 T_1 和 T_2，其中：

- T_1：Read a; Read b; Set c = a + b;
- T_2：Read a; Read d; Set c = a + d;

假设事务 T_1 和 T_2 对同一个实体组并发执行，T_1 执行时读取 a 和 b，同时记录版本号为 1，这时 T_1 执行中断，T_2 开始执行，首先读取 a 和 d，记录的版本号也为 1，接着 T_2 提交，这时操作的实体组版本号为 1，因此，没有其他事务发生更新操作，T_2 成功提交，并更新该实体组的版本号为 2。当 T_1 恢复并继续执行时，发现此时操作的实体组版本号被修改为 2，T_1 回滚重试。

同时 Megastore 采用了 Praxos 协议，即使有多个写操作同时试图写同一个日志位置，但只会有一个成功。所有失败的写都会观察到成功的写操作，然后中止，并且重试它们的操作。写操作能够在提交之后的任何点返回，但是最好还是等到最近的副本生效再返回。Megastore 定义了实体组的概念，同一个实体组的多个事务可以串行化执行。然而，同一个实体组同时进行的更新往往很少，因此事务冲突导致重试的概率很低。Megastore 使用消息队列在不同实体组之间传递事务消息，事务可以跨实体组进行操作，在一个事务中分批执行多个更新或者延缓工作。一个在实体组上的事务能够原子性地发送或者接收除了更新它本身以外的多个信息。每个消息都有一个发送和接收的实体组；如果这两个实体组是不同的，那么传输就是异步的。

9.8.2　封锁机制扩展

本部分简单介绍建议性锁和强制性锁机制，并详细介绍 Chubby 的体系结构和实现机制。

1. 建议性锁和强制性锁

建议性锁和强制性锁并不是真正存在的锁，而是一种能对诸如记录锁、文件锁效果产生影响的两种机制。

（1）建议性锁（advisory lock）机制

每个使用文件的进程都要主动检查该文件是否有锁存在，如果有锁存在并被排斥，那么就主动保证不再进行接下来的 I/O 操作。如果每一个进程都主动进行检查，并主动保证，那么就说这些进程都以一致性的方法处理锁。所谓一致性方法，是指都遵从主动检查和主动保证的处理方法。当使用建议性锁机制时，如果程序不主动判断文件有没有加上文件锁或记录锁，就直接对这个文件或记录进行 I/O 操作，则这种 I/O 会具有破坏性。因为锁只是建议性存在的，并不强制执行。

（2）强制性锁（mandatory lock）机制

所有记录或文件锁功能都在内核执行。上述提到的破坏性 I/O 操作会被内核禁止。当文件被上锁来进行读写操作时，在锁定该文件的进程释放该锁之前，内核会强制阻止任何对该文件的读或写违规访问，每次读或写访问都需要检查锁是否存在。

由上述锁定义机制可见，建议锁是用于协调事务资源的一种锁，系统只提供加锁及检测是否加锁的接口，不会参与锁的协调和控制。如果用户不进行是否加锁判断就修改某项资源，那么系统也不会加以阻拦。因此这种锁不能阻止用户对互斥资源的访问，只是提供给访问资源的用户们进行协调的一种手段，所以资源的访问控制是交给用户控制的。与此相对的是强制锁，此时，系统会参与锁的控制和协调，用户调用接口获得锁后，如果有用户不遵守锁的约定，系统会阻止这种行为。

2. Chubby

Chubby 是 Google 公司研发的针对分布式系统协调管理的粗粒度锁服务，并已应用于 Bigtable 系统中。Chubby 基于松耦合分布式系统设计可靠的存储，软件开发者不需要使用复杂的同步协议，而是直接在程序中调用 Chubby 的锁服务，来保证数据操作的一致性。

图 9.20 所示为 Chubby 的系统架构，Chubby 基本架构由客户端和服务器端构成，两者通过远程过程调用（RPC）来连接，客户端的每个客户应用程序都有一个 Chubby 程序库（Chubby Library），所有应用都是通过调用这个库中的相关函数来完成的。服务器端 Chubby 单元通常由 5 个副本服务器组成，通过 Paxos 协议选举一台作为 "主控服务器"，所有读写操作都由主控服务器完成，其他 4 台作为备份服务器，在内存中维护和主控服务器一致的树形结构，树形结构中的内容即为加锁对象或数据存储对象。

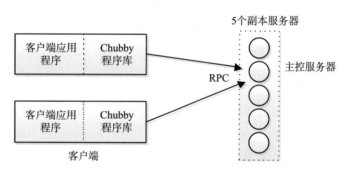

图 9.20　Chubby 系统架构

Chubby 系统本质上是一个分布式的文件系统，存储大量的小文件。每一个文件代表了一个锁，并且保存一些应用层面的小规模数据。用户通过打开、关闭和读取文件获取共享锁或者独占锁，并且通过通信机制，向用户发送更新信息。例如，当一群机器选举 master 时，这些机器同时申请打开某个文件，并请求锁住这个文件。成功获取锁的主服务器当选主控服务器，并且在文件中写入自己的地址，其他主服务器通过读取文件中的数据，获得主服务器的地址信息。

粗粒度的锁带给锁服务器的负载很低。尤其是，锁的获取率与客户端应用程序的事务发生率通常只是弱相关的。粗粒度的锁很少产生获取需求，这样锁服务偶尔的不可用也很少会影响到客户端。另一方面，锁在客户端之间的传递可能需要昂贵的恢复过程，因此我们不希望锁服务器的故障恢复会导致锁的丢失。最好在锁服务器出错时，能让粗粒度的锁仍然有效，这样做几乎没有什么开销，而且这样一些可用性较低的锁服务器就足以为很多客户端提供服务。

　　Chubby 中的锁是建议性锁，而不是强制性锁，具有更大的灵活性，强调锁服务的可用性、可靠性。每个 Chubby 文件和目录都可以作为一个读者–写者锁：持有的方式可以是一个客户端以独占（writer）模式持有，也可以是多个客户端以共享（reader）模式持有。由于使用了建议性锁，当多个客户端同时尝试获得相同的锁时，它们会产生冲突，但是持有文件 F 的锁，既不是访问文件 F 的必要条件，也不能阻止其他客户端的访问。相反，使用强制性锁会使得那些没有拿到锁的客户端无法访问被锁住的对象。在 Chubby 里，获取任何模式的锁都需要写权限，一个无权限的读者无法阻止一个写者的操作，由于锁是建议性的，因此一个读者可以不申请锁就去读，并不能阻止其他人同时去写，即便其他人在操作时首先尝试去获取锁，但是因为读者不持有锁，所以不知道同一时间有读操作。

　　Chubby 提供了一个类似于 UNIX 但是相对简单的文件系统接口。如图 9.21 所示，它由一系列文件和目录所组成的严格树形结构组成，不同的名称单元之间通过反斜杠分割。一个典型的名称为 /ls/foo/wombat/pouch，所有的 Chubby 单元都有一个相同的前缀 ls（lockservice）。第二个名称单元（foo）代表了 Chubby 单元的名称，它会通过 DNS 被解析成一个或多个 Chubby 服务器。一个特殊的单元名称 local，用于指定使用客户端本地的哪个 Chubby 单元；通常这个本地单元都与客户端处于同一栋建筑里，因此也是最可能被访问的。剩下的名称单元 / wombat/pouch 将会由指定的 Chubby 单元自己进行解析。与 UNIX 类似，每个目录由一系列的子文件和目录组成，每个文件包含一系列字节串。

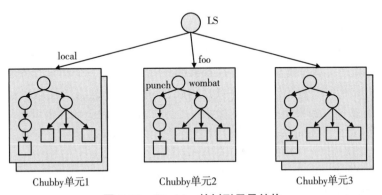

图 9.21　Chubby 的树形目录结构

　　名字空间由文件和目录组成，统称为节点。每个节点在一个 Chubby 单元中只有一个名称与之关联；不存在符号连接或者硬连接。节点要么是永久性的，要么是临时的。所有的节点都可以被显式地删除，但是临时节点在没有客户端打开它们（对于目录来说，则为空）时也会被删除。临时节点可以被用作中间文件，或者作为客户端是否存活的指示器。任何节点都可以作为建议性的读 / 写锁。

每个节点都包含一些元数据，其中包括三个访问控制列表（ACL），用于控制读、写操作及修改节点。除非显式覆盖，否则节点在创建时会继承它父目录的访问控制列表。访问控制列表本身单独存放在一个特定的 ACL 目录下，该目录是 Chubby 单元本地名字空间的一部分。这些 ACL 文件由一些名字组成的简单列表构成。因此，如果文件 F 的写操作对应的 ACL 文件名称是 foo，那么 ACL 目录下就会有一个文件 foo，同时如果该文件内包含一个值 bar，那么就意味着允许用户 bar 写文件 F。用户通过一种内建于 RPC 系统的机制进行权限认证。Chubby 的 ACL 就是简单的文件，因此其他想使用类似的访问控制机制的服务可以直接使用它们。

每个节点的元数据还包含 4 个严格递增的 64 位数字，客户端通过它们可以很方便地检测出变化。

- 一个实例编号：它的值大于该节点之前的任何实例编号。
- 一个内容世代号（只有文件才有）：当文件内容改变时，它的值也随之增加。
- 一个锁世代号：当节点的锁从 free 变为 hold 时，它的值会增加。
- 一个 ACL 世代号：当节点的 ACL 名字列表被修改时，它的值会增加。

Chubby 也提供一个 64 位文件内容校验和，这样客户端就可以判断文件内容是否改变了。

在事务的执行过程中，要对需要的资源进行封锁，如果在所有交互中引入序列号，则会产生很大的开销。因此，Chubby 提供了一种方式，使得只在那些涉及锁的交互中才需要引入序列号。锁的持有者可能在任意时刻去请求一个 sequencer，它是用于描述锁获取后状态的一系列不透明字节串，包含锁的名称、占有模式（互斥或共享）以及锁的世代编号。如果客户端期望某个操作可以通过锁进行保护，它就将该 sequencer 传送给服务器（比如文件服务器）。接收端服务器需要检查该 sequencer 是否仍然合法及是否具有恰当的模式，如果不满足，它就拒绝该请求。客户端是锁的持有者，它能够随时得到一个 sequencer（sequencer 实际上是对锁状态的一种描述），并希望基于这个锁保护它针对服务端进行的一个操作。因为可能有多个客户端进行这个操作，而通过 sequencer 可以知道一个锁是否依然有效，是否是一个过期的锁，从而可以避免锁的乱序到达问题，sequencer 的有效性可以通过与服务器的 Chubby 缓存进行验证，如果服务器不想维护一个与 Chubby 的会话，也可以与它最近观察到的 sequencer 进行对比。sequencer 机制只需要为受影响的消息添加一个附加的字符串，便于开发者理解。

9.8.3 基于多版本并发控制扩展

本部分介绍 MVCC 并发控制中事务版本号的分配方法，包括基本的 MVCC 方法和 OceanBase 中的实现方法。

MVCC 的主要方法是为写事务建立版本历史记录，该记录由一个全局唯一的事务版本号标记，并且具有递增特性。MVCC 可以避免事务重启的代价，同时可以满足快照读取的要求，保证能够读到任意一个有效历史时刻上的数据。

9.5.2 节中介绍了基本的 MVCC 方法，以事务开始时间分配事务版本号，其后事务执行的写操作都标记这个版本号，虽然通常可以保证事务版本号的递增特性，但是需要特别处理较早开始的事务（版本号较小）却较晚提交的情况。

如表 9.3 中的示例所示，初始状态时，A、B 初值均为 0，在时刻 1 启动事务 T_1，并修改 A 令 A=2，T_1 的版本号是 1，将版本号记录到 A 的修改记录中；在时刻 2 启动事务 T_2，修改 B 令 B=2，T_2 的版本号是 2，将版本号 2 记录到 B 的修改记录中；这时提交事务 T_2，记录当前已提交的事务版本号为 2；当系统要求读取 T_2 提交之后的快照，即截至版本号为 2 的快照时，如果直接读取事务版本号小于 2 的数据，则 A 上版本号为 1 的修改（即 A=1）也会被读取出来。但是 T_1 尚未提交，不应该被其他事务读到中间结果，因此这种标记事务版本的方式不满足事务隔离性，需要对当前尚未结束事务的修改进行过滤，不读取未提交的事务对数据的修改结果。由此可见，在这种方式下虽然事务版本号的维护比较简单，但是快照读取逻辑比较复杂，并且事务版本号顺序没有严格反映事务的提交顺序，这为保证与主机一致的事务性回放增加了处理难度。

表 9.3　基本 MVCC 执行实例

T_s	T_1	T_2	A 值	A 版本号	B 值	B 版本号
0			0		0	
1	start write (A)		1	1		
2		start write (B) commit			2	2
3	write (A) commit		2	3		

为了解决上述问题，另一种 MVCC 方法的事务版本号的标记方式是事务提交时按照严格的事务提交顺序分配递增的事务版本号。这意味着需要在事务提交时将分配到的事务版本号写回到本次事务修改的所有数据上去。对于上例，在时刻 2 要求进行快照读时，由于事务 T_1 并未提交，事务的版本号不会小于事务 T_2，即不会小于 2，因此不会读出 A=1 这个中间结果，保证了事务的隔离性，如表 9.4 所示。

表 9.4　扩展的 MVCC 执行示例

T_s	T_1	T_2	A 值	A 版本号	B 值	B 版本号
0			0		0	
1	start write(A)		1			
2		start write(B) commit			2	2
3	write(A)commit		2	3		

利用事务提交时间指定版本号的方法要考虑到回滚块（undo block）写回事务版本号时，可能需要将回滚块从磁盘加载回内存，并且当事务修改的行过多时，也会使写回操作耗时过长。可以不在提交事务时立即将事务版本号写回所有的回滚块，通过维护一个全局事务槽，在事务修改数据的过程中，将事务槽的地址保存在数据块中。在事务提交时，将事务版本号保存在事务槽中，然后采用延迟的方式将事务版本号写回数据块。

9.9 大数据库的分布式并发控制案例

9.9.1 HBase

HBase 使用了传统数据库中事务的概念，支持行级事务，可以保证行级数据的原子性、一致性、隔离性以及持久性。为了保证事务的 ACID 特性，HBase 采用了封锁和 MVCC 机制相结合的并发控制策略。

1. 行锁

HBase 提供了两种锁机制，一种是**互斥锁**，即在行数据更新时对相应数据行所持的行锁。另一种是**读写锁**，用于给临界资源加上读锁（read-lock）或者写锁（write-lock），其中读锁是共享锁，允许并发的读取操作，而写锁是排他锁。

HBase 中使用行锁保证对同一行数据的更新都是互斥操作，从而实现更新的原子性，要么全部更新成功，要么失败。所有对 HBase 行级数据的更新操作，都需要首先获取该行的行锁，并且在更新完成之后释放，其他事务才可以获取该行锁。因此，HBase 中对同一行数据的更新操作都是串行操作。

除了行数据的更新之外，HBase 同时保证 Region 级别和 Store 级别的并发控制。Region 级别的锁主要用于涉及 Region 的数据更新。例如，HBase 在执行数据更新操作之前，都会加一把 Region 级别的读锁，读操作完成之后，释放该 Region 读锁；在 HBase 需要将 MemStore 数据写入 HDFS 时，会加一把 Region 级别的写锁，写入完成之后，释放该 Region 写锁。另外，HBase 在执行关闭（close）操作以及拆分（split）操作时，会首先加一把 Region 级别的写锁，避免压缩（compact）操作、刷新（flush）操作以及其他更新操作的并发执行而破坏数据的隔离性。存储级别锁用于 MemStore 更新操作。例如，HBase 在执行刷新 MemStore 的过程中，首先会基于 MemStore 做镜像，这个阶段会加一把存储级别的写锁，避免其他操作对该 MemStore 的更新；清除 MemStore 镜像时也相同，会加一把写锁阻塞其他对该 MemStore 的更新操作。

具体地，HBase 的数据更新可以分为如下几个阶段。

1）获取行锁。

2）更新最新时间戳，将所有带写入 Key Value 的时间戳更新为当前系统时间。

3）更新 WAL（Write Ahead Log）：写日志，HBase 同样采用先写入日志再写缓存机制保证数据可恢复性。

4）数据写入本地缓存 MemStore。

5）释放行锁。

6）写入 HDFS。

7）结束写事务。

上述过程中，只使用行锁机制将产生一些问题。如图 9.22 所示，在 HBase 基于行锁实现的数据更新过程中，如果前后分别有两次对同一行数据的更新操作将导致数据不一致。假如第二次更新过程在将列族 c1 更新为 t2_c1 之后又有一次读请求，此时读到的第一列数据将是第二次更新后的数据 t2_c1，然而第二列数据却是第一次更新后的数据 t1_c2，由此可见，只针对更新行操作加行锁会产生读取数据不一致的情况。最简单的数据不一致解决方案是读写线程共用一把行锁，这样可以保证读写之间互斥，但是读写线程同时抢占行锁必然会极大地影响性能。

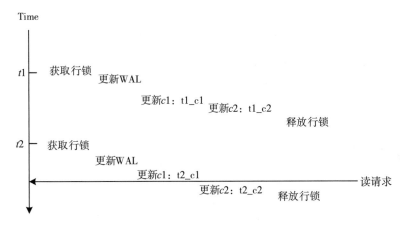

图 9.22　HBase 数据更新流程

2. 结合 MVCC 的并发控制方法

为了避免上述更新导致的不一致，HBase 除了利用加锁之外，还提供了 MVCC 机制实现数据的读写并发控制。MVCC 使得事务引擎不再单纯地使用行锁实现数据读写的并发控制，而是把行锁与行的多个版本结合起来，经过简单的算法就可以实现非锁定读，进而大大提高系统的并发性能。

为此，HBase 采用 MVCC 解决方案避免读操作获取行锁。MVCC 解决方案对上述数据更新操作时序和读操作都进行了一定的修正，主要新增了一个写序号和读序号，即数据的版本号（Writing Number，WN）。图 9.23 为修正后的更新操作时序示意图，每个数据写 MemStore 操作都会携带该数据的版本号。

对于读请求，HBase 执行如下过程：

1）每个读操作开始时都会分配一个读序号，称为读取点；

2）读取点的值是所有的写操作完成的写序号中的最大整数；

3）一次读操作的结果就是读取点对应的所有 cell 值的集合。

如图 9.24 所示，第一次更新获取的版本号为 1，第二次更新获取的版本号为 2。读请求进来时，若写操作完成序号中的最大整数为 WN = 1，则对应的读取点为 WN = 1，读取的结果为 WN = 1 所对应的所有 cell 值集合，即 t1_c1 和 t1_c2，这样就可以实现以无锁的方式读取到一致的数据。

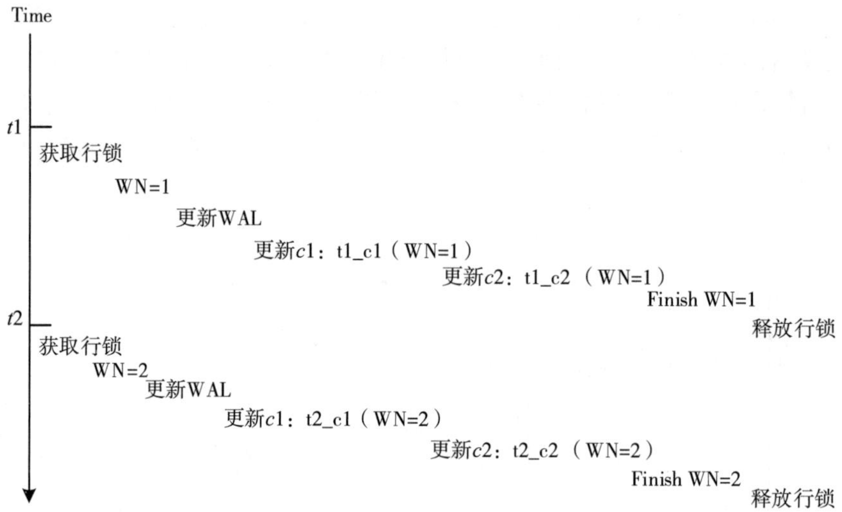

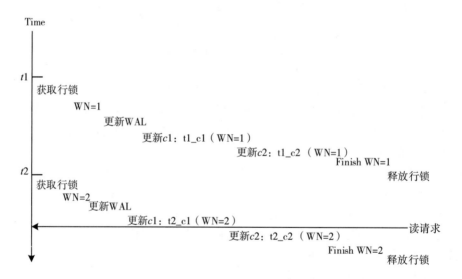

图 9.23   MVCC 更新操作时序示意图

图 9.24   MVCC 读操作时序示意图

9.9.2   Spanner

Spanner 使用了 TrueTime 机制来保证并发控制的正确性，并且利用这种属性来实现外部一致性事务、无锁只读事务和对历史数据的非阻塞读。本节主要介绍 TrueTime、事务时间戳、事务类别及其基于 TrueTime 的并发控制实现方法。

1. TrueTime

Spanner 使用了 TrueTime 方法保证事务执行过程中时间戳的一致性。TrueTime 基于 API

实现，如 TT.now()、TT.after(si) 等。Spanner 可以支持读写事务、只读事务和快照读。读操作和快照读都不包含锁机制，不会阻塞后面到达的写操作，并且不管是读操作还是快照读，都可以在足够新的副本上执行。

在以往进行分布式系统设计时，通常通过异步通信的方式对各个节点的运行速度和时钟的快慢进行同步。系统中的每个节点都扮演着观察者的角色，并从其他节点接收事件发生的通知。判断系统中两个事件的先后顺序主要依靠分析它们的因果关系，比如 Lamport 时钟、向量时钟等算法，这都需要一定的通信代价。TrueTime 方法的核心思想是在不进行通信的情况下，利用高精度和可观测误差的本地时钟给事件打上时间戳，并且以此比较分布式系统中两个事件的先后顺序。

TrueTime API 是一个提供本地时间的接口，它返回时间戳 t 的同时给出误差值 ε，因此返回值不是一个具体的时间点而是一个时间区间。例如，返回的时间戳是 1 分 10 秒 50 毫秒，而误差是 4 毫秒，那么真实的时间在 54 毫秒到 1 分 10 秒 46 毫秒之间。也就是说，这种时间戳具有有界不确定性。

利用 TrueTime API，可以保证给出的事务标记的时间戳介于事务开始的真实时间和事务结束的真实时间之间。假如事务开始时 TrueTime API 返回的时间是 $\{t1, \varepsilon1\}$，此时真实时间在 $t1-\varepsilon1$ 到 $t1+\varepsilon1$ 之间；假如事务结束时 TrueTime API 返回的时间是 $\{t2, \varepsilon2\}$，此时真实时间在 $t2-\varepsilon2$ 到 $t2+\varepsilon2$ 之间。系统会在 $t1+\varepsilon1$ 和 $t2-\varepsilon2$ 之间选择一个时间点作为事务的时间戳，但这需要保证 $t1+\varepsilon1$ 小于 $t2-\varepsilon2$，因此，系统要等到 $t2-\varepsilon2$ 大于 $t1+\varepsilon1$ 时才提交事务，如图 9.25 所示。尽管事务的执行时间具有一定的不确定性，但是始终可以保证一个事务结束后另一个事务才开始，从而两个事务被串行化后也能保持正确的顺序。利用 TrueTime 可以实现事务之间的外部一致性。

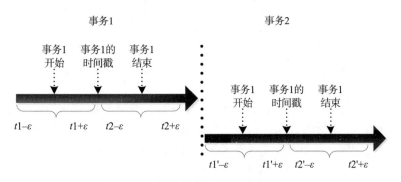

图 9.25　事务外部一致性的实现

Spanner 使用了 TrueTime 方法，在其真实的系统中 ε 平均为 4 毫秒，因此一个事务至少需要 2ε 的时间，即平均 8 毫秒才能完成。由此可见，TrueTime 通过引入等待时间来避免通信开销。为了保证外部一致性，写延迟是不可避免的，这也印证了 CAP 定理所揭示的法则，一致性与延迟之间是需要权衡的。

TrueTime API 的实现大体上类似于网络时间协议（NTP），但只有两个层次。第一层，服务器是拥有高精度计时设备的，每个机房有若干台，大部分机器都装备了 GPS 接收器，剩下少数机器是为 GPS 系统全部失效的情况而准备的，它们被称为"末日"服务器，装备了原子钟。所有的 Spanner 服务器都属于第二层，定期向多个第一层的时间服务器获取时间来校正本地时钟，先减去通信时间，再去除异常值，最后求交集。

2. 事务时间戳

Spanner 可以支持读写事务、只读事务和快照读。对应的时间戳有读写事务时间戳和只读事务时间戳。

（1）读写事务时间戳

Spanner 中的读写事务，采用两段锁协议及多版本特性实现。在事务获得所有锁并且在释放任何锁之前，给事务分配时间戳。该事务时间戳，即事务提交的时间，由 Paxos 分配给 Paxos 写操作。

在每个 Paxos 组内，Spanner 以单调增加的顺序给每个 Paxos 写操作分配时间戳。对于单个 Leader 副本，易于以单调增加的方式分配时间戳。但当存在多个 Leader 时，一个 Leader 只能分配属于它自己租约时间区间内的时间戳。

Spanner 基于时间戳实现外部一致性：如果事务 T_2 在事务 T_1 提交以后开始执行，那么，事务 T_2 的时间戳一定比事务 T_1 的时间戳大。假设事务 T_i 的开始和提交分别定义为 e_i^{start} 和 e_i^{commit}，事务提交时间定义为 s_i，则满足外部一致性的条件为 $t_{abs}(e_1^{commit}) < t_{abs}(e_2^{start})$（$t_{abs}$ 为事件的绝对时间），即 $s_1 < s_2$。通过遵守执行事务的协议和分配时间戳的协议，二者一起保证了外部一致性。

例如，协调者 Leader 发出一个写事务 T_i，该事务的提交请求事件定义为 e_i^{server}，为保证外部一致性，事务 T_i 的执行及时间戳的分派需要遵循如下两条规则：

- 协调者 Leader 为写事务 T_i 分配一个提交时间戳 s_i，要求 s_i 不小于 TT.now().latest 的值（TT.now() 返回的是事件的绝对时间的区间），TT.now().latest 是事件绝对时间的最大值，是在 e_i^{server} 事件之后计算得到的。要注意，担任参与者的 Leader 在这里不起作用。
- 协调者 Leader 进入提交等待（Commit Wait），协调者 Leader 必须确保客户端不能看到任何被 T_i 提交的数据，直到 TT.after(s_i) 为真，TT.after(s_i) 是确认事件时间已过的方法。提交等待，就是要确保 s_i 会比 T_i 的绝对提交时间小，即 $s_i < t_{abs}(e_i^{commit})$。

单调性使得 Spanner 可以正确地确定一个副本是否足够新，从而能够满足一个读操作的要求。每个副本都会跟踪记录一个值，这个值被称为安全时间 t_{safe}，它是一个副本最近更新后的最大时间戳。如果一个读操作的时间戳是 t，当满足 $t \leq t_{safe}$ 时，这个副本就可以被该读操作读取。

（2）只读事务时间戳

Spanner 中的只读事务分两个阶段执行：首先分配一个时间戳 s_{read}，然后执行 s_{read} 时刻的快照读，实现该事务的读操作。

快照读可以在任何足够新的副本上执行。在一个事务开始后的任意时刻，可以简单地分配 s_{read}=TT.now().latest。但是，如果 t_{safe} 没有增加到足够大，会阻塞 s_{read} 时刻的读操作。为了减少阻塞的概率，Spanner 会为 s_{read} 分配最老的时间戳，以保持外部一致性。

3. 基于 TrueTime 的并发控制实现方法

Spanner 使用 TrueTime 来控制事务的并发执行，保证第一个事务的时间戳大于第二个事务的时间戳，实现外部一致性。

表 9.5 给出了 Spanner 现在支持的事务，包括：

- 读写事务；
- 只读事务；
- 快照读，客户端提供时间戳；
- 快照读，客户端提供时间范围。

若一个读写事务发生在时间 t，那么在全世界任何一个地方，指定 t 快照读都可以读到写入的值。

表 9.5　Spanner 支持的事务类别

操作	并发控制	副本要求
读写事务	悲观	Leader
只读事务	无锁	Leader 时间戳，任意读
快照读，客户端提供时间戳	无锁	任意
快照读，客户端提供范围	无锁	任意

Spanner 中，单独的写操作都被实现为读写事务；单独的非快照都被实现为只读事务。如果事务失败，这两种操作会自己重试。

下面主要介绍读写事务和只读事务的执行过程。

（1）读写事务的执行

在读写事务内部的读操作，使用负伤 – 等待（wound-wait）来避免死锁。客户端对恰当组内的 Leader 副本发起读操作，首先获得读锁，然后读取最新的数据。当一个客户端事务保持活跃时，它会发送"保持活跃"信息，防止参与者 Leader 让该事务过时。当一个客户端已经完成了所有的读操作，并且缓冲了所有的写操作时，它就进入两段提交。客户端选择一个协调者组，给每个参与的、具有协调者标识的 Leader 发送提交信息，同时给所有缓冲的写操作发送提交信息。让客户端发起两段提交操作，可以避免在大范围内跨链接发送两次数据。

对于非协调者 Leader，首先需要获得写锁，然后选择一个准备时间戳（Prepare Timestamp），该时间戳应该比之前分配给其他事务的任何时间戳都要大，以确保单调性，并且通过 Paxos 把准备提交记录写入日志。每个参与者接着就把自己的准备时间戳（Prepare Timestamp）通知给协调者。

对于协调者 Leader，首先获得写锁，但跳过准备阶段。在从所有其他参与者 Leader 获得信息后，协调者 Leader 为整个事务选择一个提交时间戳，该提交时间戳 s 必须大于或等于所有参与者的准备时间戳。在协调者收到它的提交信息时，s 应该大于 TT.now().latest，且大于该 Leader 为之前的其他所有事务分配的时间戳，以确保单调性。然后协调者 Leader 通过 Paxos 在日志中写入一个提交记录，或者当等待其他参与者发生超时在日志中写入终止记录。

在允许任何协调者副本提交记录之前，协调者 Leader 会一直等待到 TT.after(s)，保证遵循提交等待规则。因为协调者 Leader 会根据 TT.now().latest 来选择 s，而且必须等待直到该时间戳确保成为过去，预期的等待时间至少是 $2*\varepsilon$。这种等待时间通常会和 Paxos 通信时间发生重叠。在提交等待之后，协调者就会发送一个提交时间戳给客户端和所有其他参与者 Leader。每个参与者 Leader 会通过 Paxos 把事务结果写入日志。所有的参与者则在同一个时间戳进行提交，然后释放锁。

（2）只读事务的执行

执行只读事务，首先需要为只读事务分配时间戳，由参与该读操作的所有 Paxos 组之间协商确定。为此，Spanner 为每个只读事务提供一个 scope 表达式，用于指出整个事务需要读取哪些键。

如果 scope 的值由单个 Paxos 组提供，那么客户端就会给该组的 Leader 发起一个只读事务请求，Paxos Leader 为只读事务选择一个时间戳，同时为该协调者 Leader 分配 s_{read}，并且执行读操作。对于一个单点读操作，Spanner 把 LastTS() 定义为在 Paxos 组中最后提交的写操作的时间戳。如果没有准备提交的事务，则分配时间戳为 s_{read}=LastTS()，以满足外部一致性。

如果 scope 的值由多个 Paxos 组来提供，则会有几种选择方法。一种是较复杂的选择方法，由所有组的 Leader 进行一轮沟通，根据 LastTS() 协商得到 s_{read}。另一种是避免协商的简单选择方法，让读操作在 s_{read}=TT.now().latest 时刻去执行（这可能会等待安全时间的增加），这样，该事务中的所有读操作都可以被发送到任何足够新的副本上执行。

Spanner 中时间戳的设计大大提高了只读事务（包括快照读）的性能。对于只读事务，在事务开始时，要声明这个事务里没有写操作。只读事务不是一个简单的没有写操作的读写事务，而是应用一个系统时间戳去读，可以在任意一台已经更新过的副本上面读，所以对于同时执行的其他的写操作是没有阻塞的。如果只读事务执行到一半，该副本出现了错误。这时，客户端没有必要在本地缓存刚刚读过的时间，因为是根据时间戳读取的。只要再用刚刚的时间戳读取，就可以获得同样的结果。

9.9.3　OceanBase

一方面，在内存操作层次，OceanBase 使用了 MemTable 来构造事务引擎，支持多版本的事务读写并发控制。另一方面，在事务操作层次，OceanBase 结合锁和 MVCC 实现了多事务的并发控制。

1. 基于 MemTable 的并发控制方法

OceanBase 作为内存数据库，使用了 MemTable 来帮助构造事务引擎。MemTable 包含两部分：索引结构及操作链表。索引结构存储行头信息，使用内存 B 树实现，行操作链表存储不同版本的修改操作,从而支持多版本并发控制。

OceanBase 支持多线程并发修改,写操作拆分为两个阶段:

- **预提交阶段**。预提交过程由多线程执行,事务执行线程首先给待更新数据行加锁。然后,将事务中针对数据行的操作追加到该行的未提交行操作链表中。最后,向提交任务队列中加入一个提交任务。
- **提交阶段**。提交阶段由单线程执行,提交线程扫描提交任务队列,并从中取出所有提交任务,将提取出的任务的操作日志追加到日志缓冲区中。当缓冲区中的日志写入磁盘,即操作日志写成功后,将未提交行操作链表中的 cell 操作追加到已提交行操作链表的末尾,释放锁并回复客户端写操作成功。

如图 9.26 所示,MemTable 行操作链表包含两个部分:已提交部分和未提交部分。每个 Session 记录了当前事务正在操作的数据行的行头,每个数据行的行头包含已提交和未提交行操作链表的头部指针。在预提交阶段,每个事务会将 cell 操作追加到未提交的行操作链表中,并在行头保存未提交行操作链表的头部指针以及锁信息,同时,将行头信息记录到 Session 中;在提交阶段,根据 Session 中记录的行头信息找到未提交的行操作链表,链接到已提交行操作链表的末尾,并释放行头记录的锁。每个写事务会根据提交时的时间戳生成一个事务版本,读事务只会读取在它之前提交的写事务的修改操作。

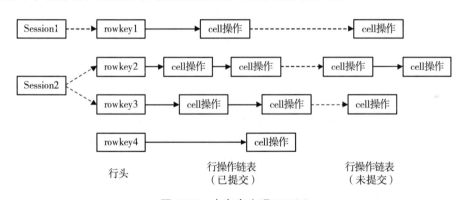

图 9.26　内存表实现 MVCC

如表 9.6 所示,A 有 T_1、T_2 两个写事务,假设 A 初值为 0,事务 T_1 将 A 改为 1,T_1 在时刻 1 提交,版本号为 1,事务 T_2 将 A 修改为 2,在时刻 3 提交,版本号为 3。事务 T_2 预提交时,T_1 已经提交,A 的已提交行操作链表包含一个 cell,即 <update, A, 1>,未提交操作链表包含一个 cell,即 <update, A, 2>。事务 T_2 成功提交后,A 提交行操作链表将包含两个 cell,即 <update, A, 1> 以及 <update, A, 2>,未提交行操作链表为空。对于只读事务:

- T_3:事务版本号为 0,T_1 和 T_2 均未提交,该行数据为空。
- T_4:事务版本号为 2,T_1 已提交,T_2 未提交,读取到 <update, A, 1>。尽管 T_2 在 T_4 执行过程中将 A 修改为 2,但 T_4 第二次读取时会过滤掉 T_2 的修改操作,因而两次读取将得到相同的结果。

- T_5：事务版本号为 4，T_1 和 T_2 均已提交，读取到 <update, A, 1> 以及 <update, A, 2 >，A 终值是 2。

表 9.6 读写事务并发执行实例

T_s	T_1	T_2	T_3	T_4	T_5
0			Read(A)		
1	start write(A=1) commit				
2				Read(A)	
3		start write(A=2) commit			
4					Read(A)
5				Read(A)	

2. 结合锁和 MVCC 的并发控制方法

OceanBase 数据库基于多版本及行级别锁实现了数据库的并发控制逻辑、读不加锁、写加互斥锁，做到了读读、读写、写读不相互阻塞，大大提高了系统的并发能力。

OceanBase 数据库支持两种类型的读请求：强一致性读和弱一致性读。强一致性读要求根据快照信息读取 Leader 上的数据，而弱一致性读允许读取某一个稍旧的版本的数据。下面讨论的并发控制，没有特殊说明，均指强一致性读。

（1）事务版本号

OceanBase 数据库中存在的事务版本号有语句快照、事务快照和提交版本号。

- 语句快照：在 RC（Read Committed）隔离级别下，每条语句都能读到该语句开始之前的最新数据，该数据快照版本称为语句快照。
- 事务快照：可串行化（Serializable）隔离级别下，事务内的每条语句只能看到该事务开启之前的数据，该数据快照版本称为事务快照。在 RR（Repeatable Read）隔离级别下，OceanBase 数据库也采用事务级别快照。
- 提交版本号：事务提交过程中需要为本次修改的数据确定一个版本号，我们称之为事务的提交版本号。在全局时间戳服务（Global Timestamp Service，GTS）打开场景下，提交版本号从 GTS Leader 获取并确认；在 GTS 关闭场景下，提交版本号由数据所在服务器共同进行协商。

OceanBase 数据库内部每个租户启动一个全局时间戳服务，事务提交时通过本租户的时间戳服务获取事务版本号，保证全局的事务顺序。

（2）并发正确性保证

- 写读并发。写读并发是指读写事务和只读事务并发执行。只读事务（如 T_2）读取过程中，若某行数据正在被读写事务（如 T_1）修改且尚未提交，我们称之为写读并发。该场景下，OceanBase 数据库的正确性保证逻辑如下：如果 T_1 的提交版本号（commit version）小于 T_2 的读快照（read version），则 T_2 能够读到 T_1 的修改；否则不允许 T_2 读到 T_1 的修改。

- 读写并发。读写并发是指读写事务和只读事务并发执行。若读写事务（如 T_2）在对某行数据操作之前，已经有只读事务（如 T_1）对该行进行读操作，我们称之为读写并发。该场景下，OceanBase 数据库的正确性保证逻辑如下：如果 T_1 的 read version 小于 T_2 的 commit version，则 T_1 不能读到 T_2 的修改；如果 T_1 的 read version 大于 T_2 的 commit version，则 T_1 能读到 T_2 的修改。
- 写写并发。写写并发是指读写事务和读写事务并发执行。写写并发主要通过对行加互斥锁来实现，即前一个事务尚未提交结束，后一个操作同一数据行的事务需要等待，不会出现丢失修改错误。

该场景下，OceanBase 数据库的正确性保证逻辑如下。

假设存在写写并发场景：事务 T_1 和事务 T_2，两者并发更新分区表 A 中的同一行 R1，待更新的列上有局部索引。则 OceanBase 数据库的正确性保证的执行流程如下：

1）事务 T_1 和事务 T_2 语句开启，获取相同的语句快照版本号，假设均为 100；

2）事务 T_1 语句执行过程中，先于 T_2 获取行锁，并执行更新；事务 T_2 出现行锁冲突，重试等行锁释放；

3）事务 T_1 提交结束，行锁释放。

（3）结合锁和 MVCC 的并发控制机制

宏观上看 OceanBase 的并发控制，它仍结合了锁和 MVCC 机制来实现并发控制。发生基于加锁机制的读写冲突时，加锁后其他事务无法进行读，导致读写竞争，影响读的并发度。为此，OceanBase 采用 MVCC 来有效解决该问题，具体如下：

- 全局统一的数据版本号管理，取自全局唯一的时间戳服务（GTS）；
- "读""写"操作都要从 GTS 获取版本号，同一个租户内只有一个 GTS 服务，可以保持全局（跨机）一致性；
- 当修改数据时，首先获取行锁，然后再修改数据。事务未提交前，数据的新旧版本共存，但拥有不同的版本号；
- 读取数据时，先获取版本号，再去查找小于等于当前版本号的已提交数据；
- 写操作需要获取行锁，而读操作不需要锁，有效避免了读写锁竞争，提高了读写并发度。

如图 9.27 所示，张三的账户余额 amount=100 元。

1）t1 时间，T_1 事务想要将张三的账户余额更改为 50 元，此时会加锁，避免数据被其他事务改写。由于事务没有正式提交，因此系统以时间戳为版本号，记录两个版本的数据，新版本为 50，旧版本为 100。

2）t2 时间，T_2 事务想查询张三的账户余额，由于新版本数据还未正式提交，因此存在回滚的风险，T_2 事务可以读取旧版本数据，读取金额为 100。

3）t3 时间，T_1 事务完成提交，张三的余额变为 50。

4）t4 时间，T_3 事务想要读取张三的余额，由于 T_1 事务已经提交完成，此时 T_3 事务可以读取新版本的数据。

上例中，通过 MVCC 功能，写事务 T_1 和读事务 T_2 可以并行执行。

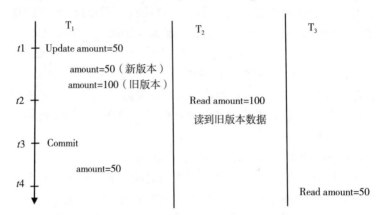

图 9.27　OceanBase MVCC 并发控制实例

9.10　本章小结

并发控制机制是分布式数据库管理系统中的核心组件之一，可有效保证分布式数据库中数据的一致性。本章介绍了有关并发控制的基本概念和基本理论，介绍了基于锁的常用并发控制方法，尤其是两段锁协议。并重点介绍了分布式数据库的并发控制算法，包括基于锁的并发控制算法、基于时间戳的并发控制算法和乐观的并发控制算法。

目前，通常采用的还是基于两段锁的并发控制算法，因为其具有很好的并发控制能力。但并发度不高。同时，由于分布式数据库中存在副本，因此采用基于锁的并发控制方法，会降低其并发处理效率。为此，本章提出了基于时间戳的并发控制方法，如多版本的并发控制方法，可有效提高并发效率。

在大数据库应用中，使用了很多对基本并发控制技术的扩展，包括对读写模式的扩展、建议性锁、事务提交时间定义事务的版本号，以及 TrueTime 中不确定时间戳的使用，从而满足读事务多、写事务少这一需求。最后，针对典型的大数据系统 HBase、Spanner、OceanBase 介绍了具体的并发控制关键技术。

习题

1. 设有关系：学生基本信息 S(Sno(学号), Sname(姓名), Sage(年龄), Major (专业)) 和学生选课信息 SC(Sno,Cno(课号),Grade(成绩))。关系 S 在 S_1 场地，关系 SC 在 S_2 场地。若存在并发执行的两个事务：
   - 事务 1：插入一名学生信息和该学生的选课信息。
   - 事务 2：查询没有选课的学生信息，并将没有选课的学生的专业置为空。

   要求：将事务 1 和事务 2 抽象为操作序列；写出一个全局和局部都是可串行化的并发执行历程，并说明为什么；针对场地 S_2 上的并发执行历程，请给出采用两段锁协议的封锁过程。

2. 假设在场地 S_1 上存在两个并发执行的事务：

- T_1：R1(x), W1(x), R1(y), W1(y)。
- T_2：R2(x), W2(x), R2(y), W2(y),R2(z), W2(z)。

要求：给出一个可串行化的并行执行历程，并说明为什么；若 x、y、z 为不同的表，采用表级锁粒度，请给出采用严格的两段锁协议的封锁过程；若采用记录级锁，又如何？请说明理由。

3. 对于如下并发执行事务：

事务1	事务2	事务3
R(X)	R(S)	R(Y)
W(X)	R(Y)	W(Y)
R(Y)	W(Y)	R(S)
W(Y)	R(X)	W(S)
	W(X)	R(T)

存在调度：

	事务 1	事务 2	事务 3
			R(Y)
			W(Y)
	R(X)		
	W(X)		
			R(S)
			W(S)
时间		R(S)	
	R(Y)		R(T)
	W(Y)		
		R(Y)	
		W(Y)	
		R(X)	
		W(X)	

问：

1）该调度是否是可串行化调度？为什么？

2）设 X、Y 在场地 1，S、T 在场地 2，若采用严格的两段锁协议，请给出场地 1 上的并发执行调度过程。

3）简述乐观并发控制方法和悲观并发控制方法的主要区别。

4. 设数据项 x、y 存放在 S_1 场地，u、v 存放在 S_2 场地。有分布式事务 T_1 和 T_2。判断下面的每个执行是否是局部可串行的，以及是否是全局可串行的，并分别说明理由。

1）执行 1：在 S_1 场地：R1(x)R2(x)W2(y)W1(x)。在 S_2 场地：R1(u)W1(u)R2(v)W2(u)。

2）执行 2：在 S_1 场地：R1(x)R2(x)W1(x)W2(y)。在 S_2 场地：W2(u)R1(u)R2(v)W1(u)。

5. 说明悲观的并发控制方法和乐观的并发控制方法之间不同，写出你所了解的并发控制方法，写出在分布式并发控制中采用的集中式 2PL 算法（包括事务管理算法和锁管理器算法）。

6. 设数据项 x、y 存放在 S_1 场地，u、v 存放在 S_2 场地，有分布式事务 T_1，在 S_1 场地上的操作序列为 R1(x)W1(x)R1(y)W1(y)，在 S_2 场地上的操作序列为 R1(u)R1(v)W1(u)。其中，R1(x) 和 W1(x) 分别表示 T_1 对 x 的读操作和写操作。

假设 T_1 的操作执行完成后将进行提交。请按照 2PC 协议说明 T_1 的提交处理过程。并要求按照严格 2PL 协议，对 T_1 的操作处理加上显式的封锁操作和解锁操作。注：Rl1(x) 表示对 x 加读锁，Wl1(x) 表示对 x 加写锁，Ul1 (x) 表示解锁。

7. 在使用分布式死锁检测中的路径下推算法时，可能出现检测出的死锁回路并非真正的死锁而出现假死锁情况，试分析原因。

8. 对于下面的事务执行顺序表：

T_s	T_1	T_2	T_3	T_4	T_5
0			Read(A)		
1	start write(A=1) commit				
2				Read(A)	
3		start write(A=2) commit			
4					Read(A)
5				Read(A)	

分别给出基本 MVCC 和扩展 MVCC 的执行结果。

9. 分析 HBase 的并发控制技术可能导致吞吐受限的原因。

参考文献

[1] TAMER O M, VALDURIEZ P. Principles of Distributed Database System (Second Edition)[M]. 北京：清华大学出版社，2002.

[2] TAMER O M, VALDURIEZ P. 分布式数据库系统原理：原书第 3 版 [M]. 周立柱，范举，吴昊，等译 . 北京：清华大学出版社，2014.

[3] RAHIMI S K, HAUG F S. 分布式数据库管理系统实践 [M]. 邱海燕，徐晓蕾，李翔鹰，等译 . 北京：清华大学出版社，2014.

[4] 杨传辉 . 大规模分布式存储系统原理解析与架构实战 [M]. 北京：机械工业出版社，2014.

[5] 陆嘉恒 . 大数据挑战与 NoSQL 数据库技术 [M]. 北京：电子工业出版社，2013.

[6] 张俊林 . 大数据日知录：架构与算法 [M]. 北京：电子工业出版社，2014.

[7] 郭鹏 . Cassandra 实战 [M]. 北京：机械工业出版社，2011.

[8] 胡争，范欣欣 .HBase 原理与实践 [M]. 北京：机械工业出版社，2020.

[9] NoSQL 数据库的分布式算法 [EB/OL].http://my.oschina.net/juliashine/blog/88173, 2012-

11-09.

[10] 解析全球级分布式数据库 Google Spanner[EB/OL]. Http://www.csdn.net/article/ 2012-09-19/2810132-google-spanner-next-database, 2012.

[11] 李凯，韩富晟 . OceanBase 内存事务引擎 [J]. 华东师范大学学报（自然科学版）,2014(9)：149-163.

[12] Alibaba Inc. OceanBase: A Scalable Distributed RDBMS[EB/OL]. http://oceanbase. taobao.org/, 2014.

[13] BAKER J, BOND C, CORBETT J C, et al. Megastore: providing scalable, highly available storage for interactive services[C]//Proc. of the 5th biennial conference on innovative data systems research, 2011: 223-234.

[14] BURROWS M. The Chubby lock service for loosely-coupled distributed systems[C]// Proc. of OSDI. CA: USENIX, 2006: 335-350.

[15] CORBETT J C, DEAN J, EPSTEIN M, et al. Spanner: Google's globally-distributed database[C]//Proc. of OSDI. CA: USENIX, 2012.

[16] DECANDIA G, HASTORUN D, JAMPANI M, et al. Dynamo: Amazon's highly available key-value store[C]//Proc. of SOSP. New York: ACM, 2007.

[17] LAKSHMAN A, MALIK P. Cassandra: a structured storage system on a P2P network[C]// Annual ACM SPAA 2009. New York: ACM, 2009.

[18] LAMPORT L. Paxos Made Simple, Fast, and Byzantine[C]//Proc. of OPODIS. Reims: DBLP, 2002: 7-9.

[19] OceanBase 数据库概览 [EB/OL]. https://www.oceanbase.com/2021-03-10, 2021.

[20] OceanBase 数据库官方文档 [EB/OL]. https://www.oceanbase.com/docs, 2021.

[21] Entries tagged [mvcc] [EB/OL]. https://blogs.apache.org/hbase/tags/mvcc 2012-1-11, 2013.

第10章

数据复制与一致性

在分布式数据库系统中，系统的高可用性和可靠性是系统的重要性能指标。为满足可靠性和可用性，分布式数据库系统中的数据往往使用多个副本（拷贝），这些副本存储于不同的节点，因而，需要进行数据复制技术。在数据复制技术中，我们主要讨论数据复制的控制策略、复制协议、复制算法、一致性协议等关键技术。最后，专门介绍了大数据库系统中的数据复制技术。

10.1 数据复制的作用

在分布式数据库中存储一个关系 R，有以下几种方法。

- 本地存储数据在本地数据库系统中存储。
- 系统维护关系 R 的几个完全相同的副本，各个副本存储在不同的节点上。与复制相对的方式是只存储关系 R 的一个副本。
- 分片关系被划分为几个片段（垂直分片、水平分片或混合分片），各个片段存储在不同的节点上，每个片段只有一个副本。
- 分片关系被划分为几个片段，系统为每个片段维护几个副本，它们分别保存在不同的节点上。

如上所述，数据复制实际上就是指在分布式数据库系统的多个本地数据库间拷贝和维护数据库对象的过程。这个对象可以是整个表、部分列或行、索引、视图、过程或者它们的组合等。

在分布式数据库系统中，系统的高可用性和可靠性是系统的重要性能指标。系统的可用性是指系统在面对各种故障时仍可以提供正常服务的能力，可以用系统停止服务时间与正常服务时间的比例来衡量；例如，某个系统的可用性为 99.99%，相当于系统一年停止服务的时间不能超过 $363 \times 24 \times 60/100000 = 5.25$min。可靠性是指在给定的时间内，系统不出现失败的概率，表现为在系统出现故障时保证用户仍然可获得准确的数据。在分布式数据库系统中，数据存储于不同的节点，为了保证系统的高可用性和可靠性，数据在系统中一般需要存储多个副本。因而系统通常使用数据复制技术进行数据复制和传输，以便当某个副本所在的存储节点出现故障时，分布式数据库能够自动将服务切换到其他的副本，从而实现自动容错。因此，分布式数据库中的数据复制是保证系统高可用性和可靠性的重要技术。

数据复制中，每个复制数据项 X 都有一系列副本 $X_1, X_2, \cdots, X_n$，X 称为逻辑数据项，并称它的副本为物理数据项。对于复制透明性，用户事务只需对逻辑数据项进行读写操作，副本控制协议自动将这些读写操作映射到物理数据项 $X_1, X_2, \cdots, X_n$ 上。因此，系统逻辑上认为每个数据项只有一个副本。然而，在进行读写操作的映射过程中，由于复制协议的定义涉及更新的时机、系统的体系结构等内容，因此多个物理副本本身又可能带来数据不一致的问题。比如，假设一个分布式数据库的两个副本存储于两个节点 A 和 B 上，事务 T_1 和 T_2 开始之前数据项 X 的值均是 100。

T_1	T_2
Read (X)	Read (X)
$X=100-20$	$X=X*2$
Write (X)	Write (X)

T_1 先在节点 A 上运行，之后再移到节点 B 上运行。同时，T_2 先在节点 B 上运行，之后再移到节点 A 上运行，基于两种事务的运行顺序，导致 X 在不同节点的最终运算结果是不同的，在 A 节点上 X 的值是 180，在 B 节点上 X 的值是 160。

一致性和可用性是相互矛盾的，为了保证数据一致性，各个副本之间需要时刻保持强同步；但是当某一副本出现故障时，可能阻塞系统的正常写服务，从而影响系统的可用性；如果各个副本之间不保持强同步，虽然系统的可用性相对较好，但是一致性却得不到保障，当某一副本出现故障时，数据还可能丢失。几乎所有的大型数据库系统都提供了自己的数据复制解决方案和数据复制组件，这些方案和组件通过复制协议将数据同步到多个存储节点，并确保多个副本之间的数据一致性。分布式数据库复制技术和一致性具有密切的关系。因此，数据库设计时需要权衡系统的一致性和可用性。本章主要讨论复制的主要策略和技术以及数据复制的一致性问题。

10.2　数据复制一致性模型

从客户端的角度来看，一致性包括如下三种情况。

- 强一致性：假如客户 A 写入了数据项 x 的一个值到存储系统，存储系统保证客户 A、B、C 后续的读取操作都将返回 x 的最新值。
- 弱一致性：假设客户 A 先写入了数据项 x 的一个值到存储系统，存储系统不能保证 A、B、C 后续对 x 的读操作是否能够读取到最新值。
- 最终一致性：是弱一致性的一种特例。假如 A 首先写入数据项 x 的一个值到存储系统，存储系统保证，如果后续没有新的写操作对 x 的值进行更新，则 A、B、C 的读取操作最终都会读取到 A 写入的值。从 A 写入数据 x 的值到后续 A、B、C 读取到该值的这段时间，称为**不一致窗口**。不一致窗口的大小依赖于以下几个因素：交互延迟、系统的负载，以及复制协议要求同步的副本数。

最终一致性常见的变体有以下几种。

- 读自己写（read-your-writes）一致性：如果客户端 A 写入了数据项 x 的最新值，那么

A 的后续操作都会读到数据项 *x* 的该值。但是其他用户（比如 B 或者 C）可能要过一段时间才能看到数据项 *x* 的该值。

- 会话（session）一致性：要求客户端和存储系统交互的整个会话期间保证读自己写一致性。如果原有会话因为某种原因失效而创建了新的会话，则存储系统不保证原有会话和新会话之间操作的读自己写一致性。
- 单调读（Monotonic read）一致性：如果客户 A 已经读取了数据项 *x* 的某个值，那么 A 的后续操作将不会读取到数据 *x* 更早的值。
- 单调写（Monotonic write）一致性：客户 A 的写操作按顺序完成，也就是说，对于同一个客户 A 对数据项 *x* 的操作，*x* 在存储系统中的每个副本都必须按照与客户 A 相同的顺序完成。

从存储系统的角度看，一致性主要包含如下两个方面。

- 副本一致性：存储系统中数据项 *x* 的多个副本之间的数据值是否一致、不一致的时间窗口等。
- 更新顺序一致性：存储系统中数据项 *x* 的多个副本之间是否按照相同的顺序执行更新操作。

一般来说，存储系统可以支持强一致性，也可以为了性能考虑仅支持最终一致性。从客户端的角度看，一般要求存储系统能够支持读自己写一致性、会话一致性、单调读、单调写等特性。

10.3　分布式数据库复制策略

在分布式数据库中，为了保证系统的可用性和可靠性，需要进行数据复制。在数据复制的过程中，需要考虑很多因素，比如数据复制的时机、数据复制的内容和数据复制的体系结构等。

10.3.1　数据复制的执行方式

复制管理机制应该保证数据库副本的一致性。根据对于一个数据对象的各个副本是否在每一时刻都有相同的要求，可以采用两种不同的复制执行方式：同步复制和异步复制。

1. 同步复制

同步复制是指在事务进行更新时，将更新同时传播给其他所有副本，也就是说当某个数据项被事务更新后，该数据项的全部副本必须具有相同的值，因而对任何副本进行更新的事务都要在其他副本上执行同样的更新。同步复制能够保证应用程序的数据一致性，因为更新事务结束之前要对所有的副本进行更新，因而可以保证从任何一个副本中读取同一数据项的值都是相同的，这样的复制协议称为**读一 / 写全**（Read-One/Write-All，ROWA）**协议**。

同步复制保证所有数据更新后的完整性优先于事务操作的完整性，即所有的数据副本在任何时间都是同步的，如果某个节点由于某种原因崩溃了，则正在进行的事务操作失败，因而可以确保事务的强一致性。但是这种复制控制技术也有明显的缺陷，首先，由于事务使用

2PC 协议，并且更新的速度会受到系统中最慢的机器的限制，因此更新事务的响应时间性能受到影响。其次，如果某一个副本损坏，则将导致事务因无法完成在该副本上的更新而不能终止。最后，系统需要各数据节点之间频繁通信以及时完成事务操作。

2. 异步复制

异步复制是指事务的提交不会等待更新作用到所有的副本中，当一个副本更新后，事务就会提交，其他副本在该更新事务提交之后的某个时间刷新。也就是说，异步复制允许事务不需要直接访问复制的所有数据副本就能完成操作。可以在任意时刻更新源数据，稍后其他复制节点的数据才能得到更新。

异步复制中，首先更新数据的节点称为**主节点**，其他节点称为**从节点**。主节点是发布数据的服务器，称为发布者，也称为**源节点**，定义复制对象和复制组的源节点称为主定义节点。源节点服务器维护要发布的数据，复制对象都是源节点数据库服务器的数据对象，复制组通过调度数据链路将复制对象分发到复制组添加的复制节点中。数据链路是为各个数据库间进行通信，基于网络通信协议建立的数据通路。订阅服务器从主定义节点订阅复制组中的复制对象，并且在本地生成复制对象的副本，相当于获得复制对象的快照，并且可以定期刷新订阅的复制对象，以保持数据同步。在名义上，一个数据库服务器可以是发布者，也可以是订阅者。数据复制可以把数据分发到其他的数据库，也可以将各个源节点的数据合并，最终使所有的数据副本保持一致。用户可以就近访问需要的信息，甚至在本机获得发布数据的副本，减少了对网络环境以及服务器的依赖，使得系统的可用性大大加强。

异步复制有其自身的优点，首先由于异步复制只需对一个副本提交更新，因此更新事务可以获得更短的响应时间，不必等待所有副本都更新完毕，才能提交事务；其次当目标系统崩溃时，该复制方法仍然适用，只是复制工作将延迟到系统恢复后进行。但是这种策略的缺点也显而易见，由于副本的更新可以推迟到更新事务提交之后，就导致副本之间的数据互相不一致，并且有些副本可能是过时的，因此局部读操作有可能读到过时的数据，不能保证返回最新的值。而且，在有些情况下，可能产生"**事务倒转**"的情况，即事务可能看不到自己已经写入的值。另外，在不同节点产生同一份报告时，只有等到所有的更新都完成之后才会给出相同的结果。异步复制不能满足强一致性，通常用于只要求弱一致性的应用中。

10.3.2　数据复制的实现方法

数据复制的实现方法可分为两种。一种是通过传递要复制的数据对象的内容，称为数据对象复制；另一种是通过传递在数据对象上执行的操作，称为事务复制。

1. 数据对象复制

数据对象复制是把某一时刻源数据对象的内容通过网络复制到各个节点的副本上。因为复制的内容是某一时刻的数据对象的状态，所以又形象地称为**快照**。数据对象复制传输的是数据值，是将整个发布内容复制给订阅者。它的内容也可以是部分的行 / 列或者视图等。数据对象复制中往往需要复制较多的数据，因而对网络资源需求相对较高，不仅要求有较高的传输速度，而且要保证网络传输的可靠性。

2. 事务复制

事务复制是把修改源数据库的事务操作发送到副本节点。复制内容可以是修改的表项、事务或事务日志。副本接收到复制内容后，通过在本地数据库执行接收到的事务操作来实现与源数据或者处理过程的一致性。事务复制在网络中传送的是事务，即将发生的变化传送给订阅者，是一种增量复制。在事务复制中，由于要不断监视源数据库的数据变化，因此主服务器的负担较重。当发布数据发生变化时，这种变化很快会传递给订阅者，而不像数据对象复制那样等待一段相对较长的时间间隔。某些数据库系统中的过程化复制，实际上是一种程序化了的事务复制。

10.3.3 数据复制的体系结构

根据节点在数据复制过程中的作用和相互关系，数据复制系统的体系结构可分为主从式复制结构、对等式复制结构和级联式复制结构。

1. 主从式复制

主从式复制结构是一种最基本的复制结构，在这种结构中，每个数据项定义一个**主副本**，更新首先在主副本中进行，然后再传播到其他副本（称为**从副本**）中，其中存放主副本的节点称为**主节点**，存放从副本的节点称之为**从节点**。如果所有复制数据只有一个主节点，则称为**单主节点复制**。主从复制中只允许从主数据库向从数据库复制对象，复制对象存放在从数据库节点中。数据更新操作只能在主副本上进行，然后复制给其他从副本。

主从式复制技术主要有两个优点。一是，对数据的更新过程比较简单，更新只需要在主节点上完成，不必与多个从节点同步。二是，始终可以保证每个数据项至少其主节点的副本中存放着最新的值。但是主从结构也有其缺点。对于单主节点的结构，所有的数据的主副本都存于一个节点中，那么这个节点将负载过重，成为系统瓶颈，导致系统性能下降。对于主副本复制技术，虽然有降低系统瓶颈的可能，但是也会产生一致性的问题，尤其对于同时使用异步复制技术的复制协议。这种复制技术适合于数据仓库和集中在一个或少数几个节点上的应用数据的情况。

2. 对等式复制

对等式结构中，复制技术将首先更新事务所在的节点的局部副本，然后再传播给其他副本节点，不同事务可以更新位于不同节点上的同一数据项的副本。因此，所有副本在任何节点都可以被修改，并且可以将修改发送给其他副本，即所有节点的地位、作用是等同的，没有主从关系。

这种复制技术的优点在于可以避免单一节点或者少数节点任务过载，产生系统瓶颈的情况，提高系统的吞吐量。但是相对于主从式复制技术，对等式复制技术比较复杂。一个数据项的不同副本可能在不同的节点上同时更新，需要考虑并发控制问题，如果结合同步复制技术，可以满足一致性。如果使用结合异步复制技术，事务就又可能在不同的节点按照不同的顺序执行，导致全局事务历程非可串行化，而且，不同的副本之间有可能失去同步，需要增加结合 undo 和 redo 的相关技术，使各个节点上的事务是一致的。对等式复制适用于拥有分布式决策和操作中心的协作应用，可使系统各节点负载均衡，与异步复制技术结合进一步提高系统的可用性。

3. 级联式复制

级联式复制技术是主从结构的一个扩展，它也由一个主副本和若干个从副本组成。不同于主从结构的是，它允许每个从副本（从属节点）具有复制的能力，即一个从副本可以把接收到的复制数据再传给下一个从副本。

10.4　数据复制协议

复制协议是对复制策略的实现方法的描述。下面介绍有关分布式数据库系统中常用的主从复制协议和对等式复制协议。

10.4.1　主从复制协议

总体上讲，主从复制协议分为两个执行阶段：集中式事务接收 / 拒绝阶段和集中式事务执行阶段。

集中式事务接收 / 拒绝阶段：

步骤 1：事务到达一个节点，本地事务监视器（TM）向该节点的从节点发送一个请求要求运行该事务。

步骤 2：从节点向主节点发送运行该事务的请求。

步骤 3：主节点接到从节点的请求，则检测活动事务之间的冲突。主节点维护一个保存所有被主节点认可的活动事务的一个暂时挂起队列，如果新请求与暂时挂起队列中的活动事务不存在任何冲突，主节点将该事务加入暂时挂起队列中，并向从节点发送 "ACK+"，否则发送 "ACK-"。

步骤 4：从节点如果收到 "ACK+" 的响应，则将进入事务运行阶段，如果收到 "ACK-" 响应，则拒绝执行该事务。

集中式事务处理阶段：

步骤 1：从节点收到来自主节点的 "ACK+"，则向其他所有的从节点发送一个消息广播该更新请求。

步骤 2：收到该请求的从节点必须运行该事务，并且向发送该请求的从节点发送一个 ACK 消息以确认已收到请求。

步骤 3：发送请求的从节点等待得到来自其他从节点的通知，则事务在所有节点的数据库副本已经被更新成功。

步骤 4：从节点给主节点和 TM 发送一个 DONE 消息，确认事务成功。

步骤 5：主节点收到 DONE 消息后，将该事务从暂时挂起队列中移除。

主从复制算法的总体思路如上述步骤所示，结合不同的复制策略以及是否已知主副本位置又有两种不同的复制协议。

1. 结合同步更新的复制协议

结合同步复制，针对应用已知主副本位置（**有限复制透明**）和由 TM 负责确认主副本位置（**完全复制透明**）两种不同的数据复制策略分别制定复制协议。

（1）有限复制透明

首先假设最简单的情形，数据复制体系结构为单主节点。单主节点就是为整个数据库建立一个主节点，并且应用知道主节点的位置，使用有限复制透明技术。

由于知道主节点的位置，包含写操作 Write(X) 的全局事务（也可能包含读操作）直接提交给主节点，在主副本中完成写操作。在主节点中，事务中的每个读操作 Read(X) 都在主副本上执行，对应的主副本 M 中的数据项 X 标记为 X_M。上述操作的执行步骤如下：

1）主副本中，如果操作是 Read (X)，则 X_M 获得读锁，读取数据，返给用户。如果操作是 Write (X)，则 X_M 获得写锁，在主副本上执行写操作。

2）主 TM 发送 Write 操作到每个从节点，保证冲突更新在每个从节点上的执行顺序和主节点上的执行顺序保持一致。

从节点提交的只读事务 Read (X)（不包含写操作）将发送给主节点，然后获得读锁，在主节点上使用集中式封锁协议，比如 C2PL。读操作可以在主节点上执行，并将结果返回给应用程序，也可以发送 lock granted 消息给对应的从节点，使从节点局部执行读操作。

综上，如图 10.1 所示，一个写操作先在主副本上执行，然后写操作传播到其他副本上，在提交时更新为永久的。对于事务中的读操作则可以在任一副本中执行。

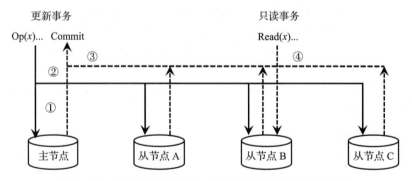

图 10.1　主从结构结合同步更新有限复制透明协议示例

通过在局部副本上执行读操作并且不从主节点申请读锁，可以降低节点的负载，并发控制系统可以保证局部读写冲突是可串行化的。对于写操作，由于只能在主节点中执行，因此，从节点中的更新也应按照规定的顺序执行，避免写 – 写冲突。但是由于同步更新中要求写操作在事务提交时，再同步更新从节点中的副本，因此读操作可能会在事务提交之前在不同的从节点上读到同一个数据项不同的值。但是对于事务的全局来说是可以保证全局可串行化历程的。

（2）完全复制透明

有限复制透明的协议中，要求应用知道单主节点的位置，并且，主节点执行需要处理读写操作，在 2PC 执行过程中充当协调者的工作，负载过大。为了解决这些问题，可以使用事务管理程序（TM），更新事务不是提交给主节点，而是提交给执行应用节点上的 TM，TM 可以起到更新和只读事务的协调者的作用，应用程序可以简单地提交事务给各自的局部 TM，从而替代了主节点的部分工作，复制也成为完全透明的。完全复制透明协议的实现步骤如下。

1）协调 TM 接收操作，并发送到主节点。

2）如果操作是 Read(X)，则给 X_M 加读锁，并通知 TM。TM 可以将 Read(X) 转发给任意一个保存着 X 副本的从节点，读取操作可以在相应从节点上由数据处理程序完成。

3）如果操作是 Write(X)，那么主节点执行下列操作：

* 给 X 加写锁；
* 调用局部数据处理程序，并在自己所属的 X 的副本上执行 Write(X)；
* 通知 TM，它得到了所需的写锁。

4）TM 将 Write(X) 发送给所有保存 X 的副本的从节点，然后每个从节点的数据处理程序在局部副本上执行相应的 Write 操作。

从这个协议可以看出，主节点不处理 Read 操作，也不负责副本之间的更新协调，而由用户程序节点上的 TM 负责处理，从而减少了主节点的负载。该协议符合读一 / 写全的规则，在更新事务完成之后，所有的副本都可以保证是最新的，因此，读操作可以在任意副本上执行。

主从复制结构中，另一种典型的结构是每个数据的主副本分别存储于不同的节点，这种复制技术称为**主副本复制**。没有单主节点，复制只能是完全复制透明的，这是由于有限复制的数据库中，只有当更新事务访问的数据项的主节点都相同时，有限复制透明才有意义。主副本复制技术中，应用程序节点的 TM 会作为协调者 TM，负责将每个操作转发给每个数据项的主节点，每个数据项的更新事务首先在主副本中执行，然后写操作再传播到其他从副本中，由于结合了同步复制技术，因此要求在主副本事务提交前，其他从副本中对应的该数据项的写事务得到确认并提交。

由于没有一个单主节点处理所有的更新事务，因此在这种情况下，不存在一个单独的主节点可以决定全局串行化顺序。这个方法有可能会在事务边界内将更新作用到副本上，因此需要和并发控制技术结合，例如主副本两阶段封锁算法，这个算法将每个数据项的一个副本看作主副本，在一些节点上实现锁管理程序，这些锁管理程序负责管理其他主节点的锁集合，事务管理程序将加锁和解锁的请求发送给负责具体锁的对应锁管理程序。

2. 结合异步更新的复制协议

主从复制结构中，结合异步更新执行方式，更新操作仍然首先会作用在主副本中，然后再传播到其他从节点上。与结合同步更新执行方式的复制技术相比，异步更新不要求更新事务执行期间进行更新传播，即无须同时更新其他副本，而是可以在事务提交之后单独执行从副本上的更新事务。写操作都要在主副本中完成，如果主节点已经被更新，但是从节点并未通过刷新事务接收到更新，那么不能保证从节点的副本是最新的。

（1）有限复制透明

已知主副本位置的主从复制异步更新技术中，协议包括主副本接收到请求时的执行步骤和从节点接收到操作请求时的执行步骤两部分。

主副本接收到请求时，执行以下步骤：

1）主节点中对于写操作，包含写操作的事务首先在主副本中执行；

2）事务在主节点中提交；

3）刷新事务，发送给从节点。

从节点接收到操作请求时，执行以下步骤：

1）如果操作是 Read(X)，则读取局部副本，并将结果发送给用户；

2）如果从节点接收到的 Write(X) 均要被拒绝，则取消相应的事务；

3）从节点接收到刷新事务请求时，则更新自己的局部副本；

4）当接收到 Commit 或者 Abort 命令时，则局部执行对应的操作。

具体来说，如图 10.2 所示，首先一个更新事务在主副本中执行，然后事务在主节点上提交，刷新事务并发送给从节点。

主从结构的复制技术中，对于单主节点的复制结构，由于所有的数据项都只有一个主节点，因此主节点刷新事务可以按照事务提交的顺序标记事务时间戳，从节点根据事务时间戳的先后顺序来刷新事务，这就可以保证主从节点的更新操作的顺序是相同的。对于主副本的复制结构，每个节点都保存着部分数据项的副本，因此一个从节点可能会从多个主节点处得到刷新事务，这些刷新事务也必须在所有的从节点上按照相同的顺序来执行，才能保证最终一致性，这里也可以利用时间戳。

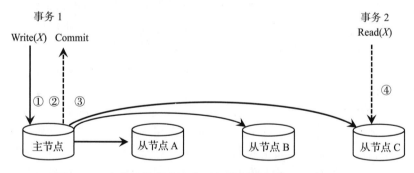

图 10.2　主从结构结合异步更新的有限复制透明协议示例

（2）完全复制透明

应用程序不知道主节点的位置，可以在任何节点上提交读写事务，但是这些读写事务要转发给主节点，并先在主节点上执行，这个过程对应用程序来说是完全透明的。但是这个过程的执行过程相对复杂，可能导致无法维护可串行全局历程且事务可能看不到自己的更新。一种可行的办法是事务提交时间由主节点进行合法性测试的方法，工作原理类似于乐观并发控制算法。包含 Write(X) 的事务在提交时，主节点给事务加上时间戳，并将主副本的时间戳设置为最后一个修改它的事务的时间戳，这个时间戳被附加在刷新事务的后面，当从节点接收到刷新事务时，它们将副本的值统一设置为主副本对应事务的最后时间戳。事务在主节点上的时间戳应该大于所有已经有的时间戳，并且小于它所访问的数据项的时间戳，如果这个时间戳无法成生，那么就取消事务。这种测试方法可以保证读操作读到正确的值。对于事务不能看到自己写操作的结果，可以维护一个所有更新操作的列表，当有 Read 执行时就查询该列表，这个列表由主节点维护，读写操作都在主节点上完成。

10.4.2 对等复制协议

1. 与同步复制结合的复制算法

在对等的复制结构中，所有的节点没有主从之分，结合同步更新，这里主要介绍分布式投票算法。此算法对于事务的提交，必须所有节点都同意才可以执行，任何节点的拒绝都将导致事务被拒绝。因为结合了同步复制，所以该算法满足强一致性。该算法分为两个阶段。

（1）分布式事务接收阶段

1）事务进入一个给定节点，本地 TM 向存储数据项的其他从节点发送一个本地请求，要求运行该事务。

2）从节点接收请求后向其他从节点发出请求，询问是否可以运行该事务。

3）发出请求的从节点等待来自其他从节点的反馈。

4）如果所有从节点都同意运行该事务，则发出请求的从节点进入事务执行阶段，否则，如果存在不同意运行该事务的节点，那么发出请求的节点拒绝执行该事务。

这里要注意每个从节点接收来自不同其他从节点的操作请求，可能包含对同一数据项的不同操作，因而从节点可能产生操作冲突，为解决这些冲突，需要制定基于优先权的投票规则。规则的主要内容包括以下几种情况（假定节点支持事务为 T_i）。

- 参与投票的从节点目前没有运行事务，则该从节点对执行事务 T_i 投票 OK。
- 投票的从节点上正运行着事务 T_j，并且 T_j 与 T_i 之间没有冲突，则该从节点对执行事务 T_i 投票 OK。
- 投票的从节点上正运行事务 T_j，并且 T_j 与 T_i 之间存在冲突。由于 T_j 和 T_i 不能同时运行，因此必须拒绝或撤销一个事务，为了解决冲突，事务的时间戳可以作为优先考虑的因素。由于 T_j 先于 T_i 启动，并正在运行，则 T_j 比 T_i 有更高的优先权，因此，该从节点对 T_i 投票 NOT OK，并撤销 T_i。反之，如果 T_i 比 T_j 先启动且具有较高优先权，则该从节点对 T_i 投票 OK，并撤销 T_j。

（2）分布式事务执行阶段

从节点收到其他所有从节点的 OK 消息之后，可以开始事务的执行阶段，具体步骤如下。

1）从节点发送新广播让所有副本执行事务。

2）收到该请求的从节点执行事务后，发送 ACK 回答发出请求的从节点。

3）发出请求的从节点等待所有其他从节点的回应，如果获得全部回应，则认为事务已经在所有节点上执行成功。

4）从节点通知 TM 事务成功执行。

2. 与异步复制结合的复制算法

在对等结构的复制中，更新可以在任何副本上发生，结合异步更新算法，则可以延迟地传播给其他副本。如图 10.3 所示，协议步骤如下：

1）事务在本地节点上提交操作请求，每个 Read 和 Write 操作都作用于局部副本上，并且事务局部提交，提交之后，更新结果成为永久的。

2）事务提交之后，更新信息由刷新事务传播给其他节点。

3）刷新事务到达其他节点后，参加事务的局部调度。可能产生多个事务更新同一数据项的请求，这些更新请求可能是相互冲突的，按照冲突调度算法，依次更新数据项。

可以按照时间戳的顺序制定具体的冲突调度算法，比如最新时间戳的事务胜出，也可以设置调度次序使其倾向于某些发生更新的源节点（当这些节点更重要时）。

上述协议可以看出，事务读取同一数据项的不同副本可能获得不同的值，因此，对等异步更新策略只能满足弱一致性。

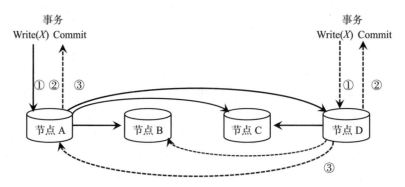

图 10.3　对等结构结合异步更新的复制协议示例

10.5　大数据库一致性协议

一致性协议是一致性模型实现方法的描述。本节介绍大数据库中使用的 4 种重要的一致性协议和技术：Paxos 协议、反熵协议、NWR 协议和向量时钟技术。虽然这些协议也可用于普通的分布式数据库系统中，但普通分布式数据库系统倾向于使用那些更简单的一致性协议，如封锁协议、时间戳协议。

10.5.1　Paxos 协议

Paxos 协议是用于实现分布式系统中多个节点数据一致性的协议，通过消息传递的方式在多个冲突请求中选出一个，以达到分布式系统中各个节点的数据一致。这些冲突请求产生的原因可能是主节点失效、其他多个节点自我选举成为新的主节点，也可能是节点上的数据修改操作引起的。

Paxos 算法划分为如下 3 个角色。

- Proposer（提出者）：提出者可以提出提议以供投票。
- Acceptor（批准者）：批准者可以对提出者提出的提议进行投票表决，从众多提议中选出唯一确定的一个。
- Learner（学习者）：学习者没有对倡议的投票权，但是可以从批准者那里获知是哪个提议最终被选中。

为保证一致性，Paxos 协议规定：提议只有被提出后才能被选择，算法的一次执行只能选择一个提议，提议只有被选中之后才能通知其他节点。也就是说，要保证某一个提出的提议最终能被选择，而且一旦被选中，其他节点都能获得这个消息。

实现中，允许一个进程（process）扮演多个代理，代理之间用消息通信。通信采用异步、非拜占庭模型（non Byzantine model），即允许消息的丢失或者重复，但是不会出现内容损坏的情况。

Paxos 算法包括 2 个阶段。

（1）阶段 1：准备（Prepare）

1）一个 Proposer 选择一个提议编号 n，并将一个编号为 n 的 Prepare 请求发送给大多数 Acceptor。

2）如果 Acceptor 接收到的 Prepare 请求的编号 n 大于它已经回应的任何 Prepare 请求，它就回应已经批准的编号最高的提议（如果有的话），并承诺不再回应任何编号小于 n 的提议。

（2）阶段 2：批准（Accept）

1）提议如果得到了来自超过半数的 Acceptor 对 Prepare 请求的回应（编号为 n），那么就向 Acceptor 发送提议编号为 n、值为 v 的 Accept 请求。其中，n 是阶段 1（a）中发送的序号，v 是收到的所有回应中编号最大的提议的值，若收到的回应全部是 null，那么 v 自定义。

2）如果 Acceptor 收到了一个编号为 n 的 Accept 请求，就批准这个提议，除非它已经给某个 Prepare 请求回应了编号大于 n 的提议。

可以用流程图描述该算法的过程，如图 10.4 所示。

可以看到，在某一时刻，自从某个提议被多数 Acceptor 批准（Accept）后，之后被批准的 Proposal Value 一定和这个 Proposal Value 相同。Paxos 算法基本上来说是一个民主选举的算法——大多数的决定会成为整个集群的统一决定。任何一个节点都可以提出要修改某个数据的提议，是否通过这个提议取决于群中是否有超过半数的节点同意。

10.5.2 反熵协议

反熵（Anti-Entropy）是 Gossip 算法中的一种，Gossip 是一种对复制状态不要求强一致性的有效方法。更新传播在预期的时间内按参与节点数目的对数增长，没有限制条件，即使某些节点失效或消息丢失，经过一段时间后，这些节点的状态也会与其他节点达成一致，即系统可以获得最终一致性。同时，由于 Gossip 中的节点不关心也无须知道所有其他节点，因此具有去中心化的特点，不需要任何的中心节点，节点之间完全对等。Gossip 是一个带冗余的容错算法，也是保证最终一致性的算法，可以用于众多能接受"最终一致性"的领域：失败检测、路由同步、Pub/Sub、动态负载均衡等。

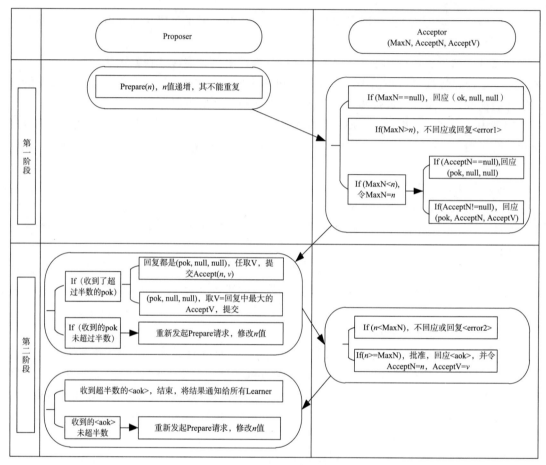

图 10.4   Paxos 协议流程

Gossip 算法包括反熵和谣言传播（rumor mongering）。反熵协议中，消息被传递直到它被新的消息所替代。反熵协议可用于在一组参与者中共享可靠消息。谣言传播协议中，参与者传播持有信息足够长的时间，以便所有的参与者都接收到这个消息。本节着重讨论反熵协议，因为该协议在大数据库中应用广泛。熵是物理学中的一个概念，用于描述对象的混乱程度，而反熵就是在混乱中寻求一致，符合 Gossip 的核心思想。

系统中的两个节点（A、B）之间存在三种通信方式：

- push：A 节点将数据推送给 B 节点，B 节点更新 A 节点中比自己新的数据。
- pull：A 节点将摘要数据 (node, key, value, version) 推送给 B 节点，B 节点根据摘要数

据来选择版本号比 A 节点高的数据推送给 A 节点，A 节点更新本地。

- push-pull：与 pull 类似，只是多了一步，A 节点再将本地比 B 节点新的数据推送给 B 节点，B 节点更新本地数据。

如果把两个节点上数据同步一次定义为一个周期，则在一个周期内，push 传递 1 次消息，pull 传递 2 次消息，push-pull 则传递 3 次消息。从效果上来讲，push-pull 最好，理论上一个周期内可以使两个节点完全一致。从直观上来看，push-pull 的收敛速度是最快的。

在真实应用中，将全部数据都推送出去需要付出太多代价，所以节点一般按照图 10.5 所示的方式工作。例如 push 方式，节点 A 作为同步发起者准备好一份数据摘要，里面包含了 A 上数据的指纹。节点 B 接收到摘要之后将摘要中的数据与本地数据进行比较，并将数据差异做成一份摘要返回给 A。最后，A 发送一个更新给 B，B 再更新数据。pull 方式和 push-pull 方式的协议与此类似，如图 10.5 所示。

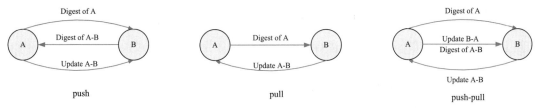

图 10.5 两个节点（A、B）之间的通信方式

反熵协议采用 push/pull 及二者混合的方式进行通信，利用这些通信方式进行数据的交换，要尽快使交换数据达到一致，则需要采用合适的协调机制。为了保证一致性，节点 p 中的数据由（key, value, version）构成，规定数据的值（value）及版本号（version）只有宿主节点才能修改，其他节点只能间接通过协议来请求数据对应的宿主节点修改，即消息 m (p) 只能由节点 p 来修改。反熵协议通过版本号大小来对数据进行更新。协调机制可以使用精确协调和整体协调两种。精确协调中，节点相互发送对方需要更新的数据，每个数据项独立地维护自己的版本，每次交互是把所有的（key, value, version）发送到目标进行比对，找出双方不同之处以便进行更新。由于消息存在大小限制，因此需要选择一些数据进行发送，可以随机选择，也可选择确定性的数据，比如以最老版本优先或者最新版本优先的原则。整体协调机制为每个节点上的宿主数据维护统一的版本，相当于把所有的宿主数据看作一个整体，当与其他节点进行比较时，只需要这些宿主数据的最高版本，如果最高版本相同，则说明这部分数据完全一致，否则再进行精确协调。

10.5.3 NWR 协议

对于数据在不同副本中的一致性，很多系统采用了 NWR 模型，模型中各符号的含义如下。

- N：复制的节点数量。
- R：成功读操作的最小节点数。
- W：成功写操作的最小节点数。

在包含 N 个副本的系统中，要求写入至少 W 个副本，至少读取 R 个副本才认为成功。

在这个策略中，如果要求系统满足强一致性，可以在配置时要求 $W+R > N$，因为 $W+R > N$，所以 $R > N–W$。也就是读取的副本数一定要比总副本数减去确保写成功数的差值要大。上述条件使得客户端每次读取都至少读取到一个最新的版本，而不会读到一份旧数据。当需要高可写的环境时，我们可以减小 W 的值，比如令 $W=1$、$R=N$，这时只要写任何节点成功就认为成功，但是读的时候必须从所有的节点读出数据。如果要求读的高效率，可以配置 $W=N$、$R=1$。这时任何一个节点读成功就认为成功，但是写的时候必须写所有节点成功才认为成功。

当存储系统只需保证最终一致性时，存储系统的配置一般是 $W+R \leq N$，此时读取和写入操作是不重叠的，不一致性的窗口就依赖于存储系统的异步实现方式，不一致性的窗口大小也就等于从更新开始到所有的节点都异步更新完成之间的时间。

由此可以看到，NWR 模型的一些设置会造成脏数据的问题，因为该模型不像 Paxos 一样始终保证满足强一致，所以，可能每次的读写操作都不在同一个节点上，于是会出现一些节点上的数据并不是最新版本但却进行了最新的操作。为保证分布式系统的容错性，通常 N 都是大于 3 的。根据 CAP 理论，一致性、可用性和分区容错性最多只能满足其中两个特性。因而，需要在一致性和分区容错性之间做一平衡，如果要求高一致性，那么就配置 $N=W$、$R=1$，这时可用性就会大大降低。如果想要高可用性，那么就需要降低一致性的要求，此时可以配置 $W=1$，这样使得写操作延迟最低，同时通过异步的机制更新剩余的 $N–W$ 个节点，总结得出下列几种特殊情况。

- $W = 1$，$R = N$，对写操作要求高性能和高可用性。
- $R = 1$，$W = N$，对读操作要求高性能和高可用性，比如类似 cache 之类的业务。
- $W = Q$，$R = Q$ where $Q = N/2 + 1$，适用于一般应用，在读写性能之间取得平衡，如 $N=3$、$W=2$、$R=2$。NWR 模型把 CAP 的选择权交给了用户，让用户自己选择 CAP 中的两个特性。

10.5.4　向量时钟技术

向量时钟（Vector Clock）是一种在分布式环境中为各种操作或事件产生偏序值的技术，最早应用于分布式操作系统中进程间的事件同步。由于在分布式系统中没有一个直接的全局逻辑时钟，因此在一个由 n 个并发进程构成的系统中，每个时间的逻辑时钟由一个 n 维向量构成，其中第 i 维分量对应于第 i 个进程的逻辑时钟，记为 V_i。在分布式数据库中，使用向量时钟来维护各个不同节点的事件时间戳，从而检测操作或事件的并行冲突，用来保持系统的一致性。

在分布式环境中，向量时钟描述来自不同节点的时钟值 $V_i[1]$，$V_i[2]$，$\cdots$，$V_i[n]$ 构成的向量，其中 $V_i[j]$ 表示第 i 个节点维护的第 j 个节点上的时钟值。向量时钟的取值可以是来自节点本地时间的时间戳或者根据某一规则生成的有序数字。在分布式数据库中 $V_i[j]$ 的值代表了数据的版本信息，也就是说 $V_i[n]$ 是从节点 i 上维护的节点 n 上的数据版本信息。通过向量时钟，每个节点可以知道其他节点或副本的状态。

假设系统中包含 3 个副本，其中包括时钟向量 $V_0(3,2,0)$、$V_1(1,3,0)$、$V_2(0,0,1)$，每个 V_i 描述了自己节点上维护的自身以及其他节点上该数据的时钟信息。节点 0 上读到的节点 0 自身的时钟值为 "3"，节点 1 的时钟值为 "2"，节点 2 的时钟值为 "0"。节点 1 上读到的节点 0 的时钟值为 "1"，节点 1 自身的时钟值为 "3"，节点 2 的时钟值为 "0"。节点 3 上读到的节点 0 的时钟值为 "0"，节点 1 的时钟值为 "0"，节点 2 自身的时钟值为 "1"。

向量时钟通过如下 3 个规则更新。

- 规则 1：每个节点的初值置为 0。每当有数据更新发生，该节点所维护的时钟值将增长一定的步数 d，d 的值通常由系统提前设置好。该规则表明，如果操作 a 在操作 b 之前完成，那么 a 的向量时钟值小于 b 的向量时钟值。向量时钟根据以下两个规则进行更新。

- 规则 2：在节点 i 的数据更新之前，我们对节点 i 所维护的向量 V_i 进行更新：$V_i[i]=V_i[i]+d$（$d>0$）。该规则表明，当 $V_i[i]$ 处理事件时，其所维护的向量时钟对应的自身数据版本的时钟值将进行更新。

- 规则 3：当节点 i 向节点 j 发送更新消息时，将携带自身所了解的其他节点的向量时钟信息。节点 j 将根据接收到的向量与自身所了解的向量时钟信息进行比对，然后进行更新：$V_j[k] = \max\{V_i[k], V_j[k]\}$。在合并时，节点 j 的向量时钟每一维的值取节点 i 与节点 j 向量时钟该维度值的较大者。

两个向量时钟是否存在偏序关系，通过以下规则进行比较：对于 n 维向量来说，$V_i > V_j$，对于任意 k（$0 \le k \le n$）均有 $V_i[k] > V_j[k]$。如果 V_i 既不大于 V_j，V_j 也不大于 V_i，则说明在并行操作中发生了冲突，这时需要采用冲突解决方法进行处理，比如合并。

向量时钟主要用来解决不同副本更新操作所产生的数据一致性问题，副本并不保留客户的向量时钟，但客户有时需要保存所交互数据的向量时钟。如在单调读一致性模型中，用户需要保存上次读取到的数据的向量时钟，下次读取到的数据所维护的向量时钟则要求比上一个向量时钟大（即比较新的数据）。

相对于其他方法，向量时钟的主要优势在于：节点之间不需要同步时钟，即不需要全局时钟，但是需要在所有节点上存储、维护一段数据的版本数。

比较简单的冲突解决方案是随机选择一个数据的版本返回给用户。而在 Dynamo 中系统将数据的不一致性冲突交给客户端来解决。当用户查询某一数据的最新版本时，若发生数据冲突，则系统将把所有版本的数据返回给客户端，交由客户端进行处理。

该方法的主要缺点是向量时钟值的大小与参与的用户有关，在分布式系统中，参与的用户很多，随着时间的推移，向量时钟值会增长到很大。一些系统中为向量时钟记录时间戳，在某一时间根据记录的时间对向量时钟值进行裁剪，删除最早记录的字段。

向量时钟在实现中有两个主要问题：如何确定持有向量时钟值的用户？如何防止向量时钟值随着时间不断增长？

10.6 大数据库复制一致性管理

由于大数据库系统在保证高性能和高可靠性方面的要求，数据复制技术尤为重要。本节结合具体的案例，介绍几种典型的大数据库复制一致性管理技术：基于 Paxos 的复制管理技术、基于反熵的复制管理技术、基于 NWR 的复制管理技术，以及基于时钟向量的复制管理技术。

10.6.1 基于 Paxos 的复制管理技术

Google 的产品广泛使用了 Paxos 协议，Megastore、Chubby 和 Spanner 等一系列产品都是在 Paxos 协议的基础上实现一致性的。

首先介绍 Megastore 基于低延迟 Paxos 的复制技术。Megastore 使用了同步复制技术，其复制系统向外提供了一个单一的、一致的数据视图，读和写能够从任何副本开始，并且无论从哪个副本的客户端开始，都能保证事务的 ACID 特性。每个 Entity Group 复制的结束标志是将这个 Entity Group 事务日志同步地复制到一组副本中。写操作通常需要数据中心内部的网络交互，并且本地运行维护网络健康状况的读操作。

Megastore 在实现 Paxos 过程中，首先设定了一个需求，就是当前读操作可能在任何副本中进行，并且不需要任何副本之间的 RPC 交互。因为写操作一般会在所有副本上成功，所以可以实现在任何地方进行本地读取。

在 Megastore 中，Paxos 一般用来做事务日志的复制，日志中每个位置都由一个 Paxos 实例来负责。新的值将会被写入到之前最后一个被选中的位置之后。

Megastore 设计了一个叫作协调者（Coordinator）的服务，分布于每个副本的数据中心。一个协调者服务器跟踪一个其副本已经观察到所有的 Paxos 写操作的 Entity Groups 集合。在这个集合中，Entity Groups 的副本能够进行本地读取（local read）。

写操作算法应该保持协调者保守状态，如果一个在 Bigtable 中的副本上的写操作失败了，那么这次操作就不能认为是已经提交的，直到该 Entity Group 的 key 从该副本的协调者中被去除。

为了实现快速的单次交互的写操作，Megastore 采用了一种基于 Master 的预准备优化方法。在基于 Master 的系统中，每个成功的写操作包含一个隐含的准备信息，确保 Master 正确地发布认可消息给下一个日志位置。如果写操作成功了，准备阶段就成功了，下一次写的时候，跳过 Prepare 过程，直接进入 Accept 阶段。Megastore 没有使用专用的 Master，而是使用 Leader。Megastore 为每一个日志位置运行一个独立的 Paxos 算法实例。Leader 根据前一个日志位置的最终值对每个日志位置进行副本选择。Leader 需要判断在 0 号提议中使用哪一个值，因为第一个写入者向 Leader 提交一个值会赢得一个向所有副本要求接收该值作为 0 号提议值的权利，所以其他写入者必须退回到 Paxos 的第二阶段。

因为一个写入在提交值到其他副本之前必须和 Leader 交互，所以必须尽量减少写入者和 Leader 之间的延迟。Megastore 设计了选取下一个写入 Leader 的规则，以同一地区多数应用提交的写操作来决定。因此产生了一个简单而有效的原则：使用最近的副本。

　　Megastore 的副本中有完全副本，其中包含实体数据和索引数据，可以进行最新读操作。系统中还有两种副本，一种叫作观察者（Witnesses），观察者在 Paxos 协议执行过程中投票和提前写日志，并且不会让日志生效，也不存储实体数据或索引数据，因而，存储代价较低。但是当副本不足以组成一个 Quorum，它们就可以加入进来。另外一种叫只读（Read-Only）副本，它与观察者相反，只有数据的镜像，在这些副本上能读取到最近过去某一个时间点的一致性数据。如果读操作能够容忍这些过期数据，则只读副本能够在广阔的地理空间上进行数据传输并且不会加剧写的延迟。

　　图 10.6 显示了 Megastore 的关键组件，包括两个完整的副本和一个观察者副本。Megasore 采用客户端库和辅助服务器结构，应用链接到客户端库，这个库实现了 Paxos 和其他算法：选择一个副本进行读，追赶延迟的副本，等等。每个应用服务器都有一个指定的本地副本，客户端库通过在持久的副本上直接给本地 Bigtable 提交事务来执行 Paxos 操作。为了最小化行程范围，库提交远程 Paxos 操作给中间副本服务器，从而与本地 Bigtable 进行交互。客户端、网络或者 Bigtable 失败可能让一个写操作停止在中间状态。复制服务器会定期扫描未完成的写入并且通过 Paxos 提议没有操作的值来让写入完成。

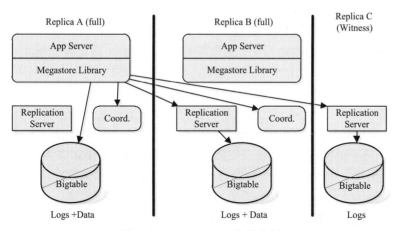

图 10.6　Megastore 架构实例

　　Megastore 中每一个副本存有日志 Entries 的元数据及其更新。为了保证一个副本能够参与到一个写入的投票中，即使它正从一个之前的宕机中恢复数据，Megastore 也允许这个副本接收乱序的提议。Megastore 将日志作为独立的 Cells 存储在 Bigtable 中。

　　当日志的前缀不完整时，日志将会留下 hole。图 10.7 展示了一个单独 Megastore Entity Group 日志副本的典型场景。0 ～ 99 的日志位置已经被清除，100 的日志位置是部分被清除，因为每个副本都会被通知到其他副本已经不需要这个日志了。101 日志位置被所有的副本接受（accepted），102 日志位置发现 A、C 刚好够规定副本数，103 日志位置被 A 和 C 副本接受，B 副本留下了一个 hole，104 日志位置因为副本 A 和 B 发生写冲突而影响了一致性。

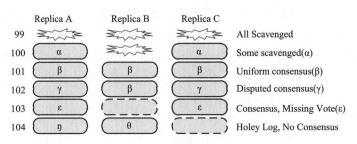

图 10.7 先写日志实例

在一个最新读的准备阶段（写之前也一样），必须有一个副本是最新的：所有之前的更新必须被提交到副本的日志并且在该副本上生效。这个过程称为追赶（catchup）。如图 10.8 所示，一个最新读算法的步骤如下。

步骤 1：本地查询。查询本地副本的协调者，判定当前副本的 Entity Group 是否是最新的。

步骤 2：查找位置。确定最高的可能已提交的日志位置，然后选择一个应用这个日志位置生效的副本。

步骤 2a：本地读。如果步骤 1 发现本地副本是最新的，那么从本地副本中读取最高的被接受的日志位置和时间戳。

步骤 2b：多数读。如果本地副本不是最新的（或者步骤 1 或步骤 2a 超时），那么从一个多数派副本中发现最大的日志位置，然后选取一个读取。从中选取一个最可靠的或者最新的副本，不一定总是本地副本。

步骤 3：追赶。当一个副本被选中之后，按照下面的步骤追赶到已知的日志位置：

步骤 3a：对于被选中的不知道一致值的副本中的每一个日志位置，从另外一个副本中读取值。对于任何一个没有已知已提交的值的日志位置，通过 Paxos 发起一个无操作的写操作。Paxos 将会驱动多数副本的一个值获得一致——可能是无操作的写操作或者是之前提议的写操作。

步骤 3b：顺序地在所有没有生效的日志位置生成一致的值，并将副本的状态变为分布式一致状态。

如果步骤 3 的追赶过程失败，则在另一个副本上重试。

步骤 4：验证。如果本地副本被选中并且之前没有最新的副本，则发送一个验证消息到协调器，以判断 (entity group,replica) 元组能够反馈所有已提交的写操作。这里无须等待回应，因为如果请求失败，下一个读操作会重试。

步骤 5：查询数据。使用被选择的日志位置的时间戳，从选中的副本中读取数据。如果选中的副本不可用，则选取另外一个副本重新开始执行追赶，然后从它那里读取。对于涉及多个数据副本的大查询，通常需要从多个副本中透明地读取数据，并组装为查询结果返回。

在实际使用中步骤 1 和步骤 2a 通常是并行执行的。

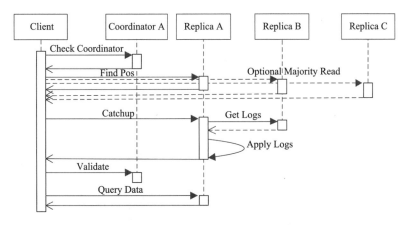

图 10.8 本地副本读操作时间轴

完成读操作之后，Megastore 找到下一个没有使用的日志位置、最后一个写操作的时间戳、以及下一个 Leader 副本。在提交时刻，所有可能的状态更新都变为封装和提议，其中包含时间戳和下一个 Leader 候选人，作为下一个日志位置的一致值。如果这个值获得了分布式认可，那么该值将会在所有完整副本中生效，否则整个事务将会终止并且必须重新从读阶段开始。

如前文所述，协调器跟踪 Entity Group 在它们的副本中是否最新。如果一个写操作没有被一个副本接受，则必须将这个 Entity Group 的键从该副本的协调器中移除。这个步骤叫作失效（invalidation）。在一个写操作被确认为已提交并且准备生效之前，所有副本必须已经接受或者使这个 Entity Group 在它们的协调器上失效。

如图 10.9 所示，写操作算法的步骤如下。

步骤 1：接受 Leader。请求 Leader 接受值作为 0 号提议的值。如果成功，则跳到步骤 3。

步骤 2：准备。在所有副本上执行 Paxos Prepare 阶段，使用一个比当前任何日志位置都更高的提议号，将值替换成拥有最高提议号的值。

步骤 3：接受。请求剩下的副本接受这个值。如果多数副本失败，则转到步骤 2。

步骤 4：失效。将没有接受值的完全副本的协调器置为失效。

步骤 5：生效。将值的更新在尽可能多的副本上生效。如果选择的值与原始提议的值不同，则返回冲突错误。

在快速写的实现过程中，写操作使用了单阶段 Paxos 协议，通过在编号 0 的提议发送一个接受请求，略掉了准备阶段。在日志位置 n 副本被选为下一个 Leader 副本，这个副本仲裁在 $n+1$ 中使用的 0 号协议。因为可能有多个提议者在 0 号提议中提交了自己的值，所以在这个副本上串行化可以确保对于指定的日志位置的协议号来说只有一个值符合。

在传统的数据库系统中，提交点与可见点是相同的，在 Megastore 中，提交点在步骤 3 之后，此时写操作已经获得了 Paxos 轮次，但是可见点却在步骤 4 之后。只有当所有的完整副本已经被接受或者其协调器失效，才认为写操作被确认，更新生效。在步骤 4 之前确认可以保证一致性，这是因为在一个失效副本上的最新读操作被略掉，可能导致写操作确认失败。

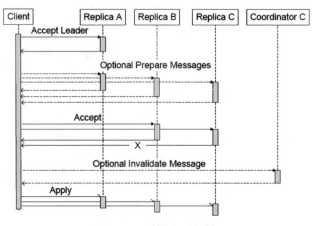

图 10.9   写操作时间轴

　　基本的 Paxos 协议还存在性能上的问题，一轮决议过程通常需要进行两个回合的通信，而一次跨机房通信的代价为几十到一百毫秒不等，因此两个回合的通信开销过高。从 Megastore 的实现上来看，绝大多数情况下，Paxos 协议可以优化到仅需一个回合的通信。决议过程的第一阶段是不需要指定值，因此可以把 prepare/promise 的过程捎带在上一轮决议中完成，或者更进一步，在执行一轮决议的过程中隐式地涵盖接下来一轮或者几轮决议的第一阶段。这样，当一轮决议完成之后，其他决议的第一阶段也已经完成。如此看来，只要 Leader 不发生更替，Paxos 协议就可以在一个回合内完成。为了支持实际的业务，Paxos 协议还需要支持并发，多轮决议过程可以并发执行，而代价会使故障恢复更加复杂。

　　因为 Leader 节点上有最新的数据，而在其他节点上为了获取最新的数据来执行 Paxos 协议的第一阶段，需要一个回合的通信代价。因此，Chubby 中的读写操作，以及 Spanner 中的读写事务都仅在 Leader 节点上执行。而为了提高读操作的性能并减轻 Leader 节点的负载，Spanner 还提供了只读事务和本地读。只读事务只在 Leader 节点上获取时间戳信息，再用这个时间戳在其他节点上执行读操作；而本地读则读取节点上最新版本的数据。

10.6.2　基于反熵的复制管理技术

　　与 Gossip 协议一样，反熵是基于传染病理论的算法，主要用来保证不同节点上的数据能够更新到最新的版本。在大数据库系统中，Amazon 的 Dynamo 数据库较早使用了该协议。Cassandra 也使用了反熵机制，这是由于 Cassandra 在分布式的架构上借鉴了 Dynamo，而在数据的存储模型上参考了 Google 的 Bigtable，因此在数据一致性方面与 Dynamo 和 Bigtable 有着很深的联系，通过反熵机制实现这种联系。本节以 Cassandra 为例介绍反熵协议在数据库系统中一致性的实现。

　　第 8 章介绍了 Merkle Tree，我们知道在 Cassandra 中每个数据项可以表示为（key, value）对，key 均匀分布在一个 2^n 的 key 空间中。两个节点在进行数据同步时分别对数据集生成一个 Merkle 树。Merkle 树是一棵二叉数，最底层可以是 16 个 key 的异或值。每个父节点是两个子节点的异或值。这样，在比较的时候，两个节点首先比较最顶层的节点，如果相等，那么就不用继续比较了，否则，分别比较左右子树。Cassandra 正是基于上述比较机制来确定两个节点之间的数据是否一致的，如果不一致，则节点将通过数据记录中的时间戳来进行更新。在每一次更新中都会使用反熵算法。

Cassandra 系统中采用对等结构，没有中心节点，使用反熵协议进行节点之间的通信。通信的主要过程如下。

1）初始化，构造 4 个集合，分别保存集群中存活的节点、失效的节点、种子节点和各个节点的信息。

2）Cassandra 启动时从配置文件中加载种子节点的信息，然后启动一个定时任务，每隔 1 秒钟执行一次。

3）首先更新节点的心跳版本号，然后构造需要发送给其他节点的 SYN 同步通信消息，同步通信消息的内容包括所有节点的地址、心跳、版本号和节点状态版本号。收到 SYN 同步通信消息的节点执行以下操作：

- 根据接收到的消息，更新集群中节点的状态；
- 将接收到的消息与本节点进行对比，保存需要进一步获取的节点信息，构造需要发送给其他节点的信息；
- 将上述信息封装在 ACK 应答通信消息中发送给其他节点。

4）收到 ACK 应答通信消息的节点执行以下操作：

- 在本地更新 ACK 应答通信消息中包含的需要本节点更新的节点信息，并更新集群中节点的状态；
- 将发送 ACK 应答通信消息的节点需要的其他节点的信息构造成 ACK2 应答通信消息；
- ACK2 应答通信消息返回给发送 ACK 应答消息的节点。

5）ACK2 应答通信消息的节点在本地更新 ACK2 应答通信消息中包含本节点更新的节点信息并更新集群中节点的状态。

Cassandra 的反熵算法中，会对数据库进行校验和，并与其他节点比较校验和。如果校验和不同，就会进行数据的交换，这需要一个时间窗口来保证其他节点有机会得到最近的更新，这样系统就不会总是进行没有必要的反熵操作了。

反熵在很大程度上解决了 Cassandra 数据库的数据一致性的问题，但是这种策略也存在一些问题。在数据量差异很小的情况下，Merkle 树可以减少网络传输开销。但是两个参与节点都需要遍历所有数据项以计算 Merkle 树，计算开销（或 I/O 开销，如果需要从磁盘读数据项）是很大的，可能会影响服务器的对外服务。

10.6.3　基于 NWR 的复制管理技术

很多系统应用 NWR 协议保证复制的一致性，在应用中通过设置不同的参数数值得到强一致性或最终一致性，本节以 Dynamo 为例介绍 NWR 模型在系统中的应用。

Dynamo 为了获得高可用性和持久性，采用了多副本技术，每份数据在 N 个主机上备份。每个键值 k 通过哈希函数计算出其空间位置，并被放置到协调者节点上。协调者管理落在其范围内的数据项的复制操作。除了本地存储其范围内的每个键值外，协调者节点还在环上按照顺时针的方向向其后继 $N–1$ 个节点复制这些键值。因而，系统中的每个节点负责环上从它自身到它前 N 个节点的区域。如图 10.10 所示，键值 k 按照哈希函数落在了 A 与 B 之间，按照顺时针方向向后寻找，找到 B 节点，同时 Dynamo 采用 $N=3$ 的配置，因此节点 B 除了存储本地数据之外，还在 C 和 D 上复制。节点 D 按照范围 (A, B]、(B, C] 和 (C, D] 存储这些键值。

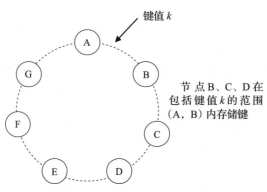

图 10.10 Dynamo 复制结构

在副本管理中，为了降低在服务器失效和网络划分时传统完全复制方法的不可用性，Dynamo 不强制严格规定所有版本都必须复制，而是使用松弛的规定数量，即 NWR 协议。所有的读和写操作都在参数列表的前 N 个健康的节点上执行，当一致性哈希环在游走的过程中，可能不会总是遇到前 N 个节点。比如图 10.10 中的示例，通常 Dynamo 采用（3，2，2）模式，即 $N=3$、$W=2$、$R=2$，可以满足 $W+R > N$。比如键值 k 的数据存储在 A 节点上，同时在 B、C 节点上有副本。

Dynamo 进行读操作时，按照以下步骤执行：

1）根据一致性哈希算法算出所写数据副本所在的节点，其中一个作为协调者节点，如键值 k 的存储节点为 B、C、D，协调者节点为 B。

2）协调者向 R 个副本发送读请求，即 B 发送给 C、D，收到请求的副本及协调者读取相应数据值，并发送回协调者。

3）当协调者收到 $R–1$ 个回复值后，将这些值进行对比，$R=2$，只要 C 或者 D 有一个回复即可：

- 如果所有副本中的值都一致，则直接将这个值回复给客户端。
- 如果不一致，则要将时间戳最新的值返回给客户端，也可以根据用户制定的原则返回客户端数据值。

同时，可以采用读时修复策略，更新过于陈旧的版本数据值。

Dynamo 进行写操作时，按照以下步骤执行：

1）根据一致性哈希算法算出所写数据副本所在的节点，其中一个作为协调者节点，如键值 k 的存储节点为 B、C、D，协调者节点为 B。

2）协调者节点将写请求发送给其他拥有副本的节点，即 B 发送写请求给 C 和 D，协调者及每个副本节点将收到的数据写入本地。

3）写入成功的副本，回复协调者。当协调者收到 $W-1$ 个应答，则可以完成写操作。由于 $W=2$，$W-1=1$，因此只要 C 或者 D 其中一个回应，即可完成写操作。

4）通过异步复制协议进行其他副本的更新。

10.6.4 基于向量时钟的复制管理技术

在大数据系统中，很多数据库使用了数据版本控制，比如 Amazon Dynamo。如果一个节点上读出来数据的版本是 $v1$，当相应计算完成后要回填数据时，却发现数据的版本号已经被人更新为 $v2$，那么服务器就会写回操作。但是，对于分布式和 NWR 模型来说，版本会有版本冲突的问题，比如：系统设置了 $N=3$、$W=1$，如果 A 节点上接收了一个值，版本由 $v1$ 变为 $v2$，但还没有来得及同步到节点 B 上（异步的，应该 $W=1$，写一份就算成功），B 节点上还是 $v1$ 版本，此时，B 节点接到写请求，理论上，该请求将被拒绝，但是 B 节点一方面并不知道别的节点已经被更新到 $v2$，另一方面也无法拒绝，因为 $W=1$，所以写一份就成功了。于是，出现了严重的版本冲突。Dynamo 通过向量时钟的设计把版本冲突的问题交给用户自己来处理。

本节通过实例说明在系统中如何使用向量时钟。向量时钟这个设计让每个节点各自记录自己的版本信息，也就是说，对于同一个数据，需要记录两个内容：由哪个节点更新，版本号是什么。

举个例子，假设系统中有 A、B、C 三个节点。

1）初始时根据规则 1，三个节点上的向量时钟都要清 0，即 $V_a(0, 0, 0)$、$V_b(0, 0, 0)$、$V_c(0, 0, 0)$。

2）当一个写请求 Write(X) 首次申请并且在节点 A 被处理，则节点 A 会增加一个版本信息，向量时钟 $V_a(1, 0, 0)$。

3）系统又提出另外一个针对 X 的写请求 Write(X)，还是被 A 处理了，于是有 $V_a(2, 0, 0)$。此时，$V_a(2, 0, 0)$ 是可以覆盖 $V_a(1, 0, 0)$ 的，不会有冲突产生。

4）我们假设 $V_a(2, 0, 0)$ 传播到了所有节点（B 和 C），因为 B 和 C 收到的数据不是从应用端产生的，而是由其他节点复制的，所以它们不产生新的版本信息，那么现在 B 的向量时钟 $V_b(2, 0, 0)$ 和 C 的向量时钟 $V_b(2, 0, 0)$。

5）当又一个请求 Write(X) 到达，在节点 B 被处理了，则 B 的向量时钟变为 $V_b(2, 1, 0)$，因为这是一个新版本的数据，被 B 处理，B 的版本信息要加 1。

6）假设 $V_b(2, 1, 0)$ 没有传播到 C 时，又一个 Write(X) 请求被 C 处理并把向量时钟更新为 $V_c(2, 0, 1)$。

7）在这些版本没有传播开来以前，有一个 Read(X) 请求，假设系统设置 $W=1$，那么 $R=N=3$，所以 R 会从所有三个节点上读，在这个例子中将读到三个版本。A 上的 $V_b(2, 0, 0)$、B 上的 $V_b(2, 1, 0)$ 和 C 上的 $V_c(2, 0, 1)$，此时可以判断出，$V_a(2, 0, 0)$ 已经是旧版本，可以舍弃，但是 $V_b(2, 1, 0)$ 和 $V_c(2, 0, 1)$ 都是新版本，需要应用自己去合并。

8）如果需要高可写性，就要处理这种合并问题。假设应用完成了冲突解决，这里就是合并 $V_b(2, 1, 0)$ 和 $V_c(2, 0, 1)$ 版本，然后重新有 Write(X) 请求，假设是 B 处理这个请求，于是有 $V_b(2, 2, 1)$，这个版本将覆盖掉 $V_a(1, 0, 0)$、$V_a(2, 0, 0)$、$V_b(2, 1, 0)$、$V_c(2, 0, 1)$ 4 个版本。

上面的问题看似可以通过在三个节点里选择一个主节点来解决，所有的读取和写入都从主节点来进行。但是这样违背了 $W=1$ 这个约定，实际上还是退化到了 $W=N$ 的情况。所以如果系统不需要很大的弹性，$W=N$ 为所有应用都接受，那么系统在设计上可以得到很大的简化。

10.6.5　ZooKeeper 的 ZAB 协议

ZooKeeper 的数据一致性核心算法采用 ZooKeeper 原子消息广播（ZooKeeper Atomic Broadcast，ZAB）协议，实现了一种主备模式的系统架构来保持集群中各副本之间数据的一致性。ZAB 协议是为分布式协调服务 ZooKeeper 专门设计的一种支持崩溃恢复的原子广播协议。

ZAB 协议采用主备模型架构，保证了同一时刻集群中只能够有一个主进程 Leader 广播服务器的状态变更，接收并处理客户端大量的并发操作请求。同时，ZAB 协议必须能够保证一个全局的变更序列被顺序执行，即要保证同一个 Leader 发起的事务按顺序被执行，同时还要保证只有先前 Leader 的事务被执行之后，新选举出来的 Leader 才能再次发起事务，所有被依赖的状态更新都应该在依赖状态更新之前更新。

ZAB 协议包括崩溃恢复、消息广播两种基本模式。在 ZooKeeper 集群中，数据副本的传递策略是消息广播模式。但 ZAB 协议中 Leader 不需要等待所有 Follower 的 ACK 反馈消息，只要半数以上的 Follower 成功反馈即可。一旦 Leader 服务器出现崩溃或者由于网络原因导致 Leader 服务器失去了与过半 Follower 的联系，那么 ZAB 就会进入崩溃恢复模式。一个机器要成为新的 Leader，必须获得过半进程的支持，当选举产生了新的 Leader 服务器，同时集群中已经有过半的机器与该 Leader 服务器完成了状态同步之后，即与 Leader 服务器的数据状态保持一致，ZAB 协议就会退出恢复模式，整个服务框架就又可以进入消息广播模式。

ZAB 的两个模式转换过程中，具体地又分为发现、同步、广播三个阶段。核心流程如图 10.11 所示。

发现阶段的目的是选举 Leader。Follower 和准 Leader 进行通信，同步 Follower 最近接收的事务 Proposal。一个 Follower 只会连接一个 Leader，如果一个 Follower 节点认为另一个 Follower 节点不是 Leader，则会在尝试连接时被拒绝。被拒绝之后，该节点就会进入 Leader Election 阶段。

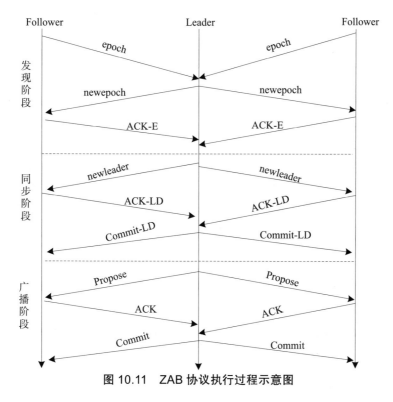

图 10.11　ZAB 协议执行过程示意图

1）Follower 将自己最后接收的事务 Proposal 的 epoch 值发送给准 Leader。准 Leader 收到来自半数以上的 Follower 的 epoch 值，从中选取最大的 epoch 值并加 1，生成 newepoch 返回给之前发给其 epoch 的那些 Follower。

2）当 Follower 接收到来自准 Leader 的 newepoch 消息后，如果其检测到当前的 epoch 值小于 newepoch，那么就会将修改为 newepoch，并发送 ACK 消息给 Leader，ACK 包含了当前该 Follower 的 epoch 以及历史事务 Proposal 集合。

3）当 Leader 接收到来自过半 Follower 的确认消息 ACK 之后，就从这些超过半数以上的服务器中选取出 epoch 值最大的那个 Follower 作为其初始化事务集合。

在完成发现流程之后，就进入了同步阶段。在这一阶段中，Leader 和 Follower 的工作流程分别如下：

1）Leader 会将 newepoch 和初始事务集合以 newleader 消息的形式发送给所有 Follower；

2）如果 Follower 发现 epoch 不等于 newepoch，那么直接进入下一轮循环，因为此时当 Follower 接收到来自 Leader 的 newleader 消息后，如果 Follower 发现自己还在上一轮，或者更上轮，则无法参与本轮的同步；

3）如果 Follower 发现 epoch 等于 newepoch，那么 Follower 就会执行事务应用操作；

4）Follower 会反馈给 Leader，表明自己已经接收并处理了相应的事务 Proposal；

5）当 Leader 接收到来自过半 Follower 针对 newleader 的反馈消息后，就会向所有的

Follower 发送 Commit 消息；

6）当 Follower 收到来自 Leader 的 Commit 消息后，就会依次处理并提交所有未处理的事务。

完成同步阶段之后，ZAB 协议就可以正式开始接收客户端新的事务请求，进入消息广播阶段：

1）Leader 接收到客户端新的事务请求后，会生成对应的事务 Proposal，并向所有 Follower 发送提案 epoch；

2）Follower 根据消息接收的先后次序来处理这些来自 Leader 的事务 Proposal，并将它们追加到事务集合中去，再反馈给 Leader；

3）当 Leader 接收到来自过半 Follower 针对事务 Proposal 的 ACK 消息后，就会发送 Commit 消息给所有的 Follower，要求它们进行事务的提交；

4）当 Follower 接收到来自 Leader 的 Commit 消息后，就会开始提交事务 Proposal。

10.7　Oracle 数据库复制技术

较早的 Oracle 数据库版本支持多种数据复制技术，包括高级复制、Oracle 数据流和 Oracle GoldenGate 等。当前，Oracle GoldenGate 已经成为 Oracle 数据库的主流数据复制软件。

Oracle GoldenGate 是 Oracle 云架构中一款基于日志的数据实时复制软件，能够利用复制技术实现数据的高可用性，支撑实时数据分析。GoldenGate 支持 Linux、UNIX、Windows 等多种操作系统和 Oracle、DB2、Sybase、SQL Server 等多种数据库软件，能够实现异构环境下数据的捕捉、转换、传递，达到亚秒级的延迟。开发人员可以设计、执行、监控数据复制，实现实时读取交易日志，以低资源占用实现大交易量数据的实时复制，并且新部署的复制不会影响已有的业务应用系统。

GoldenGate 支持数据过滤和转换，实现自定义的基于表和行的过滤规则，提供数据压缩和加密功能，可以降低传输所需带宽，提高传输安全性。Oracle GoldenGate 的基本架构如图 10.12 所示。

GoldenGate 利用 Extract 进程抽取源数据库的重做日志或归档日志，进行解析，只提取其中数据的更改信息，保存为自定义的中间存储格式 Trail 文件中，通过 TCP/IP 网络发送到目标数据库，Collect 进程接收传递过来的数据更改信息，Replicat 进程解析还原日志，重建 DML 或 DDL 操作，实现目标端与源端数据同步。GoldenGate 数据复制包括初始化加载（图 10.12 中的字母编号）和数据更改同步（图 10.12 中的阿拉伯数字编号）两个阶段，其中主要涉及以下几个进程。

Manager 进程。Manager 是 GoldenGate 中的主要控制进程，每个 GoldenGate 系统中均运行了该进程，并管理 Extract 和 Replicat 进程的执行。Manager 进程的主要功能包括：启动 GoldenGate 相关进程；启动动态进程；维护进程的端口号；依据规则清除 Trail 文件；创建事件、错误和阈值报告。

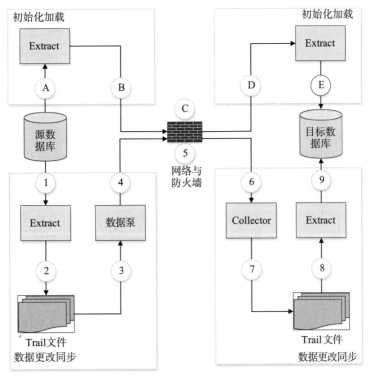

图 10.12　Oracle GoldenGate 基本架构图

Extract 进程。Extract 是运行在源数据库端的进程，也可以运行在下游 Oracle 数据库中，用以捕捉真实源数据库中产生的数据。该进程是实现 GoldenGate 数据抽取或数据捕捉机制的关键进程。可以在以下两种场景中配置 Extract 进程。

- 初始化加载：当使用 GoldenGate 执行初始化加载时，Extract 进程捕捉源数据库的当前静态数据集合。
- 数据更改同步：当初始加载结束后，Extract 进程可以捕捉源数据库中的 DML 和 DDL 操作，并保存这些操作，直到接收到 commit 语句或 rollback 语句。如果是 rollback 语句，Extract 将放弃该事务的操作；如果是 commit 语句，Extract 将事务保存在磁盘的一系列文件中，这种文件被称为 Trail，并以队列形式传递到目标系统中。因此，每个事务涉及的所有操作都被保存到 Trail 文件中，这些操作严格遵守源数据库中操作的提交顺序。这一操作能够保证复制的速度以及数据的完整性。

数据泵。数据泵位于 GoldenGate 源数据库端，属于辅助 Extract 组。Extract 进程将数据库的更新操作同步到源数据库端的 Trail 文件中，之后数据泵读取 Trail 文件，通过网络将数据更新操作发送到目标数据库的 Trail 文件中。因此，数据泵可以帮助 Extract 进程从网络数据传递的任务中解脱出来。因此，一般认为 Extract 进程是主复制进程，而数据泵是辅助复制进程。数据泵能够执行数据的过滤、映射和转换。

配置数据泵在 GoldenGate 中是可选的，如果不使用数据泵，则 Extract 进程负责将数据更改传递到目标数据库的 Trail 文件中。Oracle 推荐使用数据泵技术，它带来的好处包括：针对网络和目标数据库的保护；将数据过滤与转换过程分成几个步骤，便于对数据进行处理；支持多数据源复制；支持将一份源数据复制到多个目标数据库中。

Collector 进程。该进程由 Manager 进程启动，在目标数据库后台运行，负责将 Extract/数据泵进程发送过来的数据 / 操作保存在 Trail 文件中。

Replicat 进程。该进程负责将数据传递给目标数据库，其通过读取目标数据库上的 Trail 文件，重建 DML 或 DDL 操作，并将这些操作应用到目标数据库上。Replicat 进程使用动态 SQL 对 SQL 语句进行编译，能够实现编译一次后，使用不同的绑定变量多次执行。可以设置 Replicat 进程以延迟方式执行事件，避免错误 SQL 语句在目标数据库上立即执行。可以在以下两种场景中使用 Replicat 进程。

- 初始化加载：当使用 GoldenGate 执行初始化加载时，Replicat 进程在目标数据库上直接使用一个静态数据副本或将数据传递给高速批量数据加载软件中。
- 数据更改同步：为了实现目标数据库与源数据库的同步，Replicat 进程利用一个原生的数据库接口或 ODBC 执行源数据库上的操作。

Trail 文件。Trail 是一系列磁盘文件，GoldenGate 使用 Trail 文件存储数据库的变化信息，用以支持数据更改的连续抽取与复制。Trail 文件可以存在于源数据库系统、中介系统、目标数据库系统或这些系统的任意组合之中。通过在存储中使用 Trail 文件，GoldenGate 能够保证抽取复制过程的准确性，并提供一定程度的容错性。此外，Trail 文件还允许数据抽取与数据复制行为独立执行。这种独立进程体系结构为用户处理与发送数据带来了更多的选择。例如，用户可以在源数据库中连续捕捉数据更改，并存储在目标数据库的 Trail 文件中，而目标数据库可以按需恢复这些更改，不必立即做出响应。利用 Trail 文件可以实现异构环境下的数据复制。保存在 Trail 文件中的数据拥有一致的、规范的格式，因此 Replicat 进程可以读取来源于任意支持数据库的数据。

Oracle GoldenGate 针对不同的应用场景，支持多种拓扑结构，具体如图 10.13 所示。

1）单向复制。一个源数据库与一个目标数据库通过 GoldenGate 相连，数据复制是单向的。这种配置适合通过 GoldenGate 进行数据备份，并可以将备份数据库作为查询节点使用。

2）双向复制。两个节点互为源数据库与目标数据库，数据复制是双向的。这种配置适合将两个节点均作为活动节点使用，同时接收应用请求。

3）点对点复制。多个节点之间互为源数据库与目标数据库，数据复制在节点之间是双向的。这种配置适合将业务请求分布到多台服务器中，同时也可以提供高可用性。

4）广播复制。一个源数据库与多个目标数据库，数据复制是单向的。这种配置适合将数据分布到多台服务器上，进行数据分发。

5）联合复制。多个源数据库与一个目标数据库，数据复制是单向的。这种配置适合将多台服务器上的数据汇总到一台服务器中，这在数据仓库中是常见的。

6）级联复制。多个源数据库与多个目标数据库，数据复制是单向的。这种配置可以构建一个分层数据库架构，提高系统的可扩展性。

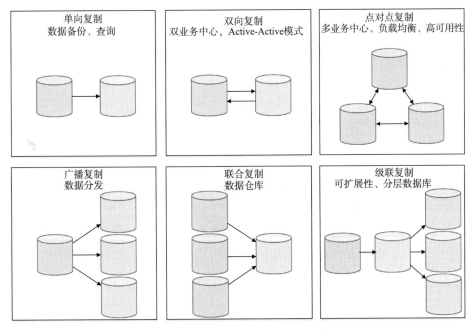

图 10.13 Oracle GoldenGate 拓扑结构

10.8 大数据库复制与一致性管理案例

10.8.1 HBase

HBase 中的 Replication 指的是主备集群间的复制，用于将主集群的写入记录复制到备集群。下面介绍 HBase 的复制执行方式和结合 ZooKeeper 的同步实现过程。

1. 复制执行方式

HBase 目前共支持 3 种 Replication：异步 Replication、串行 Replication 和同步 Replication。

（1）异步 Replication

HBase 中的 Replication 是基于 WAL 实现的。其在主集群的每个 RegionServer 进程内部起了一个叫作 ReplicationSource 的线程来负责 Replication，同时在备集群的每个 RegionServer 内部起了一个 ReplicationSink 的线程来负责接收 Replication 数据。

ReplicationSource 记录需要同步的 WAL 队列，然后不断读取 WAL 中的内容，同时可以根据 Replication 的配置做一些过滤，比如是否要复制这个表中的数据等，然后通过 replicateWALEntry 这个 RPC 调用来发送给备集群的 RegionServer，备集群的 ReplicationSink 线程则负责将收到的数据转换为 put/delete 操作，以 batch 的形式写入备集群中，如图 10.14 所示。

因为是后台线程异步地读取 WAL 并复制到备集群，所以这种 Replication 方式叫作异步 Replication，正常情况下备集群收到最新写入数据的延迟在秒级别。

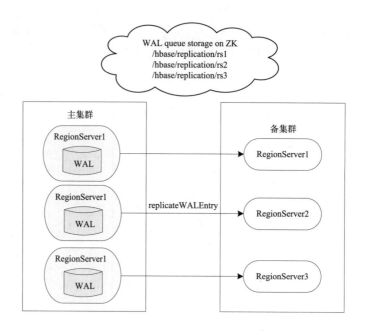

图 10.14   异步 Replication 示意图

（2）串行 Replication

串行 Replication 是指，对于某个 Region 来说，严格按照主集群的写入顺序复制到备集群，这是一种特殊的 Replication。同时默认的异步 Replication 不是串行的，主要原因是 Region 是可以移动的，比如 HBase 在进行负载均衡时移动 Region。

如图 10.15 所示，在这种极端情况下，还会导致主备集群数据的不一致。比如 RegionServer1 上最后一个未同步的写入操作是 Put，而 RegionA 被移动到 RegionServer2 上的第一个写入操作是 Delete，在主集群上其写入顺序是先 Put 后 Delete，如果 RegionServer2 上的 Delete 操作先被复制到了备集群，然后备集群做了一次 Major Compaction，其会删除掉这个 Delete marker，然后 Put 操作才被同步到备集群，因为 Delete 已经被合并了，这个 Put 将永远无法被删除，所以备集群的数据将会比主集群的数据多。

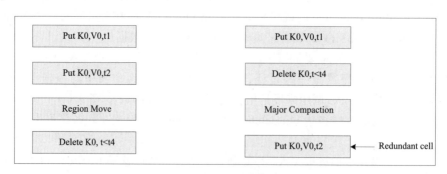

图 10.15   主备集群数据不一致

解决这个问题的关键在于需要确保 RegionServer2 上的新写入操作必须在 RegionServer1 上的写入操作复制完成之后再进行复制。

所以串行 Replication 引入了一个叫作 Barrier 的概念，每当 Region open 的时候，就会写入一个新的 Barrier，其值是 Region open 时读到的最大 SequenceId 加 1。

SequenceId 是 HBase 中的一个重要概念，每个 Region 都有一个 SequenceId，其随着数据写入严格递增，同时 SequenceId 会随着每次写入操作一起被写入 WAL 中。

所以当 Region 移动的时候，Region 会在新的 RegionServer 中重新打开，这时就会写入一个新的 Barrier，Region 被移动多次之后，就会写入多个 Barrier，来将 Region 的写入操作划分成为多个区间。同时每个 Region 都维护了一个 lastPushedSequenceId，其代表这个 Region 当前推送成功的最后一个写入操作的 SequenceId，这样就可以根据 Barrier 列表和 lastPushedSequenceId 来判断 WAL 中的一个写入操作是否能够复制到备集群了。

（3）同步 Replication

同步 Replication 是和异步 Replication 对称的概念，其指的是主集群的写入操作必须被同步地写入备集群中。

异步 Replication 的最大问题在于复制是存在延迟的，所以在主集群整体挂掉的情况下，备集群通常是没有写入完整数据的。对于一致性要求较高的业务来说，这不能把读写完全切换到备集群，因为这时可能存在部分最近写入的数据无法从备集群读到。

同步 Replication 的核心思路就是在写入主集群 WAL 的同时，在备集群上写入一份 RemoteWAL，只有同时在主集群的 WAL 和备集群的 RemoteWAL 写入成功，才会返回给 Client 说写入成功。这样当主集群挂掉的时候，便可以在备集群上根据 RemoteWAL 来回放主集群上的所有写入记录，从而确保备集群和主集群数据的一致，如图 10.16 所示。

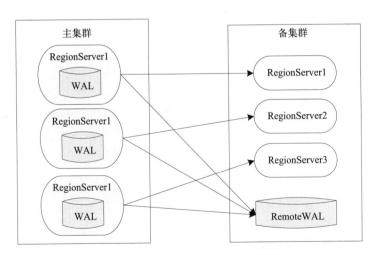

图 10.16　同步 Replication 示意图

需要注意的是，同步 Replication 是在异步 Replication 的基础之上的，也就是说，异步

Replication 的复制链路还会继续保留，同时增加了新的写 RemoteWAL 的步骤。

2. 同步复制执行过程

HBase 采用了 ZooKeeper 服务来完成对整个系统的分布式协调工作。Replication 是实现 HBase 中主备集群间的实时同步的重要模块。有了 Replication，HBase 就能实现实时的主备同步，从而拥有了容灾和分流等关系数据库才拥有的功能，大大加强了 HBase 的可用性，同时也拓展了其应用场景。和传统关系数据库的 Replication 功能不同的是，HBase 作为分布式系统，它的 Replication 是多对多的，且每个节点随时都有可能挂掉，因此在这样的场景下做 Replication 要比普通数据库复杂得多。

HBase 同样借助 ZooKeeper 来完成 Replication 功能。做法是在 ZooKeeper 上记录一个 replication 节点（默认情况下是 /hbase/replication 节点），然后把不同的 RegionServer 服务器对应的 HLog 文件名称记录到相应的节点上，HMaster 集群会将新增的数据推送给 Slave 集群，并同时将推送信息记录到 ZooKeeper 上（我们将这个信息称为"断点记录"），然后再重复以上过程。当服务器挂掉时，由于 ZooKeeper 上已经保存了断点信息，因此只要有 HMaster 能够根据这些断点信息来协调用来推送 HLog 数据的主节点服务器，就可以继续复制了。HBase 2.x 版本改进后的复制管理流程如图 10.17 所示，具体过程如下。

1）将创建 Peer 的请求发送到 Master。

2）Master 内实现了一个名为 Procedure 的框架。对于一个 HBase 的管理操作，我们会把管理操作拆分成 N 个步骤，Procedure 在执行完第 i 个步骤后，会把这个步骤的状态信息持久化到 HDFS 上，然后继续执行第 $i+1$ 个步骤。这样，管理流程的任何一个步骤 k 出现异常，都可以直接从步骤 k 接着重试，而不需要重新执行所有 N 个步骤。对于创建 Peer 来说，Procedure 会为该 Peer 创建相关的 ZNode，并将复制相关的元数据保存在 ZooKeeper 中。

3）Master 的 Procedure 会向每一个 RegionServer 发送创建 Peer 的请求，直到所有的 RegionServer 都成功创建 Peer；否则会重试。

4）Master 返回给 HBase 客户端。

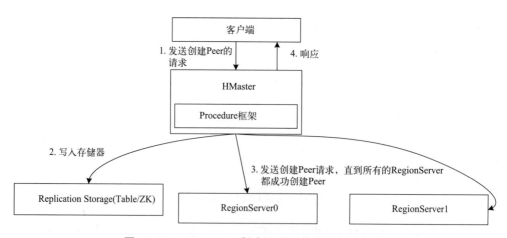

图 10.17　HBase 2.x 版本改进后的复制管理流程

HBase 使用的具体复制技术为前文讲述的同步复制、串行复制技术，这里不再重述。

10.8.2　Spanner

Spanner 结合了 Paxos 通信协议和 TrueTime 方法来保证副本的一致性。

1. Leader 租约

Spanner 采用分组 Leader 租约机制，如图 10.18 所示。在一个 group 中 tablet 备份分布在不同节点上，其中一个称为 Leader 节点，其余称为 Slave 节点，它们都称为副本（Replica）节点。为了降低开销，Spanner 采用 Multi-Paxos 协议进行数据备份。但这个协议会产生一个问题，当 Leader 节点需要重新选举的时候，可能多个节点同时认为自身是 Leader，这将破坏 Spanner 读写事务中的其他一些设定。因此 Spanner 必须做出更严格的约束，任何时刻只有一个节点认为自己是 Leader。

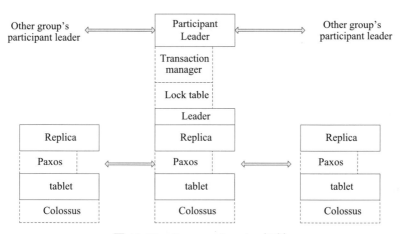

图 10.18　Spanner Leader 机制

为了保证异常状况下的 Leader 及时重新选举，以及避免选举造成过重的开销，Spanner 采用有租约的 Leader 管理机制，时长默认是 10 秒，即一个节点确认获得授权之后 10 秒内可以认为自己是 Leader 节点。为了避免 Leader 节点闪断后重新回到 group 时出现新旧 Leader 共存，在一个 Leader 租约时间内，重新选举新的 Leader 也是不允许的。另外，不同节点对于租约起止时刻的判断误差也可能造成短暂的新旧 Leader 共存，Spanner 使用 TrueTime API 避免这一点，具体过程如下：

1）一个 Replica 试图成为 Leader 时，向所有 Replica 节点 r 发送租约请求，每次消息发送之前调用 TrueTime，记录 $t_{leader, r}$ = now().latest。

2）当节点 r 接收到租约请求消息后，判断上一次发出的租约投票是否超期，如果未超期则流程结束，否则执行步骤 3。

3）返回一个租约投票，并记录租约起止时间为 now().latest 到 now().latest+10 秒。

4）当发起租约请求的节点接收到多数 Replica 节点的租约投票，则成为 Leader，它所记录的租约时间起止时间为 now().latest 到 $\min_r(t_{leader,r})+10$ 秒，并使用 $before(\min_r(t_{leader,r})+10)$ 判断当前时刻是否在租约之内。

上述流程中，不同节点维护的租约时间不同，而 Leader 节点则取了大多数节点租约投票时间的交集，从而保证不与前后产生的 Leader 节点产生租约时间的重叠。

Spanner 还引入了租约延长机制，进一步避免 Leader 重新选举代价，包含显式和隐式两种方法。当发生一次写操作时，则隐式延长租约，当租约即将结束时，则显式延长租约。

注意：Leader 节点延长租约，所需要的多数节点并不是固定的，也就是说当它拥有任意多数节点的租约投票，即可延长 Leader 租约。

另外，Leader 选举流程可能存在活锁问题，即多个 Replica 节点同时试图成为 Leader 时，由于没有一个 Replica 节点达到多数 Replica 投票，因此流程反复启动和终止。产生一次活锁将导致 10 秒内 Leader 无法选举产生。

2. Paxos 数据复制

Spanner Leader 利用 Paxos 进行 binlog 数据复制，每个 Paxos 实例中决议的对象是下一条 binlog 记录，流程如下：

1）Leader 将数据写入自身的 binlog；

2）Leader 将数据发送给 Slave；

3）接收到消息的 Slave 将数据写入自身的 binlog，并返回消息；

4）Leader 等待直到超过半数的 Slave 返回。

上述数据复制过程仅仅保证了 binlog 数据的主备一致性，因此不涉及数据提交和提交等待，它们交由读写事务流程完成。

10.8.3　OceanBase

OceanBase 的数据分为多个区、多种不同类型的副本，区内副本采用 Paxos 协议分组，组内成员通过 redo 日志保证一致性，分区模型如图 10.19 所示。

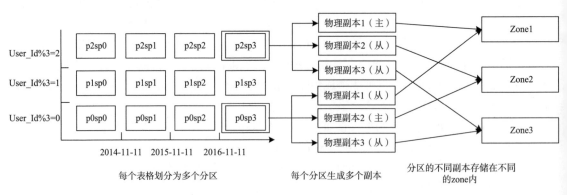

图 10.19　数据分区与副本分区模型

1. 数据分区与分区副本

当一个表很大时，可以将其水平拆分为若干个分区，每个分区包含表的若干行记录。根据行数据到分区的映射关系不同，分为 hash 分区、list 分区（按列表）、range 分区（按范围）等。每一个分区还可以用不同的维度再分为若干分区，叫作二级分区。分区是 OceanBase 数据架构的基本单元，是传统数据库的分区表在分布式系统上的实现。

为了数据安全和提供高可用的数据服务，每个分区的数据在物理上存储多份，每一份叫作分区的一个副本。副本根据负载和特定的策略，由系统自动调度分散在多个服务器上。副本支持迁移、复制、增删、类型转换等管理操作。

根据存储数据种类的不同，副本有几种不同的类型，以支持不同业务在数据安全、性能伸缩性、可用性、成本等之间进行取舍和折中。OceanBase 副本类型信息如表 10.1 所示。

- **全能型副本**：目前支持的普通副本，拥有事务日志、MemTable 和 SSTable 等全部完整的数据和功能。它可以随时快速切换为 Leader 对外提供服务。
- **日志型副本**：只包含日志的副本，没有 MemTable 和 SSTable。它参与日志投票并对外提供日志服务，可以参与其他副本的恢复，但自己不能变为主提供数据库服务。因为日志型副本所消耗的物理资源（CPU、内存、磁盘）更少，所以它可以有效降低副本机器的成本，进而降低整个集群的总体成本。
- **只读型副本**：包含完整的日志、MemTable 和 SSTable 等，但是它的日志比较特殊。它不作为 Paxos 成员参与日志的投票，而是作为一个观察者实时追赶 Paxos 成员的日志，并在本地回放。这种副本可以在业务对读取数据的一致性要求不高时提供只读服务。因其不加入 Paxos 成员组，又不会造成投票成员增加导致事务提交延时的增加。

表 10.1　OceanBase 副本类型信息

类型	Log	MemTable	SSTable	数据安全
全能型副本	有，参与投票	有	有	高
日志型副本	有，参与投票	无	无	低
只读型副本	有，但不属于 Paxos 组，只是观察者	有	有	中

2. 多副本一致性协议

OceanBase 以分区为单位组建 Paxos 协议组，每个分区都有多份副本（Replica），自动建立 Paxos 组。如图 10.20 所示，假设一个表有 8 个分区，每个分区有 3 个副本。每个 Zone 中，都有 P1 ～ P8 的副本，且只有一份。Zone 内有两台服务器，每个服务器都有 4 个副本，是均匀分布的。这样既可以均衡流量，也可以避免一台服务器出故障后，影响太多的副本，造成大面积的重新选举。每个分区的 3 个副本中有 1 个主副本和 2 个从副本，3 个副本组成一个 Paxos 组，且自动选出主副本，由主副本对外提供业务。在分区级用多副本保证数据可靠性和服务高可用性，数据管理更加灵活方便。

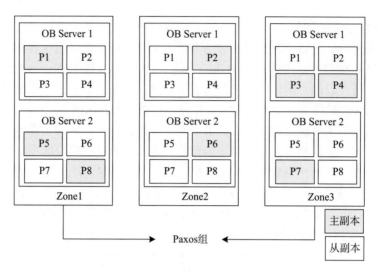

图 10.20   多副本一致性协议

3. 通过多副本同步 Redo Log 确保数据持久化

业务从 OceanBase 读取数据时，只访问主副本数据。而当业务对数据库进行写操作时，OceanBase 基于 Paxos 组，通过 Redo Log 的多数派强同步，实现数据持久化。也就是说，Paxos 组成员 Leader 无须等待所有 Follower 的反馈，多数派完成同步即可向应用反馈成功。

如图 10.21 所示，应用 2 写数据到 P2 分区的过程为：Zone2-OB Server1 的 P2 为主副本

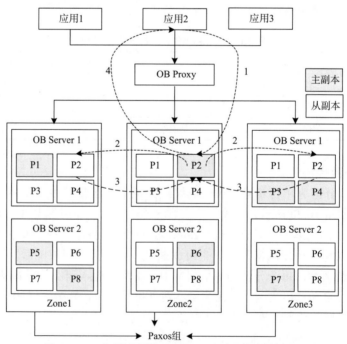

图 10.21   多副本同步 Redo Log 确保数据持久化

（Leader），完成写操作；将 Redo Log 同步请求发送到 Zone1-OB Server1 和 Zone3-OB Server1 中的 P2 从副本（Follower）；任何一个 Follower 完成 Redo Log 落盘并将响应返回给 Leader 后，Leader 即认为 Redo Log 完成强同步，无须再等待其他 Follower 的反馈；Leader 反馈应用操作完成。

10.9　本章小结

分布式数据库中，为了保证数据的高可用性和可靠性，往往要在多个节点上存储多个副本，为了多个副本之间的数据更新就要使用数据复制技术。本章首先介绍了数据复制的基本概念和作用；然后介绍了数据复制的主要策略，从数据复制实现方法、复制内容、复制体系结构等角度加以区别；接着介绍了数据复制协议，从宏观的角度按照数据复制的体系结构划分为主从复制结构和对等复制技术，并分别结合复制时机同步更新和异步更新介绍了不同的复制协议，在数据复制的过程中，由于采用不同的复制技术，尤其是更新时机的不同，可能导致数据不一致，我们介绍了复制一致性的类型，以及相关的一致性协议；最后在大数据库中，很多系统都采用了这些一致性协议，我们分别针对这些一致性协议介绍了典型的系统中的应用。

习题

1. 解释为何一些应用要使用弱一致性，并给出一个实际的例子。
2. 同步复制和异步复制对一致性有什么要求？
3. 考虑一个非阻塞式主从复制协议，它可用于保证分布式数据库的可串行性。分析该分布式数据库是否同时具有读自己写一致性。非阻塞是指当更新操作发送到被更新副本所在节点之后，就认为更新已完成，而不是等到更新在该节点上真正完成，如阻塞式协议所要求的。
4. 分析 Paxos、NWR、MVCC、向量时钟协议在不同条件下满足的一致性。
5. 假设单主站点的情况下，有两个节点 A 和 B，其中 A 保存着 x 和 y 的主副本，B 保存着它们的副本，考虑下面两个事务：T1 在 B 上提交，T2 在 A 上提交。

T1	T2
Read (x)	Write (x)
Write (y)	Write (y)
Commit	Commit

分别给出使用同步复制和异步复制协议可能的执行方式，并指出是否可以保证一致性。
6. 分析 OceanBase 中 Redo Log 对多副本一致性的作用。

参考文献

[1]　OZSU M T, VALDURIEZ P. Principles of Distributed Database System (Second Edition) [M]. 北京：清华大学出版社，2002.

[2]　OZSU M T, VALDURIEZ P. 分布式数据库系统原理：原书第 3 版 [M]. 周立柱，范举，

吴昊，等译 . 北京：清华大学出版社，2014.

[3] RAHIMI S K, HAUG F S. 分布式数据库管理系统实践 [M]. 邱海燕，徐晓蕾，李翔鹰，等译 . 北京：清华大学出版社，2014.

[4] 郭鹏 . Cassandra 实战 [M]. 北京：机械工业出版社，2011.

[5] 胡争，范欣欣 . HBase 原理与实践 [M]. 北京：机械工业出版社，2020.

[6] 陆嘉恒 . 大数据挑战与 NoSQL 数据库技术 [M]. 北京：电子工业出版社，2013.

[7] 倪超 . 从 Paxos 到 ZooKeeper 分布式一致性原理与实践 [M]. 北京：电子工业出版社，2015.

[8] 杨传辉 . 大规模分布式存储系统原理解析与架构实战 [M]. 北京：机械工业出版社，2014.

[9] 张俊林 . 大数据日知录：架构与算法 [M]. 北京：电子工业出版社，2014.

[10] NoSQL 数据库的分布式算法 [EB/OL]. http://my.oschina.net/juliashine/blog/88173. 2012-11-09.

[11] HBaseReplication 详 解 [EB/OL]. https://blog.csdn.net/pengzhouzhou/article/details/93692374/2019-06-25.

[12] OceanBase 数据库概览 [EB/OL]. https://www.oceanbase.com/2021-03-10, 2021.

[13] OceanBase 数据库官方文档 [EB/OL]. https://www.oceanbase.com/docs, 2021.

[14] BAKER J，BOND C，CORBETT J C，et al. Megastore: providing Scalable, Highly available storage for interactive services[C]//Proc. of the 5th Biennial Conference on Innovative Data Systems Research. CA: CIDR, 2011: 223-234.

[15] CORBETT J C, DEAN J, EPSTEIN M, et al. Spanner: Google's Globally-Distributed Database[C]//OSDI. CA: USENIX, 2012.

[16] DECANDIA G, HASTORUN D, JAMPANI M, et al. Dynamo: Amazon's Highly Available Key-value Store[C]//Proc. of SOSP. New York: ACM, 2007.

[17] LAMPORT L. Paxos Made Simple, Fast, and Byzantine[C]//Proc. of OPODIS. New York: ACM, 2002: 7-9.

[18] LAKSHMAN A, MALIK P. Cassandra: a structured storage system on a P2P network[C]//SPAA2009: Proceedings of the 21th Annual ACM Symposium on Parallelism in Algorithms and Architectures. New York: ACM, 2009.

[19] RENESSE R V, DAN D, GOUGH V, et al. Efficient reconciliation and flow control for antientropy protocols[C]//Proc. of Proceedings of the 2nd Workshop on Large-Scale Distributed Systems and Middleware. New York: ACM, 2008: 1-7.

[20] Understanding Oracle GoldenGate [EB/OL]. https://docs.oracle.com/en/middleware/goldengate/core/19.1/understanding/understanding-oracle-goldengate.pdf.

第11章

区块链分布式数据管理

区块链是在数字加密货币应用基础上发展起来的一种多方参与共同维护的分布式数据库技术。区块链系统融合了数字加密、分布式存储、P2P 网络、共识机制和智能合约技术，这些技术大多起源于 20 世纪 80 年代至 90 年代。2010 年起，区块链在比特币（Bitcoin）上的应用使这些技术组合所体现的优势被广泛认可。区块链系统具有去中心化、防篡改、分布共识、可溯源和最终一致性等特点，这使其可以用于分布式协同记账，以解决不可信环境下的账本数据管理问题。区块链的独特数据管理功能可以有效服务于金融等领域，通过分布式协同记账方式建立数字化信用体系。

本章首先介绍区块链的相关概念，对比其与传统分布式数据库的异同点；其次，从分布式数据管理的角度对区块链系统架构、数据模型、查询处理机制进行详细讲述，并进一步对区块链独有的共识机制等进行讲解；最后，本章将对经典的区块链应用系统进行介绍。

11.1　区块链系统概述

区块链技术的本质是一种分布式记账和同步更新账本技术，采用去中心化的方式由参与节点共同维护账本数据，从而在不可信环境下通过多方验证和数据复制的机制实现数据的一致性共识，而在数据结构上使用加密算法将记录的区块数据前后关联以形成相互锁定的链表，通过增加修改数据难度防止数据被轻易地篡改。区块链技术被认为是一种新型分布式数据库技术，与传统分布式数据库系统具有较大的差异。为此，本节将介绍区块链系统的起源，同时对区块链系统与分布式数据库系统进行对比。

11.1.1　区块链系统的起源

在传统的货币系统中，法定货币通常由一个国家的中央银行发行，并由政府为其担保价值。在金融领域，货币资产通常只是银行或金融机构在账本上所记录的条目。随着数字金融技术的发展，互联网支付、网上银行、移动支付、网上基金等新型金融服务进一步采用数字化的方式存储账本条目和交易记录。这些金融服务和应用的共同特点是由银行、金融机构或服务提供商采用集中式的方式存储和维护账本或交易数据。这种集中式记账方式存在的问题包括：记账机构为保证可靠性需要存储数据的多个副本；数据可能在记账方被篡改且无法验证，因此用户需要完全信任记账机构；记账机构受到攻击后数据难以恢复。由此可见，传统集中式记账方式存在着存储效率低、可信性差、易受攻击等弊端，为用户带来巨大的潜在风险。

　　加密货币作为一种采用密码学方法确保交易安全和控制交易单位的货币，被设计用于实现在线的交易操作。密码学技术可以很好地解决交易中货币持有者的匿名身份认证问题，具有较高的安全性和隐私保护性。在数字世界中数据具有可复制性，为此加密货币需要解决"双花"（double spending）问题，以防止一份加密货币支付两笔交易。另外，数据的易修改性也使传统集中式的结算中心并不被使用者所信任，这也导致加密货币应用中另一个更重要的问题——由谁负责对交易记账。区块链技术可用于解决以上问题。在区块链系统中将加密货币所产生的交易信息使用统一账本（Ledger）的方式进行记录，账本数据按照固定的大小组成区块（Block），区块间通过加密算法使区块前后关联形成链式结构。每个区块在创建后通过共识机制在参与节点间实现数据一致性，并进行存储和维护。这样，区块链技术为开放网络环境下加密货币的交易构建了一个去中心化、去信任化的分布式记账系统。

　　比特币作为最早应用区块链技术的加密货币系统，在 2008 年首次被自称中本聪（Satoshi Nakamoto）的人提出，并于 2009 年 1 月开始运行。比特币支持的交易就是转账操作，即付款人将一定数量的货币支付给收款人。与金融机构的集中式记账系统相比，比特币的交易记账系统具有公开透明、去中心化、可溯源查询和防篡改等诸多的优势，从而避免了集中式记账方式中账本的真实性高度依赖于对记账方信任的弊端。比特币所具有的以上特性均来源于区块链技术，因此区块链技术作为比特币系统所采用的底层技术逐渐受到工业界与学术界的重视。比特币系统是一个加密货币的交易系统，并不支持加密货币交易以外的其他功能，这严重限制了区块链技术在分布式数据管理上的应用。2014 年，Vitalik Buterin 基于区块链技术推出了以太坊（Ethereum）平台。以太坊提供了基于智能合约的编程功能，支持区块链应用的二次开发，这标志着区块链 2.0 时代的诞生。超级账本（Hyperledger Fabric）则是基于 IBM 早期贡献的 Open Blockchain 为主体搭建而成的 Linux 基金会的区块链项目，其主要目的是发展跨行业的联盟区块链平台技术。在超级账本框架中，包括 Hyperledger Fabric、Hyperledger Burrow、Hyperledger Sawtooth 和 Hyperledger Iroha 等多个项目，构成了完整的生态环境。区块链 3.0 时代则是价值互联网，支持代表价值的信息进行确权、计量和存储。此时，区块链技术的应用范围将扩展到各类应用之中，服务领域除基于数字加密货币的金融领域之外，还包括政府、健康、科学、文化等各个领域。

　　区块链技术与其他新兴技术相结合用于各类应用中。例如，在数字货币服务领域，支持支付、兑换、汇款、交易功能；在金融服务领域，支持清算、结算、安全监管等功能；在 B2C 服务领域，支持无人管理的商店等新业务；在 P2P 租赁管理领域，支持无需中介的货物交换、租赁等共享经济新业务；在供应链管理领域，支持物流资产签名、物流跟踪和交付等功能；在知识产权保护领域，用于建立不可篡改的权利和拥有权；在征信管理领域，支持身份认证、日志审计和监管等；在溯源管理领域，支持数据鉴别与存证、防伪溯源等功能。

11.1.2　区块链系统与传统数据库系统的对比

　　区块链技术是一种建立在多种技术基础上的分布式共享账本技术，本质上可以被看作一种多方参与共同维护的分布式数据库。相对于集中式数据库管理系统，区块链系统采用去中心化或者弱中心化的数据管理模式，所有参与方都可以保存一份相同的完全账本，新加入的参与方可以下载完全账本并验证账本的正确性。在数据存储上，区块链系统对交易账目采用数字签名和加密算法处理，从而保证了系统中交易数据的安全性。区块由一组交易记录构成，区块之间基于哈希值通过密码学方法串联，新创建的区块基于共识机制在参与方之间通过验证形成共识后加入区块链中，以上机制保证了区块链上的数据在分布式环境中极难被篡改。区块链的数据管理方式避免了传统集中式数据管理中负责数据的参与方随意篡改数据的可能性，同时降低了参与方为了保障数据的可用性而维护多副本数据的成本。

　　区块链系统的分布式记账方式使其在数据存储管理的方式上与分布式数据库相同，即存储结构化的数据集合，这些数据逻辑上属于同一系统，物理上分布在计算机网络的各个不同的场地上。区块链系统与传统的分布式数据库系统具有较多的共同特性，具体体现在以下几个方面。

- 分布性。区块链系统与分布式数据库系统在数据的存储方面都是物理上分散、逻辑上统一的系统。区块链系统中通常具有全局统一的数据模式，数据以副本形式存储在参与节点中，每个参与节点存储的是数据模式相同且数据一致的共享账本。
- 透明性。区块链系统具有数据访问透明性，用户看到的共享账本是全局数据模型的描述，就如同使用集中式数据库一样，在记录交易数据时也不需要考虑共享账本的存储场地和操作的执行场地。此外，区块链系统还具有复制透明性，共享账本存储在各个参与节点上，并通过共识机制自动维护数据的一致性。
- 自治性。区块链系统的参与节点具有高度的自治性。在通信方面，参与节点可以独立地决定如何与其他参与者进行通信；在查询方面，参与节点本地保存了完整的共享账本，可以在本地执行对账本数据的访问。
- 可伸缩性。区块链系统支持参与节点规模的任意扩展。区块链系统允许参与节点在任意时刻加入和退出系统。而且，由于区块链的参与节点保存的是完整共享账本，因此参与节点重新加入区块链系统后，从其他节点更新缺失的区块数据即可完成数据的重新分布，不会影响整体系统的性能。

　　对于传统分布式数据库管理系统而言，系统建立在信任环境下，其中参与节点采用统一管理的方式，节点之间具备完全相互信任的关系。区块链系统初始的设计目的之一是解决非信任环境下数据管理的可信性问题。因此区块链与传统的分布式数据库在数据管理方式上又具有显著的差异，具体体现在以下几个方面：

- 分布式拓扑结构。在区块链系统中，参与节点的网络拓扑结构采用了去中心化的 P2P 分布式模式，这种结构与基于 P2P 网络结构的数据库系统（P2PDBS）相似，其中区块链节点通过本地的通信控制器仅与邻居节点进行通信，其加入和退出都是随意和动态的。分布式数据库中虽然数据分布在不同的场地，但是通常采用中心化的主从结构，由全局的网络管理层存储各个局部数据库节点的地址和局部数据的模式信息，以用于查询处理时进行全局优化和调度。

- 数据分布的划分方式。分布式数据库的数据分布方式主要基于在全局模式下创建局部模式，再对数据进行垂直分片和水平分片，每个节点存储的是全局数据分片的副本，再通过数据分片的元信息管理实现全局数据的访问和查询处理。区块链系统的数据分布采用的是全复制式，即每个参与节点都在本地复制了具有全局模式的全部数据，因此数据在区块链系统中是全局共享的。

- 数据查询处理机制。传统分布式数据库的查询处理主要基于数据副本的大小和分布场地对 SQL 语句的执行计划进行优化，而在面向大数据的分布式数据库中则一般采用基于并行计算思想的查询优化方法。目前，区块链系统所支持的查询相对简单，常用的查询优化方式是将账本记录存储在 Level DB 等键值数据库中，只能利用本地数据库的查询优化特性提高账本数据的访问效率。

- 数据一致性维护机制。数据一致性是保证分布式数据正确性和可信性的关键。分布式数据库系统通常采用包括实用拜占庭容错 PBFT、Paxos、Gossip、RAFT 等高效的算法维护复制数据的一致性，主要面对的是节点崩溃假设。区块链系统采用共识机制来保证各节点上数据的一致性，由于运行于不可信环境，因此其主要面对的是恶意节点攻击假设。为此，开放环境中区块链系统通常采用工作量证明（PoW）机制通过算力竞争保证分布式的一致性，或采用权益证明（PoS）机制和授权权益证明（DPoS）机制等方法。但以上共识机制具有共识时间长的缺点，会牺牲网络规模的可扩展性，因此在事务吞吐量要求高的区块链系统中，采用 PBFT 和 Paxos 等分布式事务协议。

- 数据安全性机制。传统分布式数据库管理系统的安全机制主要是防止数据非法访问、用户的标识与认证、存取控制、数据库加密及数据库审计等控制机制。区块链系统的数据是共享的，因此在安全性方面主要侧重数据篡改验证和用户隐私保护。其中，对于区块数据的篡改可以通过前后区块的哈希值进行验证，而对于共享数据上的隐私安全性问题，采用基于非对称加密的交易方式实现匿名交易记账，其优点是很好地保护了用户隐私，缺点是丢失私钥将导致用户的账号信息将无法恢复。

传统分布式数据库主要解决高可信环境下数据管理的高效性问题。区块链系统与传统分布式数据库系统相比，在记账方式上提供了复制式数据分布、用户匿名化和基于共识机制的一致性维护，在功能上提供了防篡改验证机制，因此更适合解决在非可信环境下的数据可信存储和匿名使用。

11.1.3 区块链系统的分类

区块链系统根据其分布式部署方式和开放程度被划分为三类：公有链（Public Blockchain）、联盟链（Consortium Blockchain）和私有链（Private Blockchain）。三类区块链系统的对比如表 11.1 所示。

表 11.1　各区块链系统类型对比

	公有链	联盟链	私有链
网络结构	完全去中心化	部分去中心化	(多) 可信中心
节点规模	无控制、大规模	可控、中小规模	有限、小规模
加入机制	随时可以参加	特定群体或有限第三方	机构内部节点
记账方	任意参与节点	预选节点	机构内部节点
数据读取	任意读取	受限读取	受限读取
共识机制	容错性高、交易效率低（PoW 或 PoS 等）	容错性和交易效率适中（PBFT, RAFT）	容错性低、交易效率高（Paxos, RAFT）
激励机制	有代币激励	无代币激励	无代币激励
代码开放	完全开源	部分开源或定向开源	不开源

1. 公有链

公有链是对所有人开放的，任何互联网用户都能够随时加入并任意读取数据，能够发送交易和参与区块共识过程的区块链。比特币和以太坊等虚拟货币系统就是典型的公有链系统。公有链是完全去中心化的结构，其共识机制主要采用 PoW、PoS 或 DPoS 等方式，将代币奖励和加密算法验证相结合，以保证代币奖励与共识过程贡献成正比。公有链中程序开发者对系统的代码对外完全开源，而且开发者无权干涉用户是否使用。

在分布式数据管理方面，公有链系统的优势和缺点主要包括以下几个方面。

（1）优势

1）数据透明性高。公有链是任何人都可以未经许可加入的，同时公有链的数据也是开放给所有参与者的。这使得在公有链上存储的数据具有很高的透明性，加入系统的参与者都可以下载和读取区块链数据，并对其中的账本记录或智能合约内容进行验证，无须依靠可信的第三方。

2）存储容错性高。在公有链中有大量的参与节点存储着完整的区块链数据用于执行区块的共识和交易验证，相当于在分布式存储系统的每个节点上都保存了数据的完整副本。这确保了系统在数据存储上的高容错性，即数据存储在公有链系统中几乎不会丢失，更无法被轻易篡改。

3）系统创建成本低。与传统分布式数据库等存储系统不同，公有链系统无须设计基础架构系统，而是运行在分散式应用程序上。因此，公有链创建者无须维护大量的存储服务器和聘用专门的系统管理员，从而降低了创建系统的成本，系统运行的成本由参与者负担。

（2）缺点

1）数据处理速度低。区块链交易记录写入区块等同于数据库中的事务提交。数据写入区块链并在节点间达成一致性确认的效率是由区块链的共识机制所决定的。公有链由于参与节点数量庞大，且采用专门设计的证明机制（PoW 或 PoS 等）实现数据的一致性共识，这导致共识达成的时间效率低下，也造成了数据存储上的低效问题。例如，比特币每秒完成的交易数只有 7 个，以太坊每秒完成的交易数为 100 个左右。

2）数据存储吞吐量低。公有链的协议中限制了区块的大小，这使每个区块所能存储的交易记录的数量受到限制。由于公有链中区块的生成和确认时间较长，因此导致区块链作为存储系统具有较低的吞吐量。

3）易产生硬分叉。当新版本软件定义了新协议规则且与旧版本不兼容时，运行新旧不同协议软件的节点将在原有区块链的基础上产生两条基于不同规则的区块链硬分叉。公有链系统中的参与者具有高度的自治性，因此一旦有新协议的软件出现，就极易产生基于新旧协议的硬分叉，从而分裂成两个永远不会合并的区块链系统。比特币和以太坊系统都发生过硬分叉。

4）运行依赖代币。公有链系统为了激励节点能够参与共识过程，需要采用代币奖励的激励机制。而参与者在公有链上发送交易或智能合约等操作都需要依赖于其持有代币才能够执行，这将导致参与者交易成本的增加。

2. 联盟链

联盟链是仅对特定的组织团体开放的区块链系统，主要特点是其共识过程受预选节点的控制。联盟链的数据可能允许所有用户可读，或者只允许限定的参与者读取。在结构上，联盟链采用"部分去中心化"的方式，将节点运行在组成联盟共同体的有限数量的机构中。联盟链的加入机制相对更加严格，节点间具有一定的信任性，不需要激励机制，因此共识机制不需要工作量证明等资源消耗较大的方法，更多采用容错性和性能效率适中的共识算法，如实用拜占庭容错算法（PBFT）和 DPoS 等。联盟链常用于银行、保险、证券、商业协会、集团企业及上下游企业。联盟链系统通常采用部分开源和定向开发的方式。

在分布式数据管理方面，联盟链系统的优势和缺点主要包括以下几个方面。

（1）优势

1）数据写入吞吐量高。联盟链的共识机制会采用更加节能和高效的拜占庭容错类算法，这使系统数据处理效率显著提升：数据写入系统的吞吐量大幅提升，写入区块的响应时间也明显缩短。例如，超级账本每秒可完成的交易数达到 1000 个以上。

2）提供具有隐私保护的数据共享。联盟链通常创建于明确的组织机构之间，参与成员之间既要共享数据又要保护隐私。因此联盟链系统在数据管理上会采用基于通道方式的数据隔离机制，并结合高强度的加密处理和零知识证明等隐私保护方法对数据进行保护。

3）支持共识协议扩展。联盟链系统需要在系统规模和稳定性等方面进行动态平衡，为此许多联盟链系统在设计上支持共识模块可插拔，允许共识机制的切换操作，从而支持根据节点数量、网络带宽、吞吐量等进行共识机制的调整。

（2）缺点

1）系统可伸缩性差。由于联盟链系统会采用高效的共识协议以提升系统数据处理效率，因此限制了系统的可伸缩性。例如，采用拜占庭容错类共识协议的系统在节点数量超过一定水平时，由于需要在节点间传输大量的消息，因此会造成系统吞吐量的显著下降。

2）部署和运维代价高。面向联盟链应用设计的区块链系统虽然具有较高的技术成熟度，但由于这类系统不像公有链开放性高，因此相关的第三方支持工具较少，联盟成员如果要实现特殊的数据管理功能则需要自行开发。这将增加系统部署和运维的成本。

3. 私有链

私有链是指区块记账权限由某个组织或机构控制的区块链，其读取权限不对外开放或进行某种程度的限制。私有链通常采用具有可信中心的部分去中心化结构。私有链由于不需要复杂的共识机制，通常采用容错性低、性能效率高、不需要代币的 Paxos 和 RAFT 等算法，因此其记账效率要远高于公有链和联盟链系统。相比于传统的数据库系统，私有链能够提供更好的隐私保护、更低的交易成本、不易被恶意攻击等。

在分布式数据管理方面，私有链系统的优势和缺点主要包括以下几个方面。

（1）优势

1）数据处理速度和读写吞吐量高。私有链中节点数量少且具有更高的互相信任度，共识协议则采用 Paxos 类高效的共识算法，不需要每个节点参与认证，因此数据的写入在区块链中能够迅速被确认，同时数据处理的吞吐量也随之显著提高，每秒完成的交易可达一万笔以上。

2）组织的数据隐私保护性更好。私有链中的数据内容并不对组织以外的用户开放，相比于公有链，其数据隐私能够得到更好的保护。

3）交易成本大幅降低。私有链不需要使用代币作为奖金激励，不需要运行成本高昂的 PoW 等共识算法，因此也不需要为记录和存储数据而收取费用。

（2）缺点

1）依赖可信中心。私有链中会生成一个可信的中心节点，用于负责处理共识机制，这与区块链的去中心化思想有所出入，一旦这个中心节点固定或过于中心化，就与传统中心化的分布式数据库系统没有区别。因此私有链没有完全解决信任问题，通常用于改善可审计性。

2）数据容错性低。私有链使用中心化的数据库系统，同时参与节点较少，因此相比于公有链和联盟链，私有链的数据容错性较低。

由于三种区块链各自具有不同的优势和缺点，因此它们适用的应用场景也不同。公有链是完全的去中心化结构，参与节点尽量具有平等的权利，通常用于搭建开放式的共享记账系统。联盟链是部分去中心化的分布式结构，由参与联盟的多个机构形成多中心的分布式系统，通常用于行业机构间构成权利相对对等的组织团体以共享数据。私有链在公司或机构内部形成小范围的可信中心化结构，省略激励层以提高性能效率，用于企业和机构内部的数据共享管理。

11.1.4　区块链系统的体系结构

区块链系统的体系结构模型可以分为 7 层，自底向上分别为数据层、网络层、共识层、激励层、合约层、查询层和应用层，如图 11.1 所示，每层分别实现不同的功能。

1）数据层。数据层是区块链系统存储数据的基础，其中定义了交易记录的数据结构、封装底层数据的区块数据结构、建立区块之间关联的哈希方法和交易信息的加密机制、时间戳机制等内容。

2）网络层。网络层定义了区块链系统的分布式网络结构，通常采用"去中心化"的 P2P 网络结构，网络层封装了 P2P 组网机制、消息传播机制和消息验证机制。

3）共识层。共识层是实现区块链数据一致性的关键，用于解决在缺少可信中心环境下参与节点数据的一致问题。共识层封装了 PoW、PoS、DPoS、PBFT 或 RAFT 等各类共识协议，实现分布式共识。

4）激励层。激励层负责为奖励记账工作而进行货币发行和交易费用分配，对记账工作状况进行信誉考评和奖惩等。区块链系统中参与记账和执行共识协议需要消耗计算资源和存储资源，设置激励层可以鼓励节点参与记账并防止恶意节点攻击。

5）合约层。合约层为区块链系统提供由程序脚本、算法机制和智能合约所构成的可编程基础框架，用户通过编写智能合约程序可以在区块链上部署预定义的公开业务逻辑并通过调用自动执行合约代码。

6）查询层。查询层提供查询接口，实现对交易账本数据的访问，以及对账号状态的查询。在有大量交易操作时，查询层还负责事务并发执行的验证处理，保证交易执行的事务特性。

7）应用层。应用层是区块链系统上建立的各类应用，如数字货币、数字金融、电子商务、区块链征信等应用系统。

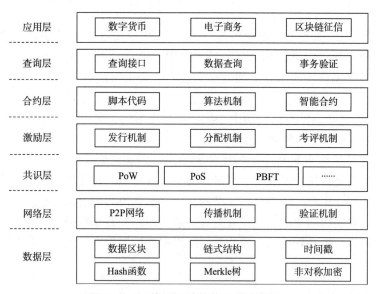

图 11.1 区块链系统的体系结构模型

在区块链的系统架构中，数据层、网络层、共识层和查询层是区块链系统的必要元素，其中定义了交易数据结构、区块结构、通信方式、数据一致性机制和数据访问机制，这与传统分布式数据库的体系结构十分相似。

11.2　区块链的主要数据结构

区块链系统的防篡改、可溯源和隐私安全等特性主要建立在构成区块链的数据结构的基础上。区块链系统中的区块拓扑结构用于定义区块之间的链接方式，区块内部的数据结构则定义在区块之间构建链接的哈希算法参数、交易记录的存储结构和交易记录的验证结构等信息。

11.2.1　区块链拓扑结构

区块链的基础数据结构是由数据区块构成的链式列表，其中每个区块有一个指向前一个区块的哈希指针，即一个区块自身的哈希值需要基于前一个区块的哈希值计算获得。随着区块链技术的发展，区块组织的拓扑结构上衍生出了多种类型，最典型的是基于有向无环图（DAG）结构的区块链拓扑。

1. 链式结构区块链

在链式结构的区块链中，如图 11.2 所示，交易数据被打包为区块，系统的每次提交都以区块为单位且只能添加一个区块。每个区块由区块头和区块体两部分所构成，区块头中包含用于构建链式结构的两个哈希值，区块体则主要包含交易数据。区块头使用指定算法生成一个用于验证区块数据的区块哈希值（BlockHash）作为数字凭证，而生成区块哈希值的参数中除了区块数据之外，还包含上一个区块的哈希值（PreHash）。这样，区块的数据被篡改将导致区块的哈希值变化，而由于后续区块记录并使用了当前位置区块哈希值计算其区块哈希，因此可以利用后续区块对当前区块进行验证，一旦发现哈希值不匹配将认为区块被篡改。哈希函数是基于加密算法设计的，不易被破解。通过这种哈希方法，区块被一个接一个地链接在一起，就形成了区块链。其中，第一个区块也被称为创世区块，其区块头中仅包含自身的哈希值。

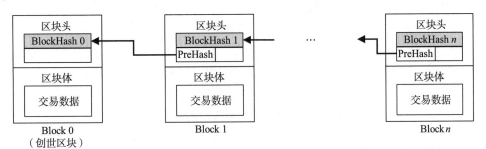

图 11.2　链式结构区块链

链式结构是当前区块链系统主要使用的区块拓扑结构。在链式结构中区块之间具有全序关系，能够很容易地进行数据验证和数据溯源。链式结构在实际运行中可能会因为网络延迟出现区块链分叉（fork）的情况，具体分为硬分叉（hard fork）和软分叉（soft fork）两种情况。硬分叉主要是由于区块链系统中的区块协议进行了修改但并不兼容原有协议所造成的。在硬分叉时，区块链系统将分裂为两个独立的区块链系统。例如，2017 年，比特币因为修改区块大小限制硬分叉出了比特币现金（Bitcoin Cash），2016年，以太坊因为智能合约漏洞被黑客利用造成以太币被盗，创始人为了追回损失而重新修改了以太坊的协议并强制系统从被盗前的区块开始分叉，导致以太坊分叉为新的以太坊（Ethereum，ETH）和以太坊经典（Ethereum Classic，ETC）两个系统。软分叉通常也是对区块链系统进行修改但是兼容原有系统，新系统可以与原有系统同时在一条区块链上运行。典型的软分叉是比特币隔离见证（Bitcoin Segwit），该协议版本主要是将区块在1MB之外增加一个3MB的资料区块，通过将交易的签名等验证信息存储在区块之外，来提高区块所能够容纳交易的数量。

为了提高链式区块链的性能，还出现了分区型（sharding）区块链，即有多条可以并行处理的子链共同组成一条逻辑上的区块链。从结构上看，这仍属于链式区块链。

2. 有向无环图结构区块链

采用有向无环图（DAG）拓扑结构的区块链系统是将原有的链式结构替换为有向无环图结构，同时组成区块链的单元也不再是由交易集合所构成的区块，而是使用更细粒度的交易记录作为基本单元。在有向无环图结构区块链系统中，一笔交易接着另外一笔交易，这意味着每笔交易都能够为下一笔后续交易提供证明，这样所有交易就构成了一个有向无环图。DAG区块链系统为了提高交易的确认效率，在交易之间存在着大量的偏序关系，这样可以实现交易的写入和确认的异步执行，并可以并行执行验证过程。DAG区块链系统的拓扑结构可以进一步分为Tangle结构和Lattice结构两种，如图11.3所示。其中，Tangle结构的区块链系统具有大量的偏序关系，这使其交易确认效率受到一定的影响，而Lattice结构消减了大量偏序关系，交易验证效率有所提高但是存在被篡改的风险，安全性问题也比较多。整体上，DAG结构区块链比链式结构区块链具有更高的交易处理效率，并且降低了世界状态维护方面的代价，但安全性问题也十分突出。

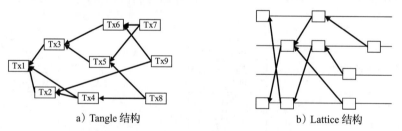

a）Tangle 结构   b）Lattice 结构

图 11.3   基于有向无环图的区块链拓扑结构

11.2.2   区块数据存储结构

区块链系统的数据存储结构包括数据在区块链系统中逻辑组织的数据结构和数据在外存储器中的物理存储结构。区块链系统根据所支持的交易数据形式设计区块的数据结构，并将区块链中所包含的不同数据部分以不同的文件组织方式存储在外存设备上。区块链中每个区块记录了一段时间内发生的交易和状态结果，这可以认为是对当前区块链中分布式账本状态的一次共识。不同的区块链系统对于区块的数据结构设计有所不同，但在区块的结构和原理上通常遵循了比特币的设计，这里以比特币的区块结构为例说明区块的逻辑存储结构，如图 11.4 所示。

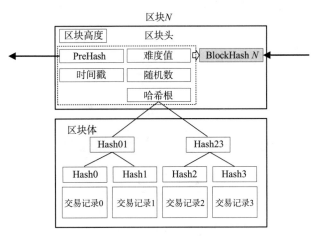

图 11.4　区块的逻辑存储结构

在每个区块的区块体中，存储了封装到该区块中的交易记录集合，其中每个交易记录会生成一个哈希值。交易记录的哈希值将构建成一棵 Merkle 树，其中叶子节点为基础交易记录，每个中间节点是它的子节点的哈希值，根节点是最终的哈希值。最终生成的 Merkle 树哈希根将被放入区块头中。

区块头部分包含区块的元数据，也用于建立区块之间的链接关系。区块头中存储的信息包括区块高度、上个区块哈希值（PreHash）、时间戳、难度值、随机数（nonce）、哈希根和当前区块哈希值（BlockHash）。其中，上个区块哈希值、时间戳、难度值、随机数和哈希根用于通过哈希算法生成当前区块的哈希值。难度值和随机数主要用于在 PoW 共识机制的系统中对出块时间进行控制，其原理是需要找出某个随机数，使区块所生成的哈希值符合该难度值定义，如要求哈希值的前 k 位都是 0。在一些联盟链系统中，根据所采用的共识机制，在生成区块哈希值时不需要难度值和随机数。交易的哈希根主要用于验证交易数据的正确性，使交易数据不可伪造，因为交易记录的修改将导致区块体生成的 Merkle 树哈希根改变。

以比特币为代表的区块链系统能够支持交易验证的主要原因是在区块数据结构中使用了 Merkle 树，并将 Merkle 树的哈希根用于生成区块的哈希值。支持智能合约的以太坊区块链系统则在比特币系统基础上对数据结构进行了一些调整。以太坊的区块链系统针对其交易数据中包含的三种对象设计了三棵 Merkle Patricia 树（MPT），分别是状态树、交易树和收据树。这些数据结构能够使以太坊的客户端支持一些简单的查询。以太坊的 Merkle Patircia 树是结合了 Merkle 树和 Trie 树（也称为 Radix 树）两种数据结构的特点而设计的。

（1）Merkle 树

该树形数据结构可以是二叉树，也可以是多叉树，在比特币中使用的是二叉树结构，如图 11.5 所示。Merkle 树采用自底向上的方式构建，在区块链中，叶子节点为基础交易数据，每个中间节点是它的子节点的哈希值，根节点是最终的哈希值。基于 Merkle 树结构可以使每个区块的交易数据集的哈希根具有唯一值。如果今后用户要验证该交易是否已经发生，仅需提供从交易到根节点的分支即可实现。

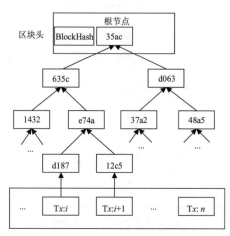

图 11.5　Merkle 树的结构

（2）Merkle Patircia 树

Merkle Patircia 树是以太坊对 Merkle 树和 Trie 树进行结合并改进后的数据结构，如图 11.6 所示。Trie 树的优点为具有相同前缀的值在树中位置更加靠近、不会有哈希冲突等，但是自身存在存储不平衡的问题。Merkle Patircia 树在结构上以 Trie 树的结构为基础，键值基于 Merkle 树的方式生成。Merkle Patircia 树中的每个节点通过它的哈希值被引用并存储在 LevelDB 中，将来可以通过 LevelDB 的查询操作访问该节点。对于一个键值对 <key, value>，key 为节点 RLP（Recursive Length Prefix）编码的 SHA3 哈希值，value 为节点的 RLP 编码。Merkle Patircia 树的结构中引入了多种节点类型，包括空节点、叶子节点、扩展节点和分支节点。其中，叶子节点的结构是键值对的列表，key 为特殊十六进制编码，value 是 RLP 编码的数据内容；扩展节点也是键值对列表，value 是其他节点的哈希值，用于在 LevelDB 中链接到其他节点；分支节点则是一个长度为 17 的列表，前 16 个元素对应 key 编码中的十六进制字符。

从图 11.5 中可以看到，Merkle 树的叶子节点存储交易数据，通过哈希函数逐层生成上层节点的哈希值，如果底层交易记录被篡改，则 Merkle 树根值也会变化，因此 Merkle 树能够有效检测底层交易记录的变化。图 11.6 是基于 Merkle Patircia 树的状态树，用于存储键值映射，其中键是地址，从根节点到叶子节点的路径中存储的就是 key 值，账户的结算单、余额和 nonce 等信息存储于叶子节点的 value 中。由于状态数据不同于历史交易记录，会有频繁的账户插入和余额的改变，而 Merkle Patircia 树适合于数据更新，能够有效地发挥其所改变节点快速计算到根节点的特点，因此可以避免重新计算整棵树的哈希值。在数据存储结构上，不同的区块链系统中包含的根哈希结构、根哈希数量和存储编码等均有所不同，如

表 11.2 所示，这也导致了各区块链系统不同的功能设定和数据访问性能。

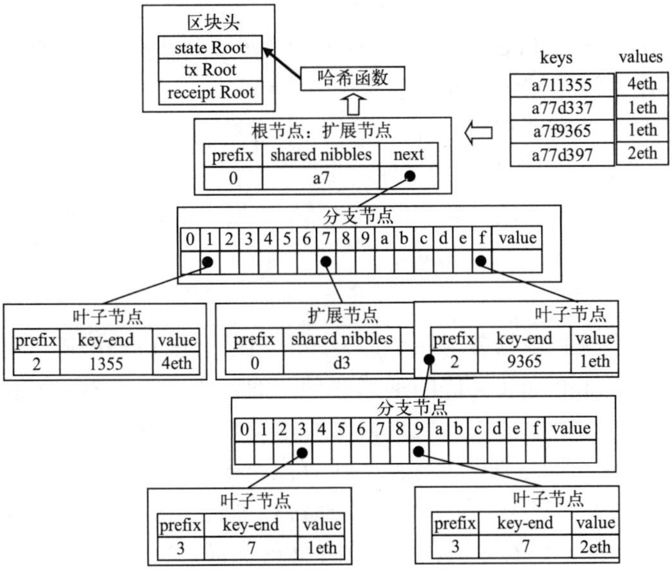

图 11.6　Merkle Patircia 树的结构

表 11.2　典型区块链系统存储结构对比

	比特币	以太坊	超级账本
根哈希结构	Merkle 树	Merkle Patircia 树	Merkle 树
根哈希数量	1	3	1
数据存储编码	Base58Check 编码	RLP 编码	JSON 编码转 Protobuf 格式
数据存储系统	LevelDB	LevelDB	LevelDB/CouchDB
数据库数量	2	3	4
数据库存储内容	UTXO 数据 区块的元数据	账户状态 区块头和交易 收据信息	状态数据库 索引数据库 历史数据库 账本数据库
数据索引	Bloom Filter	Bloom Filter	key-value
区块链数量	单链	单链	多链

11.3　区块链的数据存储

现有区块链系统使用数据文件方式存储区块头，而区块数据及元数据的存储主要使用基于键值模型的数据存储系统。

11.3.1　区块链数据存储方法

区块链系统主要使用 LevelDB 这类键值数据库，通过 LSM 树结构用以提高对交易的存储写入效率和查询访问效率。其中比特币和以太坊的数据存储于 LevelDB 数据库中，而超级账本 Fabric 的状态数据可以在转换成 JSON 格式后选择存储在 CouchDB 中。其他基于区块链的存储系统，如 Storj、Filecoin、BigchainDB 等也均采用了 LevelDB 或 MongoDB 等基于键值模型的数据库系统存储元数据信息。在区块链系统中，不仅要存储由交易数据生成的区块头和区块体数据，还需要根据功能设计，对状态数据、索引数据和元信息等进行管理，因此在数据存储方式上也具有较大的差异，主要的区块链系统数据存储组织方法的对比如表 11.2 所示。下面主要以区块链系统为例介绍交易数据、索引数据和其他元信息的存储组织方式。

1. 比特币

比特币的区块链系统将数据分为四个部分，分别存储在 LevelDB 和文件系统中。其中，区块头和区块体数据以 blk*.dat 文件的形式存储，而包含交易花费 out 信息的区块 undo 数据以 rev*.dat 文件存储，用于区块链发生回滚时进行恢复，比特币的状态数据和区块元数据则采用 LevelDB 存储。状态数据中存储了所有当前未花费交易输出（Unspent Transaction Outputs，UTXO）及相关元数据，这样可以不通过扫描全部区块数据就能够验证新加入的区块和交易。区块的元数据记录着区块在磁盘上存储的位置，也同样使用 LevelDB 进行物理存储以提高访问效率。在仅保存区块头的简单支付验证节点（SPV 节点）中，为了能够在本地进行验证从而节省存储空间和网络传输，还使用了布隆过滤器（Bloom Filter）数据结构过滤不属于当前账号的状态数据。

2. 以太坊

在以太坊的区块链系统中，数据最终存储形式基于键值对，并使用 LevelDB 作为底层数据库存储数据。在数据结构上，以太坊区块头的成员变量中包含三个 Merkle Patircia 树的根哈希，分别对应状态树、交易树和收据树，此外还包含 Bloom Filter 变量，用于快速判断一个日志对象是否存在于区块日志集合中。而以太坊的区块体中则包含的是交易记录和 Uncles 成员。区块头和区块体的成员变量最终会转换成 RLP 编码的键值对形式存储在 LevelDB 中。

以太坊中共建立了三个 LevelDB 数据库，分别是 BlockDB、StateDB 和 ExtrasDB。其中，BlockDB 存储区块头和交易记录，StateDB 存储账户的状态数据，ExtrasDB 则存储收据信息和其他辅助信息。以太坊中用于支持查询处理的交易树、状态树和收据树就分别存储在以上三个数据库中，每个 Merkle Patircia 树的存储内容和功能如表 11.3 所示，每个区块包含了整个状态树的根哈希，其中状态树需要经常进行更新。

3. 超级账本

超级账本系统与比特币和以太坊的最大区别就是支持多链，其中每个链对应一套账本。其中每个账本包含的数据包括区块数据、区块索引、状态数据和历史数据。为此，超级账本系统中的每个节点会通过维护 4 个 LevelDB 数据库管理这些数据，其中区块数据以文件形式存储，如图 11.7a 所示，具体包括：

1）idStore：存储账本编号，用于用户快速查询节点中存储了哪些账本。

2）stateDB：状态数据库，存储世界状态数据，默认使用 LevelDB，可以替换为 CouchDB。

3）historyDB：历史数据库，存储状态数据库中 Key 的版本变化。

4）blockIndex：索引数据库，存储区块的文件索引。

表 11.3　以太坊的 Merkle Patircia 树

	状态树	交易树	收据树
Key	账号地址	交易编号	索引编号
Value	账户内容	交易内容	收据内容
存储数据库	StateDB	BlockDB	ExtrasDB
唯一性	区块链整体一棵	每个区块独立一棵	每个区块独立一棵
所支持的查询	指定账户的余额 账户是否存在 合约交易的输出	交易是否存在于区块中	地址的事件实例

超级账本相比于比特币和以太坊具有更加明显的分布式数据库特征。在超级账本中通过排序服务实现了多通道机制，这与 Kafka 消息系统的 Topics 相同，能够实现通道间数据隔离，如图 11.7b 所示。每个通道对应一条区块链账本，排序服务节点会根据交易中的账本信息决定添加到哪个通道队列中，生成区块后再广播给加入这个通道的记账节点。每个记账节点可以加入多个通道，一旦加入通道就可以接收通道的区块信息，否则，就不会收到这个通道的数据。例如，图 11.7b 中的记账节点 1 仅加入了通道 1 和通道 2，因此只能接收这两个通道所包含的数据。但是，这里的数据隔离只针对记账节点，排序服务节点则可以接收所有通道数据。根据数据的分布情况，超级账本区块链中分为系统账本和子账本，在所有记账节点上都存在的账本被称为系统账本，在部分记账节点上存在的则成为子账本。

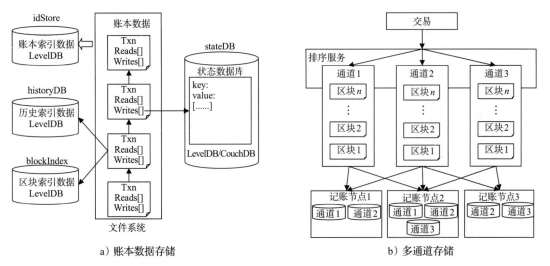

a）账本数据存储　　　　　　b）多通道存储

图 11.7　超级账本 Fabric 的分布式存储结构

11.3.2　区块链系统扩展存储方法

区块链系统的分布式存储功能是建立在全复制基础上的，每个节点需要存储全部区块数据。随着区块高度的增长，区块链的数据也将不断增加。如果将区块相关的全部数据存储在链上，一方面链上数据规模的快速增长会导致数据管理效率下降，另一方面数据的拥有者可能并不希望发布全部数据。为了保证链上存储空间的使用效率，区块链系统设计了相应的存储扩展机制实现每个区块能够存储更多交易记录。

1. 比特币系统的隔离见证（SegWit）

由于比特币系统限制每个区块的大小为 1MB，因此每个区块所能够容纳的交易个数受限，同时也限制了系统仅支持每秒 7 笔交易。随着交易量的增加，比特币主链显然无法满足交易数据存储。为此，2015 年提出了隔离见证（Segregated Witness，SegWit）扩容协议，并于 2017 年 8 月实现。比特币中一个数字签名被看作一种见证（Witness），隔离见证的原理是把交易输入中的签名信息移至另一个伴随交易的用来存放交易见证的数据结构，同时仍然保证可以对交易进行验证。由于数字签名占据了交易的大部分存储空间，隔离见证协议在独立存放数字签名后使得一个区块可以打包更多数量的交易，从而提高了比特币交易的处理速度。

2. 链上链下数据协同技术

在区块链系统中，通常将发送到区块链上能够改变链上数据和状态的信息统称为"交易"，在很多区块链应用中，上链的交易数据并非转账记录，而是需要共识和存储的数据。由于在区块链上存储大量交易数据不仅造成了严重的网络拥堵，降低了区块共识效率，还提高了区块链上数据存储的成本，尤其当需要共享的数据是图像、视频或大体量的数据集时。因此，将全部数据上链的方式并不适合大规模数据共享的应用。

为此，链上链下数据协同技术被用于扩展系统的计算能力和存储能力，以提高数据共享效率。链上链下协同技术包括侧链、状态通道、跨链技术、链下计算和链下存储等多种技术，基本思想是在链上（On-Chain）存证、在链下（Off-Chain）存储和传输数据，从而避免数据直接上链造成的存储、计算和网络等方面的开销。此外，链下存储还能够将需要保密的隐私数据存储在区块链之外，仅将可公开的内容发布在区块链上。在这种方式中，主区块链数据仅作为交易事件发生证明，完整的交易信息则采用链外消息传递或状态通道机制存储在相关节点或侧链上。例如，摩根大通的 Quorum 系统中私人消息采用链下中继方式，在区块链中仅记录消息的加密指纹。比特币体系下的闪电网络则属于典型的状态通道机制，其中交易明细不作为记录存储在分布式账本上，仅作为有争议发生时需提供的单据，从而实现隐私保护的目的。

3. 基于 IPFS 的区块链数据存储

星际文件系统（Inter-Planetary File System，IPFS）是一个基于内容寻址、分布式、可快速索引、版本化的文件系统。存储在 IPFS 上的文件将被自动分片并加密分散存储，同时自动消除重复文件，这保证了文件存储的安全性和高效性。IPFS 的提出是为了替代 HTTP 协议，实现在网络中高效、安全地存储文件。

由于区块链系统的区块空间资源非常宝贵，因此为了降低区块链的存储压力，很多区块链系统将 IPFS 作为底层存储以扩展现有区块链系统的数据存储能力。例如，在以太坊中，数据存储在链上需要花费代币 gas，大量的数据上链存储将导致成本增加，同时也将给区块链网络带来极高的负载。因此，以太坊 +IPFS 的存储方案中就是将数据的 IPFS 哈希值作为文件的 ID 存储在以太坊区块链的状态数据库中，而数据本身存储在 IPFS 系统中。在 IPFS 系统中文件的哈希值是基于内容生成的，因此只要两个文件的内容相同，即使文件名不同也拥有相同的哈希值，这样可以有效避免文件的重复存储。

11.4 区块链系统的数据管理

区块链系统为了支持对交易记录的验证、查看等操作需要提供相应的数据管理功能。由于现有区块链系统的数据结构和存储优化策略均不相同，因此系统所支持的数据管理功能也不尽相同，相应的数据查询处理策略也具有较大的差异。

11.4.1 区块链的存取优化

区块链本身的数据结构和存储方式并不适合交易记录查询或状态数据查询。如果访问区块链数据需要对所有区块进行遍历，将严重影响区块链系统的执行效率。为此，区块链系统在存储结构和数据组织方式上都采用了存取优化技术提高数据的访问效率。当前关于区块链系统的研究中所采用的存取优化方法主要包括三种：使用数据库系统管理区块数据、使用高效的索引结构提高数据访问效率和利用分布式存储策略减少节点存储负载。

1. 数据库存储系统

高效的数据库系统可以提高数据存取性能，因此区块链系统普遍使用在底层基于键值数据库的方法，这样不仅能够提高数据访问性能，也能够提高系统数据的存储能力。例如，LevelDB 数据库被比特币和以太坊等区块链系统用以存储元数据和区块数据，甚至还存储索引数据。在数据库研究领域，有研究工作直接设计并实现了面向区块链系统的数据存储系统，如 ForkBase 存储系统设计了高效的索引结构和数据模型，使其能够与超级账本系统结合，UStore 系统也为区块链系统提供高效的底层存储。

2. 高效的索引结构

数据索引是解决数据查询访问性能的关键技术，区块链系统也同样使用索引来提高交易记录的访问效率。区块链中的交易数据具有不可改变的性质且以区块为单位进行存储，这使得布隆过滤器索引结构在各类区块链系统中得到广泛应用。如前所述，比特币系统在简单支付验证节点上通过保存区块的布隆过滤器数据来过滤区块访问，而在以太坊中，所有交易事件被以日志的方式存储在区块中，因此在区块头中增加了日志的布隆过滤器以实现对事件的高效搜索。布隆过滤器结构能够快速判断一个元素是否存在于一个集合中，同时其所需的存储空间远小于元素集合的存储空间，因此在访问数据时可以实现对区块的快速过滤。在超级账本系统中也创建索引数据来支持对区块的各种查询，其索引结构采用键值对模型并使用

LevelDB 存储。

超级账本系统中在区块数据上创建了多个索引，包括按区块编号、区块哈希、交易编号、区块交易编号、交易验证码等构建的索引，还有同时按区块编号和交易编号组合构建的索引。所有索引均存储在 blockIndex 数据库中，不同类型的索引通过键值的命名规则进行区分，例如区块编号索引的键值是 "n"+blockNum，索引项的 value 是一个文件位置指针，指针的内容包括文件编号、文件偏移量和区块占用空间，存储时被序列化成字节保存在 LevelDB 数据库中。

3. 分布式存储策略

区块链系统通过使用分布式数据库系统的存储策略来提高存储空间的使用效率。在比特币和以太坊系统的网络中均存在"轻节点"（对应地，保存全部情况数据的节点称为"全节点"），如前面提到的比特币简单支付验证节点，这些节点并不存储全部的区块数据，而是仅存储区块头和布隆过滤器索引数据，在进行交易验证时根据索引的决定需要访问哪些区块的区块体数据，再通过网络访问从全节点下载对应区块在本地进行验证。这样，"轻节点"可以在存储少量数据的情况下对交易进行验证。超级账本系统则是使用多通道的模式实现多链的数据存储，如图 11.7b 所示，每个账本对应的区块链存储在一组记账节点中，而每个节点只接收和存储其加入的通道数据。

11.4.2　区块链系统的查询处理

在区块链系统体系结构中节点之间是对等的，每个全节点都会存储全部区块数据，因此对区块和交易的查询处理都是本地执行的。然而，随着各类区块链系统的发展，节点功能逐步细化且节点角色逐渐多样化，同时交易数据开始使用分布式数据管理方式存储和访问。为此，当前区块链系统中的交易记账处理和交易查询处理均使用了分布式处理策略。此外，为了实现对区块链中数据的高效访问，也有相关研究在区块链系统的基础上构建查询处理框架。

1. 区块链数据的本地查询处理

区块链的全节点集成了区块链系统的全部功能也存储了区块链的全部数据，因此，全节点可以在本地执行全部的数据查询处理。区块链系统在全节点上对区块数据和交易的查询处理采用与集中式数据库相同的处理策略，即对区块扫描和使用索引结构提高访问效率。很多区块链系统使用 LevelDB 数据库存储区块数据或元信息，其目的也是通过键值数据库的 LSM 树结构提高写入和查询数据的效率。与遍历区块的方法相比，使用键值数据库的查询功能显然更加高效。在超级账本这类区块链系统中，更是创建了多个区块索引，以提高对区块和交易的访问效率。

2. 区块链数据的分布式查询处理

由于区块链系统将区块相关的数据分布式地部署在节点中以减轻节点负载，因此诸多分布式查询处理技术被应用于区块链系统之中。比特币系统使用的简单支付验证机制就基于分布式查询技术。简单支付验证节点在进行交易的支付验证时，首先从全节点下载存储最长区块链所有区块的区块头至本地，再从区块链获取待验证支付对应的 Merkle 树哈希认证路径，最后根据哈希认证路径，计算 Merkle 树的根哈希值，将计算结果与本地区块头中的 Merkle 树的根哈希值进行比较，定位到包含待验证支付的区块。如果定位的区块包含在区块链中且区块高度符合确认要求，则认为该支付验证通过。简单支付验证的执行过程如图 11.8 所示，其查询原理与分布式数据库的半连接算法类似。其中，由于验证交易需要发送用户地址从而造成隐私安全问题，因此比特币系统在 2012 年的 BIP37 中引入了布隆过滤器实现对传输区块进行过滤。将交易地址转换为布隆过滤器的位向量可以有效避免直接发送地址造成的隐私泄露风险，而全节点也仅需根据布隆过滤器的结果返回部分区块信息。简单支付验证节点为了保证验证结果的可信性，会与多个全节点通信对交易进行验证。

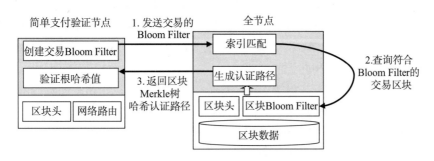

图 11.8　简单支付验证的执行过程

3. 区块链的查询处理辅助系统

面对区块链系统本身的查询功能有限的问题，大量研究工作和应用系统分别提出了链上和链下的解决方案。链上解决方案指基于区块链存储结构进行改进并提高性能，链下解决方案是在区块链的数据层上构建了查询层以扩展区块链的查询功能并为用户提供更加灵活高效的区块数据访问。当前大量的区块链查询系统均采用链下解决方案。Etherchain 提供了在线的以太坊的区块、交易和账户的数据访问功能。Blockchain.info 则提供了对比特币数据的 RESTful 服务访问方式，其底层采用了将区块数据存储到关系数据库系统中的方式以提供结构化的查询功能。以上这些系统提供了基本的区块数据查询功能，最新的研究工作主要致力于面向区块链提供更复杂的查询，如不同于一般查询的可信查询。

11.5　区块链系统的事务管理

区块链属于无协调的分布式系统，在无协调机制下区块链系统既要保证各节点存储数据的一致性，也要保证交易处理的事务特性。为此，在区块链系统中引入了共识机制以保证交易处理的事务性以及交易结果分布式存储的一致性。

11.5.1　共识机制

区块链系统中由于要在所有参与节点中存储数据，因此每当有新的区块生成时需要在所有节点上执行更新，这与分布式数据库中的分布式事务处理十分相似，需要保证分布式数据的一致性，即在每个节点上增加相同的区块。不同于分布式数据库采用的两段提交方法，无协调的区块链系统为了解决分布式数据的一致性问题引入了共识机制。共识机制是一种全网节点之间的协议或规则，全网节点只要遵守共识协议，便可以实现分布式数据的一致性。共识机制在区块链中最重要的作用是防止恶意节点通过篡改数据实现对系统的攻击。区块链所采用的共识协议可以分为两种类型：一种是竞争性共识协议，另一种是非竞争性共识协议。

1. 竞争性共识协议

竞争性的共识协议中允许系统中多个节点同时参与生成最新的区块，这有可能导致区块链临时的分叉，网络中的节点最终以最长的分叉作为共识的结果并将其中的区块加入本地区块链中。竞争性的共识协议通常采用基于计算的方法生成区块，在获得区块的记账权的同时会获得代币奖励，常被用于公有链中，与区块链的激励层关联。此类共识协议典型的有基于工作量证明（Proof-of-Work，PoW）、基于权益证明（Proof-of-Stake，PoS）和基于容量证明（Proof-of-Capacity，PoC）3 种共识协议。

基于工作量证明（PoW）共识协议的原理是参与竞争的节点付出某些资源来争夺拥有区块记账权的胜出者，通常该类协议要求全网节点共同解决一个密码学难题，最先找到该难题答案的矿工获得当前区块的记账权。这种方式可以有效地避免女巫攻击（Sybil attack）的风险，因为密码学难题对计算力的要求十分高，攻击者很难通过增加廉价节点取得压倒性的算力优势（51%）。例如，比特币系统就是典型的采用基于工作量证明机制的区块链系统。比特币系统中密码学难题的目标是要找到满足如下公式的随机值（nonce 值）：

$$SHA256(SHA256(block+nonce)) < target$$

其中 SHA256 代表挖矿算法采用的哈希函数 SHA256 算法，block 表示除 nonce 值以外的区块头部分，target 表示当前区块难度值。比特币系统会自动通过调整难度值使每个区块的解题时间大约为 10 分钟，而以太坊系统的工作量证明协议则将其区块创建时间控制在 10 ～ 15 秒以提高系统交易的吞吐量。

工作量证明的解题过程也被称为挖矿（mining），这种共识机制的好处是在公有链这种大规模网络中，一个节点很难具备足够 51% 的算力以支配整个网络，而另一方面，其最大弊端就是需要消耗大量的电力资源从而导致资源浪费。

基于权益证明（PoS）共识协议被提出的目的是解决 PoW 的资源浪费问题，其原理是要求用户证明自己拥有一定数量的激励层代币的所有权，所有权即"权益"，只有拥有代币"权益"才能够参与竞争区块记账权。权益证明共识协议不需要大量的算力，而是将代币拥有权代替算力资源产生共识。权益证明机制中引入了一个币龄的概念，生成区块哈希值的密码学难题公式变为如下形式：

$$Hash(block+nonce) < target*CoinAge$$

其中 CoinAge 变量表示币龄，参与挖矿的节点拥有的币龄越高，其生成区块哈希、获得记账权的概率就越高。这样，权益证明机制将挖矿和代币的拥有者结合到一起。

　　然而，权益证明机制也并未完全解决工作量证明机制的问题，首先在初始代币发行时依然需要基于工作量证明机制生成区块和代币，其次，由于币龄与时间相关，因此导致可能通过囤币的方式发起攻击。

　　基于容量证明（PoC）共识协议的原理是采用基于存储空间的大小来决定区块生成权的算法，参与共识的节点首先通过算法生成写满哈希数据的文件，竞争记账权的过程就是寻找碰撞硬盘中文件里的哈希值，这样具有更多存储空间的节点将有更大的概率获得区块的记账权。基于容量证明相对于工作量证明的优势在于不采用算力这种能耗资源挖矿，理想的状态下是使用闲置的存储空间，从而能够减少能源浪费。

　　2. 非竞争性共识协议

　　非竞争性共识协议采用的是由一个节点生成打包区块并发布给其他节点，各个节点在接收到一致性确认的区块后将该区块加入区块链的末端。这类共识协议通常都是基于通信机制实现的，为了防止恶意节点在消息传输中修改数据，生成的新区块将发送给网络中的全部节点，并进行多轮消息通信，节点基于收到其他节点消息的情况确认数据一致性。此类协议的典型代表有实用拜占庭容错协议（PBFT）、Paxos 协议和 Raft 协议。以上协议也经常用于在分布式处理系统和分布式数据库系统中维护副本的一致性，本书前文中已做详细介绍。由于基于通信的共识协议的通信开销会随着网络规模的增长快速增加，对于 N 个节点的网络，对应的通信复杂度为 $O(N^2)$，因此此类共识协议通常应用于规模较小的联盟链系统。

11.5.2　智能合约

　　智能合约（Smart Contract）这个概念最早由法律领域学者尼克萨博（Nick Szabo）提出，智能合约作为一种数字形式定义的承诺，合约参与方可以在上面执行这些承诺的协议。早期的智能合约无法保证数字形式的程序不被篡改，因此并未得到应用。然而，区块链技术为智能合约的应用提供了环境，因为在区块链上的智能合约作为可执行代码被存储于区块中，是所有用户都可以看到并认可的代码。智能合约被调用时，将按照合约中代码的业务逻辑进行验证并执行其中所包含的事务操作，如判断输入条件是否达成执行转账操作的要求等。由于智能合约能够表达比转账操作更加复杂处理逻辑，因此它可以用于定义区块链上复杂的事务操作。很多区块链系统都实现了图灵完备的智能合约语言，例如，以太坊智能合约使用的 Solidity 语言和超级账本 Fabric 中使用的 chaincode 语言。

　　智能合约同样也存在着弊端，由于智能合约代码在网络上对所有用户可见，因此一旦存在安全漏洞更容易受到攻击且不易被及时修复。典型的事故是 2016 年以太坊 DAO（Distributed Autonomous Organization）的程序漏洞造成了数千万美元的损失，直接导致了以太坊系统的硬分叉。而其他针对智能合约代码的攻击手段也在不断被提出，这也给智能合约的应用带来了挑战。

11.5.3　分布式事务处理

　　由于区块链系统本质上是分布式数据库系统，因此其对于交易的处理也是按照事务处理的特性执行的，即要保证原子性、一致性、隔离性和持久性。区块链系统在事务处理中除了单一区块链之内的交易记账之外，由于可能要进行跨链操作，因此事务处理还会涉及跨链问题。在区块链系统中对于事务的处理效率主要是由采用的共识协议所决定的。公有链系统由于采用了工作量证明这类共识机制，达成共识需要较长的时间，因此事务的吞吐率相对较小。而在联盟链中采用的是 PBFT 和 Paxos 等共识协议，这类分布式系统共识协议能够提高事务的吞吐量，但是相应的通信代价较高，对于区块链网络规模有一定限制。

1. 区块链事务的原子性与持久性

在区块链系统中，当交易被写入区块并经过共识机制在各节点加入本地的区块链上时，就意味着交易事务执行的完成，而交易一旦被写入区块链中就不可被更改，这样对于区块链中的交易而言同时确保了原子性和持久性。

区块链系统确保事务原子性的挑战主要在于进行跨链操作时，事务需要在不同的链上进行读写操作，如进行跨链数字货币的兑换事务。此时，跨链事务的原子性要求在所有相关链上的均执行操作或者均不执行。一种确保原子性方法的思想是通过哈希锁定的智能合约，确保当事务的原子性没有被满足时，相应的事务被终止并且回滚所有已经执行的操作。

2. 区块链事务的隔离性与一致性

分布式系统中的事务并发执行问题在区块链系统中同样存在，区块链要保证事务的隔离性，避免"双花"（Double Spending）等问题，而在分布式事务隔离性被破坏的同时，事务的一致性也无法得到保障。因此为了保证区块链系统的事务性质，很多的分布式并发控制技术被应用到区块链系统中。典型的处理方法就是对事务进行调度处理，常见的方法是采用先排序再执行的处理策略。例如在超级账本 Fabric 系统中，对于事务的处理流程可以分为六步，分别是事务发起、模拟执行、检查返回协议（proposal）、排序共识、验证提交和版本更新，如图 11.9 所示。第 1 步，超级账本 Fabric 的客户端用户通过应用程序的 SDK 生成事务协议，该协议中包含用户的签名并通过链码函数读取或写入数据，生成的事务协议将提交给指定的背书节点。第 2 步，在背书节点中，将对事务的签名进行验证并模拟执行事务，之所以称为模拟执行是因为在此阶段仅生成事务执行结果并签名（背书）。具体验证的内容包括事务协议的完整性、事务是否被提交过、签名是否有效、提交者是否正确授权。在第 3 步中，应用程序会检查背书节点返回的结果并验证签名，如果事务中只是查询操作则仅检查结果，通常不会将事务提交给排序节点，而如果事务中包含写操作需要更新账本，则事务的读写集和签名等相关信息会被提交到排序节点。在第 4 步中，排序节点将从网络上接收到的事务按照通道进行分组，相同通道的事务按照时间进行排序作为事务的执行顺序，排序节点集群会执行共识协议，并将一个通道内的一组事务生成区块，之后广播给同一通道内所有记账节点。在第 5 步中，记账节点对接收到的区块中的事务再次进行验证，包括事务的正确性、事务的重复性、背书签名、读写集版本等，通过验证的事务会被标记为有效并将其修改结果写入本地账本中，而验证不通过的事务会被标记为无效。最后第 6 步，通过同步区块，每个节点都会将新的区块添加到通道的区块链中，每个有效事务的写集都被提交到当前状态数据库中。

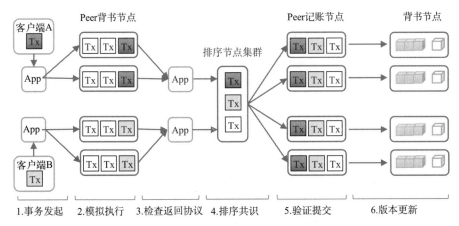

图 11.9 超级账本 Fabric 事务处理流程

11.6 本章小结

本章主要介绍了区块链系统的相关概念和与区块链中所包含的分布式数据管理相关技术。首先对区块链的起源、分类和体系结构进行了介绍，并将其作为一类分布式数据库系统与传统数据库系统进行了对比。接下来从数据库实现技术的角度详细介绍了区块链系统从底层的物理存储数据结构、数据存储机制与扩展存储方法、数据的存取优化和查询处理机制，以及分布式事务管理机制。作为一种新型的分布式数据库管理系统，区块链系统的关键技术还有待与进一步完善。目前，围绕区块链技术已经开展了大量的研究工作，这些工作正逐渐解决区块链在应用中遇到的各种挑战性问题，使区块链技术更加成熟。

习题

1. 说明区块链系统与传统分布式系统的主要区别。
2. 说明区块链系统中使用了哪些技术保证链上的数据不易被篡改。
3. 简述区块链中采用的查询优化技术。
4. 简述区块链中的事务如何保证原子性和持久性。
5. 分析为何联盟链系统中通常采用 PBFT 和 Paxos 等非竞争性共识机制。
6. 分析在区块中使用 Merkle 树这种数据结构的作用。

参考文献

[1] NAKAMOTO S. Bitcoin: a peer-to-peer electronic cash system[EB/OL]. https:// btcpapers.com/ bitcoin.pdf, 2008.

[2] BUTERIN V. Ethereum: a next generation smart contract and decentralized application platform[EB/OL]. https://www.weusecoins.com/assets/pdf/library/Ethereum_white_ paper-a_next_generation_smart_contract_and_decentralized_application_platform-

vitalik-buterin.pdf, 2013.

[3] CHRISTIAN C. Architecture of the hyperledger blockchain fabric[C]//Proc. of the Workshop on Distributed Cryptocurrencies and Consensus Ledgers. Chicago, USA: ACM, 2016:14-17.

[4] PASS R, SEEMAN L, SHELAT A. Analysis of the blockchain protocol in asynchronous networks[C]//Proc. of the Theory and Applications of Cryptographic Techniques. Paris, France, 2017:643-673.

[5] TANENBAUM A S, STEEN M V. Distributed systems: principles and paradigms(2nd edition)[M]. Upper Saddle River, USA: Pearson Prentice Hall, 2007.

[6] BONIFAT A, CHRYSANTHIS P K, OUKSEL A M. Distributed databases and peer to peer databases: past and present[C]//Proc. of SIGMOD Record. New York: IEEE, 2008,37(1):5-11.

[7] NG W S, OOI B, TAN K, et al. PeerDB: A p2p-based system for distributed data sharing[C]//Proc. of the international conference on data engineering. Bangalore, India: IEEE, 2003:633-644

[8] ÖZSU M.T, VALDURIEZ P. Principles of distributed database systems(Third Edition)[M]. New York, NY: Springer, 2011.

[9] SACCO M S, YAO S B. Query optimization in distributed data-base systems[J]. Advances in Computers, 1982, 21:225-273.

[10] AFRATI F, ULLMAN J.D. Optimizing joins in a map-reduce environment[C]//Proc. of the international conference on the extending database technology. Lausanne, Switzerland: IEEE, 2010:99-110.

[11] CASTRO M, LISKOV B. Practical byzantine fault tolerance and proactive recovery[J]. ACM Transactions on Computer Systems. Association for Computing Machinery, 2002, 20 (4): 398-461.

[12] LAMPORT L. The part-time parliament[J]. ACM Trans. on Computer Systems, 1998,16(2):133-169.

[13] ALAN D, DAN G, CARL H, et al. Epidemic algorithms for replicated database maintenance[C]//Proc. of the Sixth Annual ACM Symposium on Principles of Distributed Computing. New York: ACM, 1987: 1-12.

[14] ONGARO D, OUSTERHOUT J. In search of an understandable consensus algorithm[C]// Proc. of Usenix Conference on Usenix Technical Conference. PA: USENIX Association, 2014: 305-320.

[15] 袁勇，王飞跃. 区块链技术发展现状与展望 [J]. 自动化学报，2016，42(4): 481-494.

[16] MERKLE R C. Protocols for public key cryptosystems[C]//Proc. of the 1980 Symposium on Security and Privacy. California: ACM, 1980: 122-133.

[17] WOOD G. Ethereum: a secure decentralized generalized transaction ledger [EB/OL]. Ethereum Project Yellow Paper, 2014, [2017-06-07]. http://gavwood.com/paper.pdf.

[18] BRASS P. Advanced Data Structures[M]. New York, USA: Cambridge University Press, 2008.

[19] CouchDB[EB/OL]. http://couchdb.apache.org/.

[20] MongoDB[EB/OL]. https://www.mongodb.com/.

[21] 王千阁, 何蒲, 聂铁铮, 等. 区块链系统的数据存储与查询技术综述 [J]. 计算机科学, 2018, 45(12):12-18.

[22] O'NEIL P, CHENG E, GAWLICK D, et al. The Log-Structured Merge-Tree (LSM Tree) [J]. Acta Informatica, 1996, 33(4): 351-385.

[23] 张召, 田继鑫, 金澈清. 链上存证、链下传输的可信数据共享平台 [J]. 大数据, 2020, 6(5): 106-117.

[24] WANG S, DINH T A, LIN Q, et al. ForkBase: an efficient storage engine for blockchain and forkable applications[C]//Proc. of 44th International Conference on Very Large Databases. Rio de Janeiro, Brazil: ACM, 2018:1137-1150.

[25] Etherchain[EB/OL]. https://etherchain.org.

[26] Blockchain.info[EB/OL]. https://blockchain.info/.

[27] 张志威, 王国仁, 徐建良, 等. 区块链的数据管理技术综述 [J]. 软件学报, 2020, 31(9): 2903-2925.

[28] BOCEK T. Digital marketplaces unleashed[M]. Heidelberg: Springer-Verlag GmbH, 2017.

[29] HERLIHY M. Atomic cross-chain swaps[C]//Proc. of the 2018 ACM Symposium on Principles of Distributed Computing. New York: ACM, 2018: 245-254.

CHAPTER 12

第 12 章

AI 赋能的数据管理

随着人们对数据库性能及管理技术的要求日益提高，数据量爆炸式的增长使传统数据库和数据管理技术面临巨大的挑战。受人工智能成功应用于多领域研究的启发，人工智能赋能的数据管理技术，旨将以机器学习为代表的人工智能技术中的统计、学习、推理和规划等能力应用到数据库系统和数据管理中，对数据库进行有针对性的优化，以不断提高数据库的性能。本章将首先介绍数据存储问题中数据分区与索引构建的学习型方法，然后分别介绍查询优化过程中基于人工智能的代价模型、基数估计和连接优化技术，接着介绍人工智能赋能的负载管理、负载预测以及配置参数调优方法，最后介绍人工智能赋能的自治数据库的发展现状。

12.1 人工智能相关技术简介

人工智能赋能的数据管理使用了多种人工智能相关技术，例如线性回归、决策树、聚类、神经网络和强化学习等。为了更好地理解后面的内容，本节将对涉及的部分人工智能技术进行简单介绍。

12.1.1 决策树

决策树是机器学习中的一种预测模型。决策树代表了样本的属性与值之间的一种映射关系，常用于分类。当面对一堆样本并且每个样本都有一组属性和一个分类结果时，通过学习这些样本可以得到一个决策树，这个决策树能够对新的测试数据给出正确的分类结果，这个过程就是监督学习。因此，决策树是监督学习过程中的一种分类方法。决策树是一种树形结构，由节点和边组成，其中每个节点代表一个判断属性，每个分支代表一个判断结果，每个叶子节点代表一种分类结果。图 12.1 是一个用于判断天气状况是否适合打网球的决策树，其中天气、湿度、风力是判断属性，叶子节点表示是否适合打网球。

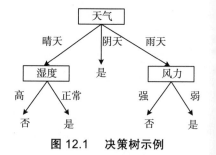

图 12.1　决策树示例

决策树的构造通常有三个步骤：特征选择、决策树生成、决策树剪枝。决策树的构造过程可以理解为寻找纯净划分的过程，纯净划分通俗来讲就是试图寻找分类数量最小的集合。构造决策树时，首先从空树开始，选择某一属性作为测试属性。该测试属性对应决策树中的决策节点，根据该属性的值的不同，可将训练样本分成相应的子集，如果该子集为空或该子集中的样本属于同一个类，则该子集为叶子节点，否则该子集为决策树的内部节点，需要选择一个新的分类属性对该子集进行划分，直到所有的子集都为空或者属于同一类为止。

在生成决策树时，会出现生成的决策树对训练样本表现得过于优越但对测试数据表现不好的情况，这就是过拟合现象。过拟合现象出现的原因是在训练过程中过多地考虑如何提高对训练数据的正确分类，而将训练数据自身的一些特点当作所有数据的共性进行学习，因此产生了较为复杂的树，所以通常使用剪枝的方法来简化决策树的结构。剪枝分为预剪枝和后剪枝两种。预剪枝是在每一次实际对节点进行进一步划分之前，先采用验证集的数据来验证当前划分是否能提高划分的准确性。如果不能，就把节点标记为叶子节点并退出划分，如果可以则继续递归生成节点。但是由于某些节点虽然不能立刻提升预测的准确性，但是有可能在其基础上的后续划分会提高准确性，因此预剪枝会有欠拟合的风险。后剪枝则是先训练生成一棵树，再考虑是否消去所有相邻的成对叶子节点，如果消去能引起令人满意的不纯度增长，则执行消去，并令它们的公共父节点成为新的叶子节点。这种合并叶子节点的做法和节点划分的过程恰好相反。后剪枝的欠拟合风险小，但是它需要先生成一棵树之后再进行剪枝，因此时间开销和最终树都比预剪枝大。

12.1.2　聚类

聚类是一种无监督机器学习的方法，对于未知的数据集，聚类算法按照数据的内在相似性将其划分为多个类别，使得类别内的数据相似度较大而类别间的数据相似度较小，即同一组中的数据点具有相似的属性或特征，不同组中的数据点具有高度不同的属性或特征。聚类可以作为监督学习中稀疏特征的预处理方法，也可用于异常值检测。

数据聚类的最经典算法是 K-Means 算法，它是一种典型的划分聚类算法，其中 K 表示簇的个数，欧式距离和余弦距离作为距离度量目标。K-Means 算法用一个聚类的中心即质心来代表一个簇，质心是类内数据向量各维的平均值。K-Means 算法利用上述目标，最终得出对数据集的 K 种分类。K-Means 算法的具体工作流程如下：首先指定 K 的值，随机初始化 K 个质心；然后遍历所有样本点，分别计算样本点到质心的距离并进行聚类；接着根据聚类的结果更新质心的位置并重新遍历样本点，计算样本点到新质心的距离并进行聚类；最后，不断迭代直到质心的位置不再发生明显的变化为止。

12.1.3　人工神经网络

人工神经网络（Artificial Neural Network，ANN）也简称为神经网络（NN）或称作连接模型（Connection Model），它是对人脑神经的简化、抽象和模拟。它是由大量的神经处理单元彼此按照某种方式相互连接而形成的复杂网络，这种网络依靠系统的复杂程度，通过调整内部大量节点之间相互连接的关系，达到处理信息的目的，使信号处理更接近于人类的思维活动。

神经网络主要由神经单元、学习规则和拓扑结构构成。神经网络由大量的节点（或称为神经元）之间相互连接构成。每个节点代表一种特定的输出函数，称为激活函数。每两个节点间的连接都代表一个对于通过该连接信号的加权值，称为权重，神经网络就是通过这种方式来模拟人类的记忆的。网络的输出则取决于网络的结构、网络的连接方式、权重和激活函数。神经网络具有自学习和自适应的能力，可以通过预先提供的一批相互对应的输入和输出数据，分析两者的内在关系和规律，最终通过这些规律形成一个复杂的非线性系统函数。

前馈网络是典型的神经网络模型。前馈网络中各个神经元接收前一级的输入，并将其输出到下一级，网络中没有反馈，可以用一个有向无环图表示。BP 网络是一种典型的前馈网络，一个典型的三层 BP 神经网络如图 12.2 所示。BP 算法通过输入、输出数据集，根据误差反向传递的原理，对网络进行训练，其学习过程包括信息的正向传播以及误差的反向传播两个过程，对其反复训练逐渐逼近目标。

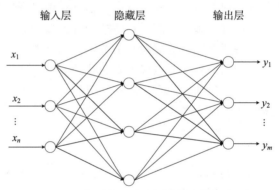

图 12.2　典型的三层 BP 神经网络示意图

12.1.4　强化学习

强化学习是机器学习中的一个领域，强调如何基于环境而行动，以取得最大化的预期利益。其灵感来源于心理学中的行为主义理论，即有机体如何在环境给予的奖励或惩罚的刺激下，逐步形成对刺激的预期，产生能获得最大利益的习惯性行为。作为机器学习的范式和方法论之一，它的基本原理是：如果智能体的某个行为导致环境的正反馈，那么智能体以后产生这个行为策略的趋势便会加强。智能体的目标是在每个离散状态发现最优策略以使期望的奖励值和最大。

强化学习的常见模型是标准的马尔可夫决策过程，这是一个数学模型。它基于一组交互对象（即智能体和环境）进行构建，所具有的要素包括状态、动作、策略和奖励。在模拟中，智能体会感知当前的系统状态，按策略对环境实施动作，从而改变环境的状态并得到奖励，奖励随时间的积累被称为回报。

按给定条件，强化学习可分为基于模式的强化学习、无模式强化学习、主动强化学习、被动强化学习。强化学习的变体包括逆向强化学习、阶层强化学习和部分可观测系统的强化学习。求解强化学习问题所使用的算法可分为策略搜索算法和值函数算法两类。深度学习模型可以在强化学习中得到使用，形成深度强化学习。深度强化学习本质上属于采用神经网络作为值函数估计器的一种方法，其主要优势在于它能够利用深度神经网络对状态特征进行自动抽取，避免了人工定义状态特征带来的不准确性，使智能体能够在更原始的状态上进行学习。

12.2　数据分区

数据分区是一种物理数据库的设计技术，将数据表中的数据均衡划分到不同的硬盘、系统或不同服务器存储介质中，以降低数据库的 I/O 次数，提高数据检索的效率。人工智能赋能的数据分区技术利用工作负载分析分区结果的查询代价，并以此不断改进分区结果，学习最优的数据分区模型。相比于传统方法，人工智能赋能的数据分区技术对数据、负载和硬件更具适应性。

基于深度强化学习（Deep Reinforcement Learning，DRL）的方法通过离线的迭代学习训练智能体（agent），使 agent 能够对于给定的工作负载和数据表集合生成一个固定长度的动作集，动作集包括插入行 / 列、融合分区、删除分区等动作，自动完成分区和布局选择。使用 DRL 模型建模自动分区问题的关键是如何将数据库与工作负载建模为环境状态向量，以及如何定义奖励值。典型的使用 DRL 进行数据分区的研究比较如表 12.1 所示。这些研究一般利用数据划分所属的分区或每个分区中包含的数据信息定义环境状态向量，将工作负载的运行时间作为奖励值。

表 12.1　基于强化学习方法的数据分区技术比较

文献	机器学习方法	优点
Durand G 等人	Q 学习	不同类型的数据库都可以使用
Hilprecht B 等人	深度强化学习	先进行离线训练再进行在线训练，比直接进行在线训练时间短 快速适应不同的配置环境，对云用户友好

例如，图 12.3 是一个基于深度强化学习的分区顾问（advisor）模型框架图。分区顾问是一种用于帮助数据库管理员（Database Administrator，DBA）的咨询工具，能针对不同的工作负载，提供最优的分区方案建议。模型分为三个阶段，第一阶段为离线阶段，第二、三阶段为在线阶段，在不同工作负载中采样多个混合工作负载（即一组查询及其出现的频率）作为训练数据。第一个阶段使用给定的混合工作负载的估计代价而不是真正的运行查询延迟作为奖励值来训练 agent，形成一个初始的分区。第二个阶段使用工作负载的实际执行代价来细化 agent，训练后的 agent 将获得新的数据分区方案。这一阶段改进了第一阶段的分区结果，使 agent 比仅依赖估计代价的结果更精确。为了使模型适用于不同的工作负载，避免使用单个 agent 学习所有可能存在的混合工作负载，第三个阶段将训练多个 agent，每个 agent 使用不同的混合工作负载进行训练，再将多个 agent 组成一个"agent 专家委员会"（其中，每个 agent 都是工作负载子空间的"专家"）。对于新的工作负载，使用特定的 agent 可以进一步加强基于 DRL 的学习分区顾问的效果。

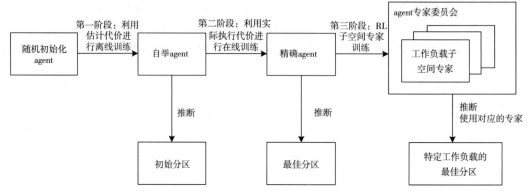

图 12.3　基于 DRL 的学习分区顾问框架图

12.3　索引构建

索引可以加快数据库的查询，但是索引要占去一部分空间，造成资源浪费。而且在进行数据更新和删除等操作时，相应的索引也要进行更新，这也会影响性能。从人工智能的角度思考索引，可以把索引看作一种定位数据存储位置的模型，此模型可以通过"学习"学出来。相比于传统索引，学习型索引在保证查询精度的同时能极大地减少存储空间。表 12.2 总结了代表性学习索引的研究。

表 12.2　学习索引研究分类

名称	文献	自适应更新	维度
A 树	Galakatos A 等人	是	一维
IFB 树	Hadian A 等人	是	一维
RMI	Kraska T 等人	否	一维
改进的学习布隆过滤器	Mitzenmacher M 等人	否	一维
稳定学习布隆过滤器	Liu Q 等人	是	一维
用于布尔交集查询的学习索引	Oosterhuis H 等人	否	一维
RSMI	Qi J 等人	是	二维
LISA	Li P 等人	是	二维
Flood	Nathan V 等人	否	多维
Tsunami	Jialin D 等人	否	多维
ALEX	Jialin D 等人	是	一维
PGM-Index	Ferragina P 等人	是	一维

A 树是最早的学习型索引，它只能加速 B 树中的叶子节点查询，A 树的叶子节点结构如图 12.4 所示。A 树利用动态规划的分割算法对数据进行分段，将所有要索引的键都存储在已排序的分段数组中，将存储位置抽象为已排序的数组索引，这样就将索引建模为一个单调递增的函数。A 树的每个叶节点中存储了段的斜率、开始键和指向表页的指针，能支持在可变

大小的表页上进行插值搜索。在查询时，首先进行树搜索，即根据树的结构搜索叶子节点。当查询到达叶子节点时，首先使用斜率和到开始键的距离来计算键的大致位置（数组中的偏移量），然后根据估计位置和阈值执行局部搜索查询数据。

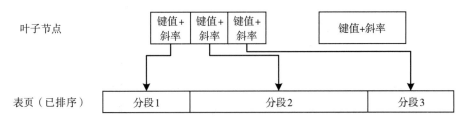

图 12.4　A 树索引

由于通用数据库可以处理各种不同模式的数据类型和数据分布，并可以通过使用优化器和成本模型对数据进行有效访问，因此现在大多数的数据库并没有设计专用的存储方式。递归模型索引（Recursive Model Index，RMI）是一种利用特定应用程序的特性和分布数据的学习索引，索引结构如图 12.5 所示。它能够用较小的代价自动生成索引结构，同时提供与传统索引结构相同的语义保证。RMI 首先利用一个简单模型（如线性回归模型）拟合关键字数据，然后使用模型预测下一层的模型选择以便更准确地对关键字数据子集建模，最后重复这个过程，直到最后一个模型做出最后的预测，输出数据记录的位置。RMI 模型为了满足每层的搜索子空间的精度，可以在不同层中混合不同的模型替换传统的索引结构以学习数据的分布。RMI 可以作为范围索引、点索引和存在索引。作为范围索引，RMI 将针对给定关键字，返回该关键字位置，即 position=F(key)；作为点索引，RMI 学习数据的累积分布函数代替哈希函数以减少冲突；作为存在索引，RMI 将典型的存在索引——布隆过滤器视为一个分类问题，学习数据是否存在于在目标集合中，降低布隆过滤器的假阳性。

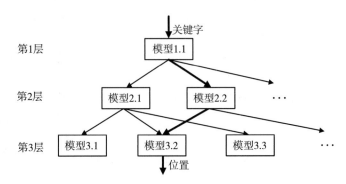

图 12.5　学习递归索引模型示意图

基于 RMI 学习布隆过滤器的研究思路，许多研究也针对学习布隆过滤器开展了进一步的改进。例如，为了增强布隆过滤器的鲁棒性，并更好地降低整体假阳性，将布隆过滤器改进为三个部分，即预布隆过滤器、学习布隆过滤器和备份布隆过滤器，如图 12.6 所示。预布隆过滤器用于过滤输入数据中的假阳性数据，减少通过学习布隆过滤器的数据。备份布隆过滤器用于去除学习布隆过滤器产生的负例。为了使学习布隆过滤器适应于流数据，稳定学习布隆过滤器（Stable Learning Bloom Filter，SLBF）对数据流应用程序进行了特定的优化。SLBF 通过结合分类器和可更新的备份布隆过滤器来解决在频繁插入操作下的性能衰减问题。随着新数据的插入，SLBF 的假阳性率和假阴性率期望收敛为一个常数。

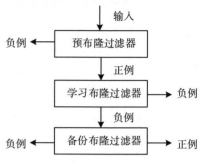

图 12.6　改进的学习型布隆过滤器

学习式多维索引可以针对特定数据集和工作负载自动优化索引。典型的学习式空间索引包括递归空间模型索引（Recursive Spatial Model Index，RSMI）和 LISA（Learned Index Structure for Spatial Data），典型的学习型多维索引包括 Flood 和 Tsunami。

RSMI 使用基于秩空间的技术对数据点进行排序。这种排序简化了将空间坐标（搜索键）映射到磁盘块 id（位置）的索引函数。为了将该技术扩展到大数据集，RSMI 使用递归策略划分一个大数据集并学习每个分区的索引。RSMI 适用于空间中点、窗口和 kNN（k-Nearest Neighbor）查询。LISA 使用机器学习模型为任意空间数据集在磁盘页面中生成可搜索的数据布局。LISA 包含一个映射函数，将空间键（点）映射为一维映射值；一个学习到的碎片预测函数，将映射空间划分为碎片；以及一系列将碎片组织为页面的本地模型。LISA 能够支持空间中的范围查询和 kNN 查询。

多维优化索引 Flood 通过联合优化索引结构和数据存储布局，自动适应特定数据集和工作负载，加快选择一个或多个属性范围的关系查询的处理。Flood 由两部分组成：离线预处理时，首先选择一个最优布局，然后在布局的基础上创建一个索引；查询到达时，在线组件负责执行。Flood 对真实世界数据集和工作负载的范围扫描比传统的多维索引快三个数量级。Tsunami 提升了对相关数据和倾斜查询的鲁棒性，能通过协同优化特定数据集和查询工作负载的索引布局和数据存储，从而提升多维索引的性能。Tsunami 由两个独立的数据结构——网格树和增强网格组成。网格树是一种空间划分决策树，它将 d 维数据空间划分成不重叠的区域。Tsunami 通过三个步骤处理查询：

1）遍历网格树，找到所有与查询过滤器相交的区域。

2）在每个区域中，识别相交的增强网格单元，然后使用查找表识别物理存储中相应的范围。

3）扫描该物理存储范围内的所有点，找出符合所有查询过滤器的点。Tsunami 的离线优化有两个步骤：

1）使用完整数据集和查询工作负载样本优化网格树。

2）在优化后的网格树的每个区域中构建一个扩展网格，只对相交于该区域的点和查询进行优化。

以上学习索引一般只支持静态数据，模型中每层的模型数量和每个模型的参数在学习完成后不再更新，无法适应数据的动态变化。因此，还存在对学习索引的更新研究。

ALEX 是一个自适应更新的学习索引，能够根据工作负载动态调整 RMI 的形状和高度，且不需要为每个数据集或工作负载重新调优参数。ALEX 使用间隔数组（GA）与封装内存数组（PMA）改进 RMI 中的叶子节点布局，并根据模型预测的位置将新增数据的键插入数据节点中。在运行时，ALEX 可以动态、高效地更新，并使用线性代价模型通过简单统计的数据预测查找和插入操作的延迟。ALEX 使用这些代价模型初始化 RMI 结构，并根据工作负载动态调整 RMI 结构。ALEX 插入时间和 B+ 树相差不大，查找时间比 B+ 树和学习索引快，索引存储空间小于 B+ 树和学习索引，数据存储空间（叶级）与动态 B+ 树相当。

分段几何模型索引（PGM-index）支持范围查询和更新。PGM-index 共有三种变体：第一种变体能够根据查询操作的分布，生成一个分布敏感的学习索引；第二种变体利用可能出现在 PGM-index 中的学习模型的重复性，进一步压缩空间消耗；第三种是 PGM-index 的多标准变体，它可以在几秒钟内对数亿个键进行有效的自动调整，以满足时间在用户、设备和应用程序之间变化的时空约束。PGM-index 共有两个部分，第一个是一个分段线性近似模型（PLA-model），第二个是适应输入键分布的递归索引结构。PGM-index 把建立在指定数组上的最优 PLA-model 转化为关键字的子集，然后递归地在这个子集上建立另一个最优 PLA-model，直至获得一个单独的段，这个段形成了 PGM-index 的根。每个 PLA-model 作为 PGM-index 的一个层，PLA-model 的每个分段作为该层上的一个索引节点。

12.4 查询优化

目前主流数据库优化器的查询优化策略都是基于代价的优化，由基数估计器、代价模型、连接计划枚举算法三大核心部分构成，选择语义上相等但代价最小的查询计划。连接计划枚举算法用于枚举所有可能的查询计划集合的部分子集；基数估计器估计查询计划中的每个操作符所返回元组的数量；代价模型利用基数及代价计算公式估算各个查询计划的代价。下面将通过这三个组件阐述 AI 赋能的查询优化。

12.4.1 代价模型

传统的代价模型都以查询计划中的操作行为和实际运行的时间作为代价，多基于经验公式，对不同的物理环境适应能力较差，而且传统的代价模型建立在不实际的数据集特性假设的基础上，如独立性假设、均匀性假设等。这些假设在真实的数据集中是不存在的，不能够真正反映查询优化的性能。虽然传统的查询优化器能够对候选查询计划的代价进行准确的估计，但随着数据库管理系统的更新和发展，新的操作符或物理组件将引入新的交互，而某些难以建模的交互将无法准确预测查询计划的执行延迟。因此现在引入神经网络、LSTM 等机器学习方法，输入查询计划，利用机器学习模型对当前负载情况和未来负载代价做分析和评估，基于梯度变化适应外界环境动态。表 12.3 为有代表性的代价模型相关研究总结。

表 12.3 学习代价模型的比较

文献	学习方法	特点	优点	不足
Akdere M 等人	支持向量机、核典型相关分析、多重线性回归	在计划级和操作符级对查询性能建模，并提出两种粒度混合的建模方法	两种粒度混合的建模方法适用于普遍的查询性能预测问题	对查询计划手动选择特征向量需要大量人工专家进行工作，可扩展性差
Marcus R 等人	神经网络	建立与查询树结构完全相同的 DNN 模型预测查询延迟	无须手动选择特征。具有可管理的训练开销	不适用于云数据库服务器随机变化的性能预测。依赖于基数估计与 PostgreSQL 的开销作为特征
Idreos S 等人	线性模型	为所有操作原语训练线性代价模型，通过模型组合计算延迟	每个操作原语的模型简单，训练速度快，训练数据量需求低	每个线性模型只适用于固定数据与硬件配置的组合
Sun J 等人	神经网络、LSTM	使用 LSTM 对树结构的查询计划进行嵌入，嵌入结果输入神经网络估计基数与延迟	首次提出端到端的代价估计模型。能够同时进行基数估计与代价估计	训练数据收集困难

　　QPP Net 是与查询树结构完全相同的代价估计模型，可以预测查询计划的延迟。模型把每个操作符和操作符的实例建模为一个神经网络，称为神经单元。然后将这些神经单元按照树形组合，最终形成神经单元树。每个神经单元输入与其关联的操作符最相关的数据特征（例如，表的底层结构、数据分布的统计、选择性估计的不确定性、可用缓冲空间等），输出则包含两部分，即数据向量和延迟向量，其中数据向量是从子操作符获得的特征向量，是需要向父节点发送的信息，而延迟向量是当前操作符的延迟。例如，图 12.7b 是根据图 12.7a 的查询树结构建立的一个神经单元树模型，包含三个扫描单元（叶子节点）和两个连接单元（中间节点或根节点）。神经单元树的叶子节点负责访问数据，输入操作符类型、基数估计结果和 I/O 需求估计的向量，输出数据向量和延迟向量。叶子节点输出的两个向量作为中间节点的输入，由中间节点结合自身操作符计算出输出。最终根节点输出的延迟向量作为此查询计划的延迟预测。

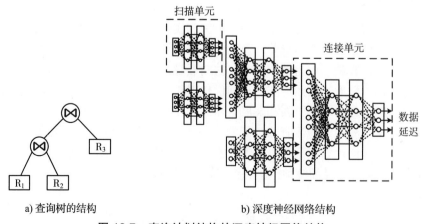

a) 查询树的结构　　　　　　b) 深度神经网络结构

图 12.7 查询计划结构的深度神经网络结构

对于分布式数据库，如云数据库，由于数千名用户使用一组共享计算资源处理共享数据集，因此会出现许多重复的查询。典型的分布式数据库的代价模型 Celo 构建了一组较小但高度精确的操作符子图模型来预测从工作负载中提取的常见子查询的代价。每个子查询有唯一的操作符子图模板，包括子查询的根物理操作符和根操作符的所有先前（后代）操作符。为了计算每个根操作符的执行代价，Celo 使用预测的排他成本（exclusive cost）和实际的排他成本的均方对数误差作为损失函数，此损失函数惩罚低估的排他成本，防止资源分配不足，同时也确保了预测的成本总是正数。为了减少提取特征的成本，Celo 采取离线的方式提取特征，从一系列备选特征（基数、平均行长和分区数）中选择对于子图模型最有用的特征子集作为模型的输入。为了获得最优的代价预测，Celo 使用实验效果最佳的弹性网络模型作为代价预测模型。虽然操作符子图模型能够对已知子图的代价进行有效预测，但模型覆盖范围有限。因此为了提高模型的覆盖范围，模型引入了操作符子图输入模型和操作符子图近似方法模型，并使用元集成模型结合上述模型作为最终模型。操作符子图输入模型是一个学习所有相似输入的查询的模型。模型忽略相似输入查询中其随时间变化的日期、数字和部分名称，从而允许对不同时间、运行在相同输入模式上的查询进行分组。此外模型还引入子图中的逻辑运算符的数量和物理运算符的深度两个特征，有助于区分彼此不同的子图实例。操作符子图近似方法模型是为具有相同输入和相同近似底层子图的所有子图学习的一个模型。如果两个子图在根上有相同的物理运算符，就认为它们是近似相同的。元集成模型使用专门模型的预测作为元特征，使用基数、每个分区的基数和分区数作为额外特征，以输出更精确的成本。

12.4.2　基数估计

基于机器学习的基数估计方法主要分为两种，即基于查询驱动的方法和基于数据驱动的方法。基于查询驱动的方法是从查询语句出发，将基数估计问题转化为一个有监督学习问题。基于数据驱动的方法是从原始数据出发，在不对数据做预先假设的前提下自动从原始数据中学习到属性或表的相关性。代表性的基数估计方法如表 12.4 所示。

表 12.4　基数估计方法的比较

文献	学习方法	特点	优点	不足
Lakshmi S 等人	神经网络	用于用户自定义函数谓词的基数估计	首次使用神经网络进行基数估计	只能针对自定义函数进行基数估计
Malik T 等人	神经网络	根据查询结构对查询分类，对每类查询训练回归模型进行基数估计	首次使用神经网络对查询进行基数估计	无法进行结构未知的查询
Liu H 等人	神经网络	对神经网络进行改进以学习选择估计中非连续的选择率函数	对高度倾斜以及相关的数据集可以给出较好的选择查询基数估计	对低倾斜以及相关的数据集，提供查询选择较差，估计准确率较低
Hasan S 等人	屏蔽自编码器、神经网络	提出互补的有监督、无监督两种基数估计方法，用于点估计与范围估计	提出能够快速进行训练和估计的轻量级深度学习模型	主要关注单表上的选择性估计

（续）

文献	学习方法	特点	优点	不足
Kipf A 等人	多集卷积神经网络	利用多集卷积网络对关系查询计划进行连接基数估计	解决了基于采样的基数估计方法的弱点。能够对多个表上的连接和谓词建模	网络结构复杂性增加了模型训练时间，降低了基数估计的速度与泛化能力
Woltmann L 等人	神经网络	为数据库建立多个局部模型进行基数估计。每个局部模型仅包含任意数量的连接和连接组合	解决了因数据稀疏导致的基数计算错误的问题。与全局方法相比，局部方法有效提升模型精度，减少训练时间	存在冷启动问题。训练样本需求高
Ortiz J 等人	强化学习	利用强化学习逐步学习子查询的状态表示，用于基数估计	学习的查询状态表示可用于同时包含选择与连接谓词的查询计划枚举	不支持树结构复杂的查询计划
Yang Z 等人	深度学习	能够在没有任何独立假设的前提下使用深度 AR 模型下捕获多个连接的相关性	学习模型时没有进行任何独立性假设。该模型可以估计在表的任何子集上的任何查询。提出了无损列系数分解基数，能显著减小自回归模型大小，使其适用于高基数列	不支持更新和删除操作
Hilprecht B 等人	深度学习	引入关系和积网络（ESPN）来捕获单个属性的分布和联合概率分布	该方法直接支持工作负载和数据的更改，而不需要再训练	更新时间长
Shetiya S 等人	深度学习	描述了神经语言模型如何用于选择性估计	可以用于模式匹配查询的选择性估计	不知道任何能够有效计算所有子串频率的摘要的数据结构

基于查询驱动的方法以 MSCN 为例，使用多集卷积神经网络（MSCN）模型，有监督的估计连接查询基数。查询被表示为一组表 T，连接 J 和谓词 P 的集合。模型框架如图 12.8 所示，首先对查询计划中的表、连接与选择谓词这三个集合提取特征向量作为输入，分别训练模型。表、连接以及谓词中的列名和操作符采用 ONE-HOT 编码，谓词中的值被编码为 [0, 1] 的数。例如，t.production_year > 2010 就可以编码为 [1 0 0 0 0 1 0 0 0.72]，前五位是列名的编码，接下来的三位是操作符的编码，最后一位是值的编码。然后三个集合的输出向量经过池化和连接后被输入到最终的 DNN（Deep Neural Network）模型中估计查询基数。每个模型都是两层全连接神经网络，使用 ReLU 作为激活函数，只有 DNN 模型最后一步使用 Sigmoid 激活函数输出标量。

基于数据驱动的方法以文献 [29] 为例，使用屏蔽自编码器模型（MADE）学习数据的分布，以此实现基数估计。首先把数据元组转换成二进制代码，如属性 A_i，$DOM(A_i) = \{a_1, a_2, a_3, a_4\}$，那么每个属性值分别被编码为 00、01、10、11。然后把编码后的元组作为输入训练 MADE 模型，输出向量再经过条件概率公式计算得到估计基数。MADE 的损失函数是交叉熵损失函数。经过多次迭代训练，MADE 模型即可学习到这组数据的分布。当输入一个未知的查询时，利用数据的分布就可以计算这个查询的基数估计值。此模型还使用来源于蒙特卡罗多维积分（Monte-Carlo multi-dimensional integration）的自适应采样方式使其适用于范围采样。除此之外，还可以根据工作负载为每个元组分配权重，对多个查询结果集中元组的错误估计值分配更高的惩罚，从而获得更准确的估计值。

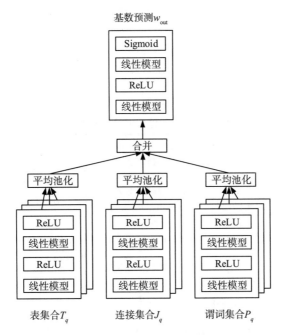

图 12.8　MSCN 模型框架

CardLearner 是一种适用于云数据库的基于重叠子图模板学习的基数估计模型，与前文中的 Celo 方法相似。CardLearner 利用大量的小模型，如线性回归（LR）、泊松回归（PR）和多层感知器（MLP）神经网络，实现高精度和低开销的特征化，为每个子图模板训练一个模型。CardLearner 使用的训练特征和 Celo 中使用的特征非常相似。此方法的缺点是不能对未观察到的子图模板进行预测。对于使用的三种模型，使用线性模型和泊松回归模型的主要优点是它们具有可解释性，可以很容易地提取与每个特征相关的学习权重。然而这两种模型可能不够复杂，不足以捕获目标基数函数，会造成欠拟合的问题。MLP 提供的是一个更复杂、更丰富的建模框架。但当给定的子图模板没有足够的训练数据时，机器学习中也会出现过拟合问题。此外，CardLearner 采用自顶向下或自底向上的方法遍历整个查询计划，然后通过删除比完整查询计划成本更高的子图计划，来快速修剪搜索空间。与此同时，在比较等效计划时，CardLearner 将选择新子图数量更少的计划，最终生成一个最优查询计划。

12.4.3　连接优化

对于连接查询，执行时间很大程度上取决于连接关系的顺序以及每个连接的物理执行方式。然而，有效查询计划的集合要随着连接的关系的数量成指数增长。因此，为复杂的连接查询枚举所有这样的计划的计算代价很高，改进查询优化器可以节省大量成本。表 12.5 为查询时连接计划搜索方法的比较。PostgreSQL 和 SQL Server 等流行的数据库系统采用基于代价的方法进行查询优化。动态规划和遗传算法是 PostgreSQL 用来搜索最优方案的两种方法。一些基于深度强化学习（DRL）的方法提出使用神经网络来构建查询计划，证明了可以在不详尽地列举搜索空间的情况下找到高效的查询计划，并可以将基于 DRL 的解决方案集成到 PostgreSQL 查询优化器中，以优化连接顺序和运算符。例如 DQ、ReJOIN 和 Neo 将连接顺序选择表述为强化学习问题，并应用深度强化学习算法。基于 DRL 的查询优化器不仅可以减少优化时间，还可以提高生成的查询计划的质量，且不受代价模型估算不准确的限制。

表 12.5　搜索方法的比较

名称	学习方法	特点	优点	缺点
动态规划	无	动态规划（DP）可以用来穷举所有查询计划，连接查询的最佳查询计划是由最佳计划本身产生的两个关系之间的连接	最佳计划被记录在一个查找表中，连接查询的最佳查询计划在表中查询	计划数量随着要加入的关系数量呈指数增长，对大型连接查询不利
遗传算法	无	最初随机生成一个查询计划。在每次迭代期间，通过随机重组从总体中选择的两个查询计划的连接顺序来生成新的查询计划	廉价地搜索查询计划，总时间复杂度与基本关系的数量呈线性关系，因此对于复杂的连接查询，该算法比动态规划快得多	不能保证算法会产生最优方案
DQ	神经网络、强化学习、深度学习	Q(动作，状态) 返回最低的查询计划的成本，通过贪婪地选择连接动作最小化 Q 值，直到所有关系都被连接来建立连接排序。DQ 用神经网络逼近 Q 函数	基于神经网络的输出建立连接顺序，避免穷举	易受预测误差的影响，这可能导致查询计划相对于最优计划具有非常高的成本
ReJOIN	神经网络、强化学习、深度学习	类似于 DQ，但使用最近策略优化算法来寻找连接顺序	与 DQ 相同	奖励值依赖于代价模型，错误的代价估计影响连接计划质量。训练时需要大量的训练数据
Neo	神经网络、强化学习、深度学习	类似于 DQ，使用值迭代来训练神经网络，预测可以从部分查询计划构建的最优查询计划的延迟	Neo 不仅决定查询计划的连接顺序，还决定物理连接运算符和表访问路径；神经网络通过最佳优先搜索而不是贪婪方法来搜索查询计划	最佳搜索仍需要指数运行时间
DQ+	神经网络、强化学习、深度学习	基于 DQ，从 Neo 中汲取思想	基于 DRL 的查询优化器不仅可以减少优化时间，还可以提高生成的查询计划的质量，且不受成本模型估算不准确的限制	模型还依赖于不灵活的特征编码方案；它们采用固定的模式，不能表示连接子查询的查询或包含自连接的查询

图 12.9 是一个基于强化学习的连接顺序枚举器 ReJOIN 的框架图。模型首先将 SQL 语句进行向量化，该向量包含连接树的结构和连接 / 选择谓词的信息。agent 由一个多层神经网络构成，输入状态向量，动作层会进行动作选择，动作层中的每个神经元都代表一个潜在

的动作，每个被选择的动作将被发送回环境中并转换为新的状态。当所有关系连接完成时，ReJOIN 根据优化器的代价模型对连接顺序给出奖励值。

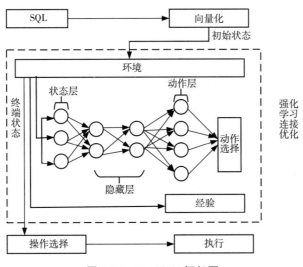

图 12.9　ReJOIN 框架图

例如，对于图 12.10 中四个关系 A、B、C 和 D 的查询，将 q 的初始状态定义为 $s_i = \{A, B, C, D\}$。该状态表示为状态向量，动作 $(x, y) \in A_i$ 表示将 s_i 的第 x 个和第 y 个元素连接在一起。本例中选择动作 $(1, 3)$，代表选择将 A 和 C 连接起来，即 $s_2 = \{A \infty C, B, D\}$。接下来选择动作 $(2, 3)$，代表选择加入 B 和 D。下一个状态是 $s_3 = \{A \infty C, B \infty D\}$。此时，只有两个可能的选择，即 $A_3 = \{(1, 2),(2, 1)\}$。假设选择了动作 $(1, 2)$，则下一个状态 $s_4 = \{(A \infty C) \infty (B \infty D)\}$ 表示最终状态。此时 ReJOIN 根据优化器的代价模型对连接顺序给出奖励值。agent 会定期利用其经验来调整神经网络的权重，以获得更大的奖励。最终的连接顺序分派给优化器以执行操作选择、索引选择等，最终的计划由 DBMS 执行。

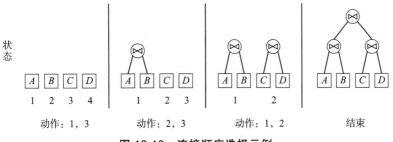

图 12.10　连接顺序选择示例

Neo 是一种新型的基于学习的端到端查询优化器。基于以上使用机器学习的优化器组件的研究，Neo 将传统优化器中各个模型替换为学习模型：

1）代价模型是一个 DNN 模型；

2）查询计划搜索使用 DNN 模型学习最佳的搜索策略，而不是查询计划空间枚举或动态规划；

3）基数估计基于直方图与学习模型组合，而不是基于手动直方图的基数估计模型；

4）使用强化学习将简单优化器（例如 PostgreSQL）的执行经验集成到端到端查询优化器中，利用纠正性反馈循环进行迭代的优化。

图 12.11 是 Neo 系统的框架图。模型首先从传统的查询优化器中获得经验，传统的优化器仅用于为样本工作负载中的每个查询创建查询执行计划（QEP）。这些 QEP 以及它们的延迟被添加到 Neo 的经验（即一组计划 / 延迟对）中，作为下一个模型训练阶段的起点。根据所收集的经验，Neo 建立了一个初始代价模型，使用所收集的经验以监督的方式进行训练，能够预测给定查询的部分或全部计划的最终执行时间。Neo 通过代价模型在查询执行计划（QEP）的空间中搜索执行时间最短的 QEP，包括选择连接顺序、连接运算符和索引等。由 Neo 创建完整计划，其中包括连接顺序、加入运算符（如哈希、合并、循环）和访问路径（如索引扫描、表扫描）被发送到底层的执行引擎，由该引擎执行查询并将结果返回给用户。Neo 记录了 QEP 的最终执行延迟，将计划 / 延迟对添加到其经验中。Neo 的体系结构创建了一个纠正反馈循环，能够有效地从错误中学习。

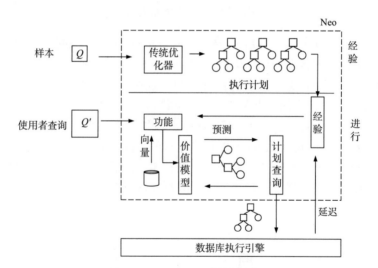

图 12.11　Neo 系统的框架图

12.5　负载管理与负载预测

12.5.1　负载管理

负载管理的目标是为特定工作负载制定最优的调度策略，是集中式数据库与云数据库中都存在的问题。在集中式数据库中，由于只存在单个数据库，因此负载管理主要用于控制查询的执行顺序，对于负载并发通常使用简单的先来先服务策略。然而，云服务环境中存在多个数据库服务器，负载管理的目标除了控制查询的执行顺序之外，还要对是否使用新的服务器以及如何分配任务进行决策，以确保用户的性能要求并减少服务商的开销。借助强化学习的方法，自适应的云服务环境的负载管理得以学习和应用。表 12.6 总结了适用于云服务的负载管理技术。

表 12.6　适用于云服务的负载管理技术

文献	特点	优点	不足
Xiong P 等人	为多用户数据库提供了一种动态资源分配方法 SmartSLA	可以全面捕获系统指标和性能之间的各种关系，以动态和智能的方式实现了资源调度	未提供整体解决方案
Ortiz J 等人	提出了 PSLA，开发了一种生成个性化服务水平协议的方法，向用户显示选择具有不同性价比选项的服务	对不同的查询工作负载定义不同的代价，权衡了代价与性能	负载管理由应用程序决定，并且仅支持按查询延迟的 SLA
Marcus R 等人	可以制定符合应用程序定义的性能目标和工作负载特征的整体工作负载管理解决方案	WiSeDB 是第一个以整体方式处理工作负载管理的系统。WiSeDB 利用机器学习技术来学习决策模型，提供了整体解决方案，可指示要配置的服务器、负载管理和查询执行顺序	训练开销大

基于学习的负载管理技术 WiSeDB 能够生成针对应用程序定义的性能目标和工作负载制定查询放置、调度和资源供应等负载管理策略。WiSeDB 系统模型如图 12.12 所示，首先将查询模板和性能目标输入 WiSeDB，从输入的查询集中抽取样本工作负载，确定最佳工作负载执行策略并提取其中与性能和代价相关的特性。然后使用 SLEARN 监督学习框架，将调度给定工作负载的问题表示为有向的加权图，边代表负载管理或资源分配的决策，例如租用新服务器或向服务器分配查询，边的权重表示该决策的成本，由决策树分类器自动"学习"工作负载的有效调度策略。当执行工作负载时，应用程序将根据生成的策略来估计执行这些工作负载的预期代价和性能，然后选择能够更好地平衡性能需求和预算约束的执行策略。

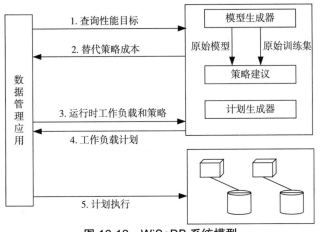

图 12.12　WiSeDB 系统模型

图 12.13 显示了 WiSeDB 使用决策树为两个查询模板 T_1 和 T_2 生成工作负载调度计划模型流程。假设工作负载 $u=\{q_1^1, q_2^2, q_3^2\}$，其中每个查询 $q_j^i \in u$ 是模板 $T_j \in T$ 的实例。T_1 中的每个查询都有 2 分钟的执行延迟，目标是在开始执行的 3 分钟内开始查询。T_2 实例的执行延迟为 1 分钟，目标是在开始执行的 1 分钟内完成每个实例。在节点 (1) 中，因为未分配所有查询，所以检查等待时间为 0，进入节点 (3)。工作负载 u 中存在模板 T_2 的查询 q_2^2、q_3^2，因此进入节点 (4)。在这里，假设计算 q_2^2 代价小于 100，节点 (6) 将 q_2^2 分配给第一个服务器。接下来重新解析决策树，在节点 (1) 中，第一个服务器的等待时间等于 T_2 查询的运行时间，因此移至节点 (3)。由于还有一个未分配的 T_2 查询 q_3^2，因此移至节点 (4)。假设当前分配查询 T_2 的代价超过 100，将移至节点 (7)，并检查是否存在 T_1 的未分配实例。由于存在 q_1^1，因此将 q_1^1 分配给第一个服务器。然后，以相同的方式通过节点 (1)->(2)->(1)->(3)->(4)->(7)->(9) 重新解析树，将查询 q_3^2 分配在新的服务器上。基于以上的调度决策，服务器 1 将从第 0 时刻开始依次执行 q_2^2、q_1^1，服务器 2 将从第 0 时刻开始执行 q_3^2。q_2^2、q_3^2 将在 1 分钟内完成，q_1^1 在 q_2^2 完成后（即 1 分钟后）开始执行，满足了 T_2、T_1 的执行目标。

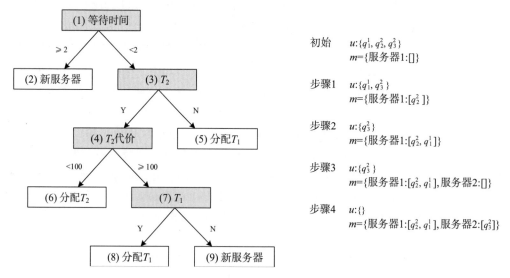

图 12.13　WiSeDB 使用决策树生成工作负载调度计划模型流程

12.5.2　负载预测

查询负载会根据查询方案的不同而随之改变，对于一个大型的互联网应用，对大量的数据进行查询无疑会对数据库带来相当高的负载。对目标应用程序的工作负载进行正确的预测，可以帮助数据库实现更加有效的调优。AI 赋能的查询负载预测可以利用特征提取方法，从查询语句中提取特征，并结合数据库负载变化的规律来对 DBMS 未来的工作量进行预测，再利用分类算法根据特征来做负载分类，将结果存储到负载池中并构建一个模型用来对当前的负载进行类型匹配；此外，还可以对负载的周期性进行分析，根据当前负载的类型和周期性给出未来负载的预测；或利用各种查询的查询频率做聚类，然后根据每个聚类中查询的平均访问次数来训练预测模型。

QueryBot5000 框架是一个通过学习历史负载数据预测数据库未来工作负载的预测框架。此框架包括预处理器、聚簇器与预测器。它可以作为外部控制器运行，也可以作为嵌入式模块运行。QueryBot5000 的预处理器由两个阶段组成。当 DBMS 向 QueryBot5000 发送查询时，首先进入预处理器和集群组件。预处理器从 SQL 字符串中提取常量参数，将原始查询转换为通用模板，然后记录每个模板的命中率历史。聚簇器的作用是进一步减少计算资源压力，能根据语义将模板映射到之前最相似的查询组，然后使用在线聚类技术进一步压缩工作负载，将具有相似到达率模式的模板分组在一起，以处理不断变化的工作负载。预测器选择查询量最高的模板聚类，然后根据每个聚类中模板的平均命中率训练预测模型。预测器是一个由 KR（Kernel Regression）、LR（Linear Regression）和 RNN 模型组合起来的混合模型，能够区分和预测具有周期性、突变性和演化性等多种变化特征的工作负载。QueryBot5000 还会随着工作负载的变化自动调整这些集群。每当模板的集群分配改变时，QueryBot5000 就重新训练它的模型。当 DBMS 运行时，预处理程序在后台实时接收新查询并更新每个模板的到达率历史记录。聚簇器和预测器定期更新聚类分配和预测模型。

12.6　配置参数调优

数据库系统具有大量的配置参数，这些参数控制系统的内存分配、I/O 优化、备份与恢复等诸多方面，极大地影响了数据库的性能。传统的数据库系统需要大量的时间对特定工作负载进行调优。这些调优通常是由有经验的 DBA 完成的，而如今工作负载的不断变化使得这种模式失灵，降低了数据库系统的适应能力。机器学习善于利用已有的数据进行预测，这为机器学习在数据库系统中的应用带来了切入点。查询优化、参数配置的数据长久以来积累了 DBA 大量的调优经验，机器学习能够从调优数据中学习，从而进行快速预测，面对快速多变的工作负载，动态地为数据库系统提供最佳的运行配置，使数据库系统变得更加自动化。

基于机器学习方法的调优，如 otterTune，其框架如图 12.14 所示。otterTune 分为两部分：用户端的控制器（图 12.14 右侧虚线框）和调优管理器（图 12.14 左侧虚线框）。其中，用户端连接着待调优的 DBMS，使用标准 API 从 DBMS 收集运行时信息，安装的新配置并收集性能指标。调优管理器则接收从用户端控制器收集到的信息，并将其与先前的数据一起存储在数据仓库中。存储后的数据用于为 DBMS 选择最佳机器学习模型。在调参时，otterTune 将根据负载的特征推荐参数，如查询语句和数据库 schema 的特征或负载在执行时的状态变化量等。otterTune 首先利用因子分析过滤无关的负载特征，再利用无监督学习方法——K-Means 选择 K 个与参数关系最密切的特征，最后使用高斯过程模型生成一组与输入相关联的服从高斯分布的随机变量值作为最优参数推荐给数据库。

基于强化学习技术的参数调优摒弃了机器学习方法中复杂的特征抽取与高质量的样本训练，根据查询负载及数据库性能状态定义环境状态向量，性能差异为奖励值，训练智能体在不同查询负载中生成调优动作。例如，图 12.15 是基于强化学习的调优模型 DS-DDPG 的框架图，DS-DDPG 使用 Q 学习解决连续的参数空间中的最优问题，使用深度神经网络生成强化学习中的环境状态向量、动作以及奖励值。预测器根据数据库状态和查询负载生成环境状态变量，执行器根据性能指标生成调优动作，评价器预测动作得分。环境分为外部指标和内部状态，其中内部状态记录了数据库的配置，可以调优；外部指标记录的是静态配置，不可以进行调优。当负载输入时，首先经过 Query2Vector 将查询转换成特征向量，将特征向量传入由 DNN 构成的预测器，由预测器给出执行查询后的变化 ΔS，由环境将预测出的结果 ΔS 结合执行查询前数据库的内部状态 S' 传给智能体。智能体由相互独立的 2 个深度神经网络（DNN）——评价器和执行器组成，其中奖励被输入评价器，得到相应的得分传给执行器，生成相应的动作，环境会执行动作并根据新配置上的性能变化生成奖励。

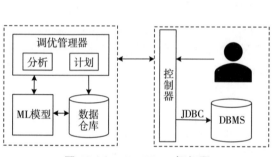

图 12.14 otterTune 框架图

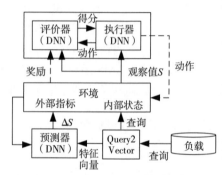

图 12.15 DS-DDPG 模型框架图

由于云数据库实例和查询工作负载具有多样性，因此云数据库（CDB）的调参任务更加烦琐和紧迫，面临如下挑战。首先，端到端的流水线学习模型无法优化系统的整体性能；其次，模型的训练需要大规模高质量的训练样本，这在真实世界中难以获取；最后，在云环境中，模型需要应对硬件配置和工作负载的变化。CDBTune 是一种适用于云环境的调优方法。如图 12.16 所示，左侧框表示客户端，用户在此处通过本地接口将自己的请求发送到云服务器。右侧框表示云的调优系统，其中分布式云平台下的控制器在客户端、CDB 和 CDBTune 之间交互信息。当用户发起调整请求或 DBA 通过控制器发起训练请求时，工作负载生成器利用模拟的工作负载或用户过去的工作负载对 CDB 实例进行压力测试。同时，由指标收集器收集并处理相关指标。处理后的数据将存储在内存池中，并分别输入至深度强化学习网络。最后，推荐器将输出在 CDB 上部署的旋钮设置。

除了对高维连续参数的自动调优外，还存在针对特定配置的参数调优工作，如针对查询执行并行度的自动调优。在数据库中，查询的并行度（DOP）是指可随时用于执行查询的最大硬件线程数，它是影响多核服务器性能和资源利用率的关键，也是云计算平台中资源供应的重要因素。然而，确定最佳或近似最佳的 DOP 并不容易。随着 DOP 的增加，查询性能会在超过某个点后递减，因此，不同的查询需要手动进行 DOP 配置。此外，由于查询通常具有较多的查询计划，这也为 DOP 的选择带来了额外的复杂性。机器学习技术可以通过自动对 RDBMS 中的查询进行 DOP 调整来解决上述问题。可将查询 DOP 视为一个回归问题，使用基于树的随机森林（RF）模型准确捕获实际的加速曲线。首先将查询计划表示为一棵树，其中每个节点都是物理运算符（例如索引扫描、哈希连接、排序），每个节点包括有关操作的信息（例如读取的估算行、是否以并行模式运行等），然后将查询计划映射为"固定维度"的特征表示，作为模型的输入进行训练。模型使用训练集最小化代价函数作为损失函数。

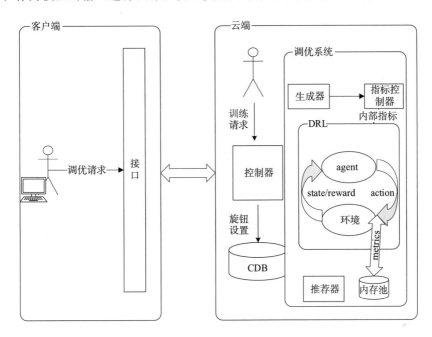

图 12.16　CDBTune 系统框架

12.7　AI 赋能的自治数据库系统

随着上述技术的不断发展与革新，数据库系统中亟待解决的问题大多得到了改善，集成 AI 技术的自优化、自配置、自监控、高性能的数据库系统也应运而生。目前，已发布的自治数据库系统或原型包括 Oracle 自治云数据库、华为 GaussDB、SageDB 等。

SageDB 的核心思想是为特定应用程序构建数据处理引擎，对一种或多种数据和工作负载分布进行建模，实现对每个系统组件的最优选择。"数据库合成"的方法将每个数据库组件的实现专门化到特定的数据库、查询工作负载和执行环境来获得前所未有的性能。SageDB 研究者认为学习模型对近似查询处理、预测建模以及插入或更新工作负载等都可能有所助益，能够更好地利用 TPU 和 GPU，并在存储的空间和时间上具有巨大优势，是一种非常有前景的下一代大数据处理工具。

Oracle 自治云数据库及 GaussDB 分别是 Oracle 与华为公司推出的工业用数据库，能够帮助客户在一个理想的数据库即服务的平台上，运行各种数量、规模、重量级的数据库，在全生命周期融入人工智能技术，实现自运维、自管理、自调优、自诊断以及自愈合，同时保证良好的安全性和可用性。

　　AI 赋能的数据库系统仍然处于早期研究阶段，数据库原型中的许多工作仍只针对特定方面的优化，并没有考虑整体通信与配合，许多研究方向还存在空白，是非常有前景的研究课题。

12.8　本章小结

　　AI 赋能的数据管理技术通过将人工智能中机器学习和深度学习技术与数据管理问题相融合，以达到更优的性能。本章分别从数据分区、索引构建、查询优化、负载管理与负载预测、配置参数调优以及 AI 赋能的自治数据库系统 6 个方面介绍了数据库与人工智能结合的数据管理技术，其基本思想是利用有效的统计信息和历史数据建立并学习模型，对数据库进行有针对性的优化。AI 赋能的数据管理技术能够满足各类海量数据的查询处理需求，同时避免大量手动操作，减少复杂启发式算法的开销。

习题

1. 请简述数据分区中分区顾问模型的训练方法。
2. 请对比说明各学习型索引的特点，并分析学习型索引与传统数据索引的区别。
3. 请简述学习型索引 RMI 的索引建立过程。
4. 请简述基于人工智能的查询优化的一般过程，并分别举例说明利用机器学习模型优化各组件的方法。
5. 请分析 DS-DDPG 模型如何进行自适应配置参数调优。
6. 请举例说明 WiSeDB 负载管理的过程。
7. 请对比传统数据库与 AI 赋能的自治数据库的区别，并展望 AI 赋能的自治数据库的未来研究方向。

参考文献

[1]　孙路明，张少敏，姬涛，等 . 人工智能赋能的数据管理技术研究 [J]. 软件学报，2020，31(3): 600-619.

[2]　孟小峰，马超红，杨晨 . 机器学习化数据库系统研究综述 [J]. 计算机研究与发展，2019，56(9)：1803-1820.

[3]　李国良，周煊赫，孙佶，等 . 基于机器学习的数据库技术综述 [J]. 计算机学报，2020，43(11)：2019-2049.

[4]　宋雨萌，谷峪，李芳芳，等 . 人工智能赋能的查询处理与优化新技术研究综述 [J]. 计算机科学与探索，2020，14(7): 1081-1103.

[5]　周志华 . 机器学习 [M]. 北京：清华大学出版社，2016.

[6]　SUTTON R S, BARTO ANDREW G. Reinforcement learning: an introduction[M]. Cambridge: The MIT Press, 1998.

[7]　DURAND G C, PINNECKE M, PIRIYEV R, et al. GridFormation: towards self-driven online data partitioning using reinforcement learning[C]//Proceedings of the First International Workshop on Exploiting Artificial Intelligence Techniques for Data Management, 2018: 1-7.

[8]　HILPRECHT B, BINNIG C, ROEHM U. Learning a partitioning advisor with deep reinforcement learning[J]. arXiv preprint arXiv:1904.01279, 2019.

[9]　SAKURAI Y, YOSHIKAWA M, UEMURA S, et al. The a-tree: an index structure for high-dimensional spaces using relative approximation[J]. PVLDB, 2000: 5-16.

[10]　GALAKATOS A, MARKOVITCH M, BINNIG C, et al. FITing-tree: a data-aware index structure[J]. arXiv preprint arXiv:1801.10207, 2018.

[11]　KRASKA T, BEUTEL A, CHI E H, et al. The case for learned index structures[C]. Proceedings of the 2018 International Conference on Management of Data, 2018: 489-504.

[12]　MITZENMACHER M. Optimizing learned bloom filters by sandwiching[J]. arXiv preprint arXiv:1803.01474, 2018.

[13]　LIU Q, ZHENG L, SHEN Y, et al. Stable learned bloom filters for data streams[J]. PVLDB, 2020, 13(12): 2355-2367.

[14]　OOSTERHUIS H, CULPEPPER J S, DE RIJKE M. The potential of learned index structures for index compression[J]. arXiv preprint arXiv:1811.06678, 2018.

[15]　QI J, LIU G, JENSEN C S, et al. Effectively learning spatial indices[J]. Proceedings of the VLDB Endowment, 2020, 13(12): 2341-2354.

[16]　LI P, LU H, ZHENG Q, et al. LISA: a learned index structure for spatial data[C]// Proceedings of the 2020 ACM SIGMOD International Conference on Management of Data. New York: ACM, 2020: 2119-2133.

[17]　NATHAN V, DING J, ALIZADEH M, et al. Learning multi-dimensional indexes[C]// Proceedings of the 2020 ACM SIGMOD International Conference on Management of Data. New York: ACM, 2020: 985-1000.

[18]　DING J, NATHAN V, ALIZADEH M, et al. Tsunami: a learned multi-dimensional index for correlated data and skewed workloads[J]. arXiv preprint arXiv:2006.13282, 2020.

[19]　DING J, MINHAS U F, YU J, et al. ALEX: an updatable adaptive learned index[C]// Proceedings of the 2020 ACM SIGMOD International Conference on Management of Data. New York: ACM, 2020: 969-984.

[20]　FERRAGINA P, VINCIGUERRA G. The PGM-index: a fully-dynamic compressed learned index with provable worst-case bounds[J]. PVLDB, 2020, 13(10): 1162-1175.

[21]　AKDERE M, ÇETINTEMEL U, RIONDATO M, et al. Learning-based query performance modeling and prediction[C]//2012 IEEE 28th International Conference on Data Engineering. New York: IEEE, 2012: 390-401.

[22] MARCUS R, PAPAEMMANOUIL O. Plan-structured deep neural network models for query performance prediction[J]. arXiv preprint arXiv:1902.00132, 2019.

[23] IDREOS S, ZOUMPATIANOS K, HENTSCHEL B, et al. The data calculator: data structure design and cost synthesis from first principles and learned cost models[C]// Proceedings of the 2018 International Conference on Management of Data. New York: ACM, 2018: 535-550.

[24] SUN J, LI G. An end-to-end learning-based cost estimator[J]. arXiv preprint arXiv:1906.02560, 2019.

[25] SIDDIQUI T, JINDAL A, QIAO S, et al. Cost models for big data query processing: Learning, retrofitting, and our findings[C]//Proceedings of the 2020 ACM SIGMOD International Conference on Management of Data. New York: ACM, 2020: 99-113.

[26] LAKSHMI S, ZHOU S. Selectivity estimation in extensible databases-a neural network approach[J]. PVLDB, 1998: 623-627.

[27] MALIK T, BURNS R C, CHAWLA N V. A black-box approach to query cardinality estimation[C]//CIDR. New York: ACM, 2007: 56-67.

[28] LIU H, XU M, YU Z, et al. Cardinality estimation using neural networks[C]//Proceedings of the 25th Annual International Conference on Computer Science and Software Engineering. New York: IEEE, 2015: 53-59.

[29] HASAN S, THIRUMURUGANATHAN S, AUGUSTINE J, et al. Multi-attribute selectivity estimation using deep learning[J]. arXiv preprint arXiv:1903.09999, 2019.

[30] KIPF A, KIPF T, RADKE B, et al. Learned cardinalities: Estimating correlated joins with deep learning[J]. arXiv preprint arXiv:1809.00677, 2018.

[31] WOLTMANN L, HARTMANN C, THIELE M, et al. Cardinality estimation with local deep learning models[C]//Proceedings of the Second International Workshop on Exploiting Artificial Intelligence Techniques for Data Management. New York: ACM, 2019: 5.

[32] ORTIZ J, BALAZINSKA M, GEHRKE J, et al. Learning state representations for query optimization with deep reinforcement learning[J]. arXiv preprint arXiv:1803.08604, 2018.

[33] YANG Z, KAMSETTY A, LUAN S, et al. NeuroCard: one cardinality estimator for all tables[J]. arXiv preprint arXiv:2006.08109, 2020.

[34] HILPRECHT B, SCHMIDT A, KULESSA M, et al. DeepDB: learn from data, not from queries![J]. arXiv preprint arXiv:1909.00607, 2019.

[35] SHETIYA S, THIRUMURUGANATHAN S, KOUDAS N, et al. Astrid: accurate selectivity estimation for string predicates using deep learning[J]. PVLDB, 2020, 14(4): 471-484.

[36] WU C, JINDAL A, AMIZADEH S, et al. Towards a learning optimizer for shared

clouds[J]. PVLDB, 2018, 12(3): 210-222.

[37]　KRISHNAN S, YANG Z, GOLDBERG K, et al. Learning to optimize join queries with deep reinforcement learning[J]. arXiv preprint arXiv:1808.03196, 2018.

[38]　MARCUS R, PAPAEMMANOUIL O. Deep reinforcement learning for join order enumeration[C]//Proceedings of the First International Workshop on Exploiting Artificial Intelligence Techniques for Data Management. New York: ACM, 2018: 3.

[39]　MARCUS R, NEGI P, MAO H, et al. Neo: a learned query optimizer[J]. arXiv preprint arXiv:1904.03711, 2019.

[40]　GUO R B, DAUDJEE K. Research challenges in deep reinforcement learning-based join query optimization[C]//Proceedings of the Third International Workshop on Exploiting Artificial Intelligence Techniques for Data Management. New York: ACM, 2020: 1-6.

[41]　XIONG P, CHI Y, ZHU S, et al. SmartSLA: Cost-sensitive management of virtualized resources for CPU-bound database services[J]. IEEE Transactions on Parallel and Distributed Systems, 2014, 26(5): 1441-1451.

[42]　ORTIZ J, DE ALMEIDA V T, BALAZINSKA M. Changing the face of database cloud services with personalized service level agreements[C]//Proc. of CIDR, 2015.

[43]　MARCUS R, SEMENOVA S, PAPAEMMANOUIL O. A learning-based service for cost and performance management of cloud databases[C]//2017 IEEE 33rd International Conference on Data Engineering. New York: IEEE, 2017: 1361-1362.

[44]　MARCUS R, PAPAEMMANOUIL O. Workload management for cloud databases via machine learning[C]//2016 IEEE 32nd International Conference on Data Engineering Workshops. New York: IEEE, 2016: 27-30.

[45]　MARCUS R, PAPAEMMANOUIL O. Wisedb: a learning-based workload management advisor for cloud databases[J]. arXiv preprint arXiv:1601.08221, 2016.

[46]　MA L, VAN AKEN D, HEFNY A, et al. Query-based workload forecasting for self-driving database management systems[C]//Proceedings of the 2018 International Conference on Management of Data. New York: ACM, 2018: 631-645.

[47]　VAN AKEN D, PAVLO A, GORDON G J, et al. Automatic database management system tuning through large-scale machine learning[C]//Proceedings of the 2017 ACM International Conference on Management of Data. New York: ACM, 2017: 1009-1024.

[48]　LI G, ZHOU X, LI S, et al. Qtune: a query-aware database tuning system with deep reinforcement learning[J]. PVLDB, 2019, 12(12): 2118-2130.

[49]　ZHANG J, LIU Y, ZHOU K, et al. An end-to-end automatic cloud database tuning system using deep reinforcement learning[C]//Proceedings of the 2019 International Conference on Management of Data. New York: ACM, 2019: 415-432.

[50]　FAN Z, SEN R, KOUTRIS P, et al. Automated tuning of query degree of parallelism via

machine learning[C]//Proceedings of the Third International Workshop on Exploiting Artificial Intelligence Techniques for Data Management. New York: ACM, 2020: 1-4.

[51]   Oracle. Oracle's autonomous database [EB/OL]. [2020-02-20] https://www.oracle.com/ database/autonomous-database.html.

[52]   Huawei. Huawei database & storage product launch[EB/OL]. [2020-02-20]. https:// e.huawei.com/cn/solutions/cloud-computing/big-data/gaussdb-distributed-database.

[53]   KRASKA T, ALIZADEH M, BEUTEL A, et al. SageDB: a learned database system[C]// Proc. of CIDR, 2019.

第 13 章

分布式数据库系统发展与前瞻

随着大数据应用场景的不断涌现，以及先进计算环境的迅猛发展，诞生出了许多技术创新的大数据库系统，如云原生数据库系统、事务与分析混合处理（HTAP）数据库系统、分布式数据流处理系统、大图分析处理系统等。本章重点介绍云原生数据库系统、事务与分析混合处理数据库系统，主要是考虑到它们较全面地体现了分布式数据库管理的特点。13.1 节和 13.2 节将分别介绍云原生数据库系统与 HTAP 数据库系统的体系结构、存储管理、查询处理、事务管理、分析处理等关键技术；13.3 节介绍其他几种典型的分布式大数据库管理系统，包括 NoSQL 分布式大数据库系统、面向 OLTP 的分布式大数据库系统，以及跨异构存储的 Polystore 系统；最后，13.4 节介绍数据库及大数据管理系统的发展方向。

13.1　云原生数据库系统

云数据库（cloud database）通常是指在云计算环境下实现的一种分布式数据库，或者是指部署到云计算环境下的数据库。它们的共同特点是，实现数据库系统的虚拟化，并为用户提供数据库管理功能的云服务。用户的数据库建立在云端，通过网络进行远程操作。早期的代表性的云数据库有：谷歌公司 2005 年推出的 Bigtable 和亚马逊公司 2006 年推出的 SimpleDB 等。云数据库具有以下优点。

- 高伸缩性。当并发用户数量增加时或者对存储容量需求增加时，可为数据库配置新的计算节点或存储空间，及时充分地满足云用户的需求。
- 高可用性。云计算环境通常具有很高的容错能力，可为数据库提供备用的计算节点和存储空间，防止出现系统宕机和数据丢失问题。
- 易用性。数据库运维管理由云端系统管理员负责，用户无须考虑硬件和软件的维护和升级问题。
- 低成本。用户通常采用按需付费的方式，租用云数据库及相关的软硬件资源。云计算设施通过大量用户的共享使用，分摊了使用成本和运维开销，每个用户比使用自己的设施具有更低的开销。

但是，早期的云数据库系统主要提供 NoSQL 数据存储和查询操作，不支持事务处理等高级功能，也不能提供完整的数据库管理功能。

本章专门介绍一种新型的云数据库，即云原生数据库（cloud native database），它具有以下三个基本特点。

- 在系统实现上充分运用了云计算环境的特点，最大限度地提高数据库的性能和效益。这一点不同于在云平台上部署的基于传统数据库技术的云数据库系统。
- 能够为大规模的用户提供虚拟化的云服务。这一点不同于在云环境上实现的基于集群的并行数据库。
- 具有数据库管理的核心功能，包括查询处理和事务管理。这一点不同于普通的云存储系统。

代表性的云原生数据库系统有亚马逊 2014 年发布的 Aurora 数据库和阿里云 2018 年发布的 PolarDB 数据库。下面以这两个系统为例，介绍云原生数据库系统的体系结构、存储管理、查询处理和事务管理等关键技术和主要模块。

13.1.1 Aurora 数据库系统

Aurora 是亚马逊公司研发的一种关系型云原生数据库，提供 Aurora MySQL 数据库功能。其设计目标是充分利用云计算环境中的丰富资源，支持云平台上的关系数据服务（RDS），实现高吞吐率联机事务处理（OLTP）。主要性能特点有低延迟数据读操作、立即故障恢复、就地回退（rewind）、复制写（copy-on-write）式克隆、0 停机系统升级等。

1. Aurora 体系结构

图 13.1 给出了 Aurora 的体系结构。Aurora 系统主要由客户端、数据库引擎节点、存储节点以及私有云通信网络四大部分组成。该体系结构的重要创新是"存储与计算分离"，将日志系统和存储管理从数据库引擎分离到存储节点，在存储节点提供分布式多租户的日志结构型存储服务。

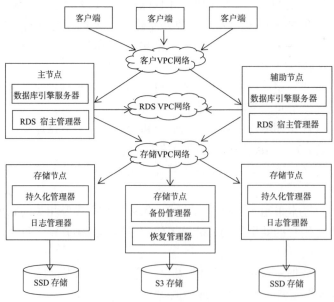

图 13.1 Aurora 体系结构

1）客户端。提供 SQL 语言等形式的用户接口，支持上层的应用。

2）数据库引擎节点。支持数据库服务，例如 MySQL 功能。系统共有两种引擎节点，一种是主节点（Primary），执行数据库读和写操作，另一种是辅助节点（Secondary），只执行数据库读操作。数据库引擎的配置采用"一写多读"模式。一个主节点用于修改数据库，保证数据的一致性，而多个辅助节点可同时进行读数据，以提高读取速度，尽可能地降低读延迟。它们共同组成一个集群，负责一个数据库实例的读写。一个系统可部署多个集群。在 RDS 中包含一个代理，称为 RDS 宿主管理器（HM），负责监控这些集群的健康情况、决定是否需要进行故障恢复处理以及是否需要更换数据库实例。

3）存储节点。负责数据持久化和记录日志。存储节点部署在亚马逊 EC2 VM 集群的固态盘（SSD）存储卷上。系统可同时提供多个存储卷，包括数据读 / 写卷、数据备份 / 恢复卷。目前，一个存储卷最大可以为 64TB。

4）虚拟私有云（VPC）通信网络。私有云除了提供可靠的数据传输之外，还实现在上层应用、数据库及存储器之间的通信隔离，保证数据的安全性和隐私保护。系统中提供三种私有云网络。

- 客户 VPC 网络，用于客户与数据库引擎的交互。
- 关系数据服务（RDS）VPC 网络，用于用户控制板与数据库引擎的交互。
- 存储 VPC 网络，用于数据库引擎与存储服务的交互。

2. Aurora 存储管理

Aurora 数据库的基本存储结构包括物理数据库结构、缓冲区和缓存管理。存储结构与所支持的数据库系统兼容，如 MySQL 数据库。下面主要介绍 Aurora 支持容错和性能优化的新型存储技术。

为了支持容错容灾和高可用性（Availability），在亚马逊云环境下设置了故障隔离区域，称为可用区域（Availability Zone，AZ）。所应对的系统故障包括供电故障、联网故障、软件部署故障、灾害等。为了支持高可用性，Aurora 能够容错同时出现 1 个 AZ 故障和另外一个副本故障。因此，Aurora 提供数据的 6 路副本存储，即在 3 个可用区（AZ）上各保存两个副本。Aurora 采用读写表决协议，设置读表决数 V_r 为 3，写表决数 V_w 为 4。这样可以支持：AZ+1 故障下的读可用性，即同时发生一个 AZ 故障，以及另外一个 AZ 中的 1 个副本故障；AZ 或 2 副本故障下的写可用性，即发生一个 AZ 故障或者两个 AZ 中各发生一个副本故障。由于两个 AZ 同时发生故障的概率是极低的，因此，Aurora 系统具有很高的可用性。

为了减小故障的平均修复时间（MTTR），将每个数据库卷划分成若干个固定大小（10GB）的区段（Segment），为每个区段保存 6 路副本，它们组成一个保护组 PG（Protection Group），分别存储在 3 个 AZ 的存储卷上。区段是进行备份和恢复的基本单位。在一个 10GB 带宽的网络上，修复一个区段的时间是 10s，即 MTTR 为 10s。这样，在一个 10 秒窗口里，仅当出现一个 AZ 故障并加上另外两个区段故障，才能破坏读可用性，而在实际应用中出现这种情况的概率很小。

利用 6 路存储模式也可以进行负载平衡。如果某个区段过热，即访问频度过高，则将其标记为故障区段。这样，通过将其他冷节点自动地接替原节点管理该区段减轻原节点的负载。在需要对系统打补丁或进行软硬件升级时，也不需要将整个系统停机维护，而是逐个AZ地进行维护，由于保证了读写表决数，因此系统仍能正常运行。

在传统分布式数据库中，存储性能瓶颈主要是I/O带宽和写放大问题，例如，对于一个6路副本的存储方案，一个写操作将被写放大6倍，即6倍大小的I/O量和6倍大小的通信量。而在云平台多租户存储服务方式下，通过采用在存储节点上并行执行方式，可极大地减少I/O写延迟。这时，系统的主要性能瓶颈是数据库服务器与存储节点之间的通信量。因此，Aurora主要针对通信进行优化，减少通信流量。将日志系统迁移到存储节点就是有效解决措施之一。

在AZ之间传输的数据只有重做日志（redo log）和元数据（FRM文件），这些数据到达存储节点后，保存在弹性块存储（Elastic Block Store，EBS）中，用于按需生成数据库页面。由于无须传输数据页面，因此极大地减少了通信中的写放大问题。这样，数据库读写处理在前台运行，存储服务在后台运行。后台处理，如记录日志、垃圾回收（Garbage Collection，GC）、正确性检验，与前台处理位于不同的节点，不会影响前台的处理效率。

如图13.2所示，一个存储节点的前台处理包括：接收到主节点发来的redo日志记录后，将其写入本地更新队列中。后台处理包括：将更新队列中的日志记录进行分组和排序；如果存在遗漏记录，则采用P2P Gossip协议从其他节点请求；生成整理好的热日志，将日志合并到新的数据页，周期性地将日志和数据页备份到S3持久存储中等。其他后台处理包括：对不再使用的旧数据页进行垃圾回收，周期性地检查数据页的正确性等。

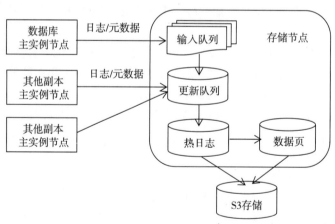

图 13.2　Aurora 存储模型

3. Aurora 事务管理

事务提交处理是影响数据库性能的重要因素之一。传统的事务提交处理需要在参与节点之间进行同步，通常经过多个阶段完成，如两阶段提交（2PC）协议。由于"水桶效应"，最慢节点的响应时间会导致整个系统的延迟，在跨多个数据中心的大规模系统中表现为高延迟。另外，2PC 类型的协议不允许系统失效，而在大型分布式系统中存在连续不断的"背景噪声"，即软硬件故障。因而，在这种大型分布式系统中不能采用 2PC 协议。

Aurora 的事务处理采用异步提交协议。用户查询过程被优化处理后，生成的相互隔离的并发事务可独立执行。隔离级别为标准 ANSI 级别和快照隔离（读一致性）。Aurora 的查询处理和并发控制采用传统的技术，如 MySQL 的 B+ 树和封锁协议。

在 Aurora 系统中，事务对数据库的更新操作记录在日志中。对数据库的更新由 redo 日志流中的事务操作完成。当数据页被事务修改后，并不立即更新数据库，只是把 redo 日志记录下来。数据库的更新由存储系统在需要时进行或者当系统空闲时在后台进行。

Aurora 的日志是一个有序的数据更新序列。每个日志记录被赋予一个单调增加的序列号，称为 LSN（Log Sequence Number）。每个数据页具有一个 PageLSN，是在该页面上最新处理的日志记录的 LSN。数据库引擎用 LSN 定义数据库的当前状态。下面介绍几个重要的 LSN 阈值。

1）卷完成序列号（Volume Complete LSN，VCL），是指能够保证数据可用性的最大的 LSN。在系统崩溃后进行系统恢复时，其 LSN 大于 VCL 的日志记录都是无效的。

2）一致性点序列号（Consistency Point LSN，CPL），是指能够保证数据一致性的 LSN。将每个数据库事务划分成多个小型事务 MTR（mini-transaction），它们是有序的并且必须是原子的。每个 MTR 的更新操作由多个连续的日志记录组成。一个事务最后一个 MTR 的最后一个日志记录的 LSN 就是该事务的 CPL。

3）卷持久化序列号（Volume Durable LSN，VDL），是指不大于 VCL 的最大 CPL。如果一个数据页的 PageLSN 小于或等于 VDL，则说明它已经被更新到磁盘，不是"脏页"。在做缓存替换时，可以安全地将其从缓存中清除，而无须做刷新操作。

4）序列号分配极限（LSN Allocation Limit，LAL），是指 LSN 的最大值，目前设为 10MB。每个日志记录被分配的 LSN 不能超过当前 VDL 之和以及 LAL。这个限制确保数据库的处理负载不能超出存储系统的能力，避免引起写操作的阻塞。

5）区段完成序列号（Segment Complete LSN，SCL），表示一个 PG 中所有已接收到的日志记录中最大的 LSN。一个存储节点可以从其他节点请求它丢失的日志记录。存储节点使用 SCL 检查是否丢失了日志记录。

对于事务的一个写操作，只需记录它的 redo 日志记录。对于事务的一个读操作，则从一个能够使其 PageLSN 满足读取点（read-point）的存储系统中读出所需要的页面。在发出一个读操作时，它所对应的 VDL 就是数据库的 read-point。

Aurora 的异步事务提交协议如下。

1）当客户提交一个事务 T 时，负责处理提交请求的线程只需在等待提交列表中记录 T 的最终 LSN，称为"提交 LSN"。该线程无须同步等待，可接着去处理其他请求。

2）当数据库的 VDL 增加后，数据库引擎识别出所有能够提交的事务，向相应的客户发送提交确认信息，确认该事务提交完成。当且仅当数据库最新的 VDL 大于或等于 T 的"提交 LSN"之后，就相当于实现了 WAL 协议。

13.1.2　PolarDB 数据库系统

PolarDB 是阿里云研发的一种关系型云原生数据库，目前提供三个独立查询处理引擎，分别与 MySQL、PostgreSQL 及 Oracle 三个数据库系统的 SQL 功能兼容。其主要特点如下。

- 计算与存储相分离。计算资源和存储资源可独立地扩容，支持密集型计算处理或密集型存储处理，满足业务需求的弹性扩展。PolarDB 支持 100TB 的存储容量，每个存储节点支持 100 万 QPS 的查询速度。此外，各个计算节点可共享分布式存储，降低了用户的存储成本。
- 一写多读、读写分离。一个主节点负责写操作，多个只读节点可同时执行读操作，既保证了数据一致性，又提高了并发执行效率。

1. PolarDB 体系结构

PolarDB 的体系结构如图 13.3 所示，主要由以下部分组成：客户端、客户代理服务器、数据库节点、高速网络和存储节点。

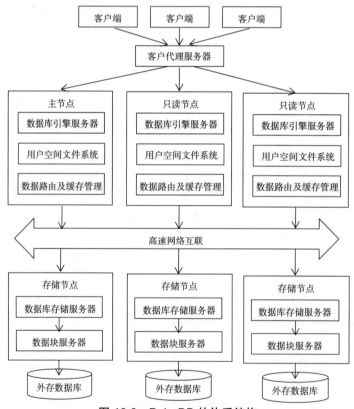

图 13.3　PolarDB 的体系结构

1）客户端。支持用户通过 ECS 云服务器对云数据库进行操作。ECS（Elastic Compute Service）是一种 IaaS（Infrastructure as a Service）级别的虚拟计算节点，包含 CPU、内存、

操作系统、网卡、磁盘等计算资源。

2）客户代理服务器（PolarProxy）。提供统一的数据库访问门户，负责将客户请求转发给计算节点，支持负载平衡和系统动态的规模扩展（scale-out）。

3）数据库节点。数据库的计算节点保存元数据，分为一个主节点和多个只读节点，前者可以处理数据读写请求，后者只处理数据读请求。数据库节点包括：

- 数据库引擎服务器（Database Engine Server），提供对数据库的操作。
- 用户空间文件系统（User Space File System），提供内存级的数据读写。对应于热冷分级存储中的热数据层。
- 数据路由及缓存（Data Router and Cache）管理，提供数据缓存以及数据库引擎与存储服务器的接口。

4）高速网络。提供计算节点和存储节点之间的高速链路互联，通过 RDMA 协议进行高效的数据传输。

5）存储节点。支持对外存数据库的访问，对应于热冷分级存储中的温冷数据层，包括数据库存储服务器和数据块服务器。其中：

- 数据库存储服务器（Database Storage Server）持久化地保存数据文件、执行重做日志等。
- 数据块服务器（Data Chunk Server）以共享的分布式存储方式，为各个计算节点提供共享数据，由共享文件系统 PolarFS 实现。为了保证可靠性，数据以多副本方式保存在存储节点上，按照一种高效的类 RAFT 协议，维护数据的一致性。

2. PolarDB 存储管理

PolarDB 数据库存储服务器采用 LSM 树存储结构。每个关系表由多个子表组成，每个子表对应于一个文件，每个文件由许多块（大小为 4KB ~ 32KB）组成，这些块组成一棵 LSM 树。如图 13.4 所示，按照数据的热度对数据进行分层存储，将频繁访问的热数据保留在主存，并且大多数请求可利用多核处理器的线程级并行性（TLP）迅速处理。温数据保存在 NVM/SSD 存储中，而冷数据保存在 SSD/HDD 存储中。利用专门的 FPGA 加速器，完成高速的数据压缩和比较操作。

热数据层包含一个活动内存表（memtable）和多个不变内存表，它们是一种无锁跳表（lock-free skiplist），用于保存最近插入的数据记录。缓存（cache）用于缓冲热记录。索引（index）是为每个子表建立的索引。热数据层保存在计算节点上。

温 / 冷数据层组成 LSM 树结构，每一层保存若干个固定大小的存储区 extent，自顶向下 extent 的个数成倍增加。每个 extent 包含一组记录块及其过滤器和索引，每个记录包含一个键（key）用于定位。在 LSM 树存储结构中，所有写数据操作都是 write-on-copy 追加方式（即，对数据的修改不是在旧的版本上进行，而是追加新的版本，旧的版本仍保留），因此，每个数据都可以有多个版本。当树的一层写满数据以后，就把本层数据与下一层数据进行合并处理，并写到下一层。合并处理（compaction）是将相同 key 的版本进行合并，只保留最新版本。

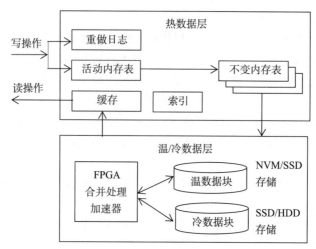

图 13.4   PolarDB 数据库存储服务器节点的体系结构

由于合并处理的代价很大，因此 PolarDB 配置了专门设计的硬件加速器，即 FPGA 合并处理加速器。在合并处理过程中，除了实现自顶向下的分层存储外，还根据合并调度策略进行调优，例如，优先合并更新频率高的多版本数据。

PolarDB 的数据库存储由共享文件系统 PolarFS 完成。PolarFS 的主要功能有：在主节点和只读节点之间进行文件元数据的同步更新，保证更新实时性；实现文件元数据的并发修改的可串行化，保证数据一致性；在发生网络分区故障时，只允许一个真正的主节点起作用，保证数据可靠性。

为了实现数据读写的低延迟，PolarFS 采用如下技术：

- 新的硬件技术，包括 RDMA 网络、固态盘（SSD），在用户空间中实现轻量级网络栈和 I/O 栈，避免了内核调用和内核锁造成的延迟；
- 提供类 POSIX 的 API，替代操作系统提供的文件系统接口，使得 I/O 操作都在用户空间中完成；
- 在 I/O 模型中去除封锁，避免临界数据路径上的上下文切换，并充分利用 RDMA 进行主存与固态盘之间的数据传输，使端到端的延迟接近于本地固态盘文件系统。

在 PolarFS 的可靠性方面，设计了基于 RAFT 的增强型共识协议，支持 RDMA 和 SSD 固态盘等新硬件，具有更高的 I/O 可伸缩性。

3. PolarDB 事务管理和并发控制

PolarDB 采用多版本并发控制（MVCC）和两段锁协议提供快照隔离性（SI）和读提交（RC）隔离性。同一个数据记录的每个版本被打上一个自动递增的版本号，当前最大版本号作为该数据库的 LSN（日志序列号）。每个新事务使用数据库中最新的 LSN 作为其 LSN，它只能读版本号小于它的 LSN 的数据，并为它所写的数据加上读锁，避免写冲突。

PolarDB 的事务处理采用两段提交协议：

- 读写阶段，检验并发冲突（读写冲突和写写冲突），判断事务是否可以提交，如果通过，把所有修改过的数据写入事务缓冲区；

- 提交阶段，写 WAL 日志，将事务缓冲区的数据写入内存表，完成提交。

PolarDB 采用流水线并行执行思想，对提交处理过程进行优化，细分为可按流水线方式并行执行的 4 个步骤：

1）写日志，在缓冲区写日志记录；

2）刷新日志，将缓冲区中的日志记录写入硬盘，确保日志持久化；

3）写内存表，将缓冲区中的数据写入内存表，确保数据持久化；

4）完成提交，将提交结果返回给用户。

13.2　事务与分析混合处理数据库系统

本节首先介绍联机事务处理（OLTP）与联机分析处理（OLAP）各自的特点，以及它们之间的联系。

OLTP 是面向商务类的交易应用，如银行、购物等，特点是快速处理，满足用户体验。每笔交易的数据量较小，操作简单，包括读写操作，但并发的交易请求数量大，甚至是巨大的（例如，双 11 电商节的促销活动），并且对响应时间要求高。

OLAP 是面向信息分析的决策应用，如多维报表分析、销量预测等，其特点是：海量数据，分析操作负载大（如多表连接、全表扫描），分析操作复杂（统计分析），需要支持交互式操作。由于主要是专业的分析和决策人员使用，因此并发用户个数较少，并发访问量较低，主要是读操作。

OLAP 的数据来源于 OLTP 数据库，通过烦琐和开销较大的 ETL 处理，将数据加载到 OLAP 数据库。OLAP 通常是一套独立于 OLTP 的系统，为了保证数据新鲜度（freshness），需要使用 ETL 周期性地刷新 OLAP 数据库。对于大型 OLTP 数据库，由于刷新工作需要数小时甚至数天，因此将导致严重的数据新鲜度滞后问题。

虽然传统的关系数据库系统（如 Oracle、DB2、SQL Server）也能同时支持 OLTP 和 OLAP 应用，但是 OLAP 性能不高。因此，数据库界提出了 one size doesn't fit all 的观点，分别开发专用的 OLTP 或 OLAP 系统。

下面介绍 OLTP 与 OLAP 混合处理问题的由来和业界提出的解决方案。

随着大数据应用的普及，许多大规模实时分析应用产生了，如在线推荐、实时竞价、欺诈检测、风险评估等。如果企业能够对其进行实时分析，就可以取得明显的竞争优势。这些应用往往要求 OLAP 在最新的交易数据上进行，甚至将分析型查询作为事务的一部分，即将 OLAP 嵌入 OLTP 中，使 OLAP 与 OLTP 同时运行在一个数据库上。这种应用称为事务与分析混合处理（Hybrid Transactional/Analytical Processing，HTAP）。这样，在处理常规的业务同时，可更快地对最新数据进行分析。

一种解决方案是将传统的 OLTP 数据库与大数据分析平台（如 Spark）进行松散耦合，在 OLTP 的同时增加 OLAP 功能，但分析结果会存在时间延迟。另一种解决方案是采用一种新型的数据库系统，称为 HTAP 数据库，该数据库同时支持 OLTP 和 OLAP，具有高效率和高实时性。HTAP 数据库符合严格的 HTAP 定义，即在同一个事务里既有 OLTP 操作又有 OLAP 查询。这种 HTAP 数据库的特点是：

- 数据库可以共享或者可以快速导入，保证数据的高时效性；
- 具有很高的伸缩性，满足应用在性能和容量上不断增长的需求。

HTAP 数据库的实现方案主要有两种，即统一架构和分离式架构。

- 统一架构中，一个处理引擎同时支持 OLTP 和 OLAP。可以分别采用两种数据存储结构，例如，采用行存储结构支持 OLTP，采用列存储结构支持 OLAP。也可以采用同一个数据存储结构，如行列混合结构，同时支持事务处理和分析处理，并且可利用统一的查询优化器，同时对事务处理类和分析类的查询操作进行优化。
- 分离式结构中，采用不同的处理引擎分别支持 OLTP 和 OLAP。根据是否使用同一个数据存储结构，这种方案也分为两类。例如，一种方案是在大数据系统中使用 Cassandra 处理 OLTP 负载，同时使用高效的同步协议，将 OLTP 的数据实时更新到 Parquet 文件中，再使用 SQL-on-Hadoop 系统（如 Hive、Impala）进行 OLAP 处理。另外一种方案是在 HBase 上提供 SQL 层，支持 OLTP，同时在 HBase 上运行 Spark SQL，支持 OLAP。

当前，HTAP 数据库面临如下挑战。

- 如何高效地处理在同一个事务里同时具有的 OLTP 和 OLAP 请求，而不是要求用户分别地向系统提出请求。
- 如何为最终用户提供单一系统视图，而不是让用户面对多个不同功能的组件。
- 如何在分布式存储中进行快速的点查询。目前的大规模分布式 OLAP 系统使用共享文件系统，主要是对数据扫描进行了优化，而不能提供对细粒度数据的快速存取。

13.2.1 SAP HANA 系统

SAP HANA 是 SAP 公司于 2012 年推出的一个 HTAP 数据库系统，其设计目标是提供一个以内存为中心的 SQL 数据管理平台，既支持传统的 OLTP 应用，也支持具有强表达性的交互式分析。在 OLTP 方面，SAP HANA 支持事务的所有特性。在性能方面，支持节点内的线程级和内核级的并行性，以及多节点之间分布的并行执行。

在分析处理方面，SAP HANA 提供一种称为计算模型的逻辑执行计划表达工具。该计划表示为一个无环有向数据流图，顶点为操作算子，边为数据流。利用该计算模型，可以支持复杂的分析与挖掘算法（如线性模型、非线性模型、统计测试、时间序列分析、分类、聚类），以及规划算法（如解集模型、自定义公式）等。

1. SAP HANA 体系结构

图 13.5 为 SAP HANA 的体系结构。该系统分为应用层、通信层、数据库层和持久化层。

（1）应用层

应用层是指上层的数据库应用，如 ERP 系统。

（2）通信层

通信层主要包括会话管理器，负责控制应用层与数据库层的连接。

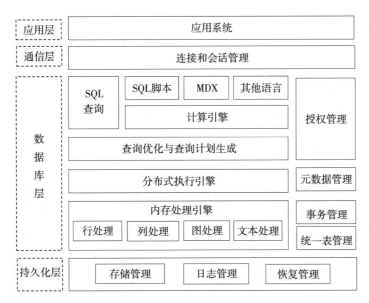

图 13.5　SAP HANA 的体系结构

（3）数据库层

数据库层包括内存处理引擎、查询处理器、授权管理器、事务管理器以及元数据管理器等，负责提供数据库管理功能，支持查询处理和事务处理，保证数据库的安全性。

内存处理引擎是一个行列结合式处理引擎，负责管理行格式或列格式的关系数据。在行格式与列格式数据之间可以自动转换，以支持行查询或列查询。其中，图处理引擎和文本处理引擎分别用来处理图数据和文本数据。内存处理引擎的系统结构具有可扩展性，也允许加入其他类型的引擎。数据库的所有数据都保存在内存中，并基于高效缓存，对其数据结构进行了优化设计。此外，可采用多种压缩方式对数据进行压缩存储。当数据超过内存容量时，整个数据对象（如一张关系表或分区）从内存卸载到外存，在需要时再从外存加载到内存。

查询处理器包括查询接口、查询优化器、查询生成器、计算引擎、执行引擎。查询接口支持标准 SQL 语言、SQLScript 脚本语言、MDX 语言。SQL 查询首先经过查询优化器进行优化，然后由查询计划生成器翻译成查询执行计划，再交由查询执行引擎执行。其他类型的查询首先由计算引擎表示为抽象数据流模型，再交给查询计划生成器统一处理。查询执行引擎可以调用各种内存处理引擎，将查询计划中的查询操作分布执行。

授权管理器负责管理用户的准入授权，限制非授权用户执行特定的数据操作（如创建、更新、选择或执行）或下钻分析型查询操作，保证数据库的安全性。

事务管理器负责协调事务的执行，控制事务之间的快照隔离和弱隔离，跟踪事务的状态，保证事务的 ACID 性质。

元数据管理器负责提供一个用于管理关系表和其他数据结构的元数据（如表定义、视图、索引、SQL 脚本函数）的目录。

（4）持久化层

持久化层用于系统在故障后进行重启时所需要的备份和恢复，包括数据存储和日志系统。

2. SAP HANA 存储管理

HANA 提供被称为统一表的数据结构，支持所有物理操作的数据访问，目标是对于基于扫描的聚集型查询和高选择性的点查询都达到高性能。一条记录在逻辑上保存在同一个位置，服从就地更新（update-in-place）模式，但在物理实现上，对该记录的更新需经过多个阶段。如图 13.6 所示，3 个阶段对应三种数据结构。

1）L1-delta 阶段。该阶段负责接收所有的数据请求，以写优化方式进行数据存储。该阶段的数据结构称为 L1-delta 表，采用逻辑行格式存储，支持快速的插入、删除和更新。这里不进行数据压缩。根据工作负载和可用内存大小，对于单节点数据库实例，L1-delta 表可保存 1 万到 10 万行数据。

2）L2-delta 阶段。该阶段的数据结构称为 L2-delta 表，以列方式存储数据，并以字典编码方式进行数据压缩。对于该字典没有进行排序，需要利用辅助索引支持点查询。L2-delta 表可存储 1000 万行数据。L2-delta 中的数据生成过程是，将 L1-delta 中的行分解成对应的列值，然后将数据逐列地插入 L2-delta 中。当数据从 L1-delta 合并到 L2-delta 之后，就从 L1-delta 中将其删除。该合并过程是增量进行的，不影响系统的性能。

3）主存储阶段。该阶段的数据结构为最终的核心数据格式，采用读优化的列方式，具有最高的压缩率，可利用各种压缩技术。默认情况是，将一个列中的所有数据值用排序字典中的位置来表示，以紧缩位（bit-packed）的方式存储。字典以前缀编码的方式压缩，保存在 CSB+-Tree（缓存敏感 B+ 树）中。通过各种压缩技术的组合大幅减少了主存储的空间。主存储的数据通过合并 L2-delta 表建立，采用重排序、部分合并等优化策略，以批量方式进行。在进行合并处理之前，需关闭当前被合并的 L2-delta 表，并创建一个新的空 L2-delta 表，用于 L2-delta 阶段的数据存储。

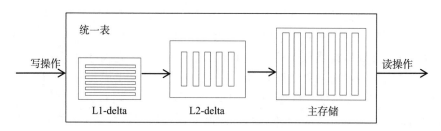

图 13.6　HANA 存储模型

如上所述，SAP HANA 数据库的统一表在物理上由三层数据结构实现。第一层是行存储 L1-delta，有效地支持数据插入、更新和删除；第二层是列存储 L2-delta，用于将写优化的行存储转换为读优化的列存储；第三层是主存储，主要用于支持高效的 OLAP 型查询，同时利用倒排索引支持高效的点查询。

为了应对超出内存容量的大数据处理，SAP HANA 开发了基于磁盘的列存储，可与原有的基于内存的列存储共同组成混合式列存储。

3. SAP HANA 事务处理

SAP HANA 的事务处理采用标准的分布式两段提交（2PC）协议。事务的并发控制采用经典的多版本并发控制（MVCC）协议，使得 OLAP 中的长运行读事务不会阻塞 OLTP 中更新事务。

虽然列存储适合 OLAP 的只读操作，但是，HANA 也使用列存储实现 OLTP 的优化处理，有如下主要理由。

- 在一些定制化应用中，如 ERP 系统，关系表中的很多列并不会使用，有些列具有很小的值域。因此，利用列存储的压缩模式可减少 CPU 和内存资源的使用率，并减少通信流量，从而支持高效事务处理。
- 在现实应用中，事务型负载包含大量的读操作。因此，读优化的列存储也适用于 OLTP 负载。
- 列存储通常采用"仅追加"模式，更新操作在新版本执行，这种模式比"原地更新"模式更简单，不需要重新排序和对属性值的重新编码。
- 列存储减少对索引的需要。扫描操作只需要对主键、特定约束的列、频繁做连接的列建立索引。这样可简化物理数据库的设计，减少主存占用并减少维护索引的工作量，从而提高整个查询的吞吐率。

另外，为了减少更新开销以及在高更新率与高读效率上做出平衡，为每个关系表提供一个增量存储空间（即上文介绍的 L1-delta 和 L2-delta），将增量存储空间定期地与主存储空间进行合并。为了减少关系表的封锁时间，当增量合并开始后，写操作被重定向到一个新的增量空间。另外，允许读操作访问新的和旧的增量空间，以及旧的主数据空间。

4. SAP HANA DB 分析处理

SAP HANA 数据库采用列存储格式支持 OLAP。系统提供了若干 OLAP 算子，支持数据立方操作。查询优化器对事实表和维度表之间的星形连接进行了优化。优化器采用经典的优化规则和基于代价的优化策略，将逻辑查询计划转换为物理查询计划，接着将其发送到分布式执行框架上执行。

此外，SAP HANA 数据库还采用了两种专门的优化技术：数据压缩和并行执行。

- 数据压缩。每一列利用排序字典进行压缩，每个值映射到一个整数（称为 valueID），进而对这些 valueID 进行位压缩（bit-packed）。采用的高效压缩模式包括行程编码（RLE）、稀疏编码、簇编码。压缩数据后，数据可保存在单一节点上，也支持压缩数据上的快速查询处理，包括基于 RLE 的聚合计算、基于 SIMD 算法的压缩数据扫描。
- 并行执行。查询执行利用一个节点中尽可能多的线程支持操作内并行性（intra-operator parallism）。分组（group）操作实现线性加速比。大型关系表可以用几种分区规则划分到多个节点上，使操作尽可能并行执行。当负载发生变化时，分区模式可以自动调整。跨节点的连接操作使用半连接优化技术。

13.2.2 TiDB 数据库系统

TiDB 数据库是 PingCAP 公司于 2016 年正式推出的一款开源的 HTAP 数据库系统。其设计目标是支持金融级高可用性、强一致性、高水平伸缩性、大规模数据应用场景。

1. TiDB 体系结构

TiDB 采用分离式体系结构。为了保证 OLAP 数据库的新鲜度，TiDB 数据库采用基于共识协议的副本复制技术，力求做到既保证 OLAP 数据库与 OLTP 数据库的一致性，又保证 OLAP 与 OLTP 的隔离性，即数据的同步不影响 OLTP 的性能。

图 13.7 给出了 TiDB 数据库的体系结构，共分为三层，自底向上为分布式存储层、分布式引擎层和客户层。

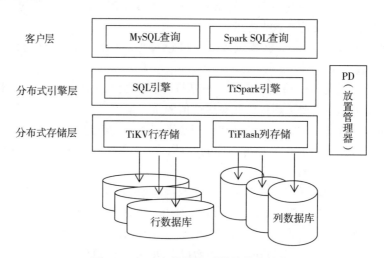

图 13.7 TiDB 数据库系统的体系结构

1）在分布式存储层，TiKV 为行存储型数据库，TiFlash 为列存储型数据库。系统按照 RAFT 副本复制协议，通过 redo 日志传输，将 TiKV 数据库更新同步到 TiFlash 数据库中，并且将行存储转换为列存储，以适合于 OLAP 操作。TiFlash 不参与 RAFT 协议，因而不会增加 TiKV 的开销。为了提高查询性能，SQL 引擎和 TiSpark 都可以同时使用行存储数据库和列存储数据库。

2）在分布式引擎层，SQL 引擎支持大规模的事务处理和分析型查询，提供 MySQL 兼容的接口；采用时间戳构造事务的 ID，事务处理采用两段提交（2PC）协议。TiSpark 是一个连接器，支持 Hadoop 上的 OLAP 功能。

3）PD（Placement Driver）为放置管理器，用于分布式数据的划分管理。数据为 key-value 格式。一个大的数据集合被划分为多个小的区域（region），每个 region 包含一组 key 值连续的数据。为了保证系统可用性，为每个 region 保存多个副本。PD 负责划分逻辑区域、分配区域的物理位置、查找区域的物理位置以及进行区域的迁移等。

在实际运行中，为了保证系统性能，TiDB 实施了资源隔离策略，将 OLTP 任务和 OLAP

任务分别部署在不同的引擎服务器上执行，并将 TiKV 数据库和 TiFlash 分别部署在不同的服务器上。

2. TiDB 存储管理

TiDB 采用分布式存储管理，TiKV 行数据库由多个 TiKV 服务器管理。每个服务器上使用 RocksDB 保存数据和元数据，RocksDB 是一个持久化的 key-value 存储系统。

如图 13.8 所示，一个区域的所有副本组成一个 RAFT 组，TiDB 采用 RAFT 协议维护副本的一致性。例如，数据表中的区域 1 物理上在 TiKV 数据库中保存了 3 个副本，并作为输入转换到 TiFlash 数据库的分区 1。一个区域对应于一个 TiKV 服务器管理。在一个 RAFT 组中，担任 Leader 的 TiKV 服务器负责处理来自 SQL 引擎服务器的客户读写请求；其他担任 Follower 的服务器负责维护本地的数据副本，保证数据一致性。TiDB 采用并行优化的 RAFT 协议，执行过程如下：

1）Leader 接收来自 SQL 引擎的客户请求；

2）Leader 将日志记录发送给各个 Follower，同时各自并行地写本地日志；

3）Leader 继续接收客户请求，执行步骤 2）；同时启动另一个线程并行执行步骤 4）和 5）；

4）Leader 提交日志（通常需要 Leader 等待 Follower 响应，如果成功响应达到表决数，则提交日志，TiDB 优化掉了该过程），并且执行数据库更新；

5）日志提交后，Leader 将执行结果返回给客户。

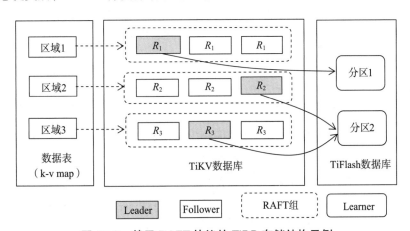

图 13.8 基于 RAFT 协议的 TiDB 存储结构示例

对于读操作，必须保证是最新版本的数据。为了减轻 Leader 的负载，也可以由 Follower 响应客户的读请求。

为了保证可用性，每个区域（Region）必须保存在至少 3 个服务器上。为了做到负载平衡，PD 定期收集服务器的状态信息，如果某个服务器的负载过重，PD 将上面的热区域移动到低负载服务器上。系统还提供区域的分裂和合并操作，将过热的区域分裂成小的区域，将不常访问的小区域合并成一个大的区域。

TiFlash 数据库按照列的方式组织关系表，每个表也划分成由 k 值连续的元组组成的分区（Partition），对应于 TiKV 中的一个或多个区域（如图 13.8 所示）。TiFlash 中关系表的初始值是从区域中复制而来的，其后，TiFlash 侦听 RAFT 组中的更新，收到日志包之后立即更新本地数据库。

在 TiFlash 数据库中，必须保证与 TiKV 数据库的模式同步。如果发生模式不匹配，必须重新转换数据。为了折中模式同步与模式失配两者带来的开销，TiFlash 采用两段优化策略：

- 常规同步，周期性地从 TiKV 读取最新模式，保存在本地缓存中；
- 强制同步，如果检测到模式失配，则主动从 TiKV 读取最新模式。

如图 13.9 所示，TiDB 设计了列 Delta 树以提高列数据的读写效率。列 Delta 树由 Delta 空间和稳定空间两部分组成。Delta 空间包括内存中的缓存和磁盘，稳定空间则全部位于磁盘中。TiKV 的更新数据以批方式输入，具有原子性，称为 Delta（增量数据）。它们到达后，立即追加到列 Delta 树中。新到达的 Delta 数据保存在缓存中，旧的 Delta 数据被合并成大的 Delta 数据并保存到磁盘中。在 Delta 空间中，Delta 数据保持 TiKV 的行格式，而在稳定空间中，Delta 数据被转换为列格式，以块（Chunk）的方式组织，每个 Chunk 对应于分区的一部分。Chunk 存储采用 Apache Parquet 列存储文件格式。为了提高并发度，将列数据与其元数据分别保存在不同的文件中。数据文件采用 LZ4 算法进行压缩存储。

系统周期性地对增量更新数据进行合并处理，主要包括将插入的新元组追加到稳定空间、将修改后的元组代替旧元组、将删除的元组从稳定空间中移除。为了提高读效率和合并效率，在 Delta 空间上建立一个 B+ 树，支持单键查找和范围查找。

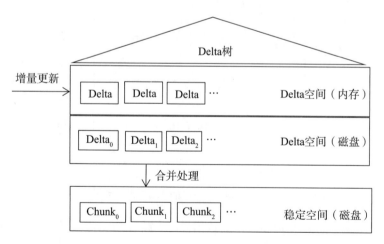

图 13.9　列 Delta 树存储结构

3. TiDB 事务处理

TiDB 采用 Percolator 事务模型，事务提交采用 2PC 协议。事务的状态包括预备写、已提交和已回滚。在并发控制上，采用多版本并发控制（MVCC）协议，避免读写封锁和保护写写冲突，提供乐观式封锁和悲观式封锁。

　　SQL 引擎负责协调事务的执行。从客户接收读 / 写请求后，将其转换成 key-value 读写格式，在本地存储上执行事务的读写操作。当客户接收到 commit 命令后，使用 2PC 向相关的 TiKV 节点进行提交事务处理，具体过程为：封锁所有的数据，作为协调者，向相关 TiKV 节点发送 prewrite 命令；如果所有 prewrite 成功，则向相关 TiKV 节点发送 commit 命令；收到 TiKV 成功响应后，向客户通告执行成功。

　　放置管理器除了定位管理之外，还负责提供全局的时间戳生成器。该时间戳单调增加，用于标识事务状态和进行多半并发控制。时间戳包括物理时间和逻辑序列号。

　　在 TiKV 数据库节点上提供了分布式事务接口。每个节点可作为 2PC 协议的参与者，执行 SQL 引擎发出的 prewrite 命令和 commit 命令。具体功能包括执行封锁、实现 MVCC、将数据持久化到磁盘上。

4. TiDB 分析处理

　　对于 SQL 查询，TiDB 执行两阶段查询优化：基于规则的优化（RBO）策略和基于代价的优化（CBO）策略。

　　第一阶段，RBO 策略按照优化转换规则，生成逻辑执行计划；第二阶段，CBO 策略从候选的物理执行计划中，选择代价最小的计划。扫描一个关系表的数据访问路径有三种：按行扫描、按列扫描和按索引扫描。TiDB 索引也划分成区域（region），保存在 TiKV 数据库中，并且采用 skyline 剪枝算法清除无用的候选索引。

　　为了节省将所有数据传输到引擎节点上执行的通信代价，在存储节点上也可以执行一部分操作，并且各个节点之间可以并行执行。存储节点上可执行的操作有逻辑运算、算术运算等普通操作，还可以执行更复杂的聚集操作和 Top-N 操作。

　　TiSpark 将 TiDB 连接到 Hadoop 生态系统，支持功能更强的计算，如机器学习。TiSpark 可以从 TiKV 读取元数据，包括关系表模式、索引信息，生成 Spark 目录。TiSpark 也可以从 TiKV 读取 MVCC 信息，得到数据库的一致性快照。TiSpark 也支持下推查询操作到存储节点上。

13.3　其他类型的分布式大数据库管理系统

　　在大数据库管理的发展历程中，分布式大数据库管理系统可以分为满足可扩展性的 NoSQL 分布式大数据库系统、面向 OLTP 的分布式大数据库系统、结合 OLTP 和 OLAP 的 HTAP 分布式大数据库系统、面向云数据服务的云原生数据库系统，以及跨异构处理系统的分布式大数据库系统。上面已经详细介绍了云原生数据库系统和 HTAP 数据库系统，下面简要介绍另外几类分布式大数据库管理系统。

13.3.1　NoSQL 分布式大数据库系统

　　早期主流的 NoSQL 分布式大数据库系统（代表产品有 Dynamo、Cassandra 等）为支持容错性、可扩展性和有效性，侧重满足 CAP 理论中的 AP 特性，而摒弃了分布式事务的强一致性 C。当前，NoSQL 数据存储系统主要采用 key-value 数据模型，且大多已被部署于实际应用中，也呈现出很多支持技术。目前，主要侧重如下研究。

1）在数据分区方面，强调数据分区的自适应性，主要如下：

- 基于恰当的条件，设计有效的数据分区方法，如事务类型、数据访问方式、复制利用率、负载均衡等；
- 尽可能最小化影响事务处理且对用户透明的分区策略；
- 大多数 NoSQL 忽视了存储节点和数据项的异构性，而是假定存储节点和数据项都是同构的，基于数据存储容量随机将数据项分布于存储节点上；
- 在大多数图存储中大多是简单的随机分区，对动态大图分区可扩展性差。

2）在查询处理方面，提供用户友好的查询语言，目前的系统仅支持有限的查询和分析（如 Apache Hive 和 Apache Pig），依靠 MapReduce 或 Spark 框架加以实现，需要复杂的编程技能来完成相应的查询任务。

3）在事务处理方面，针对分布式 ACID 事务，侧重提供可扩展的、错误容忍的事务管理模型，并具有高吞吐率和低响应时间；另外，当不同应用采用同一数据库且要求不同级别的一致性时，能够设计动态可配置的、混合模态的一致性模型。

4）在数据分析方面，期望系统支持复杂查询的数据分析能力，及其对分析系统性能的评测能力；另外，要关注图数据库的分析功能，支持复杂连接操作，并对图形数据库中的查询趋势、不同的图形遍历算法以及它们的成本进行分析。

5）在安全问题方面，当前系统授权功能弱，不支持细粒度授权、自动审计和加密授权。在 NoSQL 中难以同时考虑数据的地理分布、非结构特性来增强安全性。

13.3.2　面向 OLTP 的分布式大数据库系统

Spanner、CockroachDB 等都是当前流行的面向全局的分布式数据库系统，满足 ACID 强一致性。CockroachDB 是一个可扩展 SQL 数据库系统，结合悲观写锁和乐观协议，即在观察到冲突写入时，延长事务提交时间戳，实现了可串行化的隔离。CockroachDB 支持全局 OLTP 工作负载，同时保持高可用性和强一致性，通过复制和自动恢复机制支持弹性化灾备。Spanner 也是一个 SQL 系统，通过在所有读写事务中获取读锁并在每次提交时等待时钟不确定性窗口，提供了最强的隔离级别和严格的可串行化能力。Calvin 和 SLOG 提供了严格的可序列化性，但由于它们的确定性执行框架需要预先进行读/写设置，因此它们不支持交互式 SQL。L-Store 和 G-Store 通过在本地提交所有事务来缓解这个问题。

当前面向 OLTP 的分布式大数据库系统的主要研究侧重：

- 在数据放置方面，支持灵活的数据分配策略，将相关数据集中存放、热点数据分布存放；另外，构建面向分区的二级索引，以提高数据定位效率、减少事务延迟。
- 在最小事务延迟方面，侧重采用多版本并发控制（MVCC）方法和基于 Epoch 的事务提交方式，将确定时间阈值（如 Spanner）改为自适应的时间阈值（如 CockroachDB），以减少事务提交延迟；另外，通过捎带消息减少消息协调开销，如在基于 Paxos 的 2PC 协议或共识协议（如 Paxos 或 RAFT）中，减少地理复制数据库中事务的延迟等。

13.3.3　跨异构处理系统的分布式大数据库系统

由于大数据来自多个数据源，其形式和风格各不相同，并由多异构大数据管理系统所管理，不同的系统支持不同的 API、存储 / 索引方案。用户希望基于统一界面来访问所有相关数据，而无须考虑其模式、格式、大小及其所存储的后端系统。因此，提出了跨越不同处理或存储引擎的 Polystore 分布式数据库。Polystore 系统是继 NoSQL、NewSQL 之后提出的新的研究需求，旨在通过向用户提供跨异构存储引擎和查询引擎来缓解可用性问题，该范式是通用方法的一种替代方案。BigDAWG 是 Polystore 系统的先驱，通过在引擎中存储和处理数据集的片段，为数据操作（例如插入、查询）提供最佳的性能。目前有关 Polystore 系统的研究如下。

1）在查询处理方面，有效利用冗余的异构数据副本和异构处理引擎，透明地实现查询到数据副本的映射，以及异构处理引擎的最优选择问题；另外，面向应用构建跨基于异构数据模型及存储片段的物化视图，来提高系统的查询处理效率。

2）在数据分析方面，针对需要从各异构数据管理系统加载数据的 CPU 密集型任务，探索面向 GPU 和 GPGPU（General Purpose GPU）架构的应用，通过并行均衡异构负载，支持异构负载需求的应用需求；另外，针对已有基于 Map Reduce 衍生、Spark 框架不能很好地满足复杂分析负载的交互性能需求（如音乐的实时相似性匹配需求），探索基于并行内存引擎支持复杂交互分析任务的性能需求。

3）在数据迁移方面，主要侧重降低跨平台数据移动成本、解决基数和成本估算问题、跨平台支持容错、自动添加新平台等。例如，需要综合考虑数据的物理表示（分区、分布、位置等）、各个参与执行引擎的不同执行策略与数据表示，以及每个操作的成本与不同迁移策略及其物理属性的成本之间的关系，进而以最有效的方式迁移数据。

13.4　数据库及大数据管理系统的发展方向

数据库的一个重要发展目标是支持大数据分析与处理。随着网络技术的发展，我们进入了万物互联、数据驱动一切的时代。由于大多数数据处理都与数据库密切相关，因此数据库系统是必需的基础设施，特别是分布式数据库系统。数据库系统的发展方向是工业界和学术界关注的热点。在国际数据库界，自 1988 年起，几十位世界顶级的数据库专家大约每隔 5 年举行一次数据库研究方向研讨会，发表关于研讨成果的报告，指出未来 5 ～ 10 年的数据库发展方向。最近的一次研讨会于 2018 年在西雅图召开。本节将在西雅图研讨会报告的基础上，对数据库及大数据管理系统的发展方向进行分析和探讨。

数据库及大数据管理系统的发展方向共涉及 5 个重要领域，包括数据科学、数据治理、云数据库服务、数据库引擎以及新型数据库应用。

13.4.1　数据科学

数据科学的目标是实现从数据到洞见（insight）的发现，为企业决策和科学发现提供支持。一个数据科学项目的工作流包括从原始数据发现到数据集成和整理、数据分析、数据可视化，以及最终的洞见生成等重要步骤。传统的基于数据库的洞见发现方法使用复杂的 SQL 查询、OLAP、数据挖掘、统计软件等工具。现代的数据科学家则充分利用开源软件生态，包括机器学习算法库，数据源是具有不同级别的数据质量的结构化数据集和非结构化数据集，如数据湖（data lake）中的数据集。在数据科学工作流中，与数据库有关的主要研究挑战有：

- 如何提升在数据准备步骤中的数据清洗和数据集成的专业能力，以加速洞见的发现；
- 如何让数据科学家在机器学习和推理过程中，更容易地、无缝地使用数据库查询系统。

主要研究方向有：

- 数据集成和整理。该问题占数据科学问题中的 80% ~ 90%。过去主要是解决"点问题"，如实体解析。当前重点需要解决"端到端问题"，即在从数据到洞见的数据科学工作流中，最终用户可以从原始数据开始，直接得到他所需要的输出结果，如可视化答案、预测结果等，而无须了解中间流程中的处理细节。主要研究内容有"端到端"的数据集成和整理技术和工具。
- 数据上下文和溯源。为了保证"数据 – 洞见"工作流的输出结果质量，必须保证输入数据的正确性、完备性、新鲜性、可行性。为此，需要了解输入数据的上下文及其对数据的处理过程，能够追踪、集成、分析、溯源相关的元数据。利用数据溯源技术，可保证预测结果的可复现性（reproducibility）。主要研究内容有数据上下文管理和数据溯源技术与工具。
- 支持机器学习的数据管理。数据管理是实现机器学习的基础，为实现高效的机器学习，必须提供执行高效、功能齐全的数据管理。主要研究内容有：声明型编程范式，支持机器学习工作流的定义和优化；模型的版本管理，支持对模型和实验的管理；数据溯源，用以确认测试数据与训练数据的差别，以及该差别对模型精度产生的影响；面向非关系模型的存储和查询处理，以支持多样性应用和数据密集型应用。
- 快捷的数据探索。提高对大数据的可视化和交互式查询处理的速度，就有助于提高科学家观察、归纳和产生假说的效率。主要研究内容有实时的数据探索方法和技术，以及面向复杂数据科学工作流的便捷创建工具和调试工具。

13.4.2　数据治理

在当今的大数据时代，数据的应用无所不在，产生了非常大的社会影响。数据生产者根据他所具有的拥有权和隐私权，有权要求数据只能以特定方式使用。数据治理（governance）用于解决数据的合法性和合规性使用问题。国际数据管理协会（DAMA）将数据治理定义为对数据资产管理行使权力和控制的活动集合。数据治理涵盖了从前端事务处理系统、后端业务数据库到终端的数据分析的全部过程。近年来，欧盟制定了《通用数据保护条例》(GDPR)，中国制定了《中华人民共和国数据安全法》和《中华人民共和国个人信息保护法》，各国在数据治理方面积极推进。数据库与数据治理相关的研究挑战有：

- 如何提高在跨数据存储之间进行溯源的效率和可伸缩性；
- 在数据平台上的数据隐私保护方面需要有哪些突破；
- 在伦理数据科学上有哪些独特的挑战性问题；
- 如何保护数据生产者的经济和个人利益。

主要研究方向如下。

- 数据使用策略和数据共享。数据科学工作流可能由多个分团队负责完成不同的步骤，如数据准备、模型建立、模型评价等。主要研究内容有：工作流分团队之间协作和共享工具，支持对数据的标签、标注、交换、保密、发现、溯源等处理，同时支持细粒度的访问控制和审计，用于检查数据的使用合法性；数据归档管理，包括压缩数据、迁移数据至冷存储、选择需丢弃的数据等，以应对数据量增长的需求。
- 数据隐私。密码学技术和差分隐私为隐私保护提供了良好的基础，但需要解决数据隐私和分析应用的折中问题，既能够保护隐私，又不影响分析处理。主要研究内容有：数据平台中的嵌入差分隐私保护方法，该方法不会限制合理的查询；支持带有隐私约束的跨组织协作的多方安全计算技术。
- 伦理化数据科学。机器学习模型可能产生偏见和歧视，通常是由输入数据本身造成的，例如，用于训练模型的代表性数据不充分。一个新的研究方向是负责任的（responsible）数据管理。例如，识别在社交媒体平台上的故意误报（misinform）数据。

13.4.3　云数据库服务

　　随着云计算的普及、处理任务向云端的迁移，对于云数据库服务的需求呈爆炸性增长。在云数据库服务方面，提出的主要挑战有：

- 如何使数据库服务的架构充分利用云资源的分离（disaggregation）策略；
- 如何有效利用跨本地数据系统与云服务平台组成的异构云；
- 如何支持下一代"无服务器"方式的云数据服务架构。

主要研究方向如下。

（1）支持新型消费模型的数据管理

　　云服务中最简单的消费模型是 IaaS（基础结构即服务）模型，该模型使用灵活但需要用户去处理复杂的运行管理。一个新的发展是用于优化非关键工作负载成本的"现场计价"（spot pricing）消费模型。第一方云提供商或第三方多云销售商可提供托管服务（managed service），这时，用户按照供应能力模型进行付费。托管服务可大幅度降低用户操作复杂性，但是缺少灵活性。因此，业界提出两种新的消费模型：基于使用的计价模型，以及支持按需使用、事件驱动、计算和存储资源自动缩放使用的异构模型。这样，消费模型从提供预供应资源发展到提供按需使用的弹性基础结构，如"无服务器"架构，一个新的挑战是分布式状态管理，例如，建立一个有状态（stateful）的体系结构，以及支持有状态的操作，如 2PC 协议。主要研究内容有：基于 pay-as-you-go 按需使用模型的最优"无服务器"式数据库服务；支持事件驱动的数据服务即时（on-the-fly）创建的查询和存储引擎；对于云数据库服务的用户，提供不仅仅包含可用性的云数据库服务等级协定（SLA），以及在自动缩放和成本选择上的透明性。

（2）支持云架构的数据管理

云架构为数据库系统的创新提供了良好机遇。主要研究内容有：

- 支持分离策略的数据库技术。云架构的一个重要特点是采用大量的普通硬件，它们容易出现硬件或软件失效。因此，现代云数据库采用存储与计算分离架构，以支持高可用性、可伸缩性和耐久性。分离是使能弹性计算的重要策略，为了提高其响应速度，需要研究有效的数据缓存机制，以及存储服务中可减少数据移动的最小化计算。

- 支持多租户策略的数据库技术。在传统的计算环境中，资源是稀缺的，需要细致地按单个负载供给资源。而在云环境下，资源是极大丰富的，可以同时为多个负载供给资源。因此，能够降低开销和提高资源利用率的多租户策略是至关重要的。这就要求系统能迅速响应，在形成需求尖峰时能够减轻资源压力。一种方法是采用遥测技术进行使用率预测和主动控制。因此，在较长的运行周期中，对系统的能力管理（capacity management）提出了挑战。需要研究复合单用户和多租户微服务，对其建立和运行预测模型，对资源需求进行敏捷反应，在活动租户之间动态重组资源，而不影响活动应用负载的运行，此外，还需确保租户与噪声邻居租户隔离。

- 支持混合云的数据库技术。理想上，企业的内部数据平台可按需从云平台上无缝地获取计算资源和存储资源。从体系结构上，应该能够允许内部数据平台和云计算系统相互利用，而不是仅依靠云计算系统或者仅依靠内部系统。由于企业将其数据处理分配到内部平台和云平台，因此需要研究对整个数据资产进行管理的单一控制平面。

（3）支持 SaaS 应用的数据管理

SaaS（软件即服务）型应用通常是多租户的，与即席的多租户不同，这些 SaaS 应用租户会具有完全相同或大致相同的数据库模式（但不一定共享相同数据）和应用代码。现有三种支持多租户 SaaS 应用的方法：

- 让所有租户共享同一个数据库实例，将各租户的处理逻辑上推到应用层。这种方法虽然简单，但难以进行定制化（如模式演进）、查询优化、噪声邻居隔离。

- 每个租户建立独立的数据库实例。这种方法灵活，但成本效益低，因为不能利用各租户的共性。

- 将租户打包成分区（shard），既支持定制化、查询优化、噪声邻居隔离，又能共用资源和降低成本。这里，租户划分、安全性、体系结构选择是需要解决的重点。因此，需要仔细权衡 SaaS 架构的方案设计、云数据库基础结构所支持的功能以及应用栈所能实现的功能。

（4）支持多数据中心的数据管理

在大数据分析和支持双活（active-active）的 OLAP 应用中，需要运行跨数据中心（可能地理上相距较远的）的云应用。另外，一些国家的数据主权法不允许将本国公民的数据移动到国外。因此，需要研究满足这种应用的数据中心复制技术和高可用性技术。

（5）云数据库自动调优技术

云数据库需要支持多种多样的、随时间变化的多租户负载，但是没有通用的最优设置。另外，大量的云数据库缺少足够的专业 DBA。对云负载的研究表明，许多数据库应用不能得到很好的参数配置、模式设计、数据访问代码。因此，自动调优对于云数据库来说尤其重要。云计算系统保存了充足的遥测日志，为实现自动调优提供很好的机会，基于机器学习的自动调优是一个很有希望的研究方向。

（6）支持机密型云计算（confidential CC）的数据管理

在公有云上保证数据的安全性和私密性，同时保证可接受的性能损失。

（7）云数据共享与跨云操作

云提供灵活数据共享的特殊机会。需要定义支持数据共享习惯用法的系统架构，可看成是多方安全计算的变种，允许与私有数据集一同使用公有数据集。此外，还需要研究可伸缩的灵活的数据集搜索方法，以提供溯源和相关的元数据。

13.4.4 数据库引擎

近年来，两个重要的技术变革对数据平台的体系架构产生了深远影响。一个是可伸缩的分布式"文档存储"，能够支持键值对查找和水平扩展，它对数据库引擎内核产生了影响；另一个是从 Hadoop 生态系统进化到更高效的 Spark 生态系统，它提供的功能包括 ETL（数据的抽取 – 转换 – 装载），以及利用数据库查询处理技术的关系操作。一个重要进展是，新型的基于内存优化的数据结构、编译、代码生成极大地提高了传统数据库引擎的性能。主存数据库技术在工业界和学术界都受到关注，常常作为 HTAP 系统的一部分。另一个进展是高可伸缩性的流数据处理系统，已得到广泛使用。所有分析引擎的实现都采用了面向列的存储。云系统重振了地理分布的复制技术，在工业界取得了重大进展。云平台的弹性计算导致数据库系统需要按照存储和计算分离策略重新设计其体系结构。

在数据库引擎的发展方面，有如下研究方向。

（1）异构计算技术

随着 Dennard 缩放定律的终结和分担负载的新型硬件加速器的引入，异构计算势在必行。GPU 和 FPGA 提供可用的软件栈，RDMA 被大量部署，内存和存储分层结构比从前更加异构化。高速 SSD 的进步对数据库性能产生了重要影响，改变了内存系统和基于磁盘数据库引擎之间的均衡。支持新一代 SSD 的数据库引擎也拥有了内存系统的性能优势。NVRAM最终会变得通用，其持久性和低延迟的特点将对数据库引擎产生重大影响。因此，要考虑新型硬件发展对数据库引擎的影响，需要重新设计数据库引擎的体系结构。具体研究内容有：

1）基于异构计算的数据库系统。主要研究基于异构处理器（GPU、FPGA）的数据库查询优化引擎。

2）基于多级存储的数据库系统。主要研究基于多级存储（RDMA、SSD、NVRAM）的数据库存储管理技术和容错技术。

3）基于软硬件协同设计（co-design）的数据库系统。主要设计专用的数据库引擎，例如，支持快速的异步批量查找对象。

（2）分布式事务

随着互联网应用的发展，数据管理系统的分布化规模日益增加，从单个区域的多台服务器到跨多个地理区域的分布式环境。这为分布式事务处理提出巨大挑战，系统失效场景具有更高的复杂性和多变性，分布式体系架构中具有更大的通信延迟和性能变化，因此，需要考虑在保证拥塞控制、弹性和可伸缩性前提下的一致性、隔离级别、可用性、响应速度、吞吐率等目标之间的均衡。目前有两大观点，一种观点认为如果要保证高吞吐率、高可用性和低延迟，必须放弃传统的事务性质保证。这样，必须将一致性和隔离级别交给开发者处理，但增加了开发者的复杂度。另一种观点认为如果系统不能提供强的一致性和隔离级别，则由开发者去实现无 bug 的应用将极其困难和复杂。所以系统应该提供尽可能高的吞吐率和可用性，以及低延迟，同时不牺牲对正确性的保证。目前，工业界对这两种方案都支持。由于弱系统保证导致的应用 bug 和局限性，必须能被识别和量化，因此，需要研究相应的检测和量化工具，以帮助开发者使用以上两种方案，达到正确性和性能指标。

（3）机器学习赋能

机器学习的巨大进步为解决数据库引擎中的难题提供了希望。最突出的一个问题是自动调参（auto tuning），例如，采用数据驱动的学习模型设置"魔法数"，完成系统配置的自动调优。机器学习可用于推进查询优化技术。原则上，可利用机器学习改进所有的组件，但需要保证一些前提条件，包括训练数据的可用性、成熟的软件工程流水线（支持机器学习组件的可调试性）、可用的护栏（guard rail）。这样，当模型偏离训练数据和训练查询时，系统性能不会大幅度降低。

（4）"数据库内"机器学习

现代数据管理中的工作负载包括机器学习任务，数据库系统需支持流行的机器学习编程框架。因此，数据库引擎需要支持机器学习，支持"数据库内"的机器学习是一个新的挑战。深度学习模型越来越大，数据库引擎需要充分利用异构硬件加速技术，以支持高效率的训练和推理。主要研究内容有基于异构硬件（如 FPGA、GPU 和 ASIC）的数据库加速技术。

13.4.5 新型数据库应用

在新型数据库应用领域，主要考虑数据库系统新的应用场景。重要的应用有数据湖、边缘计算和数据科学。数据科学问题已在 13.4.1 节中讨论。

在大数据时代，传统的数据仓库应用已不能满足新的应用需求。新的应用需要使用来自各种数据源的数据，需要更快速地转换数据并完成复杂的分析。我们正处于从传统的数据仓库到面向数据湖的分析型体系结构之中。由于公有云拥有可伸缩的低成本的二进制大对象

（BLOB），数据湖通常建立在公有云上，但也可部署在企业内部系统中。在传统数据仓库应用中，首先将数据输入 OLTP 存储，然后通过 ETL 工具将其装载进数据仓库。而数据湖是由大数据框架（如 Spark）使能的一个灵活的存储仓，可以输入各种各样的数据对象。各种计算引擎可对数据湖中的数据进行操作，例如，整合数据或执行复杂的 SQL 查询，将结果数据保存回数据湖或发送给其他运行系统。

云 – 边 – 端协同是一种新兴应用，例如，通过物联网使海量设备连接到云上，数据在终端收集，通过边缘服务器做预处理后，传送到云端，进行最终的数据处理和分析，再将处理结果返回给终端，指导和改进终端业务。云 – 边 – 端协同需要实现中心云、边缘计算以及物联网连接和计算力的协同，发挥云中心规模化、边缘计算本地化、物联网终端感知与执行等各方面的优势。在数据处理过程中，需要考虑云服务器、边缘服务器、终端设备的计算资源和存储资源的分配和调度，以及通信网络的带宽和可靠性等问题。

主要挑战有：与传统 SQL 数据仓库和目前大数据架构相比，数据湖的独特挑战是什么；云 – 边 – 端协同计算的影响有哪些。

有如下主要研究方向。

- 数据湖应用。主要目的是：快速建立数据画像（data profile），为数据湖中大规模的异构的半结构化数据集提供数据的统计特征；快速发现与任务相关的所有数据，可能对这些数据需要做一定的转换。主要研究内容有面向数据湖的 OLAP 系统架构、基于分离策略的系统架构、可伸缩的数据发现。
- 近似查询技术。为了应对数据量的爆炸性增长，必须减少查询处理的延迟并提高其吞吐率。例如，利用近似查询技术，支持对数据湖上的查询结果的快速渐进可视化，非常有助于进行探索性数据分析，更好地支持洞见发现。数据草图（sketch）已成为主流技术，是实现有效近似化的经典范例。采样（Sampling）技术是另一种用于减少查询处理代价的常用方法。但是，目前的大数据系统对采样的支持非常有限，不能反映查询语言的丰富语义。需要研究具有清晰语义的编程友好的近似查询处理方法。
- 云 – 边 – 端协同应用。针对设备的计算资源、通信的带宽（离岸设备的有限带宽、5G 连接设备的大带宽）、通信可靠性（有些连接可能是断断续续的）、数据特征等特点，需要研究优化的分布式数据处理和分析技术。
- 基准测试（benchmarking）。传统的数据库测试基准（如 TPC-C、TPC-H、TPC-DS）在推进数据库研究和数据库产业方面，起到了重要作用。但是，它们不能覆盖当前数据管理领域的广度和深度，例如，无法对传统数据库架构与 AI 赋能的数据库架构进行公平比较。因此，需要研究新的测试基准，支持新的应用场景和新的数据库引擎架构，以便反映大数据的特性、速度、各种维度（例如流数据场景、数据倾斜、数据转换、视频数据处理等）。需要考虑如何选择工作负载、数据库和测量参数（如不仅考虑均值还需考虑方差等重要参数）。
- SQL 语言标准。SQL 标准是数据库生态系统的一大好处，不同数据系统的 SQL 实现在语义上存在差异。需要继续推动 SQL 成为真正的标准，并且需要扩展 SQL 标准，以支持数据科学应用和机器学习任务，例如，在富查询范型中，将关系代数与线性代数结合起来作为 SQL 语句的扩展。

13.5　本章小结

在大数据管理的发展历程中，为了满足不同应用的需要，诞生了不同类型的分布式大数据管理系统，包括支持高可扩展性的 NoSQL 分布式大数据库系统、面向 OLTP 的分布式大数据库系统、面向 OLTP 和 OLAP 混合处理的 HTAP 分布式大数据库系统、面向云数据服务的云原生分布式数据库系统以及跨异构存储的分布式大数据库系统。本章对这些新兴的分布式大数据库系统的特点分别做了介绍，重点介绍了云原生数据库系统与 HTAP 数据库系统的体系结构、存储管理、查询处理、事务管理、分析处理等关键技术。

数据科学、数据湖、云计算、边缘计算、5G 通信等新兴应用的飞速发展极大地推动了数据库技术的进步。本章结合国际上顶级数据库专家的观点，介绍了大数据管理技术在数据科学、数据治理、云数据库服务、数据库引擎以及数据库应用新场景等五个领域的研究挑战、研究方向和发展趋势。

习题

1. 分析云原生数据库系统的技术创新点。
2. 讨论 HTAP 数据库与数据仓库的优缺点。
3. 简述在数据科学中使用的三种数据库技术。
4. 简述在数据治理中的三种数据库技术。
5. 简述在数据库引擎中使用的两种硬件加速技术。
6. 简述机器学习在数据库引擎中的三种应用。
7. 简述数据湖的两个应用场景，分析数据管理的特点。
8. 举例说明云 – 边 – 端协同应用中的数据管理技术。

参考文献

[1]　林子雨，赖永炫，林琛，等 . 云数据库研究 [J]. 软件学报，2012，23(5): 1148-1166.

[2]　RAMANATHAN S, GOEL S, ALAGUMALAI S. Comparison of cloud database: Amazon's SimpleDB and Google's Bigtable[C]//Proc. of Int. Conf. on Recent Trends in Information Systems. New York: IEEE, 2011: 165-168.

[3]　Amazon Aurora 介绍 [EB/OL]. [2021-07-30]. https://docs.aws.amazon.com/zh_cn/Amazon-RDS/latest/AuroraUserGuide/ CHAP_AuroraOverview.html.

[4]　PolarDB 介绍 [EB/OL]. [2021-07-29]. https://help.aliyun.com/document_detail/58764.html? spm=a2c4g.11174283.2.3. 11054c07FoOA66oITB.

[5]　VERBITSKI A, GUPTA A, SAHA D, et al. Amazon Aurora: design considerations for high throughput cloud-native relational databases[C]//Proc. of SIGMOD. New York:

ACM, 2017: 1041-1052.

[6]　VERBITSKII A, GUPTA A, SAHA D.　Amazon Aurora: on avoiding distributed consensus for I/Os, commits, and membership changes[C]//Proc. of SIGMOD. New York: ACM, 2018: 789-796.

[7]　LI FF. Cloud-native database systems at Alibaba: opportunities and challenges[J]. PVLDB, 2019, 12(12): 2263-2272.

[8]　HUANG G, CHENG X, WANG J, et al. X-Engine: an optimized storage engine for large-scale e-commerce transaction processing[C]//Proc. of SIGMOD. New York: ACM, 2019: 651-665.

[9]　CAO W, LIU Y, CHENG Z S. et al. PolarDB meets computational storage: efficiently support analytical workloads in cloud-native relational database[C]//Proc. of the 18th USENIX Conf. on File and Storage Technologies (FAST). Santa clara: USENIX, 2020:29-41.

[10]　PolarX-Engine 简介 [EB/OL]. [2020-08-25]. https://help.aliyun.com/document_detail/148660. html.

[11]　ÖZCAN F, TIAN Y Y, TÖZÜN P. Hybrid transactional/analytical processing: a survey[C]// Proc. of SIGMOD. New York: ACM, 2017: 1771-1775.

[12]　SAP HANA 内存计算平台介绍 .[EB/OL]. [2020-08-25]. https://www.sap.cn/products/ hana.html.

[13]　FÄRBER F, CHA S K, PRIMSCH J, et al. SAP HANA database: data management for modern business applications[J]. SIGMOD Record, 2011, 40(4): 45-51.

[14]　FARBER F, MAY N, LEHNER W, et al. The SAP HANA database: an architecture overview[J]. IEEE Data Eng. Bull., 2012, 35(1): 28-33.

[15]　ROSCH P, DANNECKER L, FARBER F, et al. A storage advisor for hybrid-store databases[J]. PVLDB, 2012, 5(12):1748-1758.

[16]　SHERKAT R, FLORENDO C, ANDREI M, et al, Native store extension for SAP HANA[J]. PVLDB, 2019, 12(12): 2047-2058.

[17]　SIKKA V, FÄRBER F, LEHNER W, et al. Efficient transaction processing in SAP HANA database: the end of a column store myth[C]//Proc. of SIGMOD. New York: ACM, 2012: 731-742.

[18]　KRUEGER J, KIM C, GRUND M, et al. Fast updates on read-optimized databases using multi-core CPUs[J]. PVLDB, 2011, 5(1): 61-72.

[19]　TiDB 简介 [EB/OL]. [2021-07-05]. https://docs.pingcap.com/zh/tidb/v4.0.

[20]　HUANG D, LIU Q, CUI Q, et al. TiDB: a raft-based HTAP database[J]. PVLDB, 2020, 13(12): 3072-3084.

[21]　TAFT R, SHARIF I, MATEI A, et al. CockroachDB: the resilient geo-distributed SQL

database[C]//Proc. of SIGMOD. New York: ACM, 2020: 1493-1509.

[22]   BACON D F , BALES N, BRUNO N, et al. Spanner: becoming a SQL system[C]//Proc. of SIGMOD. New York: ACM, 2017: 331-343.

[23]   THOMSON A, DIAMOND T, WENG S C, et al. Calvin: fast distributed transactions for partitioned database systems[C]//Proc. of SIGMOD. New York: ACM, 2012:1-12.

[24]   REN K, LI D, ABADI D J. SLOG: serializable, low-latency, geo-replicated transactions[J]. PVLDB, 2019 (11): 1747-1761.

[25]   SADOGHI M, BHATTACHERJEE S, BHATTACHARJEE B, et al. L-Store: a real-time OLTP and OLAP system[C]//Proc. of EDBT. Vienna: EDBT Commitees, 2018: 540-551.

[26]   DAS S, AGRAWAL D, ABBADI A E. G-store: a scalable data store for transactional multi key access in the cloud[C]//Proc. of the 1st ACM Symposium on Cloud Computing. New York: ACM, 2010: 163-174.

[27]   LU Y, YU X, CAO L, Madden S. Epoch-based commit and replication in distributed OLTP databases[J]. PVLDB, 2021, 14(5): 743-756.

[28]   STONEBRAKER M, CETINTEMEL U. "One Size Fits All": an idea whose time has come and gone[C]//Proc. of ICDE. New York: IEEE, 2005:2-11.

[29]   GADEPALLY V, CHEN P, DUGGAN J. The big DAWG Polystore system and architecture[C]//Proc. of HPEC. New York: IEEE, 2016: 1-6.

[30]   KAITOUA A, RABL T, KATSIFODIMOS A, et al. Muses: distributed data migration system for Polystores[C]//Proc. of ICDE. New York: IEEE, 2019: 1602-1605.

[31]   ABADI D, AILAMAKI A, ANDERSEN D, et al. The seattle report on database research[J]. SIGMOD Record, 2020, 48(4):44-53.

[32]   BALAZINSKA M, CHAUDHURI S, AILAMAKI A, et al. The next 5 years: what opportunities should the database community seize to maximize its impact? [C]//Proc. of SIGMOD. New York: ACM, 2020:411-414.

[33]   BAILIS P, FREIRE J, BALAZINSKA M, et al. Winds from seattle: database research directions[J]. PVLDB, 2020, 13(12): 3516.